系统仿真技术及其应用

• 第 19 卷 •

陈宗海　主编

中国科学技术大学出版社

2018・合肥

内 容 简 介

本书为中国自动化学会系统仿真专业委员会联合中国仿真学会仿真技术应用专业委员会主办的"第19届中国系统仿真技术及其应用学术年会"会议论文集。

本书共收录论文78篇,反映了近年来系统仿真科学与技术在自然科学、社会科学各领域以及航空、航天、石油、化工、能源、国防、轻工等行业中应用的最新成果,以及建模与仿真学、复杂系统新领域等的最新进展。

本书可供科研、设计部门和厂矿企业中系统仿真科学与技术的研究和应用人员以及高等学校相关专业师生参考。

图书在版编目(CIP)数据

系统仿真技术及其应用. 第19卷/陈宗海主编. —合肥:中国科学技术大学出版社,2018.8
ISBN 978-7-312-04538-7

Ⅰ. 系⋯　Ⅱ. 陈⋯　Ⅲ. 系统仿真—文集　Ⅳ. N945.13-53

中国版本图书馆 CIP 数据核字(2018)第187969号

出版	中国科学技术大学出版社 安徽省合肥市金寨路96号,230026 http://press.ustc.edu.cn https://zgkxjsdxcbs.tmall.com
印刷	安徽国文彩印有限公司
发行	中国科学技术大学出版社
经销	全国新华书店
开本	880 mm×1230 mm　1/16
印张	25.5
字数	1040 千
版次	2018年8月第1版
印次	2018年8月第1次印刷
定价	220.00元

编 委 会

顾　问　李伯虎

主　编　陈宗海

副主编　王正中

编　委　蔡远利　陈春林　陈建华　陈宗海　丛　爽
　　　　　范文慧　胡　斌　黄元亮　贾连兴　金伟新
　　　　　李　革　廖　瑛　毛　征　王正中　张陈斌

写 在 卷 首

"建模与仿真技术同高性能计算一起,正成为继理论研究和实验研究之后,第三种认识改造客观世界的重要手段。"(李伯虎院士)随着计算机、通信、控制等方面高科技的不断发展,大数据、云计算、物联网、车联网等新技术不断涌现,人工智能、虚拟现实等技术获得突破性发展,第三次产业革命的大幕正逐渐拉开,"仿真"这个古老而又年轻的学科更加朝气蓬勃地散发着无限的青春活力。

信息社会化的进程,使得仿真科学与技术面对的是一个丰富多彩的客观世界。信息化和信息社会化,使人类处理的系统规模与复杂性日益增长,人类对系统的认识和研究逐步深化,可利用的信息资源的影响已具有全球化的性质,同时对知识性工作自动化的需求也逐渐迫切起来。这个信息社会化和知识自动化迅猛发展的背景,推动了系统仿真方法学的革新、发展与进步。

近年来,建模与仿真方法学致力于更自然地抽取事物的特征、属性和实现其更直观的映射描述,寻求使模型研究者更自然地参与仿真活动的方法。现阶段的任务主要是依托包括网络、多媒体等在内的计算机技术、通信技术等科技手段,通过友好的人机界面构造完整的计算机仿真系统,提供强有力的、具有丰富功能的软硬件营造的仿真环境,使开放复杂巨系统的模型研究,从单纯处理数学符号映射的计算机辅助仿真(CAS),到强化包括研究主体(人)在内的具有多维信息空间的映射与处理能力,逐步创建人、信息、计算机融合的智能化、集成化、协调化高度一体的仿真环境,构建信息和物理深度融合的系统(CPS)。可见,信息时代的到来正在孕育着系统仿真科学和技术某些新的突破。正待开发的系统仿真方法和仿真技术广阔无垠,需要我们从事系统仿真的科技工作者付出艰辛的劳动,使仿真这门迄今为止最有效、最经济的综合方法和推动技术进步的战略技术在现代化进程中发挥更大的促进作用。

人类社会已进入21世纪的第二个十年,随着云计算、大数据、高速无线通信等信息技术的兴起,信息革命正以"数据化"这一崭新和富有冲击性的形式影响人类生活的方方面面。随着数据获取成本的降低,数据采集精度、数据存储设备的性能和容量的提高,人类社会正在经历一个全面"数据化"的过程,现实的物理世界在数字化的"赛博空间"(Cyberspace)中的投影越来越清晰、越来越丰富,数据正在创造一个新的世界。继物理世界、人的精神世界之后,由计算机、通信、控制等数字化技术构建的"赛博空间"正在成为人类生活中不可或缺的一部分。数据不仅是企业的重要宝藏,也是赛博空间的氧气,离开了数据,人们在未来世界中将无法生存。在赛博空间中,人们不仅可以进行各种社交活动、游戏,也可以进行教育、科研、实验等各种具有创造性的社会活动,赛博空间不应该只有消耗,没有产出。这个世界和物理世界不是割裂的,它是现实世界的部分投影以及人类心灵世界的部分投影。同时,赛博空间也是物理空间与人类精神世界之间的桥梁。仿真科学与技术应该在这一股数据洪流席卷世界的大潮中扮演什么样的角色,是值得所有从事仿真科学工作的研究者共同思考和探讨的问题。

由中国自动化学会系统仿真专业委员会联合中国系统仿真学会仿真技术应用专业委员会主办的"第19届中国系统仿真技术及其应用学术年会",共收到论文105篇,录用78篇。其中,大会特邀报告3篇,建模与仿真方法16篇,系统仿真14篇,航天与装备仿真14篇,控制与决策29篇。另有一个专题:大数据与云计算(2篇)。收录的论文涉及广泛的领域,内容丰富多彩,反映了当前学科发展的方向和技术应用的水平。这次学术交流,无疑将对我国系统仿真科学与技术的发展起到积极的推进作用。

编委会

2018年6月于中国科学技术大学

目 录

写在卷首 ……………………………………………………………………………………………（ⅰ）

第一部分　大会特邀报告

终端滑模控制研究与发展现状 …………………………………………………… 蔡远利,李慧洁（2）
基于非负矩阵分解的往复式压缩机故障数据聚类算法 ………………… 孔晗旸,杨清宇,蔡远利,等（7）
Key Technologies in Lithium-ion Battery Management System of Electric Vehicles:
　　Challenges and Recommendations ……………………………………… Wang Yujie,Chen Zonghai（13）

第二部分　建模与仿真方法

分数阶超混沌系统基于广义同步的混沌遮掩保密通信 …………………………… 马周健,王军（23）
一主多从遥操作协同分布式控制器设计与一致性仿真 ………………… 宋娇娇,王军,刘斯怡（29）
地面共振试验仿真建模分析 …………………………………………… 赵冬强,杨佑绪,孙晓红（36）
基于 NetLogo 的作战系统动力学模型设计与实现 ……………………… 余昌仁,贾连兴,马兵（41）
数据驱动的分布式探测信号时间配准方法研究 ………………………………… 时蓬,王斌（44）
基于 BOM 的航天测控仿真系统组合建模技术研究 …………………… 黄钊,苗毅,王磊（50）
兰伯特问题解法数值仿真与性能分析 …………………………………… 吴其昌,张洪波（56）
航天发射仿真中虚拟人运动控制的实现 ………………………… 苏永芝,张振伟,刘党辉（60）
基于大气红外透射率的实际距离估算 ……………………………… 李艺辰,曲劲松,毛征,等（65）
量子定位中粗跟踪控制系统设计与仿真试验 …………………… 汪海伦,丛爽,王大欣,等（68）
基于数值模型的遥感体系需求分析方法 ……………………………… 彭靖,刘品雄,李荟,等（74）
基于 CN 与 HFLTS 的体系需求方案评估模型 …………………………………… 金伟新（80）
复杂网络下信息扩散过程的系统动力学延迟分析 ……………………………… 龚晓光（85）
面向控制的 PEMFC 降阶模型与仿真 ……………………………… 李锡云,杨朵,汪玉洁,等（89）
基于 MATLAB/Simulink 微电网 HESS 的建模与仿真 ……………… 王丽,杨晓宇,董广忠,等（94）
基于 PtolemyⅡ的信息物理能源系统通信网络建模与仿真 ………… 徐瑞龙,董广忠,魏婧雯,等（100）

第三部分 系统仿真

航空高压直流电源系统仿真技术研究 ………………………………………………………… 杨乐,李丹,田玉斌(106)
面向虚拟试验的工程模拟器设计研究 …………………………………………………………… 崔坚,高颖(111)
基于虚拟现实/增强现实的复杂装备综合培训方法探讨 ……………………………… 杨云斌,葛任伟,白永钢,等(116)
VR全数字飞行程序训练系统设计 ……………………………………………………………… 李育,李婷,李欣(121)
面向人员KSA能力的综合评价方法研究 ………………………………………………………………… 张崇龙(126)
面向抗震救灾应用的航天任务系统设计与仿真 ………………………………………………………… 王斌,时蓬(130)
基于虚拟仪表的行驶状态显示系统开发 ……………………………………………… 袁翠红,王绍奔,杨俊强,等(135)
基于数据耕种的体系作战运用仿真框架探析 …………………………………………………………… 蔺美青(139)
物联网环境下企业业务流并行分布式模拟系统 ………………………………………………… 胡斌,刘洪波(144)
基于社会力模型的人群运动仿真模拟 ………………………………………………… 朱前坤,南娜娜,惠晓丽,等(149)
基于AMESim的质子交换膜燃料电池系统仿真 ……………………………………… 潘瑞,杨朵,汪玉洁,等(154)
基于设计图的Unity 3D三维虚拟展馆实现 …………………………………………………………… 朱英浩(159)
天基系统支持联合作战仿真应用发展分析 …………………………………………… 王俐云,孙亚楠,许社村,等(163)
指挥信息系统体系结构建模与仿真研究平台设计 ……………………………………………………… 程安潮(167)

第四部分 航天与装备仿真

空间飞行器红外辐射特性建模与仿真计算 ……………………………………………… 万自明,韩玉阁,杨帆,等(173)
民用飞机地面动响应载荷优化设计 …………………………………………………………… 卜沈平,童亚斌,张健(179)
多功能飞行目标仿真器软件设计与实现 ………………………………………………… 赫赤,董光玲,李强,等(183)
摇臂式起落架缓冲性能设计技术研究 ………………………………………………………… 张雷,陈云,张国宁(188)
基于工程模拟器的大型飞机飞控系统试验技术 ……………………………………………………… 马力,朱江(192)
GEO卫星小推力位置保持策略建模与仿真 ………………………………………………… 龚轲杰,廖瑛,边明珠(196)
舰载机工程模拟器系统建模与仿真技术研究 …………………………………………… 朱江,林皓,姬云,等(202)
无人机综合仿真验证平台设计研究 …………………………………………………………………… 马铭泽,李梓衡(207)
硬式加油的受油机运动模拟系统建模与仿真 ………………………………………………………… 陈伟,赵鹏(213)
卫星网络协议的数字化仿真技术研究 …………………………………………………… 范媛媛,胡月梅,王大鹏,等(217)
UCAV Operational Effectiveness Assessment Based on Department of Defense Architecture Framework
　　……………………………………………………………………………………… Dong Yanfei,Xu Guanhua(222)
遥感卫星系统体系仿真与效能评估技术发展研究 ……………………………………………………… 李帅,任迪(228)
声尾流自导鱼雷命中区域仿真分析与应用 ……………………………………………………………………… 张江(232)
虚拟靶场战术导弹试验技术研究 …………………………………………………………… 韦宏强,郑屹,杨允海(237)

第五部分 控制与决策

绳系卫星系统子星姿态控制问题研究 ……………………………………………… 王志达,张兵,林彦,等(242)

基于输出重定义的柔性机械臂复合控制 ……………………………………………… 张琪,张磊,贺庆利(247)

量子定位中精跟踪系统的PID控制及其仿真试验 ………………………………… 邹紫盛,丛爽,尚伟伟,等(252)

指挥所信息服务装备效能评估指标体系研究 ……………………………………… 侯银涛,熊焕宇,余昌仁,等(256)

大展弦比无人机的气动伺服弹性稳定性分析及控制 ……………………………… 杨佑绪,赵冬强,马翔(261)

基于注意模型深度学习的文本情感倾向性研究 …………………………………… 刘伟,陈春林(265)

V3并联机器人的时间最优轨迹规划研究 …………………………………………… 张志豪,李秀文,廖斌,等(273)

具有量化输入的小型无人直升机控制 ……………………………………………… 万敏,阎坤,瞿有杰,等(278)

燃料电池系统气体调压控制 ………………………………………………………… 杨朵,潘瑞,汪玉洁,等(283)

基于粒子滤波器的动力锂电池容量衰减在线评估 ………………………………… 刘畅,汪玉洁,陈宗海(288)

空天态势推演与预测分析方法 ……………………………………………………… 尹江丽,郭效芝(293)

空间信息系统综合效能评估技术研究 ……………………………………………… 秦大国,侯妍(297)

锂电池储能系统故障诊断综述 ……………………………………………………… 田佳强,汪玉洁,陈宗海(301)

质子交换膜燃料电池过氧比控制策略研究 ………………………………………… 孙震东,杨朵,汪玉洁,等(306)

一种拦截大机动目标的变结构中制导律 …………………………………………… 徐泽宇,蔡远利,李慧洁(311)

基于容积卡尔曼滤波的三维纯角度跟踪算法研究 ………………………………… 姜浩楠,蔡远利(315)

基于下垂控制方法的孤岛直流微电网分布式储能系统的控制策略 ……………… 孙韩,陈宗海(320)

无线纳米传感器网络路由协议设计 ………………………………………………… 廖强,高坤(324)

基于Grubbs准则和EKF的锂电池组故障诊断策略 ……………………………… 徐可,魏婧雯,董广忠,等(329)

考虑不确定性的基于粒子群优化的微电网能源管理 ……………………………… 于晓玮,张陈斌,魏婧雯,等(337)

基于李雅普诺夫观测器开路电压估计的锂离子电池组均衡控制方法 …………… 魏婧雯,徐可,陈宗海(342)

基于边缘直线拟合的区域主方向识别方法 ………………………………………… 包鹏,陈宗海(347)

A Novel Line Segments Extraction Algorithm Based on DBSCAN Method ……… Wang Jikai,Chen Zonghai(352)

基于区间分析的SLAM方法及其性能研究 ………………………………………… 戴德云,王纪凯,陈宗海(357)

Object Proposal with Modified Edge Boxes Based on Visual Saliency …………………………………………………
 ……………………………………………………………………… Zhao Hao,Wang Jikai,Chen Zonghai,et al(362)

Monte Carlo Localization Based on the Uniform Distribution ……… Foroughi Farzin,Chen Zonghai(368)

基于区域相似性的改进蒙特卡洛定位方法 ………………………………………… 张启彬,王纪凯,包鹏,等(374)

基于负载迁移的微电网需求侧管理优化策略 ……………………………………… 朱亚运,魏婧雯,董广忠,等(379)

具有内部互联特性的语义库模型建立及其在可疑人员识别中的应用 …………… 冯宇衡,蒋亦然,赵昀昇,等(385)

第六部分　大数据与云计算

基于 Hadoop 的交通大数据存储系统的研究……………………………………郭晶晶,梁英杰,严承华,等(390)

基于深度卷积神经网络的验证码识别 …………………………………………洪洋,葛振华,王纪凯,等(394)

第一部分

大会特邀报告

终端滑模控制研究与发展现状

蔡远利[1,2]，李慧洁[1]

(1. 西安交通大学电子与信息工程学院，陕西西安，中国，710049；2. 厦门工学院，福建厦门，中国，361021)

摘　要：从终端滑模结构、滑模到达条件、奇异问题、抖振问题、非匹配不确定系统控制、输入受限系统控制和离散终端滑模控制等七个方面，分析和总结了终端滑模控制理论近年的研究与发展。分析了终端滑模、快速终端滑模、非奇异终端滑模、双幂次型快速终端滑模、非奇异快速终端滑模、全局终端滑模、基于恒等变换的非奇异快速终端滑模及其他形式的终端滑模的特点和关键要素，讨论了滑模到达条件中的趋近律、有限时间收敛特性和固定时间收敛特性。最后，指出了终端滑模控制未来可能的几个研究与发展方向。

关键词：非奇异终端滑模；趋近律；抖振；有限时间收敛；固定时间收敛

中图分类号：TJ765.3

On the Research and Development of Terminal Sliding Mode Control

Cai Yuanli[1,2], Li Huijie[1]

(1. School of Electronic and Information Engineering, Xi'an Jiaotong University, Shaanxi, Xi'an, 710049;
2. Xiamen Institute of Technology, Fujian, Xiamen, 361021)

Abstract: This paper gives out a brief review on the application and development of terminal sliding mode (TSM) control theory. The terminal sliding mode surface structures, reaching conditions, singularity phenomenon, chattering problem, systems with unmatched uncertainties, systems with input constraints, and discrete terminal sliding mode control are discussed in details. TSM, fast TSM, nonsingular TSM, double-power fast TSM, nonsingular fast TSM, global TSM and other types are involved and analyzed. The main current results on the reaching laws, finite-time convergence, and fixed-time convergence for sliding mode reaching conditions are presented. Some possible research directions for TSM control are provided from the authors point of view.

Key words: Nonsingular TSM; Reaching Law; Chattering; Finite-time Convergence; Fixed-time Convergence

1 引言

滑模控制是变结构控制的一个重要分支，是一类特殊的非线性控制，对满足匹配条件的模型不确定性具有不变性，在机器人、电力系统、飞行器制导与控制[1-12]等多个领域得到了广泛应用。终端滑模控制是在滑模面中引入非线性函数，使得系统状态在有限时间内收敛至平衡点。由于没有解决滑模控制固有的抖振问题，非线性项的引入又带来了奇异问题，因此终端滑模控制方法成为目前滑模控制理论研究的热点。

2 终端滑模研究进展

传统的线性滑模是系统状态的线性组合，通过参数调整可满足控制系统的设计要求，系统稳定性分析比较简单，但收敛至平衡点的时间理论上趋于无穷。

2.1 终端滑模

Zak[13]首次提出了终端吸引子的概念。Venkataraman等[14]发展了终端滑模控制方法，并给出了系统存在不确定性时的稳态误差界。Man等[15]将终端滑模控制方法推广到二阶MIMO系统，并推导出了收敛时间表达式。Yu等[16]提出了递阶终端滑模控制方法。

终端滑模引入了非线性项，加快了平衡点附近状态的收敛速度，但同时也降低了远离平衡点时的收敛速度。

作者简介：蔡远利(1963—)，男，贵州瓮安人，教授、博士生导师，研究方向为现代控制理论及应用、复杂系统建模与仿真、飞行器制导与控制、飞行动力学等；李慧洁(1990—)，男，浙江温州人，博士研究生，研究方向为滑模控制、协同控制、飞行器制导与控制系统设计等。

基金项目：国家自然科学基金(61202128,61463029)和宇航动力学国家重点实验室开放基金(2011ADL-JD0202)。

2.2 快速终端滑模

Man 等[17]在 MIMO 线性系统中首次在线性滑模中加入了非线性项。Yu 等[18]在终端滑模面中引入了线性项,加快了滑模运动阶段系统状态远离平衡点时的收敛速度,并给出了收敛时间表达式。

快速终端滑模保证了系统状态在平衡点附近时的收敛速度,同时改善了远离平衡点时收敛缓慢的问题。

终端滑模和快速终端滑模都包含状态负幂次项,但仍可能发生控制奇异。

2.3 非奇异终端滑模

Feng 等[3,19]提出了一种直接避免奇异的非线性滑模,即非奇异终端滑模,并推广到线性 MIMO 系统。穆朝絮等[20]研究了二阶系统的非奇异终端滑模控制,并给出了收敛时间的估计。

非奇异终端滑模控制系统的收敛时间表达式与终端滑模相同,同样牺牲了状态远离平衡点时的控制性能。

2.4 双幂次型快速终端滑模

Yu 等[21]提出了一种双分数幂次型终端滑模,整个滑模运动阶段都具有较快的收敛速度。Yang 等[22]针对双分数幂次引起的复数问题提出了双实数幂次型终端滑模,并给出了基于高斯超几何函数的收敛时间表达式。蒲明等[23]推导了双幂次具有特殊关系时的收敛时间表达式。

与传统的线性滑模相比,双幂次型快速终端滑模的控制整体提高了系统状态的收敛速度,但仍可能发生控制奇异。

2.5 非奇异快速终端滑模

李升波等[24]针对奇异和非奇异终端滑模控制收敛缓慢的问题,提出了一种非奇异快速终端滑模,并推导出了基于高斯超几何函数的收敛时间表达式,证明了非奇异快速终端模块的收敛速度要快于非奇异终端滑模的收敛速度。此外,控制量中不包含负幂次项,避免了奇异现象。

2.6 全局终端滑模

Park 等[25]在线性滑模中引入了特殊的辅助函数,构造了一种新的适用于二阶系统的终端滑模,且无奇异现象,收敛时间可任意指定,同时消除了滑模到达阶段。庄开宇等[26]针对一类高阶非线性系统,设计了一种基于高次幂多项式的全局终端滑模控制策略,克服了 Park 等滑模面导数不连续的缺点。Liu 等[27]结合全局终端滑模和动态滑模,通过直接设计控制量的导数来削弱抖振,并保证了有限时间收敛特性。我们基于全局终端滑模设计了一种高阶滑模控制器[28]。郭益深等[29]针对一类 MIMO 非线性系统,提出了一种形式较为简单的全局终端滑模。

全局终端滑模本质上是一种时变滑模,需要精确的状态初始信息,且要保证系统状态全程处于滑模面上。

2.7 基于恒等变换的非奇异终端滑模

Yu 等[30]提出了一种避开奇异的终端滑模和快速终端滑模及其递阶形式。Li 等[31]在此基础上引入了辅助函数,改进了滑模控制策略。我们基于固定时间理论和双幂次型快速终端滑模,提出了一种避开奇异的快速终端滑模,给出了收敛时间上界的估计。这种非奇异终端滑模具有与双幂次型快速终端滑模相同的收敛速度,且收敛时间不依赖于系统状态初值的上界[32]。Zuo[33]基于双幂次型终端滑模构造了另一种形式的避免奇异的终端滑模。

2.8 其他形式的终端滑模

Yu 等[34]针对分数幂次引起的复数问题,提出了终端滑模、快速终端滑模、非奇异终端滑模对应的实数幂次型。Hong 等[35]针对一类高阶非线性系统,设计了区别于标准形式的终端滑模。康宇等[36]提出了一种指数型快速终端滑模,其收敛速度优于快速终端滑模,但仍存在奇异问题。张秀华等[37]提出了一种对数型快速终端滑模。胡庆雷等[38]提出了一种指数形式的非奇异快速终端滑模,在提升收敛速度的同时还避免了奇异问题。赵霞等[39]基于多模态滑模概念设计了一种由线性滑模和非奇异终端滑模组合而成的非奇异快速终端滑模。马悦悦等[40]设计了一种基于终端滑模和非奇异终端滑模的复合滑模,并采用分阶段控制提高了收敛速度。李高鹏等[41]根据终端滑模控制机理构造了终端函数准则。Jo 等[42]分析了终端滑模的一般化设计。蒲明等[28]分析了终端滑模产生奇异的原因,并基于李代数的非奇异判据,给出了两种新型非奇异快速终端滑模及其收敛时间表达式。Chiu[43]针对相对阶为 1 的系统,设计了微分型和积分型终端滑模,并通过递阶形式推广到高相对阶系统。Cruz-Zavala 等[44]避开了传统滑模控制的两步设计方法,通过 Lyapunov 函数直接求解终端滑模控制律。Feng 等[45]针对高阶积分链系统,设计了一种基于有限时间理论的终端滑模面,并通过直接对控制量的导数设计控制律来削弱抖振。

3 滑模到达条件研究进展

Utkin[46]最先讨论了滑模存在的充分条件,此后 Slotine 等提出了滑模到达条件,并指出了系统状态到滑模面的平方"距离"沿所有系统轨线减少。

3.1 滑模趋近律

滑模趋近律决定了滑模到达阶段的品质。高为炳院士分析了等速趋近律、指数趋近律、幂次趋近律等典型趋近律[47];Yu 等[34]提出了快速幂次趋近律;梅红等[48]提出了双幂次趋近律;张瑶等[49]提出了多幂次趋近律。

滑模到达条件要求系统状态等速趋近滑模面,指数趋近律加快了远离滑模面时的趋近速度。幂次趋近律、双幂次趋近律和多幂次趋近律本质上都是连续的,虽消除了抖振,但在受扰时仍存在稳态误差。快速幂次趋近律改善了幂次趋近律在远离滑模面时趋近速度过小的缺点,双幂次趋近律和多幂次趋近律具有全局快速收敛特性。

在终端滑模控制中,结合终端滑模和趋近律,能够整体提升趋近运动和滑模运动的品质。Tang[50]将终端滑模和指数趋近律结合并应用到多级机械臂控制中;张巍巍等[51]提出了一种基于指数趋近律和伪指数趋近律的非奇异终端滑模控制的设计方法,此方法在克服奇异问题的基础上,提高了收敛速度;许波等[52]提出了一种自适应变速指数趋近律。

3.2 有限时间收敛

幂次趋近律、快速幂次趋近律、双幂次趋近律和多幂次趋近律都具有有限时间收敛特性。Bhat等[53]建立了有限时间收敛的判定定理。

3.3 固定时间收敛

双幂次趋近律和多幂次趋近律都具有固定时间收敛特性,Polyakov等[54]给出了固定时间收敛的判定定理,我们论证了双幂次型快速终端滑模也具有固定时间收敛特性[55]。

4 奇异问题

终端滑模控制中的奇异问题是由终端滑模的非线性项引起的,目前的解决方案主要有直接法和间接法两种。间接法主要是指 Wu 等[56]提出的两阶段控制方法,即首先采用其他控制方法迫使系统状态到达非奇异区域,然后切换为终端滑模控制。Feng 等[57]在二阶系统终端滑模控制中引入控制饱和门限,改善了控制奇异现象。直接法是指构造本质上非奇异的终端滑模结构,目前主要有非奇异终端滑模、非奇异快速终端滑模及其各种改进型。

5 抖振问题

传统的滑模控制方法存在固有的抖振问题,终端滑模控制方法亦如此。消除抖振方法有饱和函数、Sigmoid 函数、双曲正切函数等连续化近似方法,神经网络、干扰观测器等不确定性估计补偿方法,以及动态滑模和滑动扇区法[58]。此外,双幂次趋近律等本质上连续的趋近律也能够消除抖振,并改善趋近运动的品质。

6 非匹配不确定系统的终端滑模控制

非匹配不确定系统是终端滑模控制研究的一个重点。鲍晟等[59,60]针对一类非匹配不确定 MIMO 线性系统,设计了特殊的终端滑模面及相应控制策略,使系统状态在有限时间内收敛到平衡点附近邻域内。郑剑飞等[61]针对一类参数严格反馈型的非匹配不确定非线性系统,提出了一种自适应反演终端滑模控制方法。李浩等[62]在此基础上引入了非奇异快速终端滑模。蒲明等[63]采用改进的高阶滑模微分器作为干扰观测器估计非匹配干扰,并设计了非奇异递阶终端滑模控制器。Yang 等[64]采用有限时间观测器估计不匹配干扰,并在非奇异终端滑模控制中加以补偿。

7 输入受限系统的终端滑模控制

李静等[65]针对吸气式高超声速飞行器,引入了反正切函数防止控制饱和。Ding 等[66]通过改进非奇异终端滑模,处理二阶系统的输入受限问题。Hu 等[67]设计了基于反正切函数的有限时间快速终端滑模控制律。

8 离散终端滑模控制

Janardhanan 等[68]分析了终端滑模的离散化问题,并指出离散化后易失去有限时间收敛性。Abidi 等[69]结合线性滑模和终端滑模,提出了一种离散终端滑模控制方法。Li 等[70]分析了终端滑模欧拉离散化后的动态性能。Du 等[71]分析了离散快速终端滑模的动态性能。

9 结论与展望

终端滑模控制方法具有优良的收敛特性和鲁棒性,在快速收敛特性方面已经取得了丰富的理论成果,但在控制奇异、抖振、不匹配干扰、控制输入受限、时间离散化等方面的研究尚不充分。

终端滑模在未来一段时间内仍然是控制理论与控制工程学科重要的前沿领域,一些可能的研究和发展方向包括:① 借助固定时间收敛理论,研究可能的固定时间非奇异终端滑模;② 进一步研究趋近律特性,分析稳态误差界,结合观测器、自适应、神经网络、模糊控制等方法,设计弱抖振、强鲁棒性的滑模控制策略;③ 通过构造合适的辅助函数来消除奇异,保证闭环系统的快速收敛特性;④ 借助任意阶精确鲁棒微分器等手段,研究直接设计终端滑模控制器的方法;⑤ 深入研究控制受限有限时间/固定时间滑模控制的设计和分析方法;⑥ 发展和完善离散时间终端滑模控制的理论和方法。

参考文献

[1] Slotine J J, Sastry S S. Tracking control of non-linear systems using sliding surfaces with application to robot manipulators [J]. International Journal of Control, 1983, 38 (2):465-492.

[2] Utkin V, Guldner J, Shijun M. Sliding Mode Control in Electromechanical Systems [M]. Taylor & Francis, 1999.

[3] Feng Y, Yu X H, Man Z H. Non-singular terminal sliding mode control of rigid manipulators [J]. Automatica, 2002, 38(12):2159-2167.

[4] Huerta H, Loukianov A G, Canedo J M. Multimachine power-system control: Integral-SM approach [J]. IEEE Transactions on Industrial Electronics, 2009, 56 (6): 2229-2236.

[5] 蒲明,吴庆宪,姜长生,等.基于二阶动态 Terminal 滑模的近空间飞行器控制[J].宇航学报,2010,31(4):1056-1062.

[6] 支强,蔡远利.基于非线性干扰观测器的KKV气动力/直接

力复合控制器设计[J]. 控制与决策,2012,27(4):579-583.
[7] 高海燕,蔡远利. 高超声速飞行器的滑模预测控制方法[J]. 西安交通大学学报,2014,48(1):67-72.
[8] Gao J W,Cai Y L. Fixed-time control for spacecraft attitude tracking based on quaternion [J]. Acta Astronautica,2015, 115:303-313.
[9] 高海燕,蔡远利,唐伟强. 基于 LMI 的高超声速飞行器滑模预测控制[J]. 飞行力学,2016,34(5):49-53.
[10] Gao J W,Cai Y L. Adaptive finite-time control for attitude tracking of rigid spacecraft [J]. Journal of Aerospace Engineering,2016,29(4):04016016.
[11] Gao J W,Cai Y L. Robust adaptive finite time control for spacecraft global attitude tracking maneuvers [J]. Proceedings of the Institution of Mechanical Engineers Part G:Journal of Aerospace Engineering, 2016, 230(6): 1027-1043.
[12] 胡翌玮,蔡远利. 主动防御的滑模制导算法研究[J]. 导弹与航天运载技术,2018,359(1):63-68.
[13] Zak M. Terminal attractors for addressable memory in neural network [J]. Physics Letters A, 1988, 133(1/2): 18-22.
[14] Venkataraman S T,Gulati S. Terminal sliding modes:A new approach to nonlinear control synthesis [C]//91 ICAR, Fifth International Conference on Advanced Robotics, Robots in Unstructured Environments,1991:443-448.
[15] Man Z,Paplinski A P,Wu H R. A robust MIMO terminal sliding mode control scheme for rigid robotic manipulators [J]. IEEE Transactions on Automatic Control, 1994, 39 (12):2464-2469.
[16] Yu X H, Man Z H. Model reference adaptive control systems with terminal sliding modes [J]. International Journal of Control,1996,64(6):1165-1176.
[17] Man Z,Xing H Y. Terminal sliding mode control of MIMO linear systems [J]. IEEE Transactions on Circuits and Systems I:Fundamental Theory and Applications,1997,44 (11):1065-1070.
[18] Yu X H, Man Z H. Fast terminal sliding-mode control design for nonlinear dynamical systems [J]. IEEE Transactions on Circuits and Systems I:Fundamental Theory and Applications,2002,49(2):261-264.
[19] Feng Y, Han X, Wang Y, et al. Second-order terminal sliding mode control of uncertain multivariable systems [J]. International Journal of Control,2007,80(6):856-862.
[20] 穆朝絮,余星火,孙长银. 非奇异终端滑模控制系统相轨迹和暂态分析[J]. 自动化学报,2013,39(6):902-908.
[21] Yu X H,Man Z,Wu Y Q. Terminal sliding modes with fast transient performance [C]//Proceedings of the 36th IEEE Conference on Decision and Control,1997:962-963.
[22] Yang L,Yang J Y. Nonsingular fast terminal sliding-mode control for nonlinear dynamical systems [J]. International Journal of Robust and Nonlinear Control, 2011, 21(16): 1865-1879.
[23] 蒲明,吴庆宪,姜长生,等. 新型快速 Terminal 滑模及其在近空间飞行器上的应用[J]. 航空学报,2011,32(7):1283-1291.
[24] 李升波,李克强,王建强,等. 非奇异快速的终端滑模控制方法及其跟车控制应用[J]. 控制理论与应用,2010,27(5):543-550.
[25] Park K B,Tsuji T. Terminal sliding mode-control of second-order nonlinear uncertain systems [J]. International Journal of Robust and Nonlinear Control,1999,9(11):769-780.
[26] 庄开宇,张克勤,苏宏业,等. 高阶非线性系统的 Terminal 滑模控制[J]. 浙江大学学报(工学版),2002,36(5):482-485;539.
[27] Liu J K,Fuchun S. A novel dynamic terminal sliding mode control of uncertain nonlinear systems [J]. Journal of Control Theory and Applications,2007,5(2):189-193.
[28] Tang W Q, Cai Y L. High-order sliding mode control design based on adaptive terminal sliding mode [J]. International Journal of Robust and Nonlinear Control, 2013, 23(2): 149-166.
[29] 郭益深,孙富春. 一类具有参数不确定 n 阶多输入多输出非线性系统的 Terminal 滑模控制[J]. 控制理论与应用,2013, 30(3):324-329.
[30] Yu S,Du J,Yu X, et al. A novel recursive terminal sliding mode with finite-time convergence [C]. Proceedings of the 17th World Congress, the International Federation of Automatic Control,2008:5945-5949.
[31] Li H, Dou L, Su Z. Adaptive nonsingular fast terminal sliding mode control for electromechanical actuator [J]. International Journal of Systems Science, 2011, 44(3): 401-415.
[32] Li H J, Cai Y L. On SFTSM control with fixed-time convergence [J]. IET Control Theory and Applications, 2017,11(6):766-773.
[33] Zuo Z. Non-singular fixed-time terminal sliding mode control of non-linear systems [J]. IET Control Theory and Applications,2015,9(4):545-552.
[34] Yu S H, Yu X H, Shirinzadeh B, et al. Continuous finite-time control for robotic manipulators with terminal sliding mode [J]. Automatica,2005,41(11):1957-1964.
[35] Hong Y G,Yang G W,Cheng D Z, et al. A new approach to terminal sliding mode control design [J]. Asian Journal of Control,2005,7(2):177-181.
[36] 康宇,奚宏生,季海波. 有限时间快速收敛滑模变结构控制[J]. 控制理论与应用,2004,21(4):623-626.
[37] 张秀华,徐炳林,赵宇. 有限时间收敛的 Terminal 滑模控制设计[J]. 控制工程,2008,15(6):637-639.
[38] 胡庆雷,姜博严,石忠. 基于新型终端滑模的航天器执行器故障容错姿态控制[J]. 航空学报,2014,35(1):249-258.
[39] 赵霞,姜玉宪,耿云洁,等. 基于多模态滑模的快速非奇异终端滑模控制[J]. 北京航空航天大学学报, 2011, 37(1): 110-113.
[40] 马悦悦,唐胜景,郭杰. 基于 ESO 的复合滑模面非奇异 Terminal 滑模控制[J]. 控制与决策,2015,30(1):76-80.
[41] 李高鹏,雷军委,马颖亮. 全局一致终端滑模控制[J]. 上海航天,2008,25(1):36-38.
[42] Jo Y H, Lee Y H, Park K B. Design of generalized terminal sliding mode control for second-order systems [J]. International Journal of Control, Automation and Systems, 2011,9(3):606-610.
[43] Chiu C S. Derivative and integral terminal sliding mode control for a class of MIMO nonlinear systems [J].

Automatica, 2012, 48(2):316-326.

[44] Cruz-Zavala E, Moreno J A, Fridman L. Fast second-order sliding mode control design based on Lyapunov function [C]//2013 IEEE 52nd Annual Conference on Decision and Control (CDC), 2013:2858-2863.

[45] Feng Y, Han F, Yu X. Chattering free full-order sliding-mode control [J]. Automatica, 2014, 50(4):1310-1314.

[46] Utkin V I. Variable structure systems with sliding modes [J]. IEEE Transactions on Automatic Control, 1977, 22(2):212-222.

[47] 高为炳. 变结构控制的理论及设计方法[M]. 北京:科学出版社, 1996.

[48] 梅红, 王勇. 快速收敛的机器人滑模变结构控制[J]. 信息与控制, 2009, 38(5):552-557.

[49] 张瑶, 马广富, 郭延宁, 等. 一种多幂次滑模趋近律设计与分析[J]. 自动化学报, 2016, 42(3):466-472.

[50] Tang Y. Terminal sliding mode control for rigid robots [J]. Automatica, 1998, 34(1):51-56.

[51] 张巍巍, 王京. 基于指数趋近律的非奇异Terminal滑模控制[J]. 控制与决策, 2012, 27(6):909-913.

[52] 许波, 朱熀秋. 自适应非奇异终端滑模控制及其在BPMSM中的应用[J]. 控制与决策, 2014, 29(5):833-837.

[53] Bhat S P, Bernstein D S. Finite-time stability of continuous autonomous systems [J]. SIAM Journal on Control and Optimization, 2000, 38(3):751-766.

[54] Polyakov A. Nonlinear feedback design for fixed-time stabilization of linear control systems [J]. IEEE Transactions on Automatic Control, 2012, 57(8):2106-2110.

[55] 李慧洁, 蔡远利. 基于双幂次趋近律的滑模控制方法[J]. 控制与决策, 2016, 31(3):498-502.

[56] Wu Y Q, Yu X H, Man Z H. Terminal sliding mode control design for uncertain dynamic systems [J]. Systems & Control Letters, 1998, 34(5):281-287.

[57] Feng Y, Yu X, Han F. On nonsingular terminal sliding-mode control of nonlinear systems [J]. Automatica, 2013, 49(6):1715-1722.

[58] Xu J X, Lee T H, Wang M, et al. Design of variable structure controllers with continuous switching control [J]. International Journal of Control, 1996, 65(3):409-431.

[59] 鲍晟, 冯勇, 郑雪梅. 非匹配不确定MIMO线性系统的终端滑模控制[J]. 控制与决策, 2003, 18(5):531-534;539.

[60] 郑雪梅, 冯勇, 鲍晟. 非匹配不确定系统的终端滑模分解控制[J]. 控制理论与应用, 2004, 21(4):617-622.

[61] 郑剑飞, 冯勇, 郑雪梅, 等. 不确定非线性系统的自适应反演终端滑模控制[J]. 控制理论与应用, 2009, 26(4):410-414.

[62] 李浩, 窦丽华, 苏中. 非匹配不确定系统的自适应反步非奇异快速终端滑模控制[J]. 控制与决策, 2012, 27(10):1584-1587;1592.

[63] 蒲明, 吴庆宪, 姜长生, 等. 非匹配不确定高阶非线性系统递阶Terminal滑模控制[J]. 自动化学报, 2012, 38(11):1777-1793.

[64] Yang J, Li S H, Su J Y, et al. Continuous nonsingular terminal sliding mode control for systems with mismatched disturbances [J]. Automatica, 2013, 49(7):2287-2291.

[65] 李静, 左斌, 段洣毅, 等. 输入受限的吸气式高超声速飞行器自适应Terminal滑模控制[J]. 航空学报, 2012, 33(2):220-233.

[66] Ding S H, Zheng W X. New design method of sliding mode controller for a class of nonlinear second-order systems [C]//2014 IEEE International Symposium on Circuits and Systems (ISCAS), 2014:2784-2787.

[67] Hu Q, Tan X, Akella M R. Finite-time fault-tolerant spacecraft attitude control with torque saturation [J]. Journal of Guidance, Control, and Dynamics, 2017, 40(10):2524-2537.

[68] Janardhanan S, Bandyopadhyay B. On discretization of continuous-time terminal sliding mode [J]. IEEE Transactions on Automatic Control, 2006, 51(9):1532-1536.

[69] Abidi K, Xu J X, She J H. A discrete-time terminal sliding-mode control approach applied to a motion control problem [J]. IEEE Transactions on Industrial Electronics, 2009, 56(9):3619-3627.

[70] Li S, Du H, Yu X. Discrete-time terminal sliding mode control systems based on euler's discretization [J]. IEEE Transactions on Automatic Control, 2014, 59(2):546-552.

[71] Du H, Yu X, Li S. Dynamical behaviors of discrete-time fast terminal sliding mode control systems [M]. Berlin: Springer International Publishing, 2015:77-97.

基于非负矩阵分解的往复式压缩机故障数据聚类算法

孔晗旸[1]，杨清宇[1,2]，蔡远利[1]，乃永强[1]，张志强[1]

(1. 西安交通大学电子与信息工程学院,陕西西安,中国,710049;2. 机械制造系统工程国家重点实验室,陕西西安,中国,710049)

摘　要：往复式压缩机结构复杂，呈现出强耦合的非线性特征，且其工作环境恶劣，故障诱因较多。本文提出了一种基于非负矩阵分解的往复式压缩机故障数据聚类算法，首先利用平方Euclidean距离的概念建立了误差矩阵 E 的代价函数，其次利用三种不同的非负矩阵分解算法对代价函数进行求解，最后根据分解后的基矩阵和系数矩阵确定数据所属的分类。在往复式压缩机故障数据集上的测试结果表明，与其他聚类算法相比，该方法可对不同类型的故障进行准确分类，具有良好的应用前景和实用价值。

关键词：非负矩阵分解；聚类；故障诊断；往复式压缩机

中图分类号：TP181

Clustering Algorithm for Reciprocating Compressor Fault Data Based on Non-negative Matrix Factorization

Kong Hanyang[1], Yang Qingyu[1,2], Cai Yuanli[1], Nai Yongqiang[1], Zhang Zhiqiang[1]

(1. School of Electronic & Information Engineering, Xi'an Jiao tong University, Shaanxi, Xi'an, 710049;
2. SKLMSE Lab, Xi'an Jiao tong University, Shaanxi, Xi'an, 710049)

Abstract: The structure of reciprocating compressor is complex, which is a strongly coupled nonlinear system. The working conditions of reciprocating compressor are harsh. It has lots of fault inducement. In this paper, we propose a method of clustering the fault data of reciprocating compressor based on non-negative matrix decomposition. First, we establish the cost function of the error matrix E by using the concept of square Euclidean distance. Then we solve the cost function in three different non-negative matrix decomposition algorithms and determine the classification of data based on the decomposed basis matrix and coefficient matrix. The test result on the reciprocating compressor fault data set shows that, compared with other clustering algorithms, the method can classify different types of faults accurately, which has good application prospect and practical value.

Key words: Non-negative Matrix Decomposition; Clustering; Fault Diagnosis; Reciprocating Compressor

1　引言

往复式机械是利用曲轴连杆机构将曲轴旋转运动转换为活塞往复运动，或将活塞往复运动转换为曲轴旋转运动的一类机械设备的总称，在工业生产和日常生活中应用非常广泛。由于往复式压缩机的结构复杂、激励元众多，是一个非线性、强耦合的系统，且其工作环境非常恶劣，容易发生故障，对工业生产造成重大影响，因此有必要对其进行及时的故障诊断[1]。

故障诊断从本质上讲是解决故障数据的分类/聚类问题，聚类作为一种数据挖掘的重要方法，在故障诊断领域有着非常广泛的应用。文献[2]提出了一种基于K-means聚类的压缩机连轴机构的故障诊断算法，该方法明显提高了算法的收敛速度，但是该算法在求解某些问题时仍然会陷入局部最优；文献[3]提出了一种基于欧氏加权距离核的谱聚类方法，采用聚类样本之间的欧氏加权距离测度进行相似性度量，创建相似度矩阵，并对样本数据进行聚类，但相比于其他无监督聚类算法，由于该算法需要计算相似度矩阵，所以计算复杂度较高。

针对以上问题，本文提出了一种基于非负矩阵分解的往复式压缩机故障聚类方法。首先利用平方欧氏距离的概念建立了误差矩阵 E 的代价函数，然后利用三种不同的非负矩阵分解算法对代价函数进行求解，最后根据分解

作者简介：杨清宇(1974—)，男，教授，博士生导师，研究方向为故障诊断与容错控制、智能电网信息安全、智能控制技术等。

后的基矩阵和系数矩阵确定数据所属的分类。通过仿真试验证实,基于非负矩阵分解的聚类算法相比于传统聚类算法有着非常明显的优越性。

本文的后续内容安排如下:第 2 节介绍了三种不同的非负矩阵分解方法与神经中枢手术优化算法;第 3 节介绍了非负矩阵分解算法在数据聚类中的应用;第 4 节对本文提出的算法在往复式压缩机试验平台上进行了仿真验证;第 5 节对全文进行了总结。

2 非负矩阵分解(NMF)算法

非负矩阵分解算法是由 D. D. Lee 和 H. S. Seung 提出的一种多元统计分析的方法[4]。非负矩阵分解的实质是:通过某种适当的分解或变换,将高维数据分解为非负低维数组的线性组合,从而抽取出高维数据的显著特征。这种基于基向量组与系数矩阵结合的形式具有很直观的意义,它在一定程度上反映了"由局部构成整体"的思维方式。传统线性降维方法,如主成分分析、独立成分分析,其特点是系数向量的元素通常取正值或负值,很少有零值的出现,这说明在上述线性数据分析方法中,几乎所有基向量都参与到了原始数据的拟合之中。与上述线性数据分析方法不同的是,非负矩阵分解方法对基向量和系数矩阵都作了非负性的约束,这意味着参与拟合的基向量个数会减少很多,这使得经非负矩阵分解方法提取出的基向量显著性更高。另外,对系数矩阵的非负性约束有利于产生稀疏编码。

令
$$x(j) = [x_1(j), x_2(j), \cdots, x_M(j)]^T \in \mathbf{R}_+^{M \times 1} \quad (1)$$
和
$$h(j) = [h_1(j), h_2(j), \cdots, h_K(j)]^T \in \mathbf{R}_+^{K \times 1} \quad (2)$$
分别代表往复式压缩机的 M 个传感器在离散时间 j 采集到的非负数据向量和与其对应的 K 维系数向量,则非负数据向量的数学模型可由式(3)表示:

$$\begin{bmatrix} x_1(j) \\ x_2(j) \\ \vdots \\ x_M(j) \end{bmatrix} = \begin{bmatrix} w_{11} & w_{12} & \cdots & w_{1K} \\ w_{21} & w_{22} & & w_{2K} \\ \vdots & & \ddots & \vdots \\ w_{M1} & w_{M2} & \cdots & w_{MK} \end{bmatrix} \begin{bmatrix} h_1(j) \\ h_2(j) \\ \vdots \\ h_M(j) \end{bmatrix} \quad (3)$$

或
$$x(j) = Wh(j) \quad (4)$$
式中,$W = [w_1, w_2, \cdots, w_K] \in \mathbf{R}^{M \times K}$ 为基矩阵,$h(j)$ 为对应 $x(j)$ 的系数向量。

非负矩阵分解方程 $X = WH$ 的求解问题可以由如下方法描述:给定一个非负矩阵 $X \in \mathbf{R}_+^{N \times M}$,由 X 求得未知矩阵 $W \in \mathbf{R}_+^{N \times K}$ 和 $H \in \mathbf{R}_+^{K \times M}$,使得
$$X = WH + E \quad (5)$$
或
$$X_{ij} = [WH]_{ij} + E_{ij} = \sum_{k=1}^{K} a_{ik} s_{kj} + e_{ij} \quad (6)$$
其中,$E \in \mathbf{R}^{M \times N}$ 为误差矩阵,$W \in \mathbf{R}^{M \times K}$ 为基矩阵,$H \in \mathbf{R}^{K \times M}$ 为系数矩阵,$X \in \mathbf{R}^{M \times N}$ 为数据矩阵。

经分析可知,如果 W 和 H 是 X 经非负矩阵分解得到的矩阵,那么对于任意正对角矩阵 D 来说,WD 和 $D^{-1}H$ 同样满足 $X = WH$,这样得到的解并不唯一。由此,可归一化基矩阵 W 的列向量为

$$h_{ij} \leftarrow h_{ij} \sqrt{\sum_i w_{ij}^2} \quad (7)$$

$$w_{ij} \leftarrow \frac{w_{ij}}{\sqrt{\sum_i w_{ij}^2}} \quad (8)$$

2.1 平方 Euclidean 距离最小化的乘法算法

1. 平方 Euclidean 距离

非负矩阵分解的本质是一个最优化的问题,代价函数通常为某种散度函数。当误差近似服从正态分布时,非负矩阵分解一般使用误差矩阵 E 的平方 Euclidean 距离作为代价函数[5],即

$$\begin{aligned} D_E(X \parallel WH) &= \parallel X - WH \parallel_2^2 \\ &= \frac{1}{2} \sum_{i=1}^{N} \sum_{j=1}^{M} (x_{ij} - [WH]_{ij})^2 \end{aligned} \quad (9)$$

其中,$[WH]_{ij}$ 表示矩阵乘积 WH 的第 i 行、第 j 列元素。值得注意的是,该优化问题对于 W 或 H 都是凸的,但是当矩阵 W 和 H 同时作为变元时,该优化问题是非凸的。

2. 平方 Euclidean 距离最小化的乘法算法(MM)

对于无约束问题
$$\min D_E(X \parallel WH) = \frac{1}{2} \parallel X - WH \parallel_2^2 \quad (10)$$
其梯度下降算法为
$$w_{ik} \leftarrow w_{ik} - \lambda_{ik} \frac{\partial D_E(X \parallel WH)}{\partial w_{ik}} \quad (11)$$
$$h_{kj} \leftarrow h_{kj} - \mu_{kj} \frac{\partial D_E(X \parallel WH)}{\partial h_{kj}} \quad (12)$$
其中
$$\frac{\partial D_E(X \parallel WH)}{\partial w_{ik}} = -[(X - WH)H^T]_{ik} \quad (13)$$
$$\frac{\partial D_E(X \parallel WH)}{\partial h_{kj}} = [W^T(X - WH)]_{kj} \quad (14)$$
分别为代价函数对 w_{ik} 和 h_{kj} 的梯度,λ_{ik} 和 μ_{kj} 分别为代价函数对 w_{ik} 和 h_{kj} 梯度下降的步长。

若令步长
$$\lambda_{ik} = \frac{w_{ik}}{[WHH^T]_{ik}}, \quad i = 1,2,\cdots,N; k = 1,2,\cdots,K \quad (15)$$

$$\mu_{kj} = \frac{h_{kj}}{[W^T WH]_{kj}}, \quad k = 1,2,\cdots,K; j = 1,2,\cdots,M \quad (16)$$

则梯度下降算法会转变为乘法算法:
$$w_{ik} \leftarrow w_{ik} \frac{[XH^T]_{ik}}{[WHH^T]_{ik}} \quad (17)$$
$$h_{kj} \leftarrow h_{kj} \frac{[W^T X]_{kj}}{[W^T WH]_{kj}} \quad (18)$$

由上式可以看出,乘法算法会针对不同的变元选择不同的步长,且这种步长是自适应的。也正是因为乘法算法

具有自适应步长的特点,才能大幅度地提高梯度算法的性能。

2.2 约束交替非负最小二乘算法(ALS)

考虑到非负矩阵分解 $X = WH$ 的优化问题

$$\begin{cases} \min \frac{1}{2}(\|X - WH\|_F^2 + \alpha \|W\|_F^2 + \beta \|H\|_F^2) \\ \text{s.t.} \quad W, H > 0 \end{cases} \quad (19)$$

上式中,α 和 β 是正则化系数。

上述加入正则化项的非负矩阵最小二乘问题可以分解为两个交替加入正则化的非负矩阵最小二乘问题[6,7],可表示如下:

$$\min_H J_1(H) = \frac{1}{2}\|X - WH\|_F^2 + \frac{1}{2}\beta\|H\|_F^2 \quad (20)$$

和

$$\min_W J_2(W^T) = \frac{1}{2}\|X^T - H^T W^T\|_F^2 + \frac{1}{2}\alpha\|W\|_F^2 \quad (21)$$

由此可得梯度矩阵

$$\frac{\partial J_1(H)}{\partial H} = -W^T X + W^T W H + \beta H \quad (22)$$

和

$$\frac{\partial J_2(W^T)}{\partial W} = -HX^T + HH^T W^T + \alpha W^T \quad (23)$$

由上述梯度矩阵不难发现,可以采用乘法算法求解两个交替非负最小二乘问题。由式(22)和式(23)可得梯度算法

$$H_{kj} \leftarrow H_{kj} + \lambda_{kj}[W^T X - WW^T H - \beta H]_{kj} \quad (24)$$
$$W_{ik}^T \leftarrow W_{ik}^T + \mu_{ik}[XH^T - WHH^T - \alpha W]_{ik} \quad (25)$$

若选择步长

$$\lambda_{kj} = \frac{H_{kj}}{[WW^T H + \beta H]_{kj}} \quad (26)$$

$$\mu_{ik} = \frac{W_{ik}}{[WHH^T + \alpha W]_{ik}} \quad (27)$$

则式(22)和式(23)可转换为乘法算法

$$H_{kj} \leftarrow H_{kj} \frac{[W^T X]_{kj}}{[WW^T H + \beta H]_{kj}} \quad (28)$$

$$W_{ik}^T \leftarrow W_{ik}^T \frac{[XH^T]_{ik}}{[WHH^T + \alpha W]_{ik}} \quad (29)$$

2.3 基于神经中枢手术(OBS)优化算法的交替非负最小二乘算法(ALSOBS)

理论研究和仿真结果告诉我们,减少或控制模型中非零参数的数量或者使用的特征数量,能够在保持相同计算性能的前提下降低计算成本,删除模型中不真正使用的特征可以加速推断和计算过程。目前至少有三种方法能够做到上述要求,分别为正则化、修剪和增长。其中,修剪方法适用于处理规模大、复杂度高的数据集,删除已得模型中冗余的特征或参数,可以说修剪是一种对结构的最优化手段,即找出模型最主要的特征来获得最佳性能。

在修剪技术中,由 Hassibi 和 Stork[8] 提出的神经中枢手术优化算法(OBS)有着很好的效果,故本文将 OBS 算法应用于非负矩阵分解中,从而减少基矩阵 W 和系数矩阵 H 的冗余。本文只介绍采用 OBS 算法对基矩阵 W 进行剪枝的流程,对系数矩阵 H 进行 OBS 剪枝的流程与对基矩阵 W 进行剪枝的流程相同。

首先,假设非负矩阵分解的误差已经达到局部最小值,并记误差关于基矩阵 W 的函数为

$$E = \|X - WH\|_2^2 \quad (30)$$

则误差函数的泰勒展开式为

$$\Delta E = \left(\frac{\partial E}{\partial W}\right)^T \cdot \Delta W + \frac{1}{2}\Delta W^T \cdot M \cdot \Delta W + o(\|\Delta W\|^3) \quad (31)$$

其中,$M = \frac{\partial^2 E}{\partial W^2}$ 为黑塞矩阵。由于误差函数已经达到了局部最小值,因此可将误差函数 E 关于基矩阵 W 的一阶偏导 $\frac{\partial E}{\partial W}$ 项消除,同时可忽略高阶项。

OBS 算法的目标是设法将其中的一个特殊值 w_q 趋于零,同时保证 w_q 趋于零后误差 ΔE 最小化。这个特殊值 w_q 应满足以下等式:

$$l_q^T \cdot \Delta W + w_q = 0 \quad (32)$$

其中,l_q 为第 q 个元素为1,其余元素均为零的向量。由此,需要解决的问题变为

$$\min_q \left\{ \min_{\Delta W} \left(\frac{1}{2}\Delta W^T \cdot M \cdot \Delta W\right) \mid l_q^T \cdot \Delta W + w_q = 0 \right\} \quad (33)$$

引入拉格朗日函数

$$L = \frac{1}{2}\Delta W^T \cdot M \cdot \Delta W + \lambda(l_q^T \cdot \Delta W + w_q) \quad (34)$$

其中,λ 是拉格朗日乘子。根据拉格朗日函数,利用泛函导数以及约束条件求出最优的权值变化和由此产生的误差变化分别为

$$\Delta W = -\frac{w_q}{[M^{-1}]_{qq}} M^{-1} \cdot l_q \quad (35)$$

$$L_q = \frac{1}{2} \frac{w_q^2}{[M^{-1}]_{qq}} \quad (36)$$

这里称 L_q 为 w_q 的显著值,即除去特殊值 w_q 后所引起的均方误差增量。由于 $L_q \propto w_q^2$,因此越小的特殊权 w_q 对均方误差的影响越小。

综上,可以将基于 OBS 的非负矩阵分解算法的具体步骤整理如下:

step 1 随机初始化基矩阵 W 和系数矩阵 H。

repeat:

step 2 由式(28)和(29)计算出由约束交替非负最小二乘算法求得的新的基矩阵 W 和系数矩阵 H,并计算出误差函数 E。关于 W 和 H 的黑塞矩阵,分别记为 M_W 和 M_H,不难得出

$$M_W = H \cdot H^T \quad (37)$$
$$M_H = W^T \cdot W \quad (38)$$

并根据式(36)找出使显著值 L_q 取值最小的特殊值 w_q。

if 显著值 $L_q \gg$ 误差 E:

step 3 根据式(35),利用从 step 2 得到的 q 值更新所有基矩阵,然后转入 step 2。

end

3 非负矩阵分解算法在数据聚类中的应用

聚类就是采用恰当的数学方法,按照数据对象之间的关联性、相似性和疏密程度,把 m 维空间 $\mathbf{R}^m$ 中的 n 个数据归属到 c 个类中的某一类的过程。该过程是一种无监督的训练过程,即没有任何关于分类的先验知识与结果。目前,主流聚类算法的分类如图 1 所示。

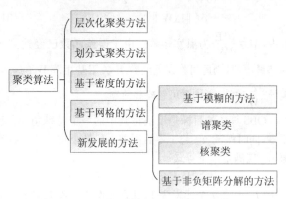

图 1 聚类算法分类

在各种主流聚类算法中,基于 NMF 的聚类算法相比于其他聚类算法有着特有的优点:实现过程简单;分解得到的结果中不存在负值,且具有直观的可解释性和物理意义,数据矩阵 $\mathbf{X}=(x_1,x_2,\cdots,x_N)\in\mathbf{R}^{M\times N}$ 中的每一列向量 x_i 可以看作是基矩阵 $\mathbf{W}=[w_1,w_2,\cdots,w_K]\in\mathbf{R}_+^{M\times K}$ 的加权和,权重为系数矩阵 $\mathbf{H}\in\mathbf{R}_+^{K\times N}$ 的对应列向量中的元素。因此,可以将权重矩阵中每一列向量 $h_i=[h_{i1},h_{i2},\cdots,h_{iK}]^T$ 中的每一元素 h_{ij} 看作数据向量 x_j 对每个基向量 $w_1,w_2,\cdots,w_K$ 的归属程度,元素值越大,则表示对应基向量的归属程度越高。由此,只需根据系数矩阵 $\mathbf{H}\in\mathbf{R}_+^{K\times N}$ 的每一列最大元素所在行位置便可确定数据向量 x_j 的分类结果[9]。

本文所描述的基于 NMF 算法的聚类算法可描述如下:

输入:需要聚类的数据集 D(共 N 组数据)和聚类群个数 K,$K\ll N$。

输出:每个数据向量 x_j 的所属群 c。

step 1 为数据集 D 构建数据矩阵 $\mathbf{X}\in\mathbf{R}^{M\times N}$,$\mathbf{X}$ 中的每一列代表在不同时刻采集到的 M 维数据向量。

step 2 运用非负矩阵分解(NMF)算法将 $\mathbf{X}$ 分解为两个非负矩阵 $\mathbf{W}$ 和 $\mathbf{H}$。

step 3 使用式(7)和式(8)对矩阵 $\mathbf{W}$ 和 $\mathbf{H}$ 进行归一化,以保证误差函数 E 唯一。

step 4 利用系数矩阵 $\mathbf{H}$ 来确定每一个数据向量 x_j 的群标签。具体来说,找出系数矩阵 $\mathbf{H}$ 的每一列向量 h_i 中的最大元素 $c=\arg\max_i(h_{i1},h_{i2},\cdots,h_{iK})$,然后将数据向量 x_j 分配到第 c 个群中。

4 试验结果与分析

4.1 试验平台与试验数据介绍

本文试验对象是一台包括两套一级缸组件和一套二级缸组件的 W-0.6/12.5-S 型往复式压缩机,如图 2 所示。

图 2 W-0.6/12.5-S 型往复式压缩机

该往复式压缩机平台设置 8 路传感器进行热力参数采集,传感器设置分别为一级缸 A 排气温度 T1、一级缸 B 排气温度 T2、二级缸进气温度 T3、二级缸排气温度 T4、一级缸 A 排气压力 P1、一级缸 B 排气压力 P2、二级缸进气压力 P3、二级缸排气压力 P4。试验中以 200 Hz 的采样频率先后采集了正常工况(F1)、一级缸进气阀轻微泄漏(F2)和严重泄漏(F3)、二级缸排气阀轻微泄漏(F4)和严重(F5)泄漏共五种工况的数据。每种工况采集 1000 组数据,每组数据为 8 维,共计 5000 组数据。

4.2 聚类算法的评价指标

聚类算法的评价指标与有监督学习中的评价指标作用类似,希望聚类结果类内相似度很高且类间相似度低。对于数据集 $D=\{x_1,x_2,\cdots,x_m\}$,假设通过聚类给出的簇划分为 $C=\{C_1,C_2,\cdots,C_k\}$,参考模型给出的簇划分为 $C^*=\{C_1^*,C_2^*,\cdots,C_s^*\}$,$\lambda$ 和 λ^* 为 C 和 C^* 的簇标记向量,定义

$a=|SS|$,
$$SS=\{(x_i,x_j)\mid \lambda_i=\lambda_j,\lambda_i^*=\lambda_j^*,i<j\} \quad (39)$$
$b=|SD|$,
$$SD=\{(x_i,x_j)\mid \lambda_i=\lambda_j,\lambda_i^*\neq\lambda_j^*,i<j\} \quad (40)$$
$c=|DS|$,
$$DS=\{(x_i,x_j)\mid \lambda_i\neq\lambda_j,\lambda_i^*=\lambda_j^*,i<j\} \quad (41)$$
$d=|DD|$,
$$DD=\{(x_i,x_j)\mid \lambda_i\neq\lambda_j,\lambda_i^*\neq\lambda_j^*,i<j\} \quad (42)$$

由于每个样本对 (x_i,x_j) $(i<j)$ 仅能出现在一个集

合中,因此有
$$a + b + c + d = \frac{m(m-1)}{2} \quad (43)$$
成立。

本文中采用的评价指标为 Rand 指数(R.I.)[10]:
$$R.I. = \frac{2(a+d)}{m(m-1)} \quad (44)$$

容易得出,R.I.的结果均在区间[0,1]内。R.I.值越大,说明聚类效果越好。

4.3 试验结果与分析

在试验中,我们应用如上数据集对不同无监督分类算法进行比较,参与对比的算法有 K-means、谱聚类(NCW-RC 和 NCW-NC)和本文介绍的三种基于非负矩阵分解的聚类算法,分别进行五次试验。本文采用的聚类度量指标为 R.I.,各算法的 R.I.如表 1 和图 3 所示。

表 1 不同聚类算法的 R.I.

算法	试验1	试验2	试验3	试验4	试验5
K-means	0.449	0.512	0.422	0.544	0.438
NCW-RC	0.532	0.526	0.549	0.498	0.522
NCW-NC	0.572	0.532	0.588	0.549	0.581
NMF-MM	0.667	0.707	0.732	0.615	0.686
NMF-ALS	0.659	0.798	0.657	0.782	0.687
NMF-ALSOBS	0.856	0.805	0.879	0.831	0.818

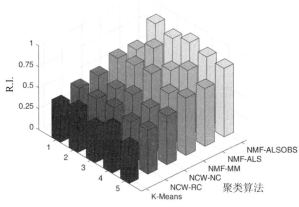

图 3 各聚类算法的 R.I.

由表 1 得出的数据可求得不同聚类算法 R.I.的均值与标准差,如表 2 所示。

表 2 不同聚类算法 R.I.的均值与标准差

算法	R.I.均值	R.I.标准差
K-means	0.4730	0.0027
NCW-RC	0.5254	0.0003
NCW-NC	0.5644	0.0005
NMF-MM	0.6814	0.0020
NMF-ALS	0.7166	0.0047
NMF-ALSOBS	0.8378	0.0009

根据表 1 与表 2 可知:

(1)基于 NMF 的聚类算法结果最好,谱聚类其次,K-means聚类效果不太理想。经分析认为,基于 NMF 算法的聚类效果最好的原因是该算法使得原数据尽量分布于基向量附近,保证了某一子空间与某一基向量有较强的关联性,且不必保证各基向量的正交性;谱聚类算法要保证各基向量的正交性,故不能保证某一子空间与基向量的关联性;对于 K-means 算法来说,初始聚类中心的选取非常影响其聚类结果,故无法保证该算法的精确度和稳定性。

(2)在基于 NMF 算法的聚类结果中,基于 OBS 和约束交替非负最小二乘(ALSOBS)的 NMF 聚类算法效果最好,基于交替乘法算法(MM)的 NMF 聚类算法与基于约束交替非负最小二乘算法(ALS)的 NMF 聚类算法的聚类结果接近。分析认为,在交替非负最小二乘算法的基础上,采用 OBS 算法对基矩阵和系数矩阵进行修剪,能够删除已得模型中冗余的特征或参数并找出模型最主要的特征来获得最佳性能,可以说是一种对结构的最优化手段。

5 结论

本文提出了一种基于非负矩阵分解的往复式压缩机故障数据聚类算法,首先介绍了三种不同的非负矩阵分解(NMF)算法和神经中枢手术优化算法(OBS)。其次,介绍了非负矩阵分解算法在聚类任务中的应用方法。最后,将本文介绍的三种基于非负矩阵分解的聚类算法应用于往复式压缩机故障数据聚类任务中。仿真结果表明,基于非负矩阵分解的往复式压缩机故障数据聚类算法相比于传统聚类算法,准确度有了明显的提高,在三种非负矩阵分解方法中,基于神经中枢手术(OBS)优化算法的非负矩阵分解方法能够获得最好的聚类效果。

参考文献

[1] 苏天波,李严,张毅. 基于特征聚类的压缩机联轴器机构执行故障智能诊断[J]. 智能计算机与应用,2017,7(3):44-47.

[2] 于佐军,秦欢. 基于改进蜂群算法的 K-means 算法[J]. 控制与决策,2018,33(1):181-185.

[3] 赵占飞,梁伟. 天然气压缩机故障信号聚类方法研究[J]. 设备管理与维修,2015(z1):318-321.

[4] Lee D D, Seung H S. Learning the parts of objects by non-negative matrix factorization [J]. Nature, 1999, 401: 788-791.

[5] Lee D D, Seung H S. Algorithms for non-negative matrix factorization [J]. Advances in Neural Information Processing Systems 13 (NIPS 2000), 2001, 13: 556-562.

[6] Langville A N, Meyer C D, Albright R, et al. Algorithms, initializations, and convergence for the nonnegative matrix factorization[EB/OL]. http://langvillea.people.cofc.edu/NMFInitAlgConv.pdf.

[7] Pauca V P, Piper J, Plemmons R J. Nonnegative matrix factorization for spectral data analysis[J]. Linear Algebra

and Its Applications, 2006, 416(1): 29-47.
[8] Hassibi B, Stork D G, Wolff G J. Optimal brain Surgeon and general network pruning [C]//IEEE International Conference on Neural Networks, 1993: 164-171
[9] Xu W, Liu X, Gong Y H. Document clustering based on non-negative matrix factorization [C]//Proceedings of the 26th Annual International ACM SIGIR Conference on Research and Development in Information Retrieval, 2003: 267-273.
[10] Douglas S. Properties of the hubert-arable adjusted rand index[J]. Psychological Methods, 2004, 9(3): 386-396.

Key Technologies in Lithium-ion Battery Management System of Electric Vehicles: Challenges and Recommendations

Wang Yujie, Chen Zonghai

(Department of Automation, University of Science and Technology of China, Anhui, Hefei, 230027)

Abstract: The lithium-ion batteries, with their excellent performance, have been widely used in electric vehicles and hybrid electric vehicles. As an indispensable part of most electric vehicles and hybrid electric vehicles, the battery management system is designed to provide monitoring, diagnosis, control and protecting functions to enhance the operation of the battery packs. More and more attentions have been paid to lithium-ion battery management technology in recent years. This present paper, through the analysis of literatures and in combination with our practical work, gives a brief introduction to the key technologies in battery management system such as lithium-ion battery performance modeling, theory and methods of estimation of the state-of-charge, state-of-energy, state-of-power and state-of-health, and other techniques for equalization, charging and fault diagnoses, in hopes of providing some inspirations to the research of the lithium-ion battery management.

Key words: Battery Management System; System Modeling and Simulation; State Estimation; System Equalization

1 Introduction

Energy and environmental issues have long been challenges facing the world. The grim energy and environmental situation has accelerated the development of new energy transportation and energy technology. The electric vehicles (EV) is considered as one of the important development directions for future automotive. The power battery system is an important component on EVs. In general, the goals for a power system in EVs are: excellent safety, high specific power and energy, long cycle life, and good consistency[1].

As a key component to the battery power system, the battery management systems (BMS) are designed to provide monitoring, diagnosis, control and protecting functions to enhance the operation of the batteries[2,3]. The key technologies of the BMS can be summarized into three parts: ① Battery state estimation. The battery performance is not only evaluated by the state-of-charge (SOC)[4-8], but also evaluated from the state-of-energy (SOE)[9-12], state-of-power (SOP)[13,14] and state-of-health (SOH)[15,16] to realize a comprehensive and accurate estimation. ② Battery equalization[17,18]. The capacities of each component cell can be well matched when a pack is first constructed. However cell inconsistency is inevitable due to inhomogeneous operating environment. The weak cells effectively limit the operating time of system. When the pack is charged, the weak cells reach the over-charge voltage limit before others, so other cells are not charged to their maximum available capacity. Likewise, when the pack is discharged, the weak cells reach their cut-off voltage sooner than the others and shorten the overall working time of the battery pack. Therefore the battery equalization circuits and algorithms are required to extend battery life, improve the cell consistency and efficiency. ③ Battery safe and efficient management[19]. The battery parameters detection is expanded from voltage, current and temperature to connection, insulation, smoke, collision and so on. The fault diagnosis of BMS involves sensor fault, actuator fault, network fault, over charge, over discharge, over current, temperature anomaly, insulation fault, uniformity fault and so on. Battery safe and efficient management also involves safe charge/discharge control, battery thermal management, key data storage and analysis.

作者简介：汪玉洁(1990—)，男，安徽人，博士，研究方向为电动汽车、电池管理系统、电池状态估计等。

Accurate models are important to simulate the dynamic behavior of the of the lithium-ion batteries which are also essential to the system state estimation. Due to different applications and the required accuracy, the battery models cover a wide spectrum. Nevertheless, they can be generally classified into three types: the neural network model[12], the electrochemical model[4] and the equivalent circuit model[20]. The neural network model can obtain high accuracy in certain conditions, however the accuracy and calculation burden of this model are always influenced by the quantity of the training data. Based on the electrochemical mechanism, the electrochemical models can accurately reflect the characteristics of the battery. Based on the dynamic characteristics and working principles of the battery, the equivalent circuit model is developed by using resistors, capacitors, and voltage sources to form a circuit network. In recent years, the equivalent circuit models have been widely used for model based state estimation because of their high accuracy and low complexity.

Many methods have been proposed in the literatures for battery states estimation. The SOC which reflects the residual capacity of the battery is not directly measurable. A general way for SOC estimation is the coulomb counting method[21]. Another approach is the open-circuit voltage (OCV) based method[22]. However, it is hard to catch the real OCV in real time, so this approach is only appropriate in laboratory conditions. To improve the accuracy of coulomb counting method, the model based estimation approaches such as the nonlinear observer[7], extended Kalman filter (EKF)[23-25], unscented Kalman filter (UKF)[26], particle filter (PF)[5], et al. have been proposed. These approaches have attracted more attentions since they can effectively avoid the problems from noise and accumulated error.

The term of "state-of-energy"[27] has been reported in literature. As another key parameter of the battery system, the SOE is used to evaluate the remaining driving range and energy demand. Compared with the SOC which varies linearly with the charge/discharge current, the SOE is no linear with the current because of the consideration of energy loss on the internal resistance, the electrochemical reactions and the decrease of the voltage. For a more complete and applicable battery state estimation, the estimation of SOE is more meaningful to predict the remaining driving range and can indicate the actual available energy of the batteries.

The SOP prediction has become an important branch of the battery state estimation. The most commonly used SOP estimation methods can be divided into two types: ① Hybrid pulse power characterization method which can be used to estimate the instantaneously available power based on the operational design maximum and minimum voltage limits[28]. ② Mutil constraints method which can be used to estimate the continuously available power based on the operational design maximum and minimum voltage, current, SOC and power limits[13].

The SOH is another critical parameter for BMS. An accurate SoH estimation can facilitate the design of a battery system as well as the reliability and safety of battery operation, and makes contributions to determining of the operating conditions, planning of maintenance or replacement schedules, etc. There exist several methods to describe a battery SOH, such as comparing the loss of total available capacity[29], internal resistance[30], dynamic impedance[31], number of cycles[32], etc. The main aging mechanisms include internal resistance growth due to a side reaction at the solid-electrolyte interface (SEI) and loss of active material either through dissolution in the electrolyte or through electrical isolation will cause variation of the battery equivalent model parameters. Thus the battery model based methods can be used for SOH estimation by estimating the internal model parameters that change as the battery ages.

In this paper, we will describe and discuss the key technologies and research methods of the lithium-ion battery BMS. There are three main parts: lithium-ion battery performance modeling, theory and methods of estimation of the SOC, SOE, SOP and SOH, and other techniques for equalization, charging and fault diagnoses.

2 Battery modeling

The lithium-ion batteries are nonlinear electrochemical systems with complex physical and chemical reactions. As one of the most commonly used equivalent circuit model, the Thevenin equivalent circuit model has been widely used in states prediction and control for the lithium-ion system. This model is composed of an open-circuit voltage source which is parameterized as a nonlinear function of the battery SOC, a series resistor which is used to describe the immediate voltage drop after an excitation current, and a parallel RC network, which is used to represent the polarization effects of the battery. The model is shown in Figure 1.

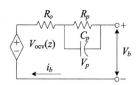

Figure 1 Thevenin equivalent circuit model

Based on the presented equivalent circuit model, the dynamic electrical behavior of the lithium-ion battery can be described as:

$$\dot{V}_p = -\frac{V_p}{R_p C_p} + \frac{i_b}{C_p} \quad (1)$$

$$V_b = V_{ocv}(z) - R_o i_b - V_p \quad (2)$$

where V_p represents the polarization voltage, V_b represents the battery terminal voltage, $V_{ocv}(z)$ represents the open-circuit voltage of the lithium-ion battery, z represents the SOC of the lithium-ion battery, i_b represents the battery current, R_o represents the ohmic internal resistance, R_p and C_p represent the polarization resistance and polarization capacitance, respectively.

In Eq. (2), the polynomial fitting function of the open-circuit voltage can be expressed as:

$$V_{ocv}(z) = k_0 + k_1 z + k_2/z + k_3 \ln(z) + k_4 \ln(1-z) \quad (3)$$

where $k_0 \sim k_4$ are polynomial coefficients of the fitting function.

The discrete state equations of Eqs. (1) and (2) can be written as:

$$V_{p,k} = e^{-\Delta t/\tau} V_{p,k-1} - (1 - e^{-\Delta t/\tau}) R_p i_{b,k-1} \quad (4)$$

$$V_{b,k} = V_{ocv}(z_k) - R_o i_{b,k} - V_{p,k} \quad (5)$$

where $\tau = R_p C_p$. Δt is a fixed sampling interval between two adjacent measurement points ($\Delta t = 1$ s).

Define $E_k = V_{b,k} - V_{ocv}(z_k)$, the regression structure of the battery model can be written as:

$$E_k = \alpha_1 i_{b,k} + \alpha_2 E_{k-1} + \alpha_3 i_{b,k-1} \quad (6)$$

Then the regression algorithms like the recursive least-squares method can be used for identification of the regression parameters including α_1, α_2 and α_3. The relationship between the regression parameters α_1, α_2, α_3 and model parameters R_o, R_p, C_p can be written as:

$$\begin{cases} R_o = -\alpha_1 \\ R_p = (\alpha_1 \alpha_2 + \alpha_3)/(\alpha_2 - 1) \\ C_p = (1 - \alpha_2)/(\alpha_1 \alpha_2 + \alpha_3) \lg \alpha_2 \end{cases} \quad (7)$$

3 Battery state estimation

3.1 SOC and SOE estimation

The SOC reflects the residual capacity of a battery, and is defined as the ratio of the remaining capacity to the maximum available capacity which can be expressed as follows:

$$z_k = z_{k-1} - \eta_c \frac{i_{b,k} \Delta t}{C_N} \quad (8)$$

where z_k and z_{k-1} represent the SOC of the lithium-ion battery at the kth and $(k-1)$th sampling time, $i_{b,k}$ represents the load current (define positive for discharge, and negative for charge) at the kth sampling time, Δt represents the sampling interval, η_c represents the coulombic efficiency, and C_N represents the maximum available capacity of the lithium-ion battery.

The SOE is defined to indicate the remaining available energy of the batteries, which can be expressed as the following equation:

$$q_k = q_{k-1} - \eta_e \frac{P_{b,k} \Delta t}{E_N} \quad (9)$$

where q_k and q_{k-1} represent the SOE of the lithium-ion battery at the kth and $(k-1)$th sampling time, η_e represents the energy efficiency, and E_N represents the maximum available energy of the lithium-ion battery.

Not like the coulombic efficiency, during charging and discharging process, the ohmic voltage and polarization voltage will cause a certain energy loss. Therefore the energy efficiency is always less than 1 and the energy loss will be increased when the current is large.

$$\eta_e = \frac{E_{dchg}}{E_{chg}} = \frac{E_{ocv} - E_{ohm\_dchg} - E_{p\_dchg}}{E_{ocv} + E_{ohm\_chg} + E_{p\_chg}} \quad (10)$$

There are many approaches discussed in literatures for the SOC estimation of the lithium-ion battery, among which the model based approach provides an efficient way for predicting the battery states. The extended Kalman filter is one of the practical methods for solving the state estimation problem. Based on the developed battery model, the discrete-time state space equations for the lithium-ion battery can be written as:

$$\begin{cases} \begin{bmatrix} V_{p,k+1} \\ z_{b,k+1} \end{bmatrix} = \begin{bmatrix} e^{\frac{-\Delta t}{R_p C_p}} & 0 \\ 0 & 1 \end{bmatrix} \begin{bmatrix} V_{p,k} \\ z_{b,k} \end{bmatrix} + \begin{bmatrix} (1 - e^{\frac{-\Delta t}{R_p C_p}}) R_p \\ -\frac{\Delta t}{C_N} \end{bmatrix} i_{b,k} \\ V_{b,k} = \begin{bmatrix} -1 & \partial V_{ocv,k}/\partial z_{b,k} \end{bmatrix} \begin{bmatrix} V_{p,k} \\ z_{b,k} \end{bmatrix} - R_o i_{b,k} \end{cases} \quad (11)$$

The details of the EKF based SOC estimation algorithm are summarized as follows:

Step 1: For $k = 0$, initialize state variable and error covariance:

$$\begin{cases} \hat{x}_{b,0}^+ = E(x_{b,0}) \\ P_{b,0}^+ = E[(x_{b,0} - \hat{x}_{b,0}^+)(x_{b,0} - \hat{x}_{b,0}^+)^T] \end{cases} \quad (12)$$

where $x_b = [V_p \ z_b]^T$.

Step 2: For $k = 1, 2, 3, \cdots$:

(1) State estimation time update:
$$\hat{x}_{b,k}^- = A\hat{x}_{b,k-1}^+ + Bi_{b,k-1} \quad (13)$$

where $A = \begin{bmatrix} e^{\frac{-\Delta t}{R_p C_p}} & 0 \\ 0 & 1 \end{bmatrix}$, $B = \begin{bmatrix} (1-e^{\frac{-\Delta t}{R_p C_p}})R_p \\ -\frac{\Delta t}{C_N} \end{bmatrix}$.

(2) Error covariance time update:
$$P_{b,k}^- = AP_{b,k-1}^+ A^T + Q_k \quad (14)$$

where Q represents the process noise covariance matrix.

(3) Error innovation:
$$e_k = V_{b,k} - (C\hat{x}_{b,k}^- + Di_{b,k-1}) \quad (15)$$

where $C = [-1 \ \partial V_{ocv,k}/\partial z_{b,k}]$, $D = [-R_o]$.

(4) Calculate Kalman gain:
$$K_k = P_{b,k}^- C^T (CP_{b,k}^- C^T + R_k)^{-1} \quad (16)$$

where R represents the measurement noise covariance matrix.

(5) State estimation measurement update:
$$\hat{x}_{b,k}^+ = \hat{x}_{b,k}^- + K_k e_k \quad (17)$$

(6) Error covariance measurement update:
$$P_{b,k}^+ = (I - K_k C)P_{b,k}^- \quad (18)$$

The EKF based estimation algorithm for the SOE is similar with the SOC, which is not repeated here.

3.2 SOP estimation

The power capability is a key indicator for the battery management system, which can help the energy storage devices work in a suitable area and prevent them from over-charging and over-discharging. The power capability is affected by many factors such as the maximum charge and discharge current, the cut-off voltage, the remaining capacity, etc. Therefore, an accurate power capability prediction which considers multiple constraints is crucial for the management of the lithium-ion batteries.

The minimum power capability for charging and maximum power capability for discharging of the lithium-ion battery can be defined as:
$$\begin{cases} P_{chg,min} = \max(P_{min}, V_{t,k+L} I_{chg,min}) \\ P_{dchg,max} = \min(P_{max}, V_{t,k+L} I_{dchg,max}) \end{cases} \quad (19)$$

where $P_{chg,min}$ and $P_{dchg,max}$ represent the minimum power capability for charging and maximum power capability for discharging, P_{min} and P_{max} represent the designed power limits, $V_{t,k+L}$ represents the terminal voltage of the energy storage devices at $(k+L)$th sampling time, $I_{chg,min}$ and $I_{dchg,max}$ represent the minimum continuous charging current and maximum continuous discharging current from the kth sampling time to the $(k+L)$th sampling time.

To find the minimum continuous charging current and maximum continuous discharging current, three constraints should be considered including the design current, the terminal voltage and SOC.

Take the designed current as a constraint, the minimum continuous charging current and maximum continuous discharging current can be formulated as:
$$\begin{cases} I_{min}^{chg,des} = I_{max} \\ I_{max}^{dchg,des} = I_{min} \end{cases} \quad (20)$$

where I_{max} and I_{min} represent the designed current limits of the lithium-ion battery for charging and discharging, respectively.

Considering the terminal voltage as a constraint, the minimum continuous charging current and maximum continuous discharging current can be formulated as:
$$\begin{cases} I_{min}^{chg,volt} = (V_{ocv,k+L} - V_{p,k} e^{-L\Delta t/R_p C_p} - V_{b,max})\Big/ \\ \qquad (R_o + R_p(1 - e^{-\Delta t/R_p C_p})\sum_{j=0}^{L-1}(e^{-\Delta t/R_p C_p})^{L-1-j}) \\ I_{max}^{dchg,volt} = (V_{ocv,k+L} - V_{p,k} e^{-L\Delta t/R_p C_p} - V_{b,min})\Big/ \\ \qquad (R_o + R_p(1 - e^{-\Delta t/R_p C_p})\sum_{j=0}^{L-1}(e^{-\Delta t/R_p C_p})^{L-1-j}) \end{cases} \quad (21)$$

where $V_{b,max}$ and $V_{b,min}$ represent the cut-off voltage of the lithium-ion battery for charging and discharging, respectively.

Take the SOC as a constraint, the minimum charging current and maximum discharging current can be formulated as:
$$\begin{cases} I_{min}^{chg,z} = \dfrac{(z_k - z_{max})C_N}{L\Delta t} \\ I_{max}^{dchg,z} = \dfrac{(z_k - z_{min})C_N}{L\Delta t} \end{cases} \quad (22)$$

where z_{max} and z_{min} are the SOC limits for the lithium-ion battery when charging and discharging, respectively.

In summary, the power capability of the lithium-iom battery with all constraints can be calculated as:
$$\begin{cases} P_{b,min}^{chg} = \max(P_{b,min}, V_{b,k+L}\max(I_{min}^{chg,volt}, I_{min}^{chg,z}, I_{min}^{chg,des})) \\ P_{b,max}^{dchg} = \min(P_{b,max}, V_{b,k+L}\min(I_{max}^{chg,volt}, I_{max}^{chg,z}, I_{max}^{chg,des})) \end{cases} \quad (23)$$

3.3 SOH estimation

The battery SOH is used to characterize the battery health status, which is commonly characterized by the loss of capacity. The SOH is defined as:
$$\text{SOH} = \frac{C_{act}}{C_N} \times 100\% \quad (24)$$

where C_{act} represents the actual total capacity and the C_N represents the rated capacity.

However using the above equation for SOH estimation, the battery needs to be fully charged and discharged to determine its actual total capacity, which is not realistic especially when the battery is already in pack on the EVs or HEVs. What is more, the battery capacity will change with temperature and different current profiles.

The performance of batteries is quite different in different aging levels. It is difficult to measure the internal parameters directly. However, the external electrical performance such as the current and voltage can be easily measured by the battery management system and several internal parameters, such as the ohmic internal resistance, the polarization resistance and polarization capacitance can be predicted through battery models. Hence, battery states can also be estimated. In recent years, the artificial neural network approach benefits to its strong performance of nonlinear approximation, has been successfully used in many engineering fields as well as SOH estimation. Figure 2 provides a typical architecture of neural network based SOH estimation.

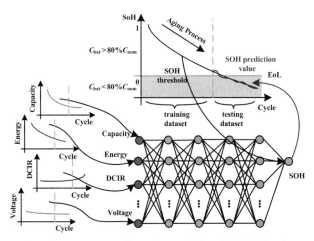

Figure 2 Architecture of neural network based SOH estimation

4 Experimental verification and discussion

To verify the proposed battery model and estimation methods, experiments are carried out on the lithium-iron phosphate battery with nominal capacity of 10 Ah. The specific information of the lithium iron phosphate battery is shown in Table 1.

To verify the accuracy and robustness of the proposed state estimation algorithm, two dynamic loading profile tests including the federal urban driving schedule (FUDS) and the urban dynamometer driving schedule (UDDS) are employed on the tested lithium iron phosphate battery. The current profiles of the two tests are plotted in Figure 3(a) and Figure 4(a). The predicted terminal voltages of the two tests based on the proposed model are compared with the measured values as shown in Figure 3(b) and Figure 4(b), and the predicted errors are shown in Figure 3(c) and Figure 4(c), respectively. The SOC estimation results based on the EKF observer and the reference trajectory of SOC are plotted comparatively in Figure 3(d) and Figure 4(d). It is observed that the proposed observer can track the trajectory of reference SOC accurately and stably after a short time for a 30% initial erroneous correction.

Table 1 Specific information of lithium iron phosphate battery

Items	Parameters
Type	1665130
Anode material	Graphite
Cathode material	Lithium-iron phosphate
Nominal capacity	10 Ah
Nominal voltage	3.2 V
Cut-off voltage	3.65 V/2.5 V
Peak Power	−150 W/200 W
Charge/Discharge current limits	−40 A/60 A
Operation temperature	10~45 ℃

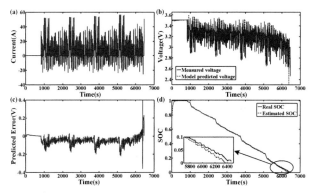

Figure 3 Federal urban driving schedule: (a) Current profiles. (b) Model predicted voltage. (c) Model predicted error. (d) SOC estimation result based on the proposed observer.

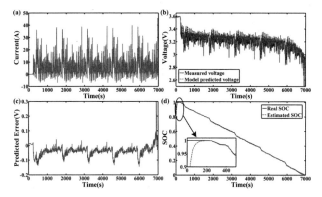

Figure 4 Urban dynamometer driving schedule: (a) Current profiles. (b) Model predicted voltage. (c) Model predicted error. (d) SOC estimation result based on the proposed observer.

To further evaluate the estimation performance quantitatively, the mean absolute error (MAE) and the root mean square error (RMSE) are numerical presented as listed in Table 2. Besides the convergence time which is defined as the time when the estimated value starts to stabilize 95% of the reference trajectory of SOC, is used to assess the convergence property. It is shown that the proposed observer generates remarkably smaller estimation error with MAE and RMSE less than 1% and 2% respectively under the two tests. The results also illustrate that the convergence speed of the proposed observer is fast under both FUDS and UDDS tests.

Table 2 Estimation performance under FUDS and UDDS

Testschedule	FUDS	UDDS
MAE	0.503%	0.457%
RMSE	1.653%	1.277%
Convergence time	74 s	50 s

The predicted continuous discharge and charge power capability of the FUDS and UDDS tests for 15 s, 30 s, 45 s and 60 s, which means $L = 15$ s, $L = 30$ s, $L = 45$ s, and $L = 60$ s, are plotted in Figure 5. The SOC range of the dynamic test schedules are from 100% to 0%. From the figure, we can see that the charge power capability at the beginning of the test schedule and the discharge power capability at the end of the test schedule are zero, which is because of the SOC constraint. By comparing the continuous discharge and charge power capability curves, we can also find that the more time continuous, the smaller of the absolute values of the battery power capability will be. Therefore, the long period continuous power capability prediction is not suitable for battery longtime discharge and charge or else the battery will be over-discharged or over-charged.

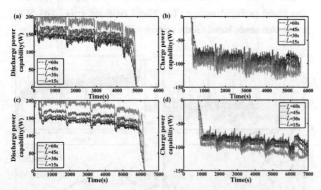

Figure 5 Power capability prediction results under different time scales: (a) Discharge power capability of FUDS test. (b) Charge power capability of FUDS test. (c) Discharge power capability of UDDS test. (d) Charge power capability of UDDS test.

As we know that the temperature has a great impact on the battery internal parameters, therefore the power capabilities of different temperatures are studied. Because the operation temperature of the tested battery is from 10 ℃ to 45 ℃, we choose three temperature points for testing and comparison, which are 10 ℃, 25 ℃, and 45 ℃. The continuous power capability with a sampling interval of 15 s at different temperatures are predicted and compared in Figure 6, where the discharge and charge power capabilities under the FUDS test are plotted in Figure 6 (a) and (b), and the results under the UDDS test are plotted in Figure 6 (c) and (d). Comparing the tested results of 10 ℃, 25 ℃, and 45 ℃, it is not difficult to find that the absolute values of the continuous discharge and charge power capability are increased with the rising of temperature. The results are similar in both the FUDS and UDDS tests. This is mainly because of the variation of ohmic internal resistance at different temperatures. When the temperature rises, the battery ohmic resistance will decrease, and the current will increase, therefore the power capability will increase accordingly.

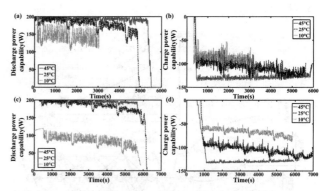

Figure 6 Power capability prediction results at different temperatures: (a) Discharge power capability of FUDS test. (b) Charge power capability of FUDS test. (c) Discharge power capability of UDDS test. (d) Charge power capability of UDDS test.

The on-line parameter identification approach based on the forgetting factor RLS algorithm is employed for investigating the relationship between internal parameter changing and cell aging. To study the relationship between the internal parameters and the SOH, the direct current internal resistance (DCIR) and polarization capacitance have been studied. As analysis before, the internal resistance of the cell includes two parts: ohmic internal resistance R_o and polarization resistance R_p. The DCIR or the so called dynamic resistance is the resistance which considers both of the two parts and can directly reflects the charge/discharge ability of the cell. The DCIR and polarization capacitance identification results by the HPPC tests are shown in Table 3. As can be seen from the testing results, the cell SoH is positively correlated with the polarization capacitance and negatively correlated with DCIR.

Table 3 Internal parameters at different SOH levels

	DCIR(mΩ)	C_p(F)	SOH(%)
Cell1	8.7	6399.0	104.14
Cell2	8.8	6372.6	102.84
Cell3	8.8	5400.2	99.71
Cell4	9.4	5348.4	99.50
Cell5	9.9	4906.1	95.52
Cell6	9.3	4980.5	95.34
Cell7	9.7	4887.2	93.92
Cell8	10.4	4846.9	80.73

5 Other technology and future challenges

5.1 Battery equalization

In EVs, hundreds to thousands of cells are connected in series and parallel to provide sufficient power. Due to the inconsistent manufacturing process and the inhomogeneous operating environment, cell inconsistency is inevitable. Significant degradation of maximum release capacity, energy density and life cycles can be observed after pack construction due to cell variations. Therefore equalization technology is necessary for the battery system.

The equalization topologies can be divided into two main groups: passive and active equalization. The fixed shunting resistor method is one of the most common used passive method which uses a resistor in parallel with each individual cell. The current is partially bypassed from the cells in order to limit the cell voltage. Therefore current is continuously bypassed and battery energy is continuously wasted through this method. The active equalization methods are proposed which use external circuits to actively transport the energy among cells.

Appropriate equalization algorithms are required to maximize the equalization efficiency. The equalization algorithms can be divided into two categories: voltage based equalization algorithms and SOC based equalization algorithms. The voltage based equalization algorithms which are easy to realize have been extensively adopted in most real-time systems. However, the SOC based equalization algorithms which require accurate remaining capacity and cell SOC estimation is more suitable for lithium-ion batteries. This is because the charge/discharge curves of lithium-ion batteries are nonlinear, a small voltage variation may have a large capacity inconsistency especially at the flat charge/discharge plateau.

5.2 Battery charging technology

The charging process of the lithium-ion battery requires not only security, but also rapidity. That is to say, we should minimize the battery charging time while ensuring its safety and cycle life. For EVs, the charging of their batteries is the only way to providing energy, but there are many problems regarding the charging process of lithium-ion batteries.

Firstly, overcharging can frequently be observed during the charging process. Overcharged batteries will trigger side reactions, which result in internal thermal runaway. Secondly, from the view point of electrochemistry, the charging process involves substantially the insertion of Li^+ into the anode. If the reaction rate is too low, the efficiency of insertion will accordingly be low, and the battery cannot achieve its best performance. If the reaction rate is too high, some Li^+ from the cathode will remain on the electrode surface, the concentration difference between the two electrodes will rise, and hence a higher polarization will occur. In summary, the charging technology is a critical issue.

5.3 Battery fault diagnoses

The fault diagnosis of BMS involves sensor fault, actuator fault, network fault, over charge, over discharge, over current, temperature anomaly, insulation fault, uniformity fault and so on. Battery safe and efficient management also involves safe control. The voltage abnormity like over charge and over discharge, which can usually be avoided by means of battery SOC estimation rather than providing valuable information to customers. The battery external or internal short circuit is more hazardous compared with over charge, over discharge. The short circuit fault is more likely to lead to high heat generation and induce thermal runaway. The thermal runaway is defined as a case that the solid electrolyte interface begins to decompose when the temperature close to 90 ℃. Then the negative material, positive material and electrolyte start to interact. Thus, it is necessary to detect the battery fault during the EV operation process.

6 Conclusion

This paper gives a brief introduction to the key

technologies in battery management system such as lithium-ion battery performance modeling, theory and methods of estimation of the state-of-charge, state-of-energy, state-of-power and state-of-health, and other techniques for equalization, charging and fault diagnoses, in hopes of providing some inspirations to the research of the lithium-ion battery management. It is noted that there are still many challenges to carry out further research such as study on the capacity fading characteristics and mechanism of components in series and parallel, and to propose a connection method for group optimization of the battery pack based on the battery management strategy and the equalization strategy, which will not only improve the comprehensive ability of charging and discharging, but also improve the cycle performance of the battery pack.

Acknowledgement

This work is supported partly by CPSF-CAS Joint Foundation for Excellent Postdoctoral Fellow (Grant No. 2017LH007) and partly by China Postdoctoral Science Foundation Funded Project (Grant No. 2017M622019).

References

[1] Wang J, Sun X. Olivine $LiFePO_4$: The remaining challenges for future energy storage [J]. Energy & Environmental Science, 2015, 8(4):1110-1138.

[2] Lu L, Han X, Li J, et al. A review on the key issues for lithium-ion battery management in electric vehicles [J]. J Power Sources, 2013, 226:272-288.

[3] Wang Y, Chen Z, Zhang C. On-line remaining energy prediction: A case study in embedded battery management system [J]. Applied energy, 2017, 194:688-695.

[4] Wang Y, Zhang C, Chen Z. A method for state-of-charge estimation of Li-ion batteries based on multi-model switching strategy [J]. Applied Energy, 2015, 137:427-434.

[5] Wang Y, Zhang C, Chen Z. A method for state-of-charge estimation of $LiFePO_4$ batteries at dynamic currents and temperatures using particle filter [J]. Journal of Power Sources, 2015, 279:306-311.

[6] Wang Y, Zhang C, Chen Z. On-line battery state-of-charge estimation based on an integrated estimator [J]. Applied Energy, 2017, 185:2026-2032.

[7] Tang X, Wang Y, Chen Z. A method for state-of-charge estimation of $LiFePO_4$ batteries based on a dual-circuit state observer [J]. Journal of Power Sources, 2015, 296:23-29.

[8] Dong G, Wei J, Zhang C, et al. Online state of charge estimation and open circuit voltage hysteresis modeling of $LiFePO_4$ battery using invariant imbedding method [J]. Applied Energy, 2016, 162:163-171.

[9] Wang Y, Zhang C, Chen Z. A method for joint estimation of state-of-charge and available energy of $LiFePO_4$ batteries [J]. Applied Energy, 2014, 135:81-87.

[10] Wang Y, Zhang C, Chen Z. An adaptive remaining energy prediction approach for lithium-ion batteries in electric vehicles [J]. Journal of Power Sources, 2016, 305:80-88.

[11] Zhang X, Wang Y, Liu C, et al. A novel approach of remaining discharge energy prediction for large format lithium-ion battery pack [J]. Journal of Power Sources, 2017, 343:216-225.

[12] Wang Y, Yang D, Zhang X, et al. Probability based remaining capacity estimation using data-driven and neural network model [J]. Journal of Power Sources, 2016, 315:199-208.

[13] Wang Y, Pan R, Liu C, et al. Power capability evaluation for lithium iron phosphate batteries based on multi-parameter constraints estimation [J]. Journal of Power Sources, 2018, 374:12-23.

[14] Wang Y, Zhang X, Liu C, et al. Multi-timescale power and energy assessment of lithium-ion battery and supercapacitor hybrid system using extended Kalman filter [J]. Journal of Power Sources, 2018, 389:93-105.

[15] Wang Y, Pan R, Yang D, et al. Remaining useful life prediction of lithium-ion battery based on discrete wavelet transform [J]. Energy Procedia, 2017, 105:2053-2058.

[16] Wu J, Wang Y, Zhang X, et al. A novel state of health estimation method of Li-ion battery using group method of data handling [J]. Journal of Power Sources, 2016, 327:457-464.

[17] Wang Y, Zhang C, Chen Z, et al. A novel active equalization method for lithium-ion batteries in electric vehicles [J]. Applied Energy, 2015, 145:36-42.

[18] Wei J, Dong G, Chen Z, et al. System state estimation and optimal energy control framework for multicell lithium-ion battery system [J]. Applied Energy, 2017, 187:37-49.

[19] Tian J, Wang Y, Yang D, et al. A real-time insulation detection method for battery packs used in electric vehicles [J]. Journal of Power Sources, 2018, 385:1-9.

[20] He H, Xiong R, Guo H, et al. Comparison study on the battery models used for the energy management of batteries in electric vehicles [J]. Energy Conversion and Management, 2012, 64:113-121.

[21] Ng K S, Moo C S, Chen Y P, et al. Enhanced coulomb counting method for estimating state-of-charge and state-of-health of lithium-ion batteries [J]. Applied Energy, 2009, 86(9):1506-1511.

[22] Xing Y, He W, Pecht M, et al. State of charge estimation of lithium-ion batteries using the open-circuit voltage at various ambient temperatures [J]. Applied Energy, 2014, 113:106-115.

[23] Plett G L. Extended Kalman filtering for battery management systems of LiPB-based HEV battery packs: Part 1. Background [J]. Journal of Power Sources, 2004, 134(2):252-61.

[24] Plett G L. Extended Kalman filtering for battery management systems of LiPB-based HEV battery packs. Part 2. Modeling and identification [J]. Journal of Power Sources, 2004, 134(2):262-276.

[25] Plett G L. Extended Kalman filtering for battery management systems of LiPB-based HEV battery packs: Part 3. State and parameter estimation[J]. Journal of Power Sources, 2004, 134(2): 277-292.

[26] Wang Y, Liu C, Pan R, et al. Modeling and state-of-charge prediction of lithium-ion battery and ultracapacitor hybrids with a co-estimator [J]. Energy, 2017, 121: 739-750.

[27] Mamadou K, Lemaire E, Delaille A, et al. Definition of a state-of-energy indicator (SOE) for electrochemical storage devices: Application for energetic availability forecasting [J]. Journal of the Electrochemical Society, 2012, 159(8): A1298-A1307.

[28] Xiong R, He H, Sun F, et al. Online estimation of peak power capability of Li-Ion batteries in electric vehicles by a hardware-in-loop approach [J]. Energies, 2012, 5: 1455-1469.

[29] Neubauer J, Wood E. Thru-life impacts of driver aggression, climate, cabin thermal management, and battery thermal management on battery electric vehicle utility[J]. Journal Power Sources 2014, 259: 262-275.

[30] Kim I L S. A technique for estimating the state of health of lithium batteries through a dual-sliding-mode observer[J]. Power Electronics, IEEE Transactions On, 2010, 25(4): 1013-1022.

[31] Hung M H, Lin C H, Lee L C, et al. State-of-charge and state-of-health estimation for lithium-ion batteries based on dynamic impedance technique[J]. Journal Power Sources 2014, 268: 861-873.

[32] Barréa A, Deguilhem B, Grolleau S, et al. A review on lithium-ion battery ageing mechanisms and estimations for automotive applications[J]. Journal Power Sources 2013, 241: 680-689.

第 二 部 分

建模与仿真方法

分数阶超混沌系统基于广义同步的混沌遮掩保密通信

马周健,王 军

(南京理工大学先进发射协同创新中心,江苏南京,中国,210094)

摘 要:超混沌系统是具有两个及以上的正 Lyapunov 指数的混沌系统,与一般的混沌系统相比具有更为复杂的行为和更高的不可预测性,因而在保密通信等领域受到学者的高度关注。本文研究分数阶超混沌系统的同步及其在保密通信中的应用,提出了一个四维分数阶超混沌系统,并借助分数阶微积分预估-校正算法,分析了该分数阶超混沌系统的动力学行为。基于分数阶稳定性定理和极点配置的方法,设计了非线性状态观测器,实现了该系统的同步,给出了理论证明与数值仿真;根据混沌遮掩保密通信的基本原理和所设计的同步方法,设计了基于该系统的混沌遮掩保密通信方案,实现了有用信号的加密、传送及恢复,采用数值仿真验证了所设计方案的有效性。

关键词:分数阶;超混沌系统;同步;保密通信

中图分类号:TM13

Synchronization and Its Applications to Secure Communications of a Fractional Order Hyperchaotic Systems

Ma Zhoujian, Wang Jun

(Advanced Launching Cooperative Innovation Center, Nanjing University of Science and Technology, Jiangsu, Nanjing, 210094)

Abstract: Compared with the general chaotic system, hyperchaotic system with two or more positive Lyapunov exponents, has more complex behavior and is more unpredictable, thus it has attracted attention of scholars in the field of secure communications. In this paper, synchronization and secure communication of a four-dimensional fractional hyperchaotic system are addressed. By means of fractional calculus predictor-corrector algorithm, the dynamic behaviors of the fractional hyperchaotic system are analyzed. Nonlinear state observer is designed to achieve the synchronization of the system based on fractional stability theorem and pole assignment method, theoretical analysis and numerical simulation are presented; according to the basic principles of secure communication and the obtained synchronization methods, a secure communication scheme of cover is designed to achieve signal encryption, transmission and recovery. Numerical simulations are presented to verify the effectiveness of the designed scheme.

Key words: Fractional Order; Hyperchaotic System; Synchronization; Secure Communication

1 引言

20 世纪 60 年代,美国著名的数学家、气象学家 Lorenz 发现了大气运动中存在着混沌现象,这一现象被称为蝴蝶效应。此后,由于众多学者争相研究,混沌学[1,2] 逐渐为人所熟知。进入 90 年代后,混沌科学与其他科学相互渗透。在生物学、生理学、数学、物理学、化学、电子学、信息科学、天文学、气象学,甚至在音乐、艺术等领域,混沌都得到了广泛的应用。但"超混沌"一词却不是人们常见的高频词。混沌与超混沌之间的区别在于:混沌只有一个正的 Lyapunov 指数,而超混沌系统存在两个或者两个以上正的 Lyapunov 指数。而正的 Lyapunov 指数意味着在系统相空间中具有更大的随机性和更高的不可预测性,即无论初始两条轨线的间距多么小,其差别都会随着时间的变化而产生巨大的无法预测的差别。超混沌只存

作者简介:马周健(1993—),男,安徽人,博士研究生,研究方向为不完全量测下基于事件触发的水面扩展目标跟踪;王军(1980—),男,江苏人,副研究员,博士研究生,研究方向为兵器火力控制、射击效能分析、智能火控。

在于四维及以上的非线性系统中,即非线性高维系统中。由于超混沌系统比混沌系统有更高的复杂性和不可预测性,超混沌系统在实际工程领域特别是在信息安全领域中具有更客观的应用前景。因此,本文主要工作是研究分数阶超混沌系统的同步及其在保密通信中的应用。本文首先引入一个四维分数阶超混沌系统并分析其动力学行为及稳定性,为实现超混沌系统基于广义同步的混沌遮掩保密通信做准备,随后通过设计状态观测器的方式实现了驱动系统与响应系统的同步;最后设计了基于广义同步的混沌遮掩保密通信的方案,并通过仿真验证了方案的可行性与有效性。

2 系统的动力学行为及稳定性分析

首要任务是引入一个分数阶超混沌系统的数学模型,其表达式如下:

$$\begin{cases} D^{\alpha}x = a(y-x) \\ D^{\alpha}y = cx - xz - y + ev \\ D^{\alpha}z = x^4 + y^2 - bz \\ D^{\alpha}v = -dy \end{cases} \quad (1)$$

式中,a,b,c,d 为系统参数,α 为分数阶超混沌系统的阶次,且 $0 < \alpha \leq 1$。为便于研究,取参数值 $a = 10, b = 8/3, c = 28, e = 12$。由预估-校正算法[3],利用 MATLAB 绘制系统的相图,取多个分数阶算子 α 进行仿真。结果表明,在 $0.662 < \alpha \leq 1$ 的分数阶系统中的确存在着混沌。

根据上述超混沌系统的数学模型,其特征方程如下:

$$(\lambda + 8/3) \cdot [\lambda^3 + (a+1)\lambda^2 + 246\lambda + 240] = 0 \quad (2)$$

求解特征方程(2),可得到系统唯一的平衡点为 $E(0,0,0,0)$,特征值 $\lambda_1 = -2.667, \lambda_2 = 10.412, \lambda_3 = -22.44, \lambda_4 = 1.027$。可见存在两个正实根 λ_2 和 λ_4,故平衡点 E 是鞍焦点,即在平衡点处不稳定。

3 基于非线性状态观测器的混沌同步实现

混沌同步就是控制不同的混沌系统,使混沌响应系统的运动轨迹与混沌驱动系统的轨迹在运动演化过程中逐渐地趋向一致,以至在这之后的时间里一直保持一致。作为混沌学同步先驱的 Pecora 和 Carroll 提出了历史上第一种混沌同步方法,这种方法简称 PC 同步法[4](驱动-响应同步法),除此之外,还有主动-被动同步法[5]、互耦合混沌同步法、反同步法等。

本文将使用设计非线性状态观测器[6,7]的方法来实现分数阶超混沌系统(1)与其响应系统的混沌同步。考虑将所研究的分数阶超混沌驱动系统写成如下形式:

$$D^{\alpha}x = Ax + Bf(x) + C \quad (3)$$

式中,$0 < \alpha \leq 1, A \in \mathbf{R}^{n \times n}, B \in \mathbf{R}^{n \times n}, C \in \mathbf{R}^n, f(x):\mathbf{R}^n \to \mathbf{R}^n$ 是 n 维非线性映射,Ax 为系统的线性部分,$Bf(x)$ 为系统的非线性部分,C 为常值矩阵。设系统的输出为

$$s(x) = Kx + C \quad (4)$$

式中,$K \in \mathbf{R}^{n \times n}$ 为反馈增益矩阵。构造响应系统(即分数阶非线性状态观测器)如下:

$$D^{\alpha}y = Ay + Bf(x) + C - (s(y) - s(x)) \quad (5)$$

则驱动系统(1)与响应系统(5)的同步误差可表示为 $e = y - x$。由分数阶微分性质,得误差系统如下:

$$D^{\alpha}e = D^{\alpha}y - D^{\alpha}x \quad (6)$$

因此

$$D^{\alpha}e = Ae - (Kx + C - Ky - C) = (A - K)e$$

式中,$A - K$ 是时不变矩阵。根据分数阶线性系统的稳定性理论,有辐角主值 $|\arg(\text{spec}(A-K))| > \alpha\pi/2$,$i = 1, 2, \cdots, n$ 时,若 $\lim_{t \to \infty} \|e\| = 0$,则驱动系统(1)和响应系统(5)达到同步。根据现代控制理论中的极点配置方法可知,只要选择适当的反馈增益矩阵 K 使得辐角主值 $|\arg(\text{spec}(A-K))| > \alpha\pi/2, i = 1, 2, \cdots, n, \lim_{t \to \infty} \|e\| = 0$,即可使两个分数阶混沌系统实现同步。

4 基于广义同步的混沌遮掩保密通信

广义同步指的是驱动与响应系统状态变量的函数之间的同步,即在这两个系统的状态变量之间存在一个函数关系。广义同步的应用领域十分广泛,因此研究基于广义同步的混沌系统的保密通信方案[8,9]有十分重要的意义。

基于广义同步的混沌遮掩保密通信具有如下优点:

(1) 在基于混沌系统同步的保密通信领域中,常见的混沌系统之间的同步发送端输出的是变量信号,非法破译者采用变量延迟的方法即可近似地重新构造出同步系统中驱动系统的模型,因此其安全程度不高。而基于广义同步的混沌同步系统的发送端传输的加密信号是驱动系统的状态变量的函数信号,在接收端能否恢复信息信号取决于驱动系统和响应系统能否实现同步,非法破译者很难通过接收到的信号来重新构造驱动系统的模型及相关参数和初始条件。

(2) 该方法无须另外构造加密函数,而是将信息信号浮在混沌载体信号之上,然后通过信道传输,应用简单方便。

由此可见,基于广义同步的混沌系统的保密通信相对于普通的基于混沌系统同步的保密通信具有更高的保密强度,且应用简单。本文中实现混沌遮掩保密通信方案[10,11]的具体方法见4.2节。

4.1 基本原理

混沌遮掩是指利用混沌载波信号作为掩盖信号,将信息信号掩盖,由此使得信息信号掩盖于混沌信号中,从而被加密。其加密、传输、解密过程如图1所示的混沌遮掩保密通信原理框图。

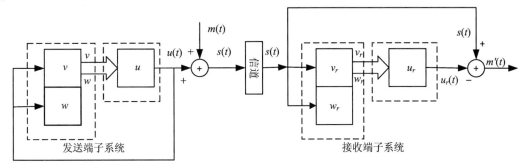

图 1 混沌遮掩保密通信原理框图

保密通信过程如下：在发送端将要传输的信息信号 $m(t)$ 与混沌载波信号 $u(t)$ 叠加得到信道中真正传输的类似噪声的信号 $s(t)$，从而达到加密传输的意图。在接收端，用所接收到的信号 $s(t)$ 减去响应系统通过复制驱动系统而产生的混沌信号 $u_r(t)$，即可恢复信息信号，恢复后的信号为 $m'(t)$。

由图 1 可知，当发送端即驱动系统和接收端即响应系统同步之后，有混沌信号 $u(t) \approx u_r(t)$，从而有 $Am'(t) = s(t) - u_r(t) = u(t) + m(t) - u_r(t) \approx m(t)$，由此恢复原信息信号。

4.2 混沌遮掩保密通信设计

设驱动系统的状态变量为 x，响应系统的状态变量为 y，则当满足 $y = H(x)$，即驱动系统与响应系统的状态变量之间满足一个函数关系时，我们称驱动系统和响应系统达到了广义同步。设分数阶超混沌系统的一般形式如下：

$$D^\alpha x = f(x) \tag{7}$$

式中，α 为分数阶超混沌系统的阶次，将上述一般形式写成线性部分 Ax 与非线性部分 $\phi(x)$ 的和。若矩阵 A 的所有特征值均具有负实部，则设计响应系统后可将同步系统写为如下形式：

$$\begin{cases} D^\alpha x = Ax + \phi(x) \\ D^\alpha y = Ay + \Omega\phi(x) \end{cases} \tag{8}$$

若矩阵 A 不满足所有特征值均具有负实部的条件，则将同步系统写为如下形式：

$$\begin{cases} D^\alpha x = Ax + \phi(x) \\ D^\alpha y = Ay + \Omega\phi(x) + BK(\Omega x - y) \end{cases} \tag{9}$$

式中，矩阵 A 和矩阵 Ω 均为 $n \times n$ 阶实数矩阵，且满足互为对易矩阵，即满足 $A\Omega = \Omega A$，$\phi(x)$ 为 $\mathbf{R}^n \to \mathbf{R}^n$ 的非线性函数，A 为 $n \times n$ 阶实数矩阵，K 为 $p \times n$ 阶实数矩阵，$\phi(x)$ 起控制作用，(A, B) 满足系统能控性条件。显然，式(8)中 A 为同步误差系统的线性部分，式(9)中 $A - BK$ 为同步误差系统的线性部分。由现代控制理论可知，当矩阵 A 的所有特征值均具有负实部时，式(8)的同步误差系统为式(6)，是渐进稳定的，驱动系统和响应系统达到了广义同步。若满足 $t \to \infty$，驱动系统的状态变量和响应系统的状态变量存在同步函数

$$y = H(x) = \Omega x$$

则虽然矩阵 A 不满足所有特征值均具有负实部的条件，但只要满足矩阵 $A - BK$ 的所有特征值均具有负实部，式(8)所表示的误差系统就仍然是渐进稳定的，即驱动系统和响应系统达到了广义同步。式(9)中，(A, B) 满足系统能控性条件，只要选择合适的矩阵 B 和 K，即可在保证系统稳定的前提下任意配置矩阵 $A - BK$ 的极点的位置。这里说明两点：① 矩阵 B 可以任意选择，只要使 (A, B) 满足系统能控性条件即可；② 矩阵 Ω 可以任意选择，只要满足 $A\Omega = \Omega A$，即矩阵 A 与矩阵 Ω 互易即可。为方便起见，通常选择非单位的对角阵。

5 数值仿真

将本文研究的分数阶超混沌系统的广义同步用于保密通信，仿真所用的参数值及向量初值如下：$\alpha = 0.9$，驱动系统与响应系统状态变量的初值 $[x_1\ y_1\ z_1\ v_1]$，$[x_2\ y_2\ z_2\ v_2]$ 分别取为 $4.2, 3.2, 1.1, 5.6$ 和 $-5.8, -7.8, 11.1, -5.7$，参数 $a = 10, b = 8/3, c = 28, e = 12$。仿真可得 $\alpha = 0.9$ 时的超混沌吸引子[12]相图(图 2)。当选取输出为 $s(x) = Kx + C$ 时，构造的响应系统形式如下：

$$\begin{bmatrix} D^\alpha x_2 \\ D^\alpha y_2 \\ D^\alpha z_2 \\ D^\alpha v_2 \end{bmatrix} = \begin{bmatrix} -10 & 10 & 0 & 0 \\ 28 & -1 & 0 & 12 \\ 0 & 0 & -\frac{8}{3} & 0 \\ 0 & -2 & 0 & 0 \end{bmatrix} \begin{bmatrix} x_2 \\ y_2 \\ z_2 \\ v_2 \end{bmatrix}$$

$$+ \begin{bmatrix} 0 & 0 & 0 & 0 \\ -1 & 0 & 0 & 0 \\ 0 & 1 & 1 & 0 \\ 0 & 0 & 0 & 0 \end{bmatrix} \begin{bmatrix} x_2 z_2 \\ x_2^4 \\ y_2^2 \\ y_2 v_2 \end{bmatrix} - K \begin{bmatrix} x_2 - x_1 \\ y_2 - y_1 \\ z_2 - z_1 \\ v_2 - v_1 \end{bmatrix} \tag{10}$$

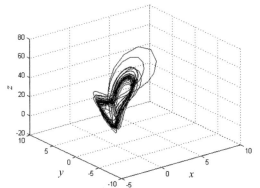

图 2 $\alpha = 0.9$ 时的超混沌吸引子相图

由稳定性理论[13]可知,矩阵 K 可控满足条件:$|\arg(\text{spec}(A-K))|>\alpha\pi/2, i=1,2,\cdots,n$,系统即是稳定的。因此可采用极点配置的方法求得反馈增益矩阵 K,根据矩阵 K 可求得误差系统。反馈增益矩阵 K 及误差系统分别如下:

$$K=\begin{bmatrix} -8 & 10 & 0 & 0 \\ 28 & 1 & 0 & 12 \\ 0 & 0 & -\frac{2}{3} & 0 \\ 0 & -2 & 0 & 2 \end{bmatrix}$$

$$\begin{bmatrix} D^\alpha e_1 \\ D^\alpha e_2 \\ D^\alpha e_3 \\ D^\alpha e_4 \end{bmatrix}=\begin{bmatrix} -2 & 0 & 0 & 0 \\ 0 & -2 & 0 & 0 \\ 0 & 0 & -2 & 0 \\ 0 & 0 & 0 & -2 \end{bmatrix}\begin{bmatrix} e_1 \\ e_2 \\ e_3 \\ e_4 \end{bmatrix}$$

由预估-校正算法,以状态向量 x_1 为例,利用 MATLAB 画出仿真图,其同步过程仿真结果如图3所示。图4是分数阶超混沌系统的误差同步过程仿真结果。驱动系统(1)的状态向量 $x_1(t)$ 与响应系统(10)的状态向量 $x_2(t)$ 实现了同步。采用式(9)的方式设计响应系统,将本文研究的超混沌系统分解为线性部分和非线性部分重写如下:

$$\begin{bmatrix} D^\alpha x \\ D^\alpha y \\ D^\alpha z \\ D^\alpha v \end{bmatrix}=\begin{bmatrix} -10 & 10 & 0 & 0 \\ 28 & -1 & 0 & 12 \\ 0 & 0 & -\frac{8}{3} & 0 \\ 0 & -2 & 0 & 0 \end{bmatrix}\begin{bmatrix} x \\ y \\ z \\ v \end{bmatrix}+\begin{bmatrix} xz \\ x^4 \\ y^2 \\ 0 \end{bmatrix}$$

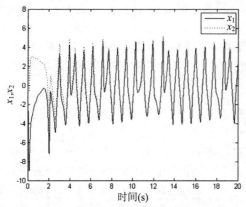

图3 驱动系统与响应系统的同步曲线

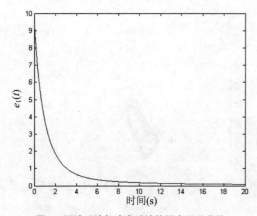

图4 驱动系统与响应系统的同步误差曲线

矩阵 A 不是所有的特征值都具有负实部,所以根据式(9)设计响应系统,在这里我们选取:

$$\Omega=\begin{bmatrix} 2 & 0 & 0 & 0 \\ 0 & 2 & 0 & 0 \\ 0 & 0 & 2 & 0 \\ 0 & 0 & 0 & 2 \end{bmatrix},\quad B=[1,1,1,1]^T$$

只要满足使系统稳定的条件,极点可任意配置,在此我们将极点配置到 $P=(-2,-2,-2,-2)$,利用 MATLAB 中的函数 place(A,B,P) 即可求出矩阵 $K=[5\ 9/4\ -1/6\ 7/2]$,设驱动系统状态变量为 $[x_1\ y_1\ z_1\ v_1]$,响应系统状态变量为 $[x_2\ y_2\ z_2\ v_2]$。将待加密信号加到驱动系统的状态变量 x_1 上进行传送,由于广义同步函数 $x_2=H(x_1)=\Omega x_1$,信道中传输的实际信号为 $s=2(m+x_1)$ 接收端的恢复信号,即

$$m'=\frac{s-x_2}{2}$$

发送端和接收端在传输过程中产生的信号误差如下:
$$e_m=m-m'$$

分别用 $m=0.5\sin t$ 的正弦信号和 $m=0.5*\text{sawtooth}(t,0.5)$、波幅为 $(-0.5,0.5)$、周期为 2π 的三角波信号作为待加密信号。利用 MATLAB 绘制仿真图,图5和图6是待加密信号分别为正弦波和三角波时基于广义同步的分数阶超混沌系统的混沌遮掩保密通信,(a)~(d)分别为未加入信息信号时作混沌载波的变量 x_1,要传输的原始正弦波 m 的信息信号波形,加密后信道中实际传输的信号 s,以及解密后得到的恢复信号 m' 和恢复信号的信号误差 e。

根据图5和图6,可得出结论:传输的信息信号经混沌遮掩、解密,大约经过 14 s,信息信号恢复。因此上述基于广义同步的分数阶超混沌系统的混沌遮掩保密通信方案是可行的。

由上述正弦波及三角波的基于广义同步的分数阶超混沌系统的混沌遮掩保密通信的仿真曲线可以看出:① 利用该方法可以简单地实现对传输的信息信号的加密;② 混沌信号可以很好地实现对信息信号的掩盖,而不露出被加密信息信号的迹象;③ 只要驱动系统与响应系统能够实现广义同步,那么即可在信号接收端恢复信息信号;④ 由于系统具有惯性等原因,在信息信号恢复初始时的一段时间内具有恢复误差,随着时间推移,恢复误差最终趋向于0;⑤ 对于正弦波和三角波,上述系统的极点配置应于同一处,因此两信号经过相同时间得以恢复,即只要所配置的极点位置不变,不同信号将经过相同的时间得到恢复。

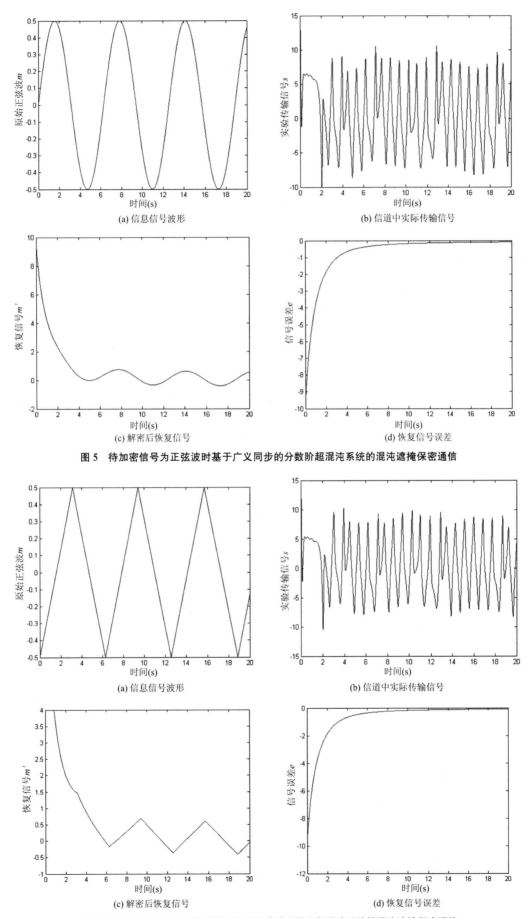

图 5 待加密信号为正弦波时基于广义同步的分数阶超混沌系统的混沌遮掩保密通信

图 6 待加密信号为三角波时基于广义同步的分数阶超混沌系统的混沌遮掩保密通信

6 结论与展望

本文介绍了混沌学和分数阶微积分的基本知识,着重研究了一个分数阶超混沌系统的动力学特性,并通过设计非线性状态观测器的方法实现了该分数阶超混沌系统的混沌同步。该方法理论上分析严格,且分数阶状态观测器的设计方法简单,不仅在理论上证明了所选方法的有效性,并且利用仿真工具得出的仿真曲线也证明了该同步方法的可行性。本文设计的基于广义同步的混沌遮掩保密通信方案,分别选取了正弦波信号和三角波信号作为要传输的信息信号,通过混沌载波传输后进行解密,将正弦波信号和三角波信号恢复,通过 MATLAB 仿真验证了该保密通信方案的有效性。混沌科学理论在 20 世纪初开始兴起,并逐渐发展壮大。混沌理论为人们正确了解宇宙和自然科学起到了巨大作用,填补了确定论与随机论、有序与无序之间的空白,是富有创造性的科学领域之一。对混沌动力学的更加深入的研究,在造福人类的实际应用方面具有重大意义。

致 谢

感谢王军老师的悉心指导以及先进发射协同创新中心对我们的研究工作给予的便利条件。

参考文献

[1] 张天蓉. 蝴蝶效应之谜:走近分形与混沌[M]. 北京:清华大学出版社,2013:23-25.

[2] Chen J K, Wong K W, Cheng L M, et al. A secure communication scheme based on the phase synchronization of chaotic systems[J]. Chaos,2003,13(2):508-514.

[3] Chen G, Friedman E G. An RLC interconnect model based on fourier analysis[J]. IEEE Trans. Comput-Aided Des. Integr. Circuits Syst,2005,24(2):170-183.

[4] 毛北行,李巧利. 一类分数阶 Duffling-Van der pol 系统的混沌同步[J]. 吉林大学学报(理学版),2016,54(2):369-373.

[5] Li T Y. Yorke J A. Period three implies chaos[J]. Amer Math Monthy,1975,82:985-992.

[6] 王兴元,段朝峰. 基于线性状态观测器的混沌同步及其在保密通信中的应用[N]. 通信学报,2005,26(6):105-111.

[7] Wang X Y, Meng J. Observer-based adaptive fuzzy synchronization for hyperchaotic systems[J]. Chaos,2008,18(3):033102.

[8] 王光瑞,于熙龄,陈式刚. 混沌控制、同步与利用[M]. 北京:国防工业出版社,2001: 223-235.

[9] 郝建红,宾虹,姜苏娜,等. 分数阶线性系统稳定理论在混沌同步中的简便应用[J]. 河北师范大学学报(自然科学版),2014,38(5):469-475.

[10] Kocarev L, Halle K S, Echert K, et al. Experiment demonstration of secure communications via chaotic synchronization[J]. Int J Bifur Chaos,1993,2(3):709-713.

[11] 孙克辉. 混沌保密通信原理与技术[M]. 北京:清华大学出版社,2015:67-72.

[12] Hirsch M W, Smale S, Devaney R L. Differential equations, dynmnical systems, and an introduction to chaos (Third Edition)[M]. Beijing:Beijing World Publishing Corporation,2017:31-32.

[13] 齐晓慧. "李雅普诺夫稳定性理论"的教学研究[J]. 电力系统及其自动化学报,2005,17(3):91-94.

一主多从遥操作协同分布式控制器设计与一致性仿真

宋娇娇,王　军,刘斯怡

(南京理工大学先进发射协同创新中心,江苏南京,中国,210094)

摘　要:针对一主多从遥操作系统,本文通过建立动力学模型,选用双边PD控制法,设计了分布式控制器,给出了使系统稳定的充分条件,并利用李雅普诺夫稳定性定理进行了证明。在选取使系统稳定的参数条件下,通过数值仿真,分别对从机器人个数相同而拓扑方式不同以及从机器人个数不同的两种情况进行比较,分析了从机器人的一致性行为,实现了对从机器人的协同控制,验证了所设计控制器的有效性与合理性。

关键词:遥操作系统;从机器人;一致性;分布式控制

中图分类号:TP24

Distributed Controller Design and Consistency Simulation of Single-Master-Multi-Slave Teleoperation Cooperative Control System

Song Jiaojiao, Wang Jun, Liu Siyi

(Advanced Launching Cooperative Innovation Center, Nanjing University of Science and Technology, Jiangsu, Nanjing, 210094)

Abstract: For the single-master-multi-slave teleoperation system, a distributed controller is designed, by establishing the dynamic model and utilizing the bilateral PD controlling method. Then, the sufficient condition for the stability of the considered system is proposed, which is proved based on the Lyapunov stability theorem. Under the condition that the parameters which can stabilize the system have been chosen, by utilizing the numerical simulation, this paper compares the situations including different topologies of the same slave robots and the different number of slave robots, then analyzes the consistency behavior of the slave robots. Followed by the realizing of the cooperative control of the slave robots, and showing the effectiveness and rationality of the designed controller sequentially.

Key words: Teleoperation System; Slave Robot; Consensus; Distributed Control

1 引言

随着遥操作技术应用的范围不断扩大,学者们的研究也越来越深入,单一的主从机器人已经无法满足实际操作需要,实现一主多从机器人的协同控制越来越重要。很显然,多智能体(或多机器人)的使用比单个智能体系统有更多的优点。多个智能体相互协作以完成超出它们各自能力范围的任务,使得多智能体系统整体能力大于个体能力之和,整个系统能够完成比较复杂的任务,而实现行为一致是多智能体完成其他复杂任务的基础。一致性问题,实质上是指所有智能体的状态在分布式协议的作用下,渐近地达到一个相同的协调值[1]。只有能够达成一致,多智能体才能根据周围环境的变化迅速做出判断和反应,才能完成与"邻居"的信息交换,从而更好地完成任务。因此,进行多机器人系统的一致性研究是机器人技术发展的必然趋势。在这样的背景之下,针对一主多从遥操作系统,本文主要研究了从机器人的一致性行为。本文首先在非线性动力学模型基础上,选用PD控制法,设计了分布式控制器,给出了使控制器稳定的充分条件,并用李雅普诺夫稳定性定理进行证明。同时在选取使系统稳定的参数条件下,分别对从机器人个数相同而拓扑方式不同以及从机器人个数不同的两种情况进行了仿真比较,实现了对从机器人的协同控制,验证了所设计控制器的有效性与合理性。

作者简介:**宋娇娇**(1994—),女,江苏人,硕士研究生,研究方向为智能火控;**王军**(1980—),男,江苏人,副研究员,博士研究生,研究方向为兵器火力控制、射击效能分析、智能火控;**刘斯怡**(1994—),女,四川人,硕士研究生,研究方向为焊接3D打印技术。

2 控制系统设计

2.1 一主多从非线性动力学模型

本遥操作技术是指能够为不在操作现场的操作人员提供形象具体的现场信息并帮助其做出正确的决策传递到从端,从而实现对现场环境的控制[2,3]。遥操作机器人系统由操作人员、主机器人、通信环节、从机器人以及环境等五个部分组成。操作者通过对主机器人发送的控制指令,经由通信环节传送到从机器人处,从机器人将代替操作人员完成在危险环境中的相关操作,然后将与环境相关的信息反馈到主端并等待主端操作人员做出决策。

对于一个一主多从遥操作系统,它的非线性动力学模型为

$$\begin{cases} M_m(q_m)\ddot{q}_m + C_m(q_m,\dot{q}_m)\dot{q}_m + g_m(q_m) = \tau_m + F_h \\ M_1(q_1)\ddot{q}_1 + C_1(q_1,\dot{q}_1)\dot{q}_1 + g_1(q_1) = \tau_1 - F_1 \\ \cdots \\ M_N(q_N)\ddot{q}_N + C_N(q_N,\dot{q}_N)\dot{q}_N + g_N(q_N) = \tau_N - F_N \end{cases} \quad (1)$$

其中,$M_i(q_i)$ 表示正定惯性矩阵;$C_i(q_i,\dot{q}_i)\dot{q}$ 为向心力/科氏力;$g_i(q_i)$ 表示重力项;τ_i 表示从机器人 i 的力矩;F_h 表示操作者施加的力;F_i 表示环境施加的力;q_i、$\dot{q}_i$、$\ddot{q}_i$ 分别表示关节位置、速度和加速度矢量。这里,m 表示主机器人;$i=1,\cdots,N$ 表示从机器人。

2.2 分布式控制器设计

在对某一系统进行一致性分析时,选用的控制器通常有两种:集中式控制器和分布式控制器。简单说来,集中式控制器设计时就是在从机器人中选出一个"领导者",该"领导者"身兼"承上启下"的重任,即它既要和主机器人完成通信,跟随领导者,又要和其余从机器人保持通信,将控制指令传递给其余从机器人,如图1所示。图中,从机器人 $s1$ 表示"领导者",与其余 4 个机器人保持通信。

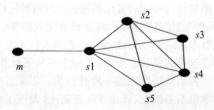

图 1 集中式模式下主从机器人通信结构图

而分布式控制器就是在从机器人中选出"领导者","领导者"的个数可以不止一个,被选出来的从机器人可以同时和主机器人以及它的"邻居"通信。剩下的从机器人只能和它的"领导者"和"邻居"通信,如图2所示。图中,从机器人 $s1$、$s2$ 表示"领导者"。

不难发现,在集中式模式下,每两个从机器人之间都要实现通信,拓扑结构相对复杂。与之相比,分布式就显示出了它的优势。在分布式模式下,通信链路得到大大简

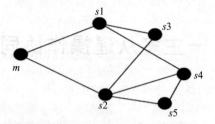

图 2 分布式模式下主从机器人通信结构图

化。因此,本文优先选择分布式模式,并对分布式模式下从机器人的一致性行为进行了分析。

对于分布式模式下的一主多从遥操作系统,其控制器示意图如图 3 所示。

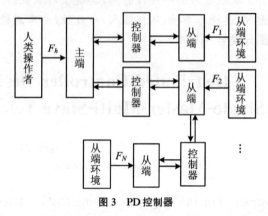

图 3 PD 控制器

具体模型如下:

$$\tau_m = -k\left(q_m - \frac{1}{\Delta l_{[N]}}\sum_{i\in\Delta l}q_i(t-d_{im}(t))\right) - \alpha_m\dot{q}_m \quad (2)$$

如果 $i \in \Delta l$,则

$$\tau_i = -k(q_i - q_m(t-d_{mi}(t))) \\ - \frac{k}{N^m_{i[N]}}\sum_{j\in N^m_i}(q_i - q_j(t-d_{ji}(t))) - 2\alpha_s\dot{q}_i \quad (3)$$

如果 $i \in \Delta f$,则

$$\tau_i = -\frac{k}{N^m_{i[N]}}\sum_{j\in N^m_i}(q_i - q_j(t-d_{ji}(t))) - \alpha_s\dot{q}_i \quad (4)$$

式中,k 表示比例系数,α_m 和 α_s 分别表示主从机器人的阻尼系数。Δl 表示从机器人的"领导者",$\Delta l_{[N]}$ 表示"领导者"的数量,Δf 表示从机器人中的"跟随者",$\Delta f_{[N]}$ 表示"跟随者"的数量。N^m_i 表示从机器人 i 的"邻居",$N^m_{i[N]}$ 表示"邻居"的数量。$d_{mi}(t)$ 表示主机器人 m 到从机器人 i 的延迟时间,$d_{im}(t)$ 表示从机器人 i 到主机器人 m 的延迟时间,$d_{ji}(t)$ 表示从机器人 i 的"邻居" j 到该机器人的延迟时间。

2.3 机器人系统性质

对于具有旋转关节的机器人,其操作臂动力学有以下性质[4]:

性质 1 惯性矩阵有界,满足:

$$0 \leqslant \lambda_1(M_i(q_i)) \leqslant M_i(q_i) \leqslant \lambda_2(M_i(q_i)) \leqslant \infty \quad (5)$$

其中,λ_1 和 λ_2 分别表示 $M_i(q_i)$ 的最小和最大特征值。

性质2 $M_i(q_i) - 2C_i(q_i,\dot{q}_i)$ 是反对称矩阵。

性质3 存在正标量 β_i 使得 $U_i(q_i) \geqslant \beta_i$,这里,$U_i(q_i)$ 表示机械手的势能,它满足:$g_i(q_i) = \frac{\partial U_i(q_i)}{\partial q_i}$。

性质4 对于任意 $q_i, x, y \in R^n$ 存在正标量 ζ_i,满足:$\|C_i(q_i,x)y\| \leqslant \zeta_i \|x\| \|y\|$。

引理1[5] 对任何向量信号 x、y,可变延迟 $\bar{T}$ 满足 $0 \leqslant d(t) \leqslant \bar{T} < \infty$,对于任何常数 $\bar{\zeta}$,都有

$$-2\int_0^t x^T(\sigma) \int_{-d(\sigma)}^0 y(\sigma+\theta) d\theta d\sigma \leqslant \bar{\zeta} \|x\|^2 + \frac{\bar{T}^2}{\bar{\zeta}} \|y\| \quad (6)$$

引理2[6] 时延为 T 的两个控制信号之差可以表示为

$$x(t-T) - x(t) = \int_0^t \dot{x}(t-\sigma) d\sigma \quad (7)$$

假设1 操作人员和环境都是被动的,即

$$\int_0^t q_m^T(\sigma) Fh(\sigma) d\sigma \geqslant 0, \quad \int_0^t q_i^T(\sigma) Fi(\sigma) d\sigma \geqslant 0 \quad (8)$$

假设2[4] 时间延迟 $d_1(t)$、$d_2(t)$ 是有界的,其中 $d_{mi}(t)$ 是主机器人 m 到从机器人 i 的时间延迟,$d_{im}(t)$ 是从机器人 i 到主机器人 m 的时间延迟,$d_{ij}(t)$ 是从机器人 i 到 j 的时间延迟,然后,存在一个积极的标量 $\bar{T}$ 满足 $d_{mi}(t) \leqslant \bar{T}$、$d_{im}(t) \leqslant \bar{T}$ 和 $d_{ij}(t) \leqslant \bar{T}$。

上述性质可用于控制器稳定性的证明。

2.4 系统稳定性证明

在一主多从遥操作系统中,能够使系统保持稳定的充分条件为

$$\begin{cases} \alpha_m - \frac{k}{2}\bar{\zeta}_m - \frac{k}{2}\frac{\bar{T}^2}{\bar{\zeta}_i} > 0, & \alpha_s - \frac{k}{2}\bar{\zeta}_i - \frac{k}{2}\frac{\bar{T}^2}{\bar{\zeta}_m} > 0 \\ \alpha_s - \frac{k}{2}\bar{\zeta}_i - \frac{k}{2}\frac{\bar{T}^2}{\bar{\zeta}_j} > 0, & \alpha_s - \frac{k}{2}\bar{\zeta}_i - \frac{k}{2}\frac{\bar{T}^2}{\bar{\zeta}_i} > 0 \end{cases} \quad (9)$$

在讨论系统的稳定性时,将从机器人的"领导者"的力矩 τ_i 看成由两个部分组成,一部分是主机器人先经过延时环节再经过PD控制器获得的控制力 τ_{im},另一部分是"邻居"经过延时环节再经过PD控制器获得的反馈力 τ_{ii}。即 $\tau_i = \tau_{im} + \tau_{ii}$。其中

$$\tau_{im} = -k[q_i - q_m(t - d_{mi}(t))] - \alpha_s \dot{q}_i$$

$$\tau_{ii} = -\frac{k}{N_{i[N]}^m} \sum_{j \in N_i^m} [q_i - q_j(t - d_{ji}(t))] - \alpha_s \dot{q}_i$$

以下证明主机器人和"领导者"构成的系统的稳定性。

首先,构造李雅普诺夫函数:

$$V = V_1 + V_2$$

其中

$$V_1 = \frac{1}{2}\dot{q}_m^T M_m(q_m) \dot{q}_m + \frac{1}{2}\dot{q}_i^T M_i(q_i) \dot{q}_i$$

$$+ (U_m(q_m) - \beta_m) + (U_i(q_i) - \beta_i)$$

$$+ \int_0^t \dot{q}_m^T(\sigma) Fh(\sigma) - \dot{q}_i^T(\sigma) Fi(\sigma) d\sigma$$

$$V_2 = \frac{k}{2}(q_m - q_i)^T(q_m - q_i)$$

根据性质3和假设1,不难看出 V 为非负函数。

对 V_1 求导,并利用性质2化简,得

$$\dot{V}_1 = \dot{q}_m^T(\tau_m - Fh - C_m(q_m, \dot{q}_m) - g_m)$$

$$+ \frac{1}{2}\dot{q}_m^T M_m(q_m) \dot{q}_m + \dot{q}_m^T g_m$$

$$+ \dot{q}_i^T g_i + \dot{q}_i^T(\tau_{im} - Fi - C_i(q_i, \dot{q}_i) - g_i)$$

$$+ \frac{1}{2}\dot{q}_i^T M_i(q_i) \dot{q}_i + \dot{q}_m^T Fh - \dot{q}_i^T Fi$$

$$= \dot{q}_m^T \tau_m + \dot{q}_i^T \tau_{im}$$

求 V_2 的时间导数:

$$\dot{V}_2 = k(\dot{q}_m^T q_m - \dot{q}_m^T q_i - \dot{q}_i^T q_m + \dot{q}_i^T q_i)$$

所以

$$\dot{V} = \dot{q}_m^T \tau_m + \dot{q}_i^T \tau_{im} + k(\dot{q}_m^T q_m - \dot{q}_m^T q_i - \dot{q}_i^T q_m + \dot{q}_i^T q_i)$$

$$= \dot{q}_m^T \left[-k\left(q_m - \frac{1}{\Delta l_{[N]}} \sum_{i \in \Delta l} q_i(t - d_{im}(t))\right) - \alpha_m \dot{q}_m \dot{q}_i^T \right]$$

$$+ [-k(q_i - q_m(t - d_{mi}(t))) - \alpha_s \dot{q}_i]$$

$$+ k(\dot{q}_m^T q_m - \dot{q}_m^T q_i - \dot{q}_i^T q_m + \dot{q}_i^T q_i)$$

$$= \dot{q}_m^T \left[k \frac{1}{\Delta l_{[N]}} \sum_{i \in \Delta l} q_i(t - d_{im}(t)) - \alpha_m \dot{q}_m \right]$$

$$+ k(-\dot{q}_m^T q_i - \dot{q}_i^T q_m) + \dot{q}_i^T[-\alpha_s \dot{q}_i k q_m(t - d_{mi}(t))]$$

$$\quad (10)$$

利用引理1进行变换:

$$q_m(t - d_{mi}(t)) - q_m(t)$$

$$= -\int_{-d_{mi}(t)}^0 \dot{q}_m(t+\theta) d\theta \frac{1}{\Delta l_{[N]}} \sum_{i \in \Delta l} q_i(t - d_{im}(t)) - q_i(t)$$

$$= -\frac{1}{\Delta l_{[N]}} \sum_{i \in \Delta l} \int_{-d_{mi}(t)}^0 \dot{q}_i(t+\theta) d\theta$$

则式(10)变为

$$\dot{V} = -k\dot{q}_i^T \int_{-d_{mi}(t)}^0 \dot{q}_m(t+\theta) d\theta - \alpha_m |\dot{q}_m|^2$$

$$- k\dot{q}_m^T \frac{1}{\Delta l_{[N]}} \sum_{i \in \Delta l} \int_{-d_{mi}(t)}^0 \dot{q}_i(t+\theta) d\theta - \alpha_i |\dot{q}_i|^2$$

利用引理2进行变换,有

$$-2\int_0^t \dot{q}_i^T(\sigma) \int_{-d_{mi}(t)}^0 \dot{q}_m(t+\theta) d\theta d\sigma$$

$$\leqslant \bar{\zeta}_i \|\dot{q}_i\|^2 + \frac{\bar{T}^2}{\bar{\zeta}_i} \|\dot{q}_m\|^2$$

$$\frac{-2}{\Delta l_{[N]}} \int_0^t \dot{q}_m^T(\sigma) \sum_{i \in \Delta l} \int_{-d_{mi}(t)}^0 \dot{q}_i(t+\theta) d\theta d\sigma$$

$$\leqslant \bar{\zeta}_m \|\dot{q}_m\|^2 + \frac{\bar{T}^2}{\bar{\zeta}_m} \|\dot{q}_i\|^2$$

所以在 $0 \sim t$ 时间内对 $\dot{V}$ 积分,设 $t \to \infty$ 时,有

$$V(t) - V(0) \leqslant \frac{k}{2}\left[\bar{\zeta}_m \|\dot{q}_m\|^2 + \frac{\bar{T}^2}{\bar{\zeta}_m} \|\dot{q}_i\|^2 \right.$$

$$\left. + \bar{\zeta}_i \|\dot{q}_i\|^2 + \frac{\bar{T}^2}{\bar{\zeta}_i} \|\dot{q}_m\|^2 \right]$$

$$-\alpha_m |\dot{q}_m|^2 - \alpha_s |\dot{q}_i|^2$$
$$= \left(\frac{k}{2}\bar{\zeta}_m + \frac{k}{2}\frac{\bar{T}^2}{\bar{\zeta}_i} - \alpha_m\right)|\dot{q}_m|^2$$
$$+ \left(\frac{k}{2}\bar{\zeta}_i + \frac{k}{2}\frac{\bar{T}^2}{\bar{\zeta}_m} - \alpha_s\right)|\dot{q}_i|^2$$

当满足
$$\begin{cases} \alpha_m - \frac{k}{2}\bar{\zeta}_m - \frac{k}{2}\frac{\bar{T}^2}{\bar{\zeta}_i} > 0 \\ \alpha_s - \frac{k}{2}\bar{\zeta}_i - \frac{k}{2}\frac{\bar{T}^2}{\bar{\zeta}_m} > 0 \end{cases}$$

时,正定函数 V 有界,系统稳定。

对于"领导者"与它的"跟随者"构成的系统,稳定性证明同上。控制器稳定性的充分条件为仿真试验的参数选择提供了依据。

3 仿真分析

本文研究的主要内容是遥操作系统中一主多从机器人的一致性行为。为了验证结论的有效性,可选取多个二自由度机器人进行 MATLAB/Simulink 仿真试验。在仿真前,先给出一些基本参数。假设所有的机器人都是一样的,并且第一个机械臂满足:$m_1 = 10$ kg, $l_1 = 0.7$ m,第二个机械臂满足:$m_2 = 5$ kg, $l_2 = 0.5$ m。以下给出控制器部分参数:$k = 60$, $\alpha_m = \alpha_s = 150$, $\bar{T} = 2$ s, $\bar{\zeta}_m = \bar{\zeta}_i = 2$,其中,$i = 1, \cdots, N$。还有一部分参数需要通过计算获得。

正定惯性矩阵为
$$M_i(q) = \begin{bmatrix} M_{11}(q) & M_{12}(q) \\ M_{21}(q) & M_{22}(q) \end{bmatrix}$$

其中
$$M_{11}(q) = l_2^2 m_2 + l_1^2(m_1 + m_2) + 2l_1 l_2 m_2 \cos(q_2)$$
$$= 8.6 + 3.5\cos(q_2)$$
$$M_{12}(q) = M_{21}(q) = l_2^2 m_2 + l_1 l_2 m_2 \cos(q_2)$$
$$= 1.25 + 1.75\cos(q_2)$$
$$M_{22}(q) = l_2^2 m_2 = 1.25$$

向心力矩阵为
$$C_i(q,\dot{q}) = \begin{bmatrix} C_{11}(q,\dot{q}) & C_{12}(q,\dot{q}) \\ C_{21}(q,\dot{q}) & C_{22}(q,\dot{q}) \end{bmatrix}$$

其中
$$C_{11}(q,\dot{q}) = -l_1 l_2 m_2 \sin(q_2)\dot{q}_2 = -1.75\sin(q_2)\dot{q}_2$$
$$C_{12}(q,\dot{q}) = l_1 l_2 m_2 \sin(q_2)(\dot{q}_1 + \dot{q}_2)$$
$$= 1.75\sin(q_2)(\dot{q}_1 + \dot{q}_2)$$
$$C_{21}(q,\dot{q}) = l_1 l_2 m_2 \sin(q_2)\dot{q}_1 = 1.75\sin(q_2)\dot{q}_1$$
$$C_{22}(q,\dot{q}) = 0$$

假设在从机器人的坐标系 $y = 0.6$ m 处有一面墙壁,若操作者在主端沿 Y 轴方向施加力 F,从端的反馈力为 $8000 \times (y - 0.6)$ 牛顿。那么系统的扭矩为:$Fh = J_m^T \times [0\ 1]^T \times F$,转矩为 $F_i = J_i^T \times [0\ 1]^T \times 8000 \times (y - 0.6)$,其中雅可比矩阵为

$$J_m(q) = J_i(q) = \begin{bmatrix} J_{11}(q) & J_{12}(q) \\ J_{21}(q) & J_{22}(q) \end{bmatrix}$$

其中
$$J_{11}(q) = -l_1 \sin(q_1) - l_2 \sin(q_1 + q_2)$$
$$= -0.7\sin(q_1) + 0.5\sin(q_1 + q_2)$$
$$J_{12}(q) = -l_2 \sin(q_1 + q_2) = -0.5\sin(q_1 + q_2)$$
$$J_{21}(q) = l_1 \cos(q_1) + l_2 \cos(q_1 + q_2)$$
$$= 0.7\cos(q_1) + 0.5\cos(q_1 + q_2)$$
$$J_{22}(q) = l_2 \cos(q_1 + q_2) = 0.5\cos(q_1 + q_2)$$

其中,在 $[0,60]$ 秒内外力 F 表达式为
$$F = \begin{cases} 4t, & t \in (0,10] \\ 60 - 2t, & t \in (10,20] \\ t, & t \in (20,30] \\ 75 - 1.5t, & t \in (30,50] \\ 0, & t \in (50,60] \end{cases}$$

3.1 一主五从机器人在不同拓扑结构下的一致性仿真

假设系统初始值满足:$q_m = [0,0]^T$, $q_{s1} = [1,2]^T$, $q_{s2} = [3,0.5]^T$, $q_{s3} = [1.5,0.3]^T$, $q_{s4} = [4,0.1]^T$, $q_{s5} = [0.8,0.7]^T$。时变延时为:$d_{mi} = 0.6 + 0.4\sin t$, $d_{1i} = 0.5 + 0.2\sin t$, $d_{2i} = 1.2 + 0.1\cos t$, $d_{3i} = 0.2 + 0.1\sin t$, $d_{4i} = 1 + 0.5\cos t$, $d_{5i} = 0.9 + 0.6\sin t$。

(1) 若系统通信结构满足:$a_{13} = a_{31} = 1$, $a_{14} = a_{41} = 1$, $a_{15} = a_{51} = 1$, $a_{23} = a_{32} = 1$, $a_{24} = a_{42} = 1$, $a_{25} = a_{52} = 1$, $a_{34} = a_{43} = 1$, $a_{35} = a_{53} = 1$,可用矩阵 A 来表示它们的拓扑关系,即

$$A_{5 \times 5} = \begin{bmatrix} 0 & 0 & 1 & 1 & 1 \\ 0 & 0 & 1 & 1 & 1 \\ 1 & 1 & 0 & 1 & 1 \\ 1 & 1 & 1 & 0 & 0 \\ 1 & 1 & 1 & 0 & 0 \end{bmatrix}$$

其中,1 和 0 分别表示机器人间有通信和没有通信。

(2) 若系统通信结构满足:$a_{13} = a_{31} = 1$, $a_{14} = a_{41} = 1$, $a_{15} = a_{51} = 1$, $a_{24} = a_{42} = 1$, $a_{25} = a_{52} = 1$, $a_{34} = a_{43} = 1$,即

$$A_{5 \times 5} = \begin{bmatrix} 0 & 0 & 1 & 1 & 1 \\ 0 & 0 & 0 & 1 & 1 \\ 1 & 0 & 0 & 1 & 0 \\ 1 & 1 & 1 & 0 & 0 \\ 1 & 1 & 0 & 0 & 0 \end{bmatrix}$$

从图 4 至图 13 可以看出,不同初始角度,在主机器人的控制下,5 个初始位置相同的从机器人在 Y 轴方向上同步到墙壁处,在 X 轴方向上停在了 $x = -0.5$ m 处,实现了对从机器人的协同控制。

不同的是,由于两者的拓扑方式不一样,相比图 4,图 9 减少了从机器人 2 和从机器人 3,从机器人 5 和从机器人 3 之间的通信交流;对比图 6 和图 11,图 7 和图 12,图 8 和图 13 可以发现,对于从机器人 3,在方式 2 下,它只需要根据从机器人 1 和从机器人 4 来调整自己的动态行为,就可以降低通信复杂度,最终也达到了同步跟踪的效果。

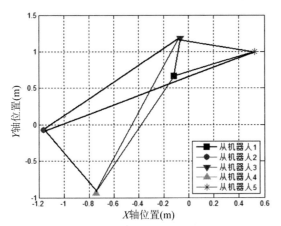

图 4　一主五从机器人的拓扑关系图

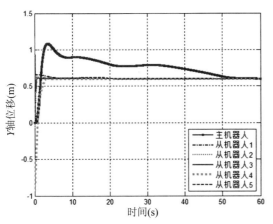

图 5　一主五从机器人 Y 轴的位置轨迹波形图

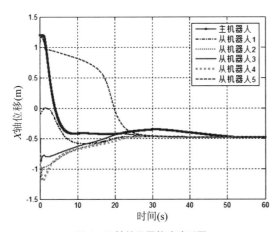

图 6　X 轴的位置轨迹波形图

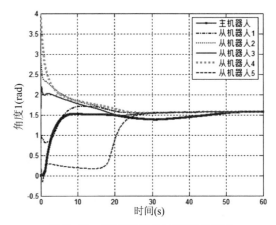

图 7　第一关节机械臂的角度变化波形图

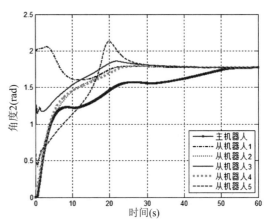

图 8　第二关节机械臂的角度变化波形图

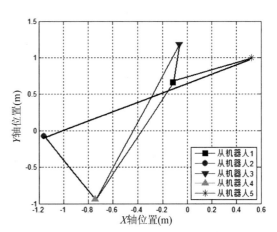

图 9　一主五从机器人的拓扑关系图

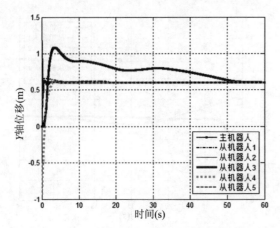

图 10 一主五从机器人 Y 轴的位置轨迹波形图

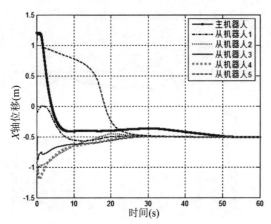

图 11 X 轴的位置轨迹波形图

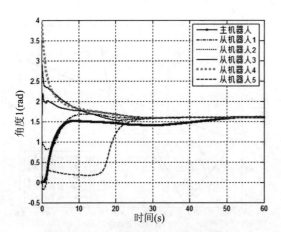

图 12 第一关节机械臂的角度变化波形图

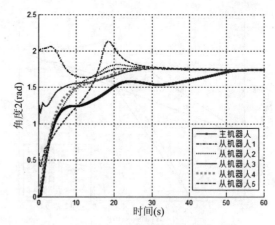

图 13 第二关节机械臂的角度变化波形图

3.2 一主七从机器人的一致性仿真

假设系统初始值满足：$q_m = [0,0]^T$，$q_{s1} = [1,2]^T$，$q_{s2} = [3,0.5]^T$，$q_{s3} = [1.5,0.3]^T$，$q_{s4} = [4,0.1]^T$，$q_{s5} = [0.8,0.7]^T$，$q_{s6} = [4,0.4]^T$，$q_{s7} = [2.5,1.5]^T$。时变延时为：$d_{mi} = 0.6 + 0.4\sin t$，$d_{1i} = 0.5 + 0.2\sin t$，$d_{2i} = 1.2 + 0.1\cos t$，$d_{3i} = 0.2 + 0.1\sin t$，$d_{4i} = 1 + 0.5\cos t$，$d_{5i} = 0.9 + 0.6\sin t$，$d_{6i} = 1 + 0.5\cos t$，$d_{7i} = 1 + 0.5\cos t$。

若系统通信结构满足：$a_{13} = a_{31} = 1$，$a_{14} = a_{41} = 1$，$a_{15} = a_{51} = 1$，$a_{24} = a_{42} = 1$，$a_{25} = a_{52} = 1$，$a_{26} = a_{62} = 1$，$a_{27} = a_{72} = 1$，$a_{36} = a_{63} = 1$，$a_{46} = a_{64} = 1$，$a_{57} = a_{75} = 1$。

从图 14 至图 18 可以发现，在主机器人的控制领导下，七个从机器人在 Y 轴方向上同步到墙壁处，在 X 轴方向上停在了 $x = 0.1$ m 处，实现了对从机器人的协同控制。

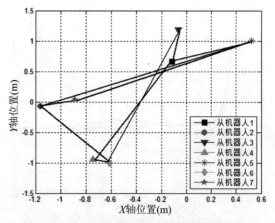

图 14 一主七从机器人的拓扑关系图

对比图 5 和图 15，图 6 和图 16，图 7 和图 17，图 8 和图 18，可以看出当从机器人个数不同时，它们最终达到同步时，在 X 轴方向上，前者和后者位移差 0.4 m，第一关节机械臂的角度差了 1 rad，第二关节机械臂的角度差了 0.4 rad，但最终都达成一致。同样的，两者达到同步的时间也不同，前者从机器人同步时间为 30 s 左右，后者同步时间为 45 s 左右，因此，当从机器人个数较少时，从机器人实现同步跟踪的时间短。

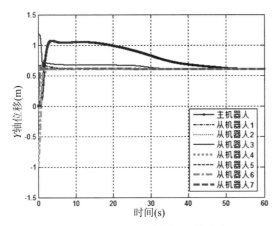

图 15 一主七从机器人 Y 轴的位置轨迹波形图

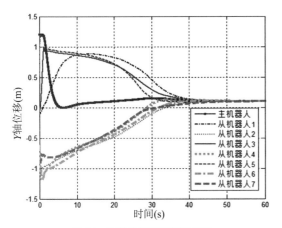

图 16 X 轴的位置轨迹波形图

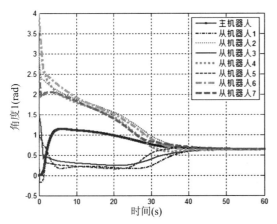

图 17 第一关节机械臂的角度变化波形图

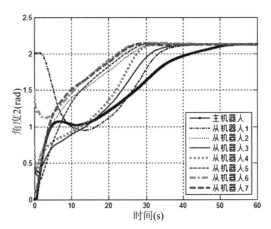

图 18 第二关节机械臂的角度变化波形图

4 结论

本文在非线性动力学模型基础上选用 PD 控制法,设计了分布式控制器,给出了使控制器稳定的充分条件,并利用李雅普诺夫稳定性定理进行了证明。在选取使系统稳定的参数条件下,通过数值仿真,分别对从机器人个数相同而拓扑方式不同以及从机器人个数不同的两种情况进行比较,分析了从机器人的一致性行为,实现了对从机器人的协同控制,验证了所设计控制器的有效性与合理性,为无人驾驶飞行器的控制、人造卫星簇的控制、水下航行器的控制、突发事件的应对、传染病的防治等提供了重要的理论指导和模型结构。

致 谢

感谢王军老师的悉心指导以及先进发射协同创新中心对我们的研究工作给予的便利条件。

参考文献

[1] 陈昕,张鑫,金鑫,等. 一种多智能体协同信息一致性算法[J]. 航空学报,2017,38(12):214-226.

[2] 张霞. 时延力反馈遥操作系统的跟踪性能研究[D]. 西安:电子科技大学,2017.

[3] 李磊. 双边遥操作系统设计和性能优化研究[D]. 湖南:国防科学技术大学,2011.

[4] Yan J, Luo X Y, Yang X, et al. Consensus of multi-slave bilateral teleoperation system with time-varying delays [J]. Journal of Intelligent & Robotic Systems,2014,750-762.

[5] Nuno E, Basanez L. Nonlinear bilateral eleoperation: stability analysis[C]//IEEE International Conference on Robotics and Automation. Piscataway, NJ, USA: IEEE, 2009:3718-3723.

[6] 王德红. 基于时延的遥操作系统控制设计[D]. 广州:华南理工大学,2015.

[7] Li Y L, Johansson R, Yin Y X. Acceleration feedback control for onlinear teleoperation systems with time delays [J]. International Journal of Control,2015: 878-883

地面共振试验仿真建模分析

赵冬强,杨佑绪,孙晓红

(航空工业第一飞设计研究院,陕西西安,中国,710089)

摘　要:在地面共振试验中,众多因素影响着试验测试结果,本文通过建立数值仿真模型,分析了支持系统、传感器布置、激振杆连接等因素对共振试验结果的影响;通过预试验模型,进行了频响测试仿真分析。结果表明,较低的支持系统刚度、优化的传感器布置和合理的激振杆位置可以降低测试误差。

关键词:地面共振试验;建模;预试验
中图分类号:TP391

Modeling and Analysis of Ground Vibration Test

Zhao Dongqiang, Yang Youxu, Sun Xiaohong

(AVIC the First Aircraft Institute, ShaanXi, Xi'an, 710089)

Abstract: There are many affecting factors on the result of the Ground Vibration Test. The numerical simulation model is established to calculate the affection of the suspension, sensor, and the drive rod. Finally, the pretest model is designed to compute the frequency response functions. The results show that the smaller of the suspension's stiffness, and the reasonable location of sensor and drive rod could reduce the error of the Ground Vibration Test.

Key words: Ground Vibration Test; Modeling; Pretest

1　引言

在地面共振试验中,需要关注支持系统、传感器、激振杆等测试设备对目标试验件产生的附加质量、附加刚度和附加阻尼效应[1]。特别是在飞行器设计领域,颤振模型地面共振试验中要求主要模态的频率误差控制在5%以内。要想达到这个要求,不仅需要建立高精度的结构动力有限元模型,还需通过仿真建模分析支持系统、传感器布置和激振杆连接对试验结果的影响。

2　试验简介

颤振模型地面共振试验的模型安装和测试设备布置如图1所示,包括模型的悬挂、传感器的布置以及激振杆的激励。颤振模型通常采用弹性悬挂的支持方式:在机身前后位置引出两根钢索,并在钢索顶端连接弹性悬挂,弹性悬挂的另一端为固支端点。对于弹性悬挂的选择,主要考虑两个方面:第一要保证模型的安全性,第二要降低弹性悬挂对模型固有振动特性的影响。

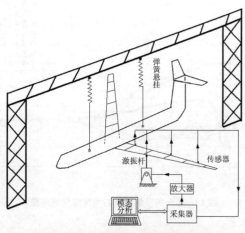

图1　颤振模型地面共振试验示意图

模型悬挂完成后,将进行传感器布置的优化选择。传感器作为地面共振试验中的主要测量设备,能否合理布置至关重要,传感器布置过少无法准确反映模型的振动形态,布置过多又会增加附加质量而影响振动频率。

作者简介:赵冬强(1982—),男,浙江嘉兴人,高级工程师,硕士,研究方向为飞行器设计;杨佑绪(1983—),男,甘肃景泰人,高级工程师,博士,研究方向为飞行器设计;孙晓红(1966—),女,陕西丹凤人,研究员,硕士,研究方向为飞行器设计。

3 结构动力学建模

结构动力有限元模型是共振试验的基础，只有建立高精度的计算模型，才能准确预估支持系统、传感器布置和激振杆连接对测试结果的影响。目前，在飞行器设计领域，常用的结构动力学模型主要包含杆板模型和梁架模型两种，当涉及复杂结构动力学建模时，也有采用减缩模型或混合模型的形式。

某型飞机颤振模型的结构动力有限元模型如图2所示，为较为常用的梁架模型形式，其中刚度特性用 MSC. Patran 软件的 PBAR 梁元模拟，质量特性用 CONM2 集中质量元模拟，并通过 RBE3 或 RBAR 等刚体元将 CONM2 质量元连接到对应的 PBAR 梁元节点上。各部件的操纵面通过 PROD 杆元或 PELAS 弹簧元模拟操纵刚度，并连接到对应的主翼面上。

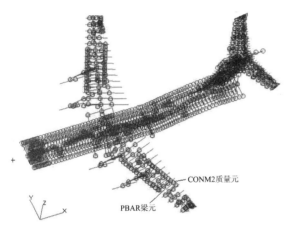

图 2 结构动力有限元模型

基于结构动力有限元模型，可以进行振动特性分析。模型主要振动模态的频率计算结果见表1，这是地面共振试验需要测试模态的理论值。在此计算模型基础上，可以通过弹簧元、质量元或者梁元模拟共振试验中一些附加因素的影响。

表 1 基础模型振动频率计算结果

序号	模态名称	频率(Hz)	序号	模态名称	频率(Hz)
1	机翼对称一弯	1.00	9	垂尾一弯	1.16
2	机翼反对称一弯	1.43	10	垂尾一扭	1.49
3	机翼对称二弯	3.16	11	机身垂一弯	2.26
4	机翼反对称二弯	2.96	12	机身侧一弯	4.67
5	机翼对称一扭	5.54	13	副翼旋转	11.32
6	机翼反对称一扭	5.18	14	上方向舵旋转	6.19
7	平尾对称一弯	4.42	15	下方向舵旋转	6.39
8	平尾反对称一弯	2.11	16	升降舵旋转	12.09

4 支持系统仿真分析

为了降低支持系统对模型固有振动特性的影响，在地面共振试验中，一般采用弹簧或者橡皮绳来进行悬挂。这里，可以采用弹簧元模拟支持系统的附加刚度影响。

以某试验模型为例，来说明悬挂刚度对地面共振试验结果的影响。当以1/3要求(模型最高阶刚体频率为模型最低阶弹性模态频率的1/3)进行悬挂支持时，振动频率计算结果见表2，其中最高阶刚体模态计算频率为0.33 Hz，满足1/3要求。与表1中的基础模型计算结果相比，模态频率略有变化，但偏差都在1%以内。

表 2 模型支持频率计算结果

序号	模态名称	频率(Hz)	序号	模态名称	频率(Hz)
1	刚体模态1	0.00005	10	机翼反对称二弯	2.96
2	刚体模态2	0.00001	11	机翼对称一扭	5.54
3	刚体模态3	0.00002	12	机翼反对称一扭	5.18
4	刚体模态4	0.00008	13	平尾对称一弯	4.43
5	刚体模态5	0.32582	14	平尾反对称一弯	2.11
6	刚体模态6	0.33288	15	垂尾一弯	1.16
7	机翼对称一弯	1.01	16	垂尾一扭	1.49
8	机翼反对称一弯	1.43	17	机身垂一弯	2.26
9	机翼对称二弯	3.17	18	机身侧一弯	4.67

在模型地面共振试验的具体实施过程中，机身主梁前后位置通过两根弹簧(按照1/3要求设计)来悬挂，实测最高阶刚体模态频率为0.34 Hz，最低阶弹性模态(机翼对称一弯)频率为1.02 Hz，与表2中的计算结果基本一致，满足弹性悬挂的设计要求。

5 传感器布置仿真分析

传感器的布置主要是为了准确区分各阶模态对应的振型和频率，通常如果传感器在模型上布置的越多越密，那么振型也越容易分辨。但是对于颤振模型，传感器布置是一个优化折中的过程，布置太少无法准确识别密集模态，布置太多又会影响模型自身的频率。因为颤振模型的质量较轻，特别是舵面质量，往往只有几十克，而普通加速度传感器的质量一般在5克左右，如果布置过多，模型频率的测量值将会产生较大偏差。为了避免试验过程的反复，在共振试验前需要通过集中质量元的方式分析传感器带来的附加质量的影响。

以某试验模型为例，来说明传感器附加质量对地面共振试验结果的影响。在颤振模型上通过集中质量元模拟传感器附加质量，得到的各个舵面旋转模态的频率计算结果见表3。相对于表1中的基础模型计算结果，舵面旋转模态频率变化非常大，减小量基本都在5.0%以上，特别是升降舵旋转模态频率降低了13.7%。

在地面共振试验实测中，在副翼前后缘布置了两个加速度传感器(实际重量为4.6克),此时得到的副翼旋转模态的实测频率为10.74 Hz,较表1中的基础频率减小了5.1%,与表3中增加传感器后的计算结果基本一致。

表3 模拟传感器后舵面旋转频率计算结果

序号	模态名称	频率(Hz)	序号	模态名称	频率(Hz)
1	副翼旋转	10.82	3	下方向舵旋转	5.85
2	上方向舵旋转	5.71	4	升降舵旋转	10.43

因此,在舵面旋转模态测试时,舵面上布置的传感器要求尽量少,如果考虑到主翼面模态或者舵面自身弯扭模态的测试,可以先布置多个传感器,然后再通过减少传感器来得到更为准确的舵面旋转频率。

除了进行传感器附加质量影响分析外,还可以通过仿真模型进行传感器的优化布置。对于颤振模型,通常实测点数远远小于计算模型的节点。要想比较计算模型与试验模型的振型符合性,首先需要对自由度进行匹配处理。目前匹配的方法主要有两种:一是计算模型缩聚,通常采用 Guyan 静力缩聚[2],或者 IRS 等改进的缩聚方法;二是试验模型的扩展,通常采用插值技术。由于试验模型在扩展过程中有可能对试验误差产生放大作用,因此,目前还是主要采用缩聚方法进行匹配。一旦建立起计算模型和试验模型之间的匹配关系,就可以采用模态置信度 MAC (Modal Assurance Criterion)矩阵作为目标函数来进行传感器布置的优化[3]。模态置信度 MAC 值反映了两个模态振型向量的相关程度,当 MAC 值接近 1 时,说明两个模态振型相关性较大;当 MAC 值接近 0 时,说明两个模态振型相关性较小。MAC 矩阵的表达式为

$$MAC_{ij} = \frac{|(\{\psi_i\}^T\{\psi_j\})|^2}{(\{\psi_i\}^T\{\psi_i\})(\{\psi_j\}^T\{\psi_j\})}$$

其中,ψ_i 和 ψ_j 分别为第 i 阶和第 j 阶模态振型向量。

以某试验模型为例,来说明以 MAC 值作为目标函数的传感器布置的优化过程,优化流程如图3所示。首先,可以在各个框段/肋站位布置传感器,然后,以传感器布置点作为缩减参考点,通过质量和刚度减缩计算减缩模型的频率和振型。此时一般要求减缩模型与基础模型之间关心模态的 MAC 值在 0.9 以上。当无法达到这个要求时,可以在合适位置增加部分传感器,重新进行 MAC 值分析。

如图4所示,左边为初始布置的传感器(定义为传感器布置1),右边为增加机翼翼尖的传感器(定义为传感器布置2)。增加传感器前后翼尖扭转模态振型对比图如图5所示,显然增加翼尖传感器后能够更好地反映翼尖模态,翼尖传感器位移与基础模型节点位移基本一致。表4给出了增加传感器前后主要模态频率和 MAC 值的具体变化值,从中可以看出,增加翼尖传感器后,翼尖扭转模态的 MAC 值显著提高,频率值也更加接近。

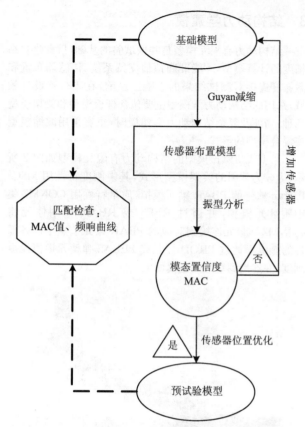

图3 传感器优化流程图

图4 传感器布置示意图

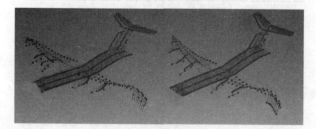

图5 翼尖扭转模态振型对比图

表 4　减缩模型频率和 MAC 值

序号	基础模型频率(Hz)	传感器布置1		传感器布置2	
		频率(Hz)	MAC(%)	频率(Hz)	MAC(%)
1	1.00	1.00	100	1.00	100.0
2	1.43	1.42	100	1.42	100.0
3	3.16	3.17	100	3.16	100.0
4	2.96	2.95	100	2.95	100.0
5	7.03	7.51	78	7.03	97.0
6	6.94	7.66	77	6.94	94.0

表 5　不同激励位置振动频率计算结果

序号	模态名称	基础模型频率(Hz)	位置1频率(Hz)	位置2频率(Hz)
1	机翼对称一弯	1.00	1.00	1.00
2	机翼反对称一弯	1.43	1.43	1.43
3	平尾对称一弯	4.42	4.42	4.45
4	平尾反对称一弯	2.11	2.11	2.13
5	垂尾一弯	1.16	1.16	1.17
6	垂尾一扭	1.49	1.49	1.54

6 激振杆激励仿真分析

在模型地面共振试验过程中,激振杆的激励位置非常重要,位置选择得当不仅能够保证测试频率的准确性,而且还能提高测试效率。如果激励位置恰好在某阶模态的节线上,那么很难测得该阶模态,或者该阶模态测得的指示函数较低。

在某试验模型地面共振试验中,用到的激振杆为直径 2 mm,长度为 300 mm 的钢杆,这种长细比较大的柔性杆,在其长度方向上相对刚硬,而在其他方向上相对柔软,但是如果侧向载荷或者位移过大的话,可能就会带来附加刚度的影响。

在颤振模型上,本文分析激振杆附加刚度在不同的激励位置对地面共振试验结果的影响。如图 6 所示,激振杆的激励位置分别选择机翼尖部(位置1)和平尾尖部(位置2)。表 5 列出了机翼对称一弯、机翼反对称一弯、平尾对称一弯、平尾反对称一弯、垂尾一弯和垂尾一扭等六支主要模态不同激励位置的计算频率值。从表中数据可以看出,在机翼翼尖激励时,模型振动模态计算频率基本没变化,而在平尾翼尖激励时,垂尾一扭模态计算频率会增大 3.36%。这是因为垂尾扭转模态振动时,平尾属于面内方向运动,激振杆会有较大幅度的侧向摆动,从而产生附加刚度的影响。

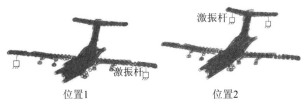

图 6　激振杆位置示意图

在地面共振试验实测过程中,当选择在左右平尾翼尖反相激励时,垂尾一扭实测频率为 1.53 Hz,与表 5 中增加激振杆影响后的计算结果基本一致。

7 预试验模型仿真分析

在模型地面共振试验中,首先进行的是频响测试,以确定模型的大致频率位置。本试验通过试验状态的仿真建立预试验模型,并提前预估频响测试结果。在仿真建模过程中,需要在基础模型上添加悬挂支持和激振杆连接等边界条件,并根据传感器布置点进行刚度和质量矩阵的缩聚。

基于预试验模型,可以进行频响测试的仿真分析。在进行频响分析时,需要指定激励点和响应点,并设置阻尼值和频率范围。以某试验模型为例,来说明预试验模型仿真分析的效果。这里将机翼翼尖某传感器点设置为激励点和响应点,阻尼值设置为 0.03,频率范围选取 0.1～15 Hz。预试验模型与基础模型的频响曲线对比情况如图 7 所示,可知两者频率点基本一致,只是在振幅上略有差别。

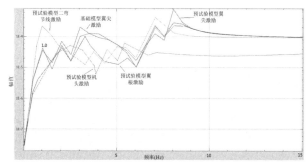

图 7　预试验模型频响分析曲线

基于预试验模型,还能对激励位置进行优化选择,如图 7 所示,不同激励位置得到的频响曲线不同。例如,在机翼翼尖激励时,机翼一弯、二弯等模态的响应峰值比较明显,而在机翼二弯节线位置激励时,没有出现机翼二弯模态的响应峰值。因此为了得到全机主要模态,除了在不同部件进行激励外,还可以在同一部件的不同位置进行激励,以期得到更好的测试效果。

8 结论

本文通过结构动力学仿真建模,分析了悬挂支持、传感器布置和激振杆连接对颤振模型地面共振试验结果的影响,结果表明,仿真分析与试验实测结果基本一致。此外,本文还建立了模拟真实试验状态的预试验模型,计算分析了不同激励位置的频响结果。本文研究的基于预试验模型仿真分析,可用于指导地面共振试验方案的制定和实施。

参考文献

[1] 管德. 飞机气动弹性力学手册[M]. 北京:航空工业出版社,1994.
[2] Guyan R J. Reduction of stiffness and mass matrices[J]. AIAA,1965,3(2):380.
[3] Garne T G, Dohrmann C R. A modal test design strategy for model correlation[C]// Proc 13th Intl Modal Analysis Conference,1995:927-933.

基于 NetLogo 的作战系统动力学模型设计与实现

余昌仁,贾连兴,马 兵

(国防科技大学信息通信学院,湖北武汉,中国,430010)

摘　要:作战模拟是战争的"预实践"。现代建模与仿真技术在备战和作战研究中发挥着重要作用。作战系统是复杂、非线性的系统,NetLogo 软件具有较好的解构复杂系统和分析复杂系统动态行为演化规律的功能,为作战系统仿真提供了一种可行的技术手段。本文主要运用 NetLogo 的系统动力学建模工具模拟了红蓝双方装备对抗过程,研究表明,本文采用的动力学模型能为作战分析提供有益的指导。

关键词:NetLogo;系统动力学;仿真

中图分类号:TP391

The Design and Implementation of Combat System Dynamics Model Based on NetLogo

Yu Changren, Jia Lianxing, Ma Bing

(Information and Communications College, National University of Defense Technology, Hubei, Wuhan, 430010)

Abstract: Combat simulation is the "pre-practice" of war. Modern modeling and simulation technologies play an important role in the preparation for the warfare and combat research. Combat system is a complex and non-linear system. NetLogo software provides a feasible technical method for combat system simulation with its ability to deconstruct complex systems and analyze the dynamic behavior of complex systems. This article mainly uses the system dynamics modeling tool of NetLogo to simulate the process of military equipment confrontation between the Red and Blue, and the results show this combat system dynamics can provide a useful guidance for the operational analysis.

Key words: NetLogo; System Dynamics; Simulation

1 引言

作战模拟是战争的"预实践"。通过作战模拟和试验来探讨新战法、创新和验证军事理论、设计未来战争已经成为世界军事强国的普遍做法。作战试验中使用最多、应用最广的是建模仿真方法[1]。军事建模和仿真已在军队训练、武器装备研制、作战指挥和规划计划等方面发挥重要作用,并成为国防领域的一项关键技术。必须高度重视基于现代仿真和试验技术的作战模拟,探讨以科学仿真手段支持军事作战理论和实践创新的新途径。NetLogo 软件具有较好的解构复杂系统和分析其动态行为演化规律的能力,为作战系统仿真提供了一种可行的技术手段。

2 NetLogo 的系统动力学模型

NetLogo 是一个可编程的、能够模拟自然界与社会各类复杂系统行为演化规律的建模仿真平台,适用于构建复杂系统的动态演化模型。它是由 Uri Wilensky 在 1999 年首创的,之后由美国西北大学的互联学习与计算机建模中心进行升级改进与完善[2]。NetLogo 4.0.2 于 2007 年推出,目前已有 NetLogo 6.0 版本,其最大的优势是平台自带的模型库(如复杂网络、生态系统、社会系统、计算机科学、物理科学等)能提供各种标准的学习代码,且代码为开源,开发者与学习者可在开源代码基础上进行修改,缩短二次开发过程。

NetLogo 配有系统动力学建模工具,通过设定系统存量(Stock)、流量(Flow)、变量(Variable)和链接关系,运行系统自带的一系列命令和程序,可以探寻各流量、存量之间的关系和系统动态行为。军事作战是一种特殊的社会系统动态行为,通过对其进行抽象和建模,并仿真,可以

作者简介:**余昌仁**(1983—),男,江西上饶人,讲师,在读博士,研究方向为军事运筹;**贾连兴**(1963—),男,河南浚县人,教授,博士,研究方向为军事运筹;**马兵**(1981—),男,山东寿光人,助理工程师,在读博士,研究方向为军队指挥。

达到对各种战略、决策、行为过程等问题进行仿真试验的目的,从而更好地为研究作战规律、把握特点,以至于决策作基础。因此,NetLogo 的系统动力学建模工具可以模拟作战复杂系统的演变过程。

3 NetLogo 下的作战系统动力学模型设计与实现

作战系统是由人员、装备和编制组成的复杂系统,作战过程受作战任务、技术保障、后勤保障、突然性、士气、指挥艺术[3]等诸多因素的影响。若对作战过程中的因素全面进行分析和建模,将是比较困难和繁琐的。因此,不妨转换思路,按一定标准如作战过程或作战对象进行分解,遵循从局部到整体的分析过程,也能起到窥一斑而见全豹的效果。假如把作战过程具体抽象为动态作战交互这一环节,只分析武器对抗这一分系统过程,通过以小见大,同样也能起到很好的仿真作用。例如,设定两种兵力,如红方代表我方武器装备,蓝方代表敌方武器装备,双方按一定的交战规则进行作战。然后调整双方武器的数量和作战能力,再赋予双方武器装备以简单智能,让其进行模拟作战。

3.1 NetLogo 下的作战系统动力学模型设计

调用 NetLogo 下的系统动力学建模工具,设定存量、流量、变量和链接关系。

3.1.1 存量(Stock)

模拟双方兵力数量,用 red-weapon 与 blue-weapon 表示。需要注意的是,随着交战双方装备的对抗,其数量会呈现一定的消耗趋势,若后续还有技术或实物装备的补充,则会导致双方装备规模呈现一定的减少或增长趋势,故这两个存量值是一个动态变化的过程。其变化后的值为

(red-weapon) + (red-input) − (red-lost)
(blue-weapon) + (blue-input) − (blue-lost)

3.1.2 流量(Flow)

作战是一个激烈对抗的过程,武器装备消耗大,为保证战斗力的持续性,需要不断的技术维修支持或装备实物的补充,用 red-input 和 blue-input 表示红蓝双方的补充数量,同时,用 red-lost 和 blue-lost 表示红蓝双方损失的装备数量。同理,这些数量值也会发生不断的变化。计算公式为

red-input = (red-weapon) × (red-input-rate)
blue-input = (blue-weapon) × (blue-input-rate)
red-lost = (red-weapon) × (red-lost-rate)
blue-lost = (blue-weapon) × (blue-lost-rate)

3.1.3 变量(Variable)

此模型中变量有四个,即红蓝双方装备的损失率和红蓝双方装备的补充率,分别用 red-lost-rate、blue-lost-rate、red-input-rate 和 blue-input-rate 表示。在本模型试验过程中,红军装备的补充(red-input)和损失(red-lost),是将对抗按照分步来进行的,也就是每一步的战斗力损失率(red-lost-rate)和战斗力补充率(red-input-rate)是常数因子,根据经验值取得,即目前世界主战装备对抗中都有一定的战损比值和恢复比值,同样的道理适用于蓝方。由于现代战争进程短、对抗激烈,装备补充的速度往往比不上武器装备消耗的速度,故本模型中的 red-input-rate 通常小于 red-lost-rate,在装备不提前退出作战的情况下,装备数量在战场中会不断下降直至为 0。

3.1.4 链接

链接表示两个体之间的联系,系统动力学中要求这种链接是有方向的,即要注意因果关系,"因"的箭头必须指向"果"。如变量 red-input-rate 指向流量 red-input,存量 blue-weapon 指向流量 blue-lost。

用 NetLogo 的系统动力学建模工具画出的图 1 所示。

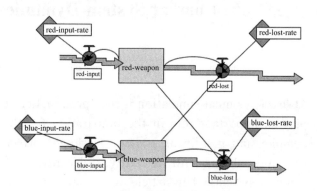

图 1 红蓝双方装备对抗系统动力学模型

3.2 NetLogo 下的作战系统动力学模型实现

3.2.1 设定武器装备初始值及各变量、存量

假设红蓝双方对抗时,红方数量并不占优势,其数量为 172,蓝方数量为 195。根据经验值得红蓝双方装备补充速度为 0.012 和 0.01,装备损耗速度为 0.02 和 0.023,将它们分别输入系统动力学模型中,系统会自动生成代码(略)。

3.2.2 运行系统动力学命令

在 NetLogo 界面中增加 setup、go 按钮和红蓝双方装备数量监视器,并画出红蓝双方装备数量变化图。运行代码为

```
to setup
  clear-all
  reset-ticks
  system-dynamics-setup
end
to go
```

```
        system-dynamics-go
        system-dynamics-do-plot
    end
    to    do-plot
        set-current-plot "weapon"
        set-current-plot-pen "red-weapon"
        plot    count    red-weapon
         set-current-plot-pen "blue-weapon"
        plot count    blue-weapon
        display
    end
```

3.2.3 界面输出

运行 go 按钮后的图形输出结果如图 2 所示。

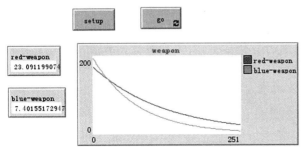

图 2　红蓝双方装备存量变化曲线

3.3　结论分析

由图 2 可以看出，虽然初始状态蓝方比红方投入的装备要多，但是随着时间的推移，蓝方装备数量下降速度大于红方。分析其原因，主要有以下几点：① 红方的装备补充速度或投送能力强于蓝方，能够对战损装备进行有效补充；② 红方装备技术保障能力更强，能对损坏的装备进行维修；③ 装备战斗力方面，由于操作装备的人员训练有素或装备本身性能方面的原因，红方比蓝方更胜一筹。在实际情况中，还可以输入真实的数据，之后运行程序。若红方不占优势，则可从运行结果中分析原因，找出与对手的差距，从而不断改进和调整作战方案，仿真的指导意义也在于此，且形象直观。

4　前景展望

作战是复杂的、非线性的过程。用多智能体系统对复杂非线形作战进行研究，是战争模拟仿真的重要方向。NetLogo 是一个功能强大的多 Agent 仿真工具，使较单纯的解析模型和分析作战方式有了较大的改进，依托此平台进行再开发可为作战模拟提供进一步的研究。当然，由于研究的简化，本文把作战过程局限于装备交战这一微观过程，分析面虽较小但体现了建模的思路和结果的分析，是一个有益的尝试。毫无疑问，未来还可以对模拟进行延伸和扩展，引入信息化战争情报侦察或网络战等因素，设置双方拥有情报支援或网络攻击等体系作战能力，观察作战过程与结果。或是设定一个重点目标，让红方或蓝方提前一段时间开始作战，并用匹程火力优先攻击重点目标[4]，诸如此类以提高建模的复杂度和作战的还原度。下一步需要研究的是扩展建模层次与范围，使用 NetLogo 的 HubNet 功能提高人机交互水平，建立还原度更高的模型与计算公式，并对仿真作战的过程和结果展开分析，得出更可信的评估结论。通过分析问题，找出差距，为制定作战计划打基础，让仿真可以真正服务于作战决策。

参考文献

[1] 沈寿林,张国宁,朱江.作战复杂系统建模及试验[M].北京:国防工业出版社,2012.

[2] 金伟新.体系对抗复杂网络建模与仿真[M].北京:电子工业出版社,2010.

[3] 陈光.基于 NetLogo 平台的作战指挥系统的研究与实现[D].广州:华南理工大学,2012.

[4] 张明明,穆晓敏.基于 NetLogo 平台的作战能力仿真评估系统[J].通信设计与应用,2016(4):127-128.

数据驱动的分布式探测信号时间配准方法研究

时 蓬[1], 王 斌[2]

(1. 中国科学院国家空间科学中心, 北京, 中国, 100190; 2. 中国人民解放军航天工程大学, 北京, 中国, 101416)

摘 要: 分布式空间系统利用探测信息在时域、空域、频域的关联特征, 充分挖掘分布式采样信号中所蕴含的目标信息, 通过分布式信号配准、信息关联处理、探测目标特征重建等技术途径, 实现空间科学和对地观测领域的高性能空间探测。由于分布式节点依靠自己内部的晶体振荡器提供时钟信息, 分布式探测要使这些节点达到一致的时间尺度, 传统的基于模型和定性经验知识的信号配准方法, 需要对频率偏差、相位偏差和频率漂移等进行建模与分析。这种直接时间同步方法受到设备等硬件方面的限制, 存在一定的局限性。

基于数据驱动的信号配准方法分析分布式信号关联特征, 能够在系统具体的数学和物理模型不完全已知的情况下, 进一步提高时空配准精度。考虑时钟偏差(相位误差)和频率偏差, 时钟相位噪声和频率噪声等影响, 根据收集到的信号数据, 综合考虑多变量, 给出问题的数学描述, 引入期望极大算法事先设定时钟模型参数, 利用已有数据对参数值进行修正, 逐次迭代, 使模型参数逐渐逼近真实参数值, 得到对相位和频率偏差的估计。这种方法可以摆脱现有测量设备硬件性能约束, 提高了分布式信号时间配准精度, 便于推广到其他相关系统中。

关键词: 分布式空间系统; 数据驱动; 信号配准; 期望极大算法

中图分类号: TP391

Data-Driven Signal Time Registration Method for Distributed Detection Signals

Shi Peng[1], Wang Bin[2]

(1. National Space Science Center, Chinese Academy of Sciences, Beijing, 100190; 2. University of Aerospace Engineering, Beijing, 101416)

Abstract: The distributed space system utilizes the correlation characteristics of the detection information in the time, space, and frequency domains to fully exploit the implications of distributed sampling signals. The target information achieves high-performance spatial detection in the field of space science and ground observation through technical approaches such as distributed signal registration, information correlation processing, and detection of target feature reconstruction. Since distributed nodes rely on their own internal crystal oscillators to provide clock information, distributed detection requires these nodes to reach a consistent time scale. Traditional signal-registration methods based on model and empirical knowledge require frequency deviations, phase deviations, frequency drift and other modeling. Direct time synchronization method is limited by the hardware of equipment.

Starting from the data analysis and mining direction, data-driven signal registration methods analyze the correlation features of distributed signal. Considering the effects of clock deviation (phase error) and frequency deviation, mathematical description of the problem is first introduced. Then polynomial regression mixture models are employed to complete the signal alignment, with iterations between the E- and M-steps of expectation maximization method. The proposed method could get rid of the constraints of existing measurement equipment hardware performance, improve the accuracy of the distributed signal space-time registration, and facilitate the algorithm to

---

作者简介: 时蓬(1982—), 男, 河北泊头人, 副研究员, 工学博士, 研究方向为系统建模与仿真; 王斌(1977—), 男, 湖北武汉人, 高级工程师, 工学博士, 研究方向为航天系统仿真与测控。

other related systems.

Key words: Distributed Space Exploration System; Data Driven; Signal Registration; Expectation Maximization

1 时间同步误差来源

在卫星时间同步及信息交换中,信号受到卫星星钟误差、卫星星历误差、相对论效应影响、路径传播误差、设备通道误差、噪声误差、测量误差等多种误差来源的影响[1-3]。对信号时间频率校准的基本原理,通常是通过相互比对测量出时延偏差或者频率偏差,然后通过一定方式进行修正,其中最主要的是偏差测量,校准的一般过程是系统时间形成过程中的校准、发射设备校准、接收设备校准等。当前计算设备都是由装备的硬件时钟晶振来获得计算时间的,物理时钟读数 $C(t)$ 与真实时间 t 的关系可以近似为一个积分模型:

$$C(t) = k\int_{t_0}^{t} \omega(\tau)d\tau + C(t_0)$$

其中,k 为将时钟计数器振荡数转换为时钟时间单位的一个比例系数;t_0 为计时初始时刻;$\omega(\tau)$ 为时钟晶振频率的倒数;$C(t_0)$ 为时刻的物理时钟读数。

由于时钟晶振频率的变化非常小,可认为在短时期内节点晶振频率恒定,简化为线性模型:

$$C(t) = at + b$$

其中,$a = \omega \cdot \tau$ 为时钟漂移;$b = C(t_0)$ 为计时初始时钟偏差。

对于一个完全精确的物理时钟 $a = 1$,受时钟晶振老化、环境湿度、温度、电压变化等影响,晶振实际频率与标称频率之间存在细微差别,即

$$|a - 1| < \rho$$

其中,ρ 为时钟漂移上限。当前硬件能达到的 ρ 典型值为 10^{-6},表明时钟关于真实时钟的时钟漂移在十天内不超过 1 s,但仍然是很大的值。时钟频率与相位偏差如图 1 所示。

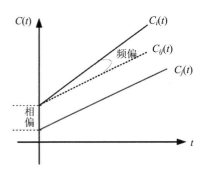

图 1 时钟的频率偏差与相位偏差

实际多传感器客观物理环境和系统本身都会带来量测信号时间不匹配。总的来说,可以将时间基准中时间不匹配的原因分为以下三个方面:

(1) 多传感器的时间基准一致性问题,各传感器采用的时间基准精度不同,即"时间同步"问题。

(2) 各个传感器的采样频率和起始采样时刻不一致问题,并且各个传感器对目标的采样可能是均匀采样,也可能是非均匀采样。

(3) 网络传输延迟造成的时间不匹配问题。不同的通信网络在传输数据时会存在不同的延迟,这会导致各个传感器的量测数据在时间上不匹配。

时间配准的任务就是将关于同一目标的各传感器不同步的量测信息同步到同一基准时标下。

2 常见的信号时间配准方法

为解决信号的时空配准问题,国内外的学者对此做了众多的研究工作,归纳有三大类,如图 2 所示。

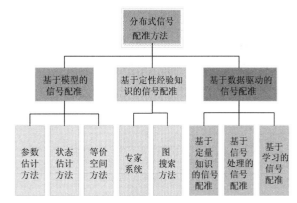

图 2 常见的几类分布式信号配准方法

(1) 基于模型的信号配准方法是在信号配准、多传感器融合、故障诊断等领域应用比较早,这类方法需要对信号和模型的结构、原理和功能有一个清晰的认识,通过建立描述系统的数学模型,能够获得较高的配准精度[4-7]。例如,最小二乘参数估计方法,相类似的状态估计、参数估计和等价空间等方法,都可以归结为基于模型的信号配准方法这一类。但是由于很难建立描述复杂设备的数学模型,针对复杂系统或者复杂信号的配准问题,这类方法在应用中受到很多的限制。

(2) 基于定性经验知识的信号配准方法不需要建立描述复杂设备的数学模型,主要包括专家系统、图搜索等方法,其中专家系统应用得最为广泛,其通过利用相关领域专家的丰富经验和深厚的专业知识,建立基于规则的专家系统对设备进行分析匹配[8]。后续也有学者将一些其他方法引入,来克服专家系统方法速度慢等不足,然而,由于专家知识获取的困难,使其通常适用于较简单设备的信号配准,不适用于现在复杂系统信号配准。

(3) 基于数据驱动的信号配准方法,例如基于定量知识的信号配准法、基于信号处理的信号配准方法、基于机器学习的信号配准方法等[9-13]。随着设备工作环境的复杂多变,为了提高特征分析的精度,有时将几种特征提取

方法融合,但这样会导致维数过高,造成大量计算资源的消耗以及维数灾难。因此需要对融合后的特征进行选择;最后对选择后的特征,利用机器学习等分类算法(如支持向量机、神经网络)对复杂装备运行状态进行有效且准确的识别,从而分析信号特征提供决策支持。通过数据驱动的方式,是从原始数据中自动学习一些特征,而不是利用人工工程来设计特征提取器进行特征提取。

传统配准算法,例如求平均值法、最小二乘法以及推广的最小二乘法都是基于统计模型的方法,这些算法都需要存储大批的数据,且随着数据量的增大计算量也随着倍增。卡尔曼滤波和推广的卡尔曼滤波虽解决了对数据量的要求,但仍没有脱离对系统误差来源的限制。精确极大似然法尽量多地考虑了可能的误差,但也没有完全解决坐标转换中引入的误差量。神经网络法虽解决了系统误差的不确定性,但对神经网络进行训练需要较长的时间,无法满足实时性的要求。

基于数据驱动的信号配准方法已经成为多种方法综合的模式识别过程,在现代装备愈加复杂和综合的背景下,基于数据驱动的信号配准方法会逐渐流行,其基本流程如图3所示。

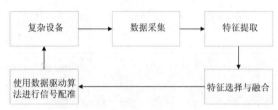

图 3 数据驱动信号配准方法流程

随着机器学习和计算机技术的发展,以深度神经网络为代表的连接学派[14],以及以图模型概率推理为代表的贝叶斯学派[15],都发展了较为成熟的智能算法,由于其完备的理论和较好的分类效果,已经被越来越多地应用在信号配准领域。

3 基于后验概率推理的信号时间配准方法

考虑时钟偏差(相位误差)和频率偏差,时钟相位噪声和频率噪声等影响,根据收集到的信号数据,综合考虑多变量,给出问题的数学描述,引入期望极大算法(Expectation Maximization Algorithm,EM)事先设定时钟模型参数,利用已有数据对参数值进行修正,逐次迭代,使模型参数逐渐逼近真实参数值,得到对相位和频率偏差的估计。

3.1 期望极大算法的引入

在许多应用中对模型参数的估计,通常使用极大似然和最大后验等估计方法。在理想的可观察变量模型中,即变量分布式均匀的时候,做出以上两个估计显然是可以的。但是对于复杂的问题往往不是这样,某些变量并不是可以观察的,对这类模型进行极大似然估计就比较复杂了。

最大期望算法是一种启发式的迭代算法,用于实现用样本对含有隐变量的模型的参数做极大似然估计,解决对于不可观察变量进行的似然估计。已知的概率模型内部存在隐含变量,计算后检验分布的众数或极大似然估计,通过迭代逼近的方式用实际值代入求解模型内部参数。EM 算法是一种从"不完全数据"中求极大似然的方法。该方法广泛地应用于缺损数据、截尾数据、成群数据、带有复杂参数的数据等不完整数据。期望最大化算法具有理论简单化和适用一般性等优点,而且许多应用都能够纳入到期望最大化算法的范畴。期望最大化算法已经成为统计学上的一个标准工具。

EM 算法的形式如下:

随机对参数赋予初值;

While(求解参数不稳定)

{

E 步骤:求在当前参数值和样本下的期望函数 Q;

M 步骤:利用期望函数重新计算模型中新的估计值;

}

3.2 问题描述与模型定义

两组时序采样数据受时钟偏移的影响,可以将时序数据转化为函数数据做时间校正,消除相位上(时间轴上)的差异,也称为时序数据排齐或者配准。如果选择某些特征点(Landmark Registration)作为对齐的标准,对于特征点不明显的时序数据往往不合适,而且特征点的选取对结果影响较大。更一般的方法是,确定一个目标函数或者曲线,将其他曲线的局部特征与之对齐或者最小化一些度量。

假设两个函数型信号数据 $x_1(t)$ 和 $x_2(t)$ 在采样时间点 $T=(t_1,t_2,\cdots,t_n)$ 处的样本序列分别为 $x_1(T)=[x_1(t_1),x_1(t_2),\cdots,x_1(t_n)]$ 和 $x_2(T)=[x_2(t_1),x_2(t_2),\cdots,x_2(t_n)]$,令 $\Delta=(\delta_1,\delta_2,\cdots,\delta_n)$ 为在时间 T 处两组信号的时间偏差,则经过配准排齐后的 $x_2(T)$ 应该是 $x_2(T+\Delta)=[x_2(t_1+\delta_1),x_2(t_2+\delta_2),\cdots,x_2(t_n+\delta_n)]$,配准后的两组函数型数据的样本序列具有较高的相关性。这样配准问题转化为求解

$$\max_{\Delta} = F(x_1(T),x_2(T+\Delta))$$

这种处理方式需要上述配准函数具有一致单调性和非周期性,偏移向量的无序或者数据的周期性会使得求解无法实现,因此需要对时间偏移设定限制在一个信号频率周期范围内。配准问题转换为求解约束优化问题:

$$\begin{cases} \Delta^* = \underset{\Delta}{\mathrm{argmax}}|F(x_1(T),x_2(T+\Delta))| \\ \mathrm{s.t.} \quad \delta_i \in (\mu_1,\mu_1) \end{cases}$$

将时间偏移向量 Δ^* 转化为函数形式,得时间偏移函数 dt。

更一般地,如果样本序列为 $x_1(T)=[x_1(t_1),x_1(t_2),\cdots,x_1(t_n)]$ 和 $x_2(T)=[x_2(t_1),x_2(t_2),\cdots,x_2(t_n)]$ 的时钟偏差不仅仅受相位影响,还受到频率的影

响,即令 $A = (a_1, a_2, \cdots, a_n), B = (b_1, b_2, \cdots, b_n)$ 为在时间 T 处两组信号的时间频率和相位偏差,则经过配准排齐后的 $x_2(T)$ 应该是 $x_2(aT + b) = [x_2(at_1 + b_1), x_2(at_2 + b_2), \cdots, x_2(at_n + b_n)]$,这样配准问题转化为求解

$$\max_{\Delta} = F(x_1(T), x_2(aT + b))$$

最终配准问题转换为求解下面的约束优化问题:

$$\begin{cases} \Delta^* = \mathop{\mathrm{argmax}}_{\Delta} | F(x_1(T), x_2(aT + b)) | \\ \mathrm{s.t.} \quad \delta_i \in (\mu_1, \mu_1) \end{cases}$$

由时间偏移向量 Δ^*,得到频率与相位偏移参数 a 和 b。

3.3 基于 EM 算法的时钟频率相位综合估计

3.3.1 p 阶多项式回归模型

对于两个函数型信号数据 $y_1(t)$ 和 $y_2(t)$ 在采样时间点 $T = (t_1, t_2, \cdots, t_n)$ 处的样本序列分别为 $y_1(T) = [y_1(t_1), y_1(t_2), \cdots, y_1(t_n)]$ 和 $y_2(T) = [y_2(t_1), y_2(t_2), \cdots, y_2(t_n)]$,如果要分析信号值随时间参数变化的关系,则首先要对数据进行回归拟合,例如多项式回归、样条回归等。p 阶多项式回归模型为

$$y_i = X_i\beta + \varepsilon_i \quad \varepsilon_i \sim N(0, \sigma^2 I)$$

其中,β 是 $(p+1)*1$ 回归系数向量,ε_i 为 n_i*1 的噪声向量,矩阵 X_i 为 $n_i*(p+1)$ 的范德蒙回归矩阵,这里 $i = 1, 2$,表示要配准的两条曲线。

$$X_i = \begin{bmatrix} 1 & x_{i1} & x_{i1}^2 & \cdots & x_{i1}^p \\ 1 & x_{i2} & x_{i2}^2 & \cdots & x_{i2}^p \\ \vdots & \vdots & \vdots & \ddots & \vdots \\ 1 & x_{in_i} & x_{in_i}^2 & \cdots & x_{in_i}^p \end{bmatrix}$$

3.3.2 相位参数的引入

对于两个函数型信号数据 $y_1(t)$ 和 $y_2(t)$,若时间存在偏差 Δ,反应在 p 阶多项式拟合式中,可以表示为

$$y_i = \chi_i \beta + \varepsilon_i = [x_i - b_i]\beta + \varepsilon_i \quad \varepsilon_i \sim N(0, \sigma^2 I)$$

其中,b_i 表示多组信号数据之间的时间偏差:

$$\chi_i = [x_i - b_i]$$
$$= \begin{bmatrix} 1 & x_{i1} - b_i & (x_{i1} - b_i)^2 & \cdots & (x_{i1} - b_i)^p \\ 1 & x_{i2} - b_i & (x_{i2} - b_i)^2 & \cdots & (x_{i2} - b_i)^p \\ \vdots & \vdots & \vdots & \ddots & \vdots \\ 1 & x_{in_i} - b_i & (x_{in_i} - b_i)^2 & \cdots & (x_{in_i} - b_i)^p \end{bmatrix}$$

设时间偏差为零均值正态分布随机变量,其概率密度函数先验模型为 $p(b_i) = N(b_i | 0, s^2)$,其中 s^2 为方差。

3.3.3 频率参数的引入

增加了频率参数后,经过配准排齐后的 $x_2(T)$ 应该是 $x_2(aT + b) = [x_2(at_1 + b_1), x_2(at_2 + b_2), \cdots, x_2(at_n + b_n)]$,则多项式拟合模型变为

$$y_i = \chi_i \beta + \varepsilon_i = [a_i x_i - b_i]\beta + \varepsilon_i$$

假设相位 b_i 与频率 a_i 参数相互独立,并设为服从正态分布,即 $p(a_i, b_i) = p(a_i)p(b_i)$,$a_i \sim N(1, r^2)$,$b_i \sim N(0, s^2)$。显式变量与隐含变量关系如图 4 所示。

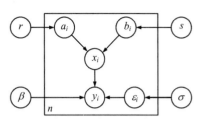

图 4 频率参数引入后模型参数之间的关系

设 a_i 和 b_i 是随机变量,计算 y_i 的条件概率,得

$$p(y_i | a_i, b_i) = N(y_i | [a_i x_i - b_i]\beta, \sigma^2 I)$$

根据样本数据计算 y_i 的概率密度,得

$$p(y_i) = \iint p(y_i | a_i, b_i) p(a_i) p(b_i) \mathrm{d}a_i \mathrm{d}b_i$$
$$\approx \sum_m p(y_i | a_i^{(m)}, b_i^{(m)}) / M$$

其中,$a_i^{(m)} \sim N(1, r^2)$,$b_i^{(m)} \sim N(0, s^2)$,$m = 1, 2, \cdots, M$。对数似然函数近似表达为

$$\lg p(Y) \approx \sum_i \lg \sum_m p(y_i | a_i^{(m)}, b_i^{(m)}) - n \lg M$$

由于 a_i 和 b_i 是隐变量,其后验概率密度函数未知,n 组数据的对数联合密度函数为

$$l_C = \sum_i \lg p(y_i | a_i, b_i) p(a_i) p(b_i)$$
$$= \sum_i \lg N(y_i | \chi_i \beta, \sigma^2 I) N(a_i | 1, r^2) N(b_i | 0, s^2)$$

3.3.4 EM 步骤分析

(1) E 步 (Expectation 步)

首先,计算后验概率密度函数 $p(a_i, b_i | y_i)$:

$$p(a_i, b_i | y_i) \propto p(y_i | a_i, b_i) p(a_i) p(b_i)$$
$$\propto \exp(-\|y_i - [a_i x_i - b_i]\beta\|^2 / 2\sigma^2$$
$$- (a_i - 1)^2 / 2s^2 - b_i^2 / 2s^2)$$

接着,对隐变量参数 a_i 和 b_i 进行后验估计:

$$(\hat{a}_i, \hat{b}_i) = \mathop{\mathrm{argmin}}_{(a_i, b_i)} \{-2 \lg p(a_i, b_i | y_i)\}$$

(2) 计算 Q 函数

$$Q = \sum_i \iint [\lg p(y_i | a_i, b_i) p(a_i) p(b_i)] p(a_i, b_i | y_i) \mathrm{d}a_i \mathrm{d}b_i$$
$$= \sum_i \iint [\lg N(y_i | \chi_i \beta, \sigma^2 I) N(a_i | 1, r^2) N(b_i | 0, s^2)]$$
$$p(a_i, b_i | y_i) \mathrm{d}a_i \mathrm{d}b_i$$
$$= \sum_i -\frac{n_i}{2} \lg 2\pi\sigma^2 - \frac{1}{2\sigma^2} E[\|y_i - \chi_i \beta\|^2]$$
$$- \frac{1}{2} \lg 2\pi r^2 - \frac{1}{2r^2}[(\hat{a}_i - 1)^2 + V_{a_i}]$$
$$- \frac{1}{2} \lg 2\pi s^2 - \frac{1}{2s^2}[\hat{b}_i^2 + V_{b_i}]$$

计算 $E[\chi_i]$ 与 $E[\chi_i' \chi_i]$:

$$E[\chi_i] = E[(a_i x_{ij} - b_i)^p]$$
$$= \sum_{m=0}^{p} (-1)^m C_m^p x_{ij}^{p-m} E[a_i^{p-m} b_i^m]$$
$$= \sum_{m=0}^{p} (-1)^m C_m^p x_{ij}^{p-m} \{E[a_i^{p-m}] E[b_i^m]$$

$$+ \text{cov}(a_i^{p-m}, b_i^m)\}$$
$$= \sum_{m=0}^{p}(-1)^m C_m^p x_{ij}^{p-m}\{\hat{a}_i^{p-m}\hat{b}_i^m + \Gamma_i^{mp}\}$$

其中，$\Gamma_i^{mp} = (\hat{a}_i^{p-m}\gamma_{mb_i} + \hat{b}_i^m \gamma_{(p-m)a_i} + \gamma_{(p-m)a_i}\gamma_{mb_i})$，进一步得

$$E[\chi_i] = \sum_{m=0}^{p}(-1)^m C_m^p x_{ij}^{p-m}[\hat{a}_i^{p-m}\hat{b}_i^m + \Gamma_i^{mp} + \text{cov}(a_i^{p-m}, b_i^m)]$$
$$= E[(\hat{a}_i x_{ij} - \hat{b}_i)^p] + \Delta_{ab}^p x_{ij}$$

其中，$\Delta_{ab}^p x_{ij} = \sum_{m=0}^{p}(-1)^m C_m^p x_{ij}^{p-m}(\Gamma_i^{mp} + \text{cov}(a_i^{p-m}, b_i^m))$

得到 Q 函数为

$$Q = \sum_i - \frac{n_i}{2}\lg 2\pi\sigma^2$$
$$- \frac{1}{2\sigma^2}[\|y_i - [\hat{a}_i x_i - \hat{b}_i]\beta\|^2 - 2y_i' V_{x_i}\beta + \beta' V_{xx_i}\beta]$$
$$- \frac{1}{2}\lg 2\pi r^2 - \frac{1}{2r^2}[(\hat{a}_i - 1)^2 + V_{a_i}]$$
$$- \frac{1}{2}\lg 2\pi s^2 - \frac{1}{2s^2}[\hat{b}_i^2 + V_{b_i}]$$

(3) M 步（Maximization 步）

对于未知的模型参数$\{r^2, s^2, \sigma^2, \beta^2\}$，最大化 Q 函数，并利用时序数据对参数进行估计，得

$$\hat{r}^2 = \sum_i[(\hat{a}_i - 1)^2 + V_{a_i}]/n$$
$$\hat{s}^2 = \sum_i[\hat{b}_i^2 + V_{b_i}]/n$$
$$\hat{\sigma}^2 = \sum_i[\|y_i - [x_i - b_i]\beta\|^2 - 2y_i' V_{x_i}\beta + \beta' V_{xx_i}\beta]/N$$
$$\hat{\beta} = [\sum_i \hat{\chi}_i'\hat{\chi}_i + V_{xx_i}]^{-1}\sum_i \hat{\chi}_i' y_i - V_{x_i}' y_i$$

这样，通过设定误差限，通过迭代求解，得到模型参数$\{r^2, s^2, \sigma^2, \beta^2\}$的估计。

3.3.5 数据分析结果

根据已有采样信号数据 $x(n)$ 和 $y(n)$，设定回归阶数为3，EM 迭代次数为5，利用 EM 算法得到模型参数$\{r^2, s^2, \sigma^2, \beta^2\}$的估计，如图5所示。

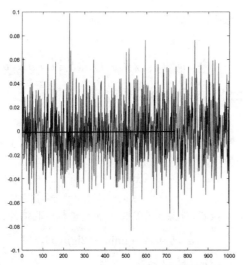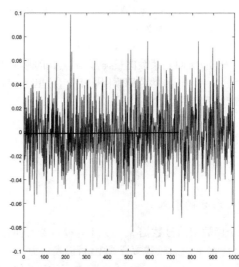

图5 EM 算法得到时钟频率与相位参数估计值

此方法在使用过程中的问题主要是：对初始值敏感；选取不同初始参数值会得到不同最终结果，后续需要进一步考虑所得结果与时间配准精度要求之间的关系，设置合理的参数初始值使得结果更有意义；此外，需要给出算法复杂性的分析。

4 总结与后续工作

基于数据驱动的信号配准方法，从数据挖掘与分析方向入手，可以摆脱现有测量设备硬件性能的约束，提高了分布式信号的时间配准精度，并便于将算法推广到其他相关系统中。本文在综合考虑相位和频率偏差情况下，引入了期望极大算法并利用已有数据对参数值进行修正，逐次迭代，使模型参数逐渐逼近真实参数值，得到对时钟偏差估计的方法。

方法在使用过程中的问题主要是，对初始值敏感表现为，选取不同初始参数值会得到不同最终结果，此外每次迭代逼近的都是当前的局部最优，不确定是全局最优。后续需要考虑算法不同步骤的运算复杂性，以及进一步考虑所得结果与时间配准精度要求之间的关系。此外，对于不仅仅存在时钟频率偏差与相位偏差，两个函数型信号数据 $x_1(t)$ 和 $x_2(t)$ 的曲线还存在着位移偏差，以及曲线形状偏差，即度量空间的变换参数，如何考虑这种更为复杂情况下曲线配准，需要进一步研究。

参考文献

[1] Schenato L, Fiorentin F. Average time synch: A consensus-based protocol for clock synchronization in wireless sensor networks [J]. Automatica, 2011(47): 1878-1886.

[2] 朱峰. 卫星导航中的时间参数及其测试方法[D]. 北京: 中国

科学院大学,2015:5.
- [3] 赵建强. 分布式系统高精度时间同步技术研究[M]. 成都:四川大学, 2005:5.
- [4] 葛强强. 基于深度置信网络的数据驱动故障诊断方法研究[D]. 哈尔滨:哈尔滨工业大学,2016:7.
- [5] 邵继业. 基于模型的故障诊断方法研究及在航天中的应用[D]. 哈尔滨:哈尔滨工业大学,2009:7.
- [6] Li J, Wang G, Wu L, et al. On-line fault-diagnosis study: model-based fault diagnosis for ultracapcitors [C]. Proceedings of Prognostics and System Health Management Conference (PHM-2014 Hunan). IEEE,2014:158-162.
- [7] Marzat J, Piet-Lahanier H, Damongeot F, et al. Model-based fault diagnosis for aerospace systems: A survey [J]. Proceedings of the Institution of Mechanical Engineers Part G: Journal of Aerospace Engineering, 2012, 226 (10): 1329-1360.
- [8] 陈安华,蒋玲莉,刘义伦,等. 基于知识网格的故障诊断专家系统模型[J]. 仪器仪表学报,2009,30(11):2450-2454.
- [9] 姜高霞,王文剑. 时序数据曲线排齐的相关性分析方法[J]. 软件学报,2014,25(9):2002-2017.
- [10] Bankó Z, Abonyi J. Correlation based dynamic time warping of multivariate time series[J]. Expert Systems with Applications,2012,39(17):12814-12823.
- [11] Górecki T, Luczak M. Multivariate time series classification with parametric derivative dynamic time warping [J]. Expert Systems with Applications,2015,42(5):2305-2312.
- [12] Gaffney S J, Smyth P. Curve clustering with random effects regression mixtures [C]. Proceedings of the Ninth International Workshop on Artificial Intelligence and Statistics. Key West, FL, 2003.
- [13] James G M, Sugar C A. Clustering for sparsely sampled functional data [J]. Journal of the American Statistical Association,2003,98:397-408.
- [14] Deng L, Yu D. Deep learning: Methods and applications [J]. Foundations and Trends in Signal Processing,2014,7(3/4):197-387.
- [15] Xue Z, Shen D, Teoh E K. An efficient fuzzy algorithm for aligning shapes under affine transformations [J]. Patter Recognition,2001,34:1171-1180.

基于 BOM 的航天测控仿真系统组合建模技术研究

黄钊，苗毅，王磊

(北京航天飞行控制中心，北京，中国，100094)

摘 要：为解决传统仿真系统模型可重用性差、联邦可维护性较弱等方面的问题，本文根据航天测控仿真系统的特点和仿真需求研究了基于基本对象模型(BOM)的仿真框架原型，并以系统中测控站联邦成员为例，设计开发了测控 BOM 组件库，研究了组件的组合建模技术，设计实现了 BOM 组件的数据交互机制，提升了仿真模型开发的规范性和可重用性，实现了联邦成员的可扩展化和高灵活性。

关键词：航天测控仿真；基本对象模型；组合建模技术

中图分类号：TP391

Research on Combinatorial Modeling Technology of Aerospacecraft TT&C Simulation System Based on BOM

Huang Zhao, Miao Yi, Wang Lei

(Beijing Aerospace Control Center, Beijing, 100094)

Abstract: In order to cover the shortage of reusability and maintainability of the traditional simulation modeling, according to the characteristics and simulation requirements of aerospacecraft TT&C simulation system, a new simulation prototype and compound modeling technology based on BOM are studied in this paper, taking TT&C stations federate as an example, the BOM component library, the combinatorial modeling of the component and the data exchange mechanism of BOM components are designed. As a result, the specification and reusability of the simulation models is enhanced, and the scalability and high-flexibility of federate in the simulation system is realized.

Key words: Aerospacecraft TT&C Simulation; BOM; Combinatorial Modeling

1 引言

目前，航天测控仿真系统大多基于高层体系结构(High Level Architecture, HLA)开发，各联邦成员可以作为独立的组件，通过 RTI(Runtime Infrastructure)在联邦中实现即插即用，一定程度上体现了重用性和互操作性。然而由于 HLA 仅对联邦和联邦成员层面作出了规范，并且联邦成员对于 FOM 有很强的依赖性，因此，在针对不同任务类型的仿真系统开发维护过程中，凸现两方面的不足：一是更小粒度的仿真模型缺乏开发规范，导致模型开发随意性较强，重用性较差；二是联邦成员对于 FOM 的过度依赖降低了系统的可维护性和互操作性，系统构建后联邦或联邦成员的修改成本较大。

基本对象模型(Base Object Model, BOM)作为开发仿真模型组件的基础，为一组可重用的信息包，用来表示仿真内部交互活动的各种模式，并作为建模用的"材料"应用到仿真系统的开发和扩展中，利用 BOM 内提供的 HLA 对象模型结构来描述仿真系统或联邦内的相互作用，通过不同的 BOM 组件组合实现联邦成员的灵活性和可组构性。BOM 的内容本身就是采用 XML 和 XML Schema 的方法来定义和校验所描述的内容，有利于增强数据的交换和理解能力[1]。

目前，BOM 标准正在不断修改，国内外对 BOM 在建模与仿真的应用研究还处于初步探索中，而且主要集中在理论探讨[2]及基于 BOM 的仿真运行框架设计上[3]，应用范围还很有限。本文针对航天测控仿真系统的建设需求不断朝着更大规模、更具柔性、支持快速设计开发方向发展的现状，研究了基于 BOM 组合建模技术在航天测控仿真系统中的应用，并对 BOM 组件库的设计开发、组件的

作者简介：黄钊(1994—)，男，陕西山阳人，助理工程师，硕士研究生，研究方向为航天测控仿真；苗毅(1976—)，男，陕西神木人，高级工程师，研究方向为航天测控仿真；王磊(1982—)，男，四川绵阳人，工程师，博士研究生，研究方向为航天测控仿真。

组合实现和组件间数据交互机制进行了研究和实现。

2 基于BOM的仿真框架原型设计

2.1 基于BOM的HLA仿真框架

采用BOM组合建模技术的目的是利用现有的可重用的仿真模型组件组装成所需的仿真应用系统。基于HLA设计和开发仿真系统时,BOM组件组装成的仿真应用系统是联邦成员,通过底层的仿真运行支撑平台RTI的分布式架构方案,最终构建的仿真系统是联邦。基于BOM的HLA仿真框架如图1所示。

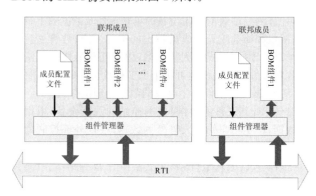

图1 基于BOM的HLA仿真框架

2.2 基于BOM的仿真联邦成员组成

在基于BOM的HLA仿真框架中,联邦成员只是逻辑上的概念形式,在物理上只存在联邦成员的描述信息,即联邦成员配置文件。在仿真运行中,成员组件管理器根据成员配置文件调用和管理相应的BOM组件,三者在逻辑上共同承担联邦成员的职责。

2.2.1 BOM组件

BOM组件由两部分构成:一是以.xml文档格式保存的组件信息描述文件,文件描述了组件模型的所有信息,包括用户模型组件实体、模型映射、对象模型定义等,其中对象模型定义中描述了对象、交互、数据类型信息[4];二是BOM组件的具体实现代码执行体,包含了用户模型和BOM组件接口两部分,以动态链接库文件的形式存在。

（1）用户模型程序框架

从软件角度看,用户模型的代码框架由三部分组成:模型接口定义、模型行为实现和模型实体创建/删除接口。图2为针对航天测控网中测控逻辑组件设计的用户模型程序结构,模型接口定义采用纯虚类定义,是模型实体与外部实体沟通的桥梁;模型实体创建/删除接口实现对模型实体存储空间的创建和释放;模型行为实现类是实体接口操作的具体实现,为private属性,只能通过对接口定义类的接口调用来实现对该类操作的调用。

（2）BOM组件接口程序框架

BOM组件接口主要实现用户模型组件接口的转换,将用户模型的输入输出转换成HLA的公布订购,实现组件实体、消息与HLA对象模型的映射,将用户模型封装为BOM组件模型,实现在HLA/BOM平台上的运行。BOM组件接口程序结构内部定义的类主要包含六部分:组件管理类、组件实体管理池、实体监听器、交互类、外部实体类和内部实体类[5]。

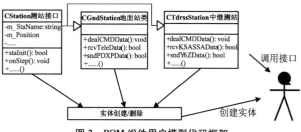

图2 BOM组件用户模型代码框架

2.2.2 成员配置文件

成员配置文件中包含了成员的所有信息,包括:成员运行信息和内部BOM组件信息。成员运行信息记录了联邦成员的对象模型信息和运行信息,组件信息记录了构成成员的BOM组件及各组件的详细信息。在仿真运行前,组件管理器负责根据联邦成员配置文件加载一个或多个BOM组件而构成一个联邦成员。

2.2.3 成员组件管理器

成员组件管理器实际上是一个用于加载BOM组件的通用运行框架,是BOM组件与HLA之间的中间件,其接口满足"通用性"要求,能够适应任何类型的仿真数据的传输需求。

成员组件管理器的程序框架与BOM组件接口相对应,包含成员对象类、组件代理类、仿真实体池类和仿真实体监听器、实体类、交互类五部分,实现联邦成员内部组件间的仿真运行协同和数据通信、组件实体的全生命周期管理、组件消息事件和HLA交互类间的映射,以及组件实体输入输出与公布订购对象类之间的映射等功能。

3 航天测控仿真系统组件设计

以航天测控仿真系统中的测控站联邦成员为例,对基于BOM的组合建模技术进行具体说明。

3.1 测控站联邦成员的功能分析

随着我国航天科技实力的不断提升,航天试验任务在技术上的难度和时间跨度也在不断加大,一次航天试验任务往往需要海基、天基、地面站、移动站等多类型、多数量测控站的参与,实现对航天器的24 h无间断地跟踪。为了仿真的真实性,在航天测控仿真系统中,单个测控站、测控中心、单颗中继卫星都是相互独立的联邦成员,它们共同组成一个仿真测控网络。

现实中,测控站主要承担飞控中心与航天器模型之间天地通信链路的职责,根据特定的逻辑规则对航天器上下行数据进行接收、处理和转发。仿真测控站的联邦成员应该具备如下功能：

（1）测控站工作状态模拟；

（2）接收、处理航天器各类下行遥测数据，组帧后通过不同的链路转发给飞控中心；

（3）接收飞控中心向不同测控站方向发出的各类上行注入数据，转发给航天器配置项或做其他特殊处理；

（4）响应仿真平台发出的控制命令，实现对测控站状态、通信链路等的控制；

（5）产生航天器外测、气象、端对端应答等各类特殊数据类型，模拟上下行时延等其他测控网功能；

（6）记录、统计收发数据情况。

这些联邦成员呈现出三个方面的特点：一是仿真运行逻辑大体相同。各种测控站联邦成员在工作流程上有很强的共性特征，具备可重用开发的基础。二是仿真功能模块化明显。测控站联邦成员所应具备的各类仿真功能虽然彼此存在一定的制约和隶属关系，但是耦合性不高，可以通过组件间接口实现交互，有很强的可组合性。三是成员间存在一定的差异性，如是否具备上行能力、对何种数据类型敏感、产生何种数据类型等，这些差异可以通过成员配置文件设置、组件派生等方式实现。

3.2 测控 BOM 组件库的设计

针对测控站联邦成员的仿真职责，对其功能进行分解，开发测控 BOM 组件库可用于组合不同类型的测控站成员。

不同类型测控站的运行流程基本一致，其区别主要体现在测控功能的完备程度，如是否具备上行控制能力，是否有数传接收能力等，以及部分测控功能的处理方式上，如与飞控中心间网络通信协议（UDP/TCP）的选择，可处理上行注入数据类型的区别等。因此，测控 BOM 组件库的设计主要从功能划分角度出发，将测控站所承担的各项职责及支持这些职责所需的基础功能交由不同的 BOM 组件完成，通过派生的方式体现同类功能在工作逻辑上的差异，基于这些组件及其派生组件就可以组合出不同类型的测控站联邦成员。

（1）测控逻辑组件：负责测控站整体的工作逻辑的控制；获取任务信息，读取配置文件及测控站跟踪计划，生成用于初始化成员内其他组件的信息；向联邦内其他成员更新测控站当前的工作状态。根据测控站类型的不同，此组件可派生出地面测控逻辑组件、中继逻辑组件、测控中心逻辑组件等。

（2）仿真控制命令处理组件：接收、过滤、解析针对测控网的仿真运行控制命令，如关闭测控站数据接收信道、停止信道数据记录、发送特殊数据类型等，并根据命令内容生成针对不同组件的运行控制命令。

（3）数据收发组件：与飞控中心建立网络连接，接收飞控中心发送的各类上行数据，进行初步的筛选和过滤，以交互类形式提供给上行数据处理组件；接收下行处理组件的测控数据类，维护下行数据链表，将各类遥测帧通过网络发送给飞控中心；向联邦更新测控站接收和发送数据的统计信息。需要注意的是，数据收发组件与飞控中心间的数据交互由 socket 网络直接实现，并不采用 RTI 的通信机制。

（4）上行数据处理组件：根据航天器发布的轨道数据，计算测控站上行设备跟踪的可达性及指令的上行时延；对飞控中心发出的上行控制命令进行三判二等验证处理，维护上行指令链表，生成和发布遥控数据帧。根据测控站处理上行数据类型的不同，该组件可派生出遥控指令及注入数据处理组件和中继前向数据处理组件等子类型组件。

（5）下行数据处理组件：根据航天器发布的轨道数据，计算测控站遥测接收设备的可观测性及数据的下行时延；接收和筛选航天器成员发出的工程遥测、数管遥测等各类下行数据，生成遥测数据帧，以交互类形式发送给数据收发组件。该组件也可派生出工程数管数据处理组件、VLBI 数据处理组件和中继反向数据处理组件。

（6）观测设备组件：模拟测控站的观测设备，根据轨道数据，产生相应的航天器外测数据；根据外部控制命令和仿真需求，生成部分特殊数据类型，提供数据发送组件。

（7）数据记录组件：属于底层服务型组件，记录测控站接收和发送的各类数据，用于问题排查和后续分析。

3.3 测控 BOM 组件的组合

BOM 组件由组件信息描述文件和组件实现执行体两部分组成，与之相对应的是，BOM 组件组合成联邦成员也必须经由两个环节：组件描述信息的装配和组件执行体的组合。

组件描述信息的装配是通过联邦成员配置文件来进行定义实现的。成员配置文件定义了成员组合模型的基本组成，即成员由哪些 BOM 组件组成，以及谁是组合中的主模型或平台模型。成员配置文件主要包括三个部分：一是组合模型鉴别信息（Model Identification），其中具体包含模型的类别、模型名称、修改时间、模型 ID 以及相对应的组合管理器名称，它反映了组合模型的基本信息以及鉴别信息。二是组件的组合关系（Compounding Relation），其中包括组合模型的组合成分、组件的实例个数以及组件间的逻辑关系。一个典型的地面测控站联邦成员内 BOM 组件的组合关系如图 3 所示，其中实线表示隶属关系，虚线表示聚合关系。三是 BOM 配置（Configuration）信息，其中包含组合模型内的所有数据流向的配置信息和联邦成员层次的接口映射信息，决定了组合模型内部数据的分发与管理。

组件执行体的组合是组件描述信息装配完成的前提，是通过创建成员管理器来实现的。为满足显式动态加载的要求，组件实现执行体是以动态链接库的形式存在，因此其不能独立运行，只能寄宿于统一的运行框架上，由运行框架提供的调度器统一控制完成组件的仿真处理过程，这个运行框架就是组合模型管理器。

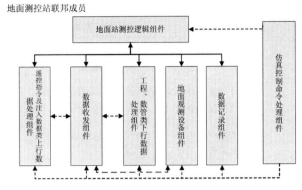

图 3 地面测控站成员内 BOM 组件的组合关系

本文采用仿真系统运行支撑平台 KD-RTI 提供的联邦成员组合工具 KD-FedAssemble 和仿真运行框架工具 KD-XSRFrame 来分别实现成员配置文件和成员组件管理器程序框架的生成,并经过适当修改就可以得到完整的联邦成员。文献[5]和[6]对这两款工具做了详细的介绍。

3.4 测控 BOM 组件的数据交互

BOM 组件间的数据缓存、过滤和分发规则在成员组合设计之时定义于成员配置文件中,在成员运行过程中,由成员组件管理器具体控制实施。组件管理器通过每个组件自身提供的 BOM 接口信息,可以获知整个联邦成员内所有组件的数据公布和订购信息,协调组件间的数据的分发,过滤和减少冗余数据在成员内的传输[7]。根据测控站联邦成员的数据交互需求特点,设计如图 4 所示的成员组件数据交互机制。

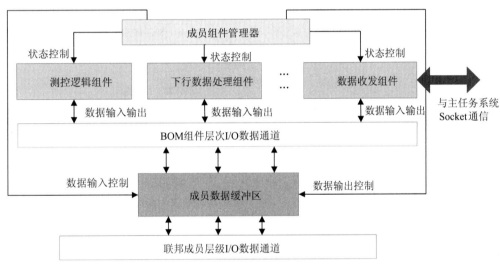

图 4 测控站成员组件的数据交互机制

测控站联邦成员经由成员组件管理器开辟一个数据缓冲区,存储接收到的内部组件或其他联邦成员产生的数据。成员组件管理器不仅对每个组件进行状态控制,而且还对成员数据缓冲区的数据输入和输出进行控制。缓冲区对内部所有组件是共享的,利用引用计数的方法避免拥有多个订购者的数据在缓冲区内存在多个副本。

成员组件管理器不仅对每个子模型进行状态控制,而且还对成员数据缓冲区的数据输入和输出进行控制。

组件数据的分发分为两种:一是不同组件实例之间的数据传输;二是组件的数据通过成员组件管理器与其他成员传输。BOM 组件实例在发送数据的时候,如测控逻辑组件产生了测站工作状态对象类(Fed_O_STStatus)和测站初始化信息交互类(Comp_I_STInitInfo),首先检查成员内部其他组件是否订购该数据,或者用户是否规定其他组件必须接收该数据。测站初始化信息交互类被成员内多个组件订购,直接通过成员层级 I/O 通道发布。成员内没有其他组件订购测站工作状态对象类,则将该对象类经由组件 I/O 通道更新至成员数据缓冲区。组件管理器的数据输入控制线负责对数据缓冲区的输入进行控制,检查是否存在其他成员订购此对象类,并将没有有效订购者的数据过滤掉。

成员组件管理器在仿真推进过程中会不断检测组件实例的状态,如果此时某个组件实例的状态处于请求更新状态,如测控逻辑组件需要接收仿真平台联邦成员发布的任务信息对象类(Fed_O_SOTaskInfo)和仿真运行状态交互类(Fed_I_RunStatus),那么成员组件管理器通过数据输出控制线从成员数据缓冲区获取这两类数据,并经组件层次的 I/O 数据通道分发给该组件。

成员内各组件发布和订购数据的信息由用户指定,保存在成员配置文件的 Configuration 节点中。测控站联邦成员 BOM 组件的公布订购关系如表 1 所示。其中对于交互类和对象类,以"Fed"开头表示用于联邦层级成员间的信息交互,以"Comp"开头表示只用于在成员内部组件间的传递消息。

表 1 测控站联邦成员内组件的发布订购关系

组件名称	订购对象类	更新对象类	接收交互类	发布交互类
测控逻辑组件	Fed_O_SOTaskInfo 任务信息	Fed_O_STStatus 测控站工作状态	Fed_I_RunStatus 仿真运行状态	Comp_I_STInitInfo 测控站初始化信息
仿真控制命令处理组件			Fed_I_SOControl 仿真控制命令	Comp_I_DownChannelCtr 下行信道控制命令
			Fed_I_SOFaultCtr 故障设置	Comp_I_UpChannelCtr 上行信道控制命令
				Comp_I_RecordCtr 数据记录控制命令
				Comp_I_DataFrameCtr 数据组帧控制命令
上行指令处理组件	Fed_O_SDOrbitTatt 航天器轨道姿态		Comp_I_STInitInfo 测控站初始化信息	Fed_I_STUpData 遥控指令
			Comp_I_SXTTCInfo 测控消息	
下行数据处理组件	Fed_O_SDOrbitTatt 航天器轨道姿态		Fed_I_SCDownData 航天器下行数据	Comp_I_STSimRslt 测控数据
			Fed_I_SCDownDataZJ 中继返向数据	
			Comp_I_STInitInfo 测控站初始化信息	
数据收发组件		Fed_O_SXReceiveInfo 接收数据情况	Comp_I_DownChannelCtr 下行信道控制命令	Comp_I_SXTTCInfo 测控消息
		Fed_O_SXSendInfo 发送数据情况	Comp_I_UpChannelCtr 上行信道控制命令	
			Comp_I_STSimRslt 测控数据	
观测设备组件	Fed_O_SDOrbitTatt 航天器轨道姿态		Comp_I_DataFrameCtr 数据组帧控制命令	Comp_I_STSimRslt 测控数据
数据记录组件			Comp_I_RecordCtr 数据记录控制命令	

3.5 测控站联邦成员的运行流程

组合后,一个具备上下行能力的地面测控站联邦成员在仿真运行中包含一个仿真循环主线程、一个遥控指令接收线程和若干个遥测数据发送线程。仿真循环主线程由组件管理器创建,负责调度各组件,完成仿真步长内测控站所要完成的仿真运算及联邦内的数据交互;指令接收线程和遥测发送线程由数据收发组件创建,实现联邦 RTI 之外与飞控中心的通信。成员运行过程如图 5 所示。

更改部分参数信息,就可以得到同类型的其他测控联邦成员;增减、替换部分组件,则可实现对中继星、测控中心类型联邦成员的创建。

4 结束语

经过运行测试,基于 BOM 组合建模技术生成的测控站联邦成员能够满足对现实测控站功能的仿真需求,同时在开发过程中体现出了高度的可重用性和规范性,大幅降低了仿真联邦成员的开发成本。同时基于组件管理器的数据交互机制,可有效降低联邦和联邦成员两个层面的数据流量,提升仿真运行效率。

基于 BOM 的仿真模型组件具有高聚合低耦合的特点,通过设计时与运行时的组合快速构建所需的联邦成员,使得联邦成员的功能具有可定制性和可扩展性,并具有很高的灵活性。后续计划进一步扩大基于BOM的组合建模技术的应用,使其在未来仿真系统的设计、开发中发挥重要的作用。

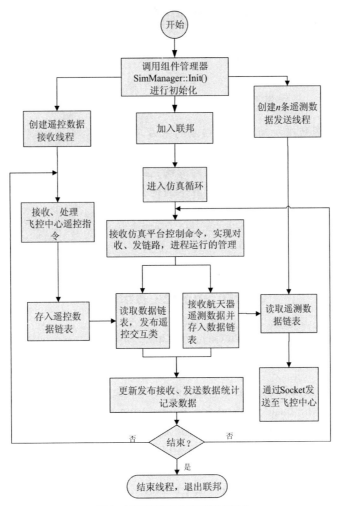

图5 测控站联邦成员运行流程图

参考文献

[1] 龚建兴,钟蔚,黄健,等. 基本对象模型(BOM)在 HLA 仿真系统中的应用[J]. 系统仿真学报,2006(8):335-339.

[2] 董健康,王海涛. 基于 BOM 的排故过程组件化建模研究(英文)[J]. 机床与液压,2017,45(18):6-15.

[3] 彭春光,龚建兴,黄柯棣.基于基本对象模型的仿真模型组装器的研究[J]. 系统仿真学报,2008(12):114-117.

[4] 钟荣华. 组件式仿真模型自动生成方法及其工具研究[D]. 北京:国防科学技术大学,2009.

[5] 龚建兴,王达,邱晓刚,等. HLA 联邦成员中模型的重用性研究[J]. 系统仿真学报,2005(11):2652-2655.

[6] 龚建兴. 基于 BOM 的可扩展仿真系统框架研究[D]. 北京:国防科学技术大学,2007.

[7] 何强,陈彬,钟荣华,等. 基于 DEVS 的 BOM 组件与仿真引擎研究[J].系统仿真学报,2010(11):2505-2510.

兰伯特问题解法数值仿真与性能分析

吴其昌,张洪波

(国防科技大学空天科学学院,湖南长沙,中国,410073)

摘 要:兰伯特问题是航天器轨道机动与导弹瞄准的基本问题,也是根据观测资料确定航天器轨道的基本方法。本文主要介绍七种兰伯特问题的解法,并通过数值仿真对其进行性能分析。在给定始末位置和转移时间的条件下,分析不同的中心转移角度对结果的影响;在给定始末位置和中心转移角度的条件下,分析不同的转移时间对结果的影响。在此基础上,得出在不同的条件下,采用何种方法更合适。

关键词:兰伯特问题;数值传真;性能分析

中图分类号:TP391

Lambert Problem Solution Numerical Simulation and Performance Analysis

Wu Qichang, Zhang Hongbo

(College of Aerospace Science and Technology, National University of Defense Technology, Hunan, Changsha, 410073)

Abstract: The Lambert problem is the basic problem of spacecraft orbit maneuvering and missile aiming. At the same time, it is also the basic method for determining spacecraft orbit based on observation data. This article mainly introduces seven solutions to the Lambert problems, then analyzes their performance through numerical simulation. Given the starting and ending position and the transfer time, the effects of different center shift angles on the results are analyzed; under the condition of the initial position and the center shift angle, the influence of different transfer times on the results is analyzed. Based on this, it is concluded that under different conditions, what method is more appropriate.

Key words: Lambert Problem; Numerical simulation; Performance Analysis

1 引言

二体轨道边值问题是指在飞行弧段的起始点和终端点处给定边界约束条件,从而确定飞行轨道参数的问题。其中,边界条件为始末端点处的中心矢径和飞行时间间隔的是一类非常重要的边值问题,称之为兰伯特问题。1801年,高斯在确定谷神星轨道时首次提出了比较成熟的算法[1],因此,有时也将兰伯特问题称为高斯问题。

兰伯特问题在航天动力学领域中具有举足轻重的地位,在航天器轨道设计、轨道确定、轨道机动等领域有着广泛的应用。到目前为止,学者们已经提出了许多种兰伯特问题的解法,本文将介绍其中的七种解法,分别为经典高斯法[1]、改进的高斯法[2]、Battin 法[3]、Bate 法[4],以及分别以拉格朗日方程、高斯方程和两种方程联立为依据的普适迭代法[5]。因篇幅原因,本文只能对这些解法进行简略的介绍,更多参数的定义及证明过程可从参考文献中获得。已知速度位置矢量求解轨道根数和已知轨道根数求解速度位置矢量的算法已经很成熟,本文在此不作介绍。

2 兰伯特问题的解法

2.1 经典高斯法

高斯在确定谷神星轨道的过程中,引入了变量 Y(式(1)),并提出了高斯第一方程(式(2))和高斯第二方程(式(3))。在计算过程中,以 ΔE 和 Y 为迭代变量,则有

$$Y = \frac{\sqrt{\mu p}(t_2 - t_1)}{r_1 r_2 \sin\theta} \tag{1}$$

$$Y^2 = \frac{m}{l + \frac{1}{2}\left(1 - \cos\frac{\Delta E}{2}\right)} \tag{2}$$

作者简介:吴其昌(1994—),男,福建泉州人,硕士研究生,本科,研究方向为飞行动力学与控制;张洪波(1981—),男,山东济阳人,副教授,博士,研究方向为飞行动力学与控制。

$$Y = 1 + \left(\frac{\Delta E - \sin\Delta E}{\sin^3\frac{\Delta E}{2}}\right)\left(l + \frac{1 - \cos\frac{\Delta E}{2}}{2}\right) \quad (3)$$

步骤 1：由 r_1、r_2、$\Delta\theta$ 和 Δt 计算 l 和 m。

$$\begin{cases} l = \dfrac{r_1 + r_2}{4\sqrt{r_1 r_2}\cos\dfrac{\theta}{2}} - \dfrac{1}{2} \\ m = \dfrac{\mu(t_1 - t_2)^2}{\left(2\sqrt{r_1 r_2}\cos\dfrac{\theta}{2}\right)^3} \end{cases} \quad (4)$$

步骤 2：取 Y 的迭代初值为 1，由高斯第一方程求出 ΔE（若转移轨道为双曲线，则求 ΔF）。

$$\cos\frac{\Delta E}{2} = 1 - 2\left(\frac{m}{Y^2} - l\right) \quad (5)$$

或

$$\cosh\frac{\Delta F}{2} = 1 - 2\left(\frac{m}{Y^2} - l\right) \quad (6)$$

步骤 3：用上一步求得的 ΔE（或 ΔF），根据高斯第二方程求出更精确的 Y 值，重复这一循环，直至 Y 收敛，得出解。

$$Y = 1 + \left(\frac{\Delta E - \sin\Delta E}{\sin^3\frac{\Delta E}{2}}\right)\left(l + \frac{1 - \cos\frac{\Delta E}{2}}{2}\right) \quad (7)$$

$$Y = 1 + \left(\frac{\sinh\Delta F - \Delta F}{\sinh^3\frac{\Delta F}{2}}\right)\left(l + \frac{1 - \cosh\frac{\Delta F}{2}}{2}\right) \quad (8)$$

步骤 4：求出半通径。

$$p = \frac{r_1 r_2 (1 - \cos\Delta E)}{r_1 + r_2 - 2\sqrt{r_1 r_2}\cos\frac{\theta}{2}\cos\frac{\Delta E}{2}} \quad (9)$$

步骤 5：求解始、末位置的速度矢量。

$$\begin{cases} v_1 = \dfrac{r_2 - f r_1}{g} \\ v_2 = \dot{f} r_1 + \dot{g} v_1 \end{cases} \quad (10)$$

2.2 改进的高斯法

Battin 和他的学生 Vaughan 在继承了高斯解法优点的基础上，将一般兰伯特问题转换为对称兰伯特问题，采用的迭代变量为 x 和 Y，并将高斯第一方程和高斯第二方程改写成了式(11)和式(12)的形式：

$$Y^2 = \frac{m}{(l + x)(1 + x)} \quad (11)$$

$$\begin{cases} Y^3 - Y^2 = m\dfrac{E - \sin E}{4\tan^3\frac{1}{2}E} \\ \dfrac{E - \sin E}{4\tan^3\frac{1}{2}E} = \dfrac{\dfrac{1}{1+x} - F\left(\dfrac{1}{2}, 1, \dfrac{3}{2}, -x\right)}{-2x} \end{cases} \quad (12)$$

步骤 1：计算 l 和 m。

$$\begin{cases} l = \left(\dfrac{1-\lambda}{1+\lambda}\right)^2 \\ m = \dfrac{8\mu\Delta t^2}{s^3(1+\lambda)^6} \end{cases} \quad (13)$$

步骤 2：取 Y 的初值为 1，根据高斯第一方程求出 x。

$$x = \frac{-(l+1) + \sqrt{(l+1)^2 - 4\left(l - \dfrac{m}{Y^2}\right)}}{2} \quad (14)$$

步骤 3：根据高斯第二方程，用牛顿迭代法更新 Y 值，重复这一循环，直至 Y 收敛，得出解。

步骤 4：计算 a 和 p。

$$\begin{cases} a = \dfrac{ms(1+\lambda)^2}{8xY^2} \\ p = \dfrac{2r_1 r_2 Y^2 (1+x)^2 \sin^2\dfrac{\theta}{2}}{ms(1+\lambda)^2} \end{cases} \quad (15)$$

2.3 Battin 法

Battin 法只适用于椭圆轨道，以 λ（不同于上文）为迭代变量，其时间方程为

$$\Delta t = \frac{\sqrt{s^3}\left[\pi + (\lambda + \sin\lambda) \pm (\beta - \cos\beta)\right]}{\sqrt{\mu(1 + \cos\lambda)^3}} \quad (16)$$

（$\theta > \pi$，取"+"；$\theta < \pi$，取"−"）

步骤 1：计算 s 和 c。

步骤 2：取 λ 的初值为 0，求解 β。

$$\cos\beta = 1 - \left(\frac{s-c}{s}\right)(1 + \cos\lambda) \quad (17)$$

步骤 3：根据时间方程，使用牛顿迭代法更新 λ 的值，重复这一循环，直至 λ 收敛，得出解。

步骤 4：计算 a 和 p。

$$\begin{cases} a = \dfrac{s}{1 + \cos\lambda} \\ p = \dfrac{4a(s-r_1)(s-r_2)}{c^2}\cos^2\dfrac{\lambda \pm \beta}{2} \end{cases} \quad (18)$$

（$\theta > \pi$，取"−"；$\theta < \pi$，取"+"）

2.4 普适迭代法（拉格朗日方程）

以拉格朗日方程式(19)为时间方程，x 为迭代变量。

$$\sqrt{\frac{\mu}{a_m^3}}\Delta t = \frac{4}{3}\left[F\left(3, 1; \frac{5}{2}; \frac{1-x}{2}\right) - \lambda^3 F\left(3, 1; \frac{5}{2}; \frac{1-y}{2}\right)\right] \quad (19)$$

步骤 1：计算 s、λ 和 c。

步骤 2：取 x 的初值为 0，求解 y。

$$y = \sqrt{1 - \lambda^2(1 - x^2)} \quad (20)$$

步骤 3：根据时间方程，使用牛顿迭代法更新 x 的值。重复这一循环，直至 x 收敛，得出解。

步骤 4：计算 a 和 p。

$$\begin{cases} a = \dfrac{s}{2(1 - x^2)} \\ p = \dfrac{r_1 r_2 \sin^2\dfrac{\theta}{2}}{a_m \eta^2} \end{cases} \quad (21)$$

$$\begin{cases} a_m = \dfrac{s}{2} \\ \eta = y - \lambda x \end{cases} \quad (22)$$

2.5 普适迭代法(高斯方程)

以高斯方程式(23)为时间方程,z 为迭代变量。

$$\sqrt{\frac{\mu}{a_m^3}}\Delta t = \frac{4}{3}\eta^3 F(3,1;\frac{5}{2};z) + 4\eta\lambda \quad (23)$$

步骤1:计算 s、λ、a_m 和 c。
步骤2:取 z 的初值为 0.5,求解 η。

$$\eta = \sqrt{(1-\lambda)^2 + 4\lambda z} \quad (24)$$

步骤3:根据时间方程,使用牛顿迭代法更新 z 的值。重复这一循环,直至 z 收敛,得出解。
步骤4:计算 a 和 p。

$$\begin{cases} a = \dfrac{s}{2(1-x^2)} \\ p = \dfrac{r_1 r_2 \sin^2\dfrac{\theta}{2}}{a_m \eta^2} \end{cases} \quad (25)$$

$$x = \frac{-(2z-1+\lambda)}{\eta} \quad (26)$$

2.6 普适迭代法(联合方程)

以高斯方程为时间方程,x 为迭代变量。
步骤1:计算 s、λ、a_m 和 c。
步骤2:取 x 的初值为 0,求解 y、η 和 z。

$$\begin{cases} y = \sqrt{1-\lambda^2(1-x^2)} \\ \eta = y - \lambda x \\ z = \dfrac{1-\lambda-x\eta}{2} \end{cases} \quad (27)$$

步骤3:根据时间方程,使用牛顿迭代法更新 x 的值,重复这一循环,直至 x 收敛,得出解。
步骤4:根据式(25),计算 a 和 p。

2.7 普适迭代法(Bate 法)

Bate 法以 z 为迭代变量,其时间方程为

$$\sqrt{\mu}\Delta t = x^3 S + A\sqrt{y} \quad (28)$$

步骤1:计算 A。

$$A = \frac{\sqrt{r_1 r_2}\sin\theta}{\sqrt{1-\cos\theta}} \quad (29)$$

步骤2:取 z 的初值为 0,求解 $S(z)$ 和 $C(z)$。

$$\begin{cases} C(z) = \sum_{k=0}^{\infty}\dfrac{(-z)^k}{(2k+2)!} \\ S(z) = \sum_{k=0}^{\infty}\dfrac{(-z)^k}{(2k+3)!} \end{cases} \quad (30)$$

步骤3:计算 y 和 x。

$$\begin{cases} y = r_1 + r_2 - A\dfrac{1-zS}{\sqrt{C}} \\ x = \sqrt{\dfrac{y}{C}} \end{cases} \quad (31)$$

步骤4:根据时间方程,求出 Δt 的值,将其与给定的飞行时间进行比较,若两者不完全相同,则使用牛顿迭代法更新 z 的值。重复这一循环,直至两者相差很小(精确度在 0.1 s 内),得出解。

步骤5:求解始、末位置的速度矢量。

$$\begin{cases} v_1 = \dfrac{r_2 - f r_1}{g} \\ v_2 = \dfrac{\dot{g} r_2 - r_1}{g} \end{cases} \quad (32)$$

3 数值模拟结果

在数值模拟的过程中,以地球为中心天体,起始点和目标点所在轨道的轨道根数如表1所示。

表1 起始点和目标点所在轨道的轨道要素

	a(km)	e	i(°)	Ω(°)	w(°)	f(°)
起始点	6378536.6	0	45	0	0	0
目标点	6378936.6	0	45	0	0	

3.1 不同中心转移角对各种兰伯特算法性能的影响

在固定转移时间为 1000 s 的条件下,测试不同中心转移角对各种兰伯特算法性能的影响,所得的结果如图1和图2所示。

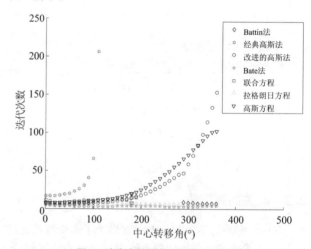

图1 迭代次数随中心转移角变化图

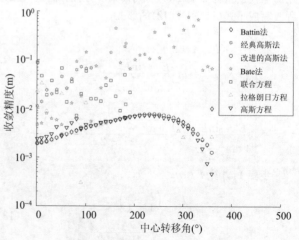

图2 交会精度随中心转移角变化图

(1) 从收敛域上看，Battin 法只适用于椭圆轨道，所以当中心转移角所对应的转移轨道为双曲线时不收敛；经典高斯法在中心转移角略大于 100°后不收敛；普适迭代法（联合方程）在中心转移角快接近 200°时不收敛；其余方法的收敛域均较广。

(2) 从收敛速度的变化趋势上看，经典高斯法、改进的高斯法和普适迭代法（高斯方程）的变化趋势比较一致，都随着中心转移角变大，收敛速度变慢；其余四种方法收敛速度的变化趋势比较稳定。从收敛速度的大小上看，Battin 法、Bate 法和普适迭代法（拉格朗日方程）的收敛速度会更快一些。

(3) 从交会精度上看，所有方法的交会精度都较高，其中 Bate 法的交会精度明显要稍低于其余方法。

3.2 不同转移时间对各种兰伯特算法性能的影响

在固定目标点的平近点角为 80°的条件下，测试不同转移时间对各种兰伯特算法性能的影响，所得的结果如图 3 和图 4 所示。

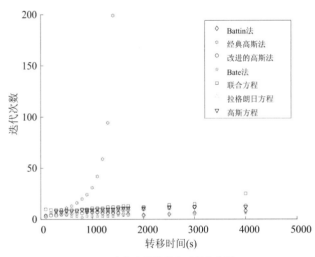

图 3 迭代次数随转移时间变化图

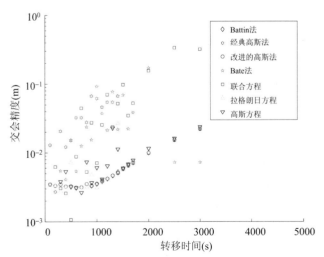

图 4 交会精度随转移时间变化图

(1) 从收敛域上看，当转移时间较短时，Battin 法因不适用于双曲线轨道，而不收敛；经典 Bate 法和普适迭代法（高斯方程）在转移时间太短的情况下也不收敛；高斯法在转移时间较长时不收敛，普适迭代法（联合方程和拉格朗日方程）在转移时间太长时也不收敛，其余方法的收敛域均较广。

(2) 从收敛速度上看，高斯法的收敛速度随时间的增大而迅速变缓；其余方法的收敛速度随时间的增大而变缓的速度比较缓慢。

(3) 从交会精度上看，所有方法的交会精度都较高，其中经典高斯法、Bate 法和普适迭代法（联合方程）的交会精度明显要低于其余方法，且随转移时间的增大而逐渐降低。

4 结束语

根据两个位置矢量和飞行时间来确定轨道的兰伯特问题，在航天动力学中具有重大的意义，因为它可直接应用于计算拦截、交会或弹道导弹目标瞄准等问题。本文选取了七种常见的兰伯特算法，分别研究了它们在不同中心转移角和不同转移时间条件下的收敛域、收敛速度和交会精度。结果表明，除了 Bate 法的交会精度比较不稳定外，其余方法的精度均较高。在转移轨道为椭圆轨道的情况下，Battin 法要明显的优于其他方法；在转移轨道不是椭圆轨道时，改进的高斯法、普斯迭代法（拉格朗日方程）和 Bate 法在收敛域、收敛速度和交会精度三个方面表现得比较好，其中若中心转移角比较接近 360°时，选用普斯迭代法（拉格朗日方程）和 Bate 法会比较好，若转移时间较长，则选用改进的高斯法会比较好。

参考文献

[1] Bate R R. 航天动力学基础[M]. 吴鹤鸣，李肇杰，译. 北京：北京航空航天大学出版社, 1990:230-237.

[2] Battin R H. An introduction to the mathematics and methods of astrodynamics, Revised Edition[M]. Reston, VA: American Institute of Aeronautics and Astronautics, 1999:325-342.

[3] 吕振铎, 李铁寿, 等. 航天器轨道动力学与控制(下)[M]. 北京：宇航出版社, 2002:234-237.

[4] Bate R R. 航天动力学基础[M]. 吴鹤鸣，李肇杰，译. 北京：北京航空航天大学出版社, 1990:205-214.

[5] 张洪波. 航天器轨道力学理论与方法[M]. 北京：国防工业出版社, 2015:150-155.

航天发射仿真中虚拟人运动控制的实现

苏永芝,张振伟,刘党辉

(1. 航天工程大学,北京,中国,102249；2. 95910 部队,甘肃酒泉,中国,735018)

摘 要：本文以航天发射仿真训练系统为背景,重点论述了基于 DI-Guy 的虚拟人技术在系统开发中的实现过程。本文探讨了虚拟人的几何建模和运动控制建模,介绍了新建模型在 DI-Guy 中的配置方法,实现了场景中多种类型参试人员的建模、加载及集成；应用关键帧及插值技术,完成了虚拟人自定义动作的设计及生成,解决了测试发射活动中相关动作的模拟操作问题；通过底层 API 函数的灵活控制,实现了虚拟人动作行为的实时控制,解决了系统的交互性问题。

关键词：虚拟人；运动控制；DI-Guy；航天发射

中图分类号：TP391

Realization of Virtual Human Motions Control in Aerospace Launch Simulation

Su Yongzhi, Zhang Zhenwei, Liu Dang-hui

(1. Space Engineering University, Beijing, 264001; 2. 95910 Troops, Gansu, Jiuquan, 735018)

Abstract: According to the simulation of aerospace launch training, the paper focuses on the realization process of system development which uses virtual human technology based on DI-Guy. The paper discusses how to build virtual human body model and motion control model, introduces the model configuring measure, and achieves to model and load different roles. The key frame interpolation method is proposed to generate the user-defined movements, which solves the motions simulation in testing task. By using API function, the real-time control of virtual human is finished, and the system interaction is improved.

Key words: Virtual Human; Motion Control; DI-Guy; Aerospace Launch

1 引言

航天发射仿真训练系统可以在虚拟环境下,实现运载火箭测试、发射、故障处理、应急处置等过程的模拟。在仿真环境中引入虚拟人,真实再现场景中人物的动作行为,直观展现人物参与对发射活动及事件进程的响应,必将在很大程度上增强参训人员的沉浸感,提高训练的能动性,达到理想的训练效果。

要在航天发射仿真场景中加载虚拟人模型,实时控制虚拟人的运动,需要仿真软件 DI-Guy 的支持。DI-Guy 是由美国波士顿动力公司(Boston Dynamics Inc., BDI)研究开发的一套虚拟人设计软件。DI-Guy 内置了数十种人物类型、数百种人物外观和数千种不同的行为动作。它可以控制虚拟人物的眨眼、斜视、扫视、皱眉、微笑等多种表情[1]。使用 DI-Guy,可以简化开发人员的工作量,节省如关节控制、动作合成、模型的几何层次管理、表面纹理贴图生成等基础性工作。更为重要的是,DI-Guy 支持虚拟现实环境平台工具 Vega 和 Vega Prime,软件开发人员可以利用 Visual C++以及 Vega 和 DI-Guy 的 API 来创建和控制人物行为[2]。

通过软件开发包 DI-Guy SDK,DI-Guy 可以作为视景驱动引擎 Vega Prime 的可选模块而与之高效集成。因此,在航天发射仿真训练系统中,利用 DI-Guy 定制场景中所需虚拟人物对象,通过软件支持的 API 实现虚拟人动作行为的实时控制。由于 DI-Guy 主要面向战场视景仿真,其内置虚拟人模型库和动作数据包不能满足航天发射活动视景仿真的需求,基于此,本文进行了二次开发,把自定义的虚拟人添加到 Vega Prime 环境中,实现虚拟人按照自定义动作的运动控制,从而大大提高航天发射视景

作者简介：苏永芝(1976—),女,山东莱阳人,讲师,硕士,研究方向为火箭测试发射及仿真技术。

仿真的逼真度。

2 创建虚拟人模型

在航天发射视景仿真中,需要加载指挥员、战士、技术人员、消防人员、医护人员等,其中大多数可以在 DI-Guy 的模型库中找到原型,或者结合仿真个性需求,通过修改现成模型而得到,对于少量缺乏的关键人物(比如总指挥),则需要单独创建。

2.1 几何建模

DI-Guy 中的虚拟人模型是行业标准的 OpenFlight 结构的.flt 文件,本文使用 Multigen Creator 建立人物骨架层级模型以及与之匹配的表面模型,骨架模型用来指定精确的运动,虚拟人的运动控制只需对人体骨架进行,为后续的运动控制打下基础,表面模型用来描述人物的外部形状,增强真实感。

要对新建虚拟人的动作行为进行控制,需要有与 DI-Guy 人体骨架相匹配的骨骼结构和关节层次。参考 DI-Guy 人物模型库默认的人体骨架结构,建模时将人体简化成由 15 个关节连接,关节之间通过骨骼相接,人物模型的关节层次结构如图 1 所示,这也是.flt 文件中模型层级结构的划分依据。

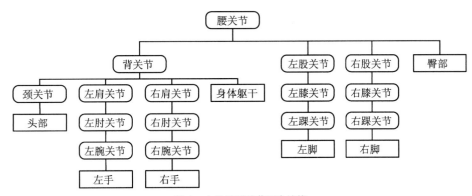

图 1 人物模型关节层次结构

表面模型主要利用纹理映射技术,形象表现出创建人物的服饰、发型、表情等特征。其中面部模型最为复杂、精细,其纹理映射尤为重要。本文采用三点映射方式对人物面部模型进行处理:先将原始面部模型进行横向拉伸,用于对眼睛、鼻尖等部位进行填平处理;再将眉毛、眼睛等的纹理进行相应部位的单独映射。

2.2 运动建模

DI-Guy 通过已定义的骨骼结构,来寻找人物模型内与之对应的骨骼和关节,从而驱动人物模型,并通过控制关节变量实现虚拟人的运动控制。因此,每个关节自由度的定义非常重要,直接决定了虚拟人的运动方式和运动范围。虚拟人模型的关节自由度,通过在 Creator 中创建和编辑 DOF 节点实现,DOF 节点相关技术可参考文献[3]和文献[4]。

完成虚拟人模型的骨骼结构设计及关节自由度创建之后,还需要在文件中配置骨骼结构,并将控制关节的变量信息添加到默认配置文件,从而使得系统可以利用 API 接口控制函数访问到已定义的关节变量,并可以通过控制关节变量,实现对关节自由度的控制,最终实现对虚拟人的运动控制。具体步骤如下:

(1)定义各关节的名称。几何建模时,将人体结构简化为 15 个关节,并对这 15 个关节进行定义,如表 1 所列。此外,本文定义了 1 个 exface_attach_pt 关节,用于虚拟人面部表情的呈现。

表 1 各关节名称的定义

序号	1	2	3	4	5	6	7	8
关节	腰	背	颈	左肩	左肘	左腕	右肩	右肘
Link	base	back	cervical	shoulder_l	elbow_l	wrist_l	shoulder_r	elbow_r
序号	9	10	11	12	13	14	15	16
关节	右腕	左踝	左膝	左股	右踝	右膝	右股	面部表情
Link	wrist_r	ankle_l	knee_l	hip_l	ankle_r	knee_r	hip_r	exface_attach_pt

(2)定义关节与骨骼的关联关系。为这 15 个关节分别绑定其关联骨骼,使与关节相关连的骨骼可以在自由度范围内进行运动。例如,shape_and_joint = hand_r wrist_r,即表示右手骨骼 hand_r 受右腕关节 wrist_r 的控制。

(3)设置关节变量。为这 15 个关节分别设置在其局部坐标系下[5]绕 x、y、z 轴的旋转变量,对关节进行控制。

例如,语句:

variable = q.ankle_r_rx;
variable = q.ankle_r_ry;
variable = q.ankle_r_rz;

ankle_r 表示右踝关节绕 x 轴、y 轴和 z 轴的旋转变量。通过骨骼和关节配置,系统可利用 API 接口的控制函数访问到已定义的关节变量,通过控制关节变量完成关节自由度的控制,实现虚拟人的运动控制。

3 配置虚拟人模型

要在 DI-Guy 中使用新建的虚拟人模型,并使其与模型库中原有模型以相同的方式运动,需要将新建虚拟人模型的相关信息添加到 DI-Guy 默认的模型配置文件中。配置成功的新建虚拟人会添加进入 DI-Guy 的角色对象列表中,并允许其正常的调用和显示。详细配置过程如下:

（1）保存模型。将模型存入"%DIGUY%\geometry\flt\"目录下,将贴图文件(.rgb、.rgba、.inta、.attr 格式)存入"%DIGUY%\geometry\rgb\"目录下。注意:模型文件中的贴图,必须使用相对路径,且要链接到该文件夹。

（2）模型命名。以新建的总指挥模型为例,为其命名 commander,文件全名即为 commander.flt。鉴于 DI-Guy 可以识别 7 个不同精度等级的 LOD 模型,因此分别命名为 commander1.flt, commander2.flt,…, commander7.flt。

（3）选择对象类型。在系统已有角色对象类型中,为新建的模型设置一个相似类型。本文为新建模型 commander 设置类型 soldier,在"%DIGUY%\config\diguy\char_charactertype.cfg"文件中,定位到类型 soldier,可以在.cfg 文件 char_soldier 中找到其对应的 actor 是 greg。

（4）添加模型。将 commander 模型添加至 soldier 模型库。在.cfg 文件 actor_greg_shapesets 中添加 commander 的 7 级模型：

shape_set commande
 actor = greg
 is_base_shape = 1
 ……
 filename = commander_LOD7.flt
include common/shapes_and_joints_huaman.cfg

（5）匹配对象类型。把 commander 匹配至对象类型 soldier 中,需要在.cfg 文件 appearances_base 中加入下列语句：

appearance commander
 item = commander; //新建虚拟人名字
 preload = false;
 character type = soldier; //绑定人物对象类型

4 虚拟人新增动作的设计

DI-Guy 的动作库拥有数千个基本动作及其过渡动作,系统开发过程中可以直接调用,也可通过修改库中的相似动作而获得,对于少量库中找不到匹配的新增动作,则需自行设计创建。创建新增动作,可以先设计该动作的几帧关键帧,再通过插值法生成连续动作。

DI-Guy 通过控制关节自由度来控制虚拟人的动作行为,给定虚拟人各个关节的旋转角度,便可确定其各段骨骼的位置姿态,即虚拟人动作的关键帧。本文采用 DI-Guy Motion Editor 创建新增动作的关键帧,优势在于:一是不需要再次定义和配置虚拟人的骨架结构;二是不存在坐标系及动作数据之间的转换问题。Motion Editor 提供了三种编辑动作的方法[6]:Joint Editor、Pose Tool 和 IK,如图 2 所示。其中,Joint Editor 可以精确定义虚拟人各个关节的三向旋转量,控制精度高达小数点后三位,但是编辑的交互性差,适用于动作基本设计完成后的微调；Pose Tool 允许用户对全身每个关节进行编辑操作,并可通过视图窗口显示当前关节的局部坐标系,动作编辑更加简洁、直观；IK 用于编辑肢体的最末端关节(包括踝关节、腕关节和颈关节)的旋转量和偏移量。

(a) Joint Editor 方法 (b) IK 方法和 Pose Tool 方法

图 2 关键帧的三种生成方法

以战士原地敬礼动作设计为例,将敬礼动作分成3个步骤:① 抬小臂。设计右肘关节的运动,使其旋转带动右小臂和右手摆至水平位置;② 抬大臂。设计右肩关节的运动,使右肩关节向上,略向内旋转,使右肩膀与右大臂平齐,其他关节姿态保持不变;③ 摆右手。设计右腕关节和右肘关节的转动,使右小臂与右手掌面平齐,并使右手四指并拢指向太阳穴。这3个动作步骤即为需要创建的3个动作关键帧。启动软件后,不需加载动作库中的任何动作文件,按照上述的动作设计,采用 Pose Tool 和 Joint Editor 方法相互配合,进行关节 DOF 的编辑,使可得到如图3所示的3帧关键帧。

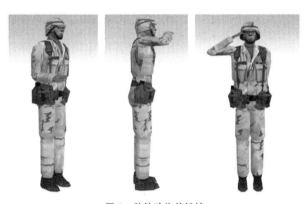

图 3 敬礼动作关键帧

得到关键帧后,还需要在关键帧之间插入中间帧以实现动作的逼真度[7]。Motion Editor 中动作动画播放的默认值为33帧/s,敬礼动作耗时约需1.8 s,共需约60帧动作,剩余的57帧动作采用插值方法产生。Motion Editor 基于 IK 实现动作关键帧之间的插值,共提供了5种插值方式[8]。由于敬礼动作主要是右肘关节和右肩关节的旋转运动,稍微涉及右腕关节的小幅转动,整套动作在速度上没有较大的变化,复杂程度也不高,因此本文选取线性插值法生成剩余的57帧动作。将图3所示的3个关键帧,按照一定的时间关联度,布置在 Timeline 窗口的帧通道上,选择设置线性插值方式,即可实现敬礼的连续动作。将新设计的敬礼动作存储入库,方便调用和显示。

5 虚拟人动作行为的实时控制

DI-Guy 动作库中的动作都是固化、既定的动作,无法实现虚拟人的实时驱动控制。在航天发射视景仿真中,除了训练的演示效果外,还要求系统能够动态响应用户的控制需求。DI-Guy 提供了对虚拟人关节进行控制的 API,可以实现对虚拟人动作的实时控制。

以值班员 A 和视察领导 B 之间的互动情况为例,详细说明如何在仿真应用程序中实现虚拟人基于某特定环境的系列动作行为。事件设定为:在某指挥控制大厅内,值班员向视察领导汇报值班情况,向领导递交值班日志,领导查看日志。在程序中定义汇报 report() 函数,对事件进行描述,实现如下:

```
voidmyApp::report()
{
    t = 0.0;
    t_prev = 0.0;
    //预先设定加载人物的类型与外貌特征
    vpScenario->get_scenario()->preload_appearance("soldier_pistol","dcu4_pistol");
    //动态加载值班日志
    vpObject * booklet = vpObject::find("booklet");
    //动态加载 B,设定其场景中位姿,设定其动作为站
    diguyCharacter * char_leader;
    char_leader = vpDiguyCharacter::get()->getCharPtr();
    char_leader->set_position(x1, y1, z1);
    char_leader->set_orientation(90.0f, 0.0f, 0.0f);
    char_leader->force_action("stand_ready", DIGUY_DEFAULT_FLOAT, 0, 0.0f);
    //动态加载 A,设定其场景中位姿,设定其动作为坐
    diguyCharacter * char_duty;
    char_duty = vpDiguyCharacter::get()->getCharPtr();
    char_duty->set_position(x2, y2, z2);
    char_duty->set_orientation(0.0f, 0.0f, 0.0f);
    char_duty->force_action("sit_down", DIGUY_DEFAULT_FLOAT, 0, 0.0f);
    //动作过程
    while(beginFrame()! = 0)
    {
        t_prev = t;
        t = getKernel()->getSimulationTime();
        //将值班日志绑定于 A 左手腕关节,通过设置偏移量,将值班日志递交 B 手中
        {
            float tx, ty, tz, rz, rx, ry; char_duty->get_link_position_with_offset("wrist_1", 0.0f, 0.0f, -0.15f, &tx, &ty, &tz, &rz, &rx, &ry);
            booklet->setPosition(tx, ty, tz);
            booklet->setOrientation(rz, rx, ry);
        }
        //执行动作
        if((t >= 2.0) && (t_prev < 2.0))
            char_duty->set_desired_action("stand_up");
        if((t >= 4.0) && (t_prev < 4.0))
            char_duty->set_desired_action("turn_qtr_r");
        if((t >= 5.0) && (t_prev < 5.0))
            char_duty->force_path("mypath");
            char_duty->set_desired_action("walk");
        ……
        endFrame();
    }
}
```

6 结束语

针对航天发射训练视景仿真开发对虚拟人的需求,本文基于DI-Guy软件,探讨了基于特定骨架结构的几何建模和基于关节自由度的运动建模,应用关键帧和插值技术实现了自定义动作;基于底层API函数实现了动作行为的实时控制,有效提升了训练的真实感。不足之处在于:几何建模采用了固定的骨架结构,这在一定程度上约束了虚拟人在场景中运动的精细度和复杂性;仅依赖软件提供的API函数对虚拟人的运动进行控制,制约了虚拟人复杂动作行为的实现。因此,今后将重点从以上两方面做进一步研究。

参考文献

[1] 方琦峰,康凤举,王宝龙,等. 基于DI-Guy的人体视景仿真研究与应用[J]. 计算机工程与科学,2008,30(1):60-62.

[2] 王兆其. 虚拟人合成研究综述[J]. 中国科学院研究生院学报,2000,17(2):89-98.

[3] 张振伟,刘党辉,苏永芝,等. 基于Vega Prime的运动真实感仿真技术[J]. 中国科技信息,2013(20):64-67.

[4] 李中磊,梁加红,柏友良,等. DI-Guy中人体动作生成方法研究[J]. 计算机仿真,2008,25(10):232-235.

[5] 赵维,谢晓方. 虚拟人技术发展现状及其在工程中的应用[J]. 系统仿真学报,2009,21(17):5473-5476.

[6] 欣旺. 基于Vega-Diguy的人物仿真模块的设计与实现[D]. 长春:吉林大学,2008.

[7] 孔德慧,王立春,郑重雨. 增强骨骼动画运动细节的关键帧插值方法[J]. 北京工业大学学报,2011,37(8):1255-1260.

[8] Boston Dynamics Inc. DI-Guy for Vega Prime [M]. Version 7.0.2. Boston:Boston Dynamics Inc.,2005.

基于大气红外透射率的实际距离估算

李艺辰[1],曲劲松[2],毛 征[1],王邵奔[1],袁翠红[1]

(1. 北京工业大学,北京,中国,100124;2. 中国兵器装备研究院,北京,中国,100089)

摘 要:红外探测系统不仅在日常生活中有诸多应用,在军事上的作用尤为突出。众所周知,当物体表面温度超过绝对零度时均向外界辐射红外能量,所以在很大程度上根据红外辐射来发现目标比依靠可见光更高效。那么,红外辐射的强度及透射率显得尤为重要。本文根据已有的理论依据构建出大气系统对红外辐射的透射率估算方法。试验结果表明,当透射率及其他参数一定时,可以根据理论公式反推出目标与探测器之间的实际距离。

关键字:红外辐射;红外透射率;距离估算
中图分类号:TP391

Real distance Estimation based on Atmospheric Infrared Transmittance

Li Yichen[1], Qu Jinsong[2], Mao Zheng[1], Wang Shaoben[1], Yuan Cuihong[1]

(1. Beijing University of Technology, Beijing, 100124; 2. Chinese Weapon Equipment Research Institute, Beijing, 100089)

Abstract: The infrared detection system not only has many applications in daily life, but also plays a prominent role in the military. It is known that when the surface temperature of an object exceeds absolute zero, infrared energy is radiated to the outside, so it is more efficient to find the target based on infrared radiation than to rely on visible light. Then, the intensity and transmittance of infrared radiation appear to be particularly important. Based on the existing theoretical basis, this paper constructs a method for estimating the transmittance of infrared radiation in the atmospheric system. The experimental results show that when the transmittance and other parameters are unchanged, the inter-distance between the target and the detector can be pushed back according to the theoretical formula.

Keywords: Infrared Radiation; Infrared Transmittance; Distance Estimation

1 引言

随着科技时代的发展,特别是在军事领域,与红外辐射相关的各种应用愈发得到人们的重视。红外辐射的大气透过率直接影响了一些军事设备(如搜索系统、热成像系统)的设计和性能评估,所以透射率和其输入参数的反推显得尤为重要。在这方面的研究中,大多数采用的是国际上流行的辐射计算软件来研究大气的红外透射率[1,2],例如LOWTRAN[3]和MODTRAN[4]等知名软件。但是上述软件计算方法较为复杂和繁琐。本文根据现有理论支持,在VC++6.0平台上应用MFC控件自主开发了一套大气红外透射率简单估算软件。可以根据不同的天气情况及其他参数估算出大气的红外透射率,并且可以根据大气透射率反推出目标距离探测系统的实际距离,最后根据实际估算值与理论值做比较而得出结论。

2 理论依据

红外辐射经过大气中时与大气中的成分会互相作用,从而红外辐射受到衰减。大气对红外辐射的衰减影响主要分为:气体分子(H_2O、CO_2)的吸收作用;大气分子与气溶胶的散射作用;天气条件的影响作用。大气对红外辐射的衰减能力 $\tau(\lambda)$ 可以用消光系数 $\mu(\lambda)$ 来表示:

$$\tau(\lambda) = e^{-\mu(\lambda) \cdot R} \quad (1)$$

其中,R 为海平面水平传播距离。由大气的总消光系数通过各影响因素的衰减系数求和得出:

$$\mu(\lambda) = \mu_{H_2O}(\lambda) + \mu_{CO_2}(\lambda) + \mu_S(\lambda) + \mu_C \quad (2)$$

式中,$\mu_S(\lambda)$ 为气体分子的衰减系数,μ_C 是气象因素引起的衰减系数。

作者简介:毛征(1956—),男,北京人,教授,博士,研究方向为武器系统仿真。

2.1 水蒸气与二氧化碳吸收衰减

在水蒸气吸收衰减的计算过程中,通过水蒸气含量相等的路程时吸收率相等,通过 $\mu_2/\mu_1 = R_1/R_2$ 和 $r_1 f_1 R_1 = r_2 f_2 R_2$ 得到:

$$\mu_2 = \mu_1 \cdot \frac{r_2}{r_1} \cdot \frac{f_2}{f_1} \qquad (3)$$

其中,r 为相对湿度,R 为相对湿度下海平面水平传播距离,f 为一定温度下水蒸气质量。通过查表[5]可得到在 r_1 和 f_1 条件下的 μ_1,再通过给定情况下的 r_2 和 f_2 可计算得出 μ_2,$T = 5$ ℃,$r = 100\%$ 时查表得 $f = 6.67$。而二氧化碳的密度在大气近表层中保持不变。因此,二氧化碳的光谱透射比只与辐射通过的距离有关。通过查表可得二氧化碳海平面水平路程上的光谱吸收系数。

2.2 大气的散射衰减

大气对红外辐射的散射 μ_s 影响主要是由大气中分子和悬浮的微粒的散射作用造成的,分为瑞利散射和米(Mie)散射两种。但是当 $\lambda > 1\ \mu m$ 时,瑞利散射基本可以忽略,因此对红外辐射,可以不考虑瑞利散射带来的影响。散射系数一般表示为

$$\mu_s(\lambda) = A \cdot \lambda^{-q} \qquad (4)$$

其中,A 为待定系数,q 为经验常数。又因散射系数可利用气象视程 V(km)来确定,其关系为

$$V = \frac{3.91}{\mu_s(\lambda_0)} \qquad (5)$$

由于人眼对光最敏感,因而利用该波长来获得大气能见度,即最大视程为

$$V_m = \frac{3.91}{\mu_s(\lambda_0)} \qquad (6)$$

可得

$$A = 3.91 \cdot \frac{\lambda_0^q}{V_m} \qquad (7)$$

则对红外光谱 λ,有

$$\mu_s(\lambda) = \frac{3.91}{V_m} \cdot \left(\frac{0.55}{\lambda}\right)^q \qquad (8)$$

其中,取值 q 可确定为[6]

$$\begin{cases} q = 0.585 \cdot V_m^{1/3}, & V < 1.3\ \text{km} \\ q = 1.3, & 6\ \text{km} \leqslant V < 80\ \text{km} \\ q = 1.6, & V \geqslant 80\ \text{km} \end{cases} \qquad (9)$$

考虑到空中目标水平距离的普遍性,我们在这里取 $q = 1.3$。

2.3 气象衰减

气象粒子的尺寸远远大于红外波长,我们由米氏理论得出气象粒子所产生的衰减为非选择的辐射散射。则雨、雪的强度与气象衰减所产生的经验公式如下(单位:mm/h):

$$\mu_r = 0.66 \cdot J_R^{0.66} \qquad (10)$$

$$\mu_x = 6.5 \cdot J_S^{0.7} \qquad (11)$$

2.4 水平距离的近似计算

在等效路程计算中,利用积分思想可将实际路程分成若干段,每段高度增量相等。如果每段内光线路程是接近水平的,那么每小段可以计算其对应的海平面等效水平路程。如图1所示,其中可以获得倾斜距离为 S 的海平面水平等效路程 R。

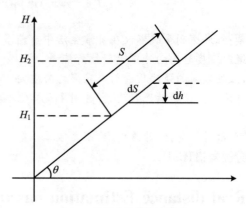

图 1 等效路程计算示意图

根据文献[7]给出的近似计算公式我们可以得到倾斜距离为 S,即实际距离为 S 的等效海平面水平路程:

$$R = \frac{e^{-\beta_1 \cdot H_1}}{\beta \cdot \sin\theta} \cdot (1 - e^{-\beta \cdot \sin\theta \cdot S}) \qquad (12)$$

式中,H_1(km)为观察点海拔高度。

通过式(12)不难看出,只要得到倾斜角和海拔高度就可以近似计算出等效水平距离。当对象为水蒸气时,$\beta \approx 0.0654$;当对象为二氧化碳时,$\beta \approx 0.19$。

2.5 总透射率的计算

根据各衰减因素计算出的大气对红外辐射的透射率如式(13):

$$\tau(\lambda, S) = \exp\begin{bmatrix} -\dfrac{r \cdot f}{6.67} \cdot \mu_{0\,H_2O} \cdot \dfrac{e^{-0.0654 \cdot H_0} \cdot (1 - e^{-0.0654 \cdot \sin\theta \cdot S})}{0.0654 \cdot \sin\theta} \\ -\mu_{0\,CO_2} \cdot \dfrac{e^{-0.19 \cdot H_0} \cdot (1 - e^{-0.19 \cdot \sin\theta \cdot S})}{0.19 \cdot \sin\theta} \\ -\dfrac{3.91}{V_m} \cdot \left(\dfrac{0.55}{\lambda}\right)^q \cdot S - 0.66 \cdot J_R^{0.66} \cdot S \\ -6.5 \cdot J_S^{0.7} \cdot S \end{bmatrix}$$

$$(13)$$

式中,$\mu_{0\,H_2O}$ 和 $\mu_{0\,CO_2}$ 分别为在大气温度为 5 ℃、相对湿度为 100% 时水蒸气和二氧化碳光谱的吸收系数。红外波长取值范围为 0.3~13.9 μm。V_m 为大气能见度,S 取 10 km。

2.6 实际距离的估算

在 2.4 节中,由海拔高度和倾斜距离估算出了等效海平面水平距离,当把大气的红外透射率作为已知参数输入时,通过大气红外辐射透过率系统就可反推出部分输入参数,也就可以估算出实际距离。

3 实例计算

设降雨强度为 2 mm/h,空气温度为 25 ℃,相对湿度为 80%,大气能见度 10 km 时,入射角为 30°时,实际路程为 10 km 时,由式(13)可以近似计算出波长 2 μm 的大气红外透过率约为 0.3025。同样条件下,波长为 5.5 μm,入射角为 60°,透射率为 0.8 时,近似计算出实际距离为 9.5 km。

4 试验结果与分析

当大气温度为 5 ℃时,水蒸气质量为 0.007 kg/m³,此时 CO_2 吸收系数为 3×10^{-7},设相对湿度为 100%,红外波长为 1.3 μm。此时大气的红外透射率如图 2 所示。

图 3 晴天时透射率为 80% 估算的实际距离

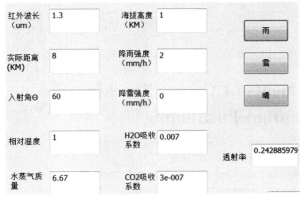

图 2 下雨时大气的红外透射率

当其余条件不变,红外波长取 5.5 μm 时,输入大气的红外透射率为 0.8,此时得到实际距离的估算值为 9.5 km,如图 3 所示。本项目基于 VC++6.0 及 MFC 控件和一些理论依托,构建出了一种简单的大气红外透射率计算模型,输入参数大气温度、相对湿度、大气能见度、降水强度或降雪强度等大气数据,就能近似得出大气的红外透射率。并且可以把大气透射率作为已知参数近似计算出红外探测的实际距离。本软件适用于要求精度不高的工程计算,可以大大节省时间成本,提升效率。

致 谢

由衷感谢导师毛征教授的指导及实验室同学的帮助,感谢信息学部及北京工业大学提供的良好的学习环境。

参考文献

[1] 陈宇恒,周建康,陈新华,等. 基于 MODTRAN 模型计算星载 CCD 相机信噪比[J]. 红外与激光工程,2009,38(5):910-914.

[2] 叶庆,孙晓泉,邵立. 红外预警卫星最佳探测波段分析[J]. 红外与激光工程,2010,39(3):389-393.

[3] Kneizys F X, Shettle E P, Gallery W O, et al. Users guide to lowtran 7[R]. AFGL-TR-88-0177,1988.

[4] Berk A, Anderson G P, Achsrya P K, et al. MODTRAN4 User's manual. 1999.

[5] 路远,凌永顺. 红外辐射大气透射比的简易计算[J]. 红外技术,2003,25(5):45-53.

[6] 周国辉,刘湘伟,徐记伟. 一种计算红外辐射大气透过率的数学模型[J]. 红外技术,2008,30(6):331-334.

[7] 王娟. 红外成像系统的作用距离估算[D]. 成都:电子科技大学,2004.

量子定位中粗跟踪控制系统设计与仿真试验

汪海伦[1]，丛　爽[1]，王大欣[1]，陈　鼎[2]

(1.中国科学技术大学自动化系，安徽合肥，中国，230027；2.北京卫星信息工程研究所，天地一体化信息技术国家重点实验室，北京，中国，100086)

摘　要：量子定位系统中的粗跟踪阶段是捕获阶段和精跟踪阶段的一个衔接过程，它可以将捕获到的信标光信号引入精跟踪视场内，为后续的精跟踪过程和超前瞄准提供保障。本文在基于粗跟踪系统的工作原理和工作过程，在已经完成捕获的基础上，对作用于粗跟踪阶段的粗跟踪控制系统进行建模，并采用 Simulink 进行系统仿真试验，结果表明本文采用的三环 PID 控制器在 0.796 s 达到预定性能指标。

关键词：量子定位系统；粗跟踪系统；PID 控制器

中图分类号：V448.2

Design and Simulation Experiments of Coarse Tracking Control System in Quantum Positioning

Wang Hailun[1], Cong Shuang[1], Wang Daxin[1], Chen Ding[2]

(1. Department of Automation, University of Science and Technology of China, Anhui, Hefei, 230027; 2. Beijing Institute of Satellite Information Engineering, State Key Laboratory of Space-Ground Integrated Information Technology, Beijing, 100086)

Abstract: The Quantum positioning system coarse tracking stage is a process of capture phase and the fine tracking phase, which can capture a beacon signal to the optical field of view and introduce to fine tracking in order to provide protection for the subsequent fine tracking process and advanced targeting. Based on the working principle and working process of the coarse tracking system, this paper builds the model of the coarse tracking control system based on the completion of capture and implements the system simulation experiments under Simulink. The experimental results show that the triplet PID controller designed in this paper can achieve a predetermined performance target in 0.796 seconds.

Key words: Quantum Positioning System; Coarse Tracking System; PID Controller

1 引言

量子定位系统(Quantum Position System, QPS)是基于量子力学和量子信息学的一个新兴方向，高精度、高保密性的优势让其成为未来定位导航系统发展的趋势，其中，捕获、瞄准与跟踪(Acquisition, Tracking and Pointing, ATP)系统是用来快速建立量子通信链路或者恢复中断的通信链路，粗跟踪系统和精跟踪系统的相互配合，可以确保通信双方处于通信状态。粗跟踪系统作用于捕获和粗跟踪阶段，精跟踪系统作用于精跟踪和超前瞄准阶段。量子定位系统 QPS 开始工作时，由粗跟踪系统的光学天线根据轨道预报或全球定位系统(Global Positioning System, GPS)坐标计算得到的卫星位置进行初始指向，然后在不确定区域内经过预定路径的扫描完成捕获动作；粗跟踪过程是在通信双方完成捕获的基础上，根据实际接收到的信标光角度和参考角度之间的角度差，不断调整自身光轴，引导信标光光斑进入精跟踪视场[1]；精跟踪系统负责提高跟踪精度，以便于后续通信模块中的单光子探测器可以接收到更多的纠缠光子，为量子定位系统的定位精度提供保障。本文基于 ATP 系统的工作原理和工作过程，在已经完成捕获的基础上，对作用于粗跟踪阶段的粗跟踪控制系统进行建模，并在 Simulink 中对整个粗跟踪控制系统进行仿真，在给定不确定区域为

作者简介：汪海伦(1994—)，女，安徽巢湖人，硕士，研究方向为量子导航定位系统的粗跟踪控制及其仿真试验；丛爽(1961—)，女，山东文登人，博士生导师，博士，研究方向为量子系统控制理论及量子导航定位系统应用。

3 mrad,粗跟踪精度为 0.5 mrad 的情况下,仿真结果表明在 0.796 s 时刻可以达到粗跟踪精度。

2 粗跟踪系统控制环路及其传递函数建立

粗跟踪系统自内而外主要采用电流环、速度环和位置环来对电机进行系统控制,其三环控制结构图如图 1 所示,其中,系统内环电流环采集实际电机相电流作为反馈;速度环采用测角机构测量电机绝对角度并差分求出电机速度信息作为反馈;位置闭环反馈由粗跟踪探测器对目标信标光成像提取光斑质心位置提供;粗跟踪控制器完成对相机光斑质心数据和方位、俯仰电机各相电流数据和方位、俯仰旋转变压器测角数据的采集,根据这些信息,对两轴的粗跟踪电机分别进行控制[2]。由于两轴在所使用的器件和电路上完全相同,仅在负载转动惯量上有所区别,因此本文以方位轴的设计为例进行分析,俯仰轴与方位轴的设计方法一致。图 1 中,外面的环路为位置环,使用粗跟踪探测器进行位置测量。当粗跟踪探测器接收到的光斑能量大于预设能量阈值时,将该光斑质心坐标通过角度偏差提取算法得到光学天线视轴与信标光光轴之间的角度差,即实际位置与目标位置的位置误差,经位置调节器校正后产生速度指令,输出给速度环。理想的粗跟踪控制回路的输入角位置信号和输出角位置信号之间的角度误差为 0,对于实际系统,该角度误差即为粗跟踪精度。下面我们将分别建立各控制环的数学模型。

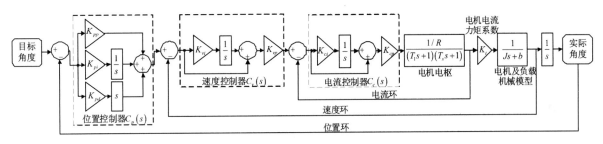

图 1 粗跟踪方位轴三环控制回路结构图

2.1 电流环模型及其传递函数建立

电流环控制用来提高伺服系统控制精度和响应速度、改变控制性能。采用电流环是因为电机的力矩与其电枢电流成正比,控制电机的电流就等于控制了电机的力矩,即控制运动对象的加速度。粗跟踪系统中电流环的控制对象为永磁同步电机的电枢回路。电流环的输出为实际的电机相电流,该电流正比于电机的输出力矩,作用在电机及其负载的转台上,使转台产生响应的角速度。电流采样电路对电机的实际电流进行采样,作为反馈值提供给电流环。电流闭环的控制回路结构图如图 2 所示,其中,电流控制器选用比例积分(PI)控制方法,K_{cp} 为比例调节系数,K_{ci} 为积分调节系数。电流环的被控对象 $P_1(s)$ 是直

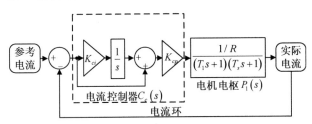

图 2 电流闭环的控制回路结构图

流电机电枢,其数学模型为

$$P_1(s) = \frac{1/R}{(T_1 s + 1)(T_s s + 1)}$$

其中,R 为电枢回路的总电阻,电枢回路的电磁时间常数 $T_1 = L/R$,L 为电枢回路的总电感,T_s 为整流装置滞后时间常数。电流控制器的传递函数 $C_c(s)$ 为

$$C_c(s) = K_{cp}\left(1 + \frac{K_{ci}}{s}\right) = K_{cp}\left(\frac{s}{K_{ci}} + 1\right)\bigg/\frac{s}{K_{ci}}$$

电流环的闭环传递函数 $G_c(s)$ 为

$$G_c(s) = \frac{C_c(s) \cdot P_1(s)}{1 + C_c(s) \cdot P_1(s)}$$
$$= 1\bigg/\left(\frac{Rs(T_1 s + 1)(T_s s + 1)}{K_{cp}K_{ci}(s/K_{ci} + 1)} + 1\right)$$

由于积分调节参数 K_{ci} 通常可以达到上百,电枢回路的电磁时间常数 T_1 则较小,当取 $K_{ci} = 1/T_1$ 时,电流环的闭环传递函数 $G_c(s)$ 可以简化为

$$G_c(s) = 1\bigg/\left(\frac{Rs(T_s s + 1)}{K_{cp}K_{ci}} + 1\right)$$

在此基础上,整流装置滞后时间常数 T_s 非常小,K_{cp} 和 K_{ci} 又很大,因此,可以将电流环近似地等效成一个比例环节,令电流环等效后的传递函数相当于一个比例环节系数:

$$G_c(s) = K_C = 1 \qquad (1)$$

2.2 速度环模型及其传递函数建立

电机电流正比于电机的输出转矩,用于驱动电机和转台转动,速度闭环的控制回路结构框图如图 3 所示,其中,速度控制器选用比例积分(PI)控制方法,K_{vp} 为比例调节系数,K_{vi} 为积分调节系数。因此,速度环控制器的传递函数 $C_v(s)$ 为

$$C_v(s) = K_{vp}\left(\frac{K_{vi}}{s} + 1\right) \qquad (2)$$

速度环的被控系统 $P_v(s)$ 由三个部分组成:电流环、电机及其负载和电机电流力矩系数,其中,电流环等效后

的传递函数由公式(1)得到,电机电流力矩系数的传递函数为 K_t。在不考虑摩擦力的情况下,电机机械系统的转矩平衡方程为[3]:$J\frac{d\omega}{dt} = T - b\omega$,其中,$\omega$ 为角速度,J 为总转动惯量,T 为负载转矩,b 为摩擦系数。对转矩平衡方程进行变换,可以得到图 1 中的电机及负载机械模型:$P_2(s) = \frac{1}{Js+b} = \frac{1/b}{Js/b+1}$。由于与 J/b 相比 1 非常小,因此 $P_2(s) \approx 1/Js$。将总转动惯量 $J = C_e T_m/R$(C_e 为电势常数,T_m 为机电时间常数)代入 $P_2(s)$ 可以得到电机及其负载的数学模型 $P_2(s) = R/C_e T_m s$。则速度环的被控系统 $P_v(s)$ 为

$$P_v(s) = K_C K_t P_2(s) = \frac{K_C K_t R}{C_e T_m s} \tag{3}$$

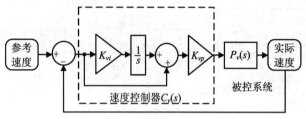

图 3 速度闭环控制回路结构图

由公式(2)和(3)可以得到速度环闭环传递函数 $G_v(s)$ 为

$$\begin{aligned}G_v(s) &= \frac{C_v(s) \cdot P_v(s)}{1 + C_v(s) \cdot P_v(s)} \\ &= \frac{K_{vp} K_C K_t R(s + K_{vi})}{C_e T_m s^2 + K_{vp} K_C K_t R(s + K_{vi})}\end{aligned} \tag{4}$$

2.4 粗跟踪系统控制环路的输入信号及控制任务

根据粗跟踪的实际任务目标设计粗跟踪系统控制环路的输入信号。粗跟踪系统控制环路的被控对象是粗跟踪系统的直流电机,粗跟踪系统的直流电机控制的是粗跟踪系统中光学天线的仰角,因此根据卫星运动,通过控制直流电机去控制光学天线的仰角,使光学天线的轴线与卫星位置轴线之间的角度保持在误差范围内是最终的任务目标[4],本文中粗跟踪系统控制环路的输入信号即理想状态下光学天线的仰角。

假设卫星平台始终保持指向地心的姿态,如图 5 所示,设卫星和地心之间的角度为 α,卫星相对于地面站的偏转角度为 β,地面站相对于水平位置的偏转角度即光学天线的仰角为 θ_e,粗跟踪系统的角速度为 $\dot{\theta}$,卫星的质量为 m,重力加速度为 g,卫星圆周运动的角速度为 ω,地球

2.3 位置环模型及其传递函数建立

位置环作为最外环,当粗跟踪探测器接收到的光斑能量大于预设能量阈值时,将该光斑质心坐标通过角度偏差提取算法得到光学天线视轴与信标光光轴之间的角度差,即实际位置与目标位置的位置误差,经位置调节器校正后产生速度指令,输出给速度环。位置超前时产生负的速度指令,位置滞后时产生正的速度指令。通过这一负反馈过程,位置校正环节将位置误差限制在一个较低的水平上,从而确保输出的角度位置尽可能与指令位置一致,保证量子通信光轴的对准。位置闭环的控制回路的结构框图如图 4 所示,其中,位置环控制器选用比例积分微分(PID)控制方法,K_{pp} 为比例调节系数,K_{pi} 为积分调节系数,K_{pd} 为微分调节系数。

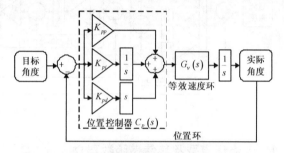

图 4 位置闭环控制回路结构图

位置环控制器的传递函数 $C_p(s)$ 为:$C_p(s) = K_{pp} + K_{pi}/s + K_{pd} \cdot s$。将速度控制回路等效传递函数 $G_v(s)$ 代入,得到位置环的闭环传递函数 $G_p(s)$ 为

$$\begin{aligned}G_p(s) &= \frac{C_p(s) G_v(s) \frac{1}{s}}{C_p(s) G_v(s) \frac{1}{s} + 1} \\ &= \frac{K_{vp} K_C K_t R(s + K_{vi})(K_{pd} \cdot s^2 + K_{pp} \cdot s + K_{pi})}{C_e T_m s^4 + K_{vp} K_C K_t R(s + K_{vi})(K_{pd} \cdot s^2 + K_{pp} \cdot s + K_{pi}) + K_{vp} K_C K_t R \cdot s^2(s + K_{vi})}\end{aligned} \tag{5}$$

半径 $r = 6378$ km,卫星距地面距离为 $R = 350$ km,β 与 r 的关系为

$$\frac{\sin\beta}{r} = \frac{\sin(\pi - \alpha - \beta)}{R + r} \tag{6}$$

公式(6)经过积化和差变换可得

$$\beta = \arctan\left(\frac{r \cdot \sin\alpha}{R + r - r \cdot \cos\alpha}\right) \tag{7}$$

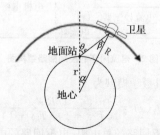

图 5 卫星与地面站的位置关系图

卫星运动的角速度 ω 是卫星与地球自转之间的相对

角速度。由于地球自转角速度非常小($4.167\times10^{-3}°/s$),可忽略不计,卫星的圆周运动加速度由万有引力提供,因此角速度 ω 与万有引力 mg 之间的关系为:$mg = \omega^2(R+r)m$。在时刻 t,卫星和地心之间的角度 α 与卫星运动的角速度 ω 关于时间 t 成正比:

$$\alpha = \omega \cdot t \tag{8}$$

光学天线的仰角 θ_e、卫星和地心之间的角度 α 以及卫星相对于地面站的偏转角度 β 之间的关系为

$$\theta_e = \alpha + \beta \tag{9}$$

将公式(7)和公式(8)代入公式(9)可以求出光学天线的仰角 θ_e 随时间 t 的变化,即为本系统的输入信号,用弧度制表示如图6所示。

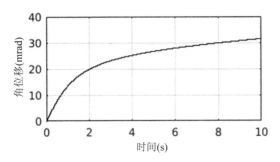

图6 粗跟踪系统控制环路的输入信号

量子导航定位系统中粗跟踪子系统在整个工作过程中主要作用于粗跟踪阶段,根据量子导航的应用需求,本文确定粗跟踪子系统控制环路的控制任务为:输入信号和输出信号之差,即粗跟踪误差小于 0.5 mrad[5]。

结合粗跟踪系统的控制任务,本文所选用的直流电动机的额定电流 $I_N = 7.8$ A,允许过载倍数 $\lambda = 1.5$,电势常数 $C_e = 0.25$ V·min/r,飞轮惯量 $GD^2 = 283.5$ N·m^2,电枢回路的总电阻 $R = 2.0$ Ω,总电感 $L = 13$ mH,整流装置滞后时间常数 $T_s = 0.0017$ s。则系统的固有参数为:① 电枢回路的电磁时间常数 $T_1 = L/R = 6.5$ ms;② 电机电流力矩系数 $K_t = 30C_e/\pi = 9.55C_e \approx 2.39$ N·m/A;③ 机电时间常数:

$$T_m = \frac{GD^2 R}{375 C_m C_e} = \frac{283.5 \times 2.0}{375 \times 2.3875 \times 0.25}(s) \approx 2.53(s)$$

将 $T_s = 0.0017$ s 和 $R = 2.0$ Ω 代入电流环的被控对象 $P_1(s)$,则直流电机电枢的数学模型为 $P_1 = 1/0.0034 s$;将电机机械模型 $C_e = 0.25$ V·min/r,$T_m = 2.53$ s 和 $R = 2.0$ Ω 代入电机及其负载的数学模型,则 $P_2 = 1/0.32 s$。根据粗跟系统控制环路的最外环,即位置环的闭环传递函数公式(5)可知,粗跟踪控制器的待定参数有 K_{vp}、K_{vi}、K_{pp}、K_{pi} 和 K_{pd} 五个参数。

3 粗跟踪系统三环控制回路的设计

由于粗跟踪系统控制环路的输入信号是位置信号,因此在对速度环控制器的参数进行设计时,可以先将位置环的比例调节系数 K_{pp} 设为1,积分调节系数 K_{pi} 和微分调节系数 K_{pd} 设为0,使位置环的PID控制器不起作用,在此情况下调整速度环参数。在得到一组较好的速度环参数基础上,对位置环参数进行调节,得到一组较好的位置环参数。然后固定位置环参数,再对速度环进行调节,可以得到一组性能更好的参数。本文使用MATLAB软件中的Simulink仿真模块对粗跟踪系统三环控制的环路进行仿真。

3.1 速度环参数 K_{vp} 和 K_{vi} 的设计

速度环的输入输出信号都是速度信号,粗跟踪系统要求快速瞄准和跟踪,因此速度环输出的最大速度越接近输入的最大速度越好,速度环输出的最大速度对应的横坐标与输入的最大速度对应的横坐标越接近越好。因此,本节先讨论在位置环的比例调节系数 K_{pp} 设为1,积分调节系数 K_{pi} 和微分调节系数 K_{pd} 设为0的情况下,速度环比例调节系数 K_{vp} 对速度环的影响,此时速度环的积分调节系数 K_{vi} 为0。由控制学理论知识可知,比例系数与误差成正比,如果比例系数过小,调节力度不够,则系统输出量变化缓慢,调节所需的总时间过长;如果比例系数过大,调节力度太强,将造成调节过量,产生震荡。由于电机电流力矩系数 K_t 恒等于2.39,选择比例调节系数 K_{vp} 与电机电流力矩系数 K_t 的乘积分别等于0.5、1、2、3、5、10,查看比例调节系数 K_{vp} 对速度环的响应性能影响,如表1所示,其中,T_{in} 和 T_{out} 分别代表输入信号和输出信号最大点所对应的时间点,V_{in} 和 V_{out} 分别代表输入信号和输出信号的最大速度。由表1可以看出,随着比例调节系数 K_{vp} 的增大,输入和输出的角速度越来越小,并逐渐趋近于一致;同时,输入和输出的响应也越来越快,$K_{vp}*K_t = 2$ 以后响应变化不明显。因此,本文选择 $K_{vp}*K_t = 2$,即比例调节系数 $K_{vp} = 0.84$。

表1 比例调节系数 K_{vp} 对速度环的响应性能影响

$K_{vp}*K_t$	T_{in} (s)	T_{out} (s)	V_{in} (mrad/s)	V_{out} (mrad/s)
0.5	1.225	1.863	11.13	9.359
1	1.112	1.481	9.771	9.164
2	1.091	1.243	8.909	8.770
3	1.103	1.222	8.626	8.573
5	1.121	1.189	8.421	8.403
10	1.137	1.170	8.281	8.277

在确定了比例调节系数 $K_{vp} = 0.84$ 的基础上,我们对积分调节系数 K_{vi} 进行调节。选择积分调节系数 K_{vi} 分别等于0.1、0.5、1、2、3、5,查看积分调节系数 K_{vi} 对速度环的响应性能影响,如表2所示。

表2 积分调节系数 K_{vi} 对速度环的响应性能影响

K_{vi}	T_{in} (s)	T_{out} (s)	V_{in} (mrad/s)	V_{out} (mrad/s)
0.1	1.082	1.269	8.855	8.843
0.5	1.054	1.230	8.677	9.046
1	1.033	1.176	8.503	9.158
2	1.020	1.080	8.262	9.148
3	1.035	1.007	8.119	9.010
5	1.114	0.909	8.027	8.642

由表2可以看出,随着积分调节系数 K_{vi} 的增大,输入角速度越来越小,输出角速度先变大再变小,在 $K_{vi}=1$ 时,输出角速度最大;同时,输出信号的响应也越来越快。因此,本文选择积分调节系数 $K_{vi}=1$。

3.2 位置环参数 K_{pp}、K_{pi} 和 K_{pd} 的设计

在确定速度环参数的基础上,对位置控制器的三个参数:比例调节系数 K_{pp}、积分调节系数 K_{pi} 和微分调节系数 K_{pd} 进行设计。首先,将位置环的积分调节系数 K_{pi} 和微分调节系数 K_{pd} 设为0。选择比例调节系数 K_{pp} 分别等于0.5、1、5、6、7、10、15、20,查看比例调节系数 K_{pp} 对位置环的响应性能影响,如表3所示,其中,T 代表输入信号和输出信号误差最大时所对应的时间点,φ_{max} 代表输入信号和输出信号的最大误差。由表3可以看出,随着比例调节系数 K_{pp} 的增大,输入和信号输出信号的最大误差越来越小,但是变化率越来越小,出现超调的次数也越来越多;输入信号和输出信号的最大误差对应的时间也越来越短,这说明系统能更快的进入期望误差的跟踪状态。由于比例调节系数 K_{pp} 越大,系统的响应性能越好,因此,在速度输入信号出现超调一次的前提下,本文选择比例调节系数 $K_{pp}=7$。

表3 比例调节系数 K_{pp} 对位置环的响应性能影响

K_{pp}	T (s)	φ_{max} (mrad)	速度输入信号出现超调次数
0.5	1.503	1.504	1
1	1.033	8.503	1
5	0.384	3.524	1
6	0.342	3.173	1
7	0.310	2.905	1
10	0.249	2.372	2
15	0.195	1.890	2
20	0.164	1.613	3

在固定 $K_{pp}=7$ 的基础上,选择微分调节系数分别等于0.01、0.05、0.1、0.11、0.12、0.13、0.14,查看微分调节系数 K_{pd} 对电机实际电流的影响,如表4所示,表格中的数据表示电机实际电流的峰值(单位:A),I_{max} 代表电机实际电流的峰值,φ_{max} 代表输入信号和输出信号的最大误差。

表4 微分调节系数 K_{pd} 对电机实际电流的影响

K_{pd}	I_{max} (A)	φ_{max} (mrad)
0.01	8.664	2.910
0.05	8.989	2.931
0.10	9.405	2.958
0.11	9.490	2.964
0.12	9.574	2.970
0.13	9.659	2.975
0.14	29.81	2.981

由表4可以看出,随着微分调节系数 K_{pd} 的增大,电机电流峰值越来越大,当微分调节系数 K_{pd} 大于0.14时,电机电流峰值出现陡增,同时考虑微分调节系数 K_{pd} 越大,系统输出越稳定,另一方面,角位移误差在微分调节系数 K_{pd} 增大的过程中稍有上升,因此,可以选择微分调节系数 $K_{pd}=0.13$。

分别选择积分调节系数 K_{pi} 等于0.1、0.5、1、2、3、4、5、6、7,查看积分调节系数 K_{pi} 对位置环输入输出信号误差的影响,如表5所示,其中,φ_{max} 代表输入信号和输出信号的最大误差,$\varphi_{t=10}$ 代表时间 $t=10$ 时刻输入信号和输出信号的误差。

表5 积分调节系数 K_{pi} 对位置环输入输出信号误差的影响

K_{pi}	φ_{max} (mrad)	$\varphi_{t=10}$ (mrad)	速度信号是否出现震荡
0.1	2.961	0.0629	否
0.5	2.952	−0.0845	否
1	2.939	−0.1344	否
2	2.916	−0.0995	否
3	2.904	−0.0542	否
4	2.883	−0.0294	否
5	2.862	−0.0178	否
6	2.842	−0.0123	是
7	2.823	−0.0092	是

由表5可以看出,随着积分调节系数的增大,最大误差越来越小,时间 $t=10$ 时刻的误差整体也呈越来越小的趋势,但是在积分调节系数 $K_{pi}=5$ 以后速度信号出现震荡,因此,可以选择积分调节系数 $K_{pi}=5$,此时的速度信号和位置信号的输入输出曲线如图7(a)和(c)所示(虚线为输入信号,实线为输出信号),输入输出速度信号和位置信号的误差曲线如图7(b)和(d)所示(双点虚线为期望的粗跟踪性能指标±0.5 mrad)。

在位置环比例调节系数 $K_{pp}=7$,积分调节系数 $K_{pi}=$

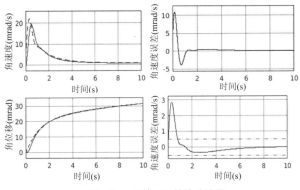

图 7 $K_{pi} = 5$ 情况下的试验结果

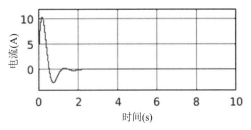

图 8 实际电流仿真结果

5 和微分调节系数 $K_{pd} = 0.13$ 的基础上,再对速度环的比例调节系数 K_{vp} 和积分调节系数 K_{vi} 进行微调。试验表明,速度环比例调节系数 K_{vp} 增大,电流环的电流峰值将会急剧增大,速度环比例调节系数 K_{vp} 减小,角位置误差会增大;积分调节系数 K_{vi} 增大,角速度信号不稳定性加剧,积分调节系数 K_{vi} 减小,角速度信号更加稳定,但是角位移误差会增大。由于该阶段的微调,系数变化较小,对角速度和角位移的变化及其误差影响也较小,因此本阶段不做调整。

需要说明的是,本文的控制系统仿真试验采样频率设置为 1 ms,因此要求粗跟踪系统中的检测装置(通常选择 CCD(Charge Coupled Device)相机或 CMOS(Complementary Metal Oxide Semiconductor)相机)的帧频大于 1000 pfs,而实际应用中满足高分辨率的高频相机成本很高,因此需要考虑成本与性能的平衡性。

最终可以得到在速度环比例系数 $K_{vp} = 0.84$,积分系数 $K_{vi} = 1$,位置环比例系数 $K_{pp} = 7$,积分系数 $K_{pi} = 5$,微分系数 $K_{pd} = 1.3$ 的情况下,角位移误差最大为 2.862 mrad,在 $t = 0.796$ s 以后粗跟踪精度可以保持在 0.5 mrad 之内,$t = 10$ 秒时的角位移误差为 -0.0178 mrad。此时的电机实际电流仿真结果如图 8 所示,最大的实际电流为 10.34 A $< I_{max} = 11.7$ A,满足电机参数。

4 结论

本文对量子定位系统 QPS 中的粗跟踪控制系统进行了研究,在给定不确定区域为 3 mrad,预期达到粗跟踪精度为 0.5 mrad 的情况下,设计了基于三环 PID 控制器的粗跟踪控制系统。Simulink 仿真试验结果表明,本文所设计的粗跟踪控制系统在 0.796 s 时刻可以达到预定粗跟踪精度。后续研究方向是设计一个完整的粗跟踪控制系统使粗跟踪系统能够完成捕获过程与粗跟踪过程。

致 谢

本论文得到国家自然科学基金(项目编号:61573330)和天地一体化信息技术国家重点实验室开放基金(项目编号:2015_SGIIT_KFJJ_DH_04)的资助。

参考文献

[1] 李德辉. 自由空间激光通信系统 ATP 粗跟踪单元研究[D]. 长春:长春理工大学,2007.

[2] 佟首峰,姜会林,刘云清,等. 自由空间激光通信系统 APT 粗跟踪伺服带宽优化设计[J]. 光电工程,2007,34(9):16-20.

[3] 丛爽. 神经网络、模糊系统及其在运动控制中的应用[M]. 合肥:中国科学技术大学出版社,2001:139-141.

[4] 丛爽,汪海伦,邹紫盛,等. 量子导航定位系统中的捕获和粗跟踪技术[J]. 空间控制技术与应用,2017,43(1):1-10.

[5] 江昊. 星地量子通信跟瞄系统仿真与检测技术研究[D]. 上海:中国科学院上海技术物理研究所,2012.

基于数值模型的遥感体系需求分析方法

彭 靖[1],刘品雄[1],李 甍[2],朱明月[1]

(1. 中国空间技术研究院,北京,中国,100094;2. 北京航空航天大学,北京,中国,100083)

摘 要:由多领域、多层次应用需求条目构成的研究空间是个高维空间,采用高维空间建模仿真方法有助于实现对复杂体系需求的科学分析。在基于应用的航天遥感科学论证方法框架下,为了更好地实现需求间关联关系分析,本文通过对模板化需求的数字化描述与建模,构建了高维需求模型并应用高维空间分析方法对需求进行降维处理,实现了需求间相似性刻画和距离计算,还提出了基于 K-means 的需求聚类分析方法并进行仿真计算分析。该方法主要依据的是需求数据信息本身,可降低对分析人员专业经验的过高依赖性,在提升需求科学分类分析效率的同时,设计实现的指标需求高维建模方法也为后续采取人工智能方法进行复杂需求关联分析提供了方法借鉴。

关键词:航天遥感需求;高维需求模型;需求关联分析;系统论证

中图分类号:TP701

Remote Sensing System Demand Analysis Method Based on Numerical Model

Peng Jing[1], Liu Pinxiong[1], Li Meng[2], Zhu Mingyue[1]

(1. China Academy of Space Technology, Beijing, 100094; 2. Beihang University, Beijing, 100083)

Abstract: The research space composed of multi-domain and multi-level application requirement items is a high-dimensional space. The use of high-dimensional space modeling simulation methods will help realize the scientific analysis of the needs of complex systems. Based on the space remote sensing science argumentation framework toward applications, in order to better achieve the analysis of the demand relationship, this paper constructed a high-dimensional demand model, and applied the high-dimensional spatial analysis method to the demand digital description as the similarity between demands and the distance calculations. A k-means demand cluster analysis method is also proposed. This method is mainly based on the demand data itself and does not place excessive requirement of the analysts' professional experience. While improving the efficiency of demand science analysis, the high-dimensional modeling method for designing and implementing indicators also provides a methodological reference for using AI methods in the future.

Key words: Space Remote Sensing Demand; High-dimensional Demand Modeling; Demand Correlation Analysis; System Demonstration

作者简介:彭靖(1982—),女,河南人,高级工程师,博士研究生,研究方向为航天器体系仿真与效能评估;刘品雄(1964—),男,福建人,研究员,博士,研究方向为卫星对地观察;李甍(1988—),男,黑龙江人,工程师,博士研究生,研究方向为复杂网络;朱明月(1985—),女,河北人,工程师,硕士研究生,研究方向为软件工程。

1 引言

需求是复杂体系研究的出发点,也是复杂体系发展的归宿。需求论证是利用现代科学方式进行的技术实践过程,是解决认识不确定性、构建过程与认知的不匹配性以及最终实现是否达到被人认可、满意的程度等问题的有效方法[1],是认识论和实践论研究的交集。航天遥感体系需求分析是航天器体系论证的重要环节,是体系发展规划的决策依据。面对当前多领域、多层次的应用需求激增的现状,将遥感用户需求以模板的形式进行结构化描述,构建需求样本库,进而研究大样本需求数下的共性特征与规律必将对体系统筹设计、优化配置系统指标等方面起到积极有效的作用。这是一项涵盖多领域遥感应用专业,以及遥感观测需求分析、统筹,遥感要素关联等技术方向的复杂问题。

国内的战略研究和规划设计者在体系论证实践中,初步总结并提出了面向应用的航天遥感论证理论体系框架[1],指出了需求论证要将用户业务需求转化为对产品的需求和处理的要求,再转化为对卫星的需求提交给卫星研制部门和地面系统制造部门两步走的方法。这在一定程度上有助于建立应用需求与遥感系统指标需求的要素关联关系,支撑体系规划设计,但整体上还处于理论框架阶段。

目前在遥感观测需求的分析和统筹方面的数值建模仿真研究,基本上是针对卫星运营阶段的观测任务规划。很多研究者根据卫星观测过程受到的约束条件限制,给出了优化目标函数以及相应的约束条件,从而建立了约束满足模型,采用约束规划相关的算法进行求解[2,3]。部分研究人员将需求目标映射为图顶点集合,将需求间的约束关系映射为边集,建立了图论模型,从而借助图论相关算法求解问题[4]。需求分析方面目前有动态任务融合方法、任务聚类图模型、动态聚类调度法等常见的算法和模型[5,6]。而在遥感要素关联分析方面,主要还是在地理信息处理领域采用本体模型的方法对某一地理信息概念以及与其他地理信息概念的关系进行建模,应用于遥感影像产品的分析等[7-9]。

在支撑体系论证的实际工作中,上述理论和方法对于遥感领域专业知识要求较高,丰富的先验知识积累必不可少,这直接导致在体系论证中难以对需求数量多、形式复杂、变更频繁的状态形成快速响应。针对这一问题,本文研究在以应用需求的时域、空域、频域指标为基本属性,构建需求描述模板的基础上,采用模板化应用需求为输入,建立数值描述模型实现需求的参数化,运用数据科学处理与复杂网络相关理论建立高维度需求关系模型,实现不同应用领域需求间的关联,再通过对高维数据降维与聚类,实现需求的聚类直观展示,达到快速、定量化分析大样本需求特征的目的,为后续需求统筹和体系设计提供有力支撑。

2 需求数值化描述

本文的研究以文字和数值形式给出的遥感用户模板需求为输入。按照对具体需求指标属性(时间分辨率、空间分辨率、谱段等)进行分段划分或枚举,建立$\{0,1\}$向量,从而示性地刻画每个需求对应的各要素分量的要求。

表 1 应用业务观测需求集合示例

台风定位	灾害天气监测	热点地区气象监测	大气环境	城市定量遥感	城市规划管理	农作物遥感估产	农业资源遥感监测	农业灾害遥感监测	农业工程建设规划	农作物调查	投资项目监管	人口经济普查	农村对地抽样	绿色经济与碳汇	卫星红外遥感	雷达遥感	基础设施	交通环境保护	灾害监测与应急	交通流量

表 2 谱段特征枚举(单位:nm)

270~450	450~900	900~2000	2000~4000	4000~14000

表 3 空间分辨率枚举(单位:m)

0.5~1	1~2	2~4	4~8	8~16	16~50	50~1000	1000~10000

表 4 时间分辨率枚举

近实时	6 h	6~24 h	天	周	月	月~年	年

首先建立待分析的所有应用业务观测需求的集合,以需求名称作为需求分析的对象索引(表1),对所有观测需求条目中的空域、时域、频域指标要求进行分类或枚举操作(表2~表4)。需要注意的是,这里的划分仅仅是依据需求指标数据,不具有实际遥感观测指标的物理意义。更为合理的划分需由领域内专家给出,但从数学意义上讲,如何划分这些观测要素,对于本文研究的模型本身并无影响。正因如此,本方法为引入自然语言处理方法对文本形式的需求(最常见的需求描述形式)进行分析提供了模型基础。

进一步,按照上述规则对需求进行数学描述,将需求表述为有具体定义的数字或符号。方法如下:

(1)对观测需求 A 提出的需求定义为向量 X_A,根据先验知识将每类需求合理划分,设划分数目为 M,则 $X_A \equiv \{X_{Ai}\}_M$。

(2)针对任一具体需求 X_{Ai},采用定性方法 $X_{Ai} = \delta(\alpha^A)$,$\alpha^A$ 为 A 提出的文本需求。即 $X_{Ai}=1$,表示 A 有划分序号为 i 的需求;$X_{Ai}=0$,表示 A 无此种需求。

应用到本文的示例中,假定台风定位为观测需求 A,A 对光谱450~900 nm 段、光谱900~2000 nm 段、空间分辨率50~1000 m 段等存在需求,则矩阵中对应分量为1;对光谱270~450 nm 段、空间分辨率0.5~1 m 段等无需求,则矩阵中对应分量为0。表5以台风定位(A)这项需求为例,展示了对应于上文规定的划分,A 需求在各种分量上的取值结果如表 5 所示。则在上例中,$X_A = \{011110000001010000000\}$。

表5 需求分量取值实例

谱段特征					空间分辨率								时间分辨率							
270~450	450~900	900~2000	2000~4000	4000~14000	0.5~1	1~2	2~4	4~8	8~16	16~50	50~1000	1000~10000	近实时	6 h	6~24 h	天	周	月	月~年	年
0	1	1	1	1	0	0	0	0	0	0	1	0	1	0	0	0	0	0	0	0

假定需求数量为 N,则可得到一个 $M \times N$ 维的需求观测向量集:$X_i, i=1,\cdots,N$ 为观测序列,$\|X_i\| = M$,即每个观测序列为 M 维。在示例中,观测需求集合是{台风定位,灾害天气监测,热点地区气象监测,……灾害监测与应答,交通流量},这里 N 即为该集合元素的数量,$N=22$。台风定位对应的观测序列定为 X_1,根据上面对台风定位这一观测需求的数字化描述,可以得到,X_i = {0,1,1,1,0,0,0,0,0,0,1,0,1,0,0,0,0,0,0,0,0}。

对于每个观测需求,对应的观测序列都为长度为21的0,1向量,表明对每项是否存在要求。这里,M 即为21。将此定性分析引用到示例的全部后,得到表6的结果。示例全体的 21×22 维数组集合,构成了示性结果矩阵。

表6 示性化结果矩阵示例

需求＼序号	1	2	3	4	5	6	7	8	9	10	11	12	13	14	15	16	17	18	19	20	21	22
270~450	0	0	0	1	0	0	0	0	0	0	0	0	0	0	0	0	0	0	0	0	0	0
450~900	1	1	1	1	1	1	1	1	1	1	1	1	1	1	0	0	0	0	1	1	1	1
900~2000	1	1	1	1	1	0	0	0	0	0	0	0	0	1	1	0	1	0	0	0	0	0
2000~4000	1	1	1	1	0	0	0	0	0	0	0	0	0	0	0	0	0	0	0	0	0	0
4000~14000	1	1	1	1	0	0	0	0	0	0	0	0	0	0	0	0	0	0	0	0	0	0
0.5~1	0	0	0	0	0	0	0	0	0	0	0	0	0	0	0	0	0	0	0	0	0	0
1~2	0	0	0	0	0	0	1	1	1	1	0	1	1	1	0	1	0	1	0	0	1	1
2~4	0	0	0	0	0	1	1	1	1	1	1	1	1	0	0	0	0	0	0	0	0	0
4~8	0	0	0	0	1	1	1	1	1	1	1	1	1	0	0	0	0	0	0	0	0	1
8~16	0	0	0	0	1	1	1	1	1	1	1	1	1	0	0	0	0	0	0	0	0	0
16~50	0	0	0	0	1	0	1	1	1	1	1	1	1	0	0	0	0	0	0	0	0	0
50~1000	1	1	1	0	1	1	1	1	1	1	1	1	1	0	0	0	0	0	0	0	0	0
1000~10000	0	0	0	1	0	0	0	0	0	0	0	0	0	1	0	1	0	0	0	0	0	0
近实时	1	1	1	1	1	1	1	1	1	1	1	1	1	0	0	0	0	0	0	0	0	0
6 h	0	0	0	0	0	0	0	0	0	0	0	0	0	0	0	0	0	0	0	0	0	1
6~24 h	0	0	0	0	0	0	0	0	0	0	0	0	0	0	0	0	0	0	0	0	0	0
天	0	0	0	1	0	0	0	0	0	0	0	0	0	0	0	0	0	0	0	1	0	0
周	0	0	0	0	0	0	0	0	0	0	1	1	1	1	1	1	0	0	0	0	0	0
月	0	0	0	0	0	0	1	1	1	1	0	0	0	0	0	0	0	0	0	1	0	0
月~年	0	0	0	0	0	1	0	0	0	0	0	0	0	0	0	0	0	0	0	0	0	0
年	0	0	0	0	0	0	0	0	0	0	0	0	0	0	0	0	0	0	0	0	0	0

3 需求间相似性刻画

传统的需求分类分析是按默认的部门与领域归类,例如农业部提出的需求自动划分为一类。这种划分是基于常识的,而非通过计算分析得到的。为了能够通过科学计算得出在没有领域限制的情况下所有需求的划分,首先需要解决不同需求之间的关联程度即相似性的问题。这里给出了四个向量的运算方法,刻画两列观测序列 X_i、X_j 的相似程度 ρ_{ij}。

方法一:皮尔森法

$$\rho_{ij} = \frac{\sum_{s=1}^{M}(X_{is} - \overline{X_i})(X_{js} - \overline{X_j})}{\sqrt{\sum_{s=1}^{M}(X_{is} - \overline{X_i})^2 \cdot \sum_{s=1}^{M}(X_{js} - \overline{X_j})^2}}$$

$$= \frac{n\sum_{s=1}^{M}X_{is}X_{js} - (\sum_{s=1}^{M}X_{is})(\sum_{s=1}^{M}X_{js})}{\sqrt{n\sum_{s=1}^{M}X_{is}^2 - (\sum_{s=1}^{M}X_{is})^2} \cdot \sqrt{n\sum_{s=1}^{M}X_{js}^2 - (\sum_{s=1}^{M}X_{js})^2}} \quad (1)$$

其中，$\rho_{ij} \in [-1,1]$，$|\rho_{ij}|$ 越大，相关性越高；$\rho_{ij} < 0$ 表示 X_i、X_j 负相关，$\rho_{ij} > 0$ 表示两者正相关。

该方法为最常用的反映两个变量线性相关程度的统计量。适用于确定变量间线性相关以及向量分量可连续取值的情况。

方法二：交集法

$$\rho_{ij} = \frac{\|X_i \cap X_j\|}{\|X_i \cup X_j\|} \quad (2)$$

其中，$X_i \cap X_j$ 与 $X_i \cup X_j$ 的结果为实行序列 $\delta(x>0)$。在此处具体定义如下：

$$X_i \cap X_j \triangleq C = \{C_k\}_{k=1}^{M}, \quad C_k = \begin{cases} 1, & X_{ik} = X_{jk} = 1 \\ 0, & 其他 \end{cases} \quad (3)$$

$$X_i \cap X_j \triangleq D = \{D_k\}_{k=1}^{M}, \quad D_k = \begin{cases} 1, & X_{ik} = 1 \text{ 或 } X_{jk} = 1 \\ 0, & 其他 \end{cases} \quad (4)$$

其中，$\rho_{ij} \in [0,1]$，ρ_{ij} 越大，相似程度越高。

此方法对数据分布无要求，适用于符号函数表示的示性函数，方法直观合理，处理速度快。

方法三：高斯法

$$\rho_{ij} = e^{-\frac{\|X_i - X_j\|^2}{2\sigma^2}} \quad (5)$$

其中，σ 为尺度参数；$\rho_{ij} \in (0,1]$，ρ_{ij} 越大，相似程度越高。

高斯相似函数是经典谱聚类算法中计算两点间相似度的常用方法，虽然该函数使原始的谱聚类算法取得了一些成功，但尺度参数 σ 的选取问题使该函数具有明显的局限性。选取不同 σ 进行运算增加了时间成本。

方法四：综合法

X_i 可分为 k 部分，每一部分单独运用方法一到方法三进行运算，得到 ρ_i，$i=1,\cdots,k$。那么整体观测序列 X_i 的相似程度则由每部分的范数刻画：$\rho_{ij} = \|\rho\|_p$ 或 $\|\rho\|_\infty$，其中，$\|\rho\|_p = \left[\sum_k |\rho_k|^p\right]^{1/p}$，$\|\rho\|_\infty = \max_k\{|\rho_k|\}$，$\rho_{ij} \in [0,1]$，$\rho_{ij}$ 越大，相似程度越高。

对于 $\{0,1\}$ 示性向量，更为普遍的是使用方法二进行相似度刻画。继续以前文提到的示例为例，如前文所列，以 X_1（台风定位）、X_2（灾害天气监测）、X_5（城市定量遥感）、X_9（农业灾害遥感监测）为例：

$X_1 = \{0111100000010100000\}$
$X_2 = \{0111100000010100000\}$
$X_5 = \{0111100001100000010\}$
$X_9 = \{0100001111110100000100\}$

根据方法二中的公式(2)，可以计算得出 $\rho_{12} = 1$，$\rho_{15} = 4/9$，$\rho_{19} = 1/4$。计算结果和实际情况吻合度很高，台风定位和灾害天气监测的具体需求完全吻合，与城市定量遥感的具体需求相似度处于中等，与农业灾害遥感监测的相似度较低。此外，如果将测试算例的输入样本数据进行扩展，细化到观测手段及具体指标项，还能够准确分析出整体需求关于任意要素、要素指标组合的相似度分布。

由于数据样本杂散性，很难找到普适的最优方法，因而针对每种数据，可通过对不同方法的试用，来确定相对优化的一种计算相关性的方法，即实现相同数据相关性差异最为明显。

4 高维需求的降维

众多的需求条目构成的研究空间是个高维空间。所有的需求转化为高维空间中的节点。在前叙相似度刻画计算的结果基础上计算向量之间的距离。考虑到向量维度为 M 的高维空间中的点，那么任意两列观测序列 X_i、X_j 的距离设为 d_{ij}，可由下面方法表示：

$$d_{ij} = \sqrt{2(1-\rho_{ij})} \quad (6)$$
$$d_{ij} = e^{-\rho_{ij}} \quad (7)$$

这样，就得到了所有 N 个观测序列两两之间的距离，并且满足相似程度高的观测序列（高维空间中的点）距离"近"。由此构造出实对称距离矩阵 $D = \{d_{ij}\}$，其中 $d_{ij} = d_{ji}$，$d_{ii} = 0$。

将每一个 X_i 看成 M 维空间中的一个节点，根据网络拓扑理论，可以构造出一个全连通网络 $G = (\tilde{N}, \tilde{E})$，$\tilde{N} = \{X_i\}$ 为所有点的集合，$\tilde{E} = \{a_{ij}\}$ 为所有边的集合，每条边 $a_{ij} = d_{ij}$，均为赋权边，权值即两两节点间的距离。在完成前面对高维空间中距离的计算后，无法形象直观地进行展示。为使高维空间中的需求被直观的看到，下面采用降维处理，在二维平面展现需求间的距离关系。

得到距离矩阵之后，通过多维尺度分析方法（Multi-Dimensional Scaling，MDS）将高维数据投影到平面，搜索出二维空间中每个需求的位置，并满足每两对目标之间的距离尽可能接近它们在原始高维空间中的距离。MDS 是分析研究对象的相似性或差异性的一种多元统计分析方法，采用 MDS 可以创建多维空间感知图，图中的点（对象）的距离反应了它们的相似性或差异性（不相似性）。一般在两维空间，最多三维空间比较容易解释，可以揭示影响研究对象相似性或差异性的未知变量-因子-潜在维度。本质上，MDS 方法目标是搜索 n 个向量 $X_i \in R^2$，满足：

$$\min_{x_1,\cdots,x_n} \sum_{i<j} (\|x_i - x_j\| - d_{ij})^2 \quad (8)$$

即在最不失真的情况下，找到替代高维距离的低维度坐标。在将研究的需求数据投影到二维欧式平面后，实现高维度需求的可视化。对上面提到的示例施以 MDS 方法，可得图 1 所示的结果。对选取的示例，图 1 是通过 MDS 方法将 21×22 维距离矩阵投影到二维平面后的结果。不同形状标明不同的聚类，同一形状的点属于一个类别。这里应用的是 K-means 方法进行的聚类划分（具体方法见第 5 节）。

图 1 高维需求集降维投影可视化结果

5 需求聚类分析

在完成上述刻画需求相似性以及距离的操作后,得到了高维需求集在二维平面上可视化的结果。接下来,为了完成项目后续任务中针对需求分析对卫星体系科学分类进行关键参数推荐以及计算需求满足度的工作,需要对需求集进行聚类分析。与传统分类方式不同,本文选用的划分方法排除了传统的由于部门、领域认知对划分的影响,实现了依据数据的科学划分方式。

本文采用 K-means 方法对需求条目进行聚类分析[10]。1967 年 MacQueen 首次提出了 K 均值聚类算法(K-means 算法),这是目前应用于科学和工业中诸多聚类算法中极具影响的一种。它是聚类方法中一个基本的划分方法,常常采用误差平方和准则函数作为聚类准则函数。迄今为止,很多聚类任务都选择该经典算法。K-means聚类算法的优点主要集中在:

(1)算法快速、简单;

(2)对大数据集有较高的效率并且是可伸缩性的;

(3)时间复杂度近于线性,而且适合挖掘大规模数据集。

K-means 聚类算法的时间复杂度是 $O(nkt)$,其中 n 代表数据集中对象的数量,t 代表算法迭代的次数,k 代表簇的数目。

已知初始的 k 个均值点为 $m_1^1, \cdots, m_k^1$,算法按照下面两个步骤交替进行:

步骤一(分配):将每个观测分配到聚类中,使得组内平方和(WCSS)达到最小。

因为这一平方和就是平方后的欧氏距离,所以很直观地把观测分配到离它最近的均值点即可。

$$S_i^{(t)} = \{x_p : \|x_p - m_i^{(t)}\|^2 \leqslant \|x_p - m_j^{(t)}\|^2, \forall j,\ 1 \leqslant j \leqslant k\} \tag{9}$$

其中,每个 x_p 都只被分配到一个确定的聚类 S_i 中,尽管在理论上它可能被分配到两个或者更多的聚类。

步骤二(更新):计算得到步骤一所得的聚类中每一聚类观测值的图心,并作为新的均值点。

$$m_i^{(t+1)} = \frac{1}{|S_i^t|} \sum_{x_j \in S_i^{(t)}} x_j \tag{10}$$

因为算术平均是最小二乘估计,所以这一步同样减小了目标函数组内平方(WCSS)的值。

重复进行步骤一和步骤二,直到对于观测的分配不再变化时停止。因为交替进行的两个步骤都会减小目标函数 WCSS 的值,并且分配方案只有有限种,所以算法一定会收敛于某一(局部)最优解。这一算法经常被描述为"把观测按照距离分配到最近的聚类"。

在研究的问题中,通过经验给出 k 的取值范围,并利用 K-means 方法,可得到效果较好、符合实际数据的一种划分。这样,就实现了基于数据处理这一科学方法的需求划分。

图 1 显示了对示例数据采取 K-means 方法进行聚类处理的结果。实心圆、空心圆、方形三种形状代表了三个聚类的模块。节点与模块的对应关系如图 2 所示。图中显示了每个模块中节点的序号以及平面投影中节点的坐标,所显示格式即为程序输出在文本文件中的格式。

```
cluster:   1
Its size: 14
requirement index      x coordinate        y coordinate

6                      -0.312385           -0.317309
7                      -0.469503           -0.0978169
8                      -0.302391           -0.0708432
9                      -0.237393           -0.0893422
10                     -0.302391           -0.0708432
11                     -0.225305           -0.0571811
12                     -0.312385           -0.317309
13                     -0.191553            0.0232025
14                     -0.430075            0.00569722
15                     -0.276241            0.300958
17                     -0.575611            0.360901
19                     -0.00165284         -0.520591
21                     -0.189971            0.814106
22                     -0.367266            0.0358659

cluster:   2
Its size: 3
requirement index      x coordinate        y coordinate

4                       0.448013            0.199537
16                      0.71228             0.276241
18                      0.606667            0.316794

cluster:   3
Its size: 5
requirement index      x coordinate        y coordinate

1                       0.637392           -0.140553
2                       0.637392           -0.140553
3                       0.637392           -0.140553
5                       0.336352            0.00136835
20                      0.178635           -0.371776
```

图 2 输出文本格式实例

图 2 为程序输出的 .txt 格式文档,显示了每个聚类的容量大小、包括的节点编号以及各节点在投影到二维平面后的坐标。将图 2 所示的结果代回到原始数据中进行验证,可知:节点 1、2、3 在图 2 中联系紧密,其代表的实际观测目的均由气象局提出,也均与气象相关,符合人们正常的认知与经验。也有部分结果通过一般认知不容易判断出来的,如节点 6 和节点 12 在图中联系紧密,其代表的实际观测目的为城市项目监管与投资规划管理,提出的用户也不相同,很难将其联系在一起并发现之间的相关性。类似地,节点 14 和节点 22 分别代表农村对地抽样和交通流

6 结论

本文方法有别于遥感观测体系论证工作中根据用户类别、时间分辨率、空间分辨率、谱段等分别统计进而手工进行分类划分的传统方法,其将时域、空域、频域等指标要求进行数字化建模,通过高维度下的相关性以及距离的运算,再进行降维处理,能够快速得到传统方法无法得出的需求分析结果,提高了对需求信息分析的深度和广度,也实现了对信息的充分利用,使分类更加科学。同时,基于指标枚举的建模方法,为后续引入人工智能方法对自然语言形式的需求文本实现科学分析奠定了基础。

参考文献

[1] 顾行发,余涛,高军,等. 面向应用的航天遥感科学论证研究[J]. 遥感学报,2016,20(5):807-825.
[2] 陈英武,方炎申,李菊芳,等. 卫星任务调度问题的约束规划模型[J]. 国防科技大学学报,2006,28(5):126-132.
[3] 张万鹏,刘鸿福,陈璟. 局部邻域搜索在对地观测卫星任务规划中的应用与扩展[J]. 系统仿真学报,2010,22(a1):152-157.
[4] 何川东. 成像卫星计划编制优化决策算法与可视化仿真技术研究[D]. 北京:国防科学技术大学,2006.
[5] 黄瀚,张晓倩. 基于图论模型的成像卫星任务规划方法研究[J]. 桂林航天工业学院学报,2016,21(2):155-158.
[6] 伍国华,马满好,等. 基于任务聚类的多星观测调度方法[J]. 航空学报,2011,32(7):1275-1282.
[7] 张朴. 本体驱动的黄土高原典型地貌的 DEM 提取方法研究[D]. 兰州:兰州大学,2014.
[8] 鲁伟,谢顺平,周立国,等. 基于本体的城市遥感影像语义模型[J]. 遥感技术与应用,2009,24(3):352-356.
[9] 崔巍. 用本体实现地理信息系统语义集成和互操作[D]. 武汉:武汉大学,2004.
[10] Kanungo T, Mount D M, Netanyahu N S, et al. An efficient K-means clustering algorithm: analysis and implementation [J]. IEEE Transactions on Pattern Analysis & Machine Intelligence, 2001, 24(7):881-892.

基于CN与HFLTS的体系需求方案评估模型

金伟新

（国防大学军事管理学院战略管理教研室,北京,中国,100091）

摘 要：从众多方案中,选择出较优方案,这是决策科学（管理科学）研究的核心课题,其中多准则决策、多属性决策方法的研究始终是该领域经久不衰的研究课题,并且被众多研究人员不断地注入新元素,历久而弥新。本文研究的体系需求方案评估,是其中的子类,尤其是对军事领域装备体系的建设发展具有特别的重要意义与价值。相比较而言,研究的成果仍然难以满足现实需求,是急需加强的领域。本文基于CN（复杂网络）和HFLTS（犹豫模糊语言术语集）理论构建了一个评估模型,目的是能够用于装备建设规划需求方案的评估和选择,使其具有一定的实用价值和应用前景。

关键词：体系需求方案；评估；模型；建设规划
中图分类号：TP391

The Evaluation Model of the SoS Requirement Schemes Based on the CN and HFLTS Theory

Jin Weixin

(The Teaching and Research Section for Strategical Management of the Military Management College, National Defense University, Beijing, 100091)

Abstract: It is the study object of the decision-making science to make the optimal decision in the alternative options. The MCDM (Multiple Criteria Decision Making) and MADM (Multiple Attribute Decision Making) are the two basic methods of the decision-making theory, which are proved to be effective in the engineering practice. They are developed and improved in many application field by a lot of scholars. Based on the CN and HFLTS, this paper improved the above methods and built the military equipment SoS requirement schemes evaluation model for the military equipment development plan project evaluation. The model is proved to be effective and feasible by a scenario case.

Key words: SoS Requirement Scheme；Evaluation；Model；Equipment Development Plan

1 引言

体系是更高层次的系统。较之于系统,体系具有扩展性、组构性,具有进化、演化的特征。体系在演化过程中,通常会淘汰老旧系统,更新低级系统,联入、添补新的系统,使体系的功能、性能、能力不断提升。在体系演化过程中,哪些系统是应该被淘汰的,哪些系统是需要拓展功能的,哪些系统是应该提升等级的,需要围绕体系演化的目标,分析体系进化的需求,确立体系发展的使命任务,在目标、需求、使命任务明确后,基于技术、经济条件的许可,设计体系需求方案,制定方案评估标准,建立评估指标体系和评估模型。而后,根据实际方案指标值,确立需求方案是否可以成为优化选择的方案。在这一过程中,如何确立方案的评估属性和评估指标体系,以及如何构建评估模型,就是需求方案评估的核心任务。本文基于此,构建完成体系需求方案的评估指标体系,并建立体系需求方案的评估模型,最后,基于一个想定案例,对指标和模型的实用性和有效性进行检验和评估。

2 体系需求方案评估指标体系设计

体系需求方案评估项目研究的目的,在于科学构建评估指标体系,寻求可操作的、定量化的分析评估方法,建立完整的、系统的、数据化的评估模型,客观地、定量地、完整

作者简介：金伟新(1963—),男,河南光山人,副教授,大校,研究方向为战略管理、需求方案评估、复杂系统建模与仿真。
基金项目：军队计划科研项目(GD20172A01004)、国家自然科学基金(60974080)资助的课题。

地反映、评估体系需求方案在提升体系能力过程中的价值、对于体系需求的满足度、对于体系建设的贡献率,受经济和科技条件的限制,体系需求方案的可行性,以及需求方案付诸实施过程中可能发生的风险等。因此,在体系需求方案评估指标体系中,一级指标包括需求方案的有效性指标、可行性指标、风险性指标。有效性指标主要包括体系需求满足度指标和体系建设贡献率两项指标,可行性指标主要包括经济条件可行性与技术条件可行性两项指标,风险性指标通常包括政治风险、军事风险、经济风险、外交风险、技术风险五项二级指标。进一步分解可以得到若干三级指标,本文以下内容将继续分析。

3 基于 CN 与 HFLTS 的体系需求方案指标评估方法

方案的评估,由于涉及价值判断,所以常常用到的方法大多都是定性方法,或是"定性+定量"的方法。这些方法在决策理论与实践中取得的成效非常显著。在重大决策实践中,决策者的价值标准和价值判断常常起到非常重大的作用,特别是对于战略决策方案的选择,更多的时候,我们可能特别需要尊重决策者的价值选择。无论是多属性决策,还是多准则决策,价值函数的确立,主要来自于决策者的价值判断,其中也包括决策智囊、决策专家群体的价值判断。因此,选择一个好的指标评判方法,有利于更好地捕捉或提取决策者或辅助支持专家的价值判断,对方案评估、方案抉择的成功也是非常重要的,从某种意义上讲,也可以说是决定性的。

HFLTS(Hesitant Fuzzy Linguistic Term Set,犹豫模糊语言术语集)方法自面世以来,已在重大决策实践应用上取得显著实绩,是迄今为止提取人类非精确评判知识的一种非常高效、有效的工具,被决策科学领域的很多专家学者推崇。基于此,本文将其确立为评估体系需求方案评估指标的主要使用方法。

CN(Complex Network,复杂网络)方法自 1998 年以来不仅仅在复杂系统科学研究领域被广为关注,而且,近年来,随着理论基础不断被夯实及方法手段上的日益丰富和成熟,在许多大型工程实践上也逐渐被应用,并且也取得了显著成效。由于体系本质上也是系统,是"系统之系统",体系的整体能力本质上反映在体系网络的整体功能、性能上,因此,很自然地,在确立体系需求方案对体系的贡献率时,需要且应该引入 CN 方法对其进行科学评估与计算。

综合上述两点,本文对体系需求方案评估指标的评估方法很自然地聚焦到 HFLTS 与 CN 方法,这也是我们最终构建完成评估模型的一个重要基础条件。

4 基于 CN 与 HFLTS 的体系需求方案评估模型

很多时候,方案评估者对方案的评价(定性或定量)结果是犹豫不定的,不能完全确定使用某一明确内涵的术语来表达,而是介入几种模糊的术语表达之间。为了准确表达方案评估者对方案评估过程中出现的这一现象,Rodriguez 等人在 2010 年提出并构建了犹豫模糊语言术语集 HFLTS[1,2],以反映和表达人们对某种选择的模糊不定性。

基于体系需求方案评估的实践,本文所指的体系需求方案评估语言术语集是指如下集合。

定义 1 设 $S = \{s_0, s_1, \cdots, s_g\}$ 为一个语言术语集,若 HS 是 S 中有限个有序的连续语言术语的集合,则称 HS 为 S 上的一个犹豫模糊语言术语集。

定义 2 设体系需求方案评估的语言术语集为 SE,则 $SE = \{se_0, se_1, \cdots, se_6\}$,其与数值集合 $SD = \{0,1,2,3,4,5,6\}$ 之间存在一一映射关系 σ,并且 $\sigma(se_i) = i$,其中 $SE = \{se_0, se_1, \cdots, se_6\} = \{价值很低,价值低,价值较低,价值一般,价值较高,价值高,价值很高\}$。

定义完体系需求方案评估的 HFLTS 后,在建立体系需求方案的评估模型之前,还需要构建完整的体系需求方案评估指标体系,如图 1 所示。该图仅是示意性的,用于说明评估方法和建模,更完整的指标体系不便于公开,本文略。

对需求方案指标的评估,重心在底层指标,而其他指标值的计算,将依次自底序到顶序,分别构建聚合模型进行计算,最后获取顶层指标值,用于对方案进行排序、优化选择。

本文使用 HFLTS 方法(评估和计算底层指标值),自底向上指标值的聚合则基于图 1,依据不同属性使用不同的属性聚合模型。对于系统的聚合,则分别依据结构和功能两类进行聚合;对于依据结构的聚合,将使用基于 CN 的方法进行;对于依据功能的聚合,将主要基于功能关系进行聚合。

属性类的聚合方法主要有以下几类:

(1) "和"方法

"和"方法的本质是属性具有可加性,实质上是将对象系统简化后视为线性系统。虽多属对象系统均为复杂系统,具有非线性,但在某些简化条件下,局域"线性化",仍可使难以求解和获取的本征值得到近似,满足应用的需求,也使得其不失为一种实用方法。这也是多年来"和"方法在许多项目中仍被大量使用并取得很好实践成效的主要原因。"和"方法的模型是:设 m 个属性的属性值,分别为 $x_1, x_2, \cdots, x_m$,m 个属性的"价值度"(或"权"),分别为 $w_1, w_2, \cdots, w_m$,则属性聚合值计算模型为

$$S = \sum_{i=1}^{m} w_i x_i$$

当 $w_1 = w_2 = \cdots = w_m$ 时,即为"均值"模型,即

$$S = \frac{1}{m} \sum_{i=1}^{m} x_i$$

"和"方法要真正有效,"价值度"的确定仍是非常关键的环节。

(2) "积"方法

"积"方法的应用较"和"方法复杂度要低一些。"积"方法主要应用到系统的"存亡"属性上。若有任何一项值

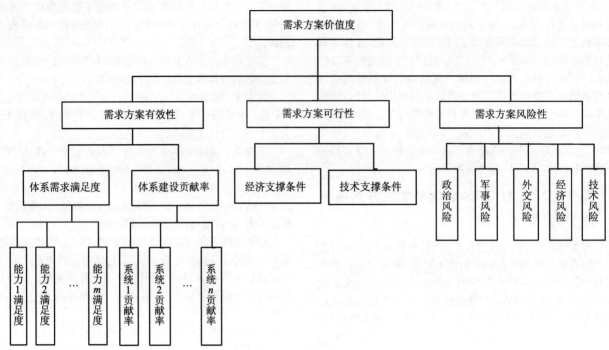

图 1 体系需求方案评估指标体系示意图

消失,则系统消亡。"积"方法的计算模型为

$$S = \prod_{i=1}^{m} x_i$$

(3) 混合方法

混合方法是考虑现实系统本身并不是简单的"和"系统或"积"系统,而是一个多种连接模式的复杂系统,这时需要结合实际需求,综合运用适合各种模式要求的计算模型,包括"和"方法和"积"方法模型。

对于 HFLTS 评估结果的聚合,需要结合实际背景信息,具体问题具体分析。由于犹豫模糊集本身并不能直接聚合,本文对于犹豫模糊集的聚合主要基于 HFLTS 的映射函数进行,因此,具体应用主要有以下三类方法:

(1) 极大法

极大法的计算模型为

$$S = \operatorname{Max} \sum_{i=k}^{j} \sigma(i), \quad 1 \leqslant k \leqslant g$$

(2) 极小法

极小法的计算模型为

$$S = \operatorname{Min} \sum_{i=k}^{j} \sigma(i), \quad 1 \leqslant k \leqslant g$$

(3) 均值法

均值法的计算模型为

$$S = \frac{1}{j-k+1} \sum_{i=k}^{j} \sigma(i), \quad 1 \leqslant k \leqslant g$$

CN 方法运用于结构评估,主要使用基于中心性的计算方法,具体有以下三类方法:

(1) "度"中心性计算方法

"度"中心性计算方法主要依据度值大小来确定节点("系统")价值度高低的一种方法,其计算模型为

$$w_i = \frac{d_i}{\sum_{i=1}^{n} d_i}$$

其中,d_i 为节点 i 的度值,$i=1,2,\cdots,n$;w_i 为节点 i 的价值度。

(2) "介数"中心性计算方法

"介数"中心性计算方法主要依据节点介数大小确定节点("系统")价值度高低的一种方法,其计算模型为

$$w_i = \frac{b_i}{\sum_{i=1}^{n} b_i}$$

其中,b_i 为节点 i 的介数值,$i=1,2,\cdots,n$;w_i 为节点 i 的价值度。

(3) "接近度"中心性计算方法

"接近度"中心性计算方法主要依据节点接近度大小确定节点("系统")价值度高低的一种方法,其计算模型为

$$w_i = \frac{c_i}{\sum_{i=1}^{n} c_i}$$

其中,c_i 为节点 i 的接近度值,$i=1,2,\cdots,n$;w_i 为节点 i 的价值度。

对于功能型指标的聚合,则主要使用以下三种方法:

(1) "与"方法

"与"方法的计算模型为

$$S = \prod_{i=1}^{n} p_i$$

其中,p_i 为功能属性的概率指标。

(2)"并"方法

"并"方法的计算模型为

$$S = 1 - \prod_{i=1}^{n}(1 - p_i)$$

其中，p_i 亦为功能属性的概率指标。

(3)"复合"方法（"串并联"方法）

"复合"方法是上述两种方法的综合运用，具体计算模型需要基于具体的结构关系建立。

有了上述模型和方法，便可以对体系需求方案的指标值及整个方案的价值度进行评估与计算，并为决策者提供优化选择的建议。

5 想定案例分析

案例：给定一个体系，由六个系统、五类能力构成，其需求方案评估各项基本指标的符号化表示如图2所示。

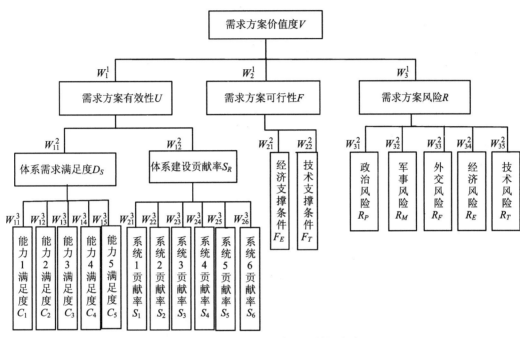

图 2　想定体系需求方案评估指标的符号化表示

为简化和示意说明，现假设体系构成可能采用以下四种结构之一，如图3～图6所示。

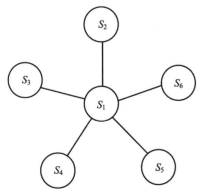

图 3　"星形"（树形）结构

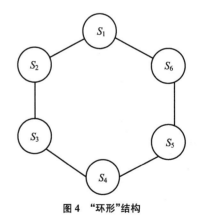

图 4　"环形"结构

通过调查统计，得到底层指标以上各方案评估要素价值度及各层级要素值计算模型如下：

由于有效性、可行性、风险性皆属存亡属性，因此，顶层需求方案价值度计算模型为

$$V = U \times P \times R \tag{1}$$

其中，V、U、P、R 均为百分率或概率值。

三级要素价值度如下：

$W_{11}^2 = 0.7, W_{12}^2 = 0.3, W_{21}^2 = 0.5, W_{22}^2 = 0.5, W_{31}^2 = 0.2$
$W_{32}^2 = 0.2, W_{33}^2 = 0.2, W_{34}^2 = 0.2, W_{35}^2 = 0.2$

三级要素计算模型如下：

$$U = {W_{11}^2}^2 \times D_S + {W_{12}^2}^2 \times S_R \tag{2}$$

其中，U、D_S、S_R 均为百分率或概率值。

$$P = W_{21}^2 \times P_E + W_{22}^2 \times P_T \tag{3}$$

其中，P、P_E、P_T 均为百分率或概率值。

$$\begin{aligned}R =\ & W_{31}^2 \times R_P + W_{32}^2 \times R_M \\ & + W_{33}^2 \times R_F + W_{34}^2 \times R_E + W_{35}^2 \times R_T\end{aligned} \tag{4}$$

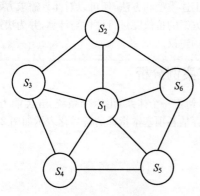

图 5 "星形+环形"结构

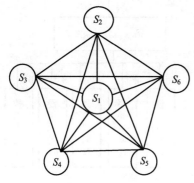

图 6 "完全图"结构

其中，R、R_P、R_M、R_F、R_E、R_T均为百分率或概率值。

四级能力满足度要素价值度如下：

$W_{11}^3 = 0.2, W_{12}^3 = 0.2, W_{13}^3 = 0.2$

$W_{14}^3 = 0.2, W_{15}^3 = 0.2$

$$D_S = W_{11}^3 \times C_1 + W_{12}^3 \times C_2 + W_{13}^3 \times C_3 + W_{14}^3 \times C_4 + W_{15}^3 \times C_5 \quad (5)$$

其中，D_S、C_1、C_2、C_3、C_4、C_5均为百分率或概率值。

四级体系贡献率要素价值度的评估，则要基于图3～图6使用 CN 方法分别进行评估计算。

若采用图3结构，则

$W_{21}^3 = 0.5, W_{22}^3 = 0.1, W_{23}^3 = 0.1$

$W_{24}^3 = 0.1, W_{25}^3 = 0.1, W_{26}^3 = 0.1$

若采用图4结构，则

$W_{21}^3 = 1/6, W_{22}^3 = 1/6, W_{23}^3 = 1/6$

$W_{24}^3 = 1/6, W_{25}^3 = 1/6, W_{26}^3 = 1/6$

若采用图5结构，则

$W_{21}^3 = 1/4, W_{22}^3 = 3/20, W_{23}^3 = 3/20$

$W_{24}^3 = 3/20, W_{25}^3 = 3/20, W_{26}^3 = 3/20$

若采用图6结构，则

$W_{21}^3 = 1/6, W_{22}^3 = 1/6, W_{23}^3 = 1/6$

$W_{24}^3 = 1/6, W_{25}^3 = 1/6, W_{26}^3 = 1/6$

由此可见，仅基于结构的价值度计算方法，不能区分图4与图6的不同。实际应用时，可使用基于功能的方法进行价值度计算并区分。本文略。

$$S_R = W_{21}^3 \times R_1 + W_{22}^3 \times R_2 + W_{23}^3 \times R_3 + W_{24}^3 \times R_4 + W_{25}^3 \times R_5 + W_{26}^3 \times R_6 \quad (6)$$

其中，S_R、R_1、R_2、R_3、R_4、R_5、R_6均为百分率或概率值。

现在假设有三项候选方案，方案各指标的评估值及评估结果如表1所示。

表1 方案各指标的评估值及评估结果

属性	方案1	方案2	方案3
能力1满足度 C_1	(2,3,4)	(3,4,5)	(4,5)
能力2满足度 C_2	(3,4,5)	(4,5,6)	(3,4,5)
能力3满足度 C_3	(1,2,3)	(2,3,4)	(3,4)
能力4满足度 C_4	(2,3,4,5)	(4,5)	(3,4,5,6)
能力5满足度 C_5	(2,3,4)	(2,3,4,5)	(3,4,5)
系统1贡献率 S_1	(3,4)	(4,5,6)	(4,5,6)
系统2贡献率 S_2	(4,5)	(3,4,5)	(5,6)
系统3贡献率 S_3	(2,3)	(2,3,4)	(3,4,5)
系统4贡献率 S_4	(4,5,6)	(3,4)	(3,4)
系统5贡献率 S_5	(3,4,5)	(3,4,5,6)	(3,4)
系统6贡献率 S_6	(3,4)	(4,5)	(2,3,4,5)
经济支撑条件 P_E	(5,6)	(4,5)	(6)
技术支撑条件 P_T	(4,5)	(5)	(5,6)
政治风险 R_P	(4,5)	(3,4,5)	(4,5,6)
军事风险 R_M	(5,6)	(4,5)	(3,4,5)
外交风险 R_F	(3,4)	(3,4,5)	(4,5)
经济风险 R_E	(4,5,6)	(4,5)	(5,6)
技术风险 R_T	(3,4,5)	(4,5,6)	(5,6)
星形结构评估值 V	73.8(标准化值:0.342)	86.4(标准化值:0.4)	118.9(标准化值:0.55)
环形结构评估值 V	74.7(标准化值:0.346)	84.1(标准化值:0.389)	116.1(标准化值:0.538)
星环形结构评估值 V	74.5(标准化值:0.345)	84.7(标准化值:0.392)	116.79(标准化值:0.54)
完全图结构评估值 V	74.7(标准化值:0.346)	84.1(标准化值:0.389)	116.1(标准化值:0.538)

由此可见，无论在哪一种拓扑连接模式下，依需求方案的评估结果，各方案的优劣序均为：方案3＞方案2＞方案1，最优方案为方案3。

6 总结

体系需求方案的评估是一个非常重大的现实课题。本文对该课题的模型与方法进行了初步探讨，并取得一定进展。后续研究除继续对已形成的方法、模型进行完善和创新外，还将尝试寻求发现更多、更有效的方法，以期能够为相关部门的决策应用提供更好的支持。

参考文献

[1] Zou W, Xu Z S. Modeling and applying credible interval intuitionistic fuzzy reciprocal preference relations in group decision making[J]. Journal of Systems Engineering and Electronics, 2017, 28(2):301-314

[2] 陈秀明. 基于多粒度由于模糊语言信息的群推荐方法研究[D]. 合肥:合肥工业大学, 2017.

复杂网络下信息扩散过程的系统动力学延迟分析

龚晓光

(华中科技大学,湖北武汉,中国,430074)

摘 要:应用系统动力学方法建模过程中往往假设网络为随机网络,并依此用3阶延迟来模拟信息扩散过程。近年来,复杂网络的研究揭示了许多信息扩散网络不是随机网络,复杂网络特征与信息扩散的延迟函数有什么关系?本研究结合复杂网络理论与多智能体建模技术,基于真实社交网络的复杂网络结构模拟Bass扩散过程,并将结果与系统动力学延迟函数曲线进行拟合,研究表明扩散曲线与2阶延迟函数拟合度最好,且延迟函数的平均延迟时间随着网络容量的增加而增大。

关键词:多智能体模拟;系统动力学;延迟函数;复杂网络

中图分类号:TP391

The System Dynamics Delay Analysis of Information Diffusion Process Under the Complex Network

Gong Xiaoguang

(Department of management, Huazhong University of Science and Technology, Hubei, Wuhan, 430074)

Abstract: In the building of system dynamics model, it is always be assumed that the information is diffusing in a random network and the third-order delay is used to express information delay process. But, studies of complex network in recent years have revealed many information diffusion networks and are not random network. So, is there some relations between the characters of complex network and the delay function? In this study, the complex network theory and multi-agent modeling technology are combined to build Bass diffusion multi-agent simulation model under real social networks and the result is fitted with the delay function curves. It is found that the two-order delay is best fitted, and the delay time will increases with the increase of network capacity.

Keyword: Multi-agent Simulation; System Dynamics; Delay Function; Complex Network

1 引言

描述延迟的延迟环节(函数)在系统动力学模型中往往是敏感因子或者关键环节,延迟时间和延迟阶数的确定对进一步有效开展定量分析起到至关重要的作用[1]。

在建立系统动力学仿真模型的过程中,当假设扩散过程的网络为随机网络时,往往用3阶延迟函数来表达。复杂网络具有很多与规则网络和随机网络不同的统计特征,其中最重要的是小世界效应[2]和无标度特性[3,4],而这些复杂网络特性很难在微分方程组中表达出来。本文将基于Bass扩散模型的基本假设,结合多智能体仿真方法和复杂网络,研究复杂网络特征与扩散延迟特征之间的关系,指导系统动力学建模中延迟函数与相关参数的确定,使系统动力学方法与其他复杂网络之间能更好配合来分析解决实际问题。

2 文献综述

美国麻省理工学院的 J. W. Forester 教授于 1956 年创立了系统动力学[5],20 世纪 80 年代我国引入系统动力学理论。一批学者研究了延迟,这方面的成果主要集中在两方面:一方面是系统动力学延迟环节的结构和参数的探究,如苏懋康[6,7]、王其藩[8]等人的研究;另一方面体现在延迟函数的表达式及参数评估,陈涛[9]、苏懋康[10]进行了此方面的研究。这些研究明确了系统动力学中延迟的结构、延迟环节对各种输入函数的响应规律,以及对延迟环节的参数进行估计等理论性问题。但是,对于延迟函数的选择,始终没有一个明确的标准,研究者一般要充分结合

作者简介:龚晓光(1977—),男,湖北潜江人,副教授,博士,研究方向为管理系统模拟与复杂系统。

实际系统的特性来决定。

1998年，Watts和Strogatz通过以某个很小的概率切断规则网络中原始的边，并随机选择新的节点重新连接，构造出一种介于规则网络和随机网络之间的网络（称为WS网络），它同时具有大的聚类系数和小的平均路径长度，这就是小世界效应，具有这种效应的网络就是小世界网络。大量的实证研究表明，真实网络几乎都具有小世界效应[11-14]。同时科学家还发现，大量真实网络（如Internet、WWW等）的节点度服从幂律分布[15]。

信息扩散与控制过程实际上是一种延迟现象。复杂网络下的信息扩散与控制过程受到了研究者的广泛关注，但是对于复杂网络对扩散速度的研究相对比较少。一些基于Facebook的复杂网络实证工作发表在顶级期刊上[16,17]，主要研究了传播中线上与线下关系对传播强度的影响。F. Roshani等人构建了传染函数和连接强度函数，用以研究不同传染系数和复杂社会网络连接强度下的舆情传播范围，没有研究对传播速度的影响[18]。Castellano等人的研究认为复杂网络下流言传播的主导者不一定是核心节点[19]。Zhou等人[20]研究了网络结构对流言传播的影响，认为从随机网络到无标度网络，传播数量将减少。也有一些研究涉及传播速度问题，例如张彦超[21]通过跟踪新浪论坛热点话题，基于无标度网络构建传播模型，并对话题扩散进行短期预测。一些相关或者类似过程，比如股市中危机传播问题[22]也考虑了复杂网络的因素。

当考虑到扩散过程所发生的网络结构时，多智能体仿真能更直观地表达扩散过程和机理，这已经有了一些应用。龚晓光和肖人彬[23]设计并实现了一个流行病消息传播多智能体仿真模型，探讨了个人的社会联系数量、对流行病消息的信任度、疫情扩散能力，特别是传播网络结构对流行病消息传播的影响关系。

当前的文献中，还没有学者深入探讨复杂网络与系统动力学如何较好地结合，如何体现复杂网络结构对系统动力学仿真模型的影响。本研究将基于Bass扩散模型的基本假设，用多智能体仿真方法模拟在经典的复杂网络结构特点下的扩散过程，对扩散过程得到的结构进行拟合分析，通过真实网络结构加上仿真试验初步探讨复杂网络特征与扩散的延迟特征之间的关系。

3 复杂网络下的Bass扩散多智能体仿真模型

3.1 Bass扩散模型与扩散网络假设

Bass模型[24]作为信息扩散领域的经典模型，第一次运用微分方程建立定量模型研究产品的扩散，成功解释了信息扩散的动力机制。

基于经典的Bass扩散模型，认为扩散过程仅仅通过口头传播，基于逻辑扩散模型进一步对扩散的网络环境进行如下假设：

（1）智能体代表一个同质网络节点；

（2）网络中智能体（节点）数量保持不变；

（3）网络环境是相对封闭的，网络中智能体的数量保持不变；

（4）网络中的智能体不会动态改变自身的连接方式。

3.2 多智能体模型设计

根据仿真环境假设，设复杂网络的节点数量为n，对应于实际系统中信息的受众人群（也就是智能体），两个节点之间的边代表人群之间的联系。在扩散网络中，根据是否熟知的信息，可以将受众群体分为接受者和潜在接受者，所以网络中每个智能体的状态集合为$\{0,1\}$，如果$S_i(0<i\leqslant n)$为网络中第i个智能体，则$S_i=0$表示该智能体处于潜在接受者状态，$S_i=1$表示该智能体处于接受者状态。由于智能体受口碑效应的影响，处于潜在接受者状态的智能体会向接受者状态转变，在智能体内部同质的前提下，这种转变发生的概率是一个常量$p(0<p<1)$。

根据以上假设对信息扩散的仿真流程进行分析，如图1所示。

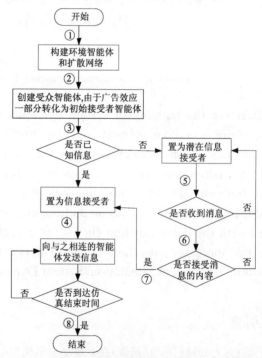

图1 信息扩散过程仿真流程图

4 延迟函数拟合算法设计

4.1 阶跃响应表达式与拟合

研究发现[6]，延迟环节对初始输入函数（如脉冲函数、阶跃函数、正弦函数等）会有一定的响应形式，k阶指数延迟的脉冲响应为

$$O(t) = L_1(0)\left[\left(\frac{k}{D}\right)^k \frac{t^{k-1}}{(k-1)!}e^{-\frac{kt}{D}}\right] \quad (1)$$

其中，k为正整数，是延迟的阶数，D为平均延迟时间，

$L_1(0)$为脉冲强度。

由于阶跃函数是脉冲函数的积分,从理论上可以证明,如果初始条件为零,则延迟环节的高度为 H 的阶跃响应等于它的强度为 H 的脉冲响应的积分。从式(1)中可以推出延迟环节的高度为 H 的阶跃响应表达式为

$$O(t) = H\int_0^t \left(\frac{k}{D}\right)^k \frac{t^{k-1}}{(k-1)!} e^{-\frac{kt}{D}} dt \quad (2)$$

即得到了延迟时间 D,延迟阶数为 k 时,任意时刻 k 延迟函数 Y_t^s 的值为

$$Y_t^s = H\int_0^t \left(\frac{k}{D}\right)^k \frac{t^{k-1}}{(k-1)!} e^{-\frac{kt}{D}} dt \quad (3)$$

将通过仿真试验得到的 t 时刻信息接受者数量记作 Y_t,利用最小二乘法原理进行拟合,使误差平方和 S^2 达到最小,其中

$$S^2 = \sum_t (Y_t - Y_t^s)^2 \quad (4)$$

同时也考虑相对误差平方和 RS^2 的大小,其中

$$RS^2 = \sum_t (1 - \frac{Y_t^s}{Y_t})^2 \quad (5)$$

4.2 延迟函数拟合优度的检验方法

对于回归模型总有以下总离差分解:

$$\sum(Y_i - \overline{Y_i})^2 = \sum(\hat{Y_i} - \overline{Y})^2 + \sum(Y_i - \hat{Y_i})^2 \quad (6)$$

即

$$TSS = RSS + ESS \quad (7)$$

其中,总离差平方 $TSS = \sum(Y_i - \overline{Y_i})^2$,反映样本观测值总的变异程度;$RSS = \sum(\hat{Y_i} - \overline{Y})^2$,表示总离差中可由回归曲线解释的部分;$ESS = \sum(Y_i - \hat{Y_i})^2$,表示总离差中不能被回归曲线解释的部分。

样本决定系数是指样本总变差中能被回归曲线所解释的那部分离差的比例,用 R^2 表示样本决定系数,则

$$R^2 = \frac{RSS}{TSS} = 1 - \frac{ESS}{TSS} \quad (8)$$

显然,$0 < R^2 < 1$,R^2 的值越接近于 1,说明回归曲线对样本观测值的拟合程度越高。

因为 R^2 与样本容量有关,它随着样本容量的增大而增大,在应用中一般用修正的决定系数 $\overline{R}^2$ 代替 R^2。

$$\overline{R}^2 = 1 - (1 - R^2)\frac{n-1}{n-k-1} \quad (9)$$

其中,n 为样本容量,k 为自变量个数。

5 网络参数与延迟特性关系分析

5.1 网络数据获取

本文从人人网中随机抓取了 3 个人际关系网络,网络的结点个数分别为 1308、1825 和 3920。在该仿真模型中,共设计了 3 个模拟试验,分别为 RSN1、RSN2 和 RSN3,它们分别对应上述不同的网络容量。

本文对人际关系网络的统计特性进行了测量,测量的统计特性包括:节点总数 N、节点之间边的总数 M、网络节点的平均度 $<k>$、网络的平均路径长度 L 和网络的聚类系数 C。测量值如表 1 所示。

表1 人际关系网络的统计特性

统计特性	N	M	$<k>$	L	C
RSN1	1308	11395	17.42	2.84	0.35
RSN2	1825	10866	11.91	2.91	0.45
RSN3	3920	17369	8.86	缺	0.50

从表 1 可以看出 RSN2 人际关系网络的平均度约为 11.91,即每个注册用户平均有 11.91 个好友。

5.2 仿真试验结果分析

以 RSN2 为例,多智能体的活动范围为 500×400 的矩形空间,用代表一个智能体,智能体数量为 1825 个,仿真时间为 150 天。相互联系的智能体用直线连接,形成一个人际关系网络。仿真试验运行过程中智能体的状态变化如图 2 所示。

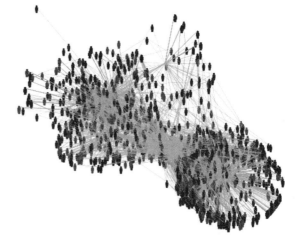

图2 智能体状态变化示意图

图 2 中,用不同颜色表示智能体的状态变化(本书为黑白印刷,颜色没有显现),蓝色表示智能体处于潜在信息接受者状态,红色表示智能体处于信息接受者状态。经过 150 天仿真时间的模拟,网络中的智能体颜色几乎全部变成红色,即几乎所有智能体均成为信息接受者。

经过多次仿真试验,实际人际网络中信息扩散情况请参考图 3。为减少随机因素对试验结果的影响,图 3 中的数据是 10 次仿真试验的平均值。显然,由于该人际关系网络既属于小世界网络,也属于无标度网络,信息在该网络中的扩散曲线是一条 S 形曲线。

5.3 扩散过程的延迟特征研究

根据先前设计的延迟函数自动拟合算法,得出了实际人际关系网络对应的拟合延迟函数参数,结果如表 2

所示。

表2 人际网络对应的拟合延迟函数参数

统计量	k^*	DEL^*	S^2	RS^2	R^2	$\bar{R}^2$
RSN1	2	15.87	322690.26	1.1271	0.9711	0.9707
RSN2	2	18.73	594288.91	1.3854	0.9763	0.9760
RSN3	2	22.59	2146218.77	1.7278	0.9841	0.9840

表2中,S^2和RS^2分别表示误差平方和和相对误差平方和。R^2和$\bar{R}^2$分别表示样本决定系数和修正样本决定系数,它们的值都在97%以上,基本接近于1,说明延迟函数曲线的拟合优度是很高的。人际关系网络扩散曲线与对应的拟合延迟函数曲线的比较如图3所示。

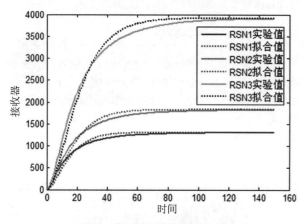

图3 扩散曲线与延迟函数拟合

从图3可以看出,人际关系网络扩散曲线与对应的拟合延迟函数曲线基本一致,拟合效果很好。

6 总结与展望

本研究在Bass扩散模型的基础上,用多智能体仿真方法,分别研究了社交网络结构特点下的扩散过程,给出了延迟函数拟合优度的检验方法并设计了自动拟合算法,通过大量仿真试验对扩散过程得到的结果进行自动拟合分析,认为用3阶延迟结构来描述小世界网络下的扩散或者无标度网络下的扩散有可能是不合适的,要根据具体的网络结构和参数来选择合适的延迟函数阶数和平均延迟时间参数。人人网拟合结果表明,其扩散曲线对应的延迟函数是2阶延迟函数,延迟函数的平均延迟时间随着网络容量的增加而增大。

致谢

感谢自然科学基金重点项目(71531009)的资助。

参考文献

[1] 约翰·D·斯特曼. 商务动态分析方法:对复杂世界的系统思考与建模[M]. 朱岩,钟永光,译. 北京:清华大学出版社,2008.

[2] Watts D J, Strogatz S H. Collective dynamics of small-world networks[J]. Nature 1998,393(6684):440-442.

[3] Barabasi A L, R Albert. Emergence of scaling in random networks[J]. Science,1999,286(5439):509-512.

[4] Barabasi A L, Albert R. Scale-free characteristics of random networks:The topology of the world-wide web[J]. Physica A:Statistical Mechanics and its Applications 2000,281(1/2/3/4):69-77.

[5] 梁大鹏,徐春林,马东海. 基于系统动力学的CCS产业化模型及稳态研究[J]. 管理科学学报,2012(7):36-38.

[6] 苏懋康. 系统动力学延迟环节的基本性质(Ⅰ)[J]. 系统工程,1990,8(3):27-36.

[7] 苏懋康. 系统动力学延迟环节的基本性质(Ⅱ)[J]. 系统工程,1990,8(4):16-24.

[8] 王其藩. 系统动力学[M]. 上海:上海财经大学出版社,2009.

[9] 陈涛. DELAYN输出响应的解析表达式[J]. 南昌大学学报(理科版),1997,21(3):240-246.

[10] 苏懋康. 系统动力学延迟环节的参数估计[J]. 上海交通大学学报,1992,26(5):118-124.

[11] Newman M E J. The structure and function of complex networks[J]. SIAM Review,2003,45:167-256.

[12] Wang X F. Complex networks:Topology, dynamics and synchronization[J]. Int. J Bifurcation & Chaos,2002,12:885-916.

[13] Faloutsos M, Faloutsos P, Faloutsos C. On power-law relationship of the internet topology[J]. Computer Communications Review,1999,29:251-262.

[14] Liljeros F, Rdling C R, Amaral L A N. The web of human sexual contact[J]. Nature,2001,411:907-908.

[15] Ebel H, Mielsch L I, Borbholdt S. Scale-free topology of e-mail networks[J]. Phys. Rev. E.,2002,66:035103.

[16] Aral S, Walker D. Identifying influential and susceptible members of social networks[J]. Science,2012,337:337-341.

[17] Bond R M, Fariss C J, Jones J J, et al. A 61-million-person experiment in social influence and political mobilization[J]. Nature,2012,489:295-298.

[18] Roshani F, Naimi Y. Effects of degree-biased transmission rate and nonlinear infectivity on rumor spreading in complex social networks[J]. Phys. Rev. E.,2012,85:036109.

[19] Castellano C, Pastor-Satorras R. Competing activation mechanisms in epidemics on networks[J]. Scientific Report,2012,2(16):371.

[20] Zhou J, Liu Z H, Li B W. Influence of network structure on rumor propagation[J]. Physics Letters A,2007,368(11):458-463.

[21] 张彦超. 社交网络服务中信息传播模式与舆论演进过程研究[D]. 北京:北京交通大学,2012.

[22] 马源源,庄新田,李凌轩. 股市中危机传播的SIR模型及其仿真[J]. 管理科学学报,2013,16(7):80-94.

[23] Gong X G, Xiao R B. Research on multi-agent simulation of epidemic news spread characteristics[J]. Journal of Artificial Societies and Social Simulation,2007,10(31):1.

[24] Bass F M. A new product growth model for consumer durables[J]. Management Science,1969,15(5):215-227.

面向控制的 PEMFC 降阶模型与仿真

李锡云,杨 朵,汪玉洁,陈宗海

(中国科学技术大学自动化系,安徽合肥,中国,230027)

摘 要:燃料电池是一种直接将气体燃料中的化学能转化为电能的电化学装置。特别地,质子交换膜燃料电池(PEMFC)以其高能量密度、长寿命、低退化、低温操作等特性而在汽车领域广泛应用。本文主要研究了PEMFC阴极侧的空气供给系统,在九阶非线性模型的基础上建立了一个降阶的四阶非线性模型。通过Simulink仿真比较四阶模型和原始九阶模型电堆电压、过氧比、电堆功率、净功率等变量,结果表明由简化带来的误差在6%的范围内。在误差允许的范围内可使用降阶模型来降低控制的复杂性。

关键词:PEMFC;面向控制;降阶模型;Simulink

中图分类号:TP391

Control-Oriented Reduced Order Model and Simulation of PEMFC

Li Xiyun, Yang Duo, Wang Yujie, Chen Zonghai

(Department of Automation, University of Science and Technology of China, Anhui, Hefei, 230027)

Abstract: Fuel cells are electrochemical devices that convert the chemical energy of gaseous fuel directly into electricity. In particular, PEMFC are widely used in the automotive field due to their high energy density, long life, low degradation, and low temperature operation. In this paper, the study is focused on the air supply system that feeds the cathode of PEMFC. A reduced fourth-order nonlinear model is presented based on the ninth-order nonlinear model. Comparing the fourth-order model and the original nine-order model stack voltage, the peroxide ratio, the stack power, the net power and other variables through Simulink simulation. The results show that the error caused by the simplification is within 6%. A reduced order model can be used to reduce the complexity of the control within the allowable range of error.

Key words: PEMFC;Control-Oriented;Reduced Order;Simulink

1 引言

燃料电池是一种直接将气体燃料中的化学能转化为电能的电化学装置,并且被广泛视为潜在的可供选择的固定式电源和移动式电源。特别地,质子交换膜燃料电池以其高能量密度、长寿命、低退化、低温操作等特性而在汽车领域广泛应用[1]。然而,由于高昂的制造成本和控制效果的不理想限制了质子交换膜燃料电池的商业化进程[2]。在此背景下,有关的研究已经取得了长足的进步。然而,在实际燃料电池系统中应用有效的控制策略依然是学术界关心的重要问题[3]。

在控制系统的设计中,第一步是建立控制对象可靠的、精确的数学描述。有关PEMFC的模型在很多文献中可以找到,其中又可以分为电堆级建模和系统级建模。电堆级建模又分为机理模型和经验模型,系统级建模分为分析模型和图解模型,其中分析模型主要用于燃料电池系统的控制设计[4]。为使 PEMFC 系统在功率需求的波动情况下具有良好的动态响应和抑制氧气饥饿现象对质子交换膜的损坏,建立质子交换膜燃料电池系统面向控制的非线性模型至关重要。

J. T. Pukrushpan, H. Peng[1,5]等人建立了面向控制的 PEMFC 系统的模型,系统包括空压机、供给管道、回流管道、加湿器和阴极、阳极通道;C. Bao, M. J. Ouyang[6]等人增加了阳极侧氢气回收模型;M. J. Khan, M. T. Iqbal[7]考虑了能量平衡;C. Kunusch, P. Puleston[3]在前人工作基础上建立了一个七阶的非线性模型。本文主要在 K. W. Suh[8]的工作基础上对 PEMFC 系统经典九阶非线性模型进行合理简化,搭建了 PEMFC 系统四阶简化

作者简介:李锡云(1995—),男,江西人,硕士,研究方向为新能源汽车技术;陈宗海(1963—),男,安徽人,教授,博士生导师,研究方向为复杂系统的建模仿真与控制、机器人与新能源。

模型,并通过 Simulink 仿真,结果表明了由于简化模型造成的变量动态响应的误差在 6%以内。

2 PEMFC 系统建模

图 1 中燃料电池系统由空气供给子系统、氢气供给子系统、燃料电池堆、冷却器和加湿器组成。在空气供给侧,一个由电机驱动的空气压缩机用来控制进入燃料电池阴极的空气流量,阴极出口流量排入大气中;在氢气供给侧,氢气由高压氢气罐提供,进入燃料电池阳极的流量通过阀门控制,出口为盲端阳极模式。

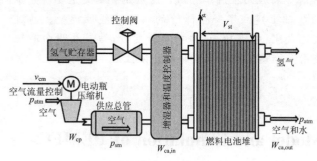

图 1 燃料电池反应物供给系统

在文献[1]和[5]中有关于此燃料电池系统的细节描述,为了避免考虑温度和电化学反应的影响,在假设存在着完美的冷却器和加湿器的基础上作者在时间尺度为 $10^{-1} \sim 10^1$ 中建立了经典的九阶非线性模型,在这个时间尺度上,一方面认为电化学反应达到稳态,另一方面认为温度是不变的。本文为了集中研究空气供给侧的动态性能,做了如下假设:

(1) 所有气体遵守理想气体定律;
(2) 阴极内温度等于电堆温度,也等于冷却器出口温度;
(3) 阴极出口流量相关变量等于阴极内流量相关变量;
(4) 阴极和阳极中气体均被充分加湿;
(5) 阳极侧压力等于阴极侧压力。

本文在 2.1 节中,建立了空气供给侧相关状态变量的一阶微分方程;在 2.2 节中描述了各状态间的联系。

2.1 动态状态

在阴极侧运用质量连续性和理想气体定律得到氧气和氮气的动态方程:

$$\frac{\mathrm{d}p_{O_2}}{\mathrm{d}t} = \frac{RT_{st}}{M_{O_2}V_{ca}}(W_{O_2,in} - W_{O_2,out} - W_{O_2,rct}) \quad (1)$$

$$\frac{\mathrm{d}p_{N_2}}{\mathrm{d}t} = \frac{RT_{st}}{M_{N_2}V_{ca}}(W_{N_2,in} - W_{N_2,out}) \quad (2)$$

其中,p_{O_2} 为阴极内氧气分压,p_{N_2} 为阴极内氮气分压,R 为气体常数,V_{ca} 为阴极集总体积,M_{O_2} 和 M_{N_2} 分别为氧气和氮气的摩尔质量,W 代表质量流量。

供给管道连接着空压机和阴极,其压力变化由空压机出口质量流量(即供给管道入口流量)W_{cp} 和阴极入口流量(即供给管道出口流量)$W_{ca,in}$ 决定

$$\frac{\mathrm{d}p_{sm}}{\mathrm{d}t} = \frac{RT_{cp}}{M_{a,atm}V_{sm}}(W_{cp} - W_{ca,in}) \quad (3)$$

其中,$M_{a,atm}$ 为标准大气摩尔质量,V_{sm} 为供给管道体积。

空压机中状态变量为电动机转速 w_{cp},由力学方程得到

$$\frac{\mathrm{d}w_{cp}}{\mathrm{d}t} = \frac{1}{J_{cp}}(\tau_{cm} - \tau_{cp}) \quad (4)$$

其中,τ_{cm} 为压缩机电机转矩,τ_{cp} 为压缩机负载转矩。

2.2 非线性关系

非线性关系连接着上述一阶微分方程中的状态变量。

阴极入口氧气质量流量 $W_{O_2,in}$ 和氮气质量流量 $W_{N_2,in}$ 由阴极入口质量流量 $W_{ca,in}$ 计算得到

$$W_{O_2,in} = \frac{x_{O_2,atm}}{1 + w_{atm}} W_{ca,in} \quad (5)$$

$$W_{N_2,in} = \frac{1 - x_{O_2,atm}}{1 + w_{atm}} W_{ca,in} \quad (6)$$

其中,$x_{O_2,atm}$ 为入口空气中的氧气摩尔分数:

$$x_{O_2,atm} = \frac{y_{O_2,atm}M_{O_2}}{y_{O_2,atm}M_{O_2} + (1 - y_{O_2,atm})M_{N_2}} \quad (7)$$

其中,氧气的摩尔比 $y_{O_2,atm}$ 为 0.21,入口空气的湿度比:

$$w_{atm} = \frac{M_v}{y_{O_2,atm}M_{O_2} + (1 - y_{O_2,atm})M_{N_2}} \frac{\varphi_{atm} p_{sat}}{p_{atm} - \varphi_{atm} p_{sat}} \quad (8)$$

其中,p_{sat} 为饱和水蒸气压力,φ_{atm} 为标准大气压中相对湿度,其被设置为平均值 0.5。

由于供给管道和阴极间压力差较小,利用线性喷嘴方程计算阴极入口的质量流量:

$$W_{ca,in} = k_{ca,in}(p_{sm} - p_{ca}) \quad (9)$$

其中,$k_{ca,in}$ 为供给管道孔口常数,p_{ca} 为阴极压力,其表达式为

$$p_{ca} = p_{O_2} + p_{N_2} + p_{sat} \quad (10)$$

氧气消耗速率 $W_{O_2,rct}$ 由电堆电流 I_{st} 决定:

$$W_{O_2,rct} = M_{O_2} \frac{nI_{st}}{4F} \quad (11)$$

其中,n 为单体电池数,F 为法拉第常数。

同理利用混合气体的热力学性质可以计算出阴极出口的氧气质量流量 $W_{O_2,out}$ 和氮气出口质量流量 $W_{N_2,out}$:

$$W_{O_2,out} = \frac{M_{O_2} p_{O_2}}{M_{O_2} p_{O_2} + M_{N_2} p_{N_2} + M_v p_{sat}} W_{ca,out} \quad (12)$$

$$W_{N_2,out} = \frac{M_{N_2} p_{N_2}}{M_{O_2} p_{O_2} + M_{N_2} p_{N_2} + M_v p_{sat}} W_{ca,out} \quad (13)$$

其中,$W_{ca,out}$ 由非线性出口喷嘴流量方程[1]得到。

2.3 四阶非线性模型

由上述推导可知,燃料电池系统四阶非线性模型可以写成如下形式:

$$\dot{x} = \begin{bmatrix} \dot{p}_{O_2} & \dot{p}_{N_2} & \dot{w}_{cp} & \dot{p}_{sm} \end{bmatrix}^T = f(x,u,w) \quad (14)$$

$$y = \begin{bmatrix} W_{cp} & p_{sm} & v_{st} \end{bmatrix}^T = h_y(x,u,w) \quad (15)$$

$$z = (e_{pnet}\quad \lambda_{O_2})^T = h_z(x,u,w) \qquad (16)$$

其中,状态向量 $x \in \mathbf{R}^4$,各分量分别为阴极内氧气分压 p_{O_2}、阴极内氮气分压 p_{N_2}、空压机中电机转速 w_{cp} 和供给管道压力 p_{sm};控制输入 $u \in \mathbf{R}$,如图 1 所示,其为空压机电机电压 v_{sm},用来控制进入燃料电池阴极侧空气流量;可测扰动输入 $w \in \mathbf{R}$ 为电堆电流。系统输出 $y \in \mathbf{R}^3$,在图 1 中表现为空压机质量流量 W_{cp}、供给管道压力 p_{sm}、电堆电压 v_{st}。性能变量 $z \in \mathbf{R}^2$,分别为净输出功率 e_{pnet} 和过氧比 λ_{O_2},其中过氧比由如下公式确立:

$$\lambda_{O_2} = \frac{W_{O_2,in}}{W_{O_2,rct}} \qquad (17)$$

当过氧比低于 1 时,燃料电池系统可能发生氧气饥饿现象,该现象会导致质子交换膜上出现热斑,甚至会烧穿质子交换膜[9]。相对于经典九阶非线性模型的状态变量,简化后的模型减少了阳极内氢气质量 m_{H_2}、供给管道内气体质量 m_{sm}、阳极内水的质量 $m_{w,an}$、阴极内水的质量 $m_{w,ca}$ 和回流管道压力 p_{rm} 这五个状态变量。

3 仿真验证

在本节中,根据 2.1 节和 2.2 节的推导搭建了 PEMFC 系统简化后的 4 阶 Simulink 模型。3.1 节介绍了 Simulink 模型输入输出变量,3.2 节给出了仿真结果。

3.1 Simulink 仿真模型

为了避免氧气饥饿现象的发生,经典九阶非线性模型采用了静态前馈控制空压机电机电压输入来维持过氧比 λ_{O_2} 在 2 左右[10]。为验证简化后模型的有效性,相同的静态前馈控制加在简化后的四阶模型上。为了说明燃料电池系统的动态特性,一列阶跃变化的负载电流和空压机电机电压输入给燃料电池系统。简化的四阶模型与原始的九阶模型进行了仿真对比,比较了阴极内氧气压力 p_{O_2}、电堆电压 v_{st}、电堆功率 p_{st}、净功率 p_{net} 和过氧比 λ_{O_2} 等变量的动态响应。

3.2 仿真结果

如图 2 所示,在一系列阶跃电流和空压机电机电压的作用下,两个系统的阴极内氧气压力 p_{O_2}、电堆电压 v_{st}、电堆功率 p_{st}、净功率 p_{net} 和过氧比 λ_{O_2} 等变量的动态响应如图 3 所示。

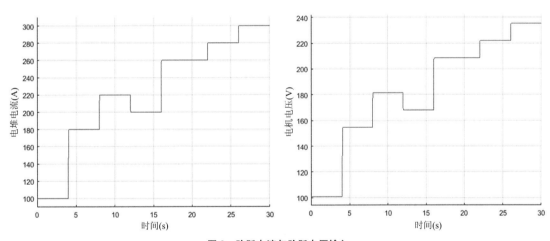

图 2 阶跃电流与阶跃电压输入

在 $t = 4\,s$ 时,有一个正向负载波动,此时消耗大量氧气然而氧气供给动态过程较慢,因此过氧比急剧下降,氧气压力也会下降。与此同时,电堆电压随着阴极氧气压力的降低而降低。由于静态前馈的控制将过氧比控制在 2 左右,燃料电池系统会较快达到下一个稳态,电堆输出功率与净输出功率表现为增加。同理在 $t = 12\,s$ 时,呈现出相反的过程。从变量的动态响应比较可知,降阶后的系统能够很好地匹配经典九阶非线性系统,误差也都在 6% 以内。

4 结论

本文建立了由主要部分组成的燃料电池系统模型,研究了空气侧的动态过程。在搭建了降阶燃料电池系统 Simulink 模型的基础上与经典九阶非线性模型进行了仿真验证,由变量动态过程的良好匹配性说明了降阶模型的有效性。

致 谢

本项目研究得到国家自然科学基金资助项目(项目编号:61375079)、支持"率先行动"中国博士后科学基金会与中国科学院联合资助优秀博士后项目(项目编号:2017LH007)和中国博士后科学基金(项目编号:2017M622019)的资助。

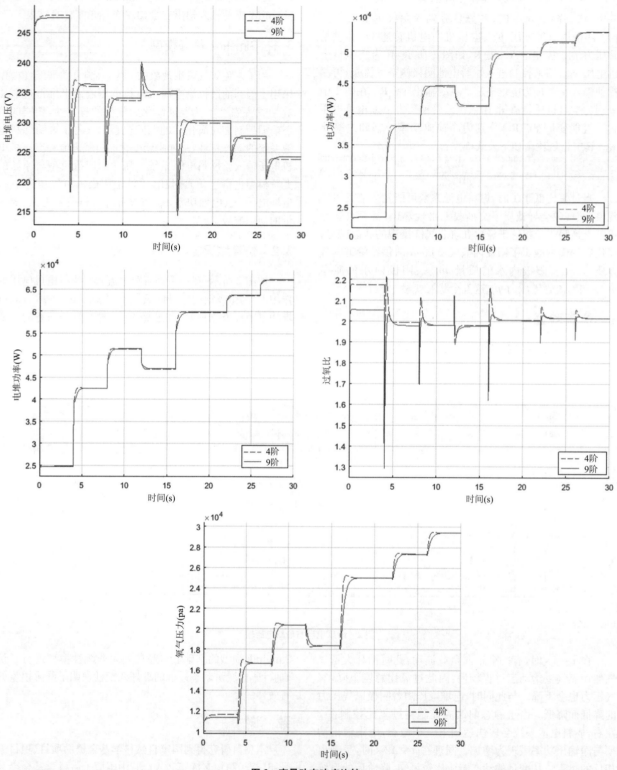

图3 变量动态响应比较

参考文献

[1] Pukrushpan J T, Stefanopoulou A G, Peng H. Control of fuel cell power systems: Principles, modeling, analysis and feedback design [M]. Springer Science & Business Media, 2004.

[2] Daud W R W, Rosli R E, et al. PEM fue cell system control: A review[J]. Renewable Energy, 2017: 620-638.

[3] Kunusch C, Puleston P, Mayosky M. Control-oriented modelling and experimental validation of a PEMFC generation system[M]//Sliding-Mode Control of PEM Fuel Cells. London: Springer, 2012: 105-128.

[4] Hissel D, Turpin C, Astier S, et al. A review on existing

modeling methodologies for PEM fuel cell systems[EB/J]. https://www.researchgate.net/publication/260401912_A_Review_on_Existing_Modeling_Methodologies_for_PEM_Fuel_Cell_Systems.

[5] Pukrushpan J T, Peng H, Stefanopoulou A G. Control-oriented modeling and analysis for automotive fuel cell systems[J]. Journal of Dynamic Systems, Measurement, and Control, 2004, 126(1): 14-25.

[6] Bao C, Ouyang M J, Yi B. Modeling and control of air stream and hydrogen flow with recirculation in a PEM fuel cell system: I. Control-oriented modeling[J]. International Journal of Hydrogen Energy, 2006, 31(13): 1879-1896.

[7] Khan M J, Iqbal M T. Modelling and analysis of electro-chemical, thermal, and reactant flow dynamics for a PEM fuel cell system [J]. Fuel Cells, 2005, 5(4): 463-475.

[8] Suh K W. Modeling, analysis and control of fuel cell hybrid power systems[J]. Department of Mechanical Engineering, 2006, 36: 37-85.

[9] Pukrushpan J T, Stefanopoulou A G, Peng H. Control of fuel cell breathing[J]. IEEE Control Systems, 2004, 24(2): 30-46.

[10] Pukrushpan J T, Peng H, Stefanopoulou A G. Simulation and analysis of transient fuel cell system performance based on a dynamic reactant flow model [C]//ASME 2002 International Mechanical Engineering Congress and Exposition. American Society of Mechanical Engineers, 2002: 637-648.

基于 MATLAB/Simulink 微电网 HESS 的建模与仿真

王 丽[1]，杨晓宇[2]，董广忠[1]，陈宗海[1]

(1. 中国科学技术大学自动化系，安徽合肥，中国，230027；2. 中国科学技术大学信息科学技术学院，安徽合肥，中国，230027)

摘 要：如今，微电网在解决不确定性能源接入电网过程中起到关键作用。储能系统是微电网的重要组成部分，对其拓扑结构的建模能够有效地分析储能系统的行为特征，提高储能系统的寿命。本文对被动连接混合储能系统建立了等效电路模型，分析了峰值功率增强系数 γ，并在 MATLAB/Simulink 的仿真环境下对被动连接进行模型搭建。此外，本文在 Simulink 仿真中搭建了被动连接和主动连接两种模型，并对这两种电路模型进行仿真展示和比较，分析各个模型对电池的影响。仿真结果显示，在稳定输出时，被动连接优势更明显。但在综合控制能力和工程成本方面，主动连接则展现出更大的优势。

关键词：微电网；混合储能系统；等效电路模型；峰值功率增强系数

中图分类号：TP391

Modeling and Simulation of HESS in Microgrid Based on MATLAB/Simulink

Wang Li[1], Yang Xiaoyu[2], Dong Guangzhong[1], Chen zonghai[1]

(1. Department of Automation, University of Science and Technology of China, Hefei, Anhui, 230027; 2. School of Information Science and Technology, University of Science and Technology of China, Hefei, Anhui 230027)

Abstract: Microgrids play a key role in solving the uncertainty of energy access to the grid nowadays. The energy storage system (ESS) is an important part of the microgrid. The modelling of its topological structure can effectively analyse the behavioural characteristics of the ESS and improve ESS's lifespan. Therefore, we establishes the equivalent circuit model for the passive connection HESS; analyses the coefficient of peak power enhancement; and models the passive connection in the MATLAB/SIMULINK. In addition, we builds two models of passive and active connection in SIMULINK; and demonstrates and compares the two circuit models by simulation; then analyses the impact of each model on the battery. The simulation results show that when the output is stable, the passive connection is dominant, while the active connection is better in the comprehensive control capability and the engineering cost.

Key words: Microgrid; HESS; Equivalent Circuit Model; Peak Power Enhancement Coefficient

1 引言

随着社会经济的发展，人们的生活质量是以能源不断消耗为代价而不断提升的。与此同时，大量生物的生存环境不断遭受到破坏，人类面临极端气候的频率也不断增加。为了平衡需求和环境的关系，缓解两者之间冲突带来的压力，可再生能源的发展至关重要。而分布式的可再生能源具有间歇性的特征，同时需要进行多源协同。微电网概念[1]的提出为客户提供了新的服务形式，也使得电网更安全。

大量间歇性发电源直接接入大电网产生的巨大冲击可能导致电网瘫痪，因此，可以通过储能系统实现能源内部消耗，为本地负载供电，更好地吸收新能源的发电[2]。因此，储能单元作为微电网中的重要组成部分，需要匹配电网供电与需求，平衡源-荷之间的稳态功率差值；调节频率，保持电网的稳定性和安全性；还可以即时获取能源加以储存，并即时供给消耗；同时，在紧急情况下作为缓冲源，为微电网提供长时的能量缓冲，抑制尖峰功率波动。

作者简介：王丽(1994—)，女，安徽人，硕士在读，研究方向为新能源汽车；陈宗海(1963—)，男，安徽人，教授，博士生导师，研究方向为复杂系统的建模仿真与控制、机器人与新能源。

蓄电池作为储能系统中的能量存储设备,主要缺点是充电时间慢,且受充电电流限制[3]。因为过大的电流或过高的环境温度将导致电池温度升高,由此产生的活性化学物质的膨胀将导致电池内部的压力升高,导致电池使用寿命急剧衰减。超级电容循环使用寿命受工作环境、充放电情况、工作电流波形等因素影响,其循环寿命为50万~100万次[4]。在对比超级电容和电池功率特性时,电池在峰值功率下,只有一半的能量是以电能的形式传递给负载的,另一半在 ESR(Equivalent Series Resistance)中作为热量在电池内耗散,也就是说电池的效率在50%左右。对于超级电容,峰值功率通常为95%,只有5%的能量在ESR中作为热量而消散[5]。但超级电容的能量密度只有电池的十分之一[6]。

将超级电容器与蓄电池混合使用,使蓄电池能量密度大和超级电容器功率密度大、循环寿命长、充放电速度快、效率高等特点相结合,能够大幅度提升储能系统的性能。因此,本文提出一种直流微电网中超级电容与电池混合储能的系统,并对混合储能系统主动连接与半主动连接进行建模与仿真,两者对比并分析其性能。

在超级电容和电池的混合储能系统中有两种基本的连接方式:被动连接和主动连接[7]。被动连接中,超级电容和电池之间并联一个DC/DC变换器接入直流电网中。在主动连接中,超级电容和电池端各有一个DC/DC变换器分别接入直流电网中。

2 数学模型

2.1 混合被动连接模型

图1(a)为被动连接的简化模型,再将图1(a)进行拉普拉斯变换得到图1(b)中的频域等效模型,图1(c)为在频域下的戴维南等效变化模型。在本文中,超级电容简化为一个容量确定的电容和一个等效内阻 V_b,电池则由一个理想的电压源 V_b 和一个内阻 R_b 组成[8]。

根据文献[10]和[11]的分析可知,戴维南等效电压和等效阻抗在频域内可以表示为

$$V_{Th}(s) = \frac{R_c}{R_b + R_c} \cdot V_b \cdot \frac{s+\alpha}{s(s+\beta)} + \frac{R_b}{R_b + R_c} \cdot V_{c0} \cdot \frac{s}{s(s+\beta)} \quad (1)$$

$$Z_{Th}(s) = \frac{R_b R_c}{R_b + R_c} \cdot \frac{s+\alpha}{s+\beta} \quad (2)$$

其中,s 为复频率,V_{c0} 为超级电容初始电压。

$$\alpha = \frac{1}{R_c C_c} \quad (3)$$

$$\beta = \frac{1}{(R_b + R_c)C_c} \quad (4)$$

其中,β 为被动连接系统特征频率。

假设通过负载的电流的脉冲频率为 f(周期 $T=1/f$),脉冲的占空比为 D,则第 N 周期的电流可以表示为

$$i_o(t) = I_o \sum_{k=0}^{N-1} [\Phi(t-kT) - \Phi(t-(k+D)T)] \quad (5)$$

其中,$\Phi(t)$ 为单位阶跃函数,I_o 为脉冲电流的幅值。对式(5)进行拉普拉斯变换可得

$$I_o(s) = I_o \sum_{k=0}^{N-1} \left[\frac{e^{-kT \cdot s}}{s} - \frac{e^{-(k+D)T \cdot s}}{s} \right] \quad (6)$$

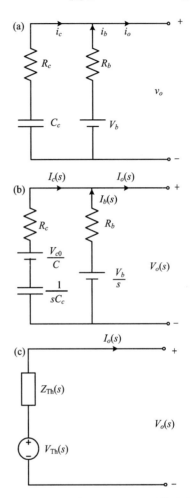

图1 (a)被动连接等效模型;(b)频域等效变换模型;(c)戴维南等效变换模型

则负载电流的平均值 I_L 可表示为脉冲电流幅值 I_o 乘占空比 D:

$$I_L = DI_o \quad (7)$$

对式(1)进行拉普拉斯反变换得输出电压:

$$V_{Th}(t) = V_b + \frac{R_b}{R_b + R_c}(V_{c0} - V_b)e^{-\beta t} \quad (8)$$

式(8)中第2部分的存在是由于超级电容和电池之间在初始阶段的再分配,当 $t \to \infty$ 时,$V_{Th}(t) = V_b$。在第4部分的试验中可以看出由于初始阶段的再分配,若超级电容和电池之间的初始电压差过大,则会导致大电流的出现,应当避免这种情况发生。

由式(5)可得内部电压损耗为

$$V_i(s) = Z_{Th} I_o(s) \quad (9)$$

对式(9)进行拉普拉斯反变换得

$$v_i(t) = R_b I_o \times \sum_{k=0}^{N-1} \left\{ \left(1 - \frac{R_b}{R_b + R_c}e^{-\beta(t-kT)}\right)\Phi(t-kT) - \left(1 - \frac{R_b}{R_b + R_c}e^{-\beta(t-(k+D)T)}\right)\Phi[t-(k+D)T] \right\} \quad (10)$$

又由图2(c)可知
$$V_o(s) = V_{Th}(s) - V_i(s) \quad (11)$$

结合式(8)和(10)，并应用拉普拉斯变换的线性原理，可得在时域下的输出电压：
$$\begin{aligned}v_o(t) &= v_{Th}(t) - v_i(t) \\ &= V_b + \frac{R_b}{R_b + R_c}(V_{c0} - V_b)e^{-\beta t} \\ &\quad - R_b I_o \sum_{k=0}^{N-1}\left\{\left(1 - \frac{R_b}{R_b + R_c}e^{-\beta(t-kT)}\right)\Phi(t-kT) \right.\\ &\quad \left. - \left(1 - \frac{R_b}{R_b + R_c}e^{-\beta(t-(k+D)T)}\right)\Phi[t-(k+D)T]\right\}\end{aligned} \quad (12)$$

因此我们可以得到电池和超级电容中的电流方程：
$$i_b(t) = \frac{1}{R_b}[V_b - v_o(t)] \quad (13)$$
$$i_c(t) = i_o(t) - i_b(t) \quad (14)$$

假设超级电容与电池之间初始状态下的重分配时间比系统运行时间短很多，即 $V_{0c} = V_b$。根据式(12)和式(13)可分别得稳态下电池和超级电容的电流：
$$\begin{aligned}i_{bss} &= \frac{1}{R_b}v_i(t) \\ &= I_o\sum_{k=0}^{N-1}\left\{\left(1 - \frac{R_b}{R_b + R_c}e^{-\beta(t-kT)}\right)\Phi(t-kT) \right.\\ &\quad \left. - \left(1 - \frac{R_b}{R_b + R_c}e^{-\beta(t-(k+D)T)}\right)\Phi[t-(k+D)T]\right\}\end{aligned} \quad (15)$$

$$i_{css} = \frac{R_b I_o}{R_b + R_c}\sum_{k=0}^{N-1}\left\{e^{-\beta(t-kT)}\Phi(t-kT) - e^{-\beta[t-(k+D)T]}\Phi[t-(k+D)T]\right\} \quad (16)$$

取 $t=(k+D)T$，则
$$I_{bpeak} = I_o\left[1 - \frac{R_b e^{-\beta DT}}{R_b + R_c} \cdot \frac{1-e^{-\beta(1-D)T}}{1-e^{-\beta DT}}\right] \quad (17)$$
$$= I_o(1-\zeta_c) = \frac{I_o}{\gamma}$$

$$\gamma = \frac{1}{1-\zeta_c} = \frac{1}{1 - \frac{R_b e^{-\beta DT}}{R_b + R_c} \cdot \frac{1-e^{-\beta(1-D)T}}{1-e^{-\beta DT}}} \quad (18)$$

其中，ζ_c 为电容电流分配系数，γ 为峰值功率增强因子。

若 I_{rated} 为电池额定电流，那么被动连接电路的输出电流为
$$I_o = \gamma \cdot I_{rated} \quad (19)$$

额定电流下的瞬时峰值功率为
$$P_{peak} = I_o V_o = \gamma \cdot I_{rated} V_b = \gamma \cdot P_{rated} \quad (20)$$

式(20)体现了由混合储能系统提供的功率增强了 γ 倍，我们称 γ 为系统功率增强系数。图2为功率系统与脉冲占空比和频率之间的关系。系统频率为式(4)中的 β，当 $C_c = 93$ F, $R_c = 0.00033$ Ω, $R_b = 0.004$ Ω 时，$\beta = 2.4833$ Hz。

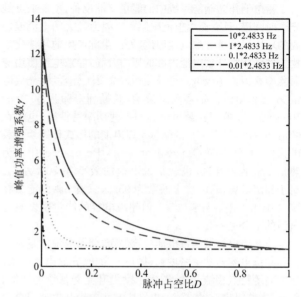

图2 功率增强因子与脉冲占空比和频率的关系图

2.2 混合主动连接模型

图3展示了一种微电网中混合储能系统主动连接的方式。其直流微电网的主要组成部分为光伏发电装置、HESS(Hybrid Energy Storage System)、变换器、控制器以及负载。超级电容和电池端都有一个DC/DC变换器分别接入电网中，故为主动连接。在这个系统中，电池提供长时间的主要能量缓冲，超电容则用于峰值功率平滑。

超级电容和电池通过DC/DC转换器并入直流母线中。双向DC/DC变换器可以从低压转换为高压，反之亦然。同时，它可以做到全面控制超级电容/电池电流和直流母线电压。

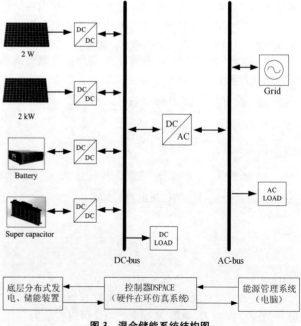

图3 混合储能系统结构图

目前来说,DC/DC 转换器可以由两种模型表示,即开关模型和平均值模型。开关模型主要用于设计,多用于脉宽调制在切换谐波和损耗等方面的研究。这些模型需要较低的采样时间来观察所有的开关动作,这使得仿真非常耗时。相反,平均值模型耗时较少,因为开关被控制的电压/电流源取代。开关谐波没有表示出来,但所有的转换器动态都得到了保持。因此,本文采用的模型为图 4 所示的平均值模型。图 5 为主动连接的等效模型图,其中双向 DC/DC 的模型图为图 4 所示。

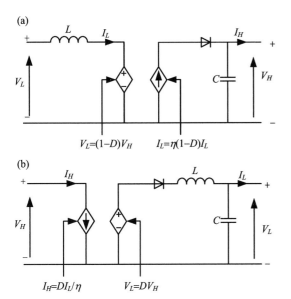

图 4 (a) boost 升压电路等效模型;(b) buck 降压电路等效模型

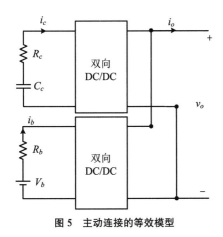

图 5 主动连接的等效模型

3 试验仿真

本文首先选取一个被动 HESS 系统进行 MATLAB 仿真以验证上述分析结果,其中超级电容容量 $C_c = 93$ F,其内阻 $R_c = 0.00033$ Ω,初始电压为 24 V,铅酸蓄电池内阻 $R_b = 0.004$ Ω,电池容量为 190 Ah,额定电压为 24 V。在 MATLAB/Simulink 中实现的仿真模型如图 6(a) 所示,仿真结果如图 7(a) 所示。选取脉冲充电电源或负载的周期 T 和占空比 D 分别为 10 s 和 50%。图 6(b) 为在电池和超级电容中间添加一个 1 mH 的电感的仿真模型图,仿真结果如图 7(b) 所示。

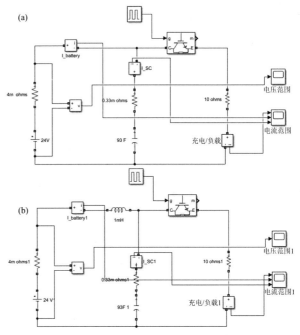

图 6 (a) Simulink 下被动连接混合储能系统仿真模型;(b) 带电感的被动连接混合储能系统仿真模型

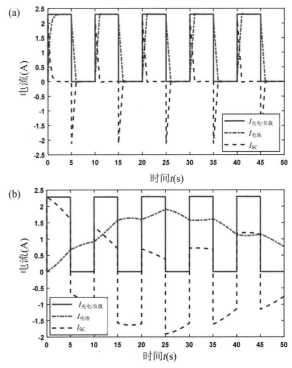

图 7 (a) 被动连接电池和超级电容对脉冲充电电源或负载的反应电流;(b) 带电感 HESS 被动连接电流分布图

其次,选用 MATLAB/Simulink 中自带的电池和超级电容模型,对被动连接和主动连接两种方式进行如图 8 中的精确仿真,试验结果如图 9 所示。图 9(a) 和 9(c) 中虚线为超级电容的功率分配,实线为电池的功率分配。图

9(b)和9(d)为功率需求和实际功率输出的对比图。由图可以明显看出,被动连接在稳定输出时超级电容吸收的功率更多,从而使得此时电池所需提供的尖峰功率较少,功率曲线更加平滑,对电池的保护程度更优,但综合控制能力不如主动连接。主动连接中电池总体的波动较小,功率曲线为梯形变化曲线,可以使得电池最大化利用,从而减少超级电容所需的容量。由于实际工程中超级电容的价格远高于电池价格,所以从工程上考虑主动连接更优。

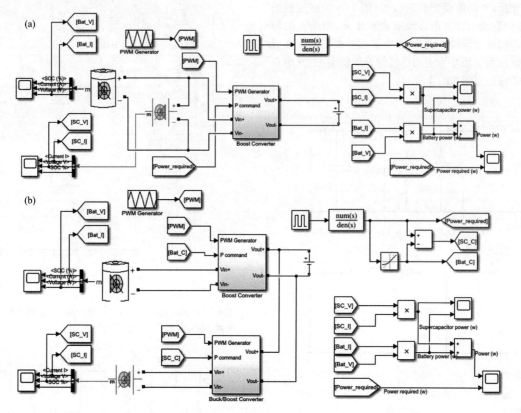

图8 (a) 半主动连接混合储能系统仿真模型;(b) 主动连接混合储能系统仿真模型

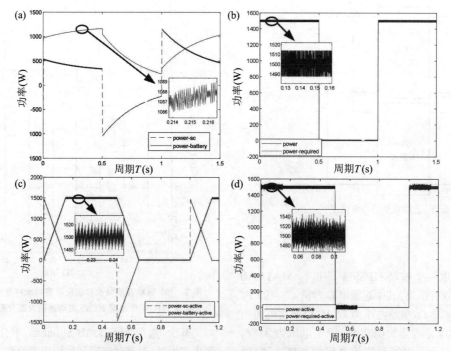

图9 (a) 被动连接电池和超级电容功率分配图;(b) 被动连接功率需求与实际功率图;(c) 主动连接电池和超级电容功率分配图;(d) 主动连接功率需求与实际功率图

4 结论

本文利用频域等效变换和戴维南定理对超级电容和电池混合连接模型进行建模,通过功率增强系数 γ 验证出混合储能系统在直流微电网中功率分配方面优于单储能系统,并通过 Simulink 对被动连接进行建模和仿真,验证出混合储能系统在直流微电网中对电池保护能力等方面优于单储能系统。最后,将被动连接混合储能和主动连接混合储能利用 Simulink 中自带的超级电容和电池模型进行更精确的仿真,对比出被动连接在稳定输出中优势更明显,但主动连接在综合控制和工程利用中展现出更大的优势。在进一步研究中,将分析充放电同时存在的情况,同时提高参数的估计精度,优化模型结构,并寻找新的建模思路。

参考文献

[1] Singh P, Kothari D P, Singh M. Integration of distributed energy resources [J]. Research Journal of Applied Sciences Engineering & Technology, 2014, 7(1): 91-96.

[2] Venkataramanan G, Marnay C. A larger role for microgrids [J]. IEEE Power & Energy Magazine, 2008, 6(3): 78-82.

[3] Yang Y P, Liu J J, Wang T J, et al. An electric gearshift with ultracapacitors for the power train of an electric vehicle with a directly driven wheel motor [J]. IEEE Transactions on Vehicular Technology, 2007, 56(5): 2421-2431.

[4] Thounthong P, Davat B, Rael S. Drive friendly [J]. Power & Energy Magazine IEEE, 2008, 6(1): 69-76.

[5] Thounthong P, Rael S. The benefits of hybridization [J]. Industrial Electronics Magazine IEEE, 2009, 3(3): 25-37.

[6] Ma T, Yang H, Lu L. Development of hybrid battery-supercapacitor energy storage for remote area renewable energy systems [J]. Applied Energy, 2015, 153: 56-62.

[7] Kuperman A, Aharon I. Battery-ultracapacitor hybrids for pulsed current loads: A review [J]. Renewable & Sustainable Energy Reviews, 2011, 15(2): 981-992.

[8] Ma T, Yang H, Lu L. Development of hybrid battery-supercapacitor energy storage for remote area renewable energy systems [J]. Applied Energy, 2015, 153: 56-62.

基于 Ptolemy Ⅱ 的信息物理能源系统通信网络建模与仿真

徐瑞龙,董广忠,魏婧雯,陈宗海

(中国科学技术大学自动化系,安徽合肥,中国,230027)

摘　要:目前对于智能电网通信网络的研究未能考虑到信息系统对电网物理系统的影响。信息物理能源系统是一个较好的解决方案,但是其架构设计、建模与仿真仍然面临挑战。针对上述问题,本文在 Ptolemy Ⅱ 框架下,利用面向切面的建模方法,参考 IEEE 和 NASPI 相关标准,建立了一个比较完整的信息物理能源系统通信网络仿真模型,并且通过试验,验证了上述建模方案的有效性,对未来信息物理能源系统通信网络的设计有一定的借鉴作用。

关键词:信息物理能源系统;通信网络;Ptolemy Ⅱ;面向切面的建模

中图分类号:TP391

Modeling and Simulation of Communication Network of Cyber-Physical Energy System Using Ptolemy Ⅱ

Xu Ruilong, Dong Guangzhong, Wei Jingwen, Chen ZongHai

(Department of Automation, University of Science and Technology of China, Anhui, Hefei, 230027)

Abstract: At present, the research on the SmartGrid communication network fails to consider the impact of the cyber system on the physical system of the grid. The Cyber-Physical Energy System is a better solution, but its architecture design, modelling and simulation are still facing challenges. In view of the above problems, in the Ptolemy Ⅱ, using the Aspect-Oriented Modeling method and referring to IEEE and NASPI standards, a relatively completed Cyber-Physical Energy System communication network simulation model is established. The above-mentioned modelling method is verified through experiments, which has a certain reference for the design of the future Cyber-Physical Energy System communication network.

Key words: Cyber-Physical Energy System; Communication Network; Ptolemy Ⅱ; Aspect-Oriented Modeling

1 引言

智能电网与传统电网最大的差别在于电力流和信息流的双向流动,因此建立一个安全、可靠、高效的通信网络是实现智能电网的前提。目前对于电力系统通信网络的研究主要包括对通信网络性能的评估[1-3]、架构设计[4-6]、建模与仿真[7-10]等方面。然而,目前对电力系统通信网络研究绝大多数仅仅停留在信息层面,未能展现出信息空间与物理空间交互联动的过程。而智能电网的信息系统与物理系统密不可分,在研究智能电网通信网络的同时必须考虑其对于电网物理系统的影响。

信息物理能源系统将电网物理系统与信息系统融合,为解决上述问题提供了一个途径。一个信息物理能源系统模型必须能够表征物理的连续动态特性、通信的离散事件过程、网络层需求,可能的故障和服务品质需求等[11]。赵俊华等人[12]将信息物理系统的概念与电力系统的特点相结合,建立了电力信息物理系统的稳态和动态模型。Susuki 等人[13]开发了一种基于混合系统的理论和方法,用于管理智能电网中的网络元件和物理过程的联合动态。信息物理能源系统的跨领域特性要求其仿真必须集成多领域的仿真优势进行联合仿真,因此 Georg 等人[14]使用高层体系结构,提出了一个新颖的联合仿真环境。Cintuglu 等人[15]对目前信息物理能源系统的仿真平台进

作者简介:徐瑞龙(1996—),男,江苏人,硕士,研究方向为新能源管理;董广忠(1991—),男,甘肃人,博士,研究方向为微电网;魏婧雯(1990—),女,湖南人,博士,研究方向为故障诊断;陈宗海(1963—),男,安徽人,教授,研究方向为复杂系统的建模仿真与控制。

行了系统性的研究。目前对于信息物理能源系统的研究仍然存在着诸多关键性问题,特别是信息物理能源系统的建模与仿真问题。

通过上述研究可以发现,目前对电网物理系统与通信网络的研究相互割裂,难以实现智能电网信息系统与物理系统的深度融合;信息物理能源系统为此提供了一个新的解决思路,但是其建模与仿真仍然存在着诸多挑战。基于此,本文在Ptolemy Ⅱ框架下,利用面向切面的建模方法,建立了一个比较完整的信息物理能源系统通信网络仿真模型,并通过仿真试验,验证了上述建模方案的有效性。

2 建模方案

面向切面的建模由面向切面的编程演化而来。面向切面的建模方法实现了关注点分离,即将非功能性需求和功能性模块分离。这些需求往往是横向的关注点,贯穿于整个系统的功能性组成,比如同步、调度、记录、安全等等[16]。图1是面向对象建模与面向切面建模的比较。面向对象的技术中,每个对象都有着安全性、记录、并发等非功能性需求,并且这些需求具有高度的相似性,这使得面向对象过于冗杂和繁复。为了保证设计的独立性,且不改变系统的拓扑,无法引入一个类似"安全性"对象进行对象间共享。面向切面的技术将这些非功能性需求分离成一个切面,便于关注点分析的同时,增强了模型重用性,解决了模型的冗余纠缠问题。

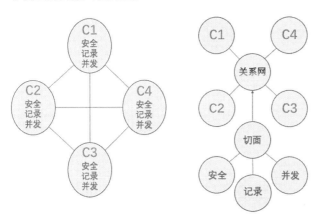

图1 面向对象建模(左)与面向切面建模(右)的比较

在Ptolemy Ⅱ中,切面是一个管理资源的角色,它与共享资源的角色和端口相关联。共享资源的角色之间通过参数实现关联的,而不是通过端口直接相连,因此不改变现有模型的拓扑结构。非功能性需求很大程度上取决于设计者的设计选择,具有多变性,面向切面的建模在避免影响功能性模块的前提下,使得非功能性需求设计更加自由。

3 架构设计

图2展示了信息物理能源系统通信网络的整体架构。一个大范围的智能电网可以将其分成多个区域,每个区域有诸多相量测量单元(Phase-Measurement-Unit,PMU),将电网(对象)的测量数据传送给相量数据集中器(Phase-Data-Concentrator,PDC);PDC一方面将数据实时传送给区域的平衡机构(Balancing-Authority,BA),另一方面周期性地将历史数据传送给数据中间件(Middleware,MW);BA一方面对实时数据进行状态估计分析,对区域电网进行实时的稳定性控制,另一方面将区域的信息与相邻BA共享,最终达到全局收敛;MW一方面根据PDC提供的历史数据进行数据处理,提取出全局的信息并广播给所有的BA,另一方面监测BA相互点对点通信是否达到全局收敛;BA的稳定性控制信号,经由PDC传递给执行器,对电网进行反馈控制。其中,PMU、对象、执行器封装在环境交互器中。

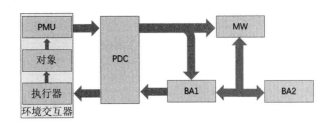

图2 信息物理能源系统通信网络架构

3.1 环境交互器

每个环境交互器均由PMU、对象、执行器组成。PMU广泛分布于电力系统的各个部分,PMU的广泛分布特性要求其必须具有一个统一的时钟参照。现在应用较广泛的是全球卫星定位系统,但是,由于该系统的实现基于无线传输技术,受环境影响较大,为了提高时钟同步的鲁棒性和精度,本文采用精准时钟协议(Precision Time Protocol,PTP)。该协议通过主从时钟源交换带有时间戳的信息,使得分布式网络中的所有时钟与最精确的时钟保持同步。

3.2 相量数据集中器

一个地区的所有的PMU将测量的数据传送给PDC,经过PDC实时打包后,发送至BA,并将这些数据进行本地的存储。PDC提供两种数据服务:实时数据服务和历史数据服务。① 实时数据服务:根据BA的请求,实时均匀地发送实时相量数据,发送速率可配置。② 历史数据服务:PDC本地保存历史相量数据,MW可以周期性的向PDC请求历史数据进行数据处理。

3.3 中间件

海量的多样化的异构设备是目前智能电网的一个重要特征。MW抽象出多样化的设备,给应用层提供同质的接口,提供电力产品和消耗管理的数据[17]。本文考虑了MW的两个主要的功能:① 历史数据的集合分析,MW将所有地区的PMU的历史数据集合,对全局的历史数据进行综合处理和分析,并广播给所有BA;② 全局收敛检测服务,MW监测BA间通信,一旦达到全局收敛,立即向所有的BA广播全局收敛信号和全局决策。

莱斯分布十分适合描述MW数据处理时间,参考文献[18]将该分布的参数设计为

$$T_i \sim \text{Rice}(A, \sigma)$$
$$A = 0.0302 \times \log(\text{PMU\_Count\_i}) + 0.055 \quad (1)$$
$$\sigma = 0.0007 \times \text{PMU\_Count\_i} + 0.0414 \quad (2)$$

其中,T_i是区域i中PMU数据在MW中的处理时间,PMU_Count_i是区域i的PMU数量。

3.4 区域平衡机构

BA通过控制本区域的发电和送电,并与临近区域协调电力,实时保证区域内的电力和负载平衡,从而保证电力系统的安全可靠的运行。在本系统中,BA具体功能包括:① 系统状态评估,判断是否存在通信网络问题,是否存在过电压情况;② 系统控制,在初始阶段,电网建立电压后,允许电网的加载;在负载波动的情况下,根据实时数据,对物理系统即电网进行实时系统稳定性控制;③ 全局收敛通信,BA将与临近的BA进行多次通信,互相分享区域的电力和负载信息,进行区域间的电力协调。

3.5 通信网络

由于智能电网具有海量数据,为了避免通信网络拥堵,保证数据的实时性,本系统的通信网络采用UDP协议,并参考文献[19],基于随机延时的服务器拓扑结构对通信延时进行设计,将通信网络的通信距离、通信传播距离、通信带宽以及通信包大小进行参数化设置,详见表1。并且,以通信延时平均值附近的莱斯分布来描述通信网络的延时特性。莱斯分布保证了通信延时数值的严格非负性,从而保证了通信网络模型的数学健全性和物理的一致性,是合理且有意义的。

表1 通信网络参数标定

通信网络		数据包大小	通信距离	带宽	传播速度	波动方差
环境交互器通信线路		128 Bytes	50 miles	56 Kbp		
PDC通信线路	PDC-BA	采样数据包大小/采样周期*实时请求周期*区域PMU数量	300 miles	10 Mbps		
	PDC-MW	采样数据包大小/采样周期*全局决策周期*区域PMU数量	350 miles	50 Mbps	2×10^8 m/s	0.02
	BA-PDC	128 Bytes	300 miles	10 Mbps		
BA通信线路	BA-BA	采样数据包大小/采样周期*全局决策周期*区域PMU数量	300 miles	50 Mbps		
	BA-MW		350 miles	50 Mbps		
MW通信网络	MW-BA	平均延时:0.06 s				

4 试验分析

本章将对数据中间件对全局收敛决策延时的影响进行分析,并且对在该通信网络下电网的物理动态特性进行分析,从而验证上述信息物理能源系统通信网络模型的有效性。

4.1 中间件对全局收敛决策延时的影响分析

全局收敛决策延时是指MW请求历史数据开始,经过数据处理过程、信息广播过程、分布式状态估计过程、信息互通过程到最后的全局决策收敛结束的时间。MW的资源即数据处理的线程资源,影响着MW处理数据的速度,进而影响着全局收敛决策延时。

图3展示了MW资源数对MW数据处理时间、全局收敛决策延时的影响。可以发现:① 在其他条件相同的情况下,MW的数据处理时间与资源数量成反比;② 全局收敛决策延时与MW数据处理时间的差值基本不变。因此,MW的资源数量对全局收敛决策延时的影响主要来自于对MW数据处理时间的影响。

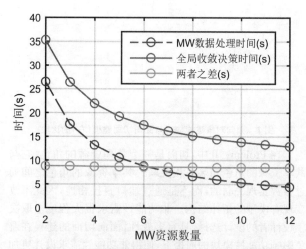

图3 MW资源数量对全局收敛决策延时的影响

对于时间严格的信息物理能源系统,其全局收敛决策延时必须满足特定场景下的时间要求。在此展示了全局收敛决策延时严格小于时间要求,和延时平均值小于时间要求两种应用场景。由上分析,MW资源数量影响着全局收敛决策延时,因此,对于不同的时间要求,MW必须

能够进行资源的自动配置。MW 资源自动配置的机制为：① 对于严格小于时间要求的场景，在每次迭代过程中，计算当前全局收敛决策延时，如果不满足时间要求，则增加 MW 资源数；如果满足时间要求，则 MW 资源数保持不变；② 对于延时平均值小于时间要求的场景，在每次迭代过程中计算前 10 次的平均全局收敛决策延时，如果不满足时间要求，增加 MW 资源数；如果满足时间要求，则减小或者保持 MW 资源数，利用 PI 控制保证时间要求。

图 4 和图 5 分别展示了延时必须小于 15 s 和延时平均值小于 15 s 的情况。可以发现，MW 资源数量从 3 开始增加，在全局收敛决策延时小于 15 s 的条件下，MW 资源数量最终需要 9，而全局收敛决策延时均值小于 15 s 的条件下，MW 资源数量最终在 8、9 之间波动，可以认为是 8.5。

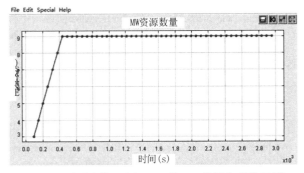

图 4 全局收敛决策延时小于 15s 的 MW 资源自动配置过程

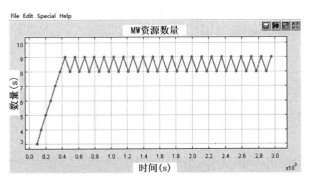

图 5 全局收敛决策延时均值小于 15s 的 MW 资源自动配置过程

MW 有集中式与分布式两种不同的拓扑结构，在其他条件相同的情况下，MW 的不同拓扑结构对拓扑对 MW 资源的需求量不同。图 6 和图 7 对集中式与分布式拓扑结构对 MW 资源的需求量进行比较，可以发现，分布式的 MW 资源需求量为 9，远远小于集中式的 MW 资源需求量 36。但是，在实际情况中，需要考虑分布式的 MW 会带来额外的通信延时。

4.2 电网的物理动态特性分析

电网在实际运行过程中，会出现建立电压、电网加载、负载扰动、卸载过程等场景。本文通过分析电网在以上场景下的动态特性，展示了信息系统对物理系统的反馈作用。图 8 展示了区域 1 的电网物理动态过程，图 9 展示了区域 1 的实时稳定性控制过程。其中，在前约 50 s，负载并未接入电网，电网处于建立电压过程，如果图 9 的控制信号超过 1000 V，而执行器对其进行限幅为 300 V，进而控制电网电压；当电压稳定后进行加载过程，可以发现瞬时的输出电压下降，控制信号上升，经过一段时间，电压稳定至 220 V；在后续的负载扰动过程中，电网电压仍然能够保持稳定。

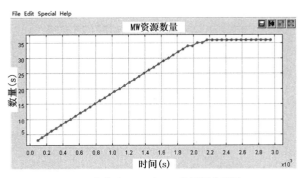

图 6 集中式 MW 对 MW 资源需求配置

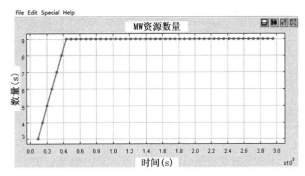

图 7 分布式 MW 对 MW 资源需求配置

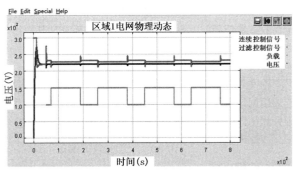

图 8 区域 1 的电网物理动态过程

以加载过程为例，本文进一步分析通信网络对电网物理动态的影响。图 10 展示了加载过程中的电网物理动态特性。BA 在 50 s 发出加载信号，在大约 50.05 s 时，执行器接受到加载信号，可以发现实时电网电压下降大约 10 V。而由于通信网络的延时，在接下来的一段时间内，电网电压仍然保持在 210 V，直到大约 50.32 s 时，执行器才收到了反馈的电压控制信号。这反映了 PMU 采样的实时电压数据在传送至 BA，BA 的实时控制器反馈控制信号到执行器的一个反馈控制循环的时间延时,这一通信网络的延时对电网电压的稳定性有很大程度的影响。经过大约4.5 s后,电网的输出电压稳定为220 V。

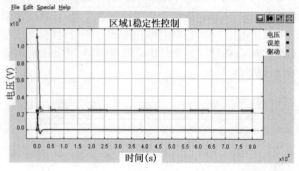

图9 区域1的稳定性控制过程

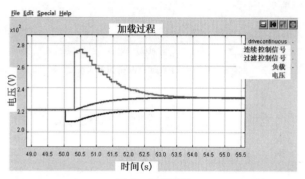

图10 加载过程

5 总结

本文通过对智能电网通信网络和信息物理能源系统现有挑战的研究,在Ptolemy Ⅱ框架下,利用面向切面的建模方法,建立了一个比较完整的信息物理能源系统通信网络仿真模型。本文通过仿真试验,分析了数据中间件对全局收敛决策延时的影响,以及通信网络延时对电网物理动态的影响,验证了上述模型的有效性,对未来信息物理能源系统通信网络的设计提供了一定的借鉴作用。

本文仅仅尝试进行一个比较完整的信息物理能源系统通信网络系统架构设计、建模与仿真,模型并未涉及数据处理的详细细节,也未展现出电网物理单元的异构性等等。因此未来将对以上的不足做进一步的研究。

参考文献

[1] Wang Y, Li W, Lu J, et al. Evaluating multiple reliability indices of regional networks in wide area measurement system[J]. Electric Power Systems Research, 2009, 79(10):1353-1359.

[2] 彭静,卢继平,汪洋,等.广域测量系统通信主干网的风险评估[J].中国电机工程学报,2010,30(4):84-90.

[3] 胡志祥,谢小荣,肖晋宇,等.广域测量系统的延迟分析及其测试[J].电力系统自动化,2004(15):39-43.

[4] 王继业,郭经红,曹军威,等.能源互联网信息通信关键技术综述[J].智能电网,2015,3(6):473-485.

[5] 郭云飞,梁云,黄凤.基于信息通信融合的电力业务模型研究[J].电力信息与通信技术,2015(2):1-4,9.

[6] Galli S, Scaglione A, Wang Z. For the grid and through the grid: the role of power line communications in the smart grid[J]. Proceedings of the IEEE, 2011, 99(6):998-1027.

[7] 刘文霞,罗红,张建华.WAMS通信业务的系统有效性建模与仿真[J].中国电机工程学报,2012(16):144-150.

[8] 童晓阳,廖晨淞,周立龙,等.基于IEC 61850-9-2的变电站通信网络仿真[J].电力系统自动化,2010(2):69-74.

[9] 张志丹,黄小庆,曹一家,等.基于虚拟局域网的变电站综合数据流分析与通信网络仿真[J].电网技术,2011(5):204-209.

[10] 郭文刚,宋善德.基于HLA的分布式通信网络仿真技术[J].计算机仿真,2004(8):91-94.

[11] Akkaya I, Liu Y, Lee E A. Modeling and simulation of network aspects for distributed cyber-physical energy systems[M]//Khaitan S K, Mccalley J D, Liu C C. Cyber Physical Systems Approach to Smart Electric Power Grid. Berlin, Heidelberg: Springer Berlin Heidelberg, 2015:1-23.

[12] 赵俊华,文福拴,薛禹胜,等.电力信息物理融合系统的建模分析与控制研究框架[J].电力系统自动化,2011(16):1-8.

[13] Susuki Y, Koo T J, Ebina H, et al. A hybrid system approach to the analysis and design of power grid dynamic performance[J]. Proceedings of the IEEE, 2012, 100(1):225-239.

[14] Georg H, Mller S C, Rehtanz C, et al. Analyzing cyber-physical energy systems: the INSPIRE cosimulation of power and ICT systems using HLA[J]. IEEE Transactions on Industrial Informatics, 2014, 10(4):2364-2373.

[15] Cintuglu M H, Mohammed O A, Akkaya K, et al. A survey on smart grid cyber-physical system testbeds[J]. IEEE Communications Surveys & Tutorials, 2017, 19(1):446-464.

[16] Elrad T, Aldwud O, Bader A. Aspect-oriented modeling: bridging the gap between implementation and design[C]. Proceedings of the generative programming and component engineering, Berlin, Heidelberg, 2002.

[17] Mart N J F, Rodr G J, Castillejo P, et al. Middleware architectures for the smart grid: survey and challenges in the foreseeable future[J]. Energies, 2013, 6(7):3596-3621.

[18] Hasan R, Bobba R, Khurana H. Analyzing NASPInet data flows[C]. Proceedings of the 2009 IEEE/PES Power Systems Conference and Exposition, March 15-18 2009.

[19] Akkaya I, Liu Y, Lee E A. Uncertainty analysis of middleware services for streaming smart grid applications[J]. IEEE Transactions on Services Computing, 2016, 9(2):174-185.

第三部分

系统仿真

航空高压直流电源系统仿真技术研究

杨乐,李丹,田玉斌

(航空工业第一飞机设计研究院,陕西西安,中国,710089)

摘 要:航空270 V高压直流电源系统凭借自身优势成为未来多电、全电飞机重要的发展趋势。本文以F-22为背景,以MATLAB为平台,建立了完整的三级式高压直流电源系统模型,接入负载并仿真,结果表明,该电源系统模型满足GJB181A的规定内容,证实了模型的有效性。

关键词:三级式;高压直流;飞机电源系统;仿真;曲线跟踪

中图分类号:TP391

Research on Simulation Technology of Aviation High Voltage DC Power Supply System

Yang Le, Li Dan, Tian Yubin

(AVIC the First Aircraft Institute, Shaanxi, Xi'an, 710089)

Abstract: A high voltage DC aviation electrical system-270 VDC system is the trend of more electric (all electric) aircraft for its own advantage. The paper builds a three-stage model of high voltage DC electrical system using MATLAB based on F-22 raptor. By analyzing the results of simulation which contains load, the electrical system model meets the requirement of GJB181A and is effective.

Key words: Three-stage; High Voltage Direct Current; Aircraft Electrical Power Generating System; Simulation; Curve Tracking

1 引言

随着多电、全电飞机的发展,机上电气负载所占比重越来越大,使飞机对电源系统依赖性增高,功率需求增大、可靠性要求更高。高压直流凭借其高可靠性、高效率、易实现不中断供电、对非线性负载适应能力强等优势,成为当今航空电源系统的重要发展方向[1]。

本次研究任务来源于国家数字化二期项目中的"飞机通用机电系统数字化仿真试验",该仿真试验目标是建立飞机机电系统模型,最终实现数字化性能样机,而电源系统的建模是不可缺少的重要组成部分。因此建立高压直流电源模型对实现数字化性能样机意义重大[2]。

作者简介:杨乐(1987—),男,陕西咸阳人,工程师,硕士研究生,研究方向为飞机电源系统设计及其验证;李丹(1978—),女,黑龙江人,高级工程师,本科,研究方向为电气系统控制;田玉斌(1970—),男,山西长治人,研究员,本科,研究方向为飞机电气系统。

2 电源系统说明

2.1 电源结构与工作原理

目前,航空高压直流电源所采用的主要类型有开关磁阻电机(F35)和三级式同步电机(F22)。本次建模采用三级式同步电机,此类电源系统在机上安装结构如图1所示,三级电机同轴安装,发动机通过恒速传动装置拖动旋转,主发电机输出交流信号直接提供给交流负载使用,交流电信号通过PWM整流器输出270 V的直流电压信号。

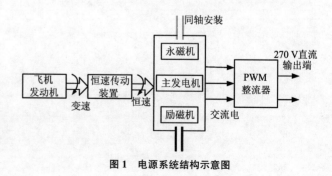

图1 电源系统结构示意图

三级式同步电机工作原理如图2所示,转子由发动机带动而同轴旋转,永磁机的永磁体置于转子上,定子侧的电枢绕组端在旋转磁场的作用下产生三相交流电。经过外接整流桥整流,供给励磁机定子侧的励磁绕组,作为励磁机的励磁电流,励磁机转子侧电枢绕组在被带动旋转的情况下切割静止的励磁磁场,产生三相交流电。该交流电经过转子上安装的旋转整流器整流后变为直流,提供给主发电机转子上的励磁绕组并作为主发电机的励磁电流,在定子侧形成所需交流电,再经整流器即可获取270 V的直流电。

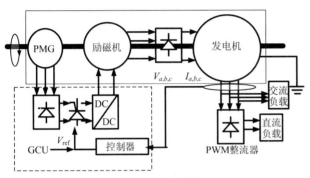

图2 高压直流工作原理

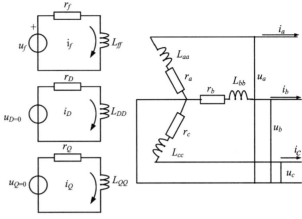

图4 电机内部回路的等效图

根据法拉第电磁感应定律可得

$$e_a = \frac{d\Psi_a}{dt}$$

则

$$u_a = \frac{d\Psi_a}{dt} - ri_a$$

将$\frac{d}{dt}$用微分算子p来代替,则

a相电压平衡方程式:$u_a = p\Psi_a - ri_a$

b相电压平衡方程式:$u_b = p\Psi_b - ri_b$

c相电压平衡方程式:$u_c = p\Psi_c - ri_c$

按照同样的过程,可以写出励磁绕组、阻尼绕组的电压方程:

$$\begin{cases} u_F = p\psi_F + r_F i_F \\ u_D = p\psi_D + r_D i_D \\ u_Q = p\psi_Q + r_Q i_Q \end{cases}$$

令$p\psi_Q = \dot{\psi}$,电压方程可用矩阵表示为如下形式:

$$\begin{bmatrix} u_a \\ u_b \\ u_c \\ u_F = 0 \\ u_D = 0 \\ u_Q = 0 \end{bmatrix} = \begin{bmatrix} r & 0 & 0 & 0 & 0 & 0 \\ 0 & r & 0 & 0 & 0 & 0 \\ 0 & 0 & r & 0 & 0 & 0 \\ 0 & 0 & 0 & r_F & 0 & 0 \\ 0 & 0 & 0 & 0 & r_D & 0 \\ 0 & 0 & 0 & 0 & 0 & r_Q \end{bmatrix} \begin{bmatrix} -i_a \\ -i_b \\ -i_c \\ i_F \\ i_D \\ i_Q \end{bmatrix} + \begin{bmatrix} \dot{\psi}_a \\ \dot{\psi}_b \\ \dot{\psi}_c \\ \dot{\psi}_F \\ \dot{\psi}_D \\ \dot{\psi}_Q \end{bmatrix}$$

定义磁链方程式的过程中应先分析定子a相所交链的全部磁通。除了定子三相电流产生的与a交链的部分外,还包含转子上各绕组中的电流所产生的与a相交链的部分,因此

$$\psi_a = -L_{aa}i_a - M_{ab}i_b - M_{ac}i_c + M_{aF}i_F + M_{aD}i_D + M_{aQ}i_Q$$

式中,L表示自感系数,M表示互感系数。

a相、b相、c相以及转子上各个绕组的磁链,以矩阵形式表示为

2.2 数学模型

主发电机需要建立同步电机六个回路(三个定子绕组、一个励磁绕组以及直轴和交轴阻尼绕组)的基本方程,首先对回路中的电流、电压和磁链的正方向作出规定。图3为电机各绕组在旋转坐标系下的位置示意图,图中标出了各绕组的轴线a、b、c和转子的轴线d、q的位置。转子d轴相对于定子a轴的角位移为θ[3]。

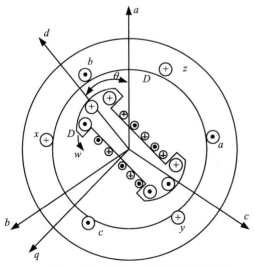

图3 电机各绕组在旋转坐标系下的位置示意图

电机内部回路的等效电路如图4所示,根据上述规定的正方向来写定子电压方程。假定各绕组的电阻相等,即$r_a = r_b = r_c = r_0$,对于a相,电压平衡方程为

$$e_a - ri_a - u_a = 0$$

$$\begin{bmatrix} \psi_a \\ \psi_b \\ \psi_c \\ \psi_F \\ \psi_D \\ \psi_Q \end{bmatrix} = \begin{bmatrix} L_{aa} & M_{ab} & M_{ac} & M_{aF} & M_{aD} & M_{aQ} \\ M_{ba} & L_{bb} & M_{bc} & M_{bF} & M_{bD} & M_{bQ} \\ M_{ca} & M_{cb} & L_{cc} & M_{cF} & M_{cD} & M_{cQ} \\ M_{Fa} & M_{Fb} & M_{Fc} & L_{FF} & M_{FD} & M_{FQ} \\ M_{Da} & M_{Db} & M_{Dc} & M_{DF} & L_{DD} & M_{DQ} \\ M_{Qa} & M_{Qb} & M_{Qc} & M_{QF} & M_{QD} & L_{QQ} \end{bmatrix} \begin{bmatrix} i_a \\ i_b \\ i_c \\ i_F \\ i_D \\ i_Q \end{bmatrix}$$

式中,绕组间互感系数可逆,即 $M_{ab}=M_{ba}$,$M_{aF}=M_{Fa}$,$M_{FD}=M_{DF}$。

定子各相绕组自感系数与 θ 角的函数关系为

$$\begin{cases} L_{aa} = l_0 + l_2\cos2\theta \\ L_{bb} = l_0 + l_2\cos2\left(\theta - \dfrac{2\pi}{3}\right) \\ L_{cc} = l_0 + l_2\cos2\left(\theta + \dfrac{2\pi}{3}\right) \end{cases}$$

式中,L_{aa} 是 θ 角的周期函数,其变化周期为 π,是 θ 角的偶函数;l_0 和 l_2 分别为其傅氏级数的常数项和二次项系数。

dq_0 坐标下的磁链方程为

$$\begin{bmatrix} \psi_d \\ \psi_q \\ \psi_0 \\ \psi_F \\ \psi_D \\ \psi_Q \end{bmatrix} = \begin{bmatrix} L_d & 0 & 0 & M_{aF0} & 0 & 0 \\ 0 & L_q & 0 & 0 & 0 & M_{aQ0} \\ 0 & 0 & L_0 & 0 & 0 & 0 \\ \dfrac{3}{2}M_{aF0} & 0 & 0 & L_{FF} & M_{FD} & 0 \\ \dfrac{3}{2}M_{aD0} & 0 & 0 & M_{DF} & L_{DD} & 0 \\ 0 & \dfrac{3}{2}M_{aQ0} & 0 & 0 & 0 & 0 \end{bmatrix} \begin{bmatrix} -i_d \\ -i_q \\ -i_0 \\ i_F \\ i_D \\ i_Q \end{bmatrix}$$

坐标变换后的定子电压方程展开形式为

$$\begin{cases} u_d = p\psi_d - \omega\psi_q - ri_d \\ u_q = p\psi_d + \omega\psi_d - ri_q \\ u_0 = p\psi_0 - ri_0 \end{cases}$$

式中,$\omega = p\theta$ 为发电机转子的角频率。

转子电压方程式为

$$\begin{cases} u_f = p\psi_f + r_f i_f \\ u_d = p\psi_d + r_d i_d \\ u_q = p\psi_q + r_q i_q \end{cases}$$

在 dq_0 坐标系下的电磁转矩为

$$T_e = 3p_0(\psi_d i_q - \psi_q i_d)/2$$

3 仿真建模

本文建模以 MATLAB 软件为平台,模型中对永磁机、励磁机、主发电机、调压器等关键子模块完成封装,电源系统模型如图 5 所示[4]。

该模型中电源系统采用双闭环控制 PWM 调节模式:① 选取主发电机输出端交流电压在旋转坐标系 DQ 轴下的分量 V_d、V_q 作为反馈信号,调节励磁机的励磁电流;② 采集高压直流输出端电压与目标值 270 作差值,经 PI 调节形成负反馈信号,直接调节直流电压的输出幅值[5]。

励磁调节模型采集主发电机输出端电压交、直轴电压分量作为反馈参量,经过变换与载波信号运算形成一列开关信号控制功率管 IGBT 的通断,实现励磁机的励磁电流

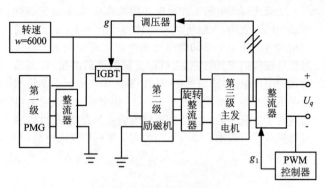

图 5 电源系统仿真模型

调节,模型细节如图 6 所示。PWM 整流器的控制模型如图 7 所示,此模块直接调节高压直流输出端的幅值大小。将主发电机的输出电压、励磁电流(角度延时)以及三相电枢绕组相电流经过数学变换形成一组六维列向量,用于控制主发电机后端三相整流桥的通断,从而稳定输出幅值。

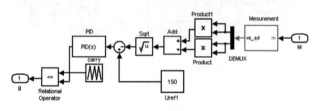

图 6 调节模块

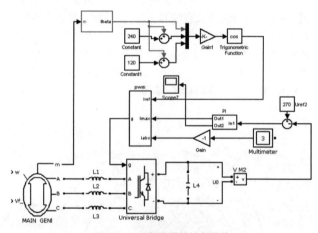

图 7 PWM 整流器的控制模块

4 仿真结果分析

本次研究所建立的电源系统模型的仿真结果应遵循 GJB181A 中关于高压直流电源特性的规定内容(表 1)。

表 1 高压直流电源系统正常工作指标

工作特性	正常范围	仿真结果
直流稳态电压	250.0~280.0 V	266~273 V
直流畸变系数	0.015%最大	0.012%
直流脉动幅度	6.0 V 最大	4

在电源系统模型末端接入功率 30 kW 的纯阻性负载,观察电源系统输出端的电压波形如图 8 所示。根据仿真结果可以观察到输出电压幅值稳定之后,脉动幅值不到 1 V,但是启动过程中电压超调过大。针对这一缺陷,本次研究中提出了一种针对负反馈系统降低超调的优化方法——曲线跟踪法,模型优化后的仿真结果如图 9 所示,根据结果波形,可以观察到优化后的系统模型输出电压超调接近 0 V,优化效果明显。

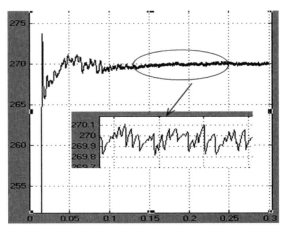

图 8　优化前结果波形

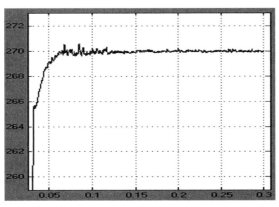

图 9　优化后结果波形

5　仿真结果分析

5.1　曲线跟踪技术

在负反馈系统中,通常将输出端信号与目标值常数形成差值的信号作为输入激励调节前端的控制信号,稳定的收敛系统输出的曲线必定逐渐趋近于目标常数,但稳态之前必然会有很大的超调。针对这一现象,本文引入了一种新的优化方法——曲线跟踪法,该方法具体实施手段为:将目标值常数置换成一条拟合的曲线。自拟曲线的获取过程分为两步,以本次高压直流电源系统仿真为例:① 以目标值常数 270 为参考值,先得到一条输出曲线 $y = f(x)$;② 将曲线 $y = f(x)$ 向左平移,近似拟出一条曲线 $y = f(x + t), t > 0$,如图 10 所示;③ 设置饱和环节将 $y = f(x)$ 中 y 值大于 270 的曲线均默认为 270。

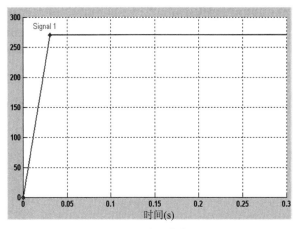

图 10　自拟曲线

5.2　数字化仿真建模思想归纳小结

通过本次对飞机高压直流电源系统仿真研究,较大型系统的数字化建模仿真过程可以归纳为以下几个基本步骤:

(1) 系统主要信息获取。分析实际系统,提取主要信息,构建模型主框架。

(2) 重要参数提取定量。确定系统数学模型,确立模型主要参数类型、大小并保持相互关系。

(3) 仿真模型建立。以所提取的数学模型为依据,使用仿真工具中现有的器件建模,使各参数之间的关系满足数学模型中的条件。

(4) 分模块进行仿真试验。模型子模块调试为可运行的模式后,加载理想参数进行仿真验证,保证各模块独立正常运行。

(5) 逐步综合子模块的最终联合仿真。不断加载不同的子模块逐步联合仿真,子模块全部加载完毕之后,再不断添加外界条件因素对模型进行修正,使模型更趋近于实际系统。

6　总结

本次研究建立的电源系统模型具有多元化特性,除作为高压直流电源系统模型之外,若改变目标曲线,可作为低压直流电源模型使用,若去除主发电机后端整流器,可作为交流电源模型使用。

本次仿真建模研究属于国家数字化二期中"飞机通用机电系统数字化仿真试验"项目的重要组成部分,对于后期航空电源开展数字化性能仿真研究具有重要意义。

参考文献

[1] 周增福,韩枫,严仰光. 飞机电源系统发展趋势[C]//中国航空学会航空电气年会论文集,2007:1-13.

[2] 曹涛,吴善永,邱俊杰. 飞机用 270V 高压直流电源系统的研究[C]//中国航空学公航空电气年会论文集,2011:38-45.

[3] Dai M, Keyhani A. Torque ripple analysis of a permanent magnet brushless DC Motor using finite element method[J]. IEEE Transactions on Magnetics, 2001, 31(3): 241-245.

[4] Li Y, Liu J S. Mechanism and improvement of direct anonymous attestation scheme [J]. Journal of Henan University, 2007, 37(2): 195-197.

[5] Akagi H, Fujita H. A new power line conditioner for harmonic compensation in power systems[J]. IEEE Trans Power Delivery, 1995(3): 1570-1575.

面向虚拟试验的工程模拟器设计研究

崔 坚[1]，高 颖[2]

(1. 航空工业第一飞机设计研究院，陕西西安，中国，710089；2. 中国飞行试验研究院，陕西西安，中国，710089)

摘　要：随着航空技术的飞速发展，工程模拟器被广泛应用于新型飞机的研制、试飞和适航取证领域。国内外的飞机研制经验表明：利用工程模拟器能够大幅降低研制成本，加快进度。本文介绍了工程模拟器的框架结构，基于虚拟试验对工程模拟器的任务需求进行了分析，给出了工程模拟器的研制和应用过程，最后对工程模拟器的评估方法及原则进行了分析。

关键词：虚拟试验；工程模拟器；飞行仿真

中图分类号：TP391

Research on Design of Engineering Simulator in Virtual Test

Cui Jian[1], Gao Ying[2]

(1. AVIC the First Aircraft Institute, Shaanxi, Xi'an, 710089; 2. Chinese Flight Test Establishment, Shaanxi, Xi'an, 710089)

Abstract: With the rapid development of aviation technology, engineering simulator has been widely applied in development, flight test and airworthiness certification of new aircraft. R&d experience have proved that using engineering simulator can greatly reduce the cost, shorten the design period. This paper introduces the frame structure of engineering simulator, analyzes the mission requirement of engineering simulator based on virtual test, gives the development and application process of engineering simulator. Finally analyzes the evaluation methods and principles of engineering simulator.

Key word: Virtual Test; Engineering Simulator; Flight Simulation

1 引言

工程模拟器是一种专为飞机设计人员使用的综合设计验证设备，它是一种多学科综合的、人在回路的实时仿真系统，能够为设计人员提供虚拟的模拟飞行和操作环境，可用于驾驶舱人机功效的设计和评估、人在环的飞机操纵品质评估、飞控系统控制律的设计评估和模拟试飞及故障复现等试验验证，是飞机研发过程中不可缺少的设计和验证试验设备。国外新型民用飞机研制的经验表明：作为设计工具，利用工程模拟器可以减少飞机系统设计风险；可以有效地缩短研发周期，大幅度地节约研发经费[3]。

2 主要组成

工程模拟器通常包括主飞行仿真系统、综合控制管理系统、座舱系统、操纵负荷系统、运动系统、航电仿真系统、网络系统、接口系统、视景仿真系统、声音仿真系统和工程师仿真平台，其结构框图如图1所示。

工程模拟器的基本原理就是通过具有丰富飞行经验的飞行员或工程技术人员操纵模拟器，观察飞行显控设备和仪表，感受座舱外视景、声音及动感内容来评定飞机的飞行性能和飞行品质，对系统的设计提出修改意见。工程设计人员据此对相关系统进行修改，再到模拟器中飞行试验，并经过多次迭代设计出满意的飞机性能参数[4]。

3 工程模拟器试验

工程模拟器上可进行的试验任务比较广泛[1]，主要包括：

（1）飞控系统需求的分析和验证试验

在飞控系统需求开发阶段[2]，可以在工程模拟器上进行部分功能性需求的分析及确认，用于保证飞控系统研制需求的正确性和完整性。

飞控系统需求的验证试验是在飞控系统软硬件开发完成后进行的，在工程模拟器提供的集成仿真环境中验证飞控系统是否满足系统预期的设计需求。

作者简介：崔坚(1980—)男，安徽淮北人，副级工程师，硕士，研究方向为飞行仿真系统设计与试验验证。

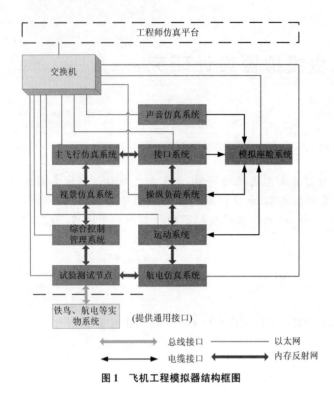

图 1 飞机工程模拟器结构框图

(2) 控制律与飞行品质的评估试验

开展控制律与飞行品质的评估试验的目的是评定在各种构型和飞行条件下的飞行品质和任务包线，以飞行员在环评估结果为指导，开发控制律结构，评估飞行控制系统功能和逻辑、优化控制律参数开发、改善飞机的操纵特性，并研究各种作动器和控制环节的响应特性对飞行品质的影响。

(3) 系统安全性的评估支持性试验

通过在工程模拟器上进行各种飞控系统故障（如作动器卡死、单发失效）等失效状态或者重大模态切换过程的模拟，评估不同失效状态对飞机安全性的影响，确认失效条件的危害性等级和处置策略。

(4) 驾驶舱的评估试验

在飞机设计的不同阶段，通过飞行员在环，评估飞机的操纵特性、评估驾驶舱布局、校验驾驶舱人机功效是否满足使用要求。

操纵特性评估试验包括驾驶舱操纵设备操纵特性的静态评估、不同模式控制律下的驾驶舱操纵设备操纵特性的动态评估等，以飞行员评估结果为依据，进行人感系统参数的优化，改善飞机的飞行品质。

(5) 试飞员培训及试飞支持

工程模拟器达到一定成熟度后，可以用于试飞培训和飞机飞行手册的编写，让试飞机组熟悉飞机的飞行品质特性和操作流程，并评估飞机的正常和应急操作程序逻辑的合理性、操纵的可实现性等。另外，在工程模拟器上，还可对飞机及飞行控制系统的常见故障进行模拟试飞，让试飞员熟悉常见故障的处置程序，确保试飞安全。在飞机开展试飞过程中，还可利用工程模拟器对试飞中发现的问题和故障进行复现和排查。

(6) 模拟器试飞

工程模拟器经过多轮迭代后，各个分系统模型逐步得到完善，工程模拟器在功能和性能方面更加逼近真实飞机。这时模拟器试飞可以作为真机试飞的补充，对难以在试飞中实现或可能会导致高风险的试飞科目，由飞行员在工程模拟器上完成相关科目的试飞评估，达到相当成熟度后，工程模拟器还可以用于进行部分适航符合性表明试验。例如：

① 严重故障条件下（发动机失效）的飞行安全性评定；
② 特殊大气条件下（如突风、紊流）系统功能的验证；
③ 飞控系统故障条件下飞行品质的评定；
④ 最小飞行重量的验证。

4 工程模拟器设计

当前，国际民航组织和各国局方都已颁布了较为成熟的训练模拟器的数据要求、设计和鉴定标准。相对于训练模拟器，工程模拟器的设计和评定的标准化、规范化程度不高，也缺少具体的指导性文件或实施指南，而且由于不同型号的设计特点和工程模拟器使用需求差别较大，因此对工程模拟器的设计、评定不能简单套用飞行训练模拟器的设计鉴定标准，但是可以作为参考。

工程模拟器的研制和使用流程如图 2 所示。

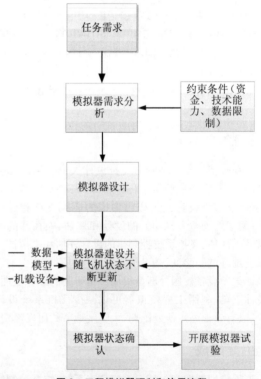

图 2 工程模拟器研制和使用流程

工程模拟器作为飞机设计验证中重要的模拟仿真设备，其设计需求来源于预期在工程模拟器上进行的仿真任务的要求以及约束条件（资金、技术）。

现代飞机的设计普遍采用自顶向下的"V"形研制流

程。根据不同设计阶段的仿真任务需求及目前飞机可用的资源(数据、模型和设备研制状态等),需要构建的工程模拟器的状态是不断变化的。因此,工程模拟器的规划和建造工作需要与型号设计同步开始,充分考虑工程模拟器的扩展性,其数据、模型和组件应随着飞机设计过程的推进而不断地迭代和更新。当飞机开始试飞后,还可以根据试飞数据进一步更新系统模型,以适应后续试验验证的需要。

采用工程模拟器进行模拟器试验前,还需要进行模拟器的构型和状态的评估确认工作,确保工程模拟器具有开展相应试验的能力,其功能、性能和逼真度满足所开展试验任务的要求。

4.1 主飞行仿真系统设计

主飞行仿真系统为模拟器的核心系统,模拟飞机在地面和空中的运动,实时管理调度完成整个飞机系统的仿真计算。其模拟内容包括对飞机的动力学特性的模拟、机载系统功能的模拟以及对外部大气环境的模拟。

其中,飞机动力学特性的模拟是飞行仿真的核心和基础,对于电传飞机,飞机动力学特性取决于飞机本体的动力学特性(包括发动机)和飞控系统的特性。因此主飞行仿真系统可分为以下部分:飞机气动模型、质量模型、飞机运动学模型、起落架模型、飞控系统模型、发动机模型、大气模型和其他机载系统仿真模型。其中,飞控系统模型还包括主飞行控制系统模型、自动飞行系统模型、高升力系统模型和作动系统模型。

主飞行仿真系统建模的关键和难点是模拟器数据包的获取、分析和提取,通常按照飞行试验数据、风洞数据、工程模拟器数据、故障分析数据、飞机制造商的工程报告的优先顺序对各种数据进行采样,然后将采样后的大量数据进行分类、校正、参数选择、时间选择等处理,并结合飞机性能和飞行品质进行详细的分析和评估,建立数据库。最后,根据飞机状态,对数据库数据进行提取,并将提取后的数据用于模型校正。

模拟器数据是工程模拟器研制的重要依据,它的完整性、准确性在一定程度上决定了工程模拟器的功能、性能和逼真度。工程模拟器仿真建模的数据需求可以参照《飞行模拟机设计与性能数据要求》等相关规范要求。

在项目研制初始阶段,气动模型一般使用风洞试验和CFD计算数据进行建模。气动数据是建立飞机动力学模型的基础,随着飞机的研制进度和状态,气动模型需要进行多次迭代和修正。

当飞机开始试飞后,为了更精确地模拟真实飞机的动力学特性,需要规划相应的试飞科目和试飞动作来开展试飞工作。通过对试飞数据进行系统参数辨识,进而校对和更新气动模型。

对于发动机模型和起落架模型,前期可使用通用仿真模型完成工程模拟器的调试和基本运行。具备基本性能数据后,可根据试验数据建立性能模型,供试验使用。后续由发动机和起落架制造商提供详细的具备完整功能和

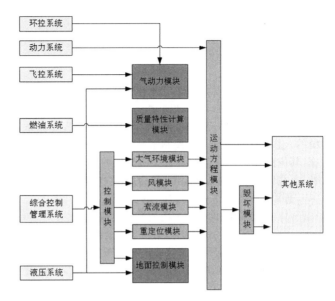

图3 主飞行仿真系统结构

准确性能的模型或数据用于系统仿真。

对于飞控系统模型,其模型应与机上的状态保持一致,由内部各个子系统设计方/制造方提供能够反映真实系统特性的可在工程模拟器上加载的模型,供模拟器试验使用。

其他机载系统模型如液压、燃油、电源和环控等仿真模型,前期均可使用成熟的通用模型或对机上模型进行简化处理。后期可根据试验需要进行模型的更新。

4.2 综合控制管理系统设计

综合控制管理系统实现模拟器设备的各种控制(系统工作模式控制、应急控制、在线自动测试控制、故障诊断控制)功能。它通过良好的人机界面,完成模拟试验、试飞科目的设定、整机初始化设置、某些飞行参数、机场条件、飞机状态的显示和设置、飞机故障及特殊情况的设置,并进行飞行数据的记录,监控飞行过程。

与训练模拟器 IOS 相比,工程模拟器综合控制管理系统设计开发时除了模拟器自身的控制管理功能以外,更关注完成试验任务,试飞状态的设定、显示,以及数据的离线分析,其人机交互界面能够根据试验内容进行灵活配置并调用。

4.3 座舱系统设计

座舱系统为飞行员提供较为真实的操纵驾驶环境,主要包括驾驶舱环境及布局,原则上要求与飞机真实驾驶舱大小和布局基本一致,包括驾驶员座椅、驾驶杆、操纵台、仪表板、顶部版、眼位、照明等。

由于不同试验对工程模拟器的仿真功能及性能要求是不同的,部分座舱设备仿真功能的缺失与模拟器试验的结果没有直接或间接的关系,因此并不要求工程模拟器座舱系统与飞机状态完全一致。具体进行座舱系统设计时需要根据模拟器试验的内容和特点,对该试验任务中工程

模拟器的仿真特征需求进行分析,界定座舱系统内部设备与模拟器试验结果的相关度。

4.4 操纵负荷系统设计

操纵负荷系统是模拟飞机不同状态和飞行条件下飞行员驾驶飞机的操纵力感,也就是仿真飞机操纵系统的静态和动态力感特性。操纵负荷系统的仿真能够为操纵系统的人感特性设计和飞行控制系统试验验证提供设计依据,其仿真效果影响飞行品质评估结果的有效性和可靠性,也是驾驶舱操纵特性评估试验的重要内容。

通常操纵特性仿真主要有三种方法:
(1) 加装弹簧、摩擦片和阻尼器等载荷装置;
(2) 利用真实的载荷机构实物实现操纵特性的仿真;
(3) 采用力伺服系统加载系统实现操纵特性的仿真。其工作原理是根据驾驶杆(脚蹬)上的力、位移和位移速度等信号,经操纵系统仿真模型计算得到力伺服系统上的控制指令,控制执行机构产生相应的力直接加到操纵机构上。

工程模拟器一般采用第三种实现方式。因为在飞行控制系统研制初期,人感系统参数还未固定,其参数与飞行包线和飞行任务密切相关,且与飞机运动响应构成闭环。所以需要通过飞行员在工程模拟器上进行大量试验,来确定人感系统参数对飞机全状态的可接受值;需要操纵负荷系统的参数可实时调整,来配置不同参数的人感系统供飞行员评估。

4.5 运动系统设计

运动系统模拟飞机运动过程中飞行员感受到的过载和姿态变化感觉,使飞行员感受更加接近真实的飞行环境,从而提升飞行环境仿真的逼真度。

在飞控研制过程中,进行控制律与飞行品质的评估时,使用动感模拟系统能够提高工程模拟器仿真的逼真度,提升评估效果,尤其在评估某些科目,例如在模态切换、侧风着陆和单发故障,动感的模拟十分必要。因此,建议用工程模拟器配备运动系统来提供动感的模拟。

4.6 航电仿真系统设计

航电仿真系统的功能是仿真的显控设备,为飞行员提供飞行过程的显示、告警、相关控制操作和导航解算等功能。

在项目研制初始阶段,航电仿真模型可使用通用的类似机型的航电仿真模型或根据主机厂提供相关数据开发基本的航电仿真模型,供工程模拟器初始阶段的研发试验使用。

在项目研制后期,为了满足自动飞控系统试验验证的需要,应根据航电系统设计状态由航电系统供应商提供满足模拟器验证需要的仿真模型或试验件,供工程模拟器使用。

4.7 网络系统设计

网络系统提供整个系统的网络连接,实现系统间的相互通信。一般采用两级网络:实时网和高度以太网。采用实时网进行系统间数据的高度交互,以减少系统时间延迟。采用以太网对整个模拟器进行管理和监控。

4.8 接口系统设计

接口系统主要完成模拟座舱输入的模拟量、数字量、开关量及总线数据采集,完成模拟座舱的相关指示灯、告警灯、导光设备的驱动,同时可预留接口,用于完成和铁鸟、航电等真实设备的数字(网络、总线)接口通信的研究工作。相对于训练模拟器,工程模拟器接口系统要求具有更好的可扩展性,以满足模拟器不断迭代和内部组件更新的需要。

4.9 视景仿真系统设计

视景仿真系统利用计算机实时图像生成技术,产生整个场景,包括机场、跑道、灯光、建筑物、田野、河流和道路等地形地貌,使仿真环境更加逼真。

视景仿真是人在回路的一个重要环节,它为飞行员提供飞行时能看到的座舱外景图像,使飞行员产生身临其境的交换式仿真环境,实现用户与环境直接进行自然交换,它为模拟器试验提供了一种直观、有效的试验分析手段。飞行员进行评估时,60%的信息来自视觉仿真,因此视景的仿真对模拟器试验有着重要的影响。

4.10 声音仿真系统设计

声音模拟系统用来模拟飞行过程中发出的各种声音,这些声音同机载设备的通信和告警等声音构成了飞行声场仿真环境,使飞行环境更加逼真。

声音仿真系统对模拟器试验影响较小,可使用成熟的通用仿真模型。

4.11 工程师仿真平台设计

工程师仿真平台主要完成以下功能:
(1) 工程模拟器的实时监控和数据复现;
(2) 非实时系统工程仿真试验(飞机各系统数据与模型的建立、修改与验证);
(3) 飞机性能和品质分析[5]。

通过该平台,方便设计人员在此平台上形成系统虚拟原型,进行飞机相关系统模型的测试和修改,并将最终结果变成实时仿真模型应用到模拟器中进行迭代式设计、仿真与验证。

5 工程模拟器状态评估

开展模拟器试验前,需要进行工程模拟器状态的评估,确认工程模拟器具备完成相应试验的功能和逼真度。

目前,工程模拟器状态评估的缺少相关标准,具体实施时可以参照训练模拟器的评估标准《飞行训练模拟器鉴定标准手册》,基于模拟器试验任务特点来确定模拟器的评估方法和评估准则。

根据工程模拟器上开展的试验任务特点,进一步分析每个试验任务所需的工程模拟器仿真特征需求,确定其评估的范围、方法、功能要求以及相应的逼真度要求。内容包括:

(1) 模拟器的各通路最大的响应延迟是否满足要求;系统间同步是否满足试验要求;

(2) 模拟器驾驶舱布局、操纵系统、显示、声音等是否满足模拟器试验要求,其操纵特性与飞机的一致性;

(3) 模拟器飞控系统仿真模型功能与飞机的一致性,其内部功能的缺失或不完整不能影响到模拟器试验结果;

(4) 模拟器气动力模型、发动机模型和起落架模型是否与已有数据匹配,静动态容差是否在规定范围内;

(5) 航电系统是否满足试验的需要;

(6) 飞行环境(视觉、运动、声音)感觉提示是否满足试验的需要。

以上为工程模拟器系统级的评估,在此基础上,还需要进行工程模拟器整体的评估。针对地面/空中特定的状态和科目,通过对比工程模拟器的输出数据与已有数据,对模拟器的逼真度进行评价。

在完成所有的模拟器评估后,对测试的结果进行分析确认,方可进一步编制模拟器试验大纲,明确模拟器试验科目的具体内容和流程,从而开展模拟器试验。

参考文献

[1] 徐浩军,刘东亮,孟捷. 基于系统仿真的飞行安全评估理论与方法[M]. 北京:国防工业出版社,2011.

[2] 汪泓,谢东来. 运输机飞行仿真技术及应用[M]. 北京:清华大学出版社,2013.

[3] 童中翔,王晓东. 飞行仿真技术的发展与展望[J]. 飞行力学,2002,20(3):5-8.

[4] 孙运强. 大型民用飞机电传飞行控制系统验证技术研究[J]. 民用飞机设计与研究,2012(3):8-13.

[5] 朱江. 大型运输机工程模拟器设计与试验验证综述[J]. 航空科学技术,2015,26(12):53-58.

基于虚拟现实/增强现实的复杂装备综合培训方法探讨

杨云斌,葛任伟,白永钢,廖红强
(中国工程物理研究院总体工程研究所,四川绵阳,中国,621999)

摘　要：复杂装备由于其功能和结构复杂,传统的培训方法已很难满足复杂装备的操作使用、维护保养等培训需求。针对传统培训方法的培训效率不高、培训效果不强、难以实现心理培训等不足,本文提出了一种基于IETM的理论培训、基于虚拟现实的仿真训练和基于增强现实的操作培训三步走的综合培训方法,给出了培训方法的现状,建立了培训方法的总体框架。综合培训方法将是未来复杂装备培训的重要手段之一。

关键词：虚拟现实；增强现实；综合培训；复杂装备
中图分类号：TP391.9；TH122

Study on a Synthetic Training Method for Complex Equipment Based VR/AR

Yang Yunbin, Ge Renwei, Bai Yonggang, Liao Hongqiang
(Institute of System Engineering, CAEP, Sichuan, Mianyang, 621900)

Abstract: Conventional training method is difficulty satisfied with training demand for operation and maintenance of complex equipment, because complex equipment has complicated structure and function. Aiming at the insufficient characteristic of conventional training method, such as low training efficiency, weak training effect, and no psychological training, and so on, a three-step synthetic training method is illuminated based VR (Virtual Reality) and AR (Augmented Reality), it includes theory training based IETM (Interactive Electronic Technical Manual), simulation training based VR, and operation training based AR. Study status of training method for complex equipment are given out, and the whole frame of synthetic training method are established. In future, synthetic training method win be an important training way for the complex equipment.

Key words: Virtual Reality(VR); Augmented Reality(AR); Synthetic Training; Complex Equipment

1　引言

复杂装备具有需求复杂、产品组成复杂、产品技术复杂、制造流程与管理复杂和运行维护复杂的特点,采用传统的培训方法存在培训时间长、培训费用高、培训效果低等问题。为了提高复杂装备的综合培训效果,在传统的培训方式基础上,亟待开展新的培训方式、培训手段,发展新的培训技术,设定特定的培训项目,才能达到训练目的,提高用户的综合保障能力[1]。随着IETM、VR和AR等技术的迅速发展,新的培训方式、培训手段相继出现,技术也在逐步成熟,具备了为用户提供更好的培训手段和培训措施的可能性：

(1)基于IETM的理论培训能有效地弥补传统授课方式及纸质手册培训的不足,由于其丰富性、交互性、便携性、安全性和易扩充性等特点,将极大地提高理论培训的效果。

(2)基于虚拟现实的仿真训练通过构建接近真实的培训场景,沉浸性、交互性、逼真性的仿真训练系统,为用户提供直观、有效的方式来完成产品的仿真训练任务[2]。

(3)基于增强现实的操作培训借助光电现实技术、交互技术、多种传感器技术和计算机图形技术将计算机生成的虚拟环境与用户周围环境的现实环境融为一体,使用户从感官上确信虚拟环境是周围真实环境的组成部分,其具

作者简介：杨云斌(1970—),男,四川德阳人,高级工程师,硕士,研究方向为数字样机技术；葛任伟(1980—),男,河南长垣人,研究员,博士,研究方向为机械设计；白永钢(1987—),男,河南郑州人,工程师,硕士,研究方向为数字样机技术；廖红强(1985—),男,四川大英人,高级工程师,硕士,研究方向为机械设计。

有虚实结合、实时交互特性,能够实现"学、练"合一、智能提示等功能。

2 基于VR/AR的综合培训方法

基于VR/AR的综合培训方法针对复杂装备的特点,采用"三步走"的培训策略,具体流程如下:

(1) 理论培训。基于IETM技术,实现对用户全方位的理论培训。

(2) 仿真训练。利用虚拟现实技术,让用户在操作真实装备之前,通过大量的贴近真实场景的操作训练,使用户达到身临其境的感觉,让用户熟悉操作流程、操作工具、操作环境。

(3) 操作培训。采用增强现实技术,让用户在操作真实装备时,适时地给出操作提示(包括操作流程、操作工具使用等),提高用户培训效率。

通过上述"三步走"的培训策略,循序渐进地让用户熟练掌握复杂装备综合保障中的理论知识、关键操作流程、维修维护和应急处置等工作内容,综合培训方法总体框架如图1所示。

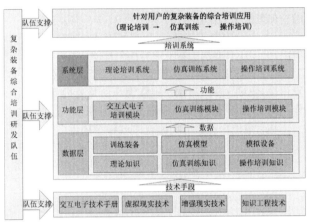

图1 基于VR/AR的综合培训方法总体框架

3 基于IETM的理论培训

交互式电子技术手册能够实现技术手册的数字化,具有交互功能和智能检索功能,可实现数据的互操作和共享性,IETM适合使用人员在任何需要的时间、场所和地点获得充分的信息支持,为改变基于纸质手册的传统理论培训,提供了新的技术手段[3]。基于IETM的理论培训是采用文字、图形、表格、音频、视频、二/三维模型及动画等形式,以人机交互方式提供装备的基本原理、操作使用、故障维修、应急处置等内容的培训。

3.1 研究现状

美国从20世纪80年代开始研究装备训练技术,90年代发布并实施了MIL-STD-1397D、MIL-STD-292、MIL-HDBK-29612及MIL-HDBK-29612A等系列军用标准,规定了训练数据和勤务的采办指南,教学系统开发/训练的系统方法、交互式多媒体教学课件的开发和训练,用以指导国防部相关人员进行教学和教学资源分析、设计、开发、实施和评估,指导装备训练工作开展。欧盟专门针对装备训练发布实施SCORM标准,目前已经成为装备训练的国际标准。英国国防部2003年颁布了专门针对军事人员培训、训练的白皮书。美军相继开发了基于交互式电子技术手册、交互式电子培训系统等现代化训练系统,将传统的训练/教育模式逐渐转向电子化、远程化等现代教育模式。

我国从20世纪80年代末开始引入维修工程理论,1999年颁布实施了GBJ3872《装备综合保障通用要求》,明确提出了装备训练规划。2004年颁布实施了GBJ5238《装备初始训练与训练保障要求》,明确提出了要从全系统、全寿命、全费用角度系统规划装备训练及训练保障工作。近几年,国内汽车、电子、航空等领域已经开展交互式电子培训系统研制及应用,实现了部分装备的电子化训练。与国外相比,国内在培训课件的设计制作,培训管理、培训评估及交互式培训专用软件平台研发方面还有一定差距,全系统、全过程交互式训练系统设计方面还处于发展阶段。

3.2 方法优势

传统的理论培训以纸质技术手册为载体,其在编制、使用过程中暴露的主要问题如下:

(1) 难以分发,难以使用和保存。

(2) 花费大量的重复劳动和资金,加长设计和生产周期。

(3) 携带和使用不便,在编制、运输、使用和维护过程中都会遇到极大的困难。尤其在使用时,很难在大量的纸质材料中快速、准确地找到所需的技术信息,从而影响使用效率。

(4) 纸质资料的更新困难。

基于IETM的理论培训依托于交互式电子技术手册为载体。相对纸质手册,IETM具有如下优势:

(1) 技术信息采用数据库管理,信息容量大,可涵盖各项培训内容,并且信息可多次利用和更新。

(2) 强大的交互能力,可实现方便快捷的信息查找和获取。

(3) 可与专家系统集成,提高培训的智能化。

(4) 体积小,重量轻,生产费用低。

(5) 可针对不同的使用人员设定相应的查阅权限。

(6) 本身独立于复杂装备,拥有单独的构建、更新、传递的流程。

3.3 理论培训总体框架

基于IETM的理论培训总体框架如图2所示。

依托于交互式培训系统研发平台,基于复杂装备的基础知识、使用说明书、操作规程、产品图册等内容,完成理论培训知识分类、整理和入库,形成复杂装备理论培训知识库;完成基于IETM的理论培训系统研制,系统包括知

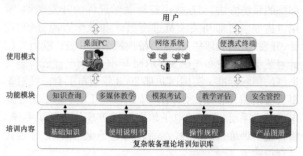

图 2 理论培训方法的总体框架

识查询、多媒体教学、模拟考试、教学评估和安全管控等功能模块,通过用户试用结果完善理论培训系统研发;根据培训内容,确定培训系统密级及安全防护方案及措施,根据用户使用场景,确定培训系统使用模式,如桌面PC、便携式终端等模式,最终形成可交付用户的理论培训系统。

4 基于虚拟现实的仿真训练

基于虚拟现实技术的仿真训练能将三维空间的意念清楚地表示出来,并产生视觉、听觉、触觉等多种感官的刺激信息;同时它使被训练者能直接、自然地与虚拟环境中的各种对象进行交互作用,以各种形式参与训练任务的发展变化过程中去,能够从定性和定量的综合集成环境中得到感性和理性的认识[4]。

4.1 研究现状

虚拟现实是一项集中体现计算机三维图形显示技术、人机交互感知理论、人工智能以及传感器技术等多学科技术创新的综合技术。它利用计算机生成一个三维空间虚拟环境,通过数据手套、力反馈设备、数据衣等多种传感设备使用户沉浸到该环境中,实现用户与沉浸环境的自然人机交互和真实体验。20 世纪 80 年代和 90 年代,美国 NASA 和 DARPA 最早将虚拟现实技术应用到远程太空机器人精细作业和宇航员从航天飞机运输舱内取出望远镜面板的操作训练,研制了大型座舱飞行模拟器系统,并对军方飞行人员进行飞行战斗训练。2011 年英国皇家空军研发了跳伞虚拟现实模拟器,荷兰应用科学组织物理与电子实验室研制了导弹发射点火装置,并实现了导弹发射点火操作过程的模拟培训。目前,虚拟现实已经被广泛应用于大型船舶、飞机以及汽车等工业领域中复杂产品的培训。

国内虚拟现实应用研究起始于 20 世纪 90 年代初,国防科技大学研制了虚拟信息空间生成平台 HVS 和协同虚拟现实空间会议系统;浙江大学研究了虚拟环境、人机交互、分布式虚拟现实等基础理论和算法;北京航空航天大学与装甲兵工程学院合作研制了武器协同作战对抗的战术演练系统;北京科技大学研发了交互式汽车模拟驾驶训练系统;华中科技大学研发了空间站太阳板远程操作培训的虚拟现实系统。虚拟现实在航空航天、核电领域等领域得到一定程度的应用。例如在核电领域,核电站全范围模拟机在华龙一号为代表的第三代核电反应堆中取得了应用,如图 3 所示。

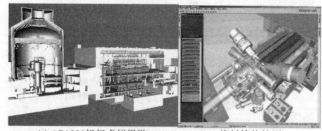

(a) AP1000机组虚拟漫游　　(b) 换料检修培训

图 3 核电站模拟机应用实例

4.2 仿真训练优势

传统的实装操作培训设备,面临的问题主要有:

(1) 结合实装操作进行维修训练,其数量、训练装备类型和训练场地、训练环境有限,受训人员的数量和操作时间难以保证,训练效率非常低。

(2) 装备功能结构复杂,部分功能由于其特点不能融入到真实训练装备中,并且训练装备造价昂贵,难以全面及时装备,这就造成用户训练工作的严重滞后,进而影响综合保障能力的快速提高。

(3) 结合实装维修训练,所遇故障和所能体会的操作有限,大多还只能从书本上进行抽象理解。

(4) 操作训练结合实装操作,仅限于简单的拆装、故障预设,而对故障检测这一维修训练的重要内容,实际操作甚少或者说是根本没有条件涉及。

基于虚拟现实的仿真训练通过构建接近真实的培训场景,通过沉浸性、交互性、逼真性仿真训练系统,为参与者提供最直观、最有效的方式完成产品的仿真训练任务,较传统的实装训练方法具有如下优势:

(1) 心理素质训练。现实技术在心理训练中的作用,利用虚拟现实环境,开展心理适应性训练,通过近乎真实的立体环境,提高临场感受,更好地培养心理适应能力;同时利用虚拟现实技术对装备的模拟,强化使用人员的心理素质。依靠虚拟现实技术开展模拟训练,不仅是训练技能,更重要的是训心理素质,只有当技能掌握熟练、心理素质过硬,才可能在实战时运用自如[5]。

(2) 通用性强,适用范围广。虚拟仿真培训系统基本无需更换硬件设施,只需对数据库内容进行更新即可实现不同项目的培训,实现复杂装备使用流程覆盖,做到一套设备,多项培训。

(3) 适用对象多。虚拟仿真培训系统能够覆盖不同培训对象的培训需求,实现一套设备,多人共用。

(4) 培训效果评估功能。虚拟仿真培训系统可借助电子数据采集的结果迅速对学习者的培训效果做出评价,做到学、评同步,便于查缺补漏、改进不足。

(5) 实现理论与操作的融合。虚拟仿真培训系统在模拟操作过程中瞬时反馈各种信息,有助于提高参训人员的概念化理解能力和综合技术水平。

(6) 重复练习功能。虚拟仿真培训系统可针对任一项目的任一环节进行反复练习,大幅提高培训效率和培训效果。

4.3 仿真训练总体框架

基于虚拟现实的仿真训练总体框架如图 4 所示。

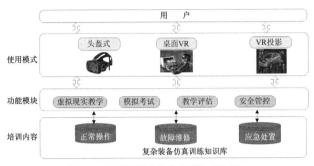

图 4 基于虚拟现实的仿真训练总体框架

基于复杂装备的正常使用、故障维修、应急处置等仿真训练内容,完成知识的分类、整理和入库,形成复杂装备的仿真训练知识库;基于虚拟现实系统研发环境,针对使用模式,完成基于虚拟现实的仿真训练系统研制,系统包括虚拟现实教学、模拟考试、教学评估和安全管控等功能模块;通过用户试用结果完善仿真训练系统研发,根据培训内容,确定系统密级及安全防护方案及措施,最终形成可交付用户的仿真训练系统。

5 基于增强现实的操作培训

增强现实技术是利用计算机生成的虚拟物体与用户所观察的真实环境进行融合的高级人机交互技术,其具有虚实结合、实时交互特性。采用增强现实技术,利用文字、图形、视频、模型动画等信息,对真实复杂装备的操作场景动态进行增强,指导用户进行操作,特别适合用于复杂装备的操作培训[6]。

5.1 研究现状

经过最近二十年发展,目前增强现实技术已经在工业、军事等领域得到广泛应用。增强现实技术的军事应用需求主要体现在战场训练和作战评估、武器装配维修和维护以及加工培训等[7]。2000 年,美国海军研究实验室与哥伦比亚大学合作研制了战场增强现实系统,士兵可观察到增强的红外夜视图像,接收指挥部用远程通信方式传输来的各种侦察信息和指挥命令等,实现了指挥中心与各个战斗单元之间的战略和战术信息传输和多人协作训练,用以提高士兵在野外战场环境下的情景意识和快速反应能力。在战略和战术武器装配维护应用中,增强现实将精细复杂的维修步骤、丰富的文字数据等信息融合到用户观察到的特定感兴趣区域,使得用户可以在实际感兴趣区域和描述装配过程的文字或图片之间进行快速的切换,从而降低任务繁琐导致的人为疲劳,提高装配维修的工作效率;用户也能够通过增强显示提供的视频接口观察到自己的装配动作,并根据增强现实提供的虚拟操作导引来进行正

确的装配动作。

2003 年德国的 Starmate 系统和同期的 Arvika 系统研制成功,这预示了 AR 技术在复杂机电系统维修、装配领域的巨大应用潜力。Starmate 项目由欧洲共同体资助,由隶属于法国、西班牙、意大利的六个公司和一个德国的研究所共同实现,主要有两个功能:① 指导使用者完成设备组装和维修工作;② 对使用者进行操作培训。在 Starmate 使用中,AR 系统将航空发动机装配维修工作流程指南按照工作进度准确地显示给用户,指导用户顺利地完成维修任务。在 Starmate 系统中,通过头盔式显示器将多种辅助信息显示给用户,包括虚拟仪表的面板、被维修设备的内部结构、被维修设备的零件图等,对于用户而言,这些附加的文字、图像较之厚厚的安装手册更加生动而且易于理解,如图 5 所示。

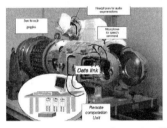 

图 5 增强现实系统用于发动机维修

国内增强现实技术在军事和工业装配领域中的应用开发还处于起步阶段。南京航空航天大学开发了针对航空发动机维修的增强现实维修诱导系统;华中科技大学将增强现实应用于虚拟装配;浙江大学实现了自然手在增强现实环境中的三维人机交互;北京理工大学研制了轻量级光学头盔显示器以及移动式增强现实系统。与国外相比,国内在增强现实的三维注册核心算法、增强现实头盔显示器、姿态跟踪系统以及增强现实开发软件研发方面都有一定差距,其工业应用还处于起步阶段。

5.2 操作培训优势

目前针对综合保障人员和作战使用人员,传统的操作培训主要提供了训练装备,操作人员通过使用实际操作达到培训目的,在进行正式操作培训之前,需要操作人员熟悉每一步操作流程,如果操作过程中忘记操作流程还需查阅培训资料,严重影响了培训效率和培训效果。增强现实技术是利用附加信息增强用户对真实世界的感官认识,其应用于操作培训,具有如下优势:

(1)"学""练"合一。通过叠加在真实装备上的视频、图像、文字、模型等虚拟环境信息,为用户执行操作提供指导。

(2)智能提示。根据感知用户的操作,适时给出用户提示,辅助用户完成培训操作。

(3)高沉浸性。采用增强现实技术,用户完全沉浸到虚实结合的环境中,提高操作培训的效率和效果。

5.3 操作培训总体框架

基于增强现实的操作培训总体框架如图6所示。

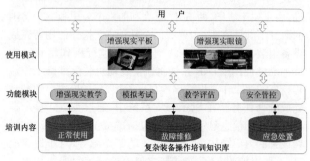

图6 基于增强现实的操作培训总体框架

基于复杂装备的正常使用、故障维修、应急处置等操作培训内容,完成知识的分类、整理和入库,形成复杂装备的操作培训知识库;基于增强现实系统研发环境,针对使用模式,完成基于增强现实的操作培训系统研制,系统包括增强现实教学、模拟考试、教学评估和安全管控等功能模块;通过用户试用结果完善操作培训系统研发,根据培训内容,确定培训系统密级及安全防护方案及措施,最终形成可交付用户的操作培训系统。

6 结论

基于VR/AR的综合培训方法针对复杂装备培训的特点,针对不同培训内容,采用了不同的技术手段来提高培训效果和培训效率,特别是把理论培训、仿真训练和操作培训有机地结合起来,更加完善了培训的技术手段,缩短培训周期,降低培训费用,提高培训效率,增强培训效果。目前项目团队已建立了综合培训方法的总体框架,完成了部分硬件环境和软件环境建设,已开展相关研究工作并取得初步应用。但还需开展如下研究工作:

(1) 完善培训系统的软、硬件环境建设,包括虚拟现实环境和增强现实环境的建设;

(2) 开展增强现实培训的关键技术研究,包括增强现实培训系统的跟踪注册技术和人机交互技术;

(3) 开展复杂装备综合培训系统的集成开发,完成交互式培训系统、虚拟现实培训系统和增强现实培训系统的集成开发,为复杂装备综合培训方法的工程应用奠定基础。

参考文献

[1] 王国虎,汪留应,华绍春,等. 装备虚拟维修技术探讨[J]. 现代防御技术,2007,35(6):134-138.

[2] 荷升平,覃征,李爱国. 特种装备操作训练虚拟仿真器设计[J]. 系统仿真学报,2003,15(11):1520-1523,1542.

[3] 杨宇航,李志忠,郑力. 装备交互式电子技术手册的设计与实现[J]. 兵工学报,2007,28(1):119-121.

[4] 杨云斌,王峰军,韦力凡,等. 数字样机技术在复杂产品工程设计中的应用研究[J]. 机械设计与制造,2012(4):253-255.

[5] 杨乐,冯寿鹏,张爽. 虚拟现实技术在战时心理适应训练中的应用[J]. 国防科技,2015,36(1):82-84.

[6] 赵敏,刘秉琦,武东升. 增强现实装配和维修系统的技术研究[J]. 光学仪器,2012,34(2):16-20.

[7] 陈靖,王涌天,闫达远. 增强现实系统及其应用[J]. 计算机工程与应用,2001(15):72-75.

VR 全数字飞行程序训练系统设计

李育,李婷,李欣

(航空工业第一飞机设计研究院,陕西西安,中国,710089)

摘 要:在微机运行平台上通过 VR 技术实现全数字飞行程序训练系统,是承接空地勤人员理论教学到飞行模拟器训练的有力工具,符合训练精细化、科学化和系统化的发展趋势。本文介绍了 VR 技术的发展和在应用领域的核心技术,通过分析全数字飞行程序训练系统的需求和设计约束,提出了系统的实现架构,并针对其中的核心问题和技术难点进行了详细分析,提出了独特的优化算法。

关键词:虚拟现实(VR);全数字仿真;飞行仿真;虚拟训练;飞行程序训练

中图分类号:TP391

Design of VR All-Digital Flight Program Training System

Li Yu,Li Ting,Li Xin

(AVIC the First Aircraft Institute,Shaanxi,Xi'an,710089)

Abstract: In the microcomputer operating platform, through the implementation of all-digital flight program training system by VR technology, it is a powerful transition tool of the aircrew and ground crew from theoretical teaching to flight simulator training. It is the development trend of fine, scientific and systematic training. This paper introduces the development of VR technology and the core technology in the application field. The requirements and design constraints of the full digital flight program training system are analyzed. The architecture of the system is proposed. The key problems and technical difficulties are analyzed in detail, and a unique optimization algorithm is proposed.

Key words: Virtual Reality (VR); All-Digital Simulation; Flight Simulation; Virtual Training; Flight Program Training

1 引言

现代飞机集多种复杂系统和高新技术于一体,在功能不断完善、性能不断提升的同时也对空地勤人员的使用维护提出了越来越高的要求,空地勤人员培训和训练的精细化、科学化和系统化是发展的趋势。

传统的训练体系是"理论教学到飞行模拟器训练",其中,理论教学是对飞机和操作基本知识的学习,直观性和生动性较差,无法进行实际操作练习。飞行训练模拟器适用于飞行技能训练,是在飞行员具备坚实的理论基础和熟练的操作技能基础上进行的高级训练。其高昂的研制、使用和维护成本,限制了配套数量和上机训练时间,灵活性差,难以满足自主学习和差异化训练。

因此,在从理论教学到飞行模拟器训练这一过程之间就诞生了全数字飞行程序训练系统。全数字飞行程序训练系统的最小运行及训练单元为单台桌面计算机或便携式 PC 系统,并且其能够通过高速以太网灵活组建培训教室。系统支持单机训练、正副驾驶协同训练、分布式同步教学。

该系统的定位更加偏重于对空地勤人员实际动手操作能力的培养,适用于设备认知、操作程序训练和维修保障训练,兼顾了理论、原理和实际操作,实现对操作程序的逼真仿真和训练引导,灵活性强,能够进行差异化的批量培训。全数字飞行程序训练系统是承接理论教学和飞行模拟器训练的重要训练设备,并且其研制、使用和维护成本低。将虚拟现实(Virtual Reality,VR)技术应用于全数字飞行程序训练系统,能够为空地勤学员提供更加逼真、直观和自然的沉浸感,最大限度地方便用户的操作。

作者简介:李育(1978—),男,陕西西安人,高级工程师,硕士,研究方向为飞行仿真、飞行模拟器、飞机系统试验;李婷(1990—),女,黑龙江人,工程师,硕士,研究方向为飞行模拟器、集成测试;李欣(1985—),女,山西太原人,工程师,硕士,研究方向为飞机机电系统设计及试验

2 系统架构

2.1 VR仿真的特点

仿真技术经历了物理仿真、模拟计算机仿真（20世纪50年代）、数字计算机仿真（20世纪60年代中后期）、基于图形工作站的三维可视多媒体交互式仿真（20世纪80年代以后）和虚拟现实（VR），其中，数字计算机仿真是现代仿真技术发展的转折点。随后的基于图形工作站的三维可视多媒体交互式仿真和虚拟现实技术都是建立在数字计算机仿真的基础上的，随着系统仿真方法论和计算机仿真软件设计技术的迅速发展，通过不断提高计算机的处理能力、图形计算能力、大规模复杂仿真模型的运算能力等途径，仿真对象、仿真过程和仿真结果的可视性、生动性和直观性得到大幅度的提高。

虚拟现实是仿真技术发展的高级阶段，它是一种人与计算机生成的虚幻实物环境之间的交互式仿真。从本质上说，虚拟现实就是一种先进的计算机用户接口，通过显示头盔和数据手套等设备的使用，使用户"沉浸"在计算机营造的数据虚拟空间中，产生类似于在现实空间中活动时所体验的感受，主要包括视觉、听觉和身体的动感与力的反作用感受等[1]。通过给用户同时提供各种直观而又自然的实时感知交互手段，最大限度地方便用户的操作，从而减轻用户的负担，提高整个系统的工作效率，为大规模数据的可视化提供了新的描述方法，成为实时交互仿真的发展方向。

沉浸式VR飞行程序训练系统，利用计算机产生具有逼真三维图像、三维有源声场的虚拟飞行环境，让用户通过装配的头盔、跟踪器、控制杆等设备，沉浸其中与之交互，完成各种飞行操作程序的训练任务。由于整个飞行场景，包括飞机座舱都由计算机图形生成，因此，较半实物飞行模拟训练器而言，该训练系统具有系统廉价、维护性好、升级快等优点。

2.2 需求和设计约束

根据全数字飞行程序训练系统的用户定位和使用目标，对系统的功能需求进行了如图1所示的分解。

飞机仿真主要是完成对飞行功能和性能的仿真，以及飞机的主要分系统仿真，如：航电系统、飞控系统、机电系统、供电系统、动力/燃油系统、液压系统、起落架系统、环控系统、舱门系统等的功能、工作逻辑及系统间交联关系的仿真。

环境仿真指视景仿真（利用计算机图像生成技术，产生逼真的外部景象），包括仿真机场、跑道、航线和气象等。

声音仿真是指仿真飞行过程中能够听到的各种声音，包括各种环境噪音、设备工作噪音、系统提示音、告警话音等。

训练交互是实现学员与系统的人机交互。包括虚拟座舱，构建与真实飞机一致的3D虚拟座舱环境。构成VR系统的重要设备的显示与控制，如头盔、跟踪器等。

训练模式是提供单机训练、正副驾驶协同训练，以及教员和学员的同步教学模式。

教学管理是由信息管理、训练设置、过程监控、考核讲评等功能组成的。其可以实现系统初始化、训练课目、各种飞行参数、机场条件、飞机状态的显示和设置，飞机故障及特殊情况的设置，飞行训练过程的监控等。

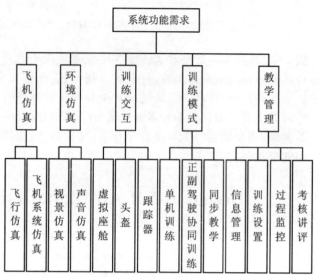

图1 系统功能需求分解

满足教学使用需求的用户培训教室的组成和结构如图2所示，通过高速以太网环境可以灵活组建虚拟培训教室。虚拟培训教室由1台系统服务器，1台教员计算机，1台培训管理员计算机，1台系统管理员计算机和若干学员培训计算机构成。

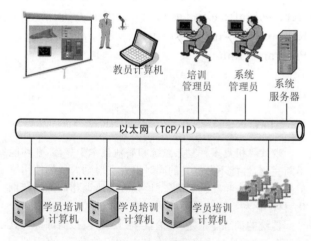

图2 虚拟培训教室

系统架构采用C/S模式（Client/Server，客户机/服务器）和B/S模式（Browser/Server，浏览器/服务器）共同构建。其中，C/S模式用于全网络仿真数据传输，软件更新版本的自动推送；B/S模式通过IE浏览器进行培训管理、系统管理、权限认证。

微机平台综合处理性能和三维加速能力的突破性发展，使在微机平台上实现沉浸式VR的全数字飞行程序训练系统成为可能。通过对飞行程序训练系统的用户需求

和设计实现过程中的技术支持的综合分析,在微机平台上应用 VR 技术实现全数字飞行程序训练系统必须遵守如下的设计约束:

(1) 不同于半实物模拟器的分布式仿真,该系统是一套桌面式全数字仿真系统,由一套软件实现,必须在"Windows + 桌面计算机 + VR 设备"的软硬件资源约束下定义系统架构。

(2) 程序训练系统不同于飞行训练模拟器,其目标用户、训练模式、功能设置、使用环境、维护要求等都与飞行训练模拟器有非常大的区别。因此,在功能设计上更加注重训练科目的操作流程,而不是飞行性能的仿真。

(3) 由于微机的计算能力、软硬件资源限制和全软件实现,因此,对于图形建模、图形数据库存储、视频生成算法和软件任务调度方式等都必须进行算法和软件层面的优化。

(4) VR 显示设备的选取也是影响系统构造的一个重要因素。该系统采用时间平行立体显示设备。这种设备与两个图形通道相连,分别平行传播左、右眼图形信息。其特点是分辨率高、视野宽,但价格偏贵,对左、右眼视景显示的同步性要求较高。

2.3 架构设计

飞机仿真模块模拟必要的飞行性能和主要机载系统功能。虚拟座舱模块仿真整个座舱内有效区域内的各种设备,以及座舱玻璃观看到的舱外视景,与飞机仿真模块进行数据交换,将学员对座舱设备的操作指令发送给飞机仿真模块,并且接收飞机仿真模块的各种飞行信息。

视景仿真模块与飞机仿真模块进行数据交换,接收飞机飞行信息和姿态信息,并且向飞机仿真模块反馈地图数据。

声音仿真模块接收飞机仿真模块的飞行数据,合成环境噪声和设备工作噪声,并且根据机载系统仿真数据生成系统提示音、告警话音等。

教学管理模块与飞机仿真模块交联将各种训练参数发送给飞机仿真模块,并且还与训练模式模块交联进行训练模式设置与管理。

头部跟踪器、手部跟踪器和操纵杆作为用户交互系统的主要设备完成用户指令采集和输入,其中,头部跟踪器的信号需要同时传送给虚拟座舱模块和视景模块,用于调整座舱和视景显示的视角位置计算。

头盔和音效输出作为用户交互的主要输出设备,其中,头盔显示器的视觉显示分别由左眼视觉图形处理模块和右眼视觉图形处理模块独立生成。音效生成由 3D 音效合成后分别输出到左、右声道音频输出设备上。教学管理计算机与教学管理模块交联,用户能够通过教学管理计算机进行教学管理相关功能的所有操作。系统架构如图 3 所示。

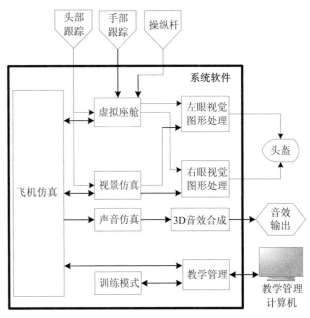

图 3 系统架构图

3 设计与实现

3.1 显示同步

在微机平台下进行视觉图形处理是对于计算机软硬件资源消耗最大的功能。对于 Windows 全数字仿真系统设计,通过多进程和多线程的处理与调度能够充分利用 Windows 操作系统的多任务处理能力,大大提高系统的运行能力和系统渲染速度。

软件设计中将左、右眼视觉图形处理功能设计为两个进程,每个进程中都包括:数据输入线程、三维图形计算线程和数据输出线程,如图 4 所示。

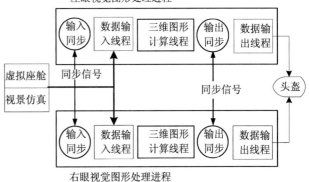

图 4 左、右眼视觉同步处理

左、右眼视觉图形处理功能分别按照两个进程设计,提高了软件的并行任务处理能力,但同时提出了显示同步的问题。问题主要产生于:

一方面,虽然左、右眼视觉图形处理进程中的软件实现和线程数相同,但是由于处理器的核心运算方法是时间片轮转调度算法,因此,实际运行过程中每帧计算中总存在微小的时间差,即左、右眼图形处理进程送往双眼的图像序列可能出现错帧。

另一方面,由于左、右眼视觉图形处理进程的执行速度不能严格保持一致,因此,可能出现两个图形处理进程所获取的虚拟座舱和视景仿真结果数据不一致现象,可能出现一个图形机所获取的是陈旧信息。如果不解决同步问题,这种错帧现象将严重影响立体视觉效果。

为了解决左、右眼的视觉同步问题,在左、右眼视觉图形处理进程中设置了输入和输出两级进程间的同步算法。在系统运行的每一帧中,图形处理进程接收虚拟座舱和视景仿真数据输入前进程间进行一次输入同步处理,从而保证进程接收到的是同一帧数据。并且在图形处理进程输出左、右眼视频信息前进行一次输出同步处理,从而保证进程输出的是同一帧数据。

3.2 手部运动及按键动作

用户交互过程是VR全数字飞行程序训练系统中非常重要的功能设计,能够利用手部跟踪设备精确地控制虚拟座舱中的各种设备按钮,并产生相应的动作反馈[2]。手的精确定位、手的指向、位置和动作捕捉通过跟踪器直接采集获取。

用户肩部、大臂、小臂和手部的运动通过建立手臂运动模型实现,手部和手指的精细动作由跟踪器捕捉后直接输入仿真计算机。手臂运动建模可以等效为三连杆机构(不含操纵杆)和四连杆机构(含操纵杆)的运动模型,如图5所示。

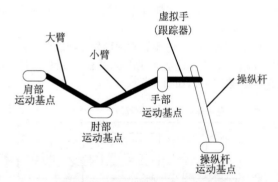

图 5 等效连杆机构四连杆机构模型图

但是,在建立连杆运动模型时,必须考虑手臂的运动习惯,比如,防止反关节方向的运动、重力势和运动变化的连续性等。大臂运动以肩部作为旋转运动基点,小臂运动以肘部作为旋转运动基点,手部运动以手腕作为旋转运动基点。如果手部带操纵杆操作,还需要考虑手臂与操纵杆的联动。

虚拟手对虚拟座舱中的设备操作过程需要建立碰撞检测模型,虚拟手的碰撞检测是一个数据的搜索匹配过程,通过距离计算、比较来判断碰撞过程是否发生。

在碰撞显示时还要建立一个实际显示控制范围以防止虚拟手穿过物体表面,并且在碰撞后要处理好虚拟手与真实手错位再恢复的问题[3]。

利用树形数据结构搜索速度快的优点,把虚拟座舱中各种仪表按钮的三维坐标数据建立一个树形数据结构,实际搜索过程通过对树形结构的软件遍历算法实现,树形数据结构如图6所示。

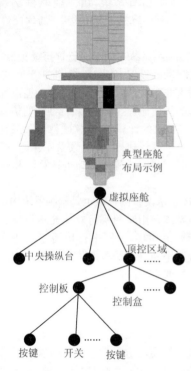

图 6 树形数据结构图

3.3 图形生成与调度

VR飞行程序训练系统需要构造一个庞大、复杂的物体模型对象系统。模型数量多,层次复杂,并且还涉及许多模型之间的相互关系,如模型间的相对位置、相对运动、碰撞检测以及从属关系等。

场景分层分割的方法,是依据VR飞行程序训练系统场景中所固有的分层特点,把场景有效地分割成几块,单独进行坐标变换、图形演算,然后按层次的远近关系进行叠加。经过场景分割处理之后,某些复杂的物体运动过程就可以转化为相对坐标视点的运动,简化了坐标处理过程,提高了系统运行速度。而且由于各层的坐标计算相对独立,并不一定要求所有模型坐标尺度统一,这样可以大大地缩小坐标计算数值表示范围,使系统的模型对象管理更加灵活、快捷。

纹理是图形建模很好的表现手段,不但可以增加物体的细节表现,而且能够减小建模的精细度,提高计算速度。纹理生成技术,一方面可以利用现有的照片图像扫描和加工;另一方面,可以利用分形几何产生具有一定特征的真实感图像。在纹理贴图时,往往根据需要对图像进行缩放,放大后的纹理可能会出现马赛克现象,严重影响贴图的效果。为了防止这种现象,可以增大纹理图像尺寸或限制纹理贴图的放大倍数。还可以通过低通滤波算法去掉纹理图像中的高频噪声,这样可以在一定程度上消除马赛克现象。

图形模型、地形及其相应的纹理贴图不可能一次性都装载入内存,必须依据用户视点的变化实时调整图像计算模块。为了适应微机运行环境,节省图像实时调度所占用的内存、CPU 时间以及总线带宽,针对微机运行环境必须进行图像调度的预处理,依据调度算法而采用不同的划分法,小到基于点,大到基于块。模块划分越大,融合越困难。模块划分越小,调度过程越平滑,但数据量大,调度过程复杂。因此选择合适的尺度,既要考虑到调度过程,又要考虑到计算速度。

4 结论

随着计算机图形学、计算机系统工程、计算机仿真技术以及 VR 相应设备的不断突破,沉浸式虚拟现实技术近年来得到了高速发展,并且由于其多种优势,目前其已经快速渗透于各种领域。

对于微机运行环境的 VR 全数字飞行程序训练系统的设计与实现而言,由于硬件资源、软件资源和操作系统的约束,必须通过更加合理的系统架构设计、更加优化的系统管理与调度算法来满足计算速度、存储空间、传输速率的要求。另外,必须优化图形、地形和场景的建模方法、设计满足微机运行环境的图像数据存储和调度算法,才能满足复杂图形、动态图像、特殊场景等方面的设计要求。

参考文献

[1] 杨民生,李建奇,梅彬运. 虚拟仿真试验教学体系的构建与实践[J]. 信息系统工程,2016(11):97-99.

[2] 张凤军,戴国忠,彭晓兰. 虚拟现实的人机交互综述[J]. 中国科学:信息科学,2016,46(12):1711-1736.

[3] 潘仁宇,孙长乐,熊伟,等. 虚拟装配环境中碰撞检测算法的研究综述与展望[J]. 计算机科学,2016,43(s2):136-139.

面向人员 KSA 能力的综合评价方法研究

张崇龙

(航空工业第一飞机设计研究院,陕西西安,中国,710089)

摘 要:本文从装备培训需求出发,通过分析受训人员的 KSA 能力,采用问卷调查和专家分析法确定受训人员能力评价的维度及其要素,并通过特征值法确定受训人员能力评价维度及要素的权重,最终提出军机地勤受训人员初始能力评价的量化指标 x_n,解决了我国传统军机培训人员能力评价过于主观性的问题,对于提升我国军机培训水平,加速我军装备战斗力生成有着重要意义。

关键词:装备培训;培训需求分析;人员 KSA 分析;综合评价

中图分类号:V219

Study on Comprehensive Evaluation Method of Trainees KSA Ability

Zhang Chonglong

(AVIC the First Aircraft Institute, Shaanxi, Xian, 710089)

Abstract: The article used the methods of questionnaire and expert analysis to ensure the evaluation dimensionality and factors of the trainees' ability, based on the training needs of equipment, through the analysis of the KSA ability of trainees. The article ensured the weight value of the evaluation dimensionality and factors of the trainees' ability through the method of characteristic value, put forward the quantitative index x_n of evaluating the initial ability of the military aircraft ground service trainees, and solved the problem that the traditional evaluation method of military aircraft trainees is too subjective. The article plays an important role in improving the level of Chinese military training and accelerating Chinese army fighting capacity.

Key words: Equipment Training; Training Needs Analysis; KSA Ability of Trainees; Comprehensive Evaluation

1 引言

装备培训的宗旨是帮助使用人员全面了解飞机的基本构造、性能特点,正确掌握飞机的使用及维护方法和要求,达到充分发挥飞机性能、提高飞机战备完好率水平、降低寿命周期费用的目的。因此,做好培训是保障装备战斗力的首要工作[1]。

培训需求分析是做好培训的前提和基础,是培训教学工作开展的依据,通过科学的培训需求分析,可以制定高效合理的培训大纲,为培训教学提供可靠的依据。目前我国装备培训需求分析工作主要由人员能力分析、受训任务分析、人员能力差距分析及训练质量评估四大模块组成[2],如图 1 所示。在进行培训需求分析工作时,首先需要对受训人员的初始能力进行了解和评估,为后续准确获得受训人员能力差距,以及制定有针对性的培训大纲提供科学依据。

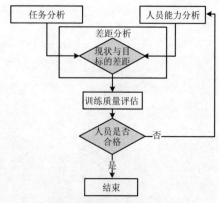

图 1 培训需求分析基本框架

本文基于培训需求分析工作,针对人员能力分析模块进行研究、建模,并对要素的重要性进行比较,得到要素一

作者简介:张崇龙(1989—),男,陕西宝鸡人,助理工程师,硕士,研究方向为军机培训需求分析建模研究、训练资源研发。

致性判断矩阵,然后通过特征值法确定对应要素的权重,最终得到受训人员能力的量化评价指标 x_n,为培训需求分析工作的开展提供参考。

2 人员 KSA 维度及要素

美军从知识、能力及素养(Knowledge, Skill and Attitude, KSA)三方面衡量结构人品的综合能力[3],我军对装备保障人员能力的系统性、综合性评价工作起步较晚。近年来,培训需求分析工作借鉴美军经验,采用了 KSA 分析对人员能力进行评估[4]。通过分析,确定人员受训前的初始状态,为后续培训课程任务规划和大纲制定提供可靠依据。对受训人员 KSA 能力分析之前,需要确定其评价维度及要素。

本文结合受训任务及其基本要求,通过问卷调查和专家访谈法对某机型地勤人员的能力要素进行研究,确定了地勤人员 KSA 能力评价的维度及其要素,其中维度包括 3 个、能力要素包括 9 个,如表 1 所示[5]。

表 1 地勤人员能力评价要素

维度	维度要素	定义
知识	学历	受教育程度
	专业	专业的相关性
	部队教育	部队接受教育时长
	培训经历	相关培训时长
技能	维护经历	相似机型维护保养时长
	排故经历	能够判定故障的能力
意识	学习能力	学习知识及技能的能力
	协作能力	有无协作经历
	语言能力	口头及文字表达能力

3 权重确定模型搭建

在 KSA 能力分析中确定的维度和要素对人员能力的综合评价存在不同的差异,所以确定每个维度及其要素的权重是地勤人员综合能力评价的关键环节。

通过特征值法,确定人员能力要素对应的权重,为后续计算综合评价指标提供计算依据。图 2 为各项要素对应的权重符号。

3.1 层次分析法

层次分析法是一种定性分析与定量分析相结合的系统分析方法。适用于人员能力等综合评价问题[6]。本文通过对要素的重要性进行两两比较,确定 r_{ij} 值,其中 r_{ij} 的具体数值由教员及专家联合给出,赋值原则如表 2 所示[7]。

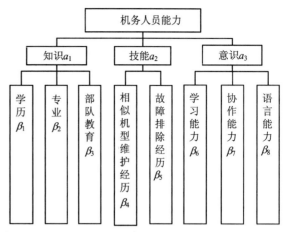

图 2 要素及其权重符号

表 2 赋值原则

r_{ij} 取值	说明
1	i 与 j 同等重要
3	i 与 j 稍微重要
5	i 与 j 明显重要
7	i 与 j 强烈重要
9	i 与 j 极端重要
2,4,6,8	i 与 j 的重要性之比为两相邻程度的中间值
倒数	若指标 r_i 与 r_j 比较值为 r_{ij},则指标 r_j 与 r_i 比较值为 $r_{ji}=1/r_{ij}$

通过表 2 的赋值原则,对每个维度及其要素建立如下矩阵:

$$R = \begin{bmatrix} r_{11} & \cdots & r_{1k} \\ \vdots & \ddots & \vdots \\ r_{k1} & \cdots & r_{kk} \end{bmatrix} \quad (1)$$

其中,k 为矩阵维度。

通过判断矩阵 R 的一致性指标 C.R. <0.1 是否成立。若成立,则矩阵通过一致性检验;否则,重新构建矩阵 R。

$$\text{C.R.} = \frac{\text{C.I.}}{\text{R.I.}} \quad (2)$$

其中,矩阵一致性指标为

$$\text{C.I.} = \frac{\lambda_{\max} - k}{k-1} \quad (3)$$

式中,$\lambda_{\max}$ 为矩阵 R 的最大特征根。

矩阵的平均随机一致性指标 R.I. 通过表 3 查得。

表 3 平均随机一致性指标 R.I. 值

k	2	3	4	5
R.I.	0	0.5149	0.8931	1.1185
k	6	7	8	9
R.I.	1.2494	1.3450	1.4200	1.4616

3.2 特征值法

通过层次分析法对知识、技能、意识两两重要性进行比较，得到矩阵 R_1：

$$R_1 = \begin{bmatrix} 1 & 1.67 & 2.5 \\ 0.6 & 1 & 1.5 \\ 0.4 & 0.67 & 1 \end{bmatrix}$$

矩阵 R_1 与特征值 B 相对应的特征向量为 ω，则如下关系式成立：

$$R_1\omega = B\omega \quad (4)$$

$$\omega = (\omega_1, \omega_2, \omega_3)^T \quad (5)$$

若矩阵 R_1 通过一致性检验，则 $\omega_1, \omega_2, \omega_3$ 分别代表知识、技能、意识的权重值，最终将特征向量归一化即可得到评价指标的权重系数[8]。

通过 MATLAB 计算得到矩阵 R_1 的特征值 $B=3$ 时，特征向量 $\omega=(0.81,0.49,0.32)^T$。计算得到矩阵 R_1 的最大特征根 $\lambda_{max}=3.0023$，通过式(3)得到矩阵 R_1 的一致性指标 C.I. $=0.00115$，通过表3查得一致性指标 R.I. $=0.5149$，C.R. $=$ C.I./R.I. $=0.00223<0.1$，即判断矩阵 R_1 的一致性检验通过，对特征向量 ω 进行归一化处理，得到知识、技能、意识的权重分别为：0.5, 0.3, 0.2。

同理，通过构建所有要素的9阶矩阵 R_2，计算得到各维度下的要素权重分别为：0.083, 0.083, 0.083, 0.083, 0.167, 0.167, 0.133, 0.133, 0.067。将要素权重分配至各维度，得到知识维度的要素权重分别为：0.25, 0.25, 0.25, 0.25；技能维度的要素权重分别为：0.5, 0.5；意识维度的要素权重分别为：0.4, 0.4, 0.2。

通过以上分析，确定人员 KSA 能力的维度及其各要素的权重，见表4。

表4　各维度及其要素的权重

维度	权重	要素	要素权重
知识	0.5	学历	0.25
		专业	0.25
		部队教育	0.25
		培训经历	0.25
技能	0.3	维护经历	0.5
		排故经历	0.5
意识	0.2	学习能力	0.4
		协作能力	0.4
		语言能力	0.2

4 综合评价方法建模

通过对某团航电班24名学员的基本信息统计、分析，最终确定各要素的给分原则，如表5所示。

表5　各要素给分原则

要素	给分原则
学历	本科及以上 0.6，专科 0.25，高中及以下 0.15
专业	专业相关 0.7，非相关 0.3
部队教育	接受教育长时 0.5，短时 0.3，未接受过教育 0.2
培训经历	培训长时 0.5，短时 0.3，未接受过培训 0.2
维护经历	10年以上 0.4，4～10年 0.35，1～4年 0.15，1年以下 0.1
排故经历	能够独自判定故障 0.5，需要配合完成后故障判定 0.3，需要指导能故障判定 0.2
学习能力	优 0.4，良好 0.3，一般 0.2，差 0.1
协作能力	有协作经历 0.6，无协作经历 0.4
语言能力	流利 0.5，一般 0.3，差 0.2

4.1 综合指标计算

通过上文分析，本文构建人员综合能力量化评价指标 x_n，见式(6)所示。

$$x_n = \sum_{a=1}^{3}\sum_{b=1}^{9} 100 \times \alpha_a \beta_b m_c \quad (6)$$

其中，$a=1,2,3$；$b=1,\cdots,9$；$c=1,2$ 或 $1,2,3$ 或 $1,2,3,4$；x_n 为第 n 个受训人员 KSA 得分；α_a 为维度对应的权重；β_b 为要素对应的权重；m_c 为每项要素的分数。

通过对该专业人员信息统计，由式(6)可得人员初始能力得分，见表6。

表6　初始能力 KSA 值

序号	KSA 分值	序号	KSA 分值
1	95.9	13	74.7
2	94.7	14	74.7
3	87.4	15	74.0
4	81.9	16	74.0
5	81.8	17	70.9
6	80.7	18	70.9
7	80.3	19	68.7
8	78.0	20	66.2
9	77.8	21	64.8
10	76.7	22	59.6
11	76.5	23	59.6
12	75.6	24	59.6

结果表明，通过计算得到受训人员综合能力指标 x_n 值，进而对人员能力进行量化评价。因此，减少了传统人员能力评价的主观性，使评价结果具有较高的可信度。

5 结论

本文基于装备培训需求，通过对人员的受训初始能力进行定性分析，采用问卷调查、专家分析法和特征值法，搭建出军机培训中人员初始能力的量化评价模型，创新性地提出其能力评价的量化指标 x_n，为军机培训前的人员分班、差异化教学大纲定制提供参考。该方法可以解决我国传统军机培训人员能力评价过于主观性的问题，经某机型飞机接装培训的实践应用，效果较好；对于提升我国军机培训质量和加速我军装备战斗力生成有着重要意义。

参考文献

[1] GJB 5238—2004 装备初始训练与训练保障要求[S]. 2004.
[2] 孙惠,王金. 军用飞机训练保障需求分析模型的建立[J]. 航空科学技术,2016,27(3):60-63.
[3] MIL-HDBK-1379. Department of defense handbook instructional systems development/Systems approach to training and education[S]. 2001.
[4] 武艳梅. 基于人员素质差距的装备保障训练需求分析过程研究[J]. 装甲兵工程学院学报,2009,23(3):15-19.
[5] 刘艳红. 基于序关系分析法的机务人员能力模糊综合评价[J]. 航空维修与工程,2014:47-49.
[6] 许树柏. 层次分析法原理[M]. 天津:天津大学出版社,1988.
[7] 刘艳红,粟潇伟. 基于胜任力的航空机务人员培训需求分析[J]. 中国民航大学学报,2016,34(1):55-59.
[8] 郭亚军. 综合评价理论、方法及应用[M]. 北京:科学出版社,2007.

面向抗震救灾应用的航天任务系统设计与仿真

王 斌[1]，时 蓬[2]

(1.中国人民解放军航天工程大学,北京,中国,101416；2.中国科学院国家空间科学中心,北京,中国,100190)

摘 要：随着空间技术的不断发展,空间信息应急服务在民用应急应用领域逐渐展现出了巨大的应用潜力,成为人类对抗各类灾害及突发事件的有效手段。但由于应用类型的多样性与复杂性,不同的应急应用对于应急响应系统在各方面的能力以及信息服务的需求不尽相同。同时,应急行业应用水平逐步提高,促使其对空间应急信息服务提出了更高的要求：迫切需要确定系统响应时间、轨道覆盖、重访周期指标,以及对空间数据接收、信息处理、应急应用、服务类型等信息服务相关能力的要求,从而建立适用于我国的民用应急信息服务模式。针对地震等突发事件的应急需求,本文提出了交互式快速发射任务设计方法,构建了用于应急应用的航天任务设计与仿真系统,从突发事件发生到卫星第一次提供信息服务之间的快速构建,形成满足应急响应任务的发射任务方案,满足响应的时效性要求。

关键词：地震应急响应；航天任务设计；系统仿真

中图分类号：TP391

Aerospace Mission Design and Simulation for Earthquake Emergency Response

Wang Bin[1], Shi Peng[2]

(1. University of Aerospace Engineering, Beijing, 101416; 2. National Space Science Center, Chinese Academy of Sciences, Beijing, 100190)

Abstract: With the continuous development of space technology, spatial information service has gradually shown great potential for application in civil emergency applications and has become an effective means for various types of disasters and emergencies. However, due to the diversity and complexity of application types, emergency applications have different requirements for the capabilities and information services of the emergency response system in various aspects. At the same time, the level of application in the emergency industry has gradually increased, prompting it to place higher requirements on space emergency information services. It is urgent to determine the system response time, orbit coverage, revisit cycle indicators, and the spatial data reception, information processing, emergency applications, service type and other information related capability requirements. Establishing a civil emergency information service model is very important. For emergency applications such as earthquakes, this paper proposes an interactive rapid launch mission design method, and builds aerospace mission design and simulation system. The time from emergency event to satellite information achieved meets the response timeliness requirements.

Key words: Earthquake Emergency Response; Aerospace Mission Design; System Simulation

1 引言

最近二十年来,特别是进入 21 世纪来的这十几年,针对遥感技术和数据急迫需求的形势,虽然各国卫星平台的数量有了很大的发展,但是,针对目前的应急应用越来越精细、应用需求越来越多样的现实,尤其是在应急救灾、防恐维稳这些特定的应用中,遥感信息的供需矛盾在服务模式、信息类型等方面显得越来越突出[1-4]。

民用应急信息服务系统贯穿应急"预防与准备——监

作者简介：王斌(1977—),男,湖北武汉人,高级工程师,工学博士,研究方向为航天系统仿真与测控；时蓬(1982—),男,河北泊头人,副研究员,工学博士,研究方向为系统建模与仿真。

测与预警——处置与救援——恢复与重建"全过程,对空间数据的需求体现在以下几个方面:① 第一时间获取数据的能力;② 高重复观测和凝视观测能力;③ 高分辨观测能力,包括高时间、高空间、高光谱、高辐射等高性能观测能力;④ 全天时、全天候观测能力,提高多云、多雨、多雾地区的观测能力;⑤ 大范围监测能力;⑥ 多光谱和高光谱观测能力;⑦ 多灾情要素定量观测能力;⑧ 综合观测与服务能力。而现有的卫星往往不能满足应急应用对于空间信息在时间、空间分辨率、信息类型等方面的要求。特别是针对某地区发生地震突发事件的应急需求,目前还没有提出民用应急应用信息服务的完整的发射任务快速设计方法和系统,且不能实现在三小时内提供灾情快视信息,不能为抗震救援的顶层决策提供支持[5-7]。

针对某地区发生地震等突发事件的应急需求,本文提出了基于图形交互式的快速发射任务设计方法,考虑发射部署、卫星轨道与构型等环节,从突发事件发生到卫星第一次提供信息服务之间的快速构建,形成满足应急响应任务的发射任务方案,满足三小时内系统响应的及时性要求。

2 交互式的快速发射任务设计

面向地震应急应用的航天任务设计,包括发射、运行、应用等多个关键技术环节,其总体设计涉及多个领域与学科,如轨道动力学、结构力学、通信链路等,这些领域都有比较成熟的专业化设计分析工具软件。各专业分析工具软件均从其自身学科特点出发来进行设计,专业性强,但易用性、交互性不友好,不能很好地适用于协同论证的交互环境,同时由于航天任务的特殊性,尤其是紧密围绕应急需求的发射部署点设计工具比较欠缺,是迫切需要解决的技术问题之一[8-10]。

面向地震救灾应急应用的航天任务发射设计,针对任务级三小时响应的快速设计与分析,解决突发事件的应急响应,在现有运载能力的设计约束下,本文提出了基于图形交互的快速发射任务设计分析方法,分析不同的发射点对指定区域时效性覆盖次数以及对覆盖该指定区域的最短响应时间,形成一个满足应急响应任务的发射任务方案。该设计具体包括以下几个基本步骤:

步骤1:预先形成可用资源库;
步骤2:从用户发送的应急响应任务中分析并获取应急响应信息;其中,所述应急响应信息包括:载荷要求内容、观测区域/点信息、数传区域/点信息、时间分辨率、连续覆盖时间要求,以及三小时的首次提供信息服务的要求;
步骤3:采用逆向轨道设计,获得轨道设计方案,并将其发送至发射任务管理模块;
步骤4:获取弹道设计方案,并将其返回至发射任务管理模块;
步骤5:将应急响应信息、可用资源库、轨道设计方案、弹道设计方案进行汇总并整合形成一个满足应急响应任务的发射任务方案。

其中,步骤1具体包括:调用发射部署区域模块,记录和分析不同的发射点对覆盖指定区域三小时内的覆盖次数以及对覆盖该指定区域的响应时间;在全球或者中国范围内,确定部署发射点的个数,从而形成卫星的发射点库;以及每个发射点部署运载的发射点数据,形成可用资源库;其中,所述发射点数据包括:发射点名称,发射点位置,发射点的经度和纬度,发射点的运载器个数、运载能力、可搭载的载荷类型、射向信息,可用的卫星平台和卫星轨道模板信息。所述指定区域为发生突发事件的应急响应区域。所述卫星轨道模板信息包括:轨道高度和轨道倾角。

其中,步骤3具体包括:基于用户输入的应急响应任务,发射任务管理模块对通过应急响应任务分析获得的应急响应信息进行格式转换,将其转换为 XML 字符串,通过可用资源库获取卫星的发射点名称、发射点位置、发射点的经度和纬度、运载器类型和运载器数目信息,依次选择可用资源库的每个发射点,计算轨道高度和轨道倾角,并决定和获得符合应急响应任务的卫星轨道条数、载荷类型;调用弹道设计模块,判断每一条卫星轨道是否满足发射条件,所述发射条件为在当前发射点所包含的运载类型所对应的运载能力下,某一运载将卫星发射到预定的轨道高度;如果满足发射条件,则形成一个符合的应急响应任务的轨道设计方案。重复上述操作,将所有符合应急响应任务的轨道设计方案存储至轨道设计模块并提交给用户,供用户进行选择并确定最终所采用的轨道设计方案。其中,所述轨道设计方案的格式为 XML 字符串。

其中,步骤4具体包括:根据轨道设计模块发送的轨道设计方案,结合可用资源库中的运载类型和运载数目,进行运载器全程飞行弹道仿真,获取弹道设计方案,并将所述弹道设计方案返回至发射任务管理模块;其中,弹道设计方案包括:运载器的状态信息、飞行时序和入轨点卫星状态信息;其中,运载器的状态信息为运载器的时间-位置-速度-姿态;所述飞行时序具体为一级点火时间、一级关机时间、一级分离时间;所述入轨点卫星状态信息为地球惯性坐标系下位置和速度、卫星入轨姿态、姿态角速度。

设置经纬度范围在全球范围内选择目标区域,如图1所示,目标信息能够以数据库的形式保存。

图1 目标区域设置效果图

新建发射点,并可以通过鼠标拖拽的方式在地球表面上进行位置选择,如图2所示,或者通过直接输入经纬度方式进行发射点位置设定。

图2 发射点设置效果图

确定发射点后,输入运载类型、射向范围、轨道高度等参数,模型会计算出该射向范围内的弹道、入轨点、一二级落区数据、三小时内的覆盖区域,以及飞行过程的时间统计,并通过图形化方式进行展示,为发射点选址提供落区约束、响应时间约束的分析手段,如图3所示。

图3 火箭射向设置效果图

设计人员能够通过调整入轨点的方式,在射向范围内选择一条目标轨道,模型会实时计算目标轨道的星历、星下点轨迹以及视场覆盖范围,为目标轨道设计提供支持,如图4所示。

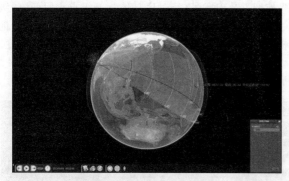

图4 目标轨道设计效果图

该方法围绕发射点部署的设计分析问题构建了一系列的交互式设计方法及计算分析模型,在发射点覆盖能力与时效性的计算与表达方面,以及目标轨道拖拽式实时设计方面具有一定的创新性,为面向地震救灾应用的航天任务系统设计提供技术支撑。

3 面向地震应急应用的航天任务仿真

3.1 地震救灾背景描述

国内地震带如图5所示,设定某地区发生地震,要求三小时内提供灾情快视信息,为抗震救援顶层决策提供技术支持。背景图如图6所示。

图5 国内地震带重点区域仿真示意图

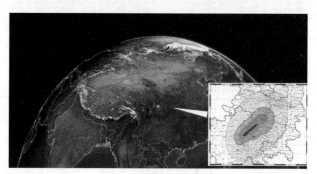

图6 地震救灾背景示意图

3.2 地震救灾仿真流程

具体的地震救灾仿真流程如下:

(1) 系统总体通过PAD终端给验证模块下达任务需求,包括民用需求,对应的PAD终端软件如图7所示。

图7 PAD终端交互界面

(2) 根据任务需求调用轨道设计模块,配置界面如所图8示,设计轨道方案的交互界面如图9所示。

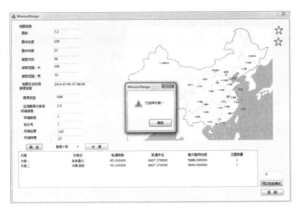

图 8　轨道设计模块配置

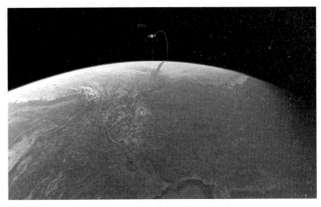

图 11　卫星自主规划段结果界面

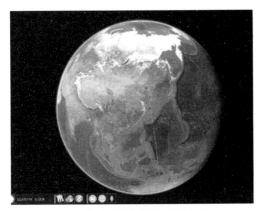

图 9　轨道设计模块设计结果界面

图 12　直链用户服务段结果界面

(3) 获得轨道设计方案后,可以对方案进行微调,并调用弹道计算库计算对应轨道和发射点的弹道数据,如图 10 所示。

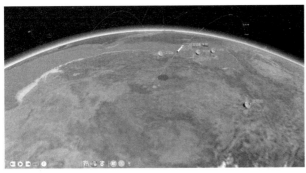

图 10　在轨飞行及星箭分离段结果界面

(4) 通过覆盖计算、链路计算等计算库的支持,基于当前目标库中的目标进行卫星在轨规划,并形成规划方案,如图 11 所示。

(5) 用户通过可视交互的方式设定仿真参数并实时控制仿真推进和演示,在推进过程中可以实时展示卫星的覆盖、拍照、通信等情况,如图 12 所示。

4　总结

面向抗震救灾应用中对信息服务时效性的要求,本文提出了交互式快速发射任务设计方法,构建了用于应急应用的航天任务设计与仿真系统,实现根据任务需求的逆向轨道设计,以及从发射部署、在轨飞行到信息终端的全流程仿真,形成了面向地震应急的航天任务方案设计。

参考文献

[1] 朱小华,马灵玲,李子扬. 地震前兆异常探测综述[C]. 厦门:中国地震学会空间对地观测专业委员会 2013 年学术研讨会,2013.

[2] 李子扬,李传荣,胡坚,等. 遥感卫星传感器的重复观测能力计算[J]. 空间科学学报,2009,29(6):615-619.

[3] Mohammadi R, Ghomi S M T F, Jolai F. Prepositioning emergency earthquake response supplies: A new multi-objective particle swarm optimization algorithm[J]. Applied Mathematical Modelling,2016,40:5183-5199.

[4] Nikoo N, Babaei M, Mohaymany A S. Emergency transportation network design problem: Identification and evaluation of disaster response routes[J]. International Journal of Disaster Risk Reduction,2018,27:7-20.

[5] 王斌,李化义,边宝刚,等. 面向微纳小卫星的天基集群测控系统构想[C]. 大连:第二届中国空天安全会议,2017.

[6] Battarra M, Balcik B, Xu H F. Disaster preparedness using risk-assessment methods from earthquake engineering[J].

European Journal of Operational Research,2018,3:1-13.
[7] 牛亚峰,王杰娟,王斌.快速响应空间典型模块化平台设计特点分析[J].控制工程,2010,17:106-109.
[8] 曲成刚,曹喜滨,张泽旭.人工势场和虚拟领航者结合的多智能体编队[J].哈尔滨工业大学学报,2014,46(5):1-5.
[9] 王峰,陈雪芹,曹喜滨,等.在轨服务航天器任意轨道主动绕飞[J].哈尔滨工业大学学报,2014,46(5):6-10.
[10] 何威,张世杰,曹喜滨.基于软件接口的卫星多领域建模与仿真研究[J].系统仿真学报,2001,23(1):7-12.

基于虚拟仪表的行驶状态显示系统开发

袁翠红[1]，王绍奔[1]，杨俊强[2]，毛 征[1]，李艺辰[1]

(1.北京工业大学,北京,中国,100124;2.中国兵器装备研究院,北京,中国,100089)

摘 要:虚拟仪表显示系统是车辆、航空及模拟器的重要组成部分。本次设计是基于C♯语言开发的一种综合的虚拟仪表显示系统。它主要包括陆地和空中两种形式状态下各种数据指标的显示,阐述虚拟仪表显示系统各控件的构建和各部分数据的显示功能,并结合人们对车辆、飞行仪器等的实际应用与习惯进行改进。最后对虚拟仪表显示系统仿真结果进行了说明。

关键词:虚拟仪表;行驶状态显示;汽车仪表;飞行仪表

中图分类号:TP391

Development of Driving Status Display System Based on Virtual Instrument

Yuan Cuihong[1], Wang Shaoben[1], Yang Junqiang[2], Mao Zheng[1], Li Yichen[1]

(1. Beijing University of Technology, Beijing, 100124; 2. Chinese Weapon Equipment Research Institute, Beijing, 100089)

Abstract: The virtual instrument display system is an important part of vehicles, aviation and simulators. This design is a comprehensive virtual instrument display system based on C♯ language. It mainly includes the display of various data indicators under both land and air conditions. It mainly describes the construction of each control of the virtual instrument display system and the display function of each part of the data, and it combines the practical application of people's vehicles and flight instruments. Finally, the virtual instrument display system simulation results are explained.

Keywords: Virtual Instrument; Driving State; Automotive Instrument; Flight Instrument

1 引言

随着微电子技术、计算机技术、软件技术的高度发展,虚拟仪表以其更低的成本,更高的可靠性及灵活性逐步地将车辆、飞机等中的传统机械式仪表所取代。虚拟仪表不仅能够像传统仪表一样显示各种数据,实时地将传感器的输出转化为虚拟仪表显示在液晶屏上,同时也可以给用户带来更好的视觉效果[1]。

本文主要阐述虚拟仪表显示系统软件的开发,对虚拟仪表各控件的制作进行了详细的说明,并且尽可能将各部分功能控件设计的形象逼真[2],并结合实际应用制定出完整的开发方案,最后制作出能达到预期效果的虚拟仪表显示系统。

作者简介:袁翠红(1993—),女,研究生,研究方向为系统仿真技术;**王绍奔**(1992—),男,研究生,研究方向为数据通信系统;**杨俊强**(1984—),男,工程师,研究方向为兵器系统;**毛征**(1959—),男,教授,研究方向为兵器系统仿真、光电跟踪技术;**李艺辰**(1993—),男,研究生,研究方向为三维视景技术。

2 开发平台简介

虚拟仪表显示系统的开发主要包括三个方面:一是界面的布局和各部分控件的绘制;二是数据的显示和各部分空间指针的平移、转动和灵敏性,三是通信接口的开发。

本次设计主要以.NET Framework为开发平台,Visual Studio 2013为开发工具,采用C♯语言进行设计开发。Visual Studio 2013是一个基本完整的开发工具集,它包括了整个软件生命周期中所需要的大部分工具,如UML工具、代码管控工具、集成开发环境(IDE)等。所写的目标代码适用于微软支持的所有平台,包括Microsoft Windows、Windows Mobile、Windows CE、.NET Framework、.NET Compact Framework 和 Microsoft Silverlight 及 Windows Phone 等。C♯语言是一种安全的、稳定的、简单的、优雅的,由C和C++衍生出来的面向对象的编程语言。它在继承C和C++强大功能的同时去掉了它们的一些复杂特性。C♯综合了VB简单的可视化操作和C++的高运行效率,以其强大的操作能力、优雅的语法风格、创新的语言特性和便捷的面向组件编程的支持成为.NET 开发的首选语言。

3 虚拟仪表显示系统的功能实现

3.1 系统模块简介

虚拟仪表显示系统有两个画面,画面之间通过虚拟按键切换,每个画面显示的虚拟量直观、画面布局合理、美观。

(1) 行车仪表界面[5]

仪表类:车速、转速、发动机温度、油量表、水温。

指示类:左转向、右转向、远光、近光、倒车、充电。

数字显示:本次行程、累计行程。

(2) 行飞仪表界面

仪表类:地平仪、航向仪、空速表、垂直速度表、油量表、高度表、发动机、温度表。

指示类:充电指示灯。

数字显示:总里程、飞行里程。

虚拟仪表显示的系统总体结构如图 1 所示。

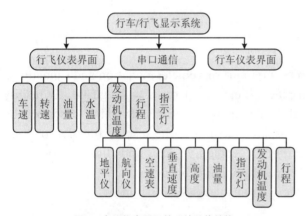

图 1 虚拟仪表显示的系统总体结构

3.2 功能模块的实现

3.2.1 输入量

此次开发的行车显示系统中的各种仪表的输入量均为所对应传感器的输出信号。在软件的开发阶段这些输入量均由按钮控件(Button 控件)和随机函数(Random())产生。

按钮控件(Button 控件):将工具栏中的按钮控件拖拽到窗体中并双击这个按钮,此时会得到按钮的 Click 事件:

private void button1 _ Click (object sender, EventArgs e){}

当程序运行时,单击窗体中的按钮控件便会引发 Click 事件,既执行 Click 事件中的代码。

随机函数(Random()):在 Timer 的事件中双击 Tick 事件,会得到 Tick 事件:

private void button1 _ Tick (object sender , EventArgs e){

    Random rnd = new Random();
    Double r3 = rnd.Next(0,100);}

3.2.2 自定义控件

仪表是虚拟仪表显示系统中一个非常重要的部分,它被用于显示各种传感器产生的信号。由于仪表在系统中被多次使用,故将其设计为控件的形式,这样既方便使用又便于修改。另外,由于工具箱中控件种类的限制以及地平仪控件的复杂性,因此采用自定义控件的形式进行绘制。

在 Visual Studio 2013 界面中,解决方案资源管理器的 InstrumentPanelLib_Test(项目的名称)上点击鼠标右键选择添加,然后点击用户控件,即可编辑自定义控件。

(1) 仪表控件

仪表的工作原理是将传感器的数据转化为表针的旋转角度,使驾驶员可以了解到传感器所监控部分的状态,如速度、温度等。此软件处于开发状态,接收的数据用随机函数产生[6]。

(2) 地平仪控件

地平仪又称姿态仪,是飞车行飞仪表盘中非常重要的一部分。地平仪(Attitude Indicator)显示飞机相对于地平线的姿态,通过姿态仪飞行员能判断飞机姿态为左倾、右倾,及上仰和下俯。在能见度差的飞行天气中以及在山地飞行中,飞行员看不到地平线,目视失去地平线参考,只能通过地平仪判断飞机姿态。失去或不相信地平仪,飞行员极易进入空间迷失[3]。

本次设计的地平仪主要绘制背景、刻度、指针三个方面。通过背景的移动表示机身的俯仰和倾斜状态,指针指示机身的俯仰角度和倾斜角度。如图 2 所示,圆弧刻度表示倾斜的角度,竖直刻度表示俯仰角度(仰角为正角度,俯角为负角度),背景的变化可以直观感受机身的姿态变化。因此,地平仪控件需要接受两个数据:一个是飞机的倾斜角,另一个是飞机的俯仰角。飞机倾斜角的表示与仪表的工作原理相同,俯仰角是以中轴线为标准上下移动[4]。

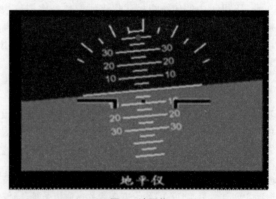

图 2 地平仪

(3) 左转右转指示灯

表示左转右转的指示灯通过 0、1 进行控制亮暗,当接受到 0 信号时,指示灯灭,当收到 1 信号时,指示灯亮。

3.2.3 指示灯

指示灯用来显示某些设备的开启状态。本系统中设定:当设备处于关闭状态时,指示灯为黑色;当设备处于开启状态时,指示灯为红色。为实现上述功能,程序中需要 pictureBox 控件和按钮控件。首先需要按钮实现开关功能。设置变量 i,在按钮控件的 Click 事件中写入 $i = i + 1$,每次点击按钮变量 i 就会执行加一操作。然后通过 if…else 语句进行判定,判定条件为 $i \% 2 == 0$,即变量 i 是否能被 2 整除,若可以被 2 整除,执行 if 中的语句,若不能被 2 整除,则执行 else 中的语句。

pictureBox 控件的颜色语句:
pictureBox3.BackColor = Color.Red;

3.2.4 行驶里程

行驶里程需要实时显示,接收到的数据在 Timer 的 Tick 事件中进行赋值,语句为
this.textBox1.Text = r4.ToString();
//r4 为接收到的数据。
另外在 textBox1 的 MouseClick 事件中写入
textBox1.Text = " ";

4 数据的转换与显示

虚拟仪表显示系统接收到的是传感器的信号,而各部分功能控件的显示需要通过相应的转换,如仪表上的数据显示需要通过一定的比例转换,而指示灯则需要转换成闪烁信号。

(1) 仪表盘控件数据显示

$$angley = \frac{u_1}{u_2} angle_1 \quad (1)$$

式中,$angley$ 为指针旋转的角度,u_1 为系统接受的数据,u_2 为仪表盘每一小格代表的数据量,$angle_1$ 为仪表盘每一小格的度数。

(2) 地平仪控件数据的显示

显示俯仰角度时:

$$angled = \frac{v_1}{v_2} angle_2 \quad (2)$$

式中,$angled$ 为指针旋转的角度,v_1 为系统接受的数据,v_2 为地平仪竖直刻度每一小格代表的数据量,$angle_2$ 为仪表盘每一小格的度数。

显示倾斜角度时:

$$angleq = \frac{r_1}{r_2} angle_3 \quad (3)$$

式中,$angleq$ 为指针旋转的角度,r_1 为系统接受的数据,r_2 为地平仪竖直刻度每一小格代表的数据量,$angle_3$ 为地平仪弧度刻度每一小格的度数。

(3) 表示俯仰与倾斜状态时

地平仪的背景会随着机身的倾斜或俯仰而相应的左右倾斜或前后平移(前后平移表示俯仰状态),上仰时背景下移,下俯时背景上移。

5 虚拟仪表运行结果

虚拟仪表显示系统运行时的状态如图 3 和图 4 所示。图 4 为陆地行驶时虚拟仪表显示的界面,图 4 为飞行状态下虚拟仪表显示的界面。通过点击行飞或行车虚拟按键进行界面的切换。行驶结束点击关闭按钮时,虚拟仪表显示系统停止工作。

图 3　陆地行驶状态显示界面

图4 飞行状态显示界面

6 结论

本文采用C#语言设计开发虚拟仪表显示系统,仿真结果形象逼真且系统反应敏捷。此外,在现有功能基础上,可增加行车显示界面与行飞显示界面自动切换装置[7],可将车身在不同行驶状态下显示相同指标,例如油量、发动机温度、水温等的仪表盘显示在相同界面而不用切换,使仪表盘更加方便观看,更加人性化。

参考文献

[1] 王大勇. 基于VAPS下虚拟航空仪表的开发[D]. 哈尔滨:哈尔滨工业大学,2006.

[2] 黄萍. 基于虚拟仪器测控系统的设计和研究[D]. 南京:南京理工大学,2002.

[3] 张本余. 未来战斗机的座舱显示[J]. 电光与控制,1995(2):40-46.

[4] 王娟. 飞行仿真中虚拟航空仪表显示系统的研究和实现[D]. 长春:吉林大学,2004.

[5] 徐洋,廖钦渔,李锐,等. 汽车指针仪表的视觉检测系统的研究与设计[J]. 电视技术,2012(17):139-143.

[6] 唐志勇,暴宏志. 汽车仪表指针控制技术[J]. 汽车电器,2007(7):1-4.

[7] 陈栋,崔秀华. 虚拟仪器应用设计[M]. 西安:西安电子科技大学出版社,2009:2-5.

基于数据耕种的体系作战运用仿真框架探析

蔺美青

(空军预警学院空天预警系,湖北武汉,中国,430019)

摘 要:针对体系作战运用的作战仿真问题,本文提出了一种能够融合大数据、云计算和人工智能等信息领域先进技术,对防空反导预警装备体系运用具有一定普适性的仿真框架。通过梳理分析数据耕种的一般过程和关键问题,按照问题、目标、方法和资源的逻辑顺序和功能构成,解析体系作战运用仿真的技术内容和科学范畴,构建了基于数据耕种的体系作战运用仿真框架,并对数据耕种建模、数据耕种平台和数据耕种结果处理进行了简要分析探讨。最后,对提出的仿真框架的应用进行了展望。

关键词:数据耕种;作战运用;体系仿真;数据挖掘;仿真框架

中图分类号:N945

Discuss on Simulated Framework of Operational Application of System-of-Systems Based on Data Farming

Lin Meiqing

(Department of Aerospace Early Warning, Air Force Early Warning Academy, Hubei, Wuhan, 430019)

Abstract: According to the operational simulation of system-of-systems operational application, a simulated framework is provided which is universal to system application of antiaircraft antimissile equipment, and can fuse with big-data, cloud computing and artificial intelligence and so on. By carding and analyzing the general process and key problems of data farming, in accordance with consecution and function composing of problem, target, method and resource, this paper analyzes the technical content and scientific category of operational application simulation of system-of-systems, then, a simulated framework of operational application of system-of-systems based on data farming is constructed, and data farming modeling, data farming platform and data farming result handling are simply analyzed and discussed. Finally, some expectation is provided for the application of this simulated framework.

Key words: Data Farming; Operational Application; SOS Simulation; Data Mining; Simulated Framework

1 引言

随着战争形态的转变和新军事变革的不断推进,体系作战运用研究成为军事部门开展作战训练工作时关注的重要问题。近年来,随着大数据时代、智能时代的到来,信息技术领域取得了显著的进步,大数据、云计算和人工智能等技术的军事应用问题受到了广泛的关注。数据耕种技术是建模仿真领域的一种新方法,在作战仿真中有很好的应用基础,是人工智能等技术与体系作战运用仿真进行融合的可行途径。着眼反导预警体系仿真等问题,基于数据耕种技术开展仿真框架相关研究,对于推动体系作战运用工程化和规范化有重要意义。

目前,针对数据耕种的研究并不多,而且主要集中于作战仿真和作战模拟领域。国防科技大学黄柯棣教授较早进行了数据耕种的研究,着重分析了数据耕种在作战仿真领域应用需要解决的关键问题,包括数据耕种模型、试验设计方法、数据耕种平台等,并指出了数据耕种的研究方向和意义[1]。空军指挥学院李明忠等开展了基于作战模拟的数据耕种技术研究,对数据耕种的概念和步骤等进行了系统分析和梳理[2]。国防科学技术大学刘亚杰等开展了数据耕种技术在装备体系技术联合试验中的应用,研究分析了装备体系技术联合试验领域需要解决的关键技术,探讨了该项研究的发展方向[3]。空军工程大学防空反导学院王超等开展了基于数据耕种和数据挖掘的BMD系统效能评估研究,针对目前BMD系统的特性,以数据

作者简介:蔺美青(1980—),女,内蒙古人,讲师,硕士,研究方向为预警探测效能仿真评估、预警情报数据工程等。

为着手点,利用数据耕种和数据挖掘技术对BMD系统效能评估所需的数据进行预处理和筛选,并对效能进行了分析评估[4]等。体系工程领域近几年也是一个学术热点,实现了蓬勃的发展,国防科学技术大学、空军指挥学院等对其相关原理、技术和存在的问题进行了系统总结[6,7]。此外,在探索性分析、数据挖掘、人工智能等领域,也开展了大量研究。以上这些研究为本文的研究奠定了很好的基础。但是,目前还没有将人工智能、大数据技术等与数据耕种技术相融合,用于解决体系仿真问题的相关研究。

本文针对体系作战运用仿真问题,通过梳理分析数据耕种内涵过程,解析体系作战运用仿真技术的内容范畴,构建基于数据耕种的体系作战运用仿真框架,并对关键问题进行简要分析探讨。最后对提出的仿真框架的应用进行展望。

2.1 数据耕种及其过程

数据耕种的创始人给出了这样的定义:数据耕种是一种将高性能计算用于决策问题的建模与仿真,并通过对模型关键元素的修改及其大量运行,探索运行结果可能空间的方法。其本质是使用高性能计算,在模型整个参数空间内运行,获取无法直接得到的暗藏线索,可以发掘模型运行结果潜在的信息,增强对决策问题的理解,并鉴别和比较各个不同决策方案的优劣。数据耕种不是企图运行一个特定的模型,给出研究和关心问题的最终答案,而是从整体的视角去研究问题,探索问题结果的可能性空间,这是对传统分析方法和研究思路的重大转变[2,3]。数据耕种过程如图1所示。

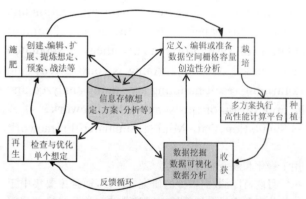

图1 数据耕种过程图

一般认为,数据耕种过程主要包括施肥、栽培、种植、收获以及再生等步骤,分别对应军事建模仿真的需求分析、试验设计、建模仿真、数据分析和反馈优化,具体如下:

(1)施肥:对应建模仿真的需求分析环节。主要是与军事研究人员及相关专家进行交流,分析如何掌握作战过程中的一些关键要素,而这些要素过去常常被忽略,如士气、指挥能力、直觉等,在该环节,通过创建、编辑和扩展等,提炼生成作战想定、预案和战法等。

(2)栽培:对应建模仿真的试验设计环节。军事专家对特定战场环境的关键要素有许多见解,需要对这些见解进行分析并应用,就是提取试验因子,设置因子水平,形成方案空间,并通过一定准则筛选生成方案集合。

(3)种植:对应建模仿真的建模仿真环节。将专家经验移植到模型的创建过程中,同时运行模型,对感兴趣的要素在广阔的变量空间内进行考察分析,这一环节通常要依托高性能的计算平台。

(4)收获:对应建模仿真的数据分析环节。对模型产生的数据加以收集,同时开发利用一些新技术来分析这些数据,包括数据挖掘、数据可视化等技术手段和途径。

(5)再生:对应建模仿真的反馈优化环节。在解释分析耕种结果的基础上,根据分析的结果指导并进行下一次的数据耕种。

数据耕种的核心思想是通过上述步骤的反复运算,并不断循环反馈,从而获得广阔的作战变量分析空间,用户可以从中挖掘出所关心问题的答案。此外,在变量分析空间中,数据耕种尤其重视对异常值的处理,强调通过异常值的分析来探索一些关键的问题。上述特征是数据耕种与一般作战仿真技术的主要区别。

2.2 数据耕种的关键问题

对数据耕种过程进行分析,涉及三个关键问题,包括数据耕种模型、数据生长平台以及数据耕种结果处理[1-3]。

(1)数据耕种模型

数据耕种模型是耕种过程中种植环节的主要依托,是实施种植的软实体。利用数据耕种模型,实现变量空间中多个方案的执行和运算,为数据挖掘和分析提供数据。模型的执行过程可以等价为一种新的概念——蒸馏法,就是将目标问题进行归约分解,形成一些具体的问题集合,针对这些具体问题设计一些简单模型,就可以很方便地进行反复的运行分析,最后蒸馏提炼出研究问题的答案。蒸馏法是继传统解析方程、模拟仿真以及军事演习后的又一种军事运筹分析方法。数据耕种过程的实质为仿真,可将耕种模型等价为蒸馏模型。与一般仿真模型相比,耕种模型或蒸馏模型主要针对高精度仿真的需要,设计十分精确,但模型的输入、输出参数范围有一定的限制。

(2)数据生长平台

数据生长平台是数据耕种过程中种植环节的另一依托,是实施种植的硬件载体。在阿尔伯特工程中,耕种数据的生长平台主要由夏威夷毛伊岛的高性能计算中心提供。该中心装备有万亿次计算资源,已经成为世界上最好的100强超级计算机中心之一。随着大数据技术中云计算军事应用技术的快速发展,数据生长平台可供选择的硬件资源必然十分丰富,会极大地推动数据耕种技术在军事领域中的应用。

(3)数据耕种结果处理

数据耕种结果处理对应于数据耕种过程的收获环节,就是针对数据耕种的结果,利用可视化的工具软件,对高维仿真数据进行分析。常见的数据分析工具包括:① Playback Tool,按照时间序列的方式提供仿真结果数据布进、回退以及快进等不同的回放过程;② VizTool Landscape Plotter,为用户分析数据耕种结果提供了许多手段,包括高维仿真数据集的切片分析,数据输入、输出关系的描绘,数据最大值、最小值以及均值的统计等;③ Avatar是MHPCC最新开发的可视化工具软件,具有数据三维分散绘制以及坐标轴并行绘制等功能,便于用户找出高维数据之间的输入、输出关系。现在各种数据挖掘、机器学习等工具不断涌现和升级,这就为数据分析处理提供了更多解决方案和可用资源。

3 体系作战运用数据耕种仿真框架

3.1 体系作战运用仿真解析

体系作战运用的实质是体系对抗条件下装备体系作战效能的提升问题。系统工程解决复杂问题的一般思路:确定研究的问题领域;围绕核心问题确定研究要达成的目标;围绕核心目标选择恰当的方法途径;针对选定的方法路径,进行具体设计和资源建设。因此,体系作战运用仿真可以从问题域、方法域、目标域和资源域四个方面进行理解,如图2所示。

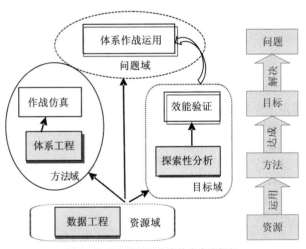

图2 体系作战运用仿真技术内容解析

从问题域角度考虑,体系作战运用仿真的问题对象是武器装备体系的体系化作战运用;从方法域角度考虑,体系作战运用仿真的实质是作战仿真,实现的具体方法是运用体系工程,而体系工程是针对复杂战争系统的研究需要而提出的,是开展体系作战仿真的主要途径;从目标域的角度考虑,体系作战运用仿真,立足于武器装备体系作战效能的验证和提升,探索性分析是解决效能验证问题的有效途径;从资源域的角度考虑,当前以数据为中心的作战决策背景下,数据工程将是解决资源域相关问题的有效途径。其中,体系工程、探索性分析和数据工程是解决体系作战运用仿真问题的主要方法和手段。

（1）体系工程

从本质内涵的角度考虑,体系作战运用仿真的实质是体系工程问题。体系工程的研究内容包括体系结构描述、体系需求获取、体系设计与优化、体系集成、体系试验与仿真评估、体系管理等[6,7]。体系作战运用仿真涉及体系需求工程、体系优化工程、体系仿真工程和体系管理工程。其中,体系需求工程包括体系需求获取、体系需求建模、体系需求分析、体系需求管理、体系需求演化等方法手段,这是体系作战运用仿真的起点;体系优化工程是以体系效能为核心目标推动体系演化的方法手段,这是体系作战运用仿真的目标;体系仿真工程包括体系作战试验设计、想定生成、仿真推演和战果评估等方法手段,这是体系作战运用仿真的依托;体系管理工程主要包括体系状态监测、体系效能评估、体系影响分析等方法手段,这是体系作战运用仿真的根本保障。

（2）探索性分析

从方法论的角度考虑,解决体系作战运用仿真的问题,应当采用探索性分析方法。探索性分析在军事上的应用主要为三类:求近似最优解、不确定性因素的重要性分析和复杂系统的效能度量。其中,效能度量就是探索性分析方法与效能验证的结合点。

探索性分析的两个重要难题是探索性建模和探索性数据分析。探索性建模的关键是建立多分辨率模型,运用高分辨率模型抓住事物的细节,运用低分辨率模型更好地揭示事物宏观的特征,主动元建模技术是建立多分辨率模型的有效方法;探索性分析过程中会产生大量的数据,需要对探索数据进行有效的管理、处理和分析,从中找出隐藏的规律,并通过数据可视化及输入和输出之间的双向探索快速得出分析结果[8-10]。其中,探索性数据分析是探索性分析和数据工程的结合点。

探索性分析方法依赖于计算机的能力,优秀的计算工具和数据可视化显示工具能够使探索性分析方法更加强大和有效,而如果能够形成规范的分析框架和建模过程,将使得探索性分析更加便于掌握和使用。大数据技术和人工智能技术的发展对于探索性分析方法的应用也具有很好的支持作用。

（3）数据工程

从技术发展的角度考虑,体系作战运用仿真应当树立基于数据的决策思维,进行试验数据工程研究。军事数据工程是当今军事数据的基础理论与应用实践的最前沿,是数学、军事系统工程与计算机技术多学科交叉渗透、相互结合的产物。体系作战数据是军事数据的重要分支内容,按照来源划分,可分为实战数据、训练数据、试验数据和试验数据等[12]。体系作战运用仿真会生成大量的试验数据,对这些数据的有效利用属于军事数据工程的范畴,随着大数据挖掘等技术的快速发展和推动,数据工程将是体系作战运用仿真资源域的重要内容。

3.2 体系作战运用数据耕种仿真框架设计

数据耕种技术应用到体系作战运用仿真领域,主要研究思路为:编辑作战想定并创建体系作战运用仿真系统的耕种模型;对建立的模型进行大量的运行,每次运行时改变体系作战关键元素以及一些随机变量的值,这样在反复的迭代过程中"生长"数据;重点通过数据挖掘等方法对产生的数据进行分析,在广阔的变量空间中考察体系作战过程中典型输入、输出要素之间的关系,并不断完善作战想定及耕种模型;对整个过程循环进行处理,最终挖掘出所关心问题的答案,完成对体系作战运用相关规律的研究[4,5,16]。

根据上述思路,设计数据耕种仿真运行框架,如图3所示。

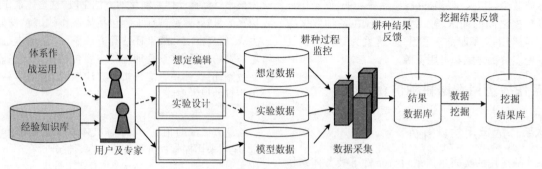

图3 体系作战运用数据耕种仿真运行框架

数据耕种仿真运行过程主要包括想定编辑、试验设计、耕种建模、数据采集和挖掘分析等步骤。其中,在体系作战运用仿真中,耕种建模包括针对目标问题的相关实体模型和交战关系模型等。上述模型加入到数据生长平台,通过数据采集将数据保存到结果数据库,最后通过数据挖掘等手段对原始结果进行评估分析,结果回馈给用户,支持对体系作战运用具体问题的决策分析。

从图3可以看出,用户及专家与整个原型系统之间存在三层循环,首先是通过在线评估等手段对整个耕种过程进行实时监控,其实质是动态评估;接着是利用耕种的原始结果对系统进行初步判断,其实质是静态评估;最后则通过数据挖掘的结果对系统进行全面的分析,其实质是优化反馈。

依据建模仿真经典理论,体系仿真要素包括平台、试验和资源,结合数据耕种构成要素理论,以及对创新技术运用的考虑,建立体系作战运用仿真要素解析结构[11],如图4所示。

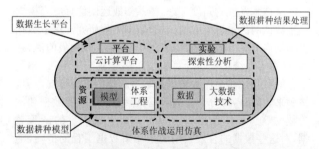

图4 体系作战运用仿真数据耕种要素解析图

体系仿真要回答四个主要问题,即模型怎么建、平台怎么搭、试验怎么做和数据怎么析,这就对应体系的四个构成要素,包括模型、平台、试验和数据,其中模型和数据可合称为仿真资源。按照现在计算机、建模仿真等科学技术的发展进程和阶段,体系仿真平台构建可以借助于云计算技术,来满足高性能计算的平台要求;另外,体系仿真中试验设计是个难点,由于探索性分析方法立足于考虑不确定空间的构建和探索问题,基本思想与数据耕种的问题域分析在本质上是吻合的,因而可以部分借鉴;此外,模型构建可以在体系工程的理论框架下进行,根据体系工程的最新研究进展,推进模型资源的建设;更值得一提的是,随着大数据技术的快速发展,以及数据思维方法的备受推崇,数据挖掘、机器学习等技术对于数据资源的建设具有很重要的支撑意义。

3.3 关键问题分析探讨

3.3.1 基于体系工程的数据耕种建模

数据耕种模型是数据耕种过程的实施基础。体系作战运用仿真属于体系工程的应用范畴,可采用体系建模和模拟分析方法,包括基于UML的体系建模方法与技术、体系三阶段建模方法与技术等,进行数据耕种模型构建。体系建模的基本工具是在统一建模语言(UML)基础上发展起来的体系过程视图和体系端对端的面向对象的可执行模拟模型视图。体系建模分析方法的具体步骤包括:确定体系想定环境与运作体系结构;确定体系线程;用UML描述体系;确定体系分析的参数及参数层次;将体系的UML描述转换成可执行模型;模拟运行并分析结果[6]。

体系工程和体系建模技术正在不断发展,为体系作战运用仿真的数据耕种建模,奠定了很好的学科基础和技术基础,提供了丰富的案例资源,有效降低了建模的技术风险。

3.3.2 基于云计算和大数据技术的数据生长平台

数据耕种平台是数据耕种过程的物理基础。大数据技术和云计算技术是信息技术发展的热门和前沿技术,代表了领域发展的趋势和方向。随着以数据为基础的指挥决策越来越在军事领域受到重视[12,13],大数据挖掘技术在军事领域的应用前景也日益受到瞩目。军用云计算技术是大数据技术在军事领域的应用。大数据技术的内涵也比较丰富,至少可以分为基础层、计算层和应用层。基础层主要是要提供大数据的检索、转换和存储等基础服务;计算层主要是提供分类、匹配等基本功能;应用层则是为相关领域问题提供辅助决策信息支持等,如作战辅助决策。从另外一个角度讲,对大数据的处理也可划分为几个层次和环节,就是将数据转化为信息,信息转化为知识,知识转化为智能。智能化就是大数据技术应用的终极目标。因此,可以融合大数据平台和云计算平台等相关技术,构建体系作战运用的数据生长平台。

3.3.3 基于人工智能技术的数据耕种结果处理

人工智能是数据挖掘的重要手段。近年来,人工智能技术领域取得令人瞩目的进展,包括决策树、支持向量机、小波分析、神经网络等为数据耕种结果处理奠定了很好的技术基础。此外,Agent 和多 Agent 系统技术是近年来得到飞速发展和广泛应用的一项分布式人工智能技术,其可以作为基于分布式仿真的数据耕种结果处理手段[14]。其中,多 Agent 技术是人工智能技术一次质的飞跃。将多 Agent 技术引入数据挖掘系统,能在一定程度上解决数据的数量、维数、数据抽样方式以及数据挖掘结果的不确定性等数据挖掘基本问题。用 Agent 来描述数据挖掘过程的各个部分,整个知识发现的过程是一个对 Agent 系统,利用 Agent 本身具有的知识、目标及推理、决策、规划、控制等能力,以及自主性、社会性、反应性、能动性等特征,来实现整个数据挖掘的智能化过程。而且,人工智能领域的机器学习技术,具有小样本数据处理、不确定性处理和智能优化等显著特征[15,16],在数据耕种数据处理中具有广泛的应用前景。因此,基于人工智能技术的数据耕种结果处理是体系作战运用仿真的可行技术途径。

4 结论

体系作战运用是当前军事部门开展作战训练工作的重要内容。体系仿真是解决体系作战运用问题的重要途径,是作战仿真研究领域的热点问题。采用数据耕种技术方法,推动大数据、人工智能等技术的军事应用,有利于促进体系作战运用的工程化和规范化。本文针对体系作战运用的作战仿真问题,开展了基于数据耕种的体系作战运用仿真框架研究,为反导预警等体系作战运用研究提供了技术支持。本文的主要工作包括:建立了包括施肥、栽培、种植、收获和再生的数据耕种过程模型;梳理了模型、平台和结果处理等关键问题;按照问题、目标、方法和资源的逻辑顺序和构成,解析了体系作战运用仿真的技术内容和科学范畴;构建了基于数据耕种的体系作战运用仿真框架,并对数据耕种建模、数据耕种平台和数据耕种结果处理进行了简要的分析与探讨。

本文提出的基于数据耕种的体系作战运用仿真框架,能够有效地融合大数据、云计算和人工智能等技术,在防空反导预警装备体系作战运用中具有一定的普适性,提供了一种仿真框架构建思路方法,对反导预警、防空预警的体系作战运用工程化实践和规范化设计具有支撑意义。下一步的工作是:结合体系作战运用具体问题的数据耕种模型构建;结合体系作战运用具体问题的数据生长平台建设;数据耕种结果处理工具和资源建设等。

参考文献

[1] 黄柯棣,鞠儒生,黄健,等. 基于数据耕种的作战仿真理论及其关键技术研究综述[J]. 系统仿真学报,2008,20(13):3337-3341.

[2] 李明忠,毕长剑,刘小荷,等. 基于作战模拟的数据耕种技术研究[J]. 计算机仿真,2008,25(7):1-4,69.

[3] 刘亚杰,刘新亮,郭波. 数据耕种技术在装备体系技术联合试验中的应用[J]. 火力指挥与控制,2010,35(12):163-166,170.

[4] 王超,刘付显. 基于数据耕种与数据挖掘的BMD系统效能评估[J]. 现代防御技术,2015,43(5):39-44.

[5] 鞠儒生. 基于数据耕种与数据挖掘的系统效能评估方法研究[D]. 长沙:国防科学技术大学,2006.

[6] 阳东声,张维明,张英朝,等. 体系工程原理与技术[M]. 北京:国防工业出版社,2013.

[7] 邓鹏华,刘思彤,毕义明,等. 武器装备体系工程研究综述[J]. 第二炮兵工程学院学报,2012,26(4):93-100.

[8] 郝旭东,刘道伟,王永明. 探索性分析在作战试验中的应用[J]. 指挥控制与仿真,2014,36(4):118-120,122.

[9] 李志猛,沙基昌,谈群. 探索性分析方法及其应用研究综述[J]. 计算机仿真,2009,26(1):32-35.

[10] 臧垒,蒋晓原,王钰等. 基于计算试验的探索性分析框架研究[J]. 系统仿真学报,2008,20(12):3077-3081.

[11] 方胜良,吕跃广,郝叶力. 信息对抗效能评估通用仿真框架研究[J]. 军事运筹与系统工程,2005,19(03):57-60.

[12] 高刚,蔡译锋,甘艺,等. 面向作战应用的数据工程建设方法初探[J]. 电子对抗,2016(1):10-14,42.

[13] 王红卫,祁超,魏永长,等. 基于数据的决策方法综述[J]. 自动化学报,2009,35(6):820-833.

[14] 张魏. 群体协同行为建模与仿真技术研究[D]. 长沙:国防科学技术大学,2012.

[15] 石崇林. 基于数据挖掘的兵棋推演数据分析方法研究[D]. 长沙:国防科学技术大学,2012.

[16] Forsyth A J, Horne G E, Upton S C. Marine corps applications of data farming[C]// Proceedings of the 2005 Winter Simulation Conference. USA:IEEE,2005:1077-1078.

物联网环境下企业业务流并行分布式模拟系统

胡 斌,刘洪波

(华中科技大学管理学院,湖北武汉,中国,430074)

摘 要:本文从物联网这一背景出发,分析业务流在物联网环境下的特征、离散事件模拟的原理,结合并行系统的原理,并将这几部分有机结合,深入嵌套设计出物联网环境下的企业分布并行模拟系统的方案。在系统设计上,总体采用了将模型模块、控制模块、视图模块分离的 MVC 架构设计,主要使用了 C♯ 以及 sqlserver 开发技术,使用者只要在进行试验之前初始化一些企业的数据,包括组织架构、各参与企业的资源分配情况以及各种业务的分配情况,然后进行仿真即可,模拟结束后系统便会得出一定时间模拟结果的统计信息,通过分析资源的负荷率并对比最优的负荷率,能够对组织结构进行一定程度的优化。当考虑到资源为人时,还会针对人这种存在心理变化进而影响业务的特殊资源,嵌入自我效能感这一心理学模型,从而使仿真过程更加真实,提高系统的说服力。

关键词:仿真;并行;物联网;业务流

中图分类号:TP391

Enterprise Business Flow Parallel Distributed Simulation System under Internet of Things

Hu Bin, Liu Hongbo

(School of Management, Huazhong University of Science and Technology, Wuhan, Hubei, 430000)

Abstract: With the background of the Internet of Things, this paper analyzes the characteristics of the business flow in the Internet of Things environment, the principle of discrete event simulation, and combines the principles of parallel systems. It combines these parts organically, and deeply embeds and designs the distributed parallel simulation system for enterprises in the Internet of Things environment. In the system design, the MVC architecture design that separates the model module, the control module, and the view module is generally adopted. The main techniques are the C♯ and sqlserver development technologies. The user initializes some enterprise data before the experiment, including the organizational structure and participation. The company's resource allocation and distribution of various services can then be simulated. After the simulation ends, the system will obtain statistical information on the simulation results for a certain period of time. By analyzing the utilization of the resources, the optimal utilization can be compared with the organizational structure, and optimization of structure can be conducted. When considering human resources, the psychological model, e. g., self-efficacy, that influences the business flow is also embedded, so as to make the simulation process more realistic and improve the persuasiveness of the system.

Key words: Simulation; Parallel; Internet of Things; Business Flow

作者简介:胡斌(1966—),男,湖北武汉人,教授,博士生导师,研究方向为管理系统模拟、物联网、系统仿真;刘洪波(1991—),男,山东临沂人,硕士,研究方向为管理系统模拟。

1 引言

物联网作为当前信息技术发展的一个重要里程碑,起源于 20 世纪 90 年代末。由于物联网可以产生巨大的收益,引起了社会各界包括政府和企业对物联网的极大关注,被认为是第三次信息产业浪潮[1]。

现在物联网技术应用已经遍及各行各业,比如生产制造、物流运输、智能家居等都有广泛的应用,它在缩减生产成本、提高产品品质、提升企业竞争力等诸多方面都带来了巨大的收益[2]。在生产制造方面的具体应用包括:供应链的可视化管理、生产车间的智能制造、产品生命周期监控,物联网技术实现了高质量、高效率的制造。

著名管理学家迈克尔·哈默指出,业务流程在企业运营中的作用将至关重要,业务流程是一个企业一切运作活动的范式,企业执行业务流程来完成它的战略决策和经营目标,没有流程,企业则无法运转[3]。所以,业务流程的好坏直接关系到企业运作,进一步关系其利润收益。优秀合理的流程将使企业更具有竞争力;相反,不合理的业务流程则会给企业带来诸多的问题,比如:各职能部门各自为政,不相往来,企业效率低下,工作进展缓慢,直接影响企业的利润。

仿真是一个表示或效仿另一个系统在一段时间内行为的系统,模拟系统是计算机程序,被模拟的系统称作物理系统。物理系统可能是实际的、真实的系统,也可能是虚拟的系统[4]。计算机模拟是一种广泛使用的技术,它主要应用在解决工程、商业、物理科学、人工智能和经济学中的问题。毫无疑问,正是因为模拟这个方法在评估一些方案时,不需要真正的实施方案就能评测各种方案的优劣,使其成为一种相当重要的工具。

在物联网的大背景下,随着接入终端数量以及种类的增加,数据量也越来越庞大,数据处理时对时间提出了更高的要求,这就需要我们在设计仿真程序时充分考虑这一特点,因此我们在设计仿真程序时采用了分布式并行程序的设计思路,多台计算机通过分工协调同时完成一项仿真任务,来有效地提高仿真效率与仿真精确度。

而在管理学领域中,人这一个因素显得尤为重要,在很多问题上,管理都是指对人的管理,因此针对一个管理学问题的仿真程序,对人的思考必不可少。员工的行为是其内在心理活动的外在表现,员工的心理活动对其工作的完成情况也有较大的影响,因此在仿真系统中加入合适的心理学模型显得尤为重要。本系统选取自我效能感模型,嵌入仿真系统使仿真过程更加真实可信。

2 模型分析

2.1 业务流分析

通常一个企业的业务流程包括业务到达、业务分配、业务处理、业务结束这几个部分。在这里把各项业务看作是排队系统中的各种任务依次到达系统,其中任务属性包括任务的类型、任务的工序数、完成各项工序所计划需要的时间、关联任务、任务所需要的资源等等,用图1表示任务处理的流程。

如图1所示,我们最后用任务完成的效率(任务完成时间)、岗位的负荷率来评价组织结构以及组织管理的效果。

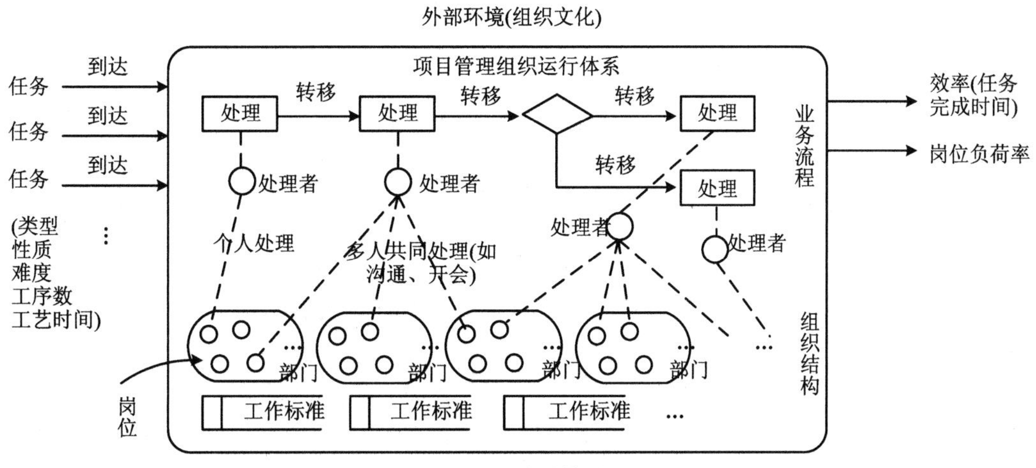

图 1 业务流模型

2.2 心理学模型分析

R. Sun 在计算心理学研究中指出:心理特质的变化一般由事件引起,是一个变化的过程,由事件驱动[5]。在离散事件仿真中,演化过程正好是由事件驱动的,而其中仿真时钟的变化正好可以用来表示这一过程,因此可以将心理学模型嵌入离散事件仿真中。在本模拟系统中使用了心理学模型——自我效能感模型。美国著名心理学家 A. Bandura 在其著作《思想和行为的社会基础》中提出了自我效能感模型,并在其以后的研究中逐渐完善了自我效能感的理论体系。自我效能感的实质是指个人对影响本人生活的事件,以及对本人的活动水平施加控制能力的信念[6],不是指一个人的才能大小,而是描述了一个人的内在的满足程度从而影响其投入工作的努力程度。本系统建立的自我效能感模型如图2所示。

从该模型中能够看出,影响自我效能的因素主要是外在因素和内在因素。其中外在因素包括组织文化、任务性质、任务的难度、目标绩效等环境因素,内在因素包括人格

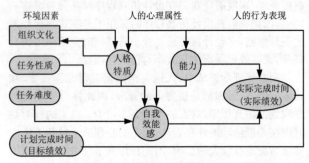

图 2 自我效能感模型

特质以及人的能力。为了方便测量,我们将任务的完成时间作为考量绩效的一个标准。自我效能感模型在本系统中的应用主要体现在内在的算法,它对任务的完成时间即组织的效率产生影响。

3 系统设计

3.1 流程设计

企业的主要业务流程在本系统中体现为任务的处理流程,表现为离散事件仿真中的排队系统,各种任务依次进入系统等待,系统会视资源情况优先处理紧急的任务。将离散事件模拟模型分为几个相对独立的部分,包括任务到达部分、事件管理部分和事件处理部分。任务达到部分负责根据初始化任务以及模拟选项产生仿真任务,事件管理部分负责事件的产生以及分配,事件处理负责处理事件并修改状态变量。系统流程图如图3所示。

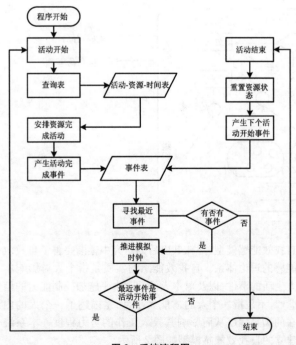

图 3 系统流程图

3.2 并行分布式设计

开发并行分布式仿真系统中的一个难点在于分布在不同计算机上的仿真程序的模拟时钟的同步问题;保守同步算法和乐观同步算法是解决时钟同步问题的两种常见算法[7]。在这里,我们采用保守同步的策略,在保守策略中前瞻量的选取非常重要,既不能太大也不能太小,太大的前瞻量可能导致多次回滚,而太小的前瞻量又会使得时钟移动次数过多影响仿真效率,因此我们在这里选取了所有任务的工序中最小的工艺时间作为前瞻量,并行程序的模拟时钟根据这个前瞻量,按照本地因果约束的原则向前推进。

在这里分布式实现方式是将不同的任务根据约定分配给不同的仿真子程序,每一个仿真子程序都是一个离散事件仿真程序,任务的生成与分配有主程序负责,而各仿真子程序分布在不同的计算机上负责处理分配给自己的任务,这些子程序在彼此处理任务时相互发送消息并按照保守策略推进模拟时钟,直到仿真结束。

4 仿真试验

在这里我们选取现代化的电商物流企业 A 作为试验对象,物流企业 A 在全国拥有 4 个物流中心,各物流中心下设多级的配送站,从订单产生开始货物经由各级组织到达消费者手中,我们用主系统模拟订单产生过程以及订单的分配,用各个子系统模拟各个物流中心的物流的业务流程,最后统计分析各个任务的完成效率以及各个组织的人员配备的负荷率问题,借此优化组织结构。主系统运行如图 4 所示,子系统运行如图 5 所示。

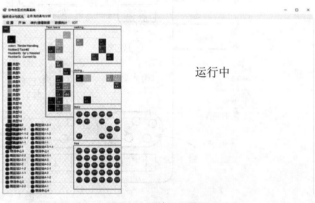

图 4 主系统运行界面

仿真试验过程中可以打开 IOT 窗口,如图 6 所示,以监控各项任务的当前状态,以及各项资源的等待排队长队,最后仿真结束后的统计分析报表如图7~9所示。

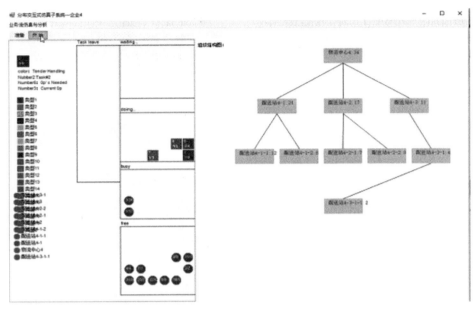

图5　子系统运行界面

图6　IOT窗口

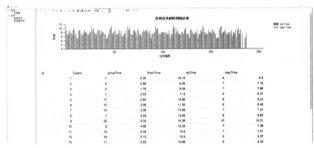

图7　各项任务统计时间报表

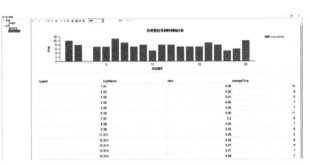

图8　各类型任务统计时间报表

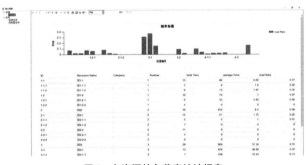

图9　各资源的负荷率统计报表

系统通过 IOT 窗口监控任务处理的实时情况,以及各种资源对应的等待被处理的任务排队长度,以此来反映组织运作的瓶颈,结合分析任务的处理时间以及资源的负荷率统计报表,可以更好地掌握业务处理情况,优化组织结构。

5　结语

本文设计实现了物联网环境下的企业业务流并行分布式仿真系统,并且在人这一特殊资源时嵌入了心理学模型,使仿真结果更加真实可信。通过最后一个物流业务流程的仿真试验展现了本系统的功能,通过分析各种任务的完成时间以及资源的负荷率,来优化组织结构和提升组织运作效率。

参考文献

［1］张铎. 物联网大趋势［J］. 物联网技术,2011,1(6):20-23.

［2］吴晓钊,王继祥. 物联网技术在物流业的应用:物联网技术在物流业的应用现状与发展前景［J］. 物流技术与应用,2011,16(2):52-56.

［3］赵宝. 迈克尔·哈默与业务流程再造［J］. 企业管理,2003(12):10-12.

［4］Kim J. System and method for performing distributed

simulation [J]. 2014.
[5] Sun R. The Cambridge handbook of computational psychology [M]// The Cambridge Handbook of Computational Psychology. Cambridge: Cambridge University Press, 2008.
[6] Bandura A. Self-efficacy: the exercise of control [J]. Journal of Cognitive Psychotherapy, 2005, 13(2).
[7] 王娴, 吴张永, 牛骁, 等. 并行离散事件仿真系统时钟管理及推进机制研究[J]. 信息技术, 2012(6): 11-14.

基于社会力模型的人群运动仿真模拟

朱前坤[1,2],南娜娜[1],惠晓丽[1],杜永峰[1,2]

(1. 兰州理工大学防震减灾研究所,甘肃兰州,中国,730050;2. 兰州理工大学西部土木工程防灾减灾教育部工程研究中心,甘肃兰州,中国,730050)

摘 要:由于社会力模型能够形象地用力的形式表达周围环境(如其他行人、边界或障碍物)对所描述的行人行为的影响,且能够较真实地模拟与实际行人运动相符合的运动现象,故在本文中选取社会力模型对单向行人流进行仿真模拟。在社会力模型中,避让行为主要是通过停止和绕行来实现的,但在模拟中总会不可避免地出现碰撞甚至穿越的行为。本文首先分析了社会力模型基本原理,然后为了更好地解决社会力模型中存在的行人碰撞行为,引入了自停止机制与减速避让机制,最后采用 MATLAB 实现对单向行人流进行仿真模拟。通过对比分析行人密度-速度关系曲线和行人荷载时程曲线,进一步证明了改进后的社会力模型的合理性。

关键词:社会力模型;行人流;自停止机制;减速避让机制

中图分类号:TP391

Simulation of Crowd Motion based on Social Force Model

Zhu Qiankun[1,2], Nan Nana[1], Hui Xiaoli[1], Du Yongfeng[1,2]

(1. Institute of Earthquake Protection and Disaster Mitigation, Lanzhou University of Technology, Gansu, Lanzhou, 730050; 2. Western Center of Disaster Mitigation in Civil Engineering of Ministry of Education, Lanzhou University of Technology, Gansu, Lanzhou, 730050)

Abstract: Due to the fact that the social force model can use the form of force to express the effect of the surroundings environment (e.g. other pedestrians, borders or obstacles) on the behavior of the described pedestrian, and it can simulate the motion phenomenon of the pedestrian flow consistent with the motion of the real crowd more accurately, the social force model is adopted in this paper to simulate the the one-way pedestrian flow. In the social force model, the avoidance behavior is mainly realized by stopping and detour, but there inevitably is the behavior of collision and even crossing in the process of the simulation. The basic principle of the social force model is analyzed firstly in this paper. Then, in order to solve the above-mentioned problem of crossing and collision better, the deceleration mechanism and self-stopped mechanism are introduced. Finally, MATLAB is used to simulate the one-way pedestrian flow. By comparing and analyzing the pedestrian density-velocity relation curve and the pedestrian load-time history curve, it can be further proved that the improved social force model is reasonable.

Key words: Social Force Model; Pedestrian Flow; Self-stopped Mechanism; Deceleration Mechanism

1 引言

随机人群荷载作用下结构的振动问题早已引起人们的关注,但是由于随机人群的复杂性,目前此类问题并未得到很好的解决。要建立符合实际情况的随机人群荷载模型,必须考虑到行人之间的相互作用以及行人个体在时间历程上的变化,完成对行人微观运动过程的模拟。

目前常用的模型有成本-效益模型[1]、元胞自动机模型[2]、社会力模型[3]和磁场力模型[4],其中在成本-效益模型与元胞自动机模型中,每个粒子都服从相同的运动规律,因此不能考虑行人之间的差别;磁场力模型的疏散放

作者简介:朱前坤(1981—),男,江苏人,副教授,博士,研究方向为结构振动控制;南娜娜(1992—),女,甘肃人,硕士,研究方向为人致振动舒适度;惠晓丽(1990—),女,陕西人,硕士,研究方向为工程振动控制;杜永峰(1962—),男,甘肃人,教授,博士,研究方向为结构减震控制研究。

置选择单一,不能考虑行人的心理作用。由 Helbing 提出的社会力模型[5]受到了越来越多的关注,并得到了广泛的应用。因为社会力模型将人的主观愿望、行人与行人之间,以及行人与环境之间的相互作用通过社会力的概念表示,成功地模拟了"快即是慢"和瓶颈摆动等行人现象,而且在整个模拟过程中,考虑了行人个体内的差异性以及个体之间的随机性。行人的运动都是力的作用,而行人个体在时间历程上的变化是在力作用下引起行人速度、位移等的改变来体现的。通过模拟可得到任意时刻行人的位置、步频、质量等参数。

2 社会力模型原理

社会力是指一个人受到周围环境的影响,从而引起自身行为的某些改变。社会力模型认为行人的运动是在社会力的作用下发生的,其中包括自驱力、行人之间的作用力、行人与周边环境之间的作用力。其模型示意图如图 1 所示。

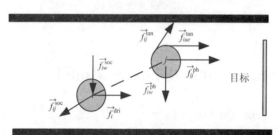

图 1 社会力模型中的各种作用力

图 1 中,$\vec{f}_i^{\text{dri}}$ 表示行人 i 的驱动力;$\vec{f}_{ij}^{\text{soc}}$ 为行人 j 受到前方行人 i 的心理排斥力;$\vec{f}_{ij}^{\text{ph}}$ 为行人 j 与行人 i 之间接触时才会产生的物理排斥力;$\vec{f}_{ij}^{\text{tan}}$ 为行人 j 与行人 i 接触时产生的切向物理作用力;$\vec{f}_{iw}^{\text{soc}}$ 为行人受到周围障碍物的排斥作用而远离障碍物的心理作用;$\vec{f}_{iw}^{\text{tan}}$ 与 $\vec{f}_{iw}^{\text{ph}}$ 分别为行人 i 与障碍物接触时产生的法向与切向的物理作用力。

2.1 驱动力

将行人去往目的地的主观愿望用驱动力来表示,在没有受到环境中其他阻碍的情况下,行人会主观地选择路径最短的方向与最舒适的速度。即

$$\vec{f}_i^{\text{dri}} = m_i \frac{v_e \vec{e}_i - \vec{v}_i}{T_a} \quad (1)$$

式中,m_i 为行人的质量;$\vec{v}_i$ 为行人的实际速度,一般情况下都小于期望速度;v_e 为行人的期望速度大小,只与行人个体特性有关;T_a 表示行人受到环境作用后的反应时间;$\vec{e}_i$ 表示行人的期望运动方向,其表达式为

$$\vec{e}_i(t) = \frac{\vec{r}_i^k - \vec{r}_i(t)}{\|\vec{r}_i^k - \vec{r}_i(t)\|} \quad (2)$$

行人的期望目的地一般不会是一个特定的点,一般为一个区域,比如一个通道、一扇门等。式中,$\vec{r}_i(t)$ 为在某 t 时刻行人 i 的位置;$\vec{r}_i^k$ 为形成目的地区域的一系列点,一般取离行人最近的点。

2.2 行人之间的相互作用力

行人在运动过程中总会尽可能与他人保持一定的距离,若距离过小,则会引起行人心理上的排斥感,这就是常说的"领域效应",正是因为这种"领域效应"的作用,人与人之间尤其是陌生人之间总会存在无形的排斥力。即

$$\vec{f}_{ij}^{\text{soc}} = A\exp\left(\frac{r_{ij} - d_{ij}}{B}\right)\left[\lambda_i + (1-\lambda_i)\frac{1+\cos(\varphi_{ij})}{2}\right]\vec{n}_{ij} \quad (3)$$

式中,$\vec{f}_{ij}^{\text{soc}}$ 为行人 i 受到行人 j 的心理排斥力,当行人 j 在行人 i 的作用区域时,行人 i 会受到行人 j 的作用;A 为行人之间的作用强度,为模型参数;B 为行人之间的作用力范围,为模型参数;$r_{ij} - d_{ij}$ 为行人之间距离的相反数,r_{ij} 是两行人的半径之和,d_{ij} 两行人中心的距离;λ_i 为各向异性参数,考虑了不同方向的行人对当前行人不同的影响程度,一般认为前方行人影响大于后方行人,λ_i 越小表示前方行人影响越大,$\lambda_i \in [0,1]$;φ_{ij} 为行人间的斥力与期望运动方向的夹角;$\vec{n}_{ij}$ 为行人 j 指向行人 i 的单位向量。

心理排斥力是当行人 j 进入行人 i 的作用区域后会产生的,远离区域时认为作用为 0,当行人距离靠近时,排斥力的大小是指数形式的增长,当行人发生接触时,除了心理排斥作用,还有物理作用力,包括沿着垂直行人接触面的方向作用,使行人抵抗接触,沿着平行于行人接触面的方向使行人快速分离。法向力和切向力分别为

$$\vec{f}_{ij}^{\text{ph}} = [K\Theta(r_{ij} - d_{ij})]\vec{n}_{ij} \quad (4)$$

$$\vec{f}_{ij}^{\text{tan}} = k\Theta(r_{ij} - d_{ij})\Delta\vec{v}_{ij}\vec{t}_{ij} \quad (5)$$

其中

$$\Theta = \begin{cases} r_{ij} - d_{ij}, & r_{ij} - d_{ij} \leq 0 \\ 0, & r_{ij} - d_{ij} > 0 \end{cases} \quad (6)$$

式中,$\vec{n}_{ij}$ 为行人 j 指向行人 i 的单位向量;$\vec{t}_{ij}$ 由单位法向量 $\vec{n}_{ij}$ 逆时针旋转 $90°$ 所得到的;K 为人体弹性系数(N/m);k 为人体相对速度差摩擦系数(N·(s/m²));$\Delta\vec{v}_{ij}$ 表示两行人速度的矢量差。

2.3 行人受到障碍物作用

当行人作用区域范围内有其他障碍物时,行人会自主选择路径来避免与障碍物发生接触或碰撞,行人与障碍物作用原理与行人之间相近。由于障碍物的不可感知,行人的作用具有双向性,而与障碍物的作用是单向的。作用力仍然包括心理排斥力与接触时的物理作用力,但其中参数取值有所变化。

$$\vec{f}_{iw}^{\text{soc}} = A_w\exp\left(\frac{r_i - d_{iw}}{B_w}\right)\vec{n}_{iw} \quad (7)$$

式中,A_w 为行人与障碍物作用力强度,为模型参数;B_w 为行人与障碍物作用范围,为模型参数;$r_i - d_{iw}$ 为行人半径与行人到障碍物的法向距离差;$\vec{n}_{iw}$ 为由障碍物指向行人的单位法向量。

当行人速度过大躲避不及而与障碍物接触时,对障碍物产生挤压作用。

$$\vec{f}_{ij}^{ph} = [K\Theta(r_i - d_{iw})]\vec{n}_{iw} \quad (8)$$

$$\vec{f}_{iw}^{tan} = k\Theta(r_{ij} - d_{ij})\langle \vec{v}_i \vec{t}_{iw}\rangle \vec{n}_{iw} \quad (9)$$

式中,$\vec{n}_{iw}$为由障碍物指向行人的单位法向量;$\vec{t}_{iw}$为平行于障碍物的单位切向力;$\langle \vec{v}_i \vec{t}_{iw}\rangle$为行人速度在障碍物方向上的投影;$K$为人体正压力弹性系数(N/m);$k$为人体相对速度差摩擦系数(N·(s/m²))。

其中

$$\Theta = \begin{cases} r_i - d_{iw}, & r_i - d_{iw} \leq 0 \\ 0, & r_i - d_{iw} > 0 \end{cases} \quad (10)$$

3 社会力模型的改进

虽然社会力模型能够形象地表达行人之间的心理排斥作用,社会力模型中的避让行为主要是通过停止、绕行来实现的,但在模拟中总会不可避免地出现碰撞甚至穿越的行为。为了更好地解决社会力模型中存在的行人碰撞行为,本文引入了减速避让机制[6]与自停止机制[7]。

图2为行人动态与静态需求空间示意图。减速避让机制包含了行人的预判行为,行人按照原来的速度行走至下一步长所需要的空间为动态需求空间$d_{i1} = (a + b|\vec{v}_i(t)|)$,行人速度为0,需要$d_{i2} = (a + b \times 0)$大小的步行距离。若发现下一步长中其他行人占据了动态需求空间d_{i1}与d_{i2},则在本步长内行人会受到让其减速的避让力:

$$\vec{f}_i^{avo} = -\delta_i(t)\vec{v}_i(t)m_i\left[\lambda_i + (1-\lambda_i)\frac{1+\cos(\varphi_{ij})}{2}\right]\vec{n}_{ij} \quad (11)$$

$d_{i1} = (a + b|\vec{v}_i(t)|)$为行人$i$按原来速度运动后与行人当前的距离;$-\delta_i\vec{v}_i(t) = -\frac{\delta_i(t)}{T_r}$为行人$i$由速度$\vec{v}_i(t)$减至0而采取的加速度;$T_r$为行人反应时间;$\varphi_{ij}$为行人$i$实际步行速度与行人$j$作用对行人$i$的排斥力的反方向的夹角;$\lambda_i$为各向异性参数,考虑了不同方向的行人对当前行人不同的影响程度,当取0时,说明后方行人对前方行人无影响。

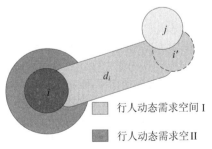

图2 行人运动空间示意图

行人所受力的和均满足力的叠加原理,仿真过程中只考虑离行人最近的边界或障碍物对行人的作用力。当行人在某一时刻的所有受力确定后,根据牛顿第二定律确定行人的下一步运动参数。

$$F_{i\hat{\ominus}} = f_{驱动力} + f_{行人作用力} + f_{障碍物作用力} + f_{减速避让力} \quad (12)$$

$$\begin{cases} a = \dfrac{F_{i\hat{\ominus}}}{m_i} \\ v_i(t) = v_i(t-1) + a\Delta t \\ x_i(t) = x_i(t-1) + v_i(t-1)\Delta t + \dfrac{1}{2}a\Delta t^2 \end{cases} \quad (13)$$

实际中,行人躲避碰撞通常有两种反应:一是减速直至停止,来防止与前方行人或物体发生碰撞;二是改变行进方向,采取绕行的方式以一定的速度通过。为了避免重叠,本文加入了以下规则:

(1) 行人的初始速度为行人的期望速度,行人期望速度在整个仿真过程中保持不变。本文认为行人实际速度只能小于等于期望速度。因而当行人的实际速度大于行人期望速度时,取行人最大速度为当前期望速度的值。

(2) 只有其他行人进入当前行人的作用域时,才会有社会力的作用,行人受到的作用力与距离有关,距离越近,社会力也越大,只考虑前方行人的作用,对后方行人的作用认为等于0。行人的作用域在长1.4 m、宽1.2 m的矩形作用范围。

(3) 如果行人与前方行人接触受到较大的力,而产生反向的速度,令当前速度为0,认为在运动过程中行人不会产生后退。

(4) 在行人与障碍物的作用中,行人始终位于仿真作用区域内,判断当前时刻行人与障碍物的距离与行人下一时刻可能的位移,若位移超出了作用区域,则假定行人位于边界上,但不可超出和穿过边界。

4 社会力模型的仿真

运用MATLAB工具建立社会力模型的仿真系统。仿真通道为一个长21.8 m、宽3 m的单向通道,将行人看作圆形,行人半径在[0.2,0.3] m服从随机分布,行人在相邻的等大的区域内随机产生,产生后受到社会力模型的作用,慢慢走入研究的通道中。

模型参数取值如表1所示。行人参数的取值如下所述,行人质量在[50,80] kg的范围内服从均值为65,方差为5的正态分布。期望速度在[0.7,1.4] m/s的范围内服从均值为1.29,方差为0.26的正态分布,行人实际速度在行走过程中由来自周围环境与行人的合力共同决定。在每一步长中,行人的状态都随环境发生变化。加速时间为0.5 s。

表1 模型参数取值

模型参数名称	取值	单位
行人间相互作用强(A)	2000	N/m
行人间相互作用范围(B)	0.08	m
松弛时间	0.5	s
行人与障碍物间的作用力(A_w)	10	m/s²
行人与障碍物间的作用范围(B_w)	0.3	m
人体正压力弹性系数(K)	12000	kg/s²

续表

模型参数名称	取值	单位
人体滑动摩擦力系数(k)	24000	kg/s²
行人作用区域矩形框 x 取值	1.4	m
行人作用区域矩形框 y 取值	1.2	m
行人作用需求空间参数 a	0.3	m
行人作用需求空间参数 b	1.06	m
仿真步长	0.01	s

基于社会力模型和引入的自停止机制与减速避让机制，结合上述所述的模型参数和行人参数，采用 MATLAB 实现对单向行人流进行仿真模拟，具体仿真步骤如下：

步骤1：数据的初始化定义，输入通道参数数值，输入模型参数，输入行人参数，确定结构上的最大行人数。

步骤2：生成所有行人质量，确定所有行人半径，生成行人的初始速度，在相邻等区间里随机确定行人位置。

步骤3：当生成行人后，基于社会力模型，首先每个行人判断在作用区域内是否有其他行人的作用，若有行人作用，计算行人在区域内受到的行人作用力，判断行人与障碍物的距离，若障碍物在作用区域内，计算障碍物对行人的作用。根据行人当前速度对行人下一位置进行预测，如果行人会与障碍物或者与行人碰撞，则引入减速避让力，对行人受到的所有力进行求合力。根据牛顿第二定律计算下一时刻行人的加速度，进而计算下一时刻行人的位移。

步骤4：每次步骤3结束后，保存每一步长更新的行人速度、位移、质量等关键参数。根据更新的行人数据判断全部行人是否都走出通道，若全部走出通道，则停止运行，输出仿真过程的速度、位移、质量等重要参数；若还未走出通道，则继续循环步骤3与步骤4，直至所有行人都走出通道。

以长为 21.8 m、宽为 3 m 的单向通道为例，进行单向行人流的建模。图3为当行人密度为 0.5 人/m² 时，行人处于自由移动状态下的仿真截图，图中圆点代表行人，左边为行人入口通道，右边为行人出口通道，上下两边为墙体。

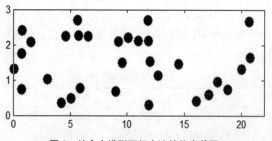

图3 社会力模型下行人流的仿真截图

从仿真截图(图3)中可以看出，基于社会力模型下行人的分布并不均匀，而且行人趋向于沿着左右两边墙体行走，行走过程中密度较大的区域，行人有排队的现象。为了验证社会力模型的真实性，本课题组统计了十种行人密度在不同工况下行人速度的变化情况。其中每组工况的通道参数与模型参数一致，初始位置随机产生，行人质量与行人期望速度均按一定的分布产生。由于本文篇幅限值，不同行人密度工况下行人速度的相关数据在文中未列出。行人的运动方式由社会力模型来决定，因此考虑了行人在空间域与时间域内的随机性。为了更加清楚地得到社会力模型下行人密度-速度关系，将七组不同工况下的速度值取平均值，然后拟合得到行人密度-速度关系曲线。图4为采用本课题组改进的社会力模型得到的行人密度-速度关系曲线与其他学者得到的关系曲线的对比图。从中可以看出，本课题组改进后的社会力模型更加具有合理性。

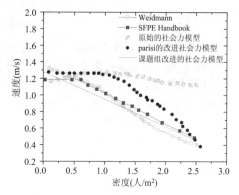

图4 速度-密度曲线对比图

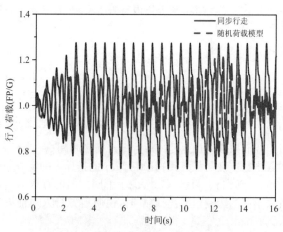

图5 行人荷载时程曲线

图5为当结构上行人从 0~10 变化时的荷载时程曲线。其中纵坐标是步行荷载的傅里叶级数形式 FP 与行人重力 G 的比值。从图5中可以看出，10人同步行走工况下的荷载具有明显的周期性，而随机荷载模型没有明显的周期性，而且荷载的峰值也比同步行走的小，这是因为每个行人的荷载很少能同时都取得最大值，荷载曲线出现相互叠加抵消，这也是行人步频差异性的体现。

5 结论

本文的主要工作是基于社会力模型模拟人群运动，主要结论如下：

(1) 社会力模型能够形象地用力的形式表达周围环境(如其他行人、边界或障碍物)对所描述的行人行为的影响,且能够较真实地模拟与实际行人运动相符合的运动现象。

(2) 引入的自停止与减速避让机制和一些规则可以较好地解决在社会力模型中出现的碰撞问题。

(3) 从采用本课题组改进的社会力模型得到的行人密度-速度关系曲线与其他学者得到的关系曲线对比图分析,可知本课题组改进后的社会力模型更加具有合理性。

(4) 由行人荷载曲线可知,在行人同步行走工况下,荷载具有明显的周期性,而在随机荷载模型下,荷载没有明显的周期性,且荷载峰值小于同步行走时的荷载峰值,这主要是由于每个行人的荷载很少能同时都取得最大值,荷载曲线出现了叠加抵消的现象。

致　谢

本文感谢国家自然基金(51668042 和 51508257)以及甘肃省高等学校科研项目(2015B-37)的支持。

参考文献

[1] Gipps P G, Marksjö B. A micro-simulation model for pedestrian flows [J]. Mathematics & Computers in Simulation,1985,27(2/3):95-105.

[2] Toffoli T, Margolus N. Cellular automata machines: A new environment for modeling [J]. FORMATEX 2006 Current Developmentsin Technology-Assisted Education, 1987 (5):967.

[3] Helbing D, Werner T. Self-organized pedestrian crowd dynamics:Experiments,simulations,and design solutions[J]. Transportation Science,2005,39(1):1-24.

[4] Magura S. A study of simulation model for pedestrian movement with evacuation and queuing[C]. 1993.

[5] Helbing D, Buzna L, Johansson A, et al. Self-organized pedestrian crowd dynamics: Experiments, simulations, and design solutions[J]. Transportation Science, 2005, 39(1): 1-24.

[6] 李珊珊,钱大琳,王九州. 考虑行人减速避让的改进社会力模型[J]. 吉林大学学报(工),2012,42(3):623-628.

[7] Parisi D R, Gilman M, Moldovan H. A modification of the social force model can reproduce experimental data of pedestrian flows in normal conditions [J]. Physica A Statistical Mechanics & Its Applications,2009,388(17):3600-3608.

基于AMESim的质子交换膜燃料电池系统仿真

潘瑞,杨朵,汪玉洁,陈宗海
(中国科学技术大学自动化系,安徽合肥,中国,230027)

摘 要:质子交换膜燃料电池(PEMFC)由于其理想能量转换效率高、噪声小、可靠性高和可维修性等优点被人们所重视,并且成为燃料电池汽车的主要动力源。燃料电池系统是包括电堆在内的集成化系统,其物理模型涵盖了电学、热力学、流体力学、电化学等多门学科,这使得针对燃料电池系统的仿真变得异常困难。为了研究质子交换膜燃料电池系统特性,本文借助AMESim建立燃料电池系统模型,模型主要包括电堆、氢气子系统、空气子系统、冷却子系统等。在此基础上,分析动态工况下燃料电池电堆及各子系统的特性。

关键词:质子交换膜;燃料电池;AMESim;系统仿真
中图分类号:TP391

Simulation of Proton Exchange Membrane Fuel Cell System Based on AMESim

Pan Rui, Yang Duo, Wang Yujie, Chen Zonghai
(Department of Automation, University of Science and Technology of China, Anhui, Hefei, 230027)

Abstract: Proton exchange membrane fuel cell (PEMFC) has become the main power source of the fuel cell electric vehicle due to its advantages of high ideal energy conversion efficiency, low noise, high reliability and maintainability. The fuel cell system is an integrated system including the fuel cell stack. Its physical model covers many subjects such as electricity, thermodynamics, hydrodynamics and electrochemistry, which makes it difficult to change the simulation of fuel cell system. In order to study the characteristics of proton exchange membrane fuel cell system, the model of fuel cell system is set up using AMESim. The model mainly includes fuel cell stack, hydrogen subsystem, air subsystem, cooling subsystem and so on. On this basis, the characteristics of fuel cell stack and its subsystems under dynamic conditions are analyzed.

Key words: Proton Exchange Membrane; Fuel Cell; AMESim; System Simulation

1 引言

燃料电池凭借其能量转化率高、燃料多样化、环境污染小、噪声小、可靠性强、维修性好等优点在发电领域发挥着重要作用。其反应过程不涉及燃烧,实际使用效率是普通内燃机的2倍以上,成为公认的"绿色汽车"首选[1]。出于要占领未来汽车科技制高点及生态压力等问题的考虑,我国对电动汽车的发展做出了很多的政策支持,其中燃料电池汽车为三个主要的扶持发展对象之一[2]。PEMFC是一个非线性、强耦合的复杂动态系统,其动态特性涉及电化学、流体力学、热力学等,尤其在大功率、大电流情况下非线性特性严重,因此对PEMFC进行精确的行为描述具有很大难度[3]。若要对其进行深入的研究,系统仿真是一种直观且快速的手段。

仿真一般有三种模式:实物仿真、数学仿真和混合仿真[4]。实物仿真是通过对实际研究对象进行操作完成模拟的方法;数学仿真是通过数学语言构建模型解决问题的方法;混合仿真将数学、物理模型与实物相结合的分析方法。通过AMESim仿真软件构建燃料电池系统模型是一种混合仿真方法。AMESim仿真平台为燃料电池系统的建模提供可视化模块,不需要深入研究模块内部的计算机理,从而简化了建模过程,同时能够保证模型的准确性[5]。

作者简介:潘瑞(1993—),男,湖北安陆人,博士,研究方向为新能源汽车技术;陈宗海(1963—),男,安徽桐城人,教授,博士生导师,研究方向为复杂系统的建模仿真与控制、机器人与智能系统、新能源汽车技术等。

2 模型建立

2.1 PEMFC 系统

燃料电池系统是一个复杂系统,包括电堆、氢气子系统、空气子系统、冷却子系统等,如图 1 所示。各个系统有机协作实现整个燃料电池系统的功能,除燃料电池外,其余组成部分均属于平衡组件(BOP),BOP 是燃料电池系统不可或缺的组成部分,有助于提升燃料电池系统的整体性能。本文研究对象为 PEMFC,气源分别为氢气和空气,同时为了保证燃料电池的正常工作,需要有 BOP 维持燃料电池反应的温度和湿度在合适的范围,同时通过空压机增压,提升燃料电池电堆的工作效率。

2.2 AMESim 模型

AMESim 包含构建完整 PEMFC 系统数字模型的所有元件以及系统分析和优化专用工具,可以帮助用户设计发展燃料电池系统,而不必为各个组件之间复杂的物理现象困扰,辅助用户完成系统建模与集成。此外,BOP 是燃料电池系统不可或缺的组成部分,在帮助提升燃料电池性能的同时,其会增加整个系统管理的难度,也为燃料电池系统精确建模带来阻碍。AMESim 针对 PEMFC 提供了专有的燃料电池库,组建包括四个,分别为:气瓶、燃料电池堆、冷凝器、加湿器。此外,还包括混合气体库(Gas Mixture)、湿空气库(Moist Air)、冷却系统库(Cooling System)、热力学库(Thermal Hydraulic)、机械库(Mechanical)、电学基础库(Electrical Basics)和信号库(Signal)。利用燃料电池库即可建立燃料电池系统模型,获取任何所需参数,并对系统进行热力学仿真和分析,系统模型如图 2 所示。

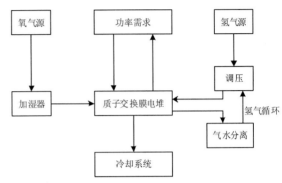

图 1 PEMFC 系统结构

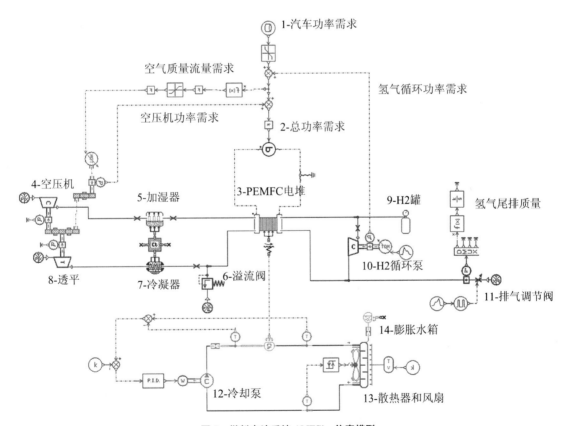

图 2 燃料电池系统 AMESim 仿真模型

2.2.1 电堆

AMESim 提供了一维和二维燃料电池模型,本文主要从系统级别研究燃料电池系统的特性,不关注电池内部特征,因此选择一维模型。AMESim 燃料电池库提供的电堆模型只考虑了气体流动时的热交换模型,但未提供冷却液的热交换模型,因此需要增加对流热模型 th_convection2p 和热力学容器模型 thf_hy_ch 作为电堆与冷却系统的热交换端口。

针对 PEMFC 电堆,其 AMESim 电堆参数设置如表 1 所示。

表 1 燃料电池电堆仿真参数

参数	参数值
电堆质量	50 kg
电池单体数	330
单片电池面积	800 cm²
阳极容积	0.2 L
阴极容积	0.2 L
阳极换热面积	1000 cm²
阳极换热系数	1000 W(m²·℃)
阴极换热面积	1000 cm²
阴极换热系数	1000 W(m²·℃)
冷却流道面积	330 * 8000 mm²
冷却流道换热系数	5000 W(m²·℃)

除设置上述参数外,燃料电池模型还需单体电池的极化特性曲线,如图 3 所示。

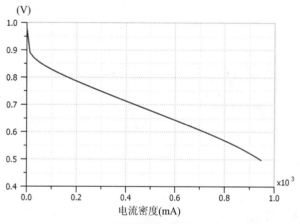

图 3 燃料电池极化特性曲线

2.2.2 氢气子系统

氢气子系统负责为燃料电池电堆提供燃料,不仅要满足负载的功率需求,而且要保证氢气压力能够控制在合适的压力范围内。AMESim 为氢气子系统提供氢气瓶模型,该模型集成了压力调节器,设置相应参数即可。考虑到氢气的经济性,设置氢气循环回路回收未反应的氢气。氢气子系统的尾气排放采用脉冲控制电磁阀周期性排气,其具体参数设置如表 2 所示。

表 2 氢气子系统仿真参数

参数	参数值
氢气罐容积	50 L
压力	700 bar
调节压力	1.5 bar
排气周期	100 s
排气时间	10 s

2.2.3 空气子系统

燃料电池正常工作除了需要燃料,还需要氧化剂,考虑成本、能耗和安全等因素,仿真平台采用空气作为氧化剂。空气子系统主要包括空压机、加湿器、膨胀机等。空压机用于空气增压,有助于提升燃料电池的反应速率;加湿器用于保障燃料电池工作湿度处在合适的范围之内,既要保证质子交换膜的湿润,同时不能积水造成膜破损;膨胀机经尾气驱动,将动能传至空压机,提高空气子系统的效率。其中,空压机作为核心部件,其压缩比、流量及转速之间的关系如图 4 所示。

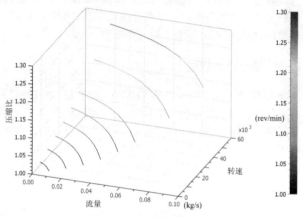

图 4 空压机特性曲线

另一个关键部件是增湿器,其自带 PID 调节器,其仿真参数如表 3 所示。

表 3 增湿器仿真参数

参数	参数值
加湿器容积	1 L
目标相对湿度	90
换热面积	1000 cm²
换热系数	1000 W(m²·℃)

2.2.4 冷却子系统

PEMFC 产热成因主要源自三部分:电化学反应、内阻和水液化。大部分热产自阴极侧的催化剂层,其他部分包括质子交换膜和导电器件的欧姆内阻等。由此可知,燃料电池自身产热机制决定了电堆温度分布不均的特性。其次,单体串成电堆、不良的散热结构和热管理方法也会加剧温度的分布不均[6]。针对燃料电池温度特性和温度分布不均特性,需要热管理系统对燃料电池内部温度进行调节,保证燃料电池始终工作在合适的温度范围内。本文采用液体冷却方式,冷却子系统主要包括:泵、散热器、风扇、冷却液、水箱等。本文采用 radiatorkp_2 模型,散热器模型里面集成了风扇模型,通过风扇触发器控制风扇启停,模型主要仿真参数如表 4 所示。

表 4 散热器仿真参数

参数	参数值
散热器等效面积	168 mm²
散热器容积	0.8 L
散热器长度	0.547 m
散热器高度	0.415 m
风扇开启温度	70 ℃
风扇关闭温度	60 ℃

3 AMESim 仿真结果

在上述模型基础上,对 PEMFC 系统进行仿真,本文给定燃料电池所需的目标功率,具体工况如图 5 所示。

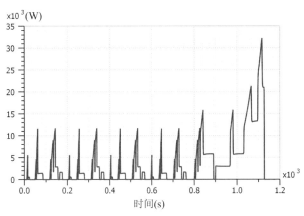

图 5 PEMFC 功率需求

3.1 电堆输出特性

基于上述工况,设置仿真时间为 1180 s,采样时间为 1 s,运行仿真平台,电堆电压、电流曲线如图 6 所示。

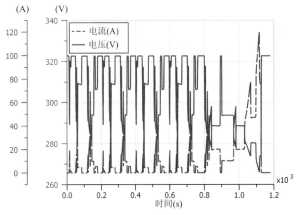

图 6 PEMFC 电压/电流曲线

由上图可知,电流曲线的趋势符合功率需求曲线,而且当电流增大时,电池输出电压减小;当电流减小时,电池输出电压增大,这符合电池极化特性曲线规律。

3.2 氢气子系统

图 7 所示为氢气尾气排放的质量流量。由图可知,尾气排放周期为 100 s,结果符合参数设置,每次排放的最大质量流量为 0.6 g/s。

图 8 为氢气总消耗量和尾气总排放量对比,尾气排放量呈阶梯式增加,这符合周期性排放结果。氢气总消耗量开始上升缓慢,最后上升速度急剧增加,这主要是由于负载功率需求在末期很大。

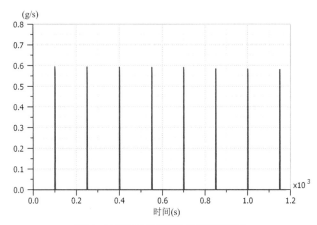

图 7 氢气子系统尾气排放的质量流量

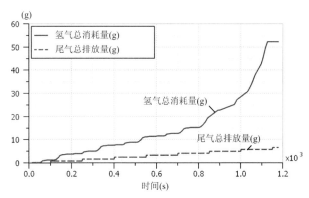

图 8 氢气子系统中氢气总消耗量和尾气总排放量

3.3 空气子系统

针对空气子系统,重点分析空压机和加湿器工作性能。对于空压机而言,重点考量空压机工作区域以及空压机效率,图 9 和 10 所示为空压机操作点压缩比在可操作域的分布情况和空压机操作点等熵效率在可操作域的分布情况。

由图 9 和 10 可知,空压机操作点均在可操作域内,随着空压机转速增大,其空压机压缩比整体呈线性增大趋势。对于空压机效率而言,除在低转速阶段,空压机效率较低,其他转速条件下,空压机效率基本在 50%～60%,说明空压机所产生的寄生功率较低,系统整体效率较高。

对于加湿器而言,其相对湿度随负载工况剧烈变化,其阴极相对湿度如图 11 所示。由图 5 可知,负载功率需

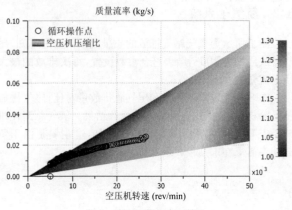

图9 空压机操作点压缩比

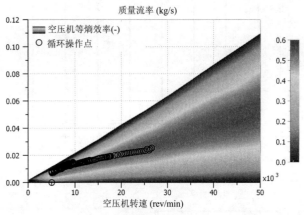

图10 空压机操作点等熵效率

求呈脉冲形,因此当其负载功率为0时,燃料电池电堆不工作,也就不需要保障阴极湿度在其工作范围。所以,重点关注尖峰脉冲值即可反映其工作性能,由图11可知,其峰值在80%~90%,说明加湿器工作性能良好。

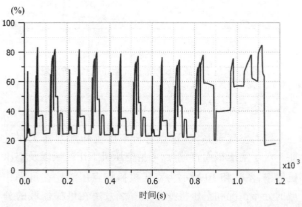

图11 电堆阴极相对湿度

3.4 冷却子系统

如图12所示,为燃料电池冷却子系统仿真结果,电堆的进出口冷却液温度差在小于850 s情况下,温度均在5 ℃内,保障电堆内部温度分布均匀,其次温度缓慢上升至70 ℃左右。表4给出了风扇开启和关闭温度分别为70 ℃和60 ℃,当温度达到70 ℃时,触发器开关置1,风扇开启,此时电堆冷却液进堆温度明显降低,进出堆温度差增大,但仍在10 ℃以内,这说明冷却系统可以很好地完成电堆热管理。

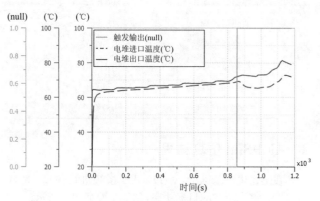

图12 电堆冷却液进出口温度

4 结论

本文借助AMESim软件对PEMFC系统进行建模与仿真分析,研究燃料电池电堆、氢气子系统、空气子系统以及冷却子系统的工作特性,在动态工况下分析了电堆工作电压、电流、湿度、温度随时间的变化关系。仿真结果表明,在设定的仿真参数条件及简单控制条件下,燃料电池系统可以较好地运行。但仍存在一些不足,例如阴极湿度并未达到预期的90%,以及风扇开启时,冷却液进出电堆温度差变大,达到10%,因此后续需研究先进的控制算法以改善上述问题。

致 谢

本项研究得到国家自然科学基金资助项目(项目编号:61375079)、支持"率先行动"中国博士后科学基金会与中国科学院联合资助优秀博士后项目(项目编号:2017LH007)和中国博士后科学基金(项目编号:2017M622019)的资助。

参考文献

[1] 李建秋,方川,徐梁飞. 燃料电池汽车研究现状及发展[J]. 汽车安全与节能学报,2014,5(1):17-29.

[2] 温延兵. 氢燃料电池轿车能源与动力系统优化匹配及控制策略研究[D]. 淄博:山东理工大学,2016.

[3] 弗朗诺·巴尔伯. PEM燃料电池:理论与实践[M]. 北京:机械工业出版社,2016.

[4] 余翔. 基于AMESim的汽车发动机冷却系统仿真分析[D]. 西安:长安大学,2014.

[5] 俞林炯,陈凤祥,贾骁,等. 基于MATLAB/Simulink和AMESim的PEMFC冷却系统联合仿真[J]. 佳木斯大学学报(自然科学版),2013,31(3):338-342.

[6] Kandlikar S G, Lu Z. Fundamental research needs in combined water and thermal management within a proton exchange membrane fuel cell stack under normal and cold-start conditions[J]. Journal of Fuel Cell Science and Technology,2009,6(4):044001.

基于设计图的 Unity 3D 三维虚拟展馆实现

朱英浩

(国防科技大学武汉校区,湖北武汉,中国,430010)

摘 要:本文通过 AutoCAD 的 DXF 格式文件转换,实现了从平面图孤立线条到 VRML 三维模型构建,导入到 3DS Max 后生成 FBX 格式文件,再导入到 Unity 3D 中,实现了动态光照效果,此系统已经在某个建设单位得到初步验证与应用。

关键词:三维展馆;网络展示系统;虚拟现实建模语言(VRML);3DS Max;Unity 3D

中图分类号:TP391

Research on Virtual 3D Museum for Unity 3D Based on the Blueprint

Zhu Yinghao

(Wuhan Academy, National University of Defense Technology, Wuhan, Hubei, 430010)

Abstract: The paper analyzes the AutoCAD DXF format file, created modules of VRML from lines of the blueprint, import to 3DS Max and export to Unity 3D by FBX format file, realized dynamic glow of three dimensional scene. This system has been verified and applied initially on the some museum.

Key words: Virtual Three Dimensional Museum; Web Display System; Virtual Reality Modeling Language (VRML); 3DS Max; Unity 3D

1 引言

虚拟现实技术的快速发展,使其在展览展示、影视和游戏制作中表现出较高的潜质,为了有效地宣传国防和军队建设成就,围绕军营文化宣传的网上三维虚拟展馆项目建设的热度正在逐步提高,其中虚拟军史馆打破了实体展馆的时空限制,为观众提供了展览基本信息服务。目前,AutoCAD 和 3D Studio MAX 等工具实现平面设计与三维建模技术已经非常成熟,各个行业已经根据需要制作了大量模型放在门户网站供同行免费或有偿共享使用。但为了附带纹理坐标以及版权保护,通常使用内部文件保存格式(*.dwg、*.max 及 *.jpg),而使用 *.dxf 比较少。其主要缺点是由于其应用范围过于宽泛,要适应从城市规划、建筑设计和家居装修到轮船、车辆、车床、坦克、武器和人物的模具制作,因此软件本身只提供长方体、球、圆柱和圆锥等三维基本模型以及茶壶、凳子和方桌等少量成型模型,制作过程相对复杂,对于纹理制作需要大量人工干预,比如需要手工排版与修饰的文字变为纹理图片后就不再有文字属性,涉及要素修改也需要由开发者重新制作,不便建设单位自我修改与灵活扩充。作为对低配设备具有良好兼容性的虚拟现实建模语言(Virtual Reality Modeling Language,VRML),在各大虚拟现实开发任务中被广泛利用[3],VRML 能够实现三维模型的网页浏览,模型文件使用文本文件或二进制文件传输,文本文件具有可读性高的特点,二进制文件具有体积小的特点,在模型的显示上,能根据电脑的配置减少模型的精度,以达到支持低配设备的效果。我们积极吸取了国内外已有的史馆网站和虚拟场景建设成果优点,将标准化和扩展性相结合,以 Visual C++ for Windows 为编程工具,把史馆所涉及的各个要素进行了分层分解和统一编码管理,构建了"网上三维虚拟史馆模拟系统",在没有实际存在的史馆条件下,只要具有平面设计图和版面图片以及对应主题的影像等部分特定要素,用户经过少量操作,系统就可以生成包含网页框架、VRML 格式三维场景、导航和控制按钮以及 JavaScript 程序,自动生成网上三维史馆,具有建设单位可以灵活修改和自我扩充各个要素的突出优点,此系统不仅可以部分弥补实体史馆的缺失,而且可以为实体史馆的建设提供参考[1,2]。

这个系统在"数据进出"首尾两端还存在着进一步拓展的空间。在"数据进入"端,原来构建的建筑物三维模型是根据扫描的平面设计图像文件(*.jpg)在 MapInfo 中依样"重描"后导出交换格式(*.mif、*.mid)后再生成的,没有利用已有的 AutoCAD 矢量格式(*.dwg、*.dxf)成

作者简介:朱英浩(1963—),男,浙江诸暨人,教授,博士,研究方向为系统仿真。

果,这不但影响了效率和精度,也难以为专业人士接受。因此,如果能自动处理从 AutoCAD 绘制的平面设计图实现网上三维虚拟展馆,必定可以提高构建效率。在"数据出去"端,虽然 VRML 具有体积小和伸缩性好等的优点,但为了减少显示模型所需的计算量,VRML 语言在模型仿真度的性能上存在许多缺陷,例如在加入光源时,无法再根据模型计算相应的阴影,使得光照效果出现偏离实际的情况,且并不具备对动态光照效果的支持,导致由 VRML 开发的虚拟现实环境已经很难满足大部分人对虚拟现实环境仿真度的要求。虽然 Web 3D 联盟已制定了新一代 VRML200x 规范即可扩展的三维图形规范(Extensible 3D Specification,X3D)[4],使 VRML 模型的各项性能得以进一步提高,但是 X3D 也失去了对部分主流 3D 建模软件和虚拟现实引擎的兼容性,使模型在平台的移植方面有较大的困难。新一代虚拟现实引擎 Unity 3D,是由丹麦 Unity Technologies 公司开发的一款支持多平台的游戏开发工具,其网络浏览插件 Unity Web Player 可以实现网页游戏的发布[5]。在硬件设备配置普遍较高的现今,众多游戏公司都已经使用 Unity 3D 开发出了许多获得广泛好评的虚拟现实游戏,Unity 3D 已经成为一个较为成熟的虚拟现实开发工具。随着部队硬件设备的进一步升级,有能力来支持现代三维虚拟仿真引擎的运行,使虚拟环境的开发达到较为良好的效果。因此,Unity 3D 也将会成为部队虚拟军营环境开发的一个重要组成部分。因为现在部队内已经有许多建立好的现有模型,所以使用新的虚拟引擎进行虚拟军营的开发面临着两个选择:一是完全舍弃现有模型,收集相应素材,重新建立所需的模型;二是将现有的模型进行二次开发,替换掉部分模型,将原模型与新添加的模型结合生成所需的新模型。第一种方法是众多游戏公司对老游戏进行重置版制作时采用的,完全重新建立模型可以保证新模型的仿真度,但是会造成较大的资源浪费,对新模型的仿真效果与运行效果也无法有一个较为准确的预测,一旦没有达到预期,就需要消耗大量时间和精力重做或升级模型,这在时间有限、资金受限、资源有限和容错率低的部队虚拟现实环境开发任务中需要承担着巨大的风险,但相应的,如果成功也会获得较大的回报。第二种方案是一种风险和回报成正比的选择,基于现有的模型进行二次开发,将老旧模型进行替换,相比第一种方案,这种方案具有良好的可伸缩性,进行替换的模型越多,所获得的仿真度的提高就可能会越多,但替换模型越多并不代表着新模型的仿真效果和运行效果会变得更好,所以提高所替换模型的数量也会提高所承受的风险。因此,基于部队虚拟现实技术的现实开发要求,对模型进行二次开发较重新建立模型而言具有更高的可行性。例如 Room Arranger 等比较通用的设计制作一体软件只实现了内部模型的导入和共享,而作为建筑物基础模型的墙、门和窗却无法导入,需要重新构建。

2 基于设计图的展馆主体实现

AutoCAD 绘制的平面图可以支持不同版本的 *.dxf 等格式的已有模型导入/导出,从而实现每个行业或部门的模型共享。但在建筑物设计阶段往往对建筑物的墙、门和窗等对象并不构建实体几何模型及其属性信息及通常,只是绘制线条(直线、折线及平行线)用于目视判读的线条组成。

通过分析,三维展馆可基本划分为展板、展桌、标牌、展牌、灯箱、灯光、墙面、壁柱、吊顶、天花板、地毯、地面、墙基、影像、塑像、音乐、花坛和参观路线等要素。其中墙体、门框和地面模型及天花板是建筑物主体部分,按理应该是地面决定其他元素的区域类型属性,但地面是由若干墙基封闭围成的,由于墙基具有厚度,因此将墙基及门框的走向中心线作为地面及天花板分割的主要依据,但对于存在推门或窗户的墙基还需要特殊处理。

2.1 墙体初步构成

不同地区的墙体厚度有所不同,根据国家有关规定,南方和北方的承重墙体标准厚度分别为 240 mm 和 360 mm,北方个别建筑承重墙体标准厚度可以是 480 mm,而室内非承重墙体标准厚度一般为 120 mm。因手工习惯不同及操作失误,目视合理的图上线条实际可能存在许多难以直接发现的错误现象,比如多线重复、双线距离误差、不合理单线、多点共线、线条断裂或交叉等。

为了消除可能存在的错误,必须先对所有线条进行检测。用两个端点的坐标差别均在 1 mm 之内来判断是否为多线重复,去掉多余的重复线;用双线距离差别是否为 (120±5) mm、(240±5) mm、(360±5) mm 或 (480±5) mm 来判断是否为可以组墙的双线;用与其他平行线距离差别是否为远小于 120 mm 或大于 480 mm 来判断是否不合理单线,去掉不合理单线,如图 1 所示;用某点与相邻两点构成角度是否为 (180±1)° 来判断是否为共线,去掉多余点;用相互垂直线段相邻端点二维坐标差异是否均在 ±5 mm 来判断线条断裂或交叉,需要补齐断裂部分或去掉多余部分。

经过初步处理后,剩下用于表示墙体的相互平行或垂直的线段,由于拐角及墙体厚度的存在,"L"形墙体的内墙线与外墙线的长度未必一样,但在尚未划定地面范围时甚至无法判断线段是内墙线还是外墙线,可以通过按照相邻平行线段长度差与相互距离是否有倍数关系来判断成对平行线,由于长度不一致构成矩形墙基前需要将多余部分裁下独自构成拐角墙基。"T"形墙体存在共用外墙问题,与外墙线平行的两条内墙线被分隔,可以利用与外墙垂直的内墙线延长切割外墙线,使之与平行的两条内墙线分别等长,两组平行线对组成两个外墙,外墙线剩余部分与两条切割延长线组成小外墙。

上述生成的墙体只是初步实现了从"线"到"面"的构成,"L"形墙体都存在着拐角墙基与主墙分离问题,"T"形墙体存在着共用外墙与主墙分离问题,根据相邻墙体厚度一致应该连接成整体,但在交叉处存在两面或三面均符合连接条件时可能难以判断方向,经过与相邻墙体相关信息综合判断,经过试验可以实现连接。

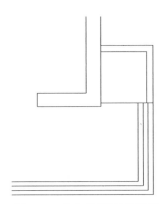

图 1 AutoCAD 局部不合理单线

2.2 墙体补齐构成

对于存在推门或窗户的墙基在地面高度互相分离,但在门框或窗户高度至天花板高度是相互连接的,应该实现"虚拟连接"作为地面分割依据,还需要特殊处理。实现的方法是对所有墙体进行"虚拟延长交汇",如果中间不存在隔断墙且厚度一致,且符合"虚拟连接"条件,则加上"虚拟墙体",否则放弃。

为了后面墙体中心线的提取,"虚拟墙体"与实际墙体需要进行"虚拟连接",这样实际具有两个不同"身份"的墙体,一个实际墙体用于三维模型生成,另一个合并了实际墙体的"虚拟墙体"则只是为了中心线的提取而存在。

2.3 墙体中心线提取与处理

提取墙体中心线是为了构成不同功能类型的地面区域。对于按"I"形墙体,不同厚度在其一半厚度处生成相同墙体长度的中心线应该比较容易。但对于"L"形和"T"形墙体都存在着拐角墙基与主墙分离问题,从墙体厚度一半厚度处直接生成的中心线相互存在着断裂或交叉现象,需要补齐断裂部分或去掉多余部分。

为了构成封闭的地面区域,需要将中心线相互连接。由于墙体型号不同,相接墙体如果厚度不同,其对应的中心线必定无法在同一条线上重合连接,因此需要对两条或多条中心线进行"中和"处理取得平均,这样取得的"中心线"不再保证在某墙体中心,但一定要保证不在墙外。

2.4 地面区域构成

提取的墙体中心线还只是孤立的线段,难以直接构成封闭的地面区域,"T"形墙体对应中心线的不同线段参与了不同构成封闭的地面区域,外墙所对应的中心线需要分割成两段,每段仅一次参与构成封闭的地面区域,而内墙所对应的中心线将两次构成封闭的地面区域。因此,需要先将所有中心线进行预处理,分成"外线"和"内线"。

因为建筑物的拓扑关系复杂性,根据计算几何原理,从所有中心线区别出"外线"和"内线"不能用"位置"来判断,主要原因是作为"外线"的中心线所构成的多边形可能是凹型的。本文的方法是:首先把所有线段方向调整为指向右方(X 正轴)或上方(Y 正轴),从最左下角选取一条底边中心线作为初始"外线";然后寻找下一条中心线的依据是与这条中心线"末端"连接并构成逆时针角度最大,如果连接的是下一条中心线"末端",则将其首末对调;再用这条中心线寻找下一条中心线,直到与初始"外线"能"首端连接"。这样就从所有中心线中找出了全部"外线",剩下的都是"内线"。

为了"内线"两次参与地面区域构建,首先复制一份"内线"作为"共轭内线",这样所有"外线"和"内线"(包括"共轭内线")都只能参与一次地面区域构建。然后,从最左下角选取一条底边"外线"作为初始边,寻找下一条中心线的依据是与这条边"末端"连接并构成顺时针角度最大,如果连接的是"内线"的"末端",则将其首末对调,否则将其"共轭内线"首末对调。再用这条中心线寻找下一条中心线,直到与初始"外线"能"首端连接",这样就找到了第一个地面区域地所有边。第一个地面区域必定至少有一条边存在"共轭内线",可以把这条"共轭内线"作为初始边,再次用同样方法寻找下一个地面区域的所有边。如此类推,一直到每个地面区域的所有边。

虽然每个地面区域的所有边已经依次找到,但为了便于构成三维模型,需要对每个地面区域构成不规则三角网,生成过程是:每个地面区域内任取一边寻找能构成最大张角的这个区域,其他边端点作为第三个点,由此确定两条边,再分别由这两条边为基础寻找能构成最大张角的其他边端点,如此类推,一直到每个三角形都构成。生成的墙体和地面区域如图 2 所示。

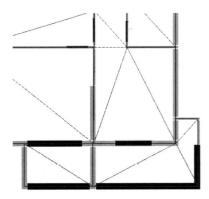

图 2 自动生成的墙体和地面区域

3 网上三维场景 Unity 3D 实现

我们原来生成的 VRML 虚拟军营模型有了基础,但存在不足。现使用 3DS Max 和 Unity 3D 对原有 VRML 虚拟军营模型进行升级,由于 3DS Max 能够读取、修改和输出 VRML 模型,而其他软件工具难以做到,所以在 3DS Max 中升级模型工作先生成.FBX 格式文件,再导入到 Unity 3D 中,并将文件归档到项目工程文件夹下面的 Assets 文件夹内。由于展馆建筑模型通常尺寸较大,所以一般采用单面建模的方法,可以去除过多的冗余片面,能减少计算机加载模型所需的负荷,也会为后期实现场景的漫游提供保障作用。对在建筑内部的可视部分一般采用伪 3D 贴图的方法,将室内的模型转化成贴图,附在窗户内部的内圆柱面上,以达到近似于 3D 的效果。参考模型布局与实际情况,模型光源种类选为聚光灯,光源样式设计为悬挂式轨道灯,在各个展板墙面上放置。从入口进入展馆是一个长廊,在长廊尽头放置军徽和国旗,在进门右侧墙面上做了一个国旗浮雕,用于对部队进行介绍,在军事文化宣传中起到了很好的开头作用。其余部分由于不能展示有关照片,以空白的展板代替进行布局,陈列物也使用替代品进行展示。

由于 VRML 模型不支持阴影计算,灯光效果比较差,但灯光也可以导入 3DS Max 再到 Unity 3D 中,实际渲染后解决了原模型无灯光阴影的问题,在仿真度与视觉效果上都比 VRML 模型有了较高的提升,如图 3 所示。Unity 3D 通过光源与粒子效果的结合而制作出的动态光照效果比较好,如图 4 所示。

图 3 视图渲染图

图 4 动态光照效果

4 结语

现使用 3DS Max 和 Unity 3D 对原有 VRML 虚拟军营模型进行升级,同时还利用 Unity 3D 框架和 Visual C# 二次开发了实现人物的自由移动与自动漫游的结合操作方式,使用 Unity Web Player 插件将所建立的虚拟现实环境转变为可在网页浏览的模式,提高了虚拟现实环境的交互性与功能性。

参考文献

[1] 朱英浩. 网上三维虚拟史馆模拟系统研究[J]. 湖北大学学报(自然科学版),2014,36(5):467-470.

[2] 朱英浩. 网上虚拟三维展馆的讲解员角色实现研究[M]//系统仿真技术及其应用学术会议论文集. 合肥:中国科学技术大学出版社,2015:172-175.

[3] 温博,李衷怡. 基于 JSAI 的多人漫游系统[J]. 计算机工程,2008(17):269-270,273.

[4] 李华,宋蔚. 新一代 Web 三维图形标准 X3D 及其应用[J]. 重庆大学学报(自然科学版),2005(11):35-38.

[5] 朱磊. 数字雕塑互动展示的设计与实现[D]. 北京:北京工业大学,2014.

天基系统支持联合作战仿真应用发展分析

王俐云,孙亚楠,许社村,钟选明

(中国空间技术研究院钱学森空间技术实验室,北京,中国,100094)

摘　要:本文阐述了联合作战仿真技术的发展情况,对几种典型的作战仿真系统进行了对比分析。在此基础上,从天基系统支持军事应用仿真出发,分析了可通过DIS/HLA标准兼容形式接入联合作战仿真系统的专业仿真工具STK及可应用到手持终端的Sibyl。对联合作战仿真系统的发展趋势进行了总结分析,为我军军事系统仿真的建设提供参考。

关键词:联合作战;复杂系统;仿真系统;天基系统;高层次体系结构(HLA);Agent技术

中图分类号:TP391.9

Development Analyses of Space-based Systems Supporting the Joint Combat Simulation

Wang Liyun, Sun Yanan, Xu Shecun, Zhong Xuanming

(China Academy of Space Technology Qian Xuesen Laboratory of Space Technology, Beijing, 100094)

Abstract: This article describes the development of joint combat simulation technology and compares several typical combat simulation systems. On this basis, from the perspective of the support of military-based applications for space-based systems, the STK, a professional simulation tool that can be integrated into the joint combat simulation system through the DIS/HLA standard-compliant model, and Sibyl, which can be applied to handheld terminals, are analyzed. This article analyzes and summarizes the development trend of the joint combat simulation system and provides the reference for the military system simulation construction.

Key words: Joint Operations; Complex system; Simulation System; Space-Based System; HLA; Agent

1　引言

联合作战仿真是典型的复杂系统仿真,是联合级的作战仿真,其基本含义包含以下三方面:第一是联合作战仿真的组织与实现,要建立在装备效能仿真基础之上,集成各层仿真资源,整合各类仿真能力;第二是从目标、流程以及想定的设计,到结果的获取、综合统计与评估,以及结论的分析总结;第三是联合作战仿真要带动装备级、兵种级与军种级仿真系统的建设。仿真技术给军事带来的重大影响早已为世界各国特别是各军事强国所认识。随着计算机技术的不断进步,军事仿真技术与仿真体系也在改进和完善[1]。

作者简介:王俐云(1985—),女,山东人,工程师,硕士,研究方向为卫星应用;孙亚楠(1978—),男,河南人,高级工程师,硕士,研究方向为卫星应用;许社村(1977—),男,广西人,高级工程师,硕士,研究方向为航天战略。

2　联合作战仿真技术发展概况

作战建模与仿真技术在国防军事领域有着极为重要的地位,西方发达国家十分重视军事领域仿真技术的开发并将其广泛地应用于联合作战训练、武器系统评估、作战研究、作战模拟、武器系统采办。

美国的先进仿真建模技术以网络技术为基础,在军用复杂系统仿真需求的推动下,大致经历了四个发展过程。自从美国国防部在20世纪80年代提出先进分布仿真ADS的概念后,先后经历了仿真器组网(SIMNET)、分布式交互仿真(DIS)、聚集级仿真协议(ALSP)和高层次体系结构(HLA)四个阶段。以先进仿真技术为基础构建的仿真系统体系结构规定了仿真系统构成的形式,体系结构正在从集中方式向分布式发展。而分布式方式的体系结构已经从DIS/ALSP向HLA过渡[2,3]。

基于HLA技术的仿真技术方面已有了大量的研究成果,但随着分布式仿真网络环境的日益复杂,同时由于系统所管理的信息量和各类仿真资源的不确定性,都迫切需要一种主动的、智能的、能动态反映各类信息变化的新技术,来实现对仿真信息和实体的管理及监控。为了提高仿真系统的灵活性和易扩展性,在分布式仿真体系高层体系结构(HLA)的基础上,本文引入了 Agent 技术[4]。

面向 Agent 技术是一个迅速发展的研究领域,该技术的运用对信息系统的分析、设计与实施具有十分重大的意义。由于面向 Agent 技术在处理复杂的分布式系统时体现的巨大优势,它的地位也得到越来越人的认可。

3 典型作战仿真系统

3.1 军用仿真系统

美军从 19 世纪 80 年代起建设了诸多作战仿真系统,从早期的 SIMNET 系统,到现在的 JMASS/JWARS/JSIMS 系统,并形成了相应的仿真支撑环境标准。以下重点对扩展型防空仿真系统(EADSIM)、联合作战系统(JWARS)、联合仿真系统(JSIMS)和联合建模与仿真系统(JMSS)进行对比分析[5-7],分别从体系结构、模型、面向任务领域和底层支撑技术进行分析,如表1所示。

表 1 美军仿真系统对比

仿真系统名称	EADSIM	JWARS	JSIMS	JMSS
体系结构	仿真创建 仿真运行 仿真后分析	问题域 仿真域 平台域	通信层 对象服务层 支持服务层 应用层	模型标准 模拟支撑环境 模型库和资源库 (多层互连底板的体系结构)
模型	任务/功能模型 物理模型 行为模型	指挥控制、部队移动、通信模型部队和武器系统模型	军兵种作战模型 环境模型机动/部署模型 计算机生成兵力模型等	数字系统模型 环境模型 辅助模型
面向的任务领域	空战、导弹战、空间战的"多对多"仿真平台	以联合作战为背景,综合了战争主要领域,描述军队全频谱范围的军事行动	部队训练;任务演练;行动过程规划;分析决策等大型综合演练仿真系统	提供可重用的建模与仿真库,标准的数字化建模与仿真体系结构和有关工具集
底层支撑技术	采用分布式交互仿真协议(DIS)运行	采用人机交互、分布式处理和先进的仿真支持基础结构	采用 HLA 结构和 RTI 通信	对接口不敏感,提供对 DIS/ALSP 及 HLA 等协议接口的支持,可实现与基于 HLA 仿真联邦的无缝集成

3.2 商业仿真系统

除以上军用仿真系统,美国也开发了商业化的仿真体系 FLAMES(Flexible Analysis Modeling and Exercise System)。FLAMES 是一个商业化的开放体系的仿真框架,由美国 TERNION 公司研制,其可以用于作战行为仿真开发和应用的所有方面。FLAMES 可以为多种类型的系统进行行为建模。

FLAMES 产品可分为三部分:内核、标准应用程序和高级服务。FLAMES 的内核可认为是一种软件服务包,其提供必要的基础模块。FLAMES 的标准应用程序是指可直接使用的一些计算机程序,包括 FORGE、FIRE、FLASH 和 FLARE,可分别用于想定的定义、开发、执行监视和分析处理的需要。FLAMES 的高级服务提供更强功能的内核和标准应用程序,以满足用户特殊的开发需求。其具体关系如图1所示。

在 FLAMES 中,有两种主要的模型:第一种是装备模型,用来仿真物理设备的属性和操作;第二种是认知模型,仿真认知行为和操作者的决策。

FLAMES 具有模型重用性好、仿真逼真度高、开发速度快、仿真过程灵活等特点,适于大规模仿真系统的建立,

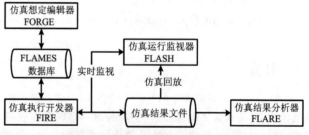

图 1 FLAMES 的标准应用程序关系图

可提供高度定制化的产品。FLAMES 已经被各国军方、高校、科研企业广泛采用[8]。

4 天基系统军事应用仿真

在天基系统军事应用仿真系统方面,美军主要以 STK 软件及相应模块为代表,形成了卫星覆盖分析、通信链路与干扰分析、导弹等飞行器任务规划、空间环境、综合空间态势感知仿真能力,支持以 DIS/HLA 标准兼容形式加入美军的大型联合作战仿真系统。Sibyl/SpyMeSat 等系统可在手持端获取侦察卫星过境情况甚至遥感图像。

4.1 STK(Satellite Tool Kit)

（1）简介

卫星工具软件 STK 是航天领域中先进的系统分析软件，由美国分析图形有限公司（AGI）研制，用于分析复杂的陆地、海洋、航空及航天任务。它可提供逼真的二维、三维可视化动态场景以及精确的图表、报告等多种分析结果。支持卫星寿命的全过程，在航天飞行任务的系统分析、设计制造、测试发射以及在轨运行等各个环节中都有广泛的应用，对于军事遥感卫星的战场监测、覆盖分析、打击效果评估等方面同样具有极大的应用潜力。

STK 拥有一些其他软件所没有的技术特征和功能。其主要模块包括先进的分析模块（AAM）、高精度轨道生成函数（HPOP）、长周期轨道预测器（LOP）、生命周期、地形、高分辨率地图及支持二次开发的 Connect 模块。

STK 中设有 MATLAB 接口，为 STK 和 MATLAB 提供了双向通信功能，利用其增强 STK 的分析能力，STK 的 Connect 模块提供用户在服务器环境下与 STK 连接的功能，为第三方应用程序提供了一个向 STK 发送命令和接收 STK 数据的通信工具，可扩展为试验数据实时显示终端。STK 的 DIS 模块能为建立复杂的虚拟场景来仿真有高交互性要求的操作和设计提供了支持，为 STK 用于军事上作为培训、检验、评估和概念分析练习来提供扩展空间[9]。

（2）应用现状

STK 起初多用于卫星轨道分析，最初应用集中在航天、情报、雷达、电子对抗、导弹防御等方面。但随着软件不断升级，其应用也得到进一步的深入，STK 现已逐渐扩展成为分析和执行陆、海、空、天、电（磁）任务的专业仿真平台。

目前，世界上有超过 450 家大型公司、政府机构、研究和教育组织正在使用 STK 软件，专业用户超过 3 万人。STK 正在许多商业、政府和军事任务中发挥越来越重要的作用，成为业界最有影响力的航天软件之一。

4.2 Sibyl

Sibyl 是针对遥感卫星的手持式战场应用 APP，由 DARPA 和 Orbit Logic 公司联合研制。充分借鉴互联网思维与手机 APP 的开发理念，是可装配到单兵的应用软件。拥有基于 Android 系统的 APP Sibyl 和基于 iOS 的 APP SpyMeSat（只提供对民用/商用卫星的服务）两种版本。

Sibyl 集成了对商业、民用和军用卫星的操作，用户可选择感兴趣的区域，并向相应的卫星提交成像请求来获取该区域的遥感图像。在网络连接中断的情况下，仍能基于之前收到的卫星星历和连接数据来计算任务，成像请求可以一直保存，并在网络连接恢复后重新启动。

Sibyl 主要架构由服务端和手持端组成，如图 2 所示。

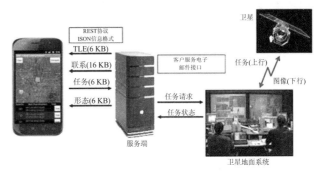

图 2 Sibyl 应用原理示意图

5 发展趋势

美军一直将作战仿真系统列为建模与仿真技术研究与应用的重点，其在作战仿真系统研究过程中所产生的标准已成为世界各国开发作战仿真系统的蓝本和基础。目前，美国已将作战仿真系统作为军事训练、作战研究、新型武器系统采办和推动军事革命的首选工具，这也是美军始终保持军事强国地位的重要因素之一。其发展有以下特点：

（1）从早期的"烟囱式"系统向大型联合仿真发展

从早期各军兵种的仿真系统各自为战，不能互联互通，到着手建设 SIMNET 联合仿真系统，以及后来的 3J 类仿真系统，通过交互分布式仿真标准和框架，把各种专业的仿真系统组合成大型联合仿真系统；在体系结构设计上，越来越注重其开放性，可扩展性，往"即插即用"的互联底板体系结构方向发展。

（2）作战仿真系统体系结构规范化、标准化

美军仿真系统从分散建设发展到目前的联合统筹，建立了相对统一的构架，出台了一系列数据标准和互联标准等。依据 HLA、TENA 等体系结构标准，各级系统既可以独立运行，也可以与不同层次、不同类型的系统互联互通，联合完成共同的作战仿真任务。

（3）以建模仿真牵引数据需求，以数据建设支撑建模仿真应用

自 1996 年美国国防部启动建模与仿真主计划（MSMP）时，同期还启动了联合数据支持（JDS）项目建设，负责制定联合作战模拟背景下的数据体系，并收集相应的各类情报数据。2009 年后进一步加大了对 JDS 的建设和发展力度，明确指出数据内容涵盖陆、海、空、C⁴ISR、社会、人文、情报、非常规作战、后勤、弹药以及大规模杀伤性武器等，可以说，美军的作战数据建设和建模仿真是一体发展的。

另一方面，在作战仿真系统的形态上，美军坚持模型与数据分离的技术路线，这样既可以实现模型不与具体的装备型号绑定，可通过数据参数灵活录入；又可以分别为仿真系统与数据确定不同的密级。这有效地促进了系统的大规模配发、使用、改进、提高，形成了良性循环。

（4）大量采用虚拟现实和三维可视化技术

通过使用虚拟现实技术，使得参与仿真训练的将士身

临其境,与参加一场真实的战斗"毫无两样",从战役战术,到毁伤效果,仿真系统都可以还原现实世界的战场。

6 结束语

以美国为代表的西方强国一直将作战仿真系统列为建模与仿真技术研究与应用的重点,并加强天基系统建模仿真技术的研究,积极开发空间系统体系的仿真系统、论证和评估模型,并在此基础上结合其他各种仿真应用系统建设了各类大型实验室,开展了各种与天基系统有关的联合试验或演习,如"千年挑战""内窥""施里弗"等,积累了大量数据和模型资源,促进了航天体系建设和联合作战能力的提升。

参考文献

[1] 黄文清. 作战仿真理论与技术[M]. 北京:国防工业出版社,2011.
[2] 黄柯棣,刘宝宏,黄健,等. 作战仿真技术综述[J]. 系统仿真学报,2004,16(9):1887-1895.
[3] 金伟新,肖田元,马亚平,等. 联合作战仿真模型体系的设计[J]. 计算机仿真,2003,20(8):4-6.
[4] 黄建新,李群,贾全,等. 可组合的 Agent 体系仿真模型框架研究[J]. 系统工程与电子技术,2011,33(7):1553-1557.
[5] DoD test and evaluation management guide[M]. 6th ed. USA: The Defense Acquisition University Press Fort Belvoir,2012:218-219.
[6] 金伟新. 大型仿真系统[M]. 北京:电子工业出版社,2004.
[7] 唐忠,薛永奎,刘丽,等. 美军作战仿真系统综述[J]. 航天电子对抗,2014(4):45-48.
[8] 张勇,杨艾军. 基于 FLAMES 和 HLA 的联合作战仿真研究[J]. 指挥控制与仿真,2009,31(1):73-77.
[9] 杨颖,王琦. STK 在计算机仿真中的应用[M]. 北京:国防工业出版社,2005.

指挥信息系统体系结构建模与仿真研究平台设计

程安潮

(国防科技大学信息通信学院,湖北武汉,中国,430010)

摘　要:体系结构方法为指挥信息系统的需求论证、总体设计、验证评估提供了工程化实现路径,为需求人员、指挥人员与技术人员之间的有效沟通提供了规范化描述语言。本文基于指挥信息系统军事需求论证与体系结构设计的实际需要,提出了一套能够支撑指挥信息系统需求建模、体系设计、仿真验证、评估优化全流程的研究平台的总体构想,并对平台的各功能模块及其数据交互关系等进行了详细设计。

关键词:指挥信息系统;体系结构;建模与仿真;优化

中图分类号:TP391.9

Design of Research Platform of Command Information System Architecture Modeling and Simulation

Cheng Anchao

(Information Communication Academy of National University of Defense Technology,Hubei,Wuhan,430010)

Abstract: The method of architecture provides an engineering implementation path for requirement analysis, system design, verifying and evaluation of command information system, and it also provides a standard description language for effective communication between the command and technical personnel. Aiming at the actual requirements of the information system military demand demonstration and architecture design, this paper puts forward a general idea of research platform, which can support the demand modeling, system design, simulation verifying, evaluation and optimization of command information system. In addition, the functional modules of the platform and their data interaction are designed in detail.

Key words: Command Information System; Architecture; Modeling and Simulation; Optimization

1　引言

指挥信息系统是基于网络信息体系的联合作战的基础支撑,是战时指挥人员可以依托的基本指挥手段。指挥信息系统是一个多级多类多领域的复杂大系统,覆盖领域宽广、构成要素众多、内部结构复杂,对顶层设计提出了极高的要求。为了更准确地描述指挥信息系统的军事需求,优化指挥信息系统的总体设计,提高指挥信息系统的作战效能,迫切需要运用科学的顶层设计方法指导指挥信息系统的建设[1]。体系结构方法是目前国内外大型复杂信息系统建设普遍采用的体系设计方法[4-9],该方法为指挥信息系统的需求论证、总体设计、验证评估提供了工程化实现路径,为需求人员、指挥人员与技术人员之间的有效沟通

作者简介:程安潮(1976—),男,湖北赤壁人,副教授,博士,研究方向为指挥信息系统建模仿真、作战指挥辅助决策、需求工程等。

提供了规范化描述语言,可以使建成的指挥信息系统可拓展、可集成、可重组、可验证[2,3]。因此,设计与建设一套能够支撑指挥信息系统需求建模、体系设计、仿真验证、评估优化全流程的研究论证平台,具有极为重要的现实意义。本文围绕这一平台的总体设计而展开。

2　需求分析

指挥信息系统体系结构建模与仿真的研究平台应能够适应指挥信息系统体系结构的分析、描述、设计、验证、评估与优化的需要,为信息化条件下开展指挥信息系统的需求论证、体系设计与应用研究提供可视化的研究环境与试验平台,为部队指挥信息系统体系结构的顶层设计、综合论证、评估优化提供支撑平台与决策支持。该研究平台的核心功能需求包括:

(1)体系结构分析建模。研究平台应基于体系结构的思想,运用工程化的方法,从作战、系统、技术等多个视

角,对指挥信息系统的作战体系结构、系统体系结构、技术体系结构等多个维度进行全面的分析与建模,形成规范化、标准化的,能够有效支持作战指挥人员、系统研发人员与需求论证人员就指挥信息系统建设需求达成共同理解的体系结构模型产品[3]。

(2) 体系结构仿真验证。研究平台应能够支持对指挥信息系统体系结构分析建模得到的体系结构模型产品的科学性、合理性进行充分的仿真验证,使指挥信息系统体系结构的设计更加符合作战实际使用需要,更加符合作战运用规则要求。

(3) 体系结构评估优化。研究平台应能够针对指挥信息系统不同应用场合的评估评价需求,构建与评估评价需求相一致的评估指标体系,并通过不同指挥信息系统体系结构在同一作战使用需求下的效能作出综合仿真评估,并据此提出体系结构调整优化的合理化建议。

3 平台总体设计

3.1 平台组成与功能

通过对系统需求的分析论证,确定指挥信息系统体系结构建模与仿真的研究平台的总体结构,如图1所示。

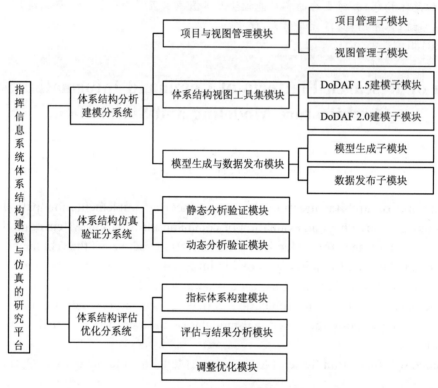

图1 研究平台总体结构

研究平台主要包括以下三个分系统:

(1) 体系结构分析建模分系统:主要完成体系结构视图模型建模,包括项目管理、视图管理、基于 DoDAF 1.5 的体系结构建模、基于 DoDAF 2.0[10-12]的体系结构建模、体系结构模型生成与数据发布等功能。

(2) 体系结构仿真验证分系统:主要完成体系结构模型仿真验证,包括体系结构模型静态分析验证和体系结构模型动态分析验证等功能。

(3) 体系结构评估优化分系统:主要完成体系结构视图模型的评估评价,以及优化完善,包括指标体系构建、评估与结果分析、体系结构的调整优化等功能。

其中体系结构分析建模分系统是研究平台的核心分系统,为体系结构仿真验证子系统及体系结构评估优化分系统提供数据来源和模型支撑。核心分系统与另外两个分系统之间通过标准的 XML 文件进行信息的传递,从而降低了各模块间的耦合。

3.2 模块分析与设计

研究平台各功能模块之间的综合处理流程如图2所示,下面对各功能模块的功能及其处理逻辑进行详细的分析与设计。

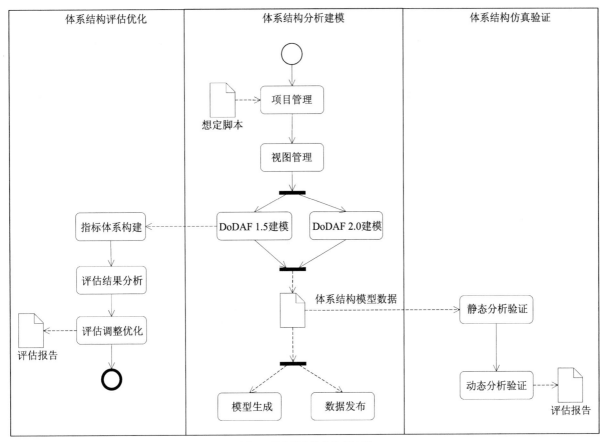

图 2 研究平台综合处理流程

（1）项目管理模块：实现将体系结构分析与建模过程中所形成的中间和最终视图产品以工程为单位进行管理。项目管理功能包括新建项目、保存项目、配置项目和导出项目等子功能。

（2）视图管理模块：可以将体系结构分析与建模过程中所形成的各类建模产品以所选框架（DoDAF 1.5、DoDAF 2.0 框架）包含的视图结构进行分类管理，并可以对基于 DoDAF 2.0 框架的视图产品进行裁剪，以满足项目的需求。视图管理功能包括管理视图、配置视图和导出视图等子功能。

（3）DoDAF 1.5 建模模块：DoDAF 1.5 建模支持美国国防部体系架构框架下的 DoDAF 1.5 标准，全面支持全景视图、作战视图、系统视图和技术视图建模，能够在作战体系结构的基础上，规划实现作战需求的系统，分析和设计系统的体系结构[13]。

（4）DoDAF 2.0 建模模块：DoDAF 2.0 建模功能支持美国国防部体系架构框架下的 DoDAF 2.0 标准，全面支持全景视点、能力视点、作战视点、服务视点、系统视点、数据与信息视点、技术视点和项目视点等八个视点的建模。DoDAF 2.0 标准体系结构开发重点从以产品为中心的流程转向以数据为中心的流程，以便向管理者提供由决策数据组成的信息。

（5）模型生成模块：支持以网页的形式发布模型和数据，用户可以通过网页浏览存储在数据库里的体系模型，简化用户在不同应用系统和流程之间的转换过程，方便查看资料库中的复杂模型。方便不同人员之间的交流、协作，充分发挥体系模型的作用。同时也支持把体系结构视图模型产品发布为 PPT 和 Word 文件格式，供不同类别人员之间的交流或演示汇报使用。

（6）数据发布模块：体系结构视图模型产品可以以 XML 文件形式导出，与作战想定及仿真集成。作战想定是连接体系模型和模拟仿真的桥梁，模拟仿真以作战想定为依据，作战想定必须依据满足体系模型的约束。作战想定编辑器是作战想定的可视化编辑工具，一旦完成作战想定编辑后，可以把体系模型作为作战想定的约束，来检查作战想定中各要素之间的结构关系和动态行为是否合乎要求，以确保作战想定的逻辑合理性，只有这样，模拟仿真的结果才具有更高的可信度。

（7）静态分析验证模块：静态分析验证功能主要是对相同体系结构框架下不同的体系结构工程进行分析比对，列出分析比对差异。主要功能包括：指定体系结构工程，选择体系结构框架，设置分析比对参数及运行比较、查看比较结果。

（8）动态分析验证模块：动态分析验证功能是对体系结构模型中建立的体系规则进行验证，可以通过改变不同的规则、资源配置及资源性能参数等来对体系规则进行验证与调优。

（9）指标体系构建模块：负责评估指标体系的创建、编辑与保存。评估指标体系是通过对同一类评估对象各种特性逐层抽取，而得到的描述指标间的依赖关系的有向图。支持指标的多重依赖，同一个底层指标可以被多个上层指标所依赖；支持指标体系自动排布；支持指标体系分支缩放；支持指标查找与导航。构建指标体系过程中，支持层次分析法、环比系数法、熵权法、离差最大化法、自定义权重法五种权重设定方法。

（10）评估结果分析模块：可对评估结果进行纵向或横向比较，以图形、表格的方式显示结果。

（11）评估调整优化模块：调整优化功能是通过数据流获取数据，实时执行评估计算，并动态更新评估结果，从而达到实时调整优化的功能。实时评估的数据计算逻辑由评估方案设定，用户根据实际需要通过所见即所得的方式定义实时评估的监控界面，监控界面中的组件包括评估方案中各评估算子的输入、输出配置界面，指标评估结果查看界面。实时评估执行频率可控。

3.3 数据交互关系设计

研究平台各个模块之间的数据的综合处理流程如图3所示。

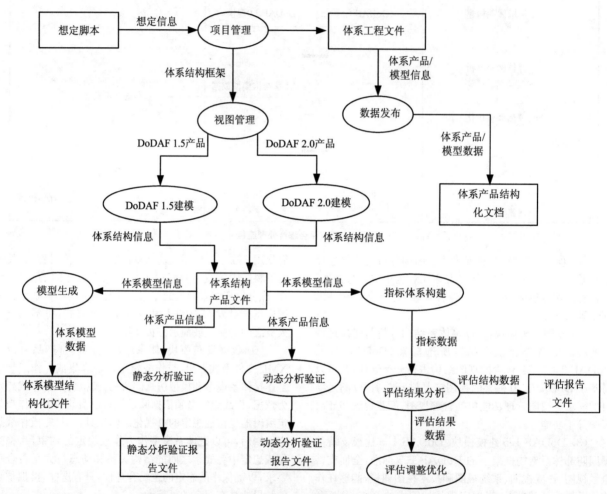

图3 研究平台数据交互关系

各模块之间的数据交互关系详细描述如下：

项目管理模块通过分析想定脚本信息，确定要建立的体系结构框架，并生成相应体系工程。项目的相关信息存储在体系项目数据库中，并可以通过导出项目子功能将项目的配置信息导出为标准的 XML 文件，其他项目可以通过导入此文件对项目进行配置；视图管理模块依据想定脚本中涉及的体系信息对已建立的体系结构框架产品进行配置及管理，并形成自定义的体系结构框架。视图的相关信息存储在体系工程数据库中，并可以通过导出视图子功能将视图的配置信息导出为标准的 XML 文件，其他项目可以通过导入此文件对项目的视图进行配置；DoDAF 1.5/DoDAF 2.0 建模依据视图管理模块配置的视图进行基于 DoDAF 1.5/DoDAF 2.0 框架相关视图产品的建模，模型信息存储在体系模型数据库中，并可对体系结构产品导出为体系模型文件，供仿真验证及评估优化模块使用；模型生成模块读取体系模型数据库中的体系工程信息，并对要生成报告的体系产品进行配置，以网页、Word、PPT 的形式发布体系模型和数据，同时也可以对导出报告的模板进行定制,可以选择已有的模板或图标进行相关设置;数据发布模块将设计好的体系结构产品导出为结构化的体系模型文件,为后期的仿真评估与系统集成提供支撑;静态分析验证模块对相同体系结构框架下不同的体系结构工程进行分析比对,列出分析,比对差异;动态分析验证模块读取体系建模中建立的体系模型规则,并在此规则的基础上设置相关的资源、时间等仿真参数,进而通过基于离散事件的动态仿真过程对体系规则进行验证;指标体系构建模块依据体系模型信息进行指标体系的建立,为下一步的评估做准备;评估结果分析模块按照建好的指标体系对设计完成的体系模型进行评估并对评估结果进行纵向或横向比较,以图形、表格的方式显示结果;评估调整优化模块通过接收实时或用户手动输入的评估数据进行实时评估,并可以通过实时调整数据来改变评估的结果;用户可以通过实时查看评估结果来对指标体系进行调整,进而找到体系中的不足并进行体系的调整优化。

4 结论

体系结构的重要性及其作用在全军近年来已经形成共识,但如何将体系结构的理论方法与指导指挥信息系统的建设实践有机结合起来,一直是困扰指挥信息系统建设者的一个难题。构建统一的指挥信息系统体系结构建模与仿真研究平台,使大家基于同一个平台开展需求论证、体系设计与评估验证,将可以使体系结构理论转变成物化成果来指导建设实践。本文就是试图在这一现实问题上寻求突破,因此构建了该研究平台的总体结构,并定义了功能模块与处理流程,同时课题组已经将方案展开了研究平台建设,目前已经形成原型系统,并展开了体系结构建模仿真试用,下一步将以试用中发现的问题为导向,不断优化、改进、完善此平台。

参考文献

[1] 秦永刚. 指挥工程化[M]. 北京:国防大学出版社,2014.
[2] 张维明. 军事信息系统需求工程[M]. 北京:国防工业出版社,2011.
[3] 何凤. 实施网络中心战的军事需求工程研究[D]. 北京:国防科大研究生院,2009.
[4] DoD Chief Information Office. C^{4}ISR Architecture Framework Version 2.0[R]. Washington:U. S. Department of Defense,2009:57-89.
[5] MODAF Development Team. MOD Architecture Framework Version 1.2[R]. London:U. K. Department of Defense,2008:134-177.
[6] Wang Lei. Research on methods for modeling and analysis of service view within C^{4}ISR architecture [D]. Beiing:Graduate School of National University of Defense Technology,2011:36-38.
[7] DoD Architecture Framework Working Group. DoD Architecture Framework Version 1.0 Volume I:Definitions and Guidelines[R]. USA:Department of Defense,2004.
[8] 舒振,刘俊先,罗雪山,等. 基于多视图的复杂信息系统需求开发方法研究[J]. 计算机工程与设计,2010,31(7):1488-1491.
[9] 金亮,高飞. 外军军事信息系统体系结构框架技术概述[J]. 计算机与数字工程,2012,40(7):80-83.
[10] 岳增坤,陈炜,夏学知. 基于DoDAF的体系结构模型设计与验证[J]. 系统仿真学报,2009,21(5):1407-1411.
[11] 孙兵成,熊焕宇,郑刚. 基于DoDAF 2.0的军事信息系统需求分析方法[J]. 兵工自动化,2012(8):6-8.
[12] 宋琦,苗冲冲. 基于DoDAF的装备体系结构建模方法研究[J]. 国防技术基础,2014,34(1):17-24.
[13] 段采宇,余滨. C^{4}ISR需求模型化框架[J]. 国防科技大学学报,2007(5):122-127.

第四部分

航天与装备仿真

空间飞行器红外辐射特性建模与仿真计算

万自明[1]，韩玉阁[2]，杨　帆[2]，林　彦[3]

(1. 北京电子工程总体研究所,北京,中国,100854;2. 南京理工大学,江苏南京,中国,210094;
3. 航天科工空间工程发展有限公司,北京,中国,100854)

摘　要：本文考虑空间飞行器运行轨道、热流、内载荷、卫星姿态、典型卫星热控措施以及起伏表面等,建立了较完善的表面温度计算模型;再考虑其表面的自身辐射和反射环境辐射,实际表面的双向反射分布函数,建立了红外辐射计算模型;最后利用开发的仿真计算软件,给出算例及结果分析。
关键词：空间飞行器;红外辐射特性;建模与仿真
中图分类号：TN215

Modeling and Simulation of Spacecraft Infrared Radiation Characteristic

Wan Ziming[1], Han Yuge[1], Yang Fan[2], Lin Yan[3]

(1. Beijing Institute of Electronic System Engineering, Beijing, 100854; 2. Nanjing University of Science and Technology, Jiangsu, Nanjing, 210094; 3. CASIC Space Engineering Development Corporation, Beijing, 100854)

Abstract: Firstly, the numerical models of spacecraft surface temperature are presented with many factors including spacecraft orbit, attitude, heat flow, inner payload, typical satellite thermal control strategy and undulating surface. Secondly, considering the radiation from the spacecraft, the radiation from reflection environment and the bidirectional reflectance distribution function of the true surface, infrared radiation characteristic models are derived. Finally, simulation results are shown and analyzed based on the simulation software.
Key words: Spacecraft; Infrared Radiation Characteristic; Modelling and Simulation

1　引言

对合作或非合作型空间轨道飞行器进行跟踪测量与成像探测,是空间态势感知能力的重要技术之一。这些观测手段包括主动式雷达应答跟踪测量与雷达照射跟踪、激光器照射跟踪、被动式无线电监视基线测量、可见光/红外波段被动跟踪与成像观测等等。其中,红外探测一方面能够弥补雷达、可见光等观测手段的不足,实现对雷达和可见光难以测得的目标探测跟踪;另一方面,可以通过红外探测技术获取表面温度、可视面积、红外光谱等红外辐射特性,增强识别能力。虽然实测统计具有较高精度和数据可信度,但是需要耗费大量的人力、物力,尤其是太空环境的地面模拟实测试验,系统复杂,成本昂贵。因此,建立空间飞行器红外辐射特性计算模型,通过数值模拟来预测目标在各种条件下的红外辐射特征,开展空间飞行器热辐射特性及其特性参数反演方法的研究具有重要的应用前景[1-4]。

空间飞行器红外辐射特性的分析是以传热学理论为基础。影响空间飞行器红外辐射特性的因素,除了本身的结构组成、材料物性、载荷产热量、热控方式等,还要考虑其对太空环境红外辐射的反射。太空环境主要包括红外波段的太阳直射(日照区时)、地球大气自身的红外辐射以及地球大气对太阳辐射的反射。在结构安排上,本文综合考虑前述影响因素,首先建立较完善的空间飞行器温度计算模型,然后给定观测方向红外辐射的计算模型,最终给出算例及结果分析。

2　空间飞行器红外辐射特性建模

2.1　物理模型

计算空间飞行器红外辐射特性的前提是要确定其表面的温度分布。空间飞行器外表面的温度主要受空间辐射热流与空间飞行器结构、表面材质的影响。图1给出了在轨飞行器外表面与空间环境之间的辐射交换过程。根

作者简介：**万自明**(1964—),男,湖北孝感人,研究员,博士,研究方向为飞行器设计、制导控制与系统集成技术。

据其是否受到太阳辐射的影响,通常可以将空间飞行器轨道分为日照区和地球阴影区两个部分。由图1可知,空间飞行器在日照区内主要受到太阳辐射热流、地球辐射热流和地球反射太阳辐射热流的影响;而在地球阴影区内,仅受到地球辐射热流的影响。另外,任何时刻的空间飞行器表面都在向外发射热辐射。月球与其他大天体对空间飞行器温度的影响很小,因此都不作考虑。

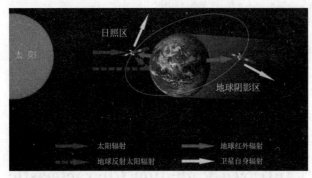

图1 在轨空间飞行器外表面与空间环境之间的辐射交换示意图

空间飞行器的轨道决定了空间辐射热源与空间飞行器之间的相对几何关系,因此,计算空间飞行器温度的前提是确定空间飞行器的轨道。除了空间外热流的影响外,空间飞行器内载荷及其热控措施对空间飞行器温度也有较大的影响。空间飞行器内载荷在工作时会散发热量,并通过辐射表面排到太空。而不同的热控措施也会对空间飞行器的温度产生不同的影响。另外,空间飞行器表面材料的起伏形貌和光学特性,也是影响空间飞行器温度分布和红外辐射的重要因素。综合考虑以上的所有因素,才能建立完整的空间飞行器温度和红外辐射计算模型。

2.2 空间飞行器温度计算模型简介

2.2.1 空间飞行器温度控制方程

在空间环境中,忽略对流换热,含热源项的空间飞行器瞬态温度控制方程为[1]

$$\rho c_p \frac{\partial T}{\partial t} = \nabla \cdot (k \nabla T) + q_S \quad (1)$$

其中,T 表示温度;t 表示时间;ρ 为材料的密度;c_p 为材料的比热容;k 为材料的热导率;q_S 为内热源项,表示由其他形式的内能转化成的热能,如电阻发热等。

空间飞行器的构件组成主要包括太阳能电池板、空间飞行器本体与有效载荷等,其中太阳能电池板为长方体形状,空间飞行器本体为立方体、圆柱形状或锥体,有效载荷结构相对复杂,一般可简化成为以上基本结构类型或球体等旋转体形状。

例如当部件结构为长方体时,采用三维直角坐标系的瞬态控制方程为

$$\rho c_p \frac{\partial T}{\partial t} = \frac{\partial}{\partial x}\left(k\frac{\partial T}{\partial x}\right) + \frac{\partial}{\partial y}\left(k\frac{\partial T}{\partial y}\right) \\ + \frac{\partial}{\partial z}\left(k\frac{\partial T}{\partial z}\right) + q_S \quad (2)$$

当部件结构为圆柱体、圆锥体、球体等轴对称形状时,则采用圆柱坐标系较为方便,此时的瞬态控制方程为

$$\rho c_p \frac{\partial T}{\partial t} = \frac{1}{r}\frac{\partial}{\partial r}\left(kr\frac{\partial T}{\partial r}\right) \\ + \frac{1}{r^2}\frac{\partial}{\partial \varphi}\left(k\frac{\partial T}{\partial \varphi}\right) + \frac{\partial}{\partial z}\left(k\frac{\partial T}{\partial z}\right) + q_S \quad (3)$$

在空间飞行器温度数值计算过程中,外表面边界条件为

$$k_n \frac{\partial T}{\partial n} = q_{sun} + q_{earth} + q_{e\text{-}s} + q_{com} - q_{emit} \quad (4)$$

其中,n 表示边界处向外的法向量;q_{sun} 是部件表面接收到的来自太阳的辐射热流;q_{earth} 是部件表面接收到的来自地球及大气系统的辐射热流;$q_{e\text{-}s}$ 是部件表面接收到的地球反射太阳的辐射热流;q_{com} 是部件表面接收到的其他部件自身发射或反射的辐射热流;q_{emit} 是部件表面自身发射的辐射热流。

接下来具体建立各个热流值的计算模型。三轴稳定飞行器与自旋稳定空间飞行器的红外辐射计算模型基本相同,区别在于两者的空间辐射热流的计算方法。归根到底,差别在于太阳、地球对自旋空间飞行器表面的辐射角系数不断在变化。

设 θ_s 为太阳入射方向在空间飞行器系统坐标系下的天顶角,θ_i 为空间飞行器表面微元在空间飞行器系统坐标系下的天顶角,φ_s 为表面微元相对太阳的圆周角。

当空间飞行器不自旋时,太阳辐射角系数可写为

$$\varphi_s = \sin\theta_i\cos\theta_s + \cos\theta_i\sin\theta_s\cos\varphi_s \quad (5)$$

当空间飞行器自旋一周,表面微元的太阳辐射角系数为

$$\psi_s = \frac{1}{2\pi}\int_0^{2\pi}\varphi_s \, d\varphi_s \quad (6)$$

可见,自旋空间飞行器的太阳辐射角系数与太阳天顶角和表面微元的天顶角相关。

2.2.2 空间飞行器轨道计算与控制方程的数值解法

计算空间飞行器温度场和红外辐射特性的前提条件是确定空间飞行器的热辐射边界条件,而空间飞行器热辐射边界条件随着空间飞行器运动轨迹的变化而变化。因此需要首先确定空间飞行器的轨道位置。这部分模型是标准的六个轨道根数求解,自编程序或直接调用商用软件STK求解。

采用数值计算方法对空间飞行器温度场进行求解。其基本思想是将空间飞行器连续的空间区域划分为若干个离散的节点。本文采用结构化网格,并使用内节点法进行空间区域离散。节点所代表的微小区域成为控制容积,控制容积与外界发生物质能量交换的表面成为单元表面,通过分析节点与环境、节点与节点间的传热传质的相互关系,进而求解空间飞行器的温度场。在对能量方程进行离散处理时,可以将辐射换热项等效为面元附加热源项,从而将非线性方程组的求解问题简化为线性方程组的求解问题。

2.3 空间飞行器典型热控措施模型

要提高空间飞行器表面温度的计算精度，必须考虑空间飞行器目标的热控措施，引入相应热控措施模型。在被动式热控措施方面，有多层隔热材料、辐射制冷器、热管等；在主动式热控措施方面，有电热调温装置、导热式开关、热控百叶窗等。

比如被动式热管措施：热管利用工质的蒸发、凝结相变和循环流动实现在小温差下传递大热量的功能。热管由管壳、多空毛细管芯和工作介质组成，其基本结构如图2所示。热管外壳是一个密封的金属管体，管内壁铺设充满着液态工质的毛细材料，即管芯。管子中心的空间是蒸气的流通通道。

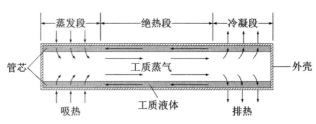

图2　热管结构示意图

热管的一端为蒸发段，另一端为冷凝段，中间可设置一绝热段。当蒸发段受热后，管芯内的液体吸热蒸发。蒸气流向冷凝段，并在这里放出热量，凝结成液体。冷凝液又在管芯的毛细力作用下又回流到蒸发段。这样，就可以将热量不断地从热管的一端传递至另一端。

在热管实际工作范围内，平均周向热流密度 q 与温差 Δt 为对数关系，即

$$q = a \cdot \log_b (\Delta t + 1) \tag{7}$$

式中，a 和 b 皆由实际的热管参数确定。

又如主动式热控措施的导热式开关：热开关是依靠热驱动器推动接触部件动作，接通或断开导热通道，调节导热通道的热阻，从而控制排热量的装置。热开关的一边是星体内部的仪器，即热源，而另一边连接散热面。当星体内部的仪器热量聚集过多，温度超过规定阈值时，热开关将导热通道接通，减少导热热阻，热量通过导热通道传递至辐射表面，并由辐射表面排散至太空环境；当仪器温度降低至阈值以下时，热开关自动断开导热通道，使热阻增大，减少热量排散。热开关的热分析示意图如图3所示。

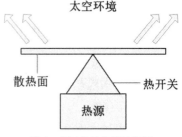

图3　热开关热分析示意图

当热开关的辐射面安装在空间飞行器外部并面向冷黑空间时，在不受阳光照射和其他外热流辐射的情况下，热平衡方程为

$$\begin{aligned} q_p &= (T_p - T_r)/R_{h.eq} \\ &= A_r \varepsilon_r \sigma (T_r^4 - T_s^4) \end{aligned} \tag{8}$$

式中，q_p 为仪器的发热功率，$R_{h.eq}$ 为热开关的当量热阻；T_p 为仪器的温度；T_r 为辐射表面温度；T_s 为太空环境温度；A_r 为辐射表面的有效面积；ε_r 为全波长发射率。

热开关的控制模块与电热调温装置类似，通过在每个时间步长的温度计算中，监测被控仪器的温度，并判断是否修改当量热阻。模块预先需要输入的参数包括热开关接通和断开状态的当量热阻，以及温度阈值。

2.4 空间飞行器多层隔热材料起伏表面的模拟与表面双向反射分布函数模型

（1）空间飞行器多层隔热材料起伏表面的模拟方法模型

空间飞行器及其他航天器表面包裹的多层隔热材料柔软且质量轻，因此在包覆的过程中容易揉皱、起伏。多层隔热材料褶皱的形态大致有两种：一种是由于折叠、揉捏造成的褶皱，这种褶皱表现为大量且很细小的形变；另一种是由于包覆时用力不均匀，产生的条纹状弯曲隆起。因此，在对多层隔热材料表面形态的几何仿真时，需要同时考虑这种褶皱形态。

由于空间飞行器起伏表面的测量数据难以获得，可以利用计算机模拟随机表面的生成方法，同时考虑细小的褶皱和条纹状隆起两种空间飞行器表面的纹理特征，完成起伏表面的形态模拟。利用计算机模拟生成随机起伏表面，应用较普遍的方法是基于一个高斯分布的随机矩阵，通过指定自相关函数，并利用快速傅里叶变换和自回归模型来模拟随机表面。随机起伏表面的生成方法具体步骤如下：

① 生成一个服从高斯分布的随机序列 $\eta(x, y)$，并计算其傅里叶变换 $A(\omega_x, \omega_y)$；

② 采用指数型自相关函数 $R(\tau_x, \tau_y)$，即

$$R(\tau_x, \tau_y) = D_{rms}^2 \exp\left[-2.3\sqrt{(\tau_x/\beta_x)^2 + (\tau_y/\beta_y)^{-2}}\right] \tag{9}$$

其中，β_x、β_y 分别表示 x、y 方向上的自相关长度，D_{rms} 为表面高度均方根。根据自相关函数 $R(\tau_x, \tau_y)$，通过傅里叶变换得到滤波器输出信号的功率谱密度 $G(\omega_x, \omega_y)$ 为

$$= \frac{1}{2\pi} \int_0^\infty \int_0^\infty R(\tau_x, \tau_y) \cos(\omega_x \tau_x + \omega_y \tau_y) d\tau_x d\tau_y \tag{10}$$

③ 确定输入序列 $\eta(x, y)$ 的功率谱密度 $S(\omega_x, \omega_y)$，由于输入序列服从高斯分布，则其功率谱密度应为常数，即 $S(\omega_x, \omega_y) = C$；

④ 计算滤波器的传递函数 $H(\omega x, \omega y)$ 为

$$H(\omega_x, \omega_y) = \sqrt{G(\omega_x, \omega_y)/C} \tag{11}$$

⑤ 计算输入序列经过滤波器后的输出序列的傅里叶变换：

$$Z(\omega_x, \omega_y) = H(\omega_x, \omega_y) A(\omega_x, \omega_y) \tag{12}$$

⑥ 对 $Z(\omega_x, \omega_y)$ 进行傅里叶逆变换，得到表面的高度分布函数 $z(x, y)$。

通过以上方法可以生成一般的随机起伏表面。然而空间飞行器表面形貌比较复杂，常常是由两种起伏轮廓复合而成。一种是由于折叠、揉捏造成的褶皱，这种褶皱表现为大量且很细小的形变；另一种是由于包覆时用力不均匀，产生的条纹状的隆起。因此，在对空间飞行器表面形态进行几何仿真时，需要将这两种起伏轮廓融合。通过再次使用以上生成方法，生成二级随机起伏表面。将不同相关长度和高度均方根的随机表面叠加合成，从而得到接近真实的空间飞行器表面材料随机起伏的表面形貌。

基于前文所提出的随机起伏表面生成方法，模拟得到的结果如图4(a)所示。而图4(b)所示的是真实拍摄的隔热材料（镀铝聚酰亚胺薄膜）图像。通过比较可以看到，模拟的表面具有明显的随机隆起条纹，与真实包覆产生的弯曲隆起相似。同时，模拟表面上均匀分布着大量的细小褶皱，也与真实的隔热材料褶皱表面相似。

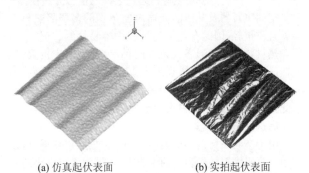

(a) 仿真起伏表面　　(b) 实拍起伏表面

图4　起伏表面仿真结果与实际拍摄比较

(2) 表面双向反(/散)射分布函数模型

f_r表示双向反射分布函数BRDF(Bidirectional Reflectance Distribution Function)，用以描述实际物体表面的反射特性，其定义为反射辐射强度与入射辐照度的比值，即

$$f_r(\lambda,\theta,\varphi,\theta_i,\varphi_i) = \frac{dI(\lambda,\theta,\varphi,\theta_i,\varphi_i)}{dE(\lambda,\theta_i,\varphi_i)} \quad (13)$$

式中，θ_i,φ_i分别是入射高低角和入射方位角；θ,φ分别是出射/反射高低角和入射方位角；λ是光谱值。

目前已经提出的BRDF模型很多，本文采用应用最广泛的Torrance-Sparrow模型(简称T-S模型)。该模型假设物体表面由大量随机朝向的光滑微平面构成，而这些微小的平面元则可以当做完美的反射表面。T-S的BRDF模型通用性强，适用范围广，其完整的表达为

$$f_r(\lambda,\theta,\varphi,\theta_i,\varphi_i) = \frac{k_d}{\pi} + \frac{k_s}{\pi \cos\theta \cos\theta_i}DFG \quad (14)$$

式中，k_d为漫反射系数；k_s为镜反射系数；D、F、G是模型中最重要的三个描述项。D是微平面分布函数，描述了微平面相对于表面面元平均朝向的斜率分布情况，表达了物体表面的粗糙度，一般采用高斯分布函数；F是用菲涅尔方程计算得到的反射比，通过入射角和折射率计算得到；G是由于遮挡关系产生的衰减因子，均有相应的数学模型。T-S的BRDF模型的输入参数，主要包含漫反射系数k_d、镜反射系数k_s、粗糙度m和折射率n，通常情况下，这几个参数与温度、波长和方向有关。本文假设这几个参数在红外波段不随温度、波长和方向的变化。根据空间飞行器上常用的多层隔热材料镀铝表面的T-S的BRDF模型参数模拟出BRDF结果，作为起伏表面红外辐射特性计算的前提。图5中所示的是入射角为45°时BRDF随空间变化的分布。由图可见，由于材料表面光滑，镜反射系数与漫反射系数的比例较大，BRDF的计算结果随空间方向很不均匀，在镜反射方向周围的数值与其他方向的相比非常大。

2.5 任意方向观测的空间飞行器红外辐射强度计算模型

从任意方向观测到的随机表面面元的红外辐射强度由两部分组成，分别是面元表面的自身辐射和面元表面的反射辐射，即

$$I_{\lambda,i}(\lambda,\theta,\varphi) = I_{\lambda,\text{emit}}(\lambda,\theta,\varphi) + I_{\lambda,\text{ref}}(\lambda,\theta,\varphi) \quad (15)$$

式中，λ表示波长；θ,φ分别表示观测方向的辐射出射高低角和出射方位角；I_λ表示表面面元的有效光谱辐射强度；$I_{\lambda,\text{emit}}$和$I_{\lambda,\text{ref}}$分别表示自身发射的光谱辐射强度与反射的辐射光谱强度。

表面微元自身发射的辐射强度可以利用普朗克函数积分得到，即

$$I_{\lambda,\text{emit}}(\lambda,\theta,\varphi) = \varepsilon_\lambda(\lambda,\theta,\varphi) \cdot \frac{2hc^2}{\lambda^5\{\exp[hc/(\lambda k_B T)]-1\}} \quad (16)$$

式中，h和k_B分别是普朗克和玻尔兹曼常数；c是真空中的光速；$\varepsilon_\lambda(\lambda,\theta,\varphi)$为表面材料随方向变化的光谱发射率。

空间飞行器表面微元反射的光谱辐射强度可以用下式计算：

$$I_{\lambda,\text{ref}}(\lambda,\theta,\varphi) = f_r(\lambda,\theta,\varphi,\theta_i,\varphi_i)\varphi_s E_{\lambda,s} \\ + r_{HDR}(\lambda,\theta,\varphi)(\varphi_e E_{\lambda,e} + \varphi_{es}r_e E_{\lambda,s}) \quad (17)$$

式中，$E_{\lambda,s}$表示空间环境中的太阳光谱辐照度；$E_{\lambda,e}$为地球等效光谱辐照度，该量是将地球和大气层作为整体考虑的等效辐射度；f_r表示双向反射分布函数，φ_e表示非自旋空间飞行器表面的地球辐射角系数；φ_{es}表示非自旋空间飞行器表面的地球反射角系数；φ_s表示非自旋空间飞行器表面的太阳辐射角系数；r_e表示地球表面对太阳辐射的平均反射率。

由于太阳辐射一般可以认为是平行光，入射方向唯一。而地球辐射和地球反射太阳辐射在空间飞行器表面的投射方向均不唯一，需要对入射方向进行积分。用半球方向反射率r_{HDR}表示从半球空间投射来的辐射能量向指定方向反射的比率，用数学式表达为

$$r_{HDR}(\lambda,\theta,\varphi) = \int_0^{2\pi} f_r(\lambda,\theta,\varphi,\theta_i,\varphi_i)\cos\theta_i d\Omega_i \quad (18)$$

根据基尔霍夫定律，表面定向光谱发射率可以通过方向半球反射率r_{DHR}得到，而根据BRDF的互换性知r_{HDR}与r_{DHR}相互等价，由此可以得到$\varepsilon_\lambda(\lambda,\theta,\varphi)$的表达式：

$$\varepsilon_\lambda(\lambda,\theta,\varphi) = 1 - r_{DHR}(\lambda,\theta,\varphi)$$
$$= 1 - r_{HDR}(\lambda,\theta,\varphi) \quad (19)$$

通过以上公式可以完成空间飞行器表面任一微元在观测方向 $\Omega(\theta,\varphi)$ 上红外辐射强度的计算。进而，整个空间飞行器在观测方向 $\Omega(\theta,\varphi)$ 上的光谱红外辐射强度应为所有外表面微元的光谱红外辐射强度的总和，即

$$I_\lambda = \sum_{i=1}^{N} I_{\lambda,i} \Delta A_i \quad (20)$$

若要计算某一指定波段内的空间飞行器红外辐射功率，则需要对空间飞行器的光谱红外辐射在该波段内积分，即

$$I^{\lambda_1-\lambda_2} = \int_{\lambda_1}^{\lambda_2} I_\lambda \mathrm{d}\lambda \quad (21)$$

式中，λ_1 和 λ_2 分别表示红外波段的上、下限。

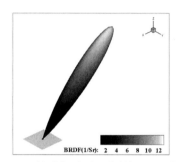

图 5 入射(高低)角为 45°时的 BRDF 结果

图 6 空间飞行器的结构外形图

3 仿真计算实例

(1) 空间飞行器参数

以哈勃望远镜形体进行简化处理的空间飞行器作为一个计算实例，此空间飞行器姿态控制为三轴稳定控制系统，轨道选取为极地轨道，其形体可以看作是由圆柱体形状的本体和矩形的太阳能电池板组成，空间飞行器本体尺寸为直径 4 m、高 13.4 m，太阳能电池板的尺寸为长 4.1 m、宽 13.1 m。本文构建出其三维模型，外形结构如图 6 所示。

假设空间飞行器主体的外壁面和载荷部件的外壳主要用表面镀铝的多层隔热材料包覆，其太阳吸收率和红外发射率都很低。取主体上端部载荷舱表面部分区域作为散热面，其表面材料采用高红外发射率的散热材料。太阳能电池板两面需要不同辐射参数的材料。装载太阳能电池阵的一面，为了吸收更多的太阳能，我们将其表面设计成具有较高的太阳辐射吸收率。而另一面的主要作用是对太阳能电池板进行散热，因此这里采用具有高红外发射率的散热材料。具体的材料辐射参数见表 1。

表 1 各材料表面的太阳吸收率和红外发射率假设参数

表面材料	太阳吸收率	红外发射率
多层隔热材料	0.09	0.03
辐射面材料	0.17	0.87
太阳能帆板(电池面)	0.75	0.87
太阳能帆板(散热面)	0.17	0.87

(2) 表面温度分布仿真结果

图 7 所示的是飞行器某一时刻在日照区飞行时的表面温度分布情况。由于太阳能电池板采用了对日定向姿态控制，因此可以通过太阳能电池板的姿态判断太阳方位。从视角 1 可见，这一时刻太阳能电池板温度较高，其正反两面的温差较大。从视角 2 可见，空间飞行器主体温度分布不均，正对太阳辐射面区域温度较背对辐射面温度高。空间飞行器载荷舱两侧开了散热面，由于散热面发射率高，温度较主体低。由图可以清晰地分辨出散热面的位置。

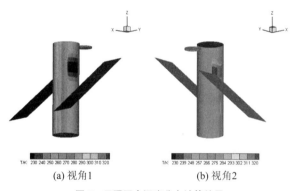

(a) 视角1   (b) 视角2

图 7 日照区内温度分布计算结果

(3) 不同方向的辐射强度

为了更好地分析空间飞行器在日照和进入阴影两种情况下，不同方向上的辐射强度大小与变化趋势，在已有红外辐射特性的基础上，计算并绘制了某空间飞行器在长波红外长波段的全向辐射强度的三维分布图，如图 8 所示。

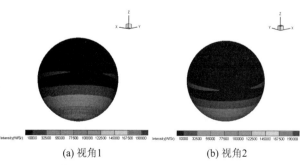

(a) 视角1   (b) 视角2

图 8 在日照区长波红外波段的全向辐射强度计算结果

同时，也仿真了飞行器运行到地球阴影区时长波红外的辐射强度、日照与阴影区中波红外波段的辐射强度变化

情况。通过对比分析可以看到,在日照区,空间飞行器不同波段下的点源探测辐射强度分布规律大致相同,数值上差异较大,长波红外波段其平均辐射强度是中波波段的2.5倍;空间飞行器运行到地球阴影区,没有太阳辐射的影响,另外阴影区电池板也停止工作,空间飞行器自身辐射都很小。

4 结束语

本文在国内外模型研究成果的基础上,建立了系列仿真模型且实现了模型闭合,仿真出实例结果。但鉴于仿真计算量约束与数学模型适当简化的考虑,未来还可继续深化建模或精细建模,以提高模型描述的真实度。对于外形复杂的空间飞行器,基于有限元计算原理的表面微面元热辐射建模应注意权衡效率与精确度的关系。

在未来工作中,空间飞行器的可见光散射特性分析也十分重要。尽管进入阴影区后由于飞行器自身不发光,但也需考虑月球和地球对阳光反射到空间飞行器表面的贡献。

参考文献

[1] Frank P. Incopera & David P. Dewitt, fundamentals of heat and mass transfer 5th edition[M]. London: Hemishpere Publishing, 2002.

[2] Yang F. Research on satellite thermal radiation charactersitics and inversion method[D]. Nanjing: NUST, Docter's Thesis, 2015.

[3] Yang F, Xuan Y M, Han Y G. Research on surface radiation characteristic of typical satellites[C]. Proceedings of heand and mass of the Chinese Academy of Engineering Thermophysics, Xi'an, 2014.

[4] Yang F, Han Y G, Xuan Y M. Large-scale earth surface thermal radiative features in space observation[J]. Optics Communications, 2015, 348: 77-84

民用飞机地面动响应载荷优化设计

卜沈平，童亚斌，张 健

(西安飞机工业(集团)有限责任公司第一飞机设计研究院，陕西西安，中国，710089)

摘 要：本文以某民用飞机为例，首先介绍了通过调整起落架缓冲器性能参数，优化飞机地面动响应载荷设计的工作。然后分析了传统飞机地面动响应载荷设计方法存在的不足，并有针对性地提出了考虑弹性机体影响的飞机地面动响应载荷优化设计的新方法和新流程，这种新流程起落架设计专业和载荷专业协同工作。

关键词：民用飞机；弹性飞机响应；飞机地面动响应载荷；飞机优化设计

中图分类号：V214.1+2；V214.1+3

Optimal Design of Civil Aircraft Dynamic Ground Loads

Bu Shenping, Tong Yabin, Zhang Jian

(Institute of Aircraft Design, AVIC Xi'an Aircraft Industry(Group) Company LTD., Shaanxi, Xi'an, 710089)

Abstract: In this paper, take a civil airplane as an example, we firstly introduced our work of optimization of airplane dynamic ground loads via adjustment of the parameters of landing gear shock absorber. Then we analyze the insufficiency of traditional dynamic ground loads design methodology, and accordingly present a new methodology and procedure of optimization of airplane dynamic ground loads calculation considering the flexibility effect of aircraft. The new procedure needs coordination of landing gear design department and loads design department.

Key words: Civil Airplane; Dynamic Response of Flexible Airplane; Aircraft Dynamic Ground Loads; Optimal Design of Airplane

1 引言

民用飞机载荷设计是按照 CCAR25/FAR25/CS25 相关适航条款要求[1-3]，结合飞机具体设计特点，编制飞机载荷设计要求，并在不同设计阶段，使用不同成熟度的原始输入数据和输入条件，计算飞机在服役中预期的最大载荷，提供给强度专业进行飞机结构强度和系统强度的设计和使用。地面载荷作为飞机载荷设计中的重要组成部分，由于其计算牵涉较多专业领域，一直是飞机载荷设计计算的难点。在设计初期，由于缺少刚度数据和起落架填充的参数数据，一般是先参考相似机型的起落架设计参数，制定设计飞机的目标起落架使用过载系数，载荷专业按照制定的起落架使用过载系数，计算起落架地面载荷和全机地面静载荷，或者将飞机视为刚性飞机，这样便于采用二质量模型对机体和起落架系统进行分析[4]，在飞机刚度数据和起落架填充参数数据具备后，开展全机地面动响应载荷计算工作[5-8]。对于具有细长体机身的飞机，其机身载荷受弹性影响较大，如果起落架参数仅按照落震当量质量、吸收功的方法进行设计，而没有考虑飞机结构弹性影响，则起落架地面动响应载荷有可能和飞机模态耦合，产生较大的结构动响应载荷，给飞机结构设计带来风险。

本文结合某民用飞机地面动响应载荷设计，提出了通过调整起落架缓冲器性能参数，优化飞机地面动响应载荷，这一新方法可有效地降低全机地面动响应载荷，并提供了新的地面动响应载荷设计工作思路。

2 飞机地面动响应载荷计算流程

由于某民用飞机机身属于细长体，弹性影响是不可忽略的。按照适航条款 CCAR25.473 的要求，在飞机和起落架载荷设计分析时，应该考虑起落架动态特性、刚体响应、机体结构动态响应等因素影响。

作者简介：卜沈平(1982—)，男，陕西澄城人，工程师，硕士，研究方向为飞机载荷与气动弹性专业；童亚斌(1971—)，男，陕西长安人，研究员级高级工程师，硕士，研究方向为飞机载荷与气动弹性专业；张健(1977—)，男，陕西铜川人，高级工程师，本科，研究方向为飞机载荷与气动弹性专业。

全机地面动响应载荷计算分为着陆冲击动响应载荷计算和起飞着陆动态滑行载荷计算两部分,目前我们采用 MSC/Adams 软件计算起落架载荷和 MSC/Nastran 软件计算机体载荷这一方法进行,即:在 MSC/Adams 软件中完成起落架动力学建模,起落架落震仿真计算,全机动力学建模(弹性体飞机+起落架模型),着陆冲击动响应仿真计算工作,提取各种工况下动态仿真计算时的起落架载荷时间历程,使用 MSC/Nastran 软件,计算在起落架着陆冲击动响应载荷作用下弹性体飞机的动响应载荷,提取每一仿真时间点,全机每一计算站位的动响应载荷,叠加全机 1 g 载荷,最后按照计算站位挑选载荷包线和过载包线,并同时输出每一严重工况所对应的全机配套载荷。具体计算流程如图 1 所示。

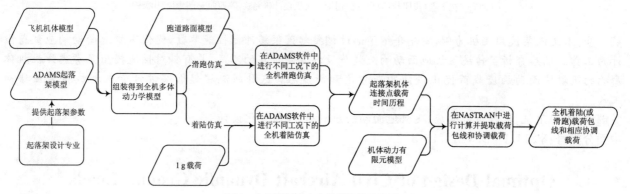

图 1 全机地面动响应载荷计算流程图

在 MSC/ADAMS 软件中建立的弹性机身全机仿真模型如图 2 所示。

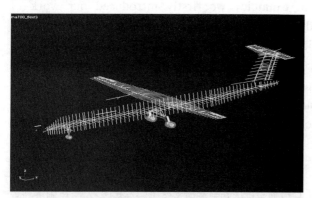

图 2 MSC/Adams 中建立的某民用飞机弹性机身全机仿真模型

3 飞机地面动响应载荷优化

载荷计算结果的大小直接影响到飞机的结构重量,因此在满足飞机性能和适航条款要求的前提下尽量降低飞机结构载荷是飞机载荷设计的责任。由于全机地面动响应载荷中的机身垂直弯矩一般构成机身严重载荷工况。根据计算得到的机身垂直弯矩包线,选取后按机身垂直弯矩最大时的计算工况进行基于载荷的起落架参数协调优化设计,并将设计结果用于全机地面动响应载荷设计。参数协调优化所选取的工况为设计着陆重量,下沉速度为 3.05 m/s,飞机着陆姿态为两点水平工况。

3.1 主起落架缓冲性能参数优化

优化工作主要针对起落架缓冲器参数进行,优化前后主起落架垂直载荷时间历程如图 3 所示。其中,A:"优化前"表示进行起落架缓冲其参数优化前的数据;B:"优化后"表示进行起落架缓冲其参数优化后的数据;C:"与优化前相同最大载荷"表示将起落架缓冲其参数优化后的数据等比例放大使载荷最大值与优化前载荷最大值相等时得到的数据。

三种情况下机身垂直弯矩增量包线如图 4 所示。

从图 4 可以看出,通过调整主起落架载荷时间历程就可以有效降低机身垂直弯矩(A、C 情况曲线)。进一步适当降低起落架载荷最大峰值,机身垂直弯矩也进一步降低(B 情况)。由此可知,主起落架载荷时间历程对机身动响应载荷影响较大,在降低起落架最大垂直过载的同时对主起落架垂直载荷时间历程进行调整,才能收到较好的降低载荷的效果。

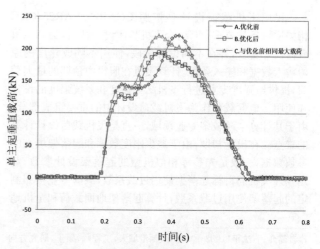

图 3 优化前后主起落架垂直载荷时间历程

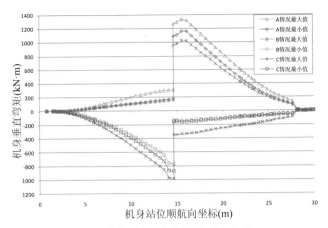

图 4 优化前后机身垂直弯矩增量包线

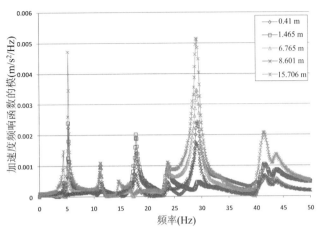

图 5 后机身部分站位加速度频响函数的模

3.2 机体载荷下降原因分析

通过对物理过程的分析可以认为,在飞机着陆冲击过程中,主起落架地面着陆冲击载荷与机身垂直一弯相互耦合,导致了机身产生较大的动响应载荷,而通过合理调整主起落架缓冲器阻尼、刚度和压缩行程等设计参数,就可降低或抑制主起落架冲击载荷与机身垂直一弯模态的耦合作用,从而有效地降低机身动响应载荷。

为了验证上述猜想,本文首先计算了主起落架作用载荷时后机身部分站位加速度的频响函数,其幅值曲线如图 5 所示。图 5 中的数字表示相应站位距全机重心的水平距离。对 A、B、C 三种情况下主起落架垂直载荷时间历程进行了傅里叶变换,变换函数的幅值曲线如图 6 所示。

图 5 中的峰值和部分机体模态相对应。其中影响最大的就是 5.32 Hz 处的峰值和 29.1 Hz 处的峰值。对部分站位而言,29.1 Hz 处的峰值较高。但从图 6 可以看出,主起落架垂直载荷在不同频率上的分量随着频率增加而减小。因此,主起落架垂直载荷在 5.32 Hz 上的分量更为重要。比较图 6 中 A、B、C 三种情况下曲线在 5.32 Hz 处的分量值,可以发现优化后的曲线(B 曲线)比优化前(A 曲线)有较大的减小(29.1 Hz 处的分量值比优化前也有所减小)。飞机机身垂直一弯模态频率为 5.32 Hz,优化工作有效降低了主起落架地面着陆冲击载荷与机身垂直一弯模态的耦合,从而降低了机身垂直弯矩。

3.3 载荷优化结果

优化设计前后全机地面动响应机身垂直弯矩包线与全机静载荷机身垂直弯矩包线对比,如图 7 所示。由图 7 可以看出,主起落架缓冲器参数优化设计有效降低了机身垂直弯距载荷。

4 考虑载荷优化后的全机地面动响应载荷计算流程

传统的起落架设计是基于起落架落震当量质量、吸收功的方法进行的,载荷专业则是根据起落架设计专业提供

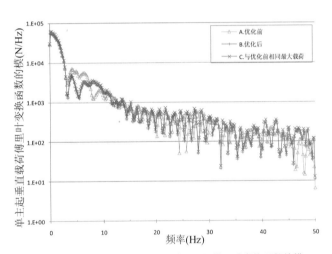

图 6 优化前后单主起垂直载荷时间历程傅里叶变换函数的模

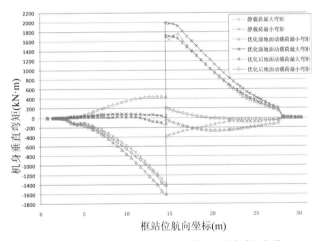

图 7 优化前后动机身垂直弯矩与静机身垂直弯矩包线

的起落架使用过载系数开展飞机地面静载荷设计,根据起落架动态特性参数进行全机地面载荷设计,但是当起落架使用过载系数不够保守,或者说起落架载荷与机身模态耦合较强时,就会出现地面动响应载荷较大的情况。飞机设计是一个复杂的系统工程,基于刚性机体假设的起落架设计有可能给飞机结构设计带来设计风险。本文所介绍

的工作表明在弹性体飞机模型条件下,通过优化调整起落架缓冲器设计参数,便可获得较小的机身动载荷,进而有效降低飞机的结构重量。因此只有起落架结构/强度设计专业和载荷专业协同设计,综合优化,形成一个闭环,才能真正达到合理降低机体载荷、优化结构重量的目标。理想的全机动响应载荷计算流程如图8所示。

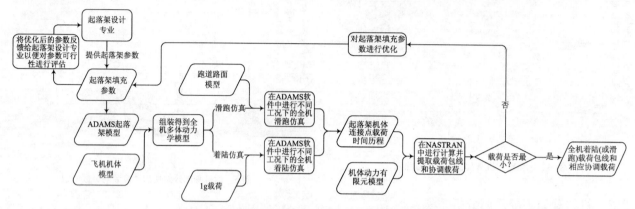

图8 加入载荷优化后的全机地面动响应载荷计算流程图

5 总结

本文采用 MSC/Adams 软件和 MSC/Nastran 软件,开展了机体弹性体模型下主起落架缓冲性能优化设计工作,从而极大地降低全机地面动响应载荷。在设计工作过程中,通过分析起落架载荷时间历程对飞机地面动响应载荷的影响,找到了以机体地面动响应载荷最小为目标的起落架缓冲器参数优化设计工作的一个方向。考虑到机体载荷优化工作对飞机载荷设计工作的重要影响,本文提出了新的起落架缓冲器参数优化的全机地面动响应载荷设计流程,希望能够对实现飞机结构设计"轻重量,长寿命"这一目标有所助益。

致 谢

本文受国家某重点专项资助项目(MJ-2015-F-010)的资助,在此表示感谢。

参考文献

[1] 《China Civil Aviation Regulation》Part 25. Airworthiness Stadards: Transport Category Airplanes.
[2] 《Federal Aviation Regulation》Part 25. Airworthiness Stadards: Transport Category Airplanes.
[3] 《EASA Certification Specifications for Large Aeroplanes》.
[4] Horonjeff R, Penzien J, Tung C C. The effect of runway unevenness on the dynamic response of supersonic transports [R]. NASACR-119, 1964.
[5] Cook, F, E, Milwitzky, B. Effect of interaction on landing-gear and dynamic loads in a flexible airplane structure[R]. NASA, R-1278.
[6] 史红伟, 李新华, 李锋. 大展弦比弹性飞机着陆特性分析[J]. 飞行力学, 2014, 32(5): 394-397.
[7] 史友进, 张曾锠. 大柔性飞机着陆响应弹性机体模型[J]. 东南大学学报(自然科学版), 2005, 35(4): 549-552.
[8] 牟让科, 罗俊杰. 飞机结构弹性对起落架缓冲性能的影响[J]. 航空学报, 1995, 16(2): 205-208.

多功能飞行目标仿真器软件设计与实现

赫 赤[1,2]，董光玲[1]，李 强[1]，孙明月[1]，施鲁星[2]

(1. 中国白城兵器试验中心,吉林白城,中国,137001;2. 长春理工大学机电工程学院,吉林长春,中国,130022)

摘 要:在国土与领海防御中,来自空中的威胁越来越受到重视,各军事强国不同程度上加大了防空反导技术研究与武器系统研发的投入。新研制的防空反导武器装备通过定型试验才能装备部队。目前,外场"实装"试验难以模拟复杂战场环境与逼真飞行目标,因此必须在防空反导武器装备定型试验引入建模仿真技术与方法。本文首先分析了上述武器系统及其定型试验的特点以及典型测量控制仪器设备中虚拟现实技术的应用,其次介绍了飞行目标航路仿真器的组成与作用,重点探讨了基于虚拟仪器技术的飞行目标仿真器软件的设计与实现,研究结果表明虚拟仪器技术带来的界面直观性、操作简洁性、系统软件维护便利性均达到用户要求。

关键词:防空反导;飞行目标模拟;仿真器设计;虚拟仪器技术;设计与实现

中图分类号:TJ306;TP391.9

Software Design and Implementation of Multi-functional Flying Target Simulator

He Chi[1,2], Dong Guangling[1], Li Qiang[1], Sun Mingyue[1], Shi Luxing[2]

(1. Baicheng Ordnance Test Center of China, Jilin, Baicheng, 137001; 2. School of Mechanical and Electrical Engineering, Changchun University of Science and Technology, Jilin, Changchun, 130022)

Abstract: For now, air threat has drawn more and more attention in territorial and ocean defense. And all military powers have increased their investments in R & D of air defense anti-missile (ADAM) technologies and weapons systems to varying degrees. Besides, new developed ADAM weapons should pass the approval test before their equipment. While real field test can hardly simulate the complicated combat environment and vivid flying target, it is necessary to introduce modeling and simulation techniques and methods into the final test of ADAM weapons. In this paper, the features of above-mentioned weapon systems and their type approval tests are analyzed with detailed description on application of virtual instrument (VI) in typical measurement and control equipment. Then, the composition and function of flying target route simulator are introduced, focusing on design and implementation of the flight simulator software based on VI. Finally, the results show that the intuitive user interface, simplified operation and convenient software maintenance brought by VI technology meet user's requirements very well.

Key words: Air Defense and Anti-missile; Flight Target Simulation; Simulator Design; Virtual Instrument Technology; Design and Implementation

---

作者简介:赫赤(1964—),男,黑龙江勃利人,高级工程师,博士,研究方向为常规兵器仿真试验鉴定技术；董光玲(1981—),男,山东莒县人,工程师,博士,研究方向为仿真试验与鉴定技术；李强(1977—),男,吉林白城人,工程师,硕士,研究方向为常规兵器试验鉴定技术；孙明月(1987—),女,辽宁朝阳人,工程师,硕士,研究方向为建模仿真技术。

1 引言

随着世界安全局势越来越复杂,来自空中的威胁不断增加,各国对防空反导武器系统的需求与投资显著加大,尤其是以美国、俄罗斯为代表的军事强国,在完成防空反导武器系统升级换代的基础上,加强了该类武器系统在全球部署的力度。在国土防空反导力量建设方面,美军代表武器系统有"宙斯盾""末端高空区域防御""爱国者"等,俄罗斯则重点部署 S 系列中远程防空导弹。在野战防空武器系统与海上防空反导系统研发方面,发展重点是弹炮结合防空反导武器系统、末端防御武器系统与一体化的防空反导技术[1]。

近年来,为了应对陆地与领海防空局势的严峻性,我国加大了防空反导武器系统的研发投资力度,其中,新一代弹炮结合防空系统、陆基小口径末端防御系统、舰载超高速末端防御系统等新型防空反导武器系统将陆续完成定型试验。

在防空反导武器系统定型试验中,传统的外场"实弹""实装"试验理论和方法不可避免地遇到某些战技指标与作战效能无法考核、试验样本量与鉴定结论置信度相互制约、边界条件无法实现、故障复现手段有限、近战场作战环境与逼真目标难以提供等问题。为解决上述试验难题,最实用、最有效的手段就是采用仿真试验鉴定技术与方法[2]。

随着建模仿真理论与技术成熟度的不断提高,相应的建模仿真方法与手段在武器系统设计、研发、试验、装备中得到了广泛应用。尤其在武器系统试验鉴定中,国内相关领域的专家学者对建模仿真技术、仿真试验方法、仿真器设计与应用进行了深入研究,并取得了有益的成果。中国船舶重工集团公司某研究所程健庆研究员带领的课题组在分析未来海战对舰炮火控系统发展需求以及舰炮火控系统现状的基础上,设计开发了一套半实物仿真系统,完成了某新型舰炮综合火控系统的试验测试与性能评估[3]。南京理工大学研究生张巧在其导师指导下,在深入研究 MIL-STD-1553B 总线传输协议、通用电子器件设计技术和半实物仿真技术的基础上,完成了某型制导航空炸弹载机火控模拟系统的设计与开发[4]。

为了最大限度地降低仿真器的研发成本,增强系统的功能、可视性与灵活性,目标航路仿真器设计中大量采用了虚拟仪器技术。虚拟仪器技术的本质特征就是利用计算机丰富的软硬件资源,实现传统仪器硬件平台的软件化。近年来,有关虚拟仪器技术的应用越来越广泛,例如在计量校准测试[5,6]、典型物理量测量[7]以及军用测试系统[8]设计中均得到广泛应用。

本文重点讨论防空反导武器系统定型试验中,基于虚拟仪器技术的飞行目标仿真器软件的设计技术与方法。在分析飞行目标仿真器系统设计指标与使用要求的基础上,叙述了仿真器的系统组成与工作原理,重点研究了基于虚拟仪器技术的软件设计,并给出了飞行目标仿真器的部分软件界面。

2 飞行目标仿真器设计

2.1 系统设计指标与要求

2.1.1 航路模拟信号

(1) 航路种类

等速水平等速直线航路、水平等加速直线航路、等速下滑(俯冲)航路、等加速俯冲航路、水平等速盘旋航路、羊角跳、实测航路等 7 种基本类型。

(2) 输入参数

起始航路 s_0(m)、航路终点 s_1(m)、加速航程 l_a(m)、加速运动时间 T(s)、航路高度 h_0(m)、航路捷径 l_0(m)、目标初始速度 v_0(m/s)、目标运动加速度 a(m/s^2)、航向航位角 θ(°)。

2.1.2 标准模拟信号

(1) 正弦信号

振幅:1~360°任意可变;

周期:1~600 s 任意可变,最小步长 0.1 s;

中心位置:0~360°任意可变;

启动段时间:任意可调;

正常运行时停止点在中心位置。

(2) 等速信号

① 等速运转

方向:正向,反向;

速度:0.01~200°/s 任意可变;

启动段时间:任意可调。

② 往复等速

速度:0.01~200°/s 任意可变;

启动段时间:任意可调;

上、下限角:任意可调;

顶宽:任意可调;

启动段最大加速度:0.01~360°/s^2 任意可调。

(3) 阶跃信号

角度:0.0~360°任意可调。

2.1.3 航路模拟信号接口形式

(1) 串并口数据传输

TTL 电平信号、脉冲差分信号;间隔 1 ms、10 ms。

(2) Ethernet 数据传输

采用 100 M/1000 M Ethernet 通信网络;通信速率 100 次/s,满足 UDP 协议。

(3) CAN 总线数据传输

双绞线介质;符合 CAN2.0B 协议;通信距离:10 km,传输速率:1 Mbps。

(4) 实时反射内存网

VMIC-5565 光纤反射内存网卡;内存:128 M、4 KB TxFIFO;波特率:1.2 Gbps;节点最大距离:1 km。

2.1.4 操控要求

(1) 满足多种类型防空反导武器系统不同接口需求;

(2) 被试武器系统自动方式工作期间,目标仿真器必须提供连续控制信号,防止系统失调;

(3) 目标仿真器需有人工干预功能,在异常情况下实现停止、刹车、启动操作;

(4) 具备模拟多批次、多架次飞行目标的能力;

(5) 可实时为视景显示系统提供飞行目标航迹。

2.2 系统组成及工作原理

多功能飞行目标仿真器的设计基于计算机的分布式测量控制系统。仿真器主要包括主控计算机、CAN 总线传输网络、防空高炮前端机、防空导弹前端机、弹炮一体前端机、末端防御前端机、训练模拟器前端机以及视景显示前端机。

多功能飞行目标仿真器的功能框图如图 1 所示。

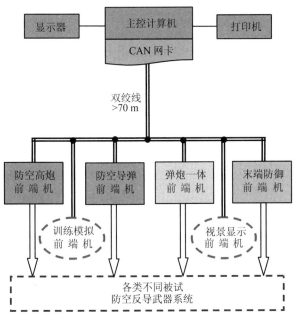

图 1　多功能飞行目标仿真器的功能框图

多功能飞行目标仿真器是在注入式飞行航路仿真系统[2]的基础上进行功能扩充、结构优化后研发的新一代飞行目标仿真器,可按用户要求自动完成标准信号、飞行航路信号、时统复位信号的生成与传输,并可按被试武器系统具体需求发送前馈信号,接收位置反馈信号,进行握手通信。该系统能满足各种型号武器系统数据格式与通信方式不一致的试验测试要求。该系统除了能完成多种类型防空反导武器系统定型试验外,还可以为上述武器系统的模拟训练仿真器以及视景仿真提供逼真的飞行航路实时模拟数据。

该仿真器运用信息简洁、传输率高、实时性强、工作稳定可靠的 CAN 总线,将一台上位机与多台前端机连接起来,完成防空反导武器系统定型试验的测控任务。

上位机即主控计算机采用主流工业控制计算机,前端机的硬件组成可以有多种方式,本设计中前端机硬件部分主要分为六大部分:All-in-One 主机卡、前端机与上位机接口电路、前端机与被试某型防空反导武器系统接口电路、时统信号发生器、系统电源以及前端机箱。前端机内还设有防尘、防震、通风、保温装置,以适应外场较为恶劣的试验环境。

图 2 为典型前端机面板设计图。

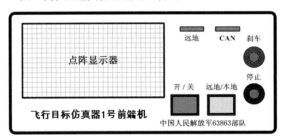

图 2　多功能飞行目标仿真器前端机面板

试验开始前,用户在主控计算机上录入被试武器系统型号、数量、试验类型、试验内容、试验参数、试验日期等试验基本信息;主控计算机通过 CAN 总线与前端机通信,发出状态检查指令,前端机接到指令后,与被试武器系统通信并检查工作状态,然后将自身工作状态、被试武器系统工作状态反馈到主控计算机,所有状态均正常后,完成状态检查与试验准备。

试验时,主控计算机下装试验类型、试验参数与本次试验时长到前端机,然后发出启动试验命令;前端机向被试武器系统及相应的性能参数测试系统发出时统信号,作为试验开始的统一时间节点,然后运行预先建立的飞行目标航路模型,将目标空间点坐标分别传到被试武器的方位与俯仰系统;被试武器系统跟踪模拟目标轨迹运转,并在适当时机发出射击指令实施射击;性能参数测试系统测量被试武器系统跟踪误差、跟踪速度、射击精度及其他性能参数,完成一次试验。

试验结束后,所有试验数据与仿真器状态数据传回主控计算机,按照相关试验要求存储、打印、报表。

每次试验达到预设试验时长后,试验正常结束。若发生异常情况,有三种方法中止试验进程:一是计算机程序可自动停止试验进程;二是操作人员可通过主控计算机发出停止指令中止试验进程;三是操作人员通过前端机面板按钮中止试验进程。

3　基于虚拟仪器的软件设计

3.1　虚拟仪器技术

随着计算机技术、大规模集成电路技术和通信技术的飞速发展,仪器技术领域发生了巨大的变化。美国国家仪器公司(National Instruments,NI)于 20 世纪 80 年代中期首先提出了基于计算机技术的虚拟仪器概念,把虚拟测试技术带入新的发展时期,随后研制和推出了基于多种总线系统的虚拟仪器。经过十几年的发展,虚拟仪器技术将高速发展的计算机技术、电子技术、通信技术和测试技术结合起来,开创了个人计算机仪器时代,是测量仪器工业发展的一个里程碑[9]。

虚拟仪器是现代计算机技术和仪器技术深层次结合的产物。虚拟仪器充分利用了计算机的运算、存储、回放显示及文件管理等智能化功能,同时把传统仪器的专业化功能和面板控件软件化,与计算机结合构成一台功能完全与传统硬件仪器相同,同时又充分享用了计算机软硬件资源的全新的虚拟仪器系统[10]。

与传统仪器相比,虚拟仪器具有如下几个特点:

(1) 用户可以参照硬件系统特点自己定义各种功能,即用软件实现硬件功能;

(2) 面向应用的系统结构与开放式功能模块,可方便地与网络外设、应用程序等连接,构成多种测量仪器;

(3) 具有强大、灵活的数据处理分析能力,便于编辑、存储、打印、回放;

(4) 价格低廉,基于软件体系的结构,大大节省开发维护费用,系统性能提升、功能扩展仅需更新软件即可。

3.2 LabWindows/CVI 特点

LabWindows/CVI 是由美国 NI 公司开发的一款虚拟仪器编程语言。它是面向计算机测控领域的虚拟仪器软件开发平台,可以在多操作系统下运行。LabWindows/CVI 是以 ANSI C 为核心的交互式虚拟仪器开发环境,它将功能强大的 C 语言与测控技术有机结合,具有灵活的交互式编程方法和丰富的库函数,为开发人员建立检测系统、自动测试环境、数据采集系统、过程监控系统等提供了理想的软件开发环境,是实现虚拟仪器及网络化仪器的快速途径[9]。

文献[9]将 LabWindows/CVI 与其他虚拟仪器软件开发平台对比,得出如下几个特点:

(1) 交互式的程序开发,可大大提高工程设计的效率和可靠性;

(2) 功能强大的函数库,可轻松实现复杂的数据采集和仪器控制系统的开发;

(3) 灵活的程序调试手段,极大地提高了软件开发人员的工作效率;

(4) 高效的编程环境,在产品设计中,可以自动快速创建、配置并显示测量,无需过多手动编写调试代码;

(5) 开放式的框架结构,便于不同的开发人员之间共享函数模块和虚拟仪器程序;

(6) 集成式的开发环境,可用于创建基于 DAQ、GPIB、PXI、VXI 和以太网的虚拟仪器系统,轻松实现自动化测试系统研发、数据采集监视项目、验证测试和控制系统的设计。

3.3 仿真器软件设计

仿真器软件设计应依据防空反导武器系统工作特点,采用模块化设计,根据用户的实际需求,利用 LabWindows/CVI 构建用户登录界面、用户操作界面、数据曲线显示界面。

3.3.1 软件的主要功能

仿真器软件主要具备如下功能:

(1) 建立友好的人机界面;

(2) 完成系统的初始化及 Ethernet 总线、CAN 总线、串并口总线自检;

(3) 选择被试武器系统类型,设置时统信号频率;

(4) 依据试验要求设置前端机参数;

(5) 能产生等速、往复、正弦、阶跃等四种标准运动规范,以及等速水平等速直线航路、水平等加速直线航路、等速下滑(俯冲)航路等七种运动规范;

(6) 完成前端机的启动、停止、刹车控制;

(7) 能同时或单独驱动被试武器方位系统和俯仰系统运转;

(8) 上电后 1 秒钟内及设置期间,能自动和被试武器系统实现正常通信;

(9) 能以帮助菜单形式,提供系统操作使用步骤、常见故障排除方法。

3.3.2 软件的一般结构

仿真器软件结构如图 3 所示。

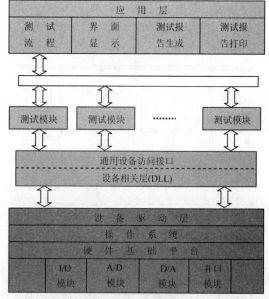

图 3 多功能飞行目标仿真器软件结构图

由图 3 可知,飞行目标仿真器软件划分为层次结构,最低层为设备驱动层,主要提供底层硬件的操作接口,设备驱动层的设计必须符合操作系统中关于设备驱动程序的开发规范。为了提高软件的可移植和可扩展性,在驱动层之上采用 DLL 对设备驱动程序进行封装,为上层提供一致的通用设备访问接口,保证在底层设备发生变化后,上层应用软件无需修改。

为保证软件的通用性,利用配置数据库存储组织测试流程和测试报告格式,这样一旦测试流程或测试报告格式发生变化,无需重新修改软件,只需对配置数据库进行修改即可,这大大提高了软件的适应性。

飞行目标仿真器软件采用多线程方式开发，主线程主要负责用户界面的显示、消息、事件的处理，工作者线程主要负责后台的耗时操作，这里主要包括 UDP 数据包接收线程，这样即可保证应用程序能及时响应用户的操作，又可保证系统对网络数据接收的实时性需求。

3.3.3 软件编程实现

（1）用户登录及管理

用户登录界面是进入系统的安全屏障，它起着避免非工作人员在不了解本系统的情况下使用本程序的作用，程序运行时的人机界面加载了用户登录功能，如图 4 所示。

图 4 用户登录界面

运行程序后，首先出现的是系统登录封面，用户输入用户名并正确输入相应密码后，即可成功登录。若用户名与相应密码均已在系统内部绑定，运行此界面时，系统会自动读取数据库中相关信息并作为判断标准，未注册用户无法登录，需要已注册过的用户为其加载，已注册用户可以在用户管理中增加、编辑用户信息。

（2）仿真航路显示与前端机通道选择

飞行目标航路数据生成后，一路传送到被试武器系统，用于控制系统运转；另一路上传到主控计算机，用于实时显示。此时软件对每台连接的前端机按照通道次序逐次读取测试数据，并存入相应的内存数组中，然后根据显示通道的选择，在数据显示窗口中显示对应的航路仿真数据，显示界面如图 5 所示。

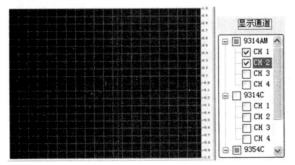

图 5 航路显示与前端机选择界面

（3）飞行航路视景仿真

飞行目标仿真器的视景显示前端机用于生成目标飞行航路、被试武器系统火炮身管指向、弹目运行轨迹的实时图形，图 6 为飞行航路视景仿真截图。

图 6 飞行航路视景仿真截图

图 6 中，左侧上部为被试武器视角，下部为目标坐标与跟踪精度；右侧上部为被试武器系统状态，中部为飞行目标与场景，下部为跟踪精度十字线靶。

4 结论

多功能飞行目标仿真器在性能上完全满足用户提出的技术指标与使用要求，使用范围基本上涵盖了我军装备的防空反导武器系统定型试验需求。

基于虚拟仪器的软件开发，不但节省了大量研发费用，而且呈现给用户的界面更简洁、更直观，同时，软件运行亦更加稳定可靠。

后续可进一步增加飞行目标的电磁反射模型、红外特性模型、复杂环境与干扰模型、被试武器系统运动状态模型。完善后的飞行目标仿真器即可用于防空反导武器系统性能试验，又可用于作战试验。

参考文献

[1] 中国国防科技信息中心. 世界武器装备与军事技术年度发展报告(2015)[M]. 北京:国防工业出版社,2016.

[2] 赫赤,韦宏强,董光玲,等. 防空反导武器系统目标航路建模仿真试验新方法[M]//系统仿真技术及其应用(第 15 卷). 合肥:中国科学技术大学出版社,2014:176-180.

[3] 程建庆,顾浩,李素民. 武器系统一体化综合仿真环境及仿真系统[J]. 系统仿真学报,2001,13(3):337-341.

[4] 张巧. 基于 1553B 的载机火控模拟系统的设计与实现[D]. 南京:南京理工大学,2011.

[5] 张恩凤. 冲击试验的应用现状、存在的问题及发展前景[D]. 太原:中北大学,2017.

[6] 杨藤. 虚拟仪器在计量测试中的应用[J]. 电子测试,2017(7):88-89.

[7] 谢济励. 基于虚拟仪器的液体压力测量与控制[J]. 科技创新与生产力,2017(3):109-111.

[8] 李茂林. 虚拟仪器在计量测试中的应用[D]. 南京:南京理工大学,2017.

[9] 孙晓云,郭立炜,孙会琴. 基于 LabWindows/CVI 的虚拟仪器设计与应用[M]. 北京:电子工业出版社,2005.

[10] 张毅刚. 虚拟仪器技术介绍[J]. 国外电子测量技术,2006,25(6):1-6.

摇臂式起落架缓冲性能设计技术研究

张 雷,陈 云,张国宁

(航空工业第一飞机设计研究院,陕西西安,中国,710089)

摘 要:阐明了起落架缓冲性能设计的重要性,对国内外关于摇臂式起落架缓冲性能设计概况进行了介绍。本文把摇臂式起落架缓冲性能设计划分为性能估算部分和仿真计算部分,然后利用性能估算的结果作为仿真计算的输入,循环迭代设计出满足工程要求的摇臂式起落架缓冲性能参数。以某型飞机主起落架为例,进行了缓冲性能设计和对应的落震试验并对结果进行了对比,验证了本文所提计的方法的工程适用性以及准确性,可供同类型飞机起落架设计参考。

关键词:摇臂式;起落架;缓冲;阻尼

中图分类号:V226.1

The Study of Articulated Aircraft Landing Gear Shock Absorb Performance

Zhang Lei, Chen Yun, Zhang Guoning

(AVIC the First Aircraft Institute, Shaanxi, Xi'an, 710089)

Abstract: Explain the importance of landing gear shock absorb performance, introduce the articulated aircraft landing gear shock absorb performance both at home and abroad. The articulated aircraft landing gear shock absorb performance is divided into estimation part and simulation part, and then take the results of the estimation as the input of the simulation, then we can have the parameter by iteration to meet the engineering requirements of articulated aircraft landing gear shock absorb performance. Take a certain type as an example, contrast the calculation and test result, verify the accuracy of the method proposed in this paper, provide a reference for the same type landing gear design.

Key words: Articulated; Landing Gear; Shock Absorb; Damp

1 引言

飞机起落架缓冲系统主要作用是吸收着陆与滑跑时与地面撞击产生的能量,起落架缓冲系统的优劣直接关系到飞机的起降性能[1,2]。传统起落架缓冲性能的设计主要是依靠计算与试验相结合的方式,而且更加偏重于试验,这样就会导致大量资源的浪费。在起落架缓冲性能设计的初期,充分利用工程算法与商业软件对起落架缓冲性能进行设计可以大大缩短研发周期[1]并降低研发费用。

目前,国内对摇臂式起落架缓冲性能设计的研究较少,现有的研究成果主要集中在缓冲器参数设计[3,4]、油孔面积对缓冲支柱性能的影响[5-7]、缓冲器的初始压力和初始体积、活塞杆的外截面积、油孔面积以及油针最底端截面半径进行参数优化[8],而针对摇臂式起落架的整体缓冲性能设计技术方面的研究较少。鉴于技术保护等因素,国外针对摇臂式起落架缓冲性能方面的研究鲜有文献报道。基于摇臂式起落架在小型军用飞机以及支线客机上应用比较广泛,有必要对该类型起落架缓冲性能进行细致的研究。本文所提出的综合利用性能估算结合仿真计算的摇臂式起落架缓冲性能设计技术研究的对象为某型飞机摇臂式主起落架,首先根据飞机重量、下沉速度等输入参数进行起落架缓冲性能估算,然后把估算的结果作为仿真计算的输入进行起落架缓冲性能仿真计算。具体流程如图1所示。

2 缓冲性能估算

本文针对摇臂式起落架进行缓冲性能估算,具体流程

作者简介:张雷(1988—),男,安徽宿州人,工程师,硕士,研究方向为飞机起落装置设计;陈云(1983—),男,山西忻州人,高级工程师,本科,研究方向为飞机起落装置设计;张国宁(1982—),男,山西洪洞人,高级工程师,硕士,研究方向为飞机起落装置设计。

见图 1 的性能估算模块。利用飞机轮胎参数、重量参数、下沉速度等,进行起落架缓冲行程以及充填参数的估算。

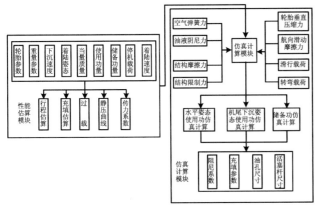

图 1　摇臂式起落架缓冲性能设计流程

2.1　缓冲行程估算

飞机着陆时由起落架的缓冲系统把飞机的着陆动能转化为缓冲器和轮胎的变形能量,对于摇臂式起落架,缓冲性能估算时可取轮轴垂直位移吸收的能量与轮胎压缩吸收的能量。而起落架的着陆功量主要由两部分组成:其一是飞机着陆直至轮胎触地时的动能;其二是飞机轮胎触地后直至轮胎和缓冲器压缩停止之前飞机的势能[9,10]。则有

$$(N \cdot P_{dl} \cdot S_{lz} \cdot \eta_{lz}) + (N \cdot P_{dl} \cdot \delta_{lt} \cdot \eta_{lt}) = \frac{m_{dl}V_y^2}{2} + (W - L)(S_{lz} + \delta_{lt}) \quad (1)$$

其中,N 为起落架的垂直过载系数;P_{dl} 为作用在轮胎上的当量载荷;S_{lz} 为轮轴位移;δ_{lt} 为轮胎压缩量;η_{lz} 为轮轴位移吸收功量的效率系数,取值范围为 0.7~0.85;η_{lt} 为轮胎的效率系数,通常取 0.47;m_{dl} 为作用在起落架上的当量质量;W 为飞机重量;L 为飞机升力;V_y 为飞机的下沉速度。

对于军机和适于 CCAR25 部的运输类飞机,规定 $L = W$,则上式变为

$$NP_{dl}(S_{lz}\eta_{lz} + \delta_{lt}\eta_{lt}) = \frac{m_{dl}V_y^2}{2} \quad (2)$$

2.2　充填参数估算

缓冲器的活塞杆直径参照相关参考机型及国内相近吨位飞机的相关尺寸,且考虑到使用功压力应尽量小以及缓冲器所用密封组件的耐压性能,可以初步定义活塞杆尺寸。

综合考虑参考飞机的压缩比、使用功载荷以及停机压缩量等因素,可以初步定义缓冲器的充填参数。

2.3　静压曲线

缓冲器轴力 Q 与缓冲器行程 S 的关系为

$$Q = \frac{P_0 F}{\left(1 - \frac{SF}{V_0}\right)^K} \quad (3)$$

其中,K 为空气多变指数,静压缩时取 1.0,动压缩时取 1~1.4;P_0 为缓冲器初始压力;V_0 为缓冲器初始气体体积;F 为缓冲器压气面积。

根据定义出的充填参数可以得出缓冲器的静压曲线。

3　缓冲性能仿真计算

起落架缓冲性能仿真设计流程如图 1 所示。

3.1　仿真模型概述

摇臂式起落架缓冲系统落震仿真是基于 LMS 软件 Motion 模块进行的,仿真过程分为建模和计算两部分。

模型分为起落架缓冲系统和落震试验台,主起落架缓冲系统由以下几个部分组成:缓冲器、支柱、侧撑杆和两个机轮轮胎(图 2)。

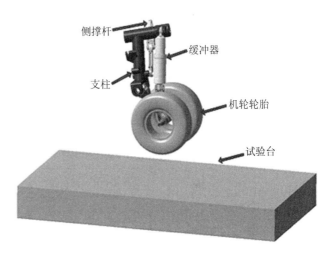

图 2　主起落架落震试验仿真模型

模型中,在外筒和活塞杆之间施加了 4 个轴向力,分别模拟空气弹簧力、油液阻尼力、结构摩擦力以及结构限制力;在轮胎和路面间定义了轮胎的垂直压缩力(由轮胎的静负荷试验曲线计算取得)及航向的滑动摩擦力。

3.2　模型基本假设

针对该飞机主起缓冲性能仿真计算的模型,需要建立如下基本假设条件:

(1) 飞机着陆是一个对称着陆过程;
(2) 升力等于重力;
(3) 由于在第一次缓冲过程中飞机俯仰角的变化比较小,所以假设飞机在着陆过程中的俯仰角保持不变。

3.3　落震仿真投放高度及重量

依据落震仿真的投放高度计算公式:

$$H = V_y^2/2g \quad (4)$$

落震仿真的投放重量计算公式为

$$W = m_{eq}\frac{H}{H + y_c} \tag{5}$$

其中, W 为投放重量; m_{eq} 为起落架当量质量; H 为自由落震高度; y_c 为轮胎压缩量加轮轴相对投放质量的位移。

应用 LMS 软件的 Motion 模块进行落震试验仿真, 第一次以 m_{eq} 作为投放重量, 得到一个 y_c, 代入公式(5), 求得新的投放重量 W, 再以新的 W 代入建立的仿真模型计算, 得到新的 y_c, 如此迭代数次, 直到满足公式(5)前后两次投放重量的误差小于 1%。

4 某型飞机主起落架缓冲性能计算及落震试验结果对比分析

针对本文的研究对象, 利用上述设计方法进行某型飞机主起缓冲性能设计, 部分参数见表 1。

表 1 主要缓冲性能计算参数表

参数	数值	参数	数值
设计着陆重量(kg)	27200	当量质量(kg)	13700
使用功下沉速度(m/s)	3.05	使用功(J)	63722.13
储备功下沉速度(m/s)	3.66	储备功(J)	91759.9
水平姿态(°)	0°	最大停机载荷(N)	129129
机尾下沉姿态(°)	10°	着陆速度(km/h)	177

根据 2.1 节的缓冲行程估算, 可以得出如表 2 所示的轮轴位移及缓冲器行程估算数据。

表 2 轮轴位移及缓冲器行程估算

N	V (m/s)	使用功轮轴位移 (mm)	使用功行程 (mm)	结构行程 (mm)
1.6	3.05	293	198	220
1.7	3.05	332	185	206
1.8	3.05	306	175	195

根据前文所述估算方法, 综合考虑各种限制因素, 确定轮轴最大位移为 350 mm, 此时定出缓冲器结构行程为 196 mm, 起落架垂直过载系数为 1.75。缓冲器初始充填取 $P_0 = 3.0$ MPa, $V_0 = 0.0033 \text{ m}^3$。

将使用功工况(投放高度 = 0.475 m)代入仿真模型进行计算, 调整阻尼参数和配重, 迭代计算后, 该飞机主起落架仿真计算载荷典型曲线与功量图分别如图 3 和图 4 所示, 地面轮胎力在缓冲器一个正反行程内有两个峰值: 第一个峰值为阻尼力峰值, 由定阻尼装置产生; 第二个峰值为气腔峰值, 是缓冲器压缩至最低, 由高压气腔产生。落震试验的目标是综合考虑各种试验的工况, 使两个峰值尽量持平, 这样载荷过载最低, 效率系数最高。

由上述结果图可以得出, 通过使用本文介绍的方法对某型飞机摇臂式主起落架缓冲性能进行仿真计算得出的结果与试验结果吻合, 所关注的垂向载荷误差均在 2% 以内。

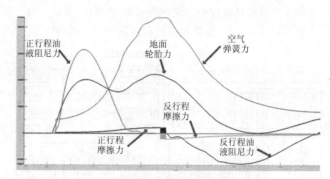

图 3 仿真计算典型载荷图

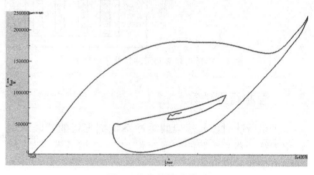

图 4 仿真计算功量图

图 5 与图 6 分别为某型飞机主起落架水平姿态与机尾下沉姿态仿真计算与落震试验结果对比图。

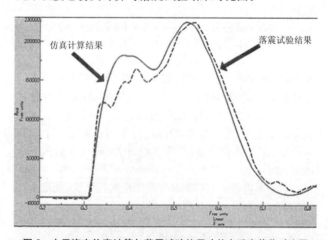

图 5 水平姿态仿真计算与落震试验使用功状态垂直载荷对比图

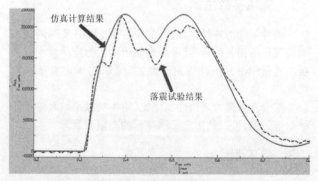

图 6 机尾下沉姿态仿真计算与落震试验使用功状态垂直载荷对比图

5 结论

本文针对摇臂式起落架的缓冲性能设计技术进行了研究,提出了该类起落架缓冲性能设计的方法,并以某型飞机主起落架作为算例进行了相关设计。

(1) 以往文献只针对缓冲器的参数进行设计与计算,缺少系统地针对摇臂式起落架的缓冲性能设计技术进行的研究。本文将摇臂式起落架缓冲性能估算与仿真计算相结合进行起落架的缓冲性能设计,从方法上讲更符合工程应用实际。

(2) 本文通过算例得出某型飞机主起落架在水平姿态以及机尾下沉状态使用功工况下落震仿真与落震试验结果吻合,说明根据本文所提方法进行的摇臂式起落架缓冲性能设计方法切合工程实际。

(3) 本文提出的利用工程估算结合仿真软件的摇臂式起落架缓冲性能设计方法,相对于传统的起落架缓冲性能设计而言,具有可视化程度高、通用性强的特点,可以对较为复杂的摇臂式起落架进行缓冲性能设计,避免了过去因简化计算而过度简化模型所导致的计算精度较低的问题。

参考文献

[1] 侯赤,万小朋,赵美英.基于ADAMS的小车式起落架仿真分析技术研究[J].系统仿真学报,2007,19(4):909-913.
[2] 王志瑾,姚卫星.飞机结构设计[M].北京:国防工业出版社,2007.
[3] 王明义,贾玉红.基于能量法的缓冲器参数设计[J].振动与冲击,2005,24(6):117-119.
[4] 蔺越国,冯振宇,卢翔.飞机起落架缓冲支柱参数化模型及优化分析[J].系统仿真学报,2008,10:2732-2735.
[5] Currey N S. Aircraft landing gear design: Principles and practice[M]. Washington: AIAA Education Series, 1988: 205-310.
[6] 蔺越国,程家林,黎泽金.飞机支柱式起落架落震仿真及缓冲器优化分析[J].飞机设计,2007,27(4):26-30.
[7] 浦志明,魏小辉.起落架缓冲器常油孔阻尼性能分析[J].系统仿真技术,2014,10(2):125-129.
[8] 晋萍,聂宏.起落架着陆动态仿真分析模型及参数优化设计[J].南京航空航天大学学报,2003,35(5):498-502.
[9] 高泽迥.飞机设计手册[M].北京:航空工业出版社,2002.
[10] 航空航天工业部科学技术委员会.飞机起落架强度设计指南[M].成都:四川科学技术出版社,1989.

基于工程模拟器的大型飞机飞控系统试验技术

马力,朱江

(航空工业第一飞机设计研究院,陕西西安,中国,710089)

摘 要:随着大型飞机飞控系统复杂度的提升,为更好地进行飞控系统设计和飞行品质分析,开展基于工程模拟器的飞控系统试验是十分必要的。本文主要论述工程模拟器在飞控系统全开发周期过程中的作用以及基于工程模拟器飞行品质评估及控制律验证试验方法、试验流程和试验评价方法。工程实践表明:此试验技术可以缩短大型飞机电传飞控系统研制周期,提高全机飞行品质。

关键词:工程模拟器;飞控;飞行品质;试验验证

中图分类号:TP391

Technology of Large Aircraft Flight Control System Test Based on Engineering Simulator

Ma Li, Zhu Jiang

(AVIC the First Aircraft Institute, Shaanxi, Xi'an, 710089)

Abstract: With the enhancement of large aircraft flight control system complexity, in order to better carry out flight control system design and flight quality analysis, it is essential to carry out flight control system test based on engineering simulator. This paper discusses the using of engineering simulator in the whole development cycle of flight control system and flight quality evaluation and control law verification test method, test procedure, test assessment method based on engineering simulator. Engineering practice shows: the test technology can shorten large aircraft FBW system development cycle and improve aircraft flight quality.

Key words: Engineering Simulator; Flight Control; Flight Quality; Test Verification

1 引言

在国内外先进飞机的设计过程中,为提高设计效率、缩短设计周期、降低设计成本,研究人员引入了大量的仿真技术。随着先进飞机设计中引入主动控制、隐身、综合控制等先进技术,使设计难度进一步加大。对于飞行控制专业,在进行飞行控制器设计和飞行品质分析的过程中,仅靠传统的线性设计方法和简单的非线性仿真已远远不能满足当前的需求。因此建立一个系统、高效、灵活的工程模拟器是十分重要的。

飞行模拟器是典型的人在回路仿真系统,工程型飞行模拟器是飞机设计研制的重要工具,其架构如图 1 所示。工程模拟器给飞机设计研发试验提供简洁合理的人机界面、安全有效的试验数据记录功能,通过工程飞行模拟器可以较早地发现问题,减少风险;对机载系统进行综合验证,解决各系统之间的动态匹配关系;加速系统试验过程,缩短研制周期;分析解决飞机试飞后发现的技术问题;使飞行员较早地参与飞机的设计研制工作[1]。本文主要论述基于工程模拟器的飞行品质评估及控制律验证试验技术。

2 工程模拟器试验规划

工程模拟器在新型号飞机设计、试验、定型及改装过程中发挥着重要作用,它主要完成以下功能:① 座舱操纵机构选型;② 座舱布置研究与评估;③ 人感特性和飞机的飞行品质评定;④ 人机功效评估与优化设计研究;⑤ 开发、优化飞行控制系统控制律;⑥ 进行飞机战术动作,包括大攻角、失速、过失速状态的研究;⑦ 研究模态转换和故障瞬态及故障影响;⑧ 试飞员培训及试飞支持。

具体到飞控系统,通过工程模拟器可以完成下列任

作者简介:马力(1980—),男,河南周口人,高级工程师,硕士,研究方向为飞行仿真及飞控系统试验;朱江(1969—),男,陕西大荔人,研究员,硕士,研究方向为飞行仿真及飞控系统试验。

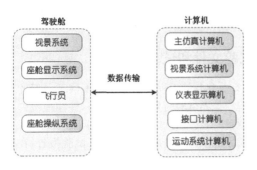

图 1　工程模拟器架构图

务：① 开发、研究和优化飞机的飞行控制律；② 研究和评定飞机的飞行品质；③ 进行失速和过失速研究；④ 研究模态转换和故障瞬态的影响；⑤ 开发新的人感系统；⑥ 配合新机试飞、确保试飞安全。

针对某一具体飞机型号，本文把飞机设计分为三个阶段：系统初步设计阶段、首飞前阶段以及首飞后阶段。下面详细阐述这三个阶段的工程模拟器试验规划。

2.1　系统初步设计阶段

在飞行控制系统开发的初级阶段，对飞行员大量的工程模拟器进行在环早期评估是必需的。首先是操纵机构选型试验，可以在工程模拟器上安装不同形式的操纵机构，制定对比试验大纲和任务单，让有经验的试飞员或者飞行员进行对比验证试验，依据他们的飞行经验和实际试验飞行效果对操纵机构选型给出合理化建议；然后是座舱布置研究与评估试验，根据初步搭建的模拟器，座舱内的设备可能是仿真件，也可能是 C 型件，这个阶段飞行员可以对座舱设备的设计、放置位置以及设备之间的干涉进行检查评估，为下一阶段的详细设计提供改进建议；除了这两项试验之外，也可以对模拟器本身的特性进行评估，比如模拟器的控制器(人感系统、油门杆)特性的真实性和视景生成器的品质(时间延迟、锐度、周边覆盖情况等)，以便找出相应评估的潜在缺陷[2]。

2.2　首飞前阶段

本阶段重点是进行控制律与飞行品质评估试验。闭环飞行品质的预测是基于几何数据、质量分布、气动数据和推进模型以及合理成熟的飞控系统结构而进行的。本试验是飞行员在环评估试验，主要依据《电传操纵系统飞机的飞行品质》对飞机的纵轴和横轴飞行品质以及各轴组合时的飞行品质进行评估验证；主要目标是找出重大的操纵品质缺陷、验证以前预测出的飞行品质问题的关键点、试验修改控制律以改进飞行品质，经过多次迭代试验，控制律设计逐步收敛，使得正常飞控模态的飞行品质提高到 1 级。对评估结果的理解必须考虑到工程模拟器的限制对驾驶任务和飞行员操纵品质评定的影响。为了确保首飞安全，首飞前应该对首飞机组进行操作程序培训，最好进行封闭式训练，让首飞机组熟悉飞机的飞行品质特性和操作流程，另外，还应对飞机及飞控系统的常见故障进行模拟试验，让首飞机组熟悉常见故障的处置程序，增强飞行信心，确保首飞安全。

2.3　首飞后阶段

首飞后，飞机全面转入飞行试验阶段，本阶段在继续进行控制律优化的同时，还要进行扩包线飞行试验、试飞风险科目控制律调整检查试验等与试飞相关的一些试验科目；另外，本阶段的试验重点是自动飞行控制系统验证试验，要对自动飞控的各种模态进行检查试验，评估模态逻辑是否正确、功能是否正常、模态切换瞬态是否在可接受的范围内以及性能是否满足设计要求。

3　工程模拟器试验方法

用传统的方法不能完成现代高性能飞机的设计，只靠理论计算和数学仿真设计不出性能优良、安全可靠的飞控系统和飞机。值得提出的是，飞行员在飞机研制过程中的作用已由原来的仅参与试飞转变为飞机设计的三大主体之一，飞行员参加飞机设计研制的全过程。

飞行员参加飞机设计是通过工程模拟器来完成的。工程模拟器不同于飞机，对参与设计的飞行员有较高的要求：一方面应当有丰富的飞行经验；另一方面应具备工程师思想，有较多的工程知识，碰到具体问题可以站在工程实现的角度给出改进建议。

工程模拟器为飞行员提供逼真的飞行环境，飞行员通过操纵飞机，观察飞行仪表，感受窗外视景、过载、音响等来评定飞机的飞行控制律和飞行品质。

飞行员根据他们丰富的飞行经验，通过工程模拟器飞行对初步设计的飞行控制律和飞行品质提出修改意见，并据此对有关软件进行修改，再到模拟器上去飞行、评定。经多次迭代，而设计出满意的飞行控制律和飞行品质，并最终应用到飞机上。通过反复的评定、修改把飞行员的经验融合到飞机飞控系统设计中而获得优良的飞行控制律和飞行品质[3]。控制律优化过程如图 2 所示。

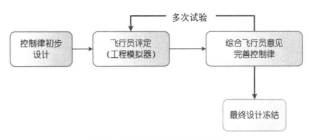

图 2　控制律优化设计流程图

为充分揭示控制律设计与飞机飞行品质的相关性，根据众多飞行员及工程师的经验，本文设计了一套品模试验动作：

(1) 三轴脉冲；
(2) 推拉 θ 角；
(3) 一侧到另一侧的滚转并保持俯仰角；
(4) 收敛盘旋；
(5) 定常偏航侧滑；

(6) 定常转弯；
(7) 平飞加减速；
(8) 侧风起飞；
(9) 侧风着陆；
(10) 纠偏着陆；
(11) 正常起飞；
(12) 正常着陆。

通过执行这些动作并分析试验数据，可以验证《电传操纵系统飞机的飞行品质》要求的所有考察项；结合大型的飞机重量、重心、速度、构型的组合状态繁多以及仿真系统状态点切换需要较长时间等试验的实际特点，编排了一套高效的试验任务执行程序，使得试验可以在短时间内快速高效的进行。这套试验任务执行程序的原则是：① 合理编排试验任务单，使得在特定的飞行状态点执行完所有的动作后再切换到新的状态点；② 根据系统由内环到外环的特点，试验采用了由核到壳的方法，即先对内环控制律进行评估和改进，保证内环完善或基本完善后再开展外环控制律试验，避免了系统状态混乱与反复，提高了试验效率；③ 由于设计阶段头绪多、反复多、难度大，试验动作采用典型动作，主要邀请技术水平高、理论功底深厚的试飞员参加试验。设计基本完成后进入检查阶段，邀请更多的试飞员、飞行员参与试验，采用更多更贴近实际的飞行、试飞方法，并对各种系统故障情况下的飞行品质和处置方法进行评估。

4 试验文件和试验流程

飞行员参与的工程模拟器试验不同于一般的其他试验，工程模拟器试验时效性要求很高，要在短短的几天内集中进行模拟器飞行试验，对发现的问题在试验过程中讨论解决，不能及时解决的问题要写入试验报告，在下一轮试验前拿出解决方案。为更高效地开展此项试验，基于工程模拟器的试验除了要制定详细的试验方法外，试验文件体系和试验流程体系的规划也至关重要。试验文件体系包括试验需求、试验任务书、试验大纲、试验报告、试验分析报告以及试验问题归零情况，对每个文件要制定标准规范的框架目录，保证从试验需求提出到试验问题归零的连续性以及问题的可追溯性。试验流程体系包括试验前文件准备、试验展板制作、试验人员分工、试验人员培训、试验前飞行员动作讲解、试验过程标准喊话、试验后飞行员评述交流等，每一个环节都有详细的要求，用以规范试验过程，确保试验高效快速的进行。

完整的试验流程见表1。

表1 试验流程表

序号	任务	任务描述
1	编写试验任务书	依据系统试验需求，确定试验目的以及需要完成的试验条目
2	编写试验大纲	依据试验任务书编写试验大纲，细化试验步骤，描述试验环境状态，制定试验过程细则
3	编写试验任务单	依据试验大纲，编写试验任务单，任务单上要明确飞机状态、试验动作及试验结果评价标准
4	试验前品模台状态确认	由飞行员对品模台进行检查确认，确认上轮试验提出的问题全部归零，确认品模台软硬件环境良好
5	试验任务单讲解	由试飞工程师讲解试验任务单，特别强调试验注意事项
6	试验任务单执行	飞行员按试验任务单要求严格执行试验动作，动作结束后给出初步评述意见，试飞工程师记录评述意见，并与控制台人员保持交流
7	试验后试验问题评述	试飞工程师、系统设计人员和飞行员三方人员参与讨论试验中的评述意见
8	填写飞行员评述意见表	飞行员根据评述意见讨论情况，填写飞行员评述意见表并签字
9	编写试验报告	试验报告包括试验执行情况、试验问题综述等
10	编写试验分析报告	针对试验报告中的问题，详细分析原因，给出解决方案以及试验验证情况

5 飞行员评定方法

目前世界各国确定人机闭环组合特性好坏的主要依据是驾驶员的评定意见。评定内容包括分项评定、驾驶诱发振荡评定和综合评定等。

分项评定是指驾驶员对单项飞行品质指标或单项作业任务工作负荷的评定，具体内容随试验任务而异。目前，国际上通常采用"Cooper-Harper 驾驶员评定等级"标准进行评定，该标准于 1982 年在我国推荐试行。"Cooper-Harper 驾驶员评定等级"标准分为十个等级，它们之间相互依存，十个等级不是线性关系，也不是学校评分模式的套用，数字仅仅表示其定义等级的代号[4]。

驾驶诱发振荡即由于驾驶员致力于操纵飞机而引起的持续或不可操纵的振荡，驾驶诱发振荡评定采用 PIOR (PIO Rating)趋势评定尺度进行评价[5]。

综合性评定是很重要的评定内容，不是取分项评定的平均值或最低值，评定时驾驶员需要根据人机组合所有试验任务的试验结果进行综合权衡和外推，因此需要飞行员有很高的技术水平和丰富的飞行经验。对于试验中没有考虑到的影响飞行品质的因素，在评定中应尽可能给予估计；对于模拟试验设备特有的、并非实际飞机的系统特性、影响飞行品质的因素，在评定中应予以扣除[6]。

6 结论

本文通过在飞行控制系统设计开发过程中引入工程模拟器试验,得以将飞行员引入设计开发团队;借助飞行员丰富的飞行经验,不断迭代优化飞控系统设计,获得满足需求的高性能控制律,使电传飞机达到满意的飞行品质要求。本文基于工程模拟器的飞控系统试验技术,缩短了电传系统的研制周期,提高了全机飞行品质和飞机性能,提升了电传飞行控制系统的设计水平。

参考文献

[1] 俞佳嘉. 飞行训练品质评估系统的研究[D]. 南京:南京大学,2011.

[2] 张勇. 模拟器在飞行控制系统开发中的应用[J]. 系统仿真学报,2011,23(增刊1):142-147.

[3] 周自全,赵永杰. 空中飞行模拟与电传飞机飞行试验[J]. 飞行力学,2005,23(1):19-22.

[4] 王跃萍,王敏文,戎晓娟. 基于飞行品质模拟器的控制律开发技术[J]. 教练机,2012(3):73-76.

[5] 张雅妮,李岩,金镭. 电子飞控飞机的飞行品质适航验证[J]. 飞行力学,2012,30(2):117-120.

[6] 汤钟. 人机闭环组合特性试验研究[J]. 飞行力学,1995,13(1):62-68.

GEO 卫星小推力位置保持策略建模与仿真

龚轲杰,廖 瑛,边明珠

(国防科技大学空天科学学院,湖南长沙,中国,410073)

摘 要:研究了利用电推进系统进行 GEO 卫星轨道保持问题,采用东西向和南北向解耦控制方案,给出了一种基于两周预报的位置保持策略,南北位置保持每天实施,东西位置保持在必要时实施。根据 GEO 卫星预报轨道漂移量计算位置保持所需的最优脉冲以及施加脉冲时刻,再计算小推力发动机开机时间区间。同时研究了推力变化对位保效果和燃料消耗的影响。对东经 115°的 GEO 卫星一年的位置保持仿真,数值仿真结果表明,GEO 卫星的经度基本保持在死区 ±0.05°以内,纬度基本保持在死区 ±0.01°以内。该策略可有效地用于 GEO 卫星的位置保持。

关键词:电推进;小推力;位置保持;最优脉冲机动

中图分类号:V412.4

Modeling and Simulation of Low-thrust Station Keeping Strategy for Geostationary Satellites

Gong Kejie, Liao Ying, Bian Mingzhu

(College of Aerospace Science and Engineering, National University of Defense Technology, Hunan, Changsha, 410073)

Abstract: Electric propulsion applied to GEO satellite station keeping is studied. The decoupled control of east-west and north-south is adopted. A station keeping strategy based on a two-week forecast is given. The north-south station keeping is daily performed and the east-west station keeping is performed when necessary. According to the GEO satellite orbital parameter drift, the optimal pulse maneuver and maneuver time are calculated. Then maneuvering intervals of low-thrust is calculated based on pulse maneuver. The influence of thrust magnitude on the station keeping effect and fuel consumption are studied. The simulation of one-year station keeping of the GEO satellite at east longitude 115° is performed. The results show that the longitude is almost kept within the dead band of ±0.05° and the latitude is kept within that of ±0.01°. This strategy can be effectively applied to GEO satellite station keeping.

Key words: Electric Propulsion; Low Thrust; Station Keeping; Optimal Pulse Maneuver

1 引言

静止轨道是指赤道上空与地球自转同步的航天器运行轨道。静止轨道卫星在通信、遥感、数据中继等领域发挥着重要的作用。在静止轨道上只有一个自由度来区分不同卫星,这个自由度便是卫星相对地球的星下点经度。

通常情况下,单颗静止轨道卫星占有赤道经度约为±0.1°,按±0.1°平均分配赤道经度,可以有 1800 颗静止轨道卫星。地球静止轨道是通信和导航卫星的主要工作轨道,卫星在十多年的工作寿命期间,受各种摄动力的影响,使得卫星逐渐偏离理想静止轨道,为克服空间外力对静止卫星的影响,需要精心安排上百次的轨道保持控制。

目前,国外主要卫星平台都已经采用了电推进系统,许多 GEO 卫星已经运用电推进系统实施轨道保持。电推进系统比冲高、燃耗低,能代替化学推进系统,可以节省大量化学燃料,有效增加卫星使用寿命和有效载荷。应用小推力电推进系统进行位置保持往往需要较长的点火时间,以产生足够的速度增量来控制轨道的漂移量。因推力

作者简介:龚轲杰(1992—),男,博士生,湖北咸宁人,研究方向为航天器轨道与姿态控制;廖瑛(1961—),女,教授,博士,湖南长沙人,博士生导师,研究方向为飞行器设计与仿真;边明珠(1996—),男,本科生,天津人,研究方向为航天器轨道动力学。

基金项目:2017 航天科学技术基金(2017-HT-GFKD)。

量级小,采用电推进系统为提高位置保持精度提供了可能性。

国内外研究者对GEO卫星小推力位置保持进行了大量的研究。例如,李于衡[1]分析了GEO卫星漂移原理,针对南北和东西位置保持分别提出了控制方法。Anzel[2]提出了一种四推力器构型,可使卫星同时完成南北和东西位置保持任务。Losa等[3,4]基于该推力器布局研究了连续可变的小推力和恒定小推力位置保持方法。刘宇鑫[5]等基于Anzel推力器布局提出了一种基于日预报的位置保持策略。吕秋杰等[6]研究了利用快、慢变量控制器分别控制轨道要素的快、慢变量,并对推力方向角进行了优化。

本文在分析静止轨道卫星摄动规律的基础上,将电推进小推力运用于卫星的站位保持。采用东西向和南北向解耦控制策,对轨道各参数进行修正,使卫星星下点保持在设计控制盒内,以此实现静止轨道卫星有效长期的在轨服务。

2 GEO卫星轨道漂移原理

2.1 轨道动力学模型

在历元真赤道坐标系下(TOD),采用Cowell方法描述静止卫星轨道运动。动力学模型如下:

$$\begin{cases} \dot{r} = v \\ \dot{v} = a_g + a_{sun} + a_{moon} + a_{srp} + a_i \end{cases} \quad (1)$$

式中,r为卫星位置矢量;v为卫星速度矢量;a_g、a_{sun}、a_{moon}分别为地球、太阳和月亮对卫星的引力加速度矢量;a_{srp}为太阳光压产生的加速度矢量;a_i为电推力器产生的加速度矢量,下角i表示不同的推力器。

2.2 漂移原理

若不对GEO卫星施加控制,其轨道在摄动作用下将发生漂移。该漂移可分为东西漂移和南北漂移。

2.2.1 东西漂移

东西漂移主要由地球非球形摄动引起。对于GEO卫星,可以用二阶摄动球谐函数描述非球形引力场,即

$$U = \frac{\mu}{r} \left[1 - \frac{J_2 R_e^2}{2r^2}(2\sin^2\varphi - 1) + \frac{3J_{22}R_e^2}{r^2}\cos^2\varphi\cos^2(\lambda - \lambda_{22}) \right] \quad (2)$$

其中,μ是地球引力常数;r是卫星地心距;R_e是地球半径;J_2是带谐项系数;J_{22}是田谐项系数;φ是纬度;λ是定点经度。带谐项主要产生径向摄动力,田谐项主要产生切向摄动力。在某一定点经度λ_n处,受摄动作用,经度λ与时间关系如下:

$$\begin{cases} \lambda = \lambda_0 + D_0 t + 0.5\ddot{\lambda}_n t^2 \\ D = D_0 + \ddot{\lambda}_n t \end{cases} \quad (3)$$

式中,D为漂移率,在某定点,漂移加速度为定值$\ddot{\lambda}_n$。

太阳光压对东西漂移的影响体现在经度日周期振幅上。不考虑半长轴变化时经度日周期振幅为偏心率的2倍,则偏心率变化量与太阳光压的关系为

$$\Delta e = \frac{3(1+\sigma)KA}{nam \cdot n_s}(1 - 0.5\sin^2 i_s)\sin\left(n_s \cdot \frac{t-t_0}{2}\right) \quad (4)$$

其中,n为静止轨道角速度;m为卫星质量;a为静止轨道半长轴;n_s为地球公转平均轨道角速度;σ为帆板反射率;A为卫星表面积;K为光压常数;i_s为黄赤交角。

可见,在太阳光压作用下,偏心率变化周期为一年。

2.2.2 南北漂移

南北漂移主要由日月引力摄动导致,表现为纬度振幅增加。纬度变化与轨道倾角密切相关,轨道倾角受日月引力摄动作用的长周期进动为

$$\begin{cases} \dot{i}_x = -0.134\sin\beta_{moon} + 0.0027\sin 2\beta_{moon} \, (°/y) \\ \dot{i}_y = 0.859 + 0.107\cos\beta_{moon} - 0.0025\cos 2\beta_{moon} \, (°/y) \end{cases} \quad (5)$$

其中,i_x是轨道倾角在TOD坐标系x和y方向的分量;β_{moon}是月球轨道在黄道面的升交点经度。倾角幅值变化为

$$\dot{i} = \sqrt{i_x^2 + i_y^2} \quad (6)$$

倾角幅值年增加$0.75°\sim 0.96°$。

2.3 轨道要素摄动仿真

以2018年1月1日为初始时刻,经度为115°E、偏心率为0、轨道倾角为0°的GEO卫星,考虑地球非球形、日月引力及太阳光压,其自由摄动运动仿真结果如图1所示。

经度受摄运动如图1(a)所示,由115°向西漂移了近80°,漂移速度逐渐加快,漂移速度在半年时达到峰值后又逐渐减小。图1(c)中偏心率幅值半年内达到峰值0.025,此时经度日振幅最大。由图1(d)可以看到,一年内偏心率矢量近似圆形,这是由太阳方向角变化引起的。纬度受摄运动如图1(b)所示,一年内由0°到±0.8°,倾角一年增长了0.78°,平均每天增加0.0021°。由仿真结果可知,纬度受摄运动的特点是在0°附近震荡并且振幅逐渐增大,而经度会逐渐偏离定点位置。

3 小推力位置保持方案

GEO卫星一年位置保持,东西控制所需速度增量仅与定点位置的经度漂移加速度有关,与一年控制的控制次数无关,与漂移环大小无关,其速度增量为$0\sim 2.1$ m/s,定点越靠近平衡点,速度增量越小。GEO卫星改变1°,轨道倾角所需速度增量为57.7 m/s。实施南北控制,每年需要的法向速度增量为$43.5\sim 55$ m/s[7]。由此可见,如果使用

电推力器实施位置保持,南北控制应比东西控制更频繁。

电推力器相比于传统脉冲推力器优点之一是可以频繁开关机。根据脉冲轨道控制方程,结合电推力器特点,本文提出了小推力轨道保持方案。

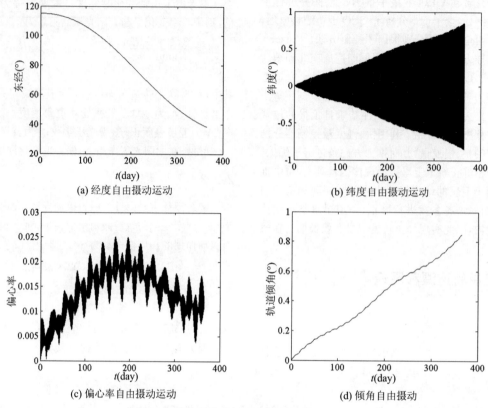

(a) 经度自由摄动运动　　(b) 纬度自由摄动运动

(c) 偏心率自由摄动运动　　(d) 倾角自由摄动

图 1　轨道参数自由摄动运动

3.1 轨道控制方程

圆轨道的有效控制方式是由切向控制的修正轨道面内的轨道要素和由法向控制的修正轨道倾角。卫星在赤经 l_b 处获得脉冲速度增量 $\Delta v = (\Delta V_R, \Delta V_T, \Delta V_N)$,令径向控制速度增量 $\Delta V_R = 0$,则脉冲速度增量控制方程可写为[7]

$$\begin{cases} \Delta D = -\dfrac{3\Delta V_T}{V_s} \cdot 360.9856°/day \\ \dfrac{\Delta a}{a} = 2\dfrac{\Delta V_T}{V_s} \\ \Delta e_x = \dfrac{2\Delta V_T}{V_s}\cos l_b \\ \Delta e_y = \dfrac{2\Delta V_T}{V_s}\sin l_b \\ \Delta i_x = \dfrac{\Delta V_N}{V_s}\cos l_b \\ \Delta i_y = \dfrac{\Delta V_N}{V_s}\sin l_b \end{cases} \tag{7}$$

化学推进静止卫星轨道保持控制,利用脉冲推力控制方程是可行的,但由于电推进推力较小,获得相同速度增量需要消耗较长时间,因此必须考虑弧段损失。推力器工作时间用下式计算:

$$T = \dfrac{2}{n}\sin^{-1}\left[\dfrac{n}{2}\left(\dfrac{m\Delta V}{F}\right)\right] \tag{8}$$

其中,F 为推力器的推力大小。以施加脉冲速度增量的时刻作为小推力持续过程的中间时刻。

3.2 平面内最优双脉冲控制

平面内共有 Δa、Δe_x、Δe_y 三个独立变量,平面内的单速度脉冲有两个分量,无法一次对三个独立变量进行修正。而两个速度脉冲共有四个分量,可以实现轨道内的全修正。双脉冲速度增量控制方程为

$$\begin{cases} \dfrac{\Delta a}{a} = 2\dfrac{\Delta V_{T1} + \Delta V_{T2}}{V_s} \\ \Delta e_x = \dfrac{2}{V_s}(\Delta V_{T1}\cos l_{b1} + \Delta V_{T2}\cos l_{b2}) \\ \Delta e_y = \dfrac{2}{V_s}(\Delta V_{T1}\sin l_{b1} + \Delta V_{T2}\sin l_{b2}) \end{cases} \tag{9}$$

寻找满足约束条件(9)的 $(\Delta V_{T1}, \Delta V_{T2}, l_{b1}, l_{b2})$,使下述指标函数最小。

$$J = \min_{\Delta V_{T1}, \Delta V_{T2}, l_{b1}, l_{b2}}(|\Delta V_{T1}| + |\Delta V_{T2}|) \tag{10}$$

采用 Lagrange 乘数法进行严格求解,可得到以下结果:

(1) 当 $\Delta e < \Delta a/a$ 时,这种情况称为退化情况。两个速度脉冲中,第一个的位置 l_{b1} 可以是任意的,选定 l_{b1} 后,ΔV_{T1} 的大小及 ΔV_{T2} 和它的施加位置 l_{b2} 都将随之确定:

$$\begin{cases} \Delta V_{T1} = \dfrac{V_s}{4} \dfrac{\left(\dfrac{\Delta a}{a}\right)^2 - (\Delta e_x^2 + \Delta e_y^2)}{\dfrac{\Delta a}{a} - (\Delta e_x \cos l_{b1} + \Delta e_y \sin l_{b2})} \\ \Delta V_{T2} = \dfrac{V_s \Delta a}{2a} - \Delta V_{T1} \\ \cos l_{b2} = \dfrac{V_s}{2\Delta V_{T2}}\left(\Delta e_x - \dfrac{2\Delta V_{T1}}{V_s}\cos l_{b1}\right) \\ \sin l_{b2} = \dfrac{V_s}{2\Delta V_{T2}}\left(\Delta e_y - \dfrac{2\Delta\Delta V_{T1}}{V_s}\sin l_{b1}\right) \end{cases} \quad (11)$$

从上式可以看出,两次速度增量方向相同,即当 $\Delta a > 0$ 时,同为加速;当 $\Delta a < 0$ 时,同为减速。

(2) 当 $\Delta e > \Delta a / a$ 时,在这种情况中,两次机动的位置 l_{b1}、l_{b2} 和速度增量的大小 ΔV_{T1}、ΔV_{T2} 都是完全确定的,速度增量方向相反,位置正好相差 $180°$:

$$\begin{cases} l_{b1} = \arctan\left(\dfrac{e_y}{e_x}\right) \\ l_{b2} = l_{b1} + \pi \\ \Delta V_{T1} = \dfrac{V_s}{4}\left(\Delta e + \dfrac{\Delta a}{a}\right) \\ \Delta V_{T2} = \dfrac{V_s}{4}\left(-\Delta e + \dfrac{\Delta a}{a}\right) \end{cases} \quad (12)$$

在上述两种情况中,两次机动的顺序可以交换。

3.3 位置保持策略

本文提出的位置保持方案如下:卫星南北两侧各安装两台电推力器,东西两侧各安装一台电推力器。根据推力器布局,推进系统只产生法向和切向的速度增量。14 天为一个周期,将 14 天的倾角控制量平均分配到 12 天,这 12 天进行倾角控制,东西控制只在经度超过死区时进行控制,最后 1~2 天进行定轨。倾角控制时不进行东西控制。进行南北控制时,每天南、北侧推力器各点火一次,升交点处北侧推力器点火,降交点处南侧推力器点火。

卫星东西位置依赖于平经度和偏心率,日月摄动及地球非球形摄动中均有平经度长期漂移项,通过改变同步轨道的半长轴,可以使这两个常值漂移项相互抵消。东西向控制不能直接控制经度,结合平面内最优脉冲控制,选取施加速度增量时刻,通过偏置半长轴,改变漂移率,使经度在要求范围内变化。

静止轨道摄动运动存在长期项、长周期项、中长周期项和短周期项。本文运用最小二乘法,从包含不同频率耦合的高精度数值外推星历表中,分别辨识出静止轨道元素摄动运动的长期项、长周期项、中短周期项和短周期项摄动。在利用半长轴和偏心率矢量的计算控制速度脉冲时,分解出长期项和周期项,忽略小于月周期的周期项。这种方法可以避免因短周期项剧烈震荡而引起控制量计算的不稳定。

4 仿真结果与分析

4.1 仿真条件

仿真起始历元取 2018 年 1 月 1 日 0 时 0 分 0 秒。
初始 GEO 卫星轨道参数如下:
半长轴: $a_o = 42164169.637135$ m
偏心率: $e = 0.00$
轨道倾角: $i = 0°$
升交点赤经: $\Omega = 90.036014°$
近地点角距: $\omega = 0.00°$
定点经度: $\lambda = 115.00°$

卫星质量 2500 kg,电推力器单台推力恒定为 40 mN 或 100 mN,比冲为 3000 s,卫星面质比为 0.02 m^2/kg,镜面反射系数为 0.5。仿真时间为 26 个预报周期(364 天)。

4.2 仿真结果与分析

对单台推力内 40 mN 和 100 mN 的推力器分别进行仿真,其他条件相同。仿真结果如表 1 和表 2 及图 2 和图 3 所示。

表 1 位置保持效果

推力大小(mN)	东西控制开机次数	南北控制开机次数	东西死区内时长百分比	南北死区内时长百分比
40	38	612	95.78%	98.77%
100	40	610	95.46%	98.27%

表 2 燃料消耗结果

推力大小(mN)	东西控制燃耗(kg)	南北控制燃耗(kg)	总燃耗(kg)
40	0.2470	4.4682	4.7152
100	0.3147	4.4227	4.7374

图 2(a)~(f)是 40 mN 推力器对应的仿真结果。图 3(a)~(f)是 100 mN 推力器对应的仿真结果。

从表 1 和表 2 可以看到,单台推力器推力为 40 mN 时,全年受控经度 95.78% 的时间保持在 $\pm 0.05°$ 内,所有在预报周期内,无控卫星纬度幅值最大达到 $0.04°$;受控卫星纬度幅值 98.77% 的时间处于 $\pm 0.01°$ 内,倾角基本保持在 $0.01°$ 以内。因此每日进行倾角控制的方案是可行的。南北控制消耗位保所需的大部分燃料约 94.76%。卫星受控偏心率保持在 2.5×10^{-4} 以内,偏心率矢量 $[e_x, e_y]$ 在区间 $-2 \times 10^{-4} \sim 2.5 \times 10^{-4}$ 内运动。

单台电推力器推力值为 100 mN 的仿真结果如图 3 所示,全年受控经度 95.46% 的时间保持在 $\pm 0.05°$ 内,受控卫星纬度幅值 98.27% 的时间处于 $\pm 0.01°$ 内。两种情况燃耗只相差 0.0222 kg,不到全年总燃耗的 0.5%。南北控制仿真后期偏心率与前者相比稍大。总体来讲,对比

100 mN 与 40 mN 推力器的仿真结果,两者差异很小。

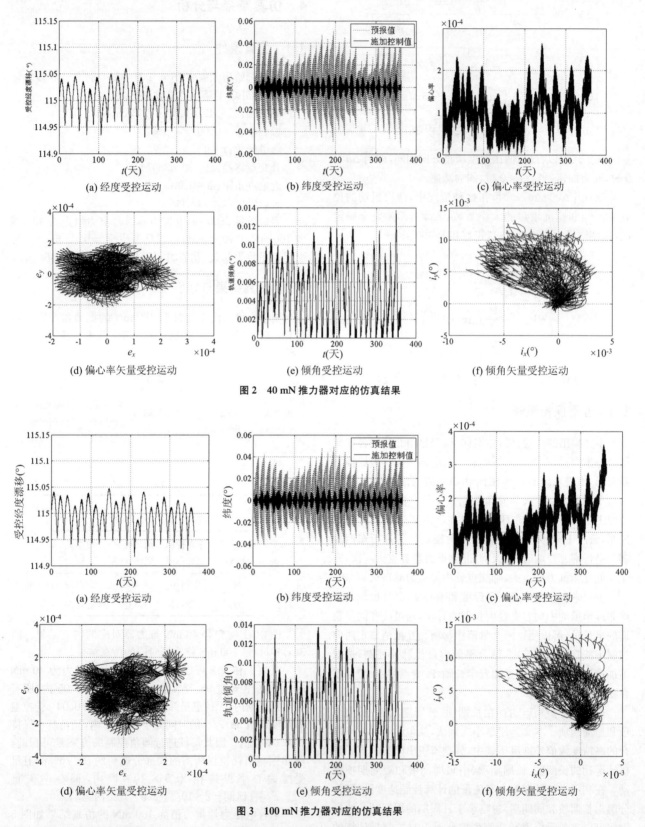

图 2　40 mN 推力器对应的仿真结果

图 3　100 mN 推力器对应的仿真结果

根据前文东西和南北控制一年所需速度增量的估算,若适用比冲为 300 s 的化学推进系统实施 GEO 卫星位置保持,一年至少消耗推进剂 38~48 kg,是电推进系统消耗燃料的 8~10 倍,可见电推进系统可以大大减少卫星燃料消耗,进而可以延长卫星寿命和增加有效载荷。

5 结论

针对 GEO 卫星小推力轨道保持问题,本文建立了基于 Cowell 摄动法的 GEO 卫星运动数学模型,给出了轨道要素脉冲速度控制方程,进而确定基于两周轨道预报的电推进小推力位置保持方案。仿真结果表明,本文所给的位置保持策略具有如下特点:① 能有效地将纬度保持在 $\pm 0.01°$ 以内,经度在 $\pm 0.05°$ 以内;② 40 mN 与 100 mN 两种不同的推力器用于轨道保持,控制效果差异很小;③ 与化学推进相比,电推进系统可大大减少燃料消耗。后续将进一步研究东西与南北联合控制的 GEO 卫星轨道保持问题,并将经度保持在更小的范围。

致 谢

致谢廖瑛教授在论文选题和写作方面提供的指导,文援兰副研究员在编程方面提供的支持,航天科工集团公司提供的航天科学技术基金资助。

参考文献

[1] 李于衡. 地球静止轨道通信卫星位置保持原理及实施策略[J]. 飞行器测控学报,2003,22(4):53-61.
[2] Anzel B M. Method and apparatus for a satellite station keeping: US, 5443231[P]. 1995-8-22.
[3] Losa D, Lovera M, Drai R, et al. Electric station keeping of geostationary satellites: A differential inclusion approach[J]. European Control Conference Cdc-Ecc 05 IEEE Conference on Decision & Control, 2005: 7484-7489.
[4] Losa D, Lovera M, Marmorat J P, et al. Station keeping of geostationary satellites with on-off electric thrusters[J]. Proceedings of the Computer Aided Control System Design, 2010: 2890-2895.
[5] 刘宇鑫,尚海滨,王帅. 地球静止轨道卫星电推进位保策略研究[J]. 深空探测学报,2015(1):80-87.
[6] 吕秋杰,孟占峰,韩潮. 小推力轨道保持方法[J]. 上海航天,2010,27(4):23-28.
[7] 李恒年. 地球静止卫星轨道与共位控制技术[M]. 北京:国防工业出版社,2010.

舰载机工程模拟器系统建模与仿真技术研究

朱江，林皓，姬云，崔坚

(航空工业第一飞机设计研究院，陕西西安，中国，710089)

摘 要：本文以某型舰载机飞控系统设计需求为牵引，分析了舰载机工程模拟器各系统设计需求，提出了舰载机工程模拟器设计思路，建立了舰载机动力学模型、运动学模型、甲板运动模型和起落架系统模型，研究了舰载机弹射系统、拦阻系统、着舰引导系统，以及着舰指挥官等系统的建模理论与仿真技术，通过舰载机、飞行员、着舰指挥官和甲板运动模型的联合仿真，为舰载机飞控系统控制律设计与飞行品质评估试验提供技术支撑。

关键词：舰载机；工程模拟器；模型；建模；仿真

中图分类号：V212

Research on Modeling and Simulation Technology of Carrier-based Aircraft Engineering Simulator

Zhu Jiang, Lin Hao, Ji Yun, Cui Jian

(AVIC the First Aircraft Institute, Shaanxi, Xi'an, 710089)

Abstract: According to the flight control system design requirement of a certain type of carrier-based aircraft, this paper analyses the design requirement of each sub-system of engineering simulator of carrier-based aircraft, proposing the system frame work. The kinetic model and motion model of carrier-based aircraft, deck motion model and landing gear model are established. The modeling theory and simulating technique on system such as ejection system, arresting system, landing guidance system and LSO are discussed. By joint simulation which includes carrier-based aircraft, pilot, LSO and deck motion model, the engineering simulator of carrier-based aircraft provides technical support for control law design and flight quality assessment of carrier-based aircraft.

Key words: Carrier-based Aircraft; Engineering Simulator; Model; Modeling; Simulation

1 引言

近年来，工程模拟器作为地面飞行模拟和实际飞机试飞之间的理想过渡，在现代飞机设计、制造、试验和试飞过程中发挥着巨大的作用。工程模拟器这种综合的人在回路的仿真系统平台已成为与风洞试验环境、喷气发动机试验台、结构环境试验设备并列的航空四大试验研究设施。

舰载机作为我军主要机种，主要用于搜索、监视、跟踪空中和海上目标，为航母编队提供战术预警，并指挥、引导我方飞机遂行作战任务。相较于陆基飞机，该型飞机以航母为基地，能够在特定海况下完成起飞和着舰，操作过程复杂、难度大、风险高。因此，该型飞机研制必须依赖于工程模拟器这个强大的综合试验平台，以有效支撑舰载机飞控系统控制律设计、飞行品质评估以及起飞/着舰过程中地面综合模拟试验，使首飞机组飞行员能够尽快掌握舰载机的操作程序和飞行特性。

国外在舰载机工程模拟器建模、仿真以及试验验证等方面的研究起步较早，具有较为全面的系统建模仿真理论、方法与试验验证体系。国内高校和科研机构在舰载机建模与仿真等技术方面进行了广泛的深入研究，发表了大量学术论文，也建立了相关型号工程模拟器和试飞模拟器，但是针对舰载机型号工程设计与试验需求，在复杂舰机系统联合仿真、精细化建模、飞行员在环试验等方面的研究与国外同行业相比仍有较大差距，迄今尚未形成舰载机工程模拟器全生命研制周期的设计规范和相关标准。

本文重点讨论舰载机工程模拟器关键系统的建模理论与仿真方法。

作者简介：**朱江**(1969—)，男，陕西大荔人，研究员，硕士，研究方向为飞行控制与系统仿真。

2 模拟器总体设计

2.1 需求分析

舰载机的起飞和降落,是一个导致飞行事故频繁发生的环节。航母的特殊使命和特殊环境也决定着舰载机的安全风险要远高于陆地环境,飞行安全也面临着更多的考验。要实现舰载机工程模拟器的研制目标,首先要将舰载机与陆基飞机相比较,分析舰载机在弹射起飞、拦阻着舰等方面的特点,提出舰载机地面飞行模拟试验的特殊性。根据这些特殊要求,建立符合舰载机特点的工程模拟器以及相关系统模型。具体要求如下[1]:

(1) 飞机性能仿真系统:需建立舰载机飞行动力学模型、运动学模型、飞控系统模型、起落架系统模型、发动机系统模型以及大气紊流模型等。舰载机飞行动力模型和常规陆基飞机工程模拟器一样,需针对特定舰载机飞控系统试验需求,建立一套完整的数学模型和气动力数据库。舰载机飞控系统与常规陆基飞机差别较大,应根据特定飞机飞控系统建立相应的数学模型和控制律参数,包括自动着舰系统和自动油门系统等。舰载机起落架系统应考虑地面效应对飞机气动力特性的影响,特别是舰载机起飞时对地面效应突然变化的影响。舰载机发动机系统如有特殊之处,需在数学模型和数据库中反映出来。大气紊流模型除考虑通常的大气紊流外,还需要建立与航母环境相关的特殊的大气紊流数学模型和数据库,包括舰尾流、舰面气流、低空大气紊流等。

(2) 航母仿真系统:需建立航母动力学模型、运动学模型、弹射起飞系统模型、拦阻着舰系统模型、甲板几何模型、运动模型,以及不同等级和不同形式的海浪模型等。为真实模拟航母在海浪中的运动,必须以具体的航母为研究对象,建立航母运动方程,包括航母上的减摇系统数学模型。同时还要建立完整的航母数据库,包括航母的几何外形数据,重量、重心和惯性矩数据,航母的水动力导数及减摇系统各个环节的控制律参数等。

(3) 航空电子模拟系统:现代舰载机航空电子系统不仅和飞控系统交联,而且还用于显示飞控系统所需的相关参数、故障情况以及警告信息等。同时航空电子系统与航母上的导引系统之间存在高速的数据和信息传递,对机上航空电子系统与飞行模拟有关的部分需建立相应的数学模型和数据库。

(4) 座舱模拟系统:舰载机操纵系统和显示系统具有一定的特殊性,考虑到地面飞行模拟试验时飞行员的试验操作需求,模拟座舱系统的外形、布局应与真实飞机保持一致;座舱内的所有操纵、控制、显示、指示设备均可采用模拟件,但是必须满足三点要求:一是所有控制装置的控制方式、力感、行程、操控范围、系统响应等要与真实飞机保持一致;二是所有控制设备的布局、形状、大小、颜色要与真实飞机保持一致;三是所有显示/指示设备的显示逻辑、显示方式等要与真实飞机保持一致。

(5) 视景系统:视景系统的真实性在地面飞行模拟试验中起着决定性作用。要想真实模拟舰载机在航母上的起飞、着舰以及空中飞行过程,工程模拟器视景系统必须能够真实模拟相应的视景环境。对于多个不同的眼位和视角,最近的观察距离仅有几米,因此必须建立飞机和航母的精细三维显示模型。舰载机与常规陆基飞机最大的不同之处在于航载机在着舰过程中使用菲涅尔镜光学导引系统,因此需建立菲涅尔镜光学导引系统的数学模型和数据库。

(6) 动感模拟系统:舰载机弹射起飞和拦阻着舰时,滑跑距离和加减速时间都低于陆基飞机,纵向过载却高达陆基飞机的10倍以上。同时,舰载机所采用的无平飘着舰方式也使飞机的下沉速度以及触舰时的冲击过载都远高于陆基飞机着陆。相较于传统的陆基飞机工程模拟器,舰载机工程模拟器动感模拟系统需增加舰载机在舰面滑行、弹射起飞和拦阻着舰过程中的特殊运动感觉,以及使用弹射器、拦阻钩时的动感模拟。

2.2 设计思路

本文针对某型舰载机飞控系统控制律设计与飞行品质评估试验需求,结合舰载机弹射起飞、拦阻着舰等特点,提出了舰载机工程模拟器的设计思路:一是以典型飞行任务的逼真度为考核依据,研究舰载机弹射起飞、拦阻着舰过程中涉及的系统建模与仿真技术难题,解决工程型号研制所需;二是分析飞机型号设计和首飞机组训练的影响因素,通过数学仿真、半实物仿真以及人在回路的仿真,为舰机联合系统仿真建模以及人在环试验提供技术支撑;三是建立舰载机工程模拟器各仿真系统精细化模型,采用面向对象技术设计各系统仿真软件,该软件应具有较好的可扩充性和可移植性,并且通过适应性改进后可直接应用于其他型号研制中;四是以舰机作业流程为依据,以满足人在环试验和首飞机组训练为目标,开展舰载机工程模拟器各系统的设计、集成和测试,评估和完善舰载机工程模拟器总体技术指标,确定舰载机飞控系统控制律设计与飞行品质评估试验的典型任务状态、任务要求和试验方法。

3 数学模型的建立

3.1 舰载机动力学模型

舰载机动力学问题涉及多个坐标系,包括地面坐标系($o_G x_G y_G z_G$)、舰面坐标系($o_S x_S y_S z_S$)、甲板坐标系($o_D x_D y_D z_D$)、机体坐标系($o_B x_B y_B z_B$)、惯性坐标系($o_I x_I y_I z_I$)以及气流坐标系($o_A x_A y_A z_A$)。

舰载机弹射起飞阶段的动力学模型是建立在甲板坐标系上的,其过程涉及飞机刚体运动、航母运动、大气环境扰动、弹射器、起落架运动等因素和过程,是典型的刚体与柔性体耦合的多体动力学问题。

由于舰载机的弹射起飞过程是在航母舰面上进行的,所以要以飞机相对于舰面的形式来描述飞机质心动力学模型。舰载机质心动力学模型可用如下公式表示[2-4]:

$$\left[\frac{d^2 r_{BS}}{dt^2}\right]_S = \frac{[\sum F]_S}{m_B} - T_I^S\left[\frac{d^2 r_{SI}}{dt^2}\right]_I - \left[\frac{d\omega_{SI}}{dt}\right]_S \times [r_{BS}]_S$$
$$- [\omega_{SI}]_S \times [\omega_{SI}]_S \times [r_{BS}]_S$$
$$- 2[\omega_{SI}]_S \times \left[\frac{d r_{BS}}{dt}\right]_S \quad (1)$$

式中，T_I^S 为惯性坐标系到舰面坐标系的转换矩阵；r_{SI} 为舰面坐标系原点到惯性坐标系原点的矢量；r_{BS} 为机体坐标系原点到舰面坐标系原点的矢量；ω_{SI} 为航母相对惯性坐标系的转动角速度；$T_I^S\left[\frac{d^2 r_{SI}}{dt^2}\right]_I$ 为航母质心相对惯性坐标系的加速度；$[\omega_{SI}]_S \times [\omega_{SI}]_S \times [r_{BS}]_S$ 为飞机的法向加速度。

舰载机绕质心转动的运动方程与常规飞机类似，其模型在机体坐标系中的表示如下：

$$\begin{cases} \sum L = I_x \dot{p} - I_{xz}(\dot{r} + pq) - (I_y - I_z)rq \\ \sum M = I_y \dot{q} - I_{xz}(r^2 - p^2) - (I_z - I_x)rp \\ \sum N = I_z \dot{r} - I_{xz}(\dot{p} - qr) - (I_x - I_y)pq \end{cases} \quad (2)$$

式中，$\sum L$、$\sum M$、$\sum N$ 分别为飞机滚转、俯仰、偏航的合外力矩；I_x、I_y、I_z 分别为飞机的转动惯量；I_{xz} 为飞机的惯性积；p、q、r 分别为飞机的滚转、俯仰、偏航角速度；$\dot{p}$、$\dot{q}$、$\dot{r}$ 分别为飞机的滚转、俯仰、偏航的角加速度。

3.2 舰载机运动学模型

根据飞机质心动力学方程只能得到飞机相对于航母的加速度、速度和位移，舰载机质心运动学模型可用如下公式表示：

$$\left[\frac{d^2 r_{BS}}{dt^2}\right]_I = T_I^S \left[\frac{d^2 r_{BS}}{dt^2}\right]_S + \left[\frac{d^2 r_{SI}}{dt^2}\right]_I + \left[\frac{d\omega_{SI}}{dt}\right]_I \times [r_{BS}]_I$$
$$+ [\omega_{SI}]_I \times [\omega_{SI}]_I \times T_S^I [r_{BS}]_S$$
$$+ 2[\omega_{SI}]_S \times T_S^I \left[\frac{d r_{BS}}{dt}\right]_S \quad (3)$$

舰载机转动运动学方程与常规飞机类似，其模型可用以下公式表示：

$$\begin{cases} \dot{\phi} = p + \tan\theta(r\cos\phi + q\sin\phi) \\ \dot{\theta} = q\cos\phi - r\sin\phi \\ \dot{\varphi} = \frac{1}{\cos\theta}(r\cos\phi + q\sin\phi) \end{cases} \quad (4)$$

式中，ϕ、θ、φ 分别为飞机滚转、俯仰、偏航的角度；p、q、r 分别为飞机滚转、俯仰、偏航角速度。

3.3 甲板运动模型

影响航母海上运动特性的因素包括风、海况和航母本身的状态。航母在海上受到风、浪等因素的影响，会产生纵摇、横摇、沉浮、横滚、俯仰、偏航的六自由度运动。当航母绕不同中心进行六自由度运动时，甲板表面的空间位置也在实时发生变化，导致甲板运动具有很大的复杂性，也直接影响了着舰载机的啮合速度、啮合偏心、着舰偏航和着舰滚转等拦阻特性以及舰载机的着舰安全性。

典型状态下航母的运动规律可参考 MIL-F-8785-C 中的规定，准确的甲板运动数学模型难于建立。在航母六自由度运动中，横摇运动对舰载机的着舰偏航影响明显，纵摇运动和沉浮运动对舰载机的相对下沉速度影响巨大，所以舰载机工程模拟器应重点考虑甲板的横摇、纵摇和沉浮运动对舰载机着舰拦阻性能的影响。

甲板运动可看作谐波叠加。根据相关资料，给出航母在 30 kn(15.4 m/s) 典型速度行驶时，中等海况下的甲板运动模型为[5-7]

沉浮运动：
$$Z_S(m) = 1.22\sin(0.6t) + 0.3\sin(0.2t) \quad (5)$$
纵摇运动：
$$\theta_S(°) = 0.5\sin(0.6t) + 0.3\sin(0.63t) + 0.25 \quad (6)$$
横摇运动：
$$\phi_S(°) = 2.5\sin(0.5t) + 3.0\sin(0.52t) + 0.5 \quad (7)$$

通过仿真计算，中等海况引起的甲板运动幅值为沉浮 1.5 m，纵摇 1.05°，横摇 6°。甲板运动对飞机弹射起飞的影响随着海况等级的增大而增大，相比于 4~6 级海况，7 级海况对飞机起飞的飞行特性影响更加突出。考虑到飞机起飞安全性，不建议飞机在 7 级海况下弹射起飞。

3.4 起落架系统模型

舰载机起落架系统和常规飞机有较大差别，一方面它要承受较大的着舰冲击载荷，另一方面对弹射起飞的舰载机还要考虑前起落架与弹射系统相连的挂钩系统和前起落架突伸机构。

舰载机起降时，地面对舰载机的作用力和力矩是通过起落架传递的。同样，舰载机要在航母甲板上起降，由于"舰载机-起落架-航母"都在运动，三者构成了一个多体动力学系统，使得航母甲板对舰载机的作用力和力矩传递关系变得更为复杂。舰载机的重量、构型、舵面偏角、发动机推力以及航母甲板的运动姿态，都对舰载机的起降成功率和安全性有较大影响。

建立舰载机起落架系模型需要在陆基飞机准静态起落架模型的基础上，考虑起落架各支柱轮胎触地条件、舰载机与航母的相对运动、拦阻系统和弹射系统对起落架系统的作用力等影响因素，以实现舰载机在航母上的系留、滑行、弹射和拦阻等功能。

起落架的运动是相对于飞机而言的，所以以相对于飞机机体的形式描述起落架动力学模型，类似于飞机质心动力学模型，可建立前起落架质心动力学模型为[8,9]

$$\left[\frac{d^2 r_{GIB}}{dt^2}\right]_B = \frac{[\sum F_{GI}]_B}{m_{GI}} - T_I^B\left[\frac{d^2 r_{BI}}{dt^2}\right]_B - \left[\frac{d\omega_{BI}}{dt}\right]_B \times [r_{GIB}]_B$$
$$- [\omega_{BI}]_B \times [\omega_{BI}]_B \times [r_{GIB}]_B$$
$$- 2[\omega_{BI}]_B \times \left[\frac{d r_{GIB}}{dt}\right]_B \quad (8)$$

式中，r_{GIB} 为前起落架单独质量柔性实体质心到机体坐标系原点的矢量；$\sum F_{GI}$ 为前起落架受到的合外力（包括空气弹簧力、舰面反力、油液阻尼力、结构摩擦力）；r_{BI} 为机体坐标系原点到惯性坐标系原点的矢量；ω_{BI} 为飞机相对

4 系统仿真设计

4.1 弹射系统仿真设计

舰载机弹射起飞是一个典型的多系统复杂动力学过程,涉及舰载机、航母、海况以及近舰大气环境及其相互作用。舰载机的弹射过程可分为静平衡、静加载、弹射加速滑跑、三轮自由滑跑、两轮自由滑跑、离舰飞行等阶段。航母甲板运动、舰面气流、舰首气流、地面效应等因素对舰载机弹射起飞影响较大。

为真实模拟舰载机的弹射特性,必须建立准确完整的数学模型和数据库,包括弹射器的预紧力、峰值力、弹射行程、挂钩几何特性、弹射器的释放力以及弹射力随弹射行程和弹射器压力的变化等。

通常,航母弹射器的弹射力是可变的,会根据每次弹射任务的需要进行设定,以保证弹射起飞过程的安全性。弹射器的弹射力可用下式计算[10]:

$$T_{max} = \frac{N_{xmax}mg + 0.5c_x \rho v_1^2 s + mgf - p_1}{\cos\theta_{Tmax} - f\sin\theta_{Tmax}} \quad (9)$$

式中,T_{max} 为弹射力峰值,即弹射力在冲程 x_1 处达到的最大值;v_1 为飞机加速到 x_1 处时的速度;ρ 为空气密度;p_1 为速度 v_1 时的发动机推力;N_{xmax} 为最大允许的纵向过载;f 为起落架机轮与舰面甲板的滚动摩擦系数;θ_{Tmax} 为飞机弹射到 x_1 处时的弹射力作用线与舰面的夹角。

确定弹射器最大弹射力后,根据弹射力梯度可确定其预紧力和弹射冲程末端弹射力。此外,弹射挂钩会保证弹射过程中,前轮始终与甲板存在一定的接触力,但该力不会产生俯仰力矩。

4.2 拦阻系统仿真设计

舰载机着舰后,为了使飞机在限定的甲板长度内顺利着舰,普遍采用飞机拦阻系统。建立准确的拦阻系统动态模型和完整的数据库是真实模拟舰载机拦阻着舰特性的必要条件,包括舰载机着舰时的对称拦阻与非对称拦阻。航母甲板上一般布置有 4 根拦阻索,理想着舰点位于第 2 根和第 3 根拦阻索的中心位置。

拦阻过程飞机的受力状态和飞机的姿态变化较为复杂,受空气动力、发动机推力与舰面相互作用力和拦阻索拦阻力的共同作用。标准 MIL-STD-2066 给出了对中拦阻状态下无因次拦阻力与无因次拦阻冲程之间的关系,该拦阻力位于拦阻索平面内,与通过跑道中心线的甲板垂面平行。实际着舰过程中,受飞机性能、驾驶技术、跑道状态、引导偏差、甲板运动和气流扰动等因素影响,飞机着舰时带有一定程度的偏心、滚转和偏航,这样飞机所受到的拦阻力是非对称的,同时拦阻钩和拦阻索之间存在摩擦,两者还有可能会产生相对滑动。因此,舰载机工程模拟器设计必须考虑非对称拦阻情况的拦阻系统仿真,其中的关键在于拦阻力的确定。

舰载机拦阻力范围可用以下公式计算[11]:

(1) 当 $n_{max}mg + F_l - F_f \leqslant \dfrac{2F_{max}S}{\sqrt{S^2+L^2}}$ 时,

$$\begin{cases} F_x \leqslant \dfrac{2F_{max}S}{\sqrt{S^2+L^2}}, & 0 \leqslant S \leqslant S_1 \\ F_x \leqslant n_{max}mg + F_l - F_f, & S_1 \leqslant S \leqslant S_{max} \end{cases} \quad (10)$$

式中,F_x 为舰载机受到的拦阻力;F_l 为舰载机自身发动机的推力;F_f 为空气的阻力和摩擦力;F_{max} 为拦阻索拉力的最大许用值;n_{max} 为舰载机过载的最大许用值;S 为舰载机位移。令 $n_{max}mg + F_l - F_f = \dfrac{2F_{max}S_1}{\sqrt{S_1^2+L^2}}$,即可求出分界点 S_1。

(2) 当 $n_{max}mg + F_l - F_f \geqslant \dfrac{2F_{max}S}{\sqrt{S^2+L^2}}$ 时,

$$F_x \leqslant \dfrac{2F_{max}S}{\sqrt{S^2+L^2}}, \quad 0 \leqslant S \leqslant S_{max} \quad (11)$$

4.3 着舰引导系统仿真设计

着舰引导系统中,引导区和等待区的导航方式与陆基飞机相同。着舰引导系统仿真主要模拟"艾科尔斯"改进型光学助降系统(Improved Carrier Optical Landing System, ICOLS)的功能。该系统又称为 ICOLS 激光助降系统,可分为远程助降系统和近程助降系统两部分[12,13]。

远程激光助降系统也称为激光助降系统,通过激光波束引导,有效作用距离为 1.8~7.4 km。下滑航路激光灯阵由红橙绿三色表示 5 条航路,闪红光为不安全的低航路,稳定的红光为低航路,稳定的橙色光为正确的下滑航路,稳定的绿光为高航路,闪绿光为过高航路。通常,飞行员前方有一仪表,其上的十字线代表飞机实际飞行方向。如果飞高了,十字线进入绿光区;如果飞低了,十字线进入红光区;如果飞行偏差过大,激光束就不断闪动。这时飞行员应立即调整飞行姿态,使十字线进入黄光区,并一直稳定下去,即表明飞机沿着正确的航路下滑。

近程助降系统的纵向通过常规 ICOLS 引导,有效作用距离在 7.4 km 以内;侧向则根据对中甲板灯来判断此时飞机相对于航母中心线的位置信息,有效作用距离在 1.6 km 以内。纵向近程引导系统为改进型菲涅耳透镜助降系统,其有效作用距离约为 2.3 km,前后下滑航路灯阵的作用距离在 2.3~7.4 km,改进的横光带对中灯阵作用距离为 0.5~7.4 km,目视回收灯阵用于指示飞机沉降速度是否合适,与测距和成像系统配合使用。

4.4 着舰指挥官仿真设计

舰载机的下滑轨迹偏差以及起落架、航母运动、拦阻索状态等都直接决定着舰载机能否成功着舰。面对如此复杂的着舰条件,舰载机飞行员无法单独完成着舰任务,因而设立了着舰指挥官(Landing Signal Officer, LSO)这一岗位。其目的是通过目视观察飞机的飞行姿态、高度、尾钩状态、各关键设备状态以及飞行甲板与海平面的关系等信息,引导飞行员进行偏差修正以保持其眼位在光学下滑道上。

舰载机进入下滑道后,LSO根据获得的舰载机位置、姿态和速度等信息进行判断,结合着舰情况,不定时地向飞行员发送纠偏或复飞等指令,使飞行员获取足够的信息来及时校正自己的飞行偏差或者继续保持现有的正确飞行位置和姿态,以确保舰载机安全着舰或复飞重新着舰[14]。

着舰指挥官仿真就是模拟LSO的行为模型。LSO可以看做是一个复杂的指挥系统,这个系统的输入参数包括飞机位置、姿态、速度、加速度、甲板运动姿态、航母航行速度、舰面气流状态和飞机操控能力等。LSO需要具备根据输入信号和经验进行预测的能力,即预测舰载机和航母未来一段时间的相关数据。LSO的输出信息是一条离散指令,这些指令可归纳为:下滑类型、对中类型、空速类型、航母类型、复飞以及其他类型,各个指令的下达依据LSO平台上提供的数据信息,这些信息以数字、图形、曲线等形式体现。

5 结论

本文的主要研究内容包括三个方面:一是针对舰载机弹射起飞/拦阻着舰等特点,详细分析了舰载机工程模拟器相较于传统陆基工程模拟器的特殊需求,提出了舰载机工程模拟器的设计思路;二是建立了符合舰载机特点的工程模拟器以及相关系统模型,包括舰载机动力学模型、运动学模型、甲板运动模型和起落架系统模型;三是讨论了舰载机工程模拟器弹射、拦阻、着舰引导等关键系统的建模理论和仿真方法,完成了相关系统的仿真软件设计、集成与测试,为舰载机飞控系统控制律设计与飞行品质评估试验提供技术支撑。

参考文献

[1] 何植岱,高浩. 高等飞行动力学[M]. 西安:西北工业大学出版社,1990.

[2] 杨一栋,余俊雅. 舰载飞机着舰引导与控制[M]. 北京:国防工业出版社,2006.

[3] 张子彦. 舰载飞机起飞和着舰的地面飞行模拟试验[J]. 飞行力学,1997,15(3):60-66.

[4] 白双刚,胡孟权,段进坦. 舰载机弹射起飞六自由度静平衡分析[J]. 空军工程大学学报,2012,13(3):21-24.

[5] 胡孟权,白双刚,陈怡然. 舰载机弹射起飞六自由度动力学建模与仿真[J]. 飞行力学,2013,31(2):97-100.

[6] 蔡丽青,江驹,王新华,等. 甲板运动对舰载机弹射起飞特性的影响[J]. 飞行力学,2014,32(2):105-109.

[7] 刘智汉,袁东,刘超. 舰载机多体动力学仿真建模及起降过程分析[J]. 飞行力学,2012,30(6):485-488.

[8] 杨生民,刘超,刘智汉. 运输类飞机弹射起飞动力学特性分析[J]. 飞行力学,2011,29(6):10-12.

[9] 张蓉,郭斌. 影响舰载战斗机安全的因素及防范措施[J]. 工程与试验,2012,52(4):33-37.

[10] 郑峰婴,杨一栋. "艾科尔斯"改进型光学助降系统的纵向着舰精度研究[J]. 指挥控制与仿真,2007,29(2):111-115.

[11] 蔡丽青. 舰载机弹射起飞安全因素分析及安全准则设计[D]. 南京:南京航空航天大学,2014.

[12] 杨国奇. 舰载机拦阻系统的有限元建模及仿真分析[D]. 哈尔滨:哈尔滨工程大学,2012.

[13] 郑峰婴. 舰载机着舰引导技术研究[D]. 南京:南京航空航天大学,2007.

[14] 庞亚华. 舰载机滑跃起飞模型及其视景的实现[D]. 西安:西北工业大学,2007.

[15] 王立鹏. 舰载机着舰指挥官指挥策略研究[D]. 哈尔滨:哈尔滨工程大学,2012.

无人机综合仿真验证平台设计研究

马铭泽,李梓衡

(航空工业第一飞机设计研究所,陕西西安,中国,710089)

摘　要:根据目标无人机的飞行控制与管理系统(FCMS)的组成及总线架构,分析无人机综合仿真验证平台的需求。根据需求分析结果,提出平台总体设计方案,并通过飞行仿真设计、串口仿真设计、地面检测功能设计等关键技术实现平台软件功能开发。配合仪表、操纵和视景等辅助系统设计,完善仿真平台人机交互功能,最终实现对目标无人机飞行控制与管理系统的半物理试验验证。

关键词:无人机;半物理仿真;地面检测

中图分类号:TP391

The Research of Designing a UAV Multifunctional Simulation and Verification Platform

Ma Mingze, Li Ziheng

(AVIC the First Aircraft Institute, Shaanxi, Xi'an, 710089)

Abstract: According to the components of flight control and manage system (FCMS) of the target UAV, the requirement of UAV multifunctional simulation and verification platform is analyzed. Based on the analyzing results, the general designing scheme is proposed. The multi-function of the platform is realized through key technologies such as flight dynamic simulating, serial communication simulating, ground testing design etc. With the design of auxiliary system such as instrument, cockpit and visual system, the man-machine interaction function of platform is completed. The platform could be used in the semi-physical test and verification process of the FCMS of target UAV.

Key words: UAV; Semi-physical Simulation; Ground Testing Digital

1　引言

无人机作为近年来发展迅猛的航空领域,已经越来越多地应用到军用、民用的多个方面。相对于大型有人飞机的飞控系统,无人机的飞控系统结构相对简单,机载设备相对较少。因此,要求设计周期较短,研制费用较低,研制流程较为简化。有人飞机型号普遍采用铁鸟半物理仿真试验平台对完整飞控系统的通信接口、控制律参数、逻辑等进行全面的试验验证,保证飞控系统的正确性和可靠性。铁鸟系统是一个复杂而昂贵的试验验证平台,机载设备通信接口数据一般通过特定的试验器或反射内存卡与数字仿真数据之间进行转换,成本较高。目前,无人机飞控系统的研制过程主要是在利用数字仿真手段进行控制律设计的基础上,结合试飞验证的方式开展的。这就导致无人机飞行控制系统机载设备之间的通信接口验证不够充分,可靠性降低,并且试飞验证耗费的人力和时间成本较高。根据无人机机载系统拓扑结构、数据传输速率需求及成本限制等特点,目前无人机机载系统普遍采用422、232等串口协议作为机载设备间的通信协议。该项目充分结合了无人机功能高度综合、设计验证快速迭代的特点,并且考虑了低成本和高通用性的现实要求,建立无人机综合仿真验证平台,结合数据监控计算机进行仿真状态监控与故障模拟仿真,并配合视景计算机和仪表计算机的显示,更加直观地演示验证无人机飞控系统设计状态,极大程度地将无人机飞控系统设计与系统验证融合开展,满足无人机飞控系统的研制特点。

2　需求分析

目标无人机的飞行控制与管理系统的核心设备为飞行控制与管理计算机(FCMC),该计算机作为飞行控制与管理系统的中枢,采集和处理其他机载设备传输的数据。

作者简介:马铭泽(1988—),男,陕西高龄人,工程师,硕士,研究方向为飞行仿真;李梓衡(1982—),男,广东广州人,高级工程师,本科,研究方向为飞控系统设计。

其中,惯性导航系统(INS)、差分卫星(DGPS)、惯性测量组件(IMU)、大气机(ADS)、无线电高度表(RA)、发动机参数(EDC)、油量盒(FDC)、数据链(DTL)、作动器控制器(ACE)等设备与FCMC之间采用422串口通信;空速管加温、燃油泵、油箱切换、襟翼位置、轮载、起落架位置、失速告警等信号采用离散信号;刹车反馈采用模拟信号。为了满足上述接口形式的FCMC底层软件及应用层软件的开发验证工作,综合仿真验证平台需要仿真上述所有设备及信号,以便在飞行控制与管理系统开发过程中进行必要的验证测试工作。

综合仿真验证平台作为无人机开发与验证的关键平台,其功能应完整覆盖无人机飞行控制与管理系统的设计功能,能够辅助无人机飞行控制与管理系统的设计开发,并且对无人机飞行控制与管理系统全状态进行闭环仿真验证。

根据上述飞行控制与管理系统的系统组成、功能及其接口交联方式,结合控制律设计及闭环仿真的要求,综合仿真验证平台的功能需求梳理如下:

- 支持高实时性的飞行仿真;
- 支持422串口通信输入输出;
- 支持模拟量输入输出;
- 支持离散量输入输出;
- 能够模拟地面站设备,为驾驶员提供操纵输入,并辅助FCMC开发遥控遥测、模态管理功能;
- 能够模拟飞行控制与管理系统中各个机载设备进行通信;
- 能够模拟机载设备进行故障设置并上报故障代码,辅助余度管理开发;
- 能够模拟地面检测设备,辅助BIT功能开发;
- 支持在环的人工飞行闭环仿真;
- 支持自主飞行闭环仿真;
- 具有视景显示系统对飞行过程进行演示;
- 具有仪表显示系统模拟地面站仪表信息。

3 仿真平台总体设计方案

3.1 平台架构

依据上述需求分析,提出无人机综合仿真验证平台的架构如图1所示。综合仿真验证平台主要由操纵机构、主飞行仿真计算机(含上位机及下位机)、仪表计算机和视景计算机组成,并与机载FCMC和ACE交联,各硬件设备的交联信号形式如图所示。其中,操纵机构、仪表计算机、视景计算机与主飞行仿真计算机之间采用UDP通信方式;主飞行仿真计算机根据机载设备信号类型分别以422串口、模拟信号和离散信号与FCMC及ACE交联。

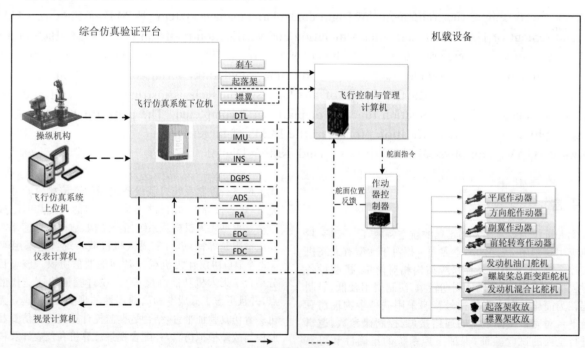

图1 综合仿真验证平台架构

3.2 软件功能模块

综合仿真验证平台软件功能主要可以划分为飞行仿真软件、接口仿真软件、余度及故障设置软件、BIT功能软件和辅助系统软件等几个部分(图2)。

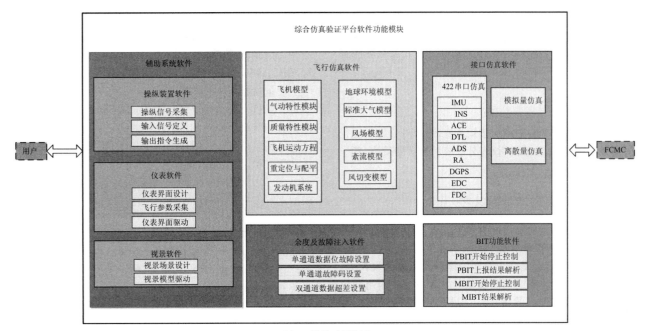

图 2 软件功能划分

其中：
- 飞行仿真软件为闭环飞行仿真提供所需的飞机运动仿真，软件分为飞机模型和地球环境模型两部分，飞机模型以无人机气动数据、发动机台架数据、质量数据等为依据，建立无人机的仿真模型，地球环境模型提供标准大气模型和各类风场模型；
- 接口仿真软件用于仿真无人机的机载设备接口通信方式，包括422串口仿真模块、模拟量仿真模块和离散量仿真模块；
- 余度及故障注入软件用于对FCMC进行余度逻辑测试，可进行单通道数据位故障设置、单通道故障码设置以及双通道信号超差设置等故障类型；
- BIT功能软件用于对FCMC进行自检测试，针对FCMC的PBIT和MBIT功能，主要包含PBIT启动/停止控制、PBIT上报结果解析、MIBT启动/停止控制、MBIT上报结果解析功能；
- 辅助系统软件用于在闭环仿真时为试验人员及试飞员提供操纵输入、视景显示和仪表监控环境，主要包括操纵装置软件、视景软件和仪表软件。

3.3 工作原理

依据无人机飞行控制与管理系统开发要求，综合仿真验证平台的工作内容大致可以分为：机载设备接口测试、信号余度及故障逻辑测试、BIT测试、人工控制模态闭环仿真、自主飞行模态闭环仿真等。具体工作原理如下：

- 机载设备接口测试

根据机载设备接口通信协议，在接口仿真软件中配置相应的设备接口参数，通过422串口板卡、DIO板卡、AD/DA板卡将信号发送至FCMC，进行接口测试，校核完善FCMC底层接口软件。

- 信号余度与故障逻辑检测

在接口测试的基础上，利用余度与故障设置软件模型，针对各个机载设备，在其通信过程中，修改数据位信息注入信号超限故障、修改故障位注入传感器故障、修改数据包头或校验和注入通道故障，辅助FCMC的故障逻辑检测功能开发，并且能够仿真双余度通道的数据超差故障，辅助FCMC的余度管理逻辑测试。

- BIT测试

BIT测试工作主要是利用BIT功能软件模拟地面检测设备，通过422串口通信向FCMC发送PBIT、MBIT启动/停止指令，并接收FCMC的检测上报结果，将检测结果数据包按协议解析，翻译显示相应的物理意义。

- 人工控制模态闭环仿真

人工控制模态闭环仿真主要用于验证无人机的增稳控制、指令控制以及应急控制模态飞行品质。闭环飞行仿真中，驾驶员通过操纵设备进行三轴操纵输入，由操纵装置软件将驾驶员的操纵输入采集并转换为422串口形式的遥控信号发送至FCMC，FCMC通过人工控制律解算，得到舵面偏转指令并发送至ACE，ACE将接收到的数字总线指令信号转换为作动器的电气指令，驱动各个舵面运动，并且将舵面运动位置信息反馈至FCMC以及飞行仿真系统的飞机模型。飞机模型以舵面偏转角度为输入，驱动六自由度飞机方程运动，解算出飞机状态参数，将特定状态参数打包整合成对应的机载传感器信号模式（如IMU、ADS、DGPS、INS等），发送至FCMC用于控制指令解算，形成闭环仿真。同时，将相关状态参数以UDP通信形式发送至仪表计算机、视景计算机，进行仪表和视景模型驱动。

- 自动飞行模态闭环仿真

自动飞行模态闭环仿真主要目的是评估自动飞行控制律的控制效果。自动飞行模态闭环仿真工作原理与人工模态类似，区别在于驾驶员不再进行三轴操纵输入，而是通过操纵装置进行人工/自动模态切换,将控制模态切换至自动模态,在自动飞行模态下,完全由 FCMC 中的自动飞行控制律负责舵面指令解算,驱动无人机按预先装订的航线进行自主飞行。

4 分系统设计

根据综合仿真验证平台架构方案,平台可分为主飞行仿真分系统、操纵分系统、仪表分系统和视景分系统,各子系统的设计方案如下。

4.1 主飞行仿真分系统设计

主飞行仿真分系统是综合仿真验证平台的核心子系统,硬件部分由主控计算机(上位机)和仿真机(下位机)组成,上位机用于仿真模型开发和编译以及实时仿真控制,下位机用于模型的实时仿真及相关硬件板卡的调用和驱动。为满足接口仿真的需求,下位机配备了 RS422 串口板卡、DIO 板卡和 AIO 板卡。综合仿真验证平台主要的功能软件采用 MATLAB/Simulink 进行建模开发。开发完成的功能模型编译成可执行 C 代码后,通过以太网下载到下位机中,下位机中的 VxWorks 实时系统为编译后的数学模型提供了高可靠性、高实时性的仿真环境。

4.1.1 飞行仿真设计

飞行仿真模型是模拟飞机飞行性能的主要模型,包括空气动力、质量特性、飞机运动方程、发动机系统和起落架系统等模块。飞行仿真建模采用的数据为目标无人机设计使用的数据。

空气动力模块完成飞机空气动力特性仿真,根据飞机构型、大气参数、舵面位置和运动参数计算飞机所受气动力和力矩。计算空气动力系数时,升力系数和阻力系数采用风轴系描述,俯仰力矩系数、侧力系数、偏航力矩系数和滚转力矩系数采用体轴系描述,坐标系的具体定义参照国标 GB/T 16638—1996《空气动力学 概念、量和符号》。

质量特性模块能够根据给定初始条件,计算当前飞机质量、飞机重心、惯性矩和惯性积,主要包括空机模块、燃油模块和装载模块。

飞机运动方程采用理论力学中的刚体动力学方程和运动学方程,为全量六自由度飞机运动方程,欧拉角采用四元素方法解算,采用 NED 坐标三轴风速引入风干扰。模型求解方法为欧拉法,求解所需初值由状态参数设置时给定。

发动机系统模型为一台双叶恒速不能顺桨的变距螺旋桨的活塞发动机的系统模型。模型主要根据油门杆、变距杆和混合比杆的位置、高度和速度等输入参数,求解并输出推力和转速等发动机的关键参数。

起落架系统模型为"前三点式"起落架,包括一个前起落架和一对主起落架。每个起落架由减振支柱和机轮组成。前起落架机轮具有转弯功能,主起落架机轮具有刹车功能。起落架模型为准静态起落架模型,能够模拟飞机地面支撑,并提供一定范围的摩擦力,用于停机、滑行、离地、触地、刹车和转弯等过程中,求解地面对飞机的反作用力、反作用力矩和减震支柱压缩量等信息。

飞行仿真模型与 ACE 接口仿真模型交联,接收舵面位置信息,并与 INS、ADS 等传感器接口仿真模块连接,将飞行参数发送至 FCMC,同时向仪表和视景软件发送飞行参数,完成闭环仿真。闭环飞行仿真模型如图 3 所示。

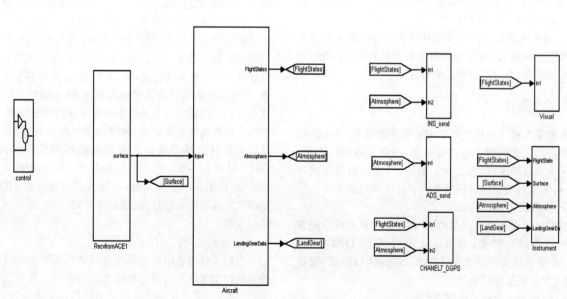

图 3 闭环飞行仿真模型

4.1.2 接口仿真设计

接口仿真是本综合仿真验证平台的最大技术特征,接口仿真模型中建立了目标无人机所有机载硬件设备的通信模型。模型中包括422串口仿真、DIO(离散信号)仿真和AIO(模拟信号)仿真,其中串口仿真较为复杂,是接口仿真的主要工作。

因为目标无人机飞行控制与管理系统采用422串口总线架构,主要机载传感器与FCMC之间通过422串口进行交联,因此422串口仿真在FCMC功能的开发和验证中都发挥至关重要的作用,各422串口仿真子模块需要根据所仿真的机载设备接口协议进行建模,建模步骤依次为数据位建模,数据包帧头、帧计数、校验和等数据包识别位建模,配置波特率,仿真周期等通信信息。

4.1.3 BIT 功能设计

BIT功能用于辅助FCMC完成自检功能开发,并能够在地面对目标无人机进行地面检测,是综合仿真验证平台的另一重要技术特征。自检功能是目标无人机的重要系统功能,可划分为PBIT(上电自检测)、MBIT(维护自检测)以及IFBIT(飞行中自检测)三部分。IFBIT是在飞机飞行过程中FCMC根据各个机载传感器上报的故障状态字进行故障状态判定及模态管理,该功能可以在飞行仿真过程中通过接口仿真软件修改故障字进行故障注入。PBIT和MBIT是无人机在地面进行的自检工作,需要地面检测设备提供外部控制激励,并且FCMC自检的结果需要地面检测设备进行解析。综合仿真验证平台将地面检测设备的功能纳入到平台中,通过422串口通信,建立控制及数据解析模型,实现地检设备功能。

根据PBIT和MBIT控制指令数据包结构,设计BIT启动/停止模型,通过多路选择开关,关联仿真控制界面,实现便捷操作。

FCMC上报的自检结果采用多个数据包按40 ms周期顺序循环发送的形式,由于各个数据包数据信息长度不同,并且同一字节在不同数据包对应的含义也不同,这就使得通过单一串口通道进行解析时产生了难度,通过建模过程中的数据处理,首先判断当前数据包的编号,确定当前数据包的数据位意义,然后根据协议将当前数据进行拆解,完成解析工作,最后将解析结果通过仿真控制软件界面设计,直观地显示给试验人员进行监控和判断。BIT功能的软件界面如图4所示。

4.2 操纵分系统设计

操纵装置采用操纵组件作为人工控制的操纵部件,具有俯仰操纵、滚转操纵、偏航操纵、油门操纵、起落架收放操纵、襟翼收放操纵、刹车操纵等控制功能。采用专业级飞行操纵手柄和脚蹬组件。

该操纵组件包括一个驾驶操纵手柄、一个油门操纵手柄、一个控制面板和一个脚蹬操纵台,除提供俯仰、横航向和推力等控制功能外,还能够模拟地面站提供人工/自动

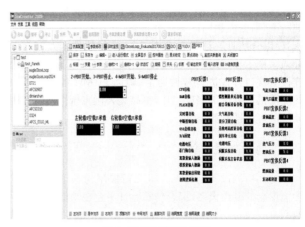

图4 BIT功能软件界面

模态切换,ACE主/备通道切换等功能。整个飞行操纵手柄设备支持5个轴、32个按钮、1个配平轮、5个可编程Led灯,其接口提供面向对象的编程功能,具备自定义功能,具有较强的可扩展性。

4.3 仪表分系统设计

仪表显示实现主飞行仪表(PFD)、多功能仪表(MFD,导航)、多功能仪表(MFD,飞控)和多功能仪表(MFD,机电)四个主要仪表界面的显示,通过飞行仿真模型发送的飞行参数进行仪表界面的驱动。

- 主飞行仪表

主飞行仪表主要显示飞机姿态(俯仰角、滚转角、航向角)、侧滑角、表速、气压高度、升降速率、无线电高度等。

- 导航页面

导航页面主要显示飞机位置、飞机航向、飞机到跑道距离、跑道相对飞机的方位、距离圈等。

- 飞控简图页

飞控简图页主要显示飞控系统状态信息,包括舵面状态、舵面位置、飞控工作模式等信息。

- 机电页面

机电页面主要显示发动机参数、起落架、前轮转弯、燃油油量、燃油分布等状态信息。

4.4 视景分系统设计

视景软件用于显示模拟飞行的视景画面,能够显示跑道、机场地形、飞机模型等元素,为驾驶员和试验人员提供飞行的直接视觉感受。为适应无人机图像系统安装位置,视景软件可提供第一视角和舱外挂架眼点显示模式。

5 关键技术

5.1 串口通信仿真设计

串口仿真能够模拟目标无人机全部机载传感器设备,以各个设备的接口协议为设计依据,通过分析数据信息和数据类型,进行数据位建模,数据包帧头、帧计数、校验和

等数据包识别位建模，设置数据分辨率（LSB），配置通道波特率，数据发送周期等信息步骤，实现机载设备通信仿真，使综合仿真验证平台在 FCMC 底层软件开发初期就介入验证工作，模拟各个机载传感器与 FCMC 之间按真实设备接口方式进行数据通信，辅助 FCMC 各机载通道的底层接口测试等底层工作，提高无人机飞行控制与管理系统的可靠性和稳定性。

5.2 地检功能设计

地面检测设备是与无人机飞行控制与管理系统自检功能配套的专用设备，综合仿真验证平台在功能设计时将地面检测设备功能纳入其中，以无人机机载系统 BIT 协议为设计依据，建立 BIT 启动/停止模型，控制飞行控制与管理系统的 PBIT 和 MBIT 的启动和退出逻辑，通过建立单通道多数据包周期通信的解析模型，根据自检结果数据定义，按数据包编号解析 FCMC 自检结果，并将解析结果通过软件界面进行显示，能够让试验人员和维护人员清晰明了地检查自检结果，快速定位故障。在开发阶段也能够辅助 FCMC 的 BIT 软件开发，在开发过程中不断测试验证，保证 BIT 功能逻辑与设计需求一致。

5.3 余度及故障注入功能开发

余度表决和故障检测是保证无人机飞行安全的重要功能，在设计开发阶段就应该进行跟踪测试，在串口仿真的基础上，综合仿真验证平台可以通过修改数据位信息、数据包识别位信息注入单通道总线通信故障，通过设置双通道数据差异设置双通道数据超差故障，同时也能够通过模拟信号和离散信号的通断设置信号断路故障。这些故障注入功能能够在系统设计过程中测试 FCMC 的故障检测和余度表决功能，同时信号优先级处理提供了测试手段，在机上地面试验时同样能够模拟所有机载传感器的故障，进行飞行前故障检测。

5.4 差分 GPS 仿真模型

差分 GPS 是无人机大量采用的导航和定位设备，是无人机飞控系统的关键组成部件，但由于其通信数据包结构相对复杂（内含 4 个数据包，周期顺序发送），且采用 ASCII 码的特殊编码形式，所以仿真难度较大。

综合仿真验证平台设计了一种差分 GPS 仿真模型，以真实差分 GPS 设备为仿真对象，将飞行仿真模型解算出的位置、高度、速度和姿态等信息经过该仿真模型后，转换为 FCMC 能够识别的串口通信数据包。具体做法如下：首先，通过 WGS-84 地球模型结合初始经纬度和飞行速度的积分，将位置信号 X/Y/Z 转换为经纬度信息；然后，将经纬度数据按位处理，分别识别每一位上的数字，以及小数点位置，依据 ASCII 码表，将每一位上对应数字转换为对应的 ASCII 码，按位编码打包；以同样的方式分别完成高度数据包编码、速度数据包编码和姿态数据包编码；最后，通过多路选择模型将 4 个数据包按周期顺序以 422 串口形式发送给 FCMC。该方法替代了目前通常采用的差分 GPS 仿真激励器，极大地节约了设计成本。

6 结论

本文所述综合仿真验证平台在设计初期紧密结合了目标无人机飞行控制与管理系统的功能需求和设计流程，充分考虑了设计成本。通过需求分析，确定了无人机综合仿真验证平台的功能需求和总体方案。通过突破串口通信仿真、地面检测功能设计、余度及故障注入设计和差分 GPS 仿真等关键技术，实现了无人机综合仿真验证平台的建设。

相较于以往型号的验证平台，该综合仿真验证平台具有功能综合度高，成本较低，参与系统设计阶段早，与系统开发验证结合紧密等优点。通过串口通信仿真关键技术，省去了试验器、激励器等外部设备，使仿真系统与 FCMC 直接交联，减少了仿真验证的中间环节，节省了平台建设成本，且利于信号梳理及故障定位。通过余度及故障注入技术、BIT 功能开发技术等关键技术，将余度测试、BIT 测试等功能整合到综合仿真验证平台中，平台高度综合的功能性，极大地提高了目标无人机飞行控制与管理系统的开发测试效率。同时，基于总体架构的通用性和可重构性，该平台可用于未来其他无人机型号的系统开发仿真验证工作，继续发挥重要作用。

参考文献

[1] 吴成富,段晓军,吴佳楠,等. 基于 MATLAB 和 VxWorks 的无人机飞控系统半物理仿真平台研究[J]. 西北工业大学学报,2005,23(3):337-340.

[2] 花良浩,殷芝,霞杨蒲. 无人机故障注入与故障诊断实时仿真平台研制[J]. 计算机应用与软件,2013,30(8):106-108.

[3] 包健,顾冬雷. 无人机通用实时半物理仿真系统设计与应用[J]. 兵工自动化,2015,34(8):85-88.

[4] 魏瑞轩,冯博琴,胡明朗. 无人机半物理飞行仿真试验平台设计[J]. 飞行力学,2009,27(5):75-78.

硬式加油的受油机运动模拟系统建模与仿真

陈 伟,赵 鹏

(航空工业第一飞机设计研究院,陕西西安,中国,710089)

摘 要:本文提出了一种基于硬式加油的受油机运动模拟系统方案,通过对受油机运动模拟系统的机械臂、三自由度运动平台、大气紊流、受油机建立数学模型,并进行仿真分析;仿真结果表明,受油机运动模拟系统方案是可行的,为进一步研究硬式加油地面模拟验证技术提供参考。

关键词:硬式加油;运动模拟系统;动力学建模;计算机仿真

中图分类号:V249

Modeling and Simulation of the Receiver Aircraft Motion Simulation System Based on Boom Refueling

Chen Wei, Zhao Peng

(AVIC the First Aircraft Institute, Shaanxi, Xi'an, 710089)

Abstract: The paper proposes a scheme of receiver aircraft motion simulation system based on the boom refueling. Through establishing the dynamics models of receiver its self, the mechanical arm, the degree of freedom motion platform and the atmospheric turbulence, the simulation analysis on the established model is carried out. The simulation results indicate that the scheme of receiver aircraft motion simulation system is feasible. The study can provide a reference for further research of the ground simulation verification technology based on boom refueling.

Key words: Boom Refueling; Motion Simulation System; Dynamics Modeling; Computer Simulation

1 引言

空中加油改变了以前人们只从飞机的载油量、航程来确定其执行任务种类的传统观念,使人们对得到空中加油机支援的战术飞机的作战能力有了新的认识。空中加油技术备受各国空军的重视,美国明确规定军用飞机必须具备空中加油能力,由此可见空中加油技术对提升空军作战能力、战略威慑力是非常重要的。空中加油有两种典型形式:软式(插头-锥管式)加油和硬式(伸缩管式)加油[1]。目前,我国已实现了软式加油,而硬式加油技术还处于研究阶段,通过在地面以物理方式模拟出加油机或者受油机的运动来进行硬式加油技术的验证是一个有效的方法。通过建模、仿真和物理运动,能够分析系统运动特性,为设计控制系统提供依据与验证的对象。

2 受油机运动模拟系统

目前,国内对硬式加油的研究主要集中在加油机和伸缩管上,而本文对硬式加油中受油机的地面运动模拟系统进行建模与仿真研究。

本文研究一种基于硬式加油的受油机运动模拟系统(图1)。其系统属于半物理仿真,针对受油机预接触、对接、加油、分离等四个过程进行仿真研究,并将受油机运动系统的一部分以物理模型方式引入仿真回路,其余部分以动力学模型描述,并把它转化为仿真计算模型。本文借助物理效应模型,进行实时的数学仿真与物理仿真的联合仿真。

受油机地面运动模拟系统中受油机的空中运动是由受油口、机械臂和三自由度平台联合实施模拟的。受油口和机械臂上端固连,本文通过对机械臂和三自由度平台建模,来验证受油机模拟装置的可行性。

2.1 机械臂建模

受油机地面运动模拟系统中机械臂是一个开链机械

作者简介:陈伟(1974—),男,河北邯郸人,高级工程师,硕士,研究方向为飞行器控制测试技术;赵鹏(1992—),男,甘肃会宁人,助理工程师,硕士,研究方向为飞行器控制测试技术。

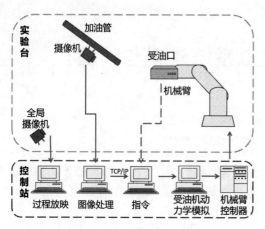

图 1　受油机地面运动模拟系统

臂[2]，又称串接杆件机器臂，它是由若干刚性杆件通过转动关节首尾相连而成的。杆件和关节的编号方法为：基座为杆 0，从基座起依次向上为杆 1、杆 2、……关节 i 连接杆 $i-1$ 和杆 i，即杆 i 离基座近的一端（简称"近端"）有关节 i，而离基座远的一端（简称"远端"）有关节 $i+1$。机械臂简图如图 2 所示。

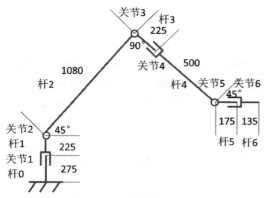

图 2　机械臂简图

D-H 参数是用来构建坐标系间齐次变换矩阵的基础。共有四项：

杆件长度 a_i 定义为从轴 z_{i-1} 到轴 z_i 的距离，沿轴 x_i 的指向为正；

杆件扭角 α_i 定义为从轴 z_{i-1} 到轴 z_i 的转角，沿轴 x_i 的正向转动为正，且规定 $\alpha_i \in (-\pi, \pi]$；

关节距离 d_i 定义为从轴 x_{i-1} 到轴 x_i 的距离，沿轴 z_{i-1} 的指向为正；

关节转角 θ_i 定义为从轴 x_{i-1} 到轴 x_i 的转角，沿轴 z_{i-1} 的正向转动为正，且规定 $\theta_i \in (-\pi, \pi]$。

描述机械臂运动的核心就在于如何描述系 $i-1$ 相对于系 i 的运动，这就用到下面的齐次变换矩阵。

$$^{i-1}A_i = \text{Trans}_z(d_i)\text{Rot}_z(\theta_i)\text{Trans}_x(a_i)\text{Rot}_x(\alpha_i)$$

$$= \begin{bmatrix} \cos\theta_i & -\cos\alpha_i\sin\theta_i & \sin\alpha_i\sin\theta_i & a_i\cos\theta_i \\ \sin\theta_i & \cos\alpha_i\cos\theta_i & -\sin\alpha_i\cos\theta_i & a_i\sin\theta_i \\ 0 & \sin\alpha_i & \cos\alpha_i & d_i \\ 0 & 0 & 0 & 1 \end{bmatrix}$$

(1)

机械臂的雅克比矩阵在机械臂的任务空间控制中占有举足轻重的地位，v_6 代表了系 6 相对于系 0 的速度量，而 ω_6 代表了系 6 相对于系 0 的角速度量，$\dot{q}$ 代表了关节转角的角速度。

令雅克比矩阵为 J，则雅克比矩阵的作用在于连接了上述三个变量，即

$$\dot{x} = \begin{bmatrix} v_6 \\ \omega_6 \end{bmatrix} = J\dot{q} \tag{2}$$

上式将关节空间中的关节角位移、关节角速度和任务空间的坐标系之间的速度、坐标系之间的相对角速度联系在了一起。

机械臂的动力学模型是由第二类拉格朗日方程得到

$$\frac{d}{dt}\frac{\partial L}{\partial \dot{q}} - \frac{\partial L}{\partial q} = Q \tag{3}$$

其中，$L = T - V$，即机械臂的动能减去势能；Q 是机械臂各关节的驱动力矩；q 是各关节转角；$\dot{q}$ 是关节转角的角速度。

将机械臂的动能、势能及力矩代入上述方程，就会得到

$$H(q)\ddot{q} + C(q, \dot{q})\dot{q} + G(q) = \tau \tag{4}$$

其中，

$H(q) = [h_{ij}]_{6\times 6}$

$h_{ij} = \sum_{k=\max(i,j)}^{6} \text{tr}\left(\frac{\partial ^0 A_k}{\partial q_i} I_k \frac{(\partial ^0 A_k)^T}{\partial q_j}\right) \quad (i, j = 1, \cdots, 6)$

$C(q) = [c_{ij}]_{6\times 6}$

$c_{ij} = \sum_{k=1}^{6} \frac{1}{2}\left(\frac{\partial h_{ij}}{\partial q_k} + \frac{\partial h_{ik}}{\partial q_j} - \frac{\partial h_{jk}}{\partial q_i}\right)\dot{q}_k \quad (i, j = 1, \cdots, 6)$

$G(q) = [g_i]_{6\times 1}$

$g_i = -\sum_{j=1}^{6} m_j [0 \ 0 \ -g \ 0]\frac{\partial ^0 A_j}{\partial q_i}\tilde{r}_{cj} \quad (i, j = 1, \cdots, 6)$

$$I_t = \begin{bmatrix} \frac{-^tI_x + {}^tI_y + {}^tI_z}{2} & {}^tI_{xy} & {}^tI_{xz} & m_t{}^tx_{Ct} \\ {}^tI_{xy} & \frac{{}^tI_x - {}^tI_y + {}^tI_z}{2} & {}^tI_{yz} & m_t{}^ty_{Ct} \\ {}^tI_{xz} & {}^tI_{yz} & \frac{{}^tI_x + {}^tI_y - {}^tI_z}{2} & m_t{}^tz_{Ct} \\ m_t{}^tx_{Ct} & m_t{}^ty_{Ct} & m_t{}^tz_{Ct} & m_t \end{bmatrix}$$

2.2　三自由度运动平台建模

三自由度运动平台由纵向平移小车、横向平移小车、上下平移机构组成。三自由度平台的模型基于牛顿第二定律。由此得出三自由度平台的动力学方程：

$$\ddot{x} = \begin{bmatrix} \ddot{x}_1 \\ \ddot{x}_2 \\ \ddot{x}_3 \end{bmatrix} = M\begin{bmatrix} F_1 \\ F_2 \\ F_3 \end{bmatrix} - G$$

$G = [0 \ 0 \ g]^T$

$$M = \begin{bmatrix} \dfrac{2}{m_1+m_2+m_3+m_4} & 0 & 0 \\ 0 & \dfrac{2}{m_2+m_3+m_4} & 0 \\ 0 & 0 & \dfrac{2}{m_3+m_4} \end{bmatrix}$$

(5)

其中,x_1、x_2、x_3 分别对应纵向平移小车、横向平移小车、上下平移机构的移动距离;m_1、m_2、m_3 分别是其质量,大小分别为 3000 kg、1000 kg、500 kg;F_1、F_2、F_3 分别是其电机提供的力;m_4 是机械臂的质量,大小是 600 kg。

3 受油机运动模拟系统控制

为了建好模型的受油机运动模拟系统,还需设计其控制律。受油机运动模拟系统的控制分为机械臂控制和三自由度平台控制。

3.1 机械臂控制

机械臂控制的目的在于使机械臂末端(即受油口)到达预定的位置姿态 x(也称作任务空间)。从机械臂动力学方程可以看出,其状态量是关节转角和关节角速度(也称作关节空间)。因此,要实现机械臂的跟踪控制,就要找到任务空间和关节空间的联系[3]。

由雅克比阵和机械臂动力学方程可以得到基于任务空间的动力学方程:

$$H(q)\ddot{x} + C_x(q,\dot{q}) + G(q) = \tau \quad (6)$$

跟踪控制律采用计算力矩法,即令

$$\tau = H_x(q)(K_p(rx - x) + K_v(r\dot{x} - \dot{x}) + r\ddot{x}) + C_x(q,\dot{q}) + G(q) \quad (7)$$

其中,K_p、K_v 是某一正定矩阵;rx、$r\dot{x}$、$r\ddot{x}$ 分别是期望轨迹的平移和旋转位置、速度、加速度。

3.2 三自由度运动平台控制

三自由度运动平台跟踪控制利用反馈线性化进行设计,即令

$$\tau = \begin{bmatrix} F_1 \\ F_2 \\ F_3 \end{bmatrix} = M^{-1}[K_p(rx - x) + K_v(r\dot{x} - \dot{x}) + r\ddot{x} + G] \quad (8)$$

此控制律可实现全局稳定的轨迹跟踪。

4 受油机运动模拟系统仿真

系统仿真是将期望信号(即受油机在空中的运动位置姿态等信息)传递给受油机运动模拟系统的闭环微分方程,通过积分,就可以不断得到此时受油机运动模拟系统的运动位置姿态等信息。将此信息与受油机在空中的信息进行比对,即可知道受油机运动模拟系统有没有准确快速地再现受油机在空中的运动位置姿态。

4.1 受油机模型控制

受油机动力学模型采用的是 boeing707 的线性模型[4],受油机处于直线平飞巡航状态,速度为 240 m/s,高度为 10000 m。其纵向方程为:$\dot{x}_v = A_v x_v + B_{1v} w_v + B_{2v} u_v$;其横向方程为:$\dot{x}_h = A_h x_h + B_{1h} w_h + B_{2h} u_h$。

受油机的纵向和横向控制思想是一致的,以纵向控制为例,先求纵向方程的期望方程,再得到其误差方程,然后通过鲁棒控制律设计得到纵向控制律:

$$e_{uv} = Ke_v = -B_{2v}^T Pe_v \quad (9)$$
$$u_v = -B_{2v}^T P(x_v - x_v^*) + u_v^* \quad (10)$$

4.2 大气紊流模型

大气紊流用的是 Simulink 里的 Dryden 大气紊流模型,这个模型可以输出每一时刻大气紊流的三个平移速度 u_w、V_w、W_w。进行线性简化得到

$$w_v = \begin{bmatrix} \delta V_w \\ \delta \alpha_w \end{bmatrix} = \begin{bmatrix} u_w \\ \dfrac{W_w}{V_k - \delta V_w} \end{bmatrix} \quad (11)$$

$$w_h = \delta \beta_w = \dfrac{v_w}{V_k - \delta V_w} \quad (12)$$

4.3 仿真设计

受油机运动模拟系统仿真设计原理如图 3 所示。其模拟由五部分组成:第 1 部分用来设定受油机在空中的期望轨迹,将期望轨迹传给第 2 部分;第 2 部分收到期望轨迹,计算出当前时刻受油机在空中的轨迹,传给第 3 部分;第 3 部分将信息进行处理,分别交给第 4 部分中的机械臂(下)和三自由度运动平台(上);第 4 部分将当前时刻的受油机空中轨迹当做期望值,从而计算出受油机模拟系统当前时刻的位置姿态(其中平移轨迹交给三自由度运动平台,旋转轨迹交给机械臂);第 5 部分用来观看受油机模拟系统的位置姿态(上),以及比较受油机空中轨迹和受油机模拟系统的位置姿态,从而判定受油机模拟系统是否准确跟踪了受油机的空中轨迹(下)。

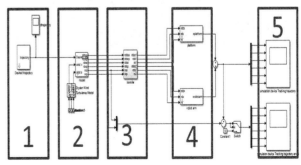

图 3 受油机运动模拟系统仿真设计原理框图

4.4 仿真结果与分析

分别在轻度、中度紊流的情况下进行仿真,得到受油机运动模拟系统的轨迹,以及受油机在空中的轨迹与受油机运动模拟系统的跟踪轨迹的误差,具体如图4~图6所示。其中,6个示波器的 y 轴范围分别是$(-1,4)$、$(-0.02,0.02)$、$(-0.5,0.5)$、$(-0.02,0.02)$、$(-0.02,0.03)$、$(-0.02,0.02)$,单位是 m。

随着轻度、中度紊流的不断增加,受油机实际轨迹距离期望轨迹有越来越大的差值,但最大差值满足受油机运动模拟系统的指标要求,结果表明,受油机运动模拟系统可以较好地模拟受油机在空中的飞行轨迹。

图6 中度紊流受油机运动模拟系统轨迹与空中轨迹误差

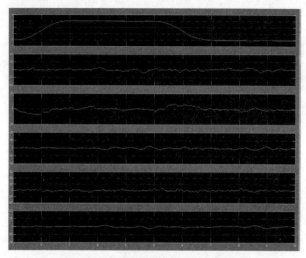

图4 轻度紊流时受油机运动模拟系统轨迹

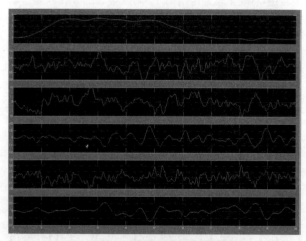

图5 中度紊流时受油机运动模拟系统轨迹

5 结束语

通过仿真研究,本文验证了受油机运动模拟系统的方案是可行的,同时对硬式加油地面模拟验证技术有了深入了解,为半实物仿真验证创造了有利条件,打下了坚实的基础。

参考文献

[1] 陆宇平,杨朝星,刘洋洋. 空中加油系统的建模与控制技术综述[J]. 航空学报,2014,35(9):2375-2389.

[2] Craig J J. Introduction to robotics-mechanics and control [M]. New York: Pearson Education Inc., 2004.

[3] 霍伟. 机器人动力学与控制[M]. 北京:高等教育出版社,2005.

[4] 鲁道夫. 飞行控制[M]. 金长江,译. 北京:国防工业出版社,1999.

卫星网络协议的数字化仿真技术研究

范媛媛,胡月梅,王大鹏,吴 姗

(中科院软件研究所天基综合信息系统重点实验室,北京,中国,100080)

摘 要:卫星网络以其建设周期长、测试难度大等特点,对数字化仿真技术的精准模拟提出了新的挑战。目前已有的卫星网络协议仿真系统多具有模型简单、可移植性差等特点。为此本文采用模块化设计方法,构建了多模型动态加载、关键技术综合集成以及评估体系完备的卫星网络协议仿真验证系统,提出了卫星系统业务模型、网络模型和协议模型的建模方法,设计多维评估指标,为卫星系统的建设提供有效分析手段。最后搭建仿真环境,通过可视化展示和数据统计分析,验证仿真系统对卫星网络的仿真能力,并实现协议、网络功能与性能的评估。

关键词:卫星网络;仿真建模;性能评估

中图分类号:TP391

Research on Digital Simulation Technology of Satellite Network Protocol

Fan Yuanyuan, Hu Yuemei, Wang Dapeng, Wu Shan

(Institute of Software Chinese Academy of Sciences, Science & Technology on Integrated Information System Laboratory, Beijing, 100080)

Abstract: The satellite network presents a new challenge to the accurate digital simulation technology because of its long construction period and difficulty of testing. Existing satellite network protocol simulation system has the characteristics of simple model and poor portability. In this paper, a modular design method is used to build a satellite network protocol simulation system that dynamically loads multiple models, comprehensive integrates key technologies, and has a complete evaluation system. Modeling methods for business models, network models and protocol models in satellite systems are proposed, and multi-dimensional evaluation indicators are designed to provide an effective analysis method for the construction of satellite systems. Finally, the simulation environment is set up. Through visual display and statistical analysis of data, the simulation system's ability to simulate satellite networks is verified and protocol, network functions and performance are evaluated.

Key words: Satellite Networks; Simulation Modeling; Performance Evaluation

1 引言

随着全球移动通信需求的不断增长,卫星网络以其通信距离远、覆盖范围广的优势,成为航天发展的新趋势。由于卫星网络建设的时间周期长、投入资源大以及网络建成后不易变动等特点,在地面对其进行精确的模拟仿真验证[1,2]尤为必要。

卫星网络仿真研究就是为卫星网络体系设计论证和效能评估提供有效的技术手段,支撑卫星网络体系发展规划和新技术验证。基于数字化仿真技术建设的仿真系统,能够以较小的代价,灵活可控地实现卫星网络关键技术及应用效能的综合评估,对卫星系统的建设提供支撑与指导。目前,常用的网络仿真软件主要有OPNET和NS-2,两者均在网络协议仿真方面表现突出,但是OPNET仿真速度慢,对大规模仿真支持效果相对较差,且代码的可移植性差;NS-2很少用于大型系统仿真,且不适用于卫星通信复杂多变的网络环境[3,4]。

在本文仿真中,选用STK和EXata作为卫星轨道与卫星网络协议仿真的主要仿真软件。STK是一款优秀的卫星轨道仿真软件,对于卫星轨道设计及卫星全球覆盖率

作者简介:范媛媛(1990—),女,河南人,工程师,硕士研究生,研究方向为卫星网络组网与协议仿真技术;**胡月梅**(1979—),女,安徽人,高级工程师,博士,研究方向为卫星网络协议研究;**王大鹏**(1982—),男,山东人,高级工程师,博士,研究方向为卫星网络协议研究;**吴姗**(1992—),女,河北人,助理工程师,硕士,研究方向为卫星网络仿真。

仿真性能卓越。EXata 作为一款专业的网络仿真技术软件，能够与 STK 进行联合仿真，而且能够在多种平台下精确模拟上千个节点的大规模网络，便于用户设计使用[5]。同时，EXata 中协议的开发采用 C 语言代码，移植性强，与试验设备实现代码类似，且可移植到设备中直接使用。因此，采用 STK 与 EXata 联合搭建数字化仿真系统，能够为航天工程模拟真实的网络环境，为网络协议的设计与网络性能的评估提供支撑。

面向现在及未来卫星网络的具体需求，本文基于数字化仿真技术，构建智能化卫星网络仿真系统，用此仿真系统支持对卫星系统的方案与技术论证、仿真试验与测试、系统演示与效能评估，模拟星间/星地组网信息业务流程。通过模型抽象、试验性仿真、结果可视化和分析评估等多个环节，对卫星网络体系结构、组网与信息传输协议、网络应用效能进行试验论证，迭代优化方案设计，为卫星系统设计提供有效的分析手段。仿真系统兼顾未来卫星上的设备研制和地面测试需要，具备半同时实物仿真验证接口功能，实物载荷能够接入虚拟网络，实现联合仿真，提高仿真的精确性。

2 仿真系统总体架构

考虑到卫星网络的综合性和复杂性，同时提高系统的灵活性及软件的可重用性，本研究对仿真系统进行了模块化设计，逻辑组成结构如图 1 所示，其中包括想定、仿真运行控制、虚拟网络仿真、2D/3D 演示、基础模型库、数据库和仿真分析评估七个模块，另外，还包括支持实物载荷与虚拟网络联合仿真的半实物接口。仿真系统对各个模块进行综合集成，使各模块间能够彼此进行有机的、协调的工作，发挥整体效益，从而形成一体化的信息系统。

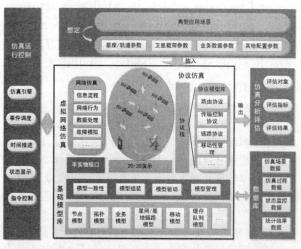

图 1 仿真系统逻辑结构

仿真系统各模块的功能如下：

(1) 想定模块：根据卫星网络的典型应用和任务，开展仿真平台的任务执行流程想定设计，确定仿真场景和仿真流程，为仿真提供输入，配置星座/轨道参数、卫星载荷参数、业务数据参数及其他参数，满足用户个性化的需求。

(2) 仿真运行控制模块：作为仿真系统运行的基础支撑，通过仿真引擎进行事件调度与时间推进，控制仿真过程的启动、推进、暂停和终止，并对仿真进行状态显示和指令控制。

(3) 虚拟网络仿真模块：作为仿真系统的核心模块，模拟网络行为及信息数据流程，建立通信协议栈，构建各层协议模型，如星间/星地一体化路由协议、传输控制协议、链路协议及移动性管理等，并支持卫星网络协议的测试论证。

(4) 2D/3D 演示模块：实时动态演示卫星网络的运行过程，包括节点的移动、拓扑的变化和数据的传输等，为用户提供直观的仿真过程展示。

(5) 基础模型库：模型库中包含仿真加载的基本模型，如节点模型、网络拓扑模型、业务模型和链路模型等，仿真用户可以根据仿真需要建立自己的仿真模型，扩展模型库，根据仿真任务和需求加载模型。

(6) 数据库：提供仿真配置场景、节点属性、载荷参数等重要数据的保存功能，记录仿真过程中的重要数据，记录仿真统计结果，与其他模块进行存取交互，为场景构建、仿真运行和分析评估提供数据支撑，保障系统的正常运行和功能实现。

(7) 仿真分析评估模块：作为仿真系统的输出，通过对评估对象的分析与评估，验证其设计的合理性；仿真结束后，对采集数据进行分析和处理，所采用的评估模型和评估指标根据具体的评估对象进行设计，保证能充分体现对象特点及关键性能；评估结果以柱状图、饼图、直线图和表格等形式进行直观展示，便于观察和分析，为优化设计提供数据支撑。

仿真平台选用基于模块化的软件开发方法，底层需要模型库的支撑，在模型接入一致性规范的约束下，对模型进行动态的加载、配置、组合扩展以驱动和管理，完成不同的任务。并支持实体模型库的逐步完善，根据不同层次、不同角度及不同任务，支持各类应用模型架构的建立，满足不同粒度的仿真要求。在此基础上，完成协议的构建与应用场景的模拟，根据不同应用领域的指标体系，进行网络服务能力及协议性能的综合评估。

3 卫星网络建模技术

卫星网络的仿真模型可分为三大部分：业务模型、网络模型和协议模型。业务模型根据具体的任务和应用需求建立，并驱动仿真运行；网络模型指组成网络的要素，包括节点模型、链路模型和拓扑模型等；协议模型按照层次化协议栈建模方法，对各层协议功能进行建模，包括路由协议、传输控制协议和链路协议等。下面对卫星网络的基础模型做具体介绍。

3.1 业务模型

卫星网络业务的产生与用户时空特征具有密切的相关性，具有较强的人为规划性和突发性，并且空间分布具有一定的稀疏性。因此，建立卫星网络业务模型，应开展业务需求分析，提取业务特征，抽象出能够完整表征业务与流量特征的要素,建立满足任务要求的业务模型。

应用业务模型建模分为两部分:对于某一类型业务共性的建模,以及针对任务需求对于某一类型业务特性的建模。具体来说,某一类型业务生成的频度、使用的通道类型、路由方式、信息容量、确认要求、业务的优先级属于共性的建模操作。特性的建模操作则是在共性建模的基础上,对某类业务指定其源、目的节点,产生以及终止时间等这些涉及一次业务传输具体的参数进行设置。共性建模和特性建模两者结合就能够完整定义源和目的节点之间一段时间内特定类型的一类业务生成情况,后续对于业务的处理、传递、响应等工作由其他模型来实现。

业务源模型生成的业务帧在业务调度模型中缓存。周期性调度缓存业务,按照优先级或其他调度策略读取缓存队列,按序提交至本节点的其他模块处理。目的节点收到的发往本节点的业务帧,交由业务接收模型统计处理。

3.2 网络模型

3.2.1 节点模型

节点模型是卫星网络仿真系统建模的基础,仿真系统主要模拟卫星节点、用户节点和地面站节点的功能。对用户节点和地面站,需建立协议处理和信息收发等模型,用户节点还需建立位置或区域分布模型。对卫星节点的建模,根据其运行环境、载荷功能、核心参数和通信接口等核心要素,建立轨道模型和有效载荷模型,准确反映卫星组网和通信能力,实现具备标准化接口参数定制、组网协议灵活配置、拓扑结构动态加载、仿真计算高效运行的网络实体模型。

3.2.2 链路模型

仿真系统建立的链路模型主要实现星间链路、星地用户链路、星地馈电链路的频率、速率、基本通信体制等功能及性能的模拟,仿真星间/星地链路速率、传输时延等状态信息。链路模型为卫星星间/星地链路提供通用无线信道模型,可对信道传输速率、误码率、调制方式等参数设置,并模拟不同状态下对信息误码丢包的影响。

3.2.3 拓扑模型

卫星网络中节点密度、节点分布、节点运动状态、节点属性等因素紧密耦合且关联复杂,给拓扑模型的构建带来极大的挑战。拓扑结构的建模可利用节点轨道运行的周期性和可预知性,简化拓扑的动态时变性。根据卫星的节点轨道和移动性模型,分析卫星节点和链路的动态时空关联特征,在网络仿真中建立卫星拓扑和通信连接关系,构建动态拓扑模型,实现对星间网络的拓扑结构模拟。

3.3 协议模型

3.3.1 路由协议

路由协议模型主要为数据传输提供路由功能,并根据任务配置路由策略和协议,中间节点根据目的节点的标识(和端口号)查找到路由的下一跳节点。

星间网络路由的基本方法是利用卫星星座拓扑相对稳定性、确定性(星间链路维持固定),以及地面信关站与卫星可见性的规律性(轨道也可预报)、周期性,采用地面集中式控制与星上分布式计算相结合的方式,建立灵活可控的路由。在此基础上,设计基于地理位置、网络负载、链路状态、业务类型等多维信息的路由算法,并引入邻间与区域负载均衡方法,解决卫星网络的负载失衡问题,充分利用卫星系统网络容量的同时,满足用户对业务传输质量的要求。

3.3.2 传输控制协议

目前,适用于卫星网络的传输层协议主要包括CCSDS 提出的 SCPS-TP、基于 Bundle 协议栈的 LTP 协议和 TP-Planet 等其他传输控制协议,这些协议适用的场景有所差异,但基本功能都包含对长数据包的分段和重组、序列号的控制、确认传输和拥塞控制等。

分段和重组是针对星间帧中能够传输的最大数据量,在发送端对超长的业务进行分包处理,在接收端根据包中控制域信息组包后再上传数据。对于基于确认的可靠传输控制,传输层对于每一次传输要确保能够传递到目的地。将网络编码技术引入数据分组的传输控制,提供基于网络编码的动态重传和跨层反馈的拥塞控制,实现星间网络端到端的可靠传输功能。

3.3.3 链路协议

链路协议模型主要完成整帧的差错控制、队列维护和调度、接入控制和时隙管理等功能,支持组网探测、链路建立、链路维护以及链路结束等。其中对于整帧的差错控制功能基于标准的 AOS 协议,通过帧尾的 CRC 以及主导头共同实现。

通过本地指令能够设置接收机的发送和接收状态参数(如接收/发送状态、调制/解调方式、数据传输速率等)、工作模式等以支持正常的通信。另外,通过简化的物理层编码和数据同步模型,进行通信信号收发的仿真。

4 仿真系统评估指标

卫星网络的效能通常由一些性能指标来定量评价,针对不同任务和应用场景,需要根据具体特点和应用需求,设计专用性的指标,为卫星网络的建设提供反馈与指导。一般情况下,卫星网络通用性的指标包含网络体系结构和网络协议的评估指标。

如图2所示,针对卫星网络体系结构的评估可从以下四个方面进行:拓扑结构、通信性能、覆盖率和抗毁性。其中,拓扑结构指标指加权度、星座空间紧性和星座重访周期等分析节点的位置关系及网络连通性。加权度指邻卫星距离的倒数之和,星座空间紧性指星座中任意两个卫星之间距离的倒数之和的平均值,星座重访周期指星座中所有卫星的星下点回到初始位置时的时间。通信性能指标指延迟和误码率等评估节点之间的通信能力；覆盖率指标指单星、星座等角度分析网络对全球的覆盖能力；抗毁性指标指延迟效率和传输成功率等分析网络的抗毁重构能力。

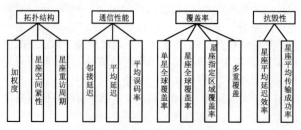

图 2　卫星网络体系结构评估指标

卫星网络协议的评估指标如图 3 所示,可从网络性能和协议性能两方面进行分析。其中,网络性能指标包括数据流传输的吞吐量、丢包率、端到端时延和时延抖动；协议性能指标包括路由收敛/重路由时间、业务服务保障能力、负载能力和可扩展性等分析协议对数据传输的服务能力。其中,路由收敛/重路由时间指路由建立及链路变化或失效后,路由协议重新收敛建立路由的时间；业务服务保障能力即对业务 QoS 要求的满足程度；负载能力指在一定拥塞避免机制和负载调节机制下,网络负载的吞吐量对比；可扩展性指面对未来卫星网络建设规模的扩展,协议的支撑能力。

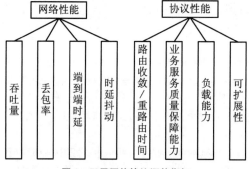

图 3　卫星网络协议评估指标

5　仿真系统验证

基于卫星网络各类模型、协议和算法库的构建,搭建如图 4 所示的仿真环境,验证仿真系统对卫星网络的仿真能力,实现协议、网络功能与性能的评估。

如图 4 所示,基于 EXata 与 STK 仿真软件,在仿真模拟器中搭建虚拟卫星网络环境,构建 Walker 48/6/1 星座。由外部注入真实业务,如视频、图像、文件和消息等,在各类协议和模型的支撑下,模拟数据流在卫星网络中的传输与处理流程,通过直观展示与数据统计,对仿真系统与协议性能进行综合评测。

图 5 和图 6 分别为虚拟卫星网络环境的二维场景及数据流,其中图 5 中的实线为网络协议的广播包扩散,图 6 中的实线为真实业务数据流在网络中的传输路径。外部注入数据流经过多跳传输后到达目的节点,再传送至外部接收端。随着卫星节点的移动,星座拓扑的变化,路由协议进行路由重建,同时数据流的传输路径也随之变化。

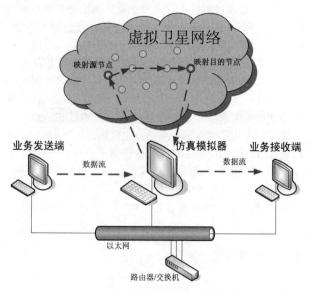

图 4　仿真环境

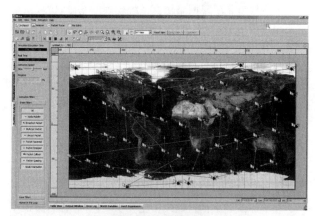

图 5　协议广播包扩散

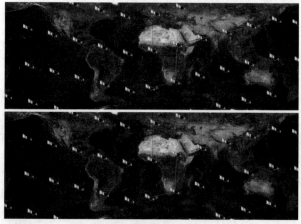

图 6　数据流传输路径

图 7～图 10 为视频业务传输的直观展示及统计结果。从图 7 和图 8 的展示界面可知,经过虚拟卫星网络的传输,业务接收端能够实时正确的接收视频数据流；由图

9 和图 10 的统计结果可知,接收端的实时接收数据量随着视频帧的发送而平稳变化,平均时延约为 87 ms,平均时延抖动约为 10 ms,满足卫星网络端到端的传输要求。

图 7 视频业务发送

图 8 视频业务接收

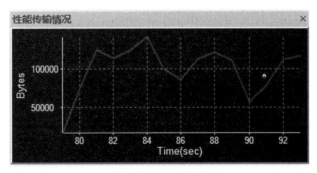

图 9 实时数据量统计

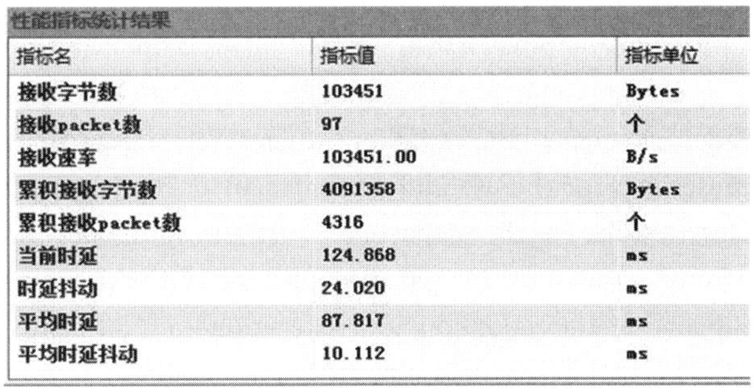

指标名	指标值	指标单位
接收字节数	103451	Bytes
接收packet数	97	个
接收速率	103451.00	B/s
累积接收字节数	4091358	Bytes
累积接收packet数	4316	个
当前时延	124.868	ms
时延抖动	24.020	ms
平均时延	87.817	ms
平均时延抖动	10.112	ms

图 10 性能统计结果

在仿真模拟器中,EXata 软件支持网络性能指标的统计,如图 11 和图 12 所示。图 11 和图 12 分别为数据流到达网络节点时的平均时延和平均时延抖动,可以得出到达目的节点时,端到端传输的统计结果与业务终端的统计结果一致。

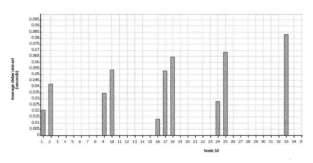

图 11 平均时延

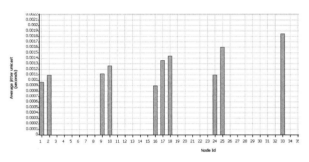

图 12 平均时延抖动

6 总结

本文详细给出了卫星网络协议仿真系统的设计实现方法。针对卫星网络系统复杂等特点,首先,本文设计了卫星网络仿真系统的总体架构,给出了各模块的功能说明,提出了针对业务模型、网络模型、协议模型等仿真模型的建模方法。然后,设计了评估指标,并对卫星网络服务能力和协议性能进行了评估。最后,搭建了仿真环境,测试仿真系统对卫星网络的仿真能力,并验证了卫星网络的相关协议。研究结果表明,卫星网络协议仿真系统可以模拟真实的卫星网络拓扑,并以模块化的方式灵活实现网络协议和控制、业务流程;能够对卫星网络协议的关键技术进行验证,评估网络性能,为卫星网络的设计、开发和测试提供通用的仿真平台,指导未来卫星网络的建设和发展。

参考文献

[1] 金士尧,程志全,党岗,等. 天网综合仿真和演示验证系统[J]. 系统仿真学报,2005,17(3):513-517.

[2] 徐颖,郑刚. 卫星网络建模与分布式仿真[J]. 计算机仿真,2008,25(2):65-69.

[3] 郭欣,张军,张涛. 移动卫星网络仿真验证系统研究[J]. 遥测遥控,2010,3(1):41-47.

[4] 张永健,康艳梅,王东昱,等. 基于信息网格的卫星网络仿真方法研究[J]. 太原理工大学学报,2012,43(4):453-455.

[5] 李永斌,徐友云,许魁. 基于 Iridium 系统卫星网络路由算法的 OPNET 建模与仿真[J]. 通信技术,2017,50(4):707-713.

UCAV Operational Effectiveness Assessment Based on Department of Defense Architecture Framework

Dong Yanfei[1], Xu Guanhua[2]

(1. School of Aircraft, Xi'an Aeronautical University, Shaanxi, Xi'an, 710089; 2. Hongdu Aviation Industry Group, Jiangxi, Nanchang, 330024)

Abstract: The US Department of Defense Architecture Framework (DoDAF 2.0) provides a guidance for the development of architecture model, view, and the product description, rules, to ensure the realization of the integration and interoperability between systems. As a standard of equipment requirements analysis, the DoDAF system framework has been widely recognized. Based on the research of DoDAF weapon equipment requirement analysis process, this paper proposes a method of the UAV effectiveness evaluation based on DoDAF requirements analysis. The index requirement of DoDAF UCAV requirements analysis is turned into the effectiveness evaluation model's weights, combined with comprehensive index weight and the method based on the operational mode of the UCAV effectiveness evaluation framework, the UCAV effectiveness index system and UCAV effectiveness evaluation calculation model are established by using the comprehensive index method with better effect, and the feasibility of the calculation method and assessment model verified by the example under the four operational scenarios.

Key words: DoDAF; Unmanned Combat Aerial Vehicle (UCAV); Operational Effectiveness Assessment; Requirements Analysis

1 Introduction

The Department of Defense Architecture Framework (DoDAF) is an architecture framework for the United States Department of Defense (DoD) that provides visualization infrastructure for specific stakeholders concerns through viewpoints organized by various views[1-7].

The DoDAF views are artifacts for visualizing, understanding, and assimilating the broad scope and complexities of an architecture description through tabular, structural, behavioral, ontological, pictorial, temporal, graphical, probabilistic, or alternative conceptual means.

This Architecture Framework is especially suited to large systems with complex integration and interoperability challenges, and it is apparently unique in its employment of "operational views". These views offer overview and details aimed to specific stakeholders within their domain and in interaction with other domains in which the system will operate[1-4].

DoDAF Version 2.0 is the overarching, comprehensive framework and conceptual model enabling the development of architectures to facilitate the ability of Department of Defense (DoD) managers at all levels to make key decisions more effectively through organized information sharing across the Department, Joint Capability Areas (JCAs), Mission, Component, and Program boundaries. The DoDAF serves as one of the principal pillars supporting the DoD Chief Information Officer (CIO) in his responsibilities for development and maintenance of architectures required under the Clinger-Cohen Act. DoDAF is prescribed for the use and development of Architectural Descriptions in the department. It also provides the extensive guidance on the development of architectures supporting the adoption and execution of Net-centric services within the department.

Traditional effectiveness evaluation methods from the military, lack of demand between performance evaluation standardized methods, cannot form a complete "Top-Down" evaluation process, lead to the

---

作者简介：董彦非(1970—)，男，河南开封人，教授，博士，研究方向为飞行力学、飞行仿真和航空装备效费分析；徐冠华(1988—)，男，江西南昌人，助理工程师，硕士，研究方向为效能评估和系统仿真。
基金项目：陕西省自然科学基金(2016JM1014)；通用航空工程技术中心基金(XHY-2016084)。

military needs to achieve the mapping system, fuzzy model design on the evaluation result of constraints is not strong and other issues.

Although DoDAF 2.0 from functional requirements to system / internal / external description, from the system evolution to technical standards such as comprehensive description, makes the DoDAF standard system very huge, but the concept of a series of top-level architecture, model view, development system clear system of each type of equipment from system design to all aspects of the application. The dynamic moment by external factor influence on its associated map. This paper attempts to study the unmanned aerial vehicle based on DoDAF requirements analysis process, and puts forward the UCAV effectiveness evaluation method based on DoDAF demand analysis.

2 Basic theory and methods

2.1 Mapping relation of the performance index weight

The correlation between the performance index weight of UCAV system and the mapping of external environment conditions is shown below.

(1) Time/Geography. Perform tasks in different geographical conditions such as oceans, mountains, plains and other environmental conditions, the UAV reconnaissance ability and survival ability requirements are different, and the climate will affect different reliable UCAV. Time / Geography will lead to the UAV flew to the mission area after the tasks of time changes, the fuel load requirements will be different.

(2) Combat mission. The UCAV in different task mode, such as high altitude reconnaissance for long distance, close air support, beyond-line-of-sight mode tasks, have different requirements on the part of the UAV combat capability index.

(3) Tactical coordination. There is a relationship of interdependence and mutual demands between the UCAV with different operational capability and the tactical cooperative task that can be assumed.

(4) Strategy against. From a strategic point of view, in the face of different hostile forces, such as terrorists and military power, the deployment of unmanned aerial vehicles to ensure the reliability, availability, security is different. On the other hand, the unmanned aerial vehicles (UAVs) will encounter various kinds of air threat, anti reconnaissance camouflage and so on, which put forward higher requirements on the reconnaissance capability and survivability of the combat capability.

(5) National strategy. In peacetime, the direction of research and development of UAVs, the performance requirements depends largely on the national political importance of all kinds of security threats may face. Different regions of the same threat of sudden, attention strategy level will also affect the investment of equipment support, availability, reliability. For example, in order to prevent drones and other high-tech equipment to terrorists or part of the national strategy level of the hands of UAV's reliability and anti-interference ability index added some additional requirements.

Obviously, it has a great influence on weight performance indexes of different environmental conditions on the evaluation of the UAV system, the influence factors and the mapping of various and complex, need a relatively mature framework to summarize and organize.

2.2 Effectiveness evaluation method and demand weight

The comprehensive method of index weights is an important evaluation method, which is mainly used to deal with the difficult problem of systematic evaluation. The main step is to obtain the index list of the evaluation system through the analysis of DODAF from top to bottom. Then, through the establishment of a scientific and reasonable framework for the evaluation of the framework of evaluation indicators. Finally, the two models are combined to obtain a more reasonable evaluation model (Figure 1).

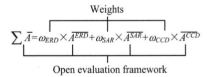

Figure 1 The comprehensive method of index weights

The process of evaluating the UAV effectiveness by the comprehensive method of index weights:

(1) Firstly, through the analysis of the DoDAF machine needs no tactics (Figure 2), can be obtained effectively the upper strategic and tactical solutions of external environment on the level of unmanned combat aircraft constraints and the expected demand list.

(2) These needs will be combined with the corresponding algorithm list into dynamic weight UCAV effectiveness evaluation, combined with the UCAV open assessment framework, can be carried out in the first performance evaluation and analysis, first

selection, and used for unmanned combat aircraft improvement and development.

(3) Selection, improvement and research results of tactical plan analysis feedback to the DoDAF requirements of the making process, to check whether the first selection, the results of the improved scheme can meet the requirements of combat operations, and tactical plan adjustment layer.

(4) Finally, the optimal solution can be found between the strategic and tactical plans and the selection of UAV.

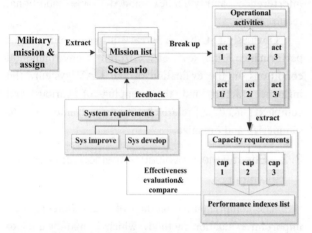

Figure 2 Operational requirements analysis process based on DoDAF

As shown in Figure 4, the operational requirement analysis is based on the mission and combat equipment system possible, outside the system considering the various external environmental factors, and its analysis in order to meet the operational mission requirements of the operational activities and related conditions and needs.

The input of operational requirement analysis is the list of tasks which are decomposed according to the mission task. Through the analysis of operational requirements, we can get a list of the requirements of each capability index of the UAV system.

3 Assessment process and model

3.1 Calculation process

According to the requirements of DoDAF and unmanned combat aircraft effectiveness evaluation, the basic process of the design of unmanned combat aircraft effectiveness evaluation based on DoDAF is shown in Figure 3. The whole process can be divided into 7 steps (Step 7 is "Through the way of loop iteration, and seeking the scheme of tactical UCAV selection of the optimal solution", not shown in the figure.):

3.2 Design of performance evaluation index system

The traditional UCAV effectiveness evaluation method use the authority of the experts in the field of UCAV combat model index system from the concept, function and ability of design, and based on the current information cognition under the premise of complete modeling, simulation, analysis and evaluation of UAV task efficiency index system. Above assessment methods, there are two drawbacks: firstly, the reliability evaluation of combat effectiveness is difficult to guarantee the conclusion; secondly, the problems of assessment of the performance under different application conditions.

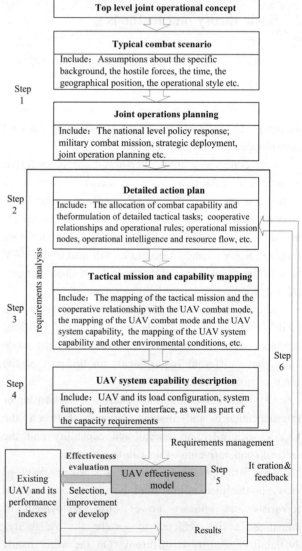

Figure 3 Assessment process

Comprehensive and systematic view, selection and UCAV mission effectiveness related reconnaissance capability, relay ability and operation ability, interference suppression ability and task execution of main parameters of the UCAV project task effectiveness evaluation index system, as shown in Figure 4.

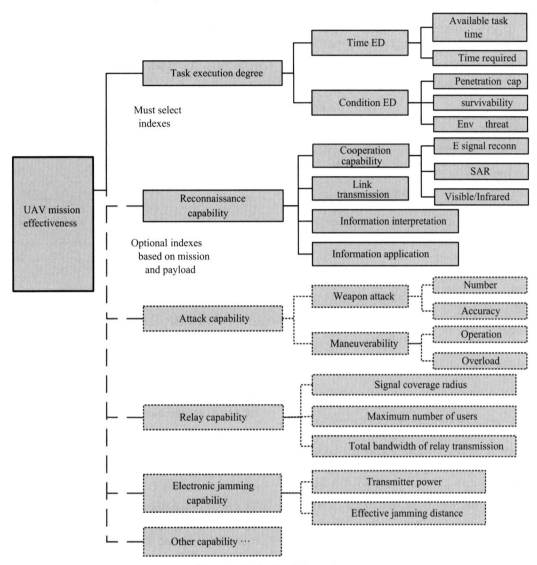

Figure 4 Evaluation index system

3.3 Calculation models

The capability evaluation model of each item can refer to the comprehensive parameter modeling method in references[8-16], here lists the available task time and the environmental execution model only.

Available task time T_a can be calculated by UAV mission weight W_m, task Fuel configuration W_f, UAV navigation capabilities ε_n, radius R_m, and task cruising speed V_m:

$$T_a = \overline{\varepsilon_n} \times \overline{\left\{ \frac{L_u}{D_u} \times \frac{\eta}{C_f} \left(\frac{W_m - W_f}{W_m} \right) - 2 \times R_m \right\}} / \overline{V_m} \tag{1}$$

where C_f is the task of cruising speed fuel consumption rate per unit time; for ETA engine efficiency; L_u is lift at cruising speed; D_u is the drag at cruising speed.

Environmental enforcement level can be calculated use the following formula:

$$E_m = \omega_{pe} \times \overline{Pe/(0.45 \times TH_A + 0.55 \times TH_G)} \\ + \omega_{Sur} \times \overline{Sur/(0.3 \times TH_A + 0.45 \times TH_G + 0.25 \times Jam)} \tag{2}$$

where TH_A is the air threat index; TH_G is the air defense threat index; Jam is the electromagnetic interference index; ω_{Pe} and ω_{Sur} are penetration ability and survival ability related weights respectively.

4 Calculation and analysis

We set up 4 kinds of typical operational scenarios (Table 1): A, air sea battle; B, the Sino Indian border conflict; C, the Diaoyu Island conflict; D, war on terror.

The effectiveness evaluation method of UAV based on DoDAF demand analysis is used to evaluate the effectiveness of 5 types of unmanned aerial vehicles (UAV1 ~ UAV5) under the typical operational scenarios, and the results are shown in Table 2.

From the performance evaluation results we can seen, such as "UAV A" because of its penetration ability is weak resulting in the air sea battle and the Diaoyu Islands conflict compared to other UAVs efficiency decreased significantly, while the UAV C due to its larger load and fuel bottleneck resulting in combat radius of the Sino Indian border conflict task performance decreased significantly and many other details can be reflected in the assessment results.

Table 1 4 kinds of typical operational scenarios

MISSION	A	B	C	D
Mission type	General reconnaissance	Reconnaissance relay	General reconnaissance	General reconnaissance
Mission radius(km)	580	1240	860	720
Required flight altitude (m)	8000	5500	8000	5000
Prediction of blank time to complete the task. (h)	3.0	5.0	2.5	10.0
Air threat index	0.8	0.25	0.45	0
Ground / sea threat index	0.6	0.5	0.4	0
Electronic interference index	0.7	0.3	0.35	0.1
Weather	Sunny / breeze, index 0.34	Sunny / breeze, index 0.18	Cloudy / strong wind, index 0.52	Sunny / breeze, index 0.06
Other conditions	...	...	...	...
...	...	...	...	...

Table 2 Comparison of task based performance evaluation results

	UAV1	UAV2	UAV3	UAV4	UAV5
A	0.201	0.416	0.225	0.348	0.342
B	0.343	0.317	0.217	0.482	0.470
C	0.232	0.428	0.512	0.341	0.333
D	0.502	0.608	0.582	0.637	0.633

The DoDAF method is used to evaluate the performance of these 5 types of unmanned aerial vehicles (UAVs) in different types of external environments. The results show that the DoDAF method can well reflect the influence of the external environment on the UAV mission performance. With the input source: attack and defense against both sides of the battle scenes, objects, strategic and tactical details continue to improve, the assessment results will be more reliable, more reference value.

5 Conclusion

Based on the analysis of the demand analysis process of DoDAF weapon equipment, a method of UCAV effectiveness evaluation based on DoDAF demand analysis is proposed. The index requirement of DoDAF UCAV needs the analysis into the efficiency evaluation model weights, combined with comprehensive index weight and the method based on the operational mode of the UCAV performance evaluation framework, establishes the UCAV effectiveness index system, design the evaluation process, and using the model of UCAV effectiveness evaluation index effect good law. Finally, combined with the UCAV operational characteristics, set up four kinds of typical combat air sea battle, the Sino Indian border conflict, the Diaoyu Island conflict and terrorism to drug use scene. The feasibility of the method and the evaluation model are verified by a case study of four operations.

References

[1] DoD Architecture Framework Working Group. DoD Architecture Framework Version 1.5: Volume Ⅰ [M]. The United States: Department of Defense, 2007.

[2] DoD Architecture Framework Working Group. DoD Architecture Framework Version 1.5: Volume Ⅱ [M]. The United States: Department of Defense, 2007.

[3] DoD Architecture Framework Working Group. DoD Architecture Framework Version 1.5: Volume Ⅲ Architecture Data DeSurription [M]. The United States: Department of Defense, 2007.

[4] Architecture Working Group. DoD Architecture Framework

Version 2.0 [EB/OL]. http:// www. us. army. mil/suite/page/454707,2009-05-28.
[5] Joint Capabilities Integration and Development System (CJCSI 3170.01 H)[EB/OL]. http://www. dtic. mil/cjcs_directives,2012-01-10.
[6] DoD Architecture Framework Version 2.0-Volume 1: Introduction, Overview, and Concepts-Manager's Guide[M]. 2009.
[7] DoD Architecture Framework Version 2.0-Volume 2: Architectural Data and Models- Architect's Guide [M]. 2009.
[8] Xu G H, Dong Y F, Yue Y. The R/S-mission of UAV operational effectiveness assessment [J]. Fire Control & Command Control,2016,41(7):60-64.
[9] Qu G M, Dong Y F, Yue Y. Operational effectiveness evaluation of ground attack UCAV [J]. Fire Control & Command Control,2016,41(4):145-149.
[10] Dong Y F, Qu G M, Wang C. Study of survivability assessment method for unmanned combat aerial vehicle[J]. Fire Control & Command Control,2016,41(8):28-32.
[11] Dong Y F, Zhang W, Cui W. Synthesized index model for cooperation of manned/unmanned fighters in air-to-ground attacking effectiveness assessment [J]. Fire Control & Command Control,2015,40(2):58-62.
[12] Yue Y, Dong Y F, Xu G H, et al. Task oriented for cooperation of manned/unmanned fighters in air-to-ground attacking probability model[J]. Fire Control & Command Control,2015,40(2):53-57.
[13] Cui X X. Integrated system design and evaluation based on DoDAF[D]. Wuhan: Huazhong University of Science & Technology,2007.
[14] Phill Smith E M, O'Hara J, Griffith D. Combat UAV real-time SEAD mission simulation. AIAA-1999-24185,1999.
[15] U.S. Office of the Secretary of Defense. Unmanned Aircraft Systems Roadmap 2005-2030[R]. Washington DC: Office of The Secretary of Defense,2005.
[16] U.S. Department of Defense. Unmanned Systems Integrated Roadmap FY2011-2036[R]. Washington DC: Robotic Systems Joint Project Office,2011.

遥感卫星系统体系仿真与效能评估技术发展研究

李 帅，任 迪

(中国空间技术研究院，北京，中国，100094)

摘 要：当前，国外应用型空间系统发展逐步进入多系统融合、多业务集成、体系化发展和全球服务的新阶段。遥感卫星系统以全球整体观、系统观，形成多时空尺度、多层次的观测能力。本文从体系的角度出发，探讨了遥感卫星体系仿真与效能评估技术的特点，分析了美国商业遥感卫星仿真效能评估框架，并提出我国遥感卫星系统体系仿真与效能评估技术发展的建议。

关键词：遥感卫星系统；仿真；效能评估

中图分类号：TP391

Research on Remote Sensing Satellite System Architecture Simulation and Efficiency Evaluation Technology Development

Li Shuai, Ren Di

(China Academy of Space Technology, Beijing, 100094)

Abstract: The space systems have gradually entered a new stage of multi-system integration, multi-service integration, systematic development, and global service. Remote sensing satellite system takes a global view and a systematic view to form multi-temporal and multi-level observation capabilities. This paper discusses the characteristics of remote sensing satellite system simulation and effectiveness evaluation techniques, and analyzes the framework for the simulation evaluation of commercial remote sensing satellites in the United States. At last, we proposes some advices about remote sensing satellite system architecture simulation and performance evaluation.

Key words: Remote Sensing Satellite System; Simulation; Effectiveness Evaluation

1 引言

遥感卫星主要利用太空高远位置优势，提供大尺度、宽范围、高时效对地观测图像和数据。经过几十年发展，遥感卫星已进入将地球作为一个整体进行综合观测的新阶段，能够以全球性的整体观、系统观和多时空尺度来研究地球的整体行为。随着信息化、网络化、智能化、融合化持续的加速，卫星遥感数据的价值不断被挖掘，应用范围不断扩展，促使卫星遥感应用渗透到更多的行业和领域，服务于更广泛的用户和市场。

遥感卫星系统的仿真和效能评估就是从体系的角度，面向遥感卫星系统在规划论证阶段行业部门需求种类繁多，且不断增加和变化，需求统筹难；体系庞大内部结构复杂，优化设计难；不同体系配置方式多样，效能评估难；适应新的需求变化和技术发展，进行动态调整和扩展的顶层规划设计能力弱等问题，为遥感卫星系统的战略规划提供辅助决策支持。

在遥感卫星系统体系化、一体化方向发展的大趋势下，欧美等传统航天强国非常重视系统的顶层设计和统筹规划，多数大型机构均拥有自主知识产权的全数字化仿真设计环境，用以确定航天器体系可能的总体方案，并对任务执行中的一些关键过程、技术状态参数和任务满足度分析等进行评估演示，从而较好地降低其风险和支出，有效保证系统的稳定性和安全性。

2 依托仿真手段进行需求综合以及任务分析

国外一直非常重视空间系统的需求综合和任务分析，主要有如下两种模式。

作者简介：李帅(1984—)，女，山西人，工程师，硕士，研究方向为民用遥感卫星体系化发展；任迪(1980—)，男，黑龙江人，高级工程师，博士，研究方向为民用遥感卫星效能评估。

2.1 基于多需求综合的任务分析

在不需通过基础试验对卫星有效载荷技术指标进行分析论证的情况下，国外主要采用需求综合的方法进行任务分析。例如，欧空局资助的"跨尺度技术参考研究"（Cross-Scale Technology Reference Study）项目中，采用系统级权衡法（System-Level Trade-Off Approach）对多卫星任务进行分析。法国昴宿星计划（Pléiades）对典型多用户需求进行综合分析，推导卫星初步设想方案。James R. Irons 基于现有 Landsat 的使命和未来 USGS 的需求，通过对需求进行综合分析，提出了后续 LDCM 的卫星初步方案。由于有 SPOT 的应用经验，哨兵系列的科学探测任务是从重大国际科学计划和方案产生的文件中提取的，并基于对这些探测任务的综合分析，设计了哨兵系列前三颗卫星传感器的一些指标。Rainer Sandau 基于对全球观测需求的综合分析，提出了基于小卫星全球观测的方案，并分析了其潜力与限制。Forrest G. Hall 针对全球植被三维制图的需求，对陆地生态、碳循环和遥感科学家的研究成果进行了综合分析，推导出满足这一需求的卫星能力基线指标。M. Guelman 分析了基于未来超光谱地球观测需求的综合分析，并提出了小卫星系统的解决方案。

2.2 基于仿真技术的任务分析

仿真技术是航天器体系任务分析中进行规划、设计、交流和表达的重要手段。这种方法通过集成多种数据资源（例如地球场景、卫星、轨道、载荷、飞行任务等），构建统一的仿真计算环境，并采用可视化方法进行要素及信息的直观表达，辅助设计和分析，进行飞行任务的实时推演，并对卫星入轨后的相关指标进行计算和预估。

国外普遍采用仿真技术来对空间任务计划以及卫星系统做前期设计与规划，并开发了很多仿真软件，有效地降低了实施风险，保证了系统的稳定性和安全性[1]。

（1）EOS 对地观测系统中的 Landsat-7、EO-1、Terra 等卫星系统设计阶段，使用了 STK 仿真设计模块。商用高分对地观测卫星 Orbview-2、Orbview-3 卫星发射前的轨道分析设计使用了 ODTK 软件进行了辅助决策。

（2）美国 A-Train 一轨多星的卫星星座中的 AQUA 和 AURA、CLOUDSAT、CALIPSO 卫星的轨道设计方案均使用了 AGI 公司的 ODTK 软件包。

（3）GMES 系统中的 SMOS 土壤湿度和海洋盐度探测任务中应用 FlexPlan 软件的仿真功能进行了任务分析[3]。

（4）NASA 地球静止气象卫星 GEOS 计划，日本气象厅 MTSAT、MTSAT-2 卫星的高分辨率卫星系统，都应用了美国的 MMS 软件的仿真功能进行了任务分析。

3 利用专门分析方法和工具提高体系设计效率和水平

随着空间系统复杂度的增加和考察对象规模的增大，传统流程图方法越来越不能满足研究设计的需要，于是产生了一系列复杂系统分析设计方法，如 IDEF0 系列方法、体系结构框架方法及多种信息建模方法（或数据库设计方法），如 OODM（面向对象设计方法）等。

3.1 IDEF 系列建模方法

IDEF 系列方法是美国在 20 世纪 70 年代末 80 年代初计算机集成辅助制造（Integrated Computer Aided Manufacturing，ICAM）工程中，在结构化分析和设计方法（Structured Analysis & Design Technology，SADT）基础上发展的一套系统分析和设计方法，是比较经典的系统分析理论与方法，目前已广泛用于制造系统和航空航天系统的分析设计[2]。

3.2 体系结构框架技术

"体系结构"是指系统的组成结构及其相互关系，是指导系统设计和发展的骨干框架。"体系结构框架"是用于规范体系结构设计的基础。体系结构框架技术就是专门针对体系结构框架设计、分析而发展起来的一套理论分析与评估方法。体系结构框架技术已成为航天器系统顶层设计的重要手段。

3.3 多学科设计优化方法

"多学科设计优化技术（MDO）"是 20 世纪 90 年代以来在国外迅速发展的一个优化理论与技术的研究分支，是当前国际上航空航天飞行器系统总体设计方法研究中的关键技术，目前正从理论、算法研究不断向工程应用转化。多学科设计优化技术通过充分探索和利用工程系统中各学科（子系统）之间的相互协同机制，考虑各要素的相互作用，从整个系统的角度来优化设计复杂的工程系统[3]。

4 解决复杂系统效能分析难题的技术发展迅速

各国对系统效能评估方法开展了大量研究，并从不同的评估目的出发，针对不同的评估对象提出了多种效能评估方法，大致可以分成如下几类。

4.1 解析法

根据描述效能指标与给定条件之间函数关系的解析表达式来计算效能指标值，解析表达式可以用数学方法求解所建立的效能方程而得到。解析法的优点是透明度好，易于掌握和计算，且能够进行变量间关系的分析，便于应用；缺点是考虑因素少，且有严格的条件限制。该方法在不考虑对抗条件的武器系统效能评估和简化情况下的宏观作战效能评估中应用较多。

4.2 统计法

统计法应用数理统计方法，依据试验、仿真获得的大量统计资料的分析来评估系统效能,包括抽样调查、参数估计、假设检验、回归分析与相关分析等具体方法。统计法最初在评估武器系统效能参数,特别是射击效能中应用较多,优点是能给出效能指标的评估值,显示武器系统性能、作战规则等因素的变化对效能指标的影响,为改进武器系统性能和作战使用规则提供定量分析基础。目前,该方法已逐步推广至工程系统和社会系统的设计与评估中。

4.3 多指标综合评估法

对于复杂系统,其效能指标呈现出较为复杂的层次结构,有些较高层次的效能指标与其下层指标之间有相互影响,而无确定的函数关系,这时只有通过对其下层指标进行综合,才能评估相关的高层效能指标。常用的综合评估方法有线性加权法、概率综合法、模糊评估法、层次分析法以及多属性效用分析法等。多指标综合评估方法的优点是使用简单,评估范围广,适用性强;缺点是受人的主观因素影响较大[5]。

5 美国商业遥感卫星仿真效能评估框架

小卫星技术革命及其在地球观测市场的扩大为国家安全空间和情报界开辟了新天地。创新技术和新商业模式有可能补充地理空间信息情报对空间、光谱、辐射和重访时间等方面的需求,因此美国商业地理信息情报活动联盟(CGA)对基于遥感卫星的商业地理信息情报相关公司的核心能力和产品开展评估,以便向美国国家地理情报局(NGA)和美国国家侦查局(NRO)提供决策辅助信息。整个过程分成两个阶段[4]:

第一阶段:对遥感服务(产品)进行能力评估(图1),包括对提供的遥感服务(产品)进行分类打分,以及根据其商业成熟度、同已有系统的集成难度、可提供的遥感服务的稳定性等封面生成权重,最后产生排名。主要将遥感产品分为四类:

(1)图像:主要包括原始图像和经过矫正后的图像,可以反应被观察对象的特点。文件格式包括 NITF、GeoTIFF 等。

(2)衍生数据:从遥感图像中获得的机器可读的地理信息情报数据,最好在地理信息系统中查看,以便查看特定区域的遥感观察结果。衍生数据以光栅或矢量格式(如 JPEG、TIFF、KML、KMZ 和 SHP)提供。

(3)结构化数据:传递被观测对象、地点、区域在某一时间点或一段时间内的关系信息或其他信息,表达出被观测对象独有的特征,并且可以支持 OBP 或者 SOM,其格式通常是 GeoJSON 或者 CSV。

(4)地图产品:高精度地图的主要用户是 NGA。

本阶段的评估主要针对三类任务:

(1)活动特征描述:识别、监控和甄别观测对象的特定类型的活动;

(2)活动发现:新的变化检测,或新的活动发现;

(3)测绘:制图或大地测量等。

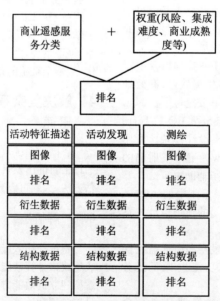

图1 遥感服务(产品)进行分类排名(第一)阶段

第二阶段:从任务全局展开仿真评估,包括对任务的贡献、对整体框架的影响、存在的能力空白等方面的仿真评估。

6 启示与建议

(1)建立综合指标体系对遥感卫星系统的体系效能进行仿真。

当前的指标仿真已无法反映遥感卫星系统的体系能

产品类型	标准影像产品	正射影像产品	立体影像产品	航空影像产品	地形产品	海洋产品	高程产品	测绘产品
数据类型	<0.5m	<1m	<2m	<4m	<8m	<20m	>20m	
全球影像更新率	天	月	季度	<年	1~5年	5~10年	>10年	
区域更新率	<天	天~周	周~月	月~年	1~5年			
定位精度	<5m	<10m	<20m	<30m	<100m	>100m		
产品生产方式	任务编程	预生产	订阅	固定产品				
交付周期	实时	<1小时	<1天	1~5天	>5天			
数据源	本国数据源	国际数据源						
	自主生产	开源	付费购买	多源				

图 2　遥感产品分类详情

力,例如:对卫星空间分辨率、光谱分辨率、时间分辨率、区域目标覆盖率的仿真,并不能包含对任务响应时间、产品的易用性、任务的整体贡献等整体效能做出全面考核。因此,迫切需要基于一种灵活高效的仿真体系架构来整合相关仿真资源,实现多个探测平台、多种观测模式的相互协同仿真,实现全面考核遥感卫星系统的效能。

(2) 开展面向遥感卫星应用的全链路仿真。

借鉴美国"施里弗"演习,通过评估不同想定背景下,航天装备完成特定任务的能力差距,为航天装备的后续发展提供辅助决策,开展面向遥感卫星应用的全链路仿真;通过对典型应用场景从任务需求、任务规划、任务执行、产品输出、产品应用等环节的全链路仿真,评估体系综合能力,优化体系运用流程,为未来遥感卫星系统规划的制定提供决策依据。

参考文献

[1] 汤泽滢,吴萌,吴玮佳,等. 美军"施里弗"系列太空作战演习解读[J]. 装备学院学报,2017(1):54-60.

[2] Hujsak R S, Woodburn J W, Seago J H. The orbit determination tool kit (ODTK)[J]. Advances in the Astronautical Sciences,2008,127:381-400.

[3] Gutiérrez L, Tejo J, Veiga I,et al. FlexPlan:Deployment of powerful comprehensive mission planning systems[C]. Spaceops Conference,2013.

[4] Ayers K, Schmanske B. Commercial GEOINT activity leaderboard:Assessing the commercial GEOINT landscape[C]. AIAA/USU Conference on Small Satellites,2017.

[5] 贾红丽,甘茂治. 并行设计中系统级指标权衡分析的方法研究[J]. 系统工程理论与实践,2002,22(1):38-42.

声尾流自导鱼雷命中区域仿真分析与应用

张 江

(国防科技大学信息通信学院,湖北武汉,中国,430010)

摘 要:本文建立了基于概率分布的声尾流自导鱼雷进入尾流位置和航向模型,结合较贴近实际的尾流声学仿真模型、鱼雷声学自导检测模型和弹道模型,设计了基于模拟法的声尾流自导鱼雷仿真系统,在此基础上实现了对声尾流自导鱼雷命中区域的仿真计算,并据此分析采用悬浮式深弹布设拦截阵的策略。上述方法对提高使用悬浮式深弹拦截尾流自导鱼雷的概率具有借鉴作用。

关键词:尾流自导鱼雷;尾流模型;命中区域;悬浮式深弹;拦截阵

中图分类号:TJ630

Analysis and Application of Acoustic Wake Guide Torpedo Hit Area

Zhang Jiang

(Academy of Information and Communication, National University of Defense Technology, Hubei, Wuhan, 430010)

Abstract: This paper established the model of position where acoustic wake guide torpedo entered wake and torpedo course model, combined the acoustic simulation model of surface target ship wake and the model of homing detection for wake guide torpedo which accord with the practice. Then based on the theory of operational effectiveness evaluation for torpedo, the simulation system for acoustic wake guide torpedo was designed. By the simulation system, the hit area for acoustic wake guide torpedo was accomplished, and then the layout strategy of suspended depth charge was discussed. The proposed method may provide reference for improving the probability of a suspended depth charge intercepting a wake homing torpedo.

Key words: Wake Guide Torpedo; Wake Model; Hit Area; Suspended Depth Charge; Interception Array

1 引言

尾流自导鱼雷凭借其独特的制导方式被公认为是最有效的反舰手段之一。尾流自导鱼雷对水面舰艇的攻击过程,实际是以瞄准进入有效舰艇尾流为目标,从而追踪尾流、发现并命中水面舰艇的过程。根据这一特点,水面舰艇可以根据来袭鱼雷的距离和航速等信息,估算尾流自导鱼雷进入尾流的可能航向范围和来袭鱼雷的可能命中区域,从而采取硬杀伤武器进行有效拦截。

本文建立了基于概率分布的声尾流自导鱼雷进入尾流位置和航向模型,结合较贴近实际的尾流声学仿真模型、鱼雷声学自导检测模型和弹道模型,设计了基于模拟法的声尾流自导鱼雷仿真系统,在此基础上实现了对声尾流自导鱼雷命中区域的仿真计算,并据此分析采用悬浮式深弹布设拦截阵的策略。

2 仿真模型

2.1 尾流检测模型

从尾流自导鱼雷攻击仿真的角度考虑,若鱼雷处于尾流区域内或其正下方,可认为成功检测到尾流信号。因此,仿真中所关注的尾流特征主要指尾流的长度和宽度的几何形状与几何尺寸,通常是通过实际测量和统计来确定。

(1) 尾流长度模型

尾流的长度实质上是尾流的寿命,它与舰船的航速变化、海况有关,也与尾流的性质及鱼雷尾流自导装置的检测能力有关。目前,鱼雷制导所用的气泡尾流(主动声尾流)有效长度 L 通常用下面经验公式表示:

$$L = CA \cdot V_m \qquad (1)$$

式中,V_m 表示目标舰船的航速(m/s);CA 是常数,与海况

作者简介:张江(1980—),男,湖北武汉人,讲师,博士,研究方向为武器系统仿真。

及尾流自导检测能力有关。仿真中考虑三种取值,即 $CA = 300$ s, $CA = 180$ s 和 $CA = 120$ s。

(2) 尾流宽度模型

根据尾流的实际测量和统计来确定,气泡尾流的宽度一般呈类似削好的铅笔式的锥形。大量的考察与研究发现,在舰船尾部,尾流只有舰船宽度的一半左右。随着尾流的延长,宽度线性发散,其发散角在 $40°\sim 60°$ 之间。在大于某一距离(通常几倍于船长)后,尾流宽度就仅以 $1°$ 左右发散角扩展。在中等距离上,尾流宽度约增加到 2.5 倍舰宽(图1)。

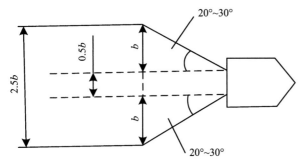

图 1　舰艇尾流示意图

据此可以求解半尾流宽度随尾流长度变化的数学模型。

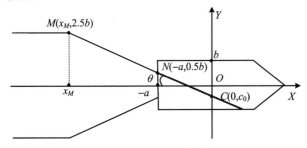

图 2　半尾流宽度解算示意图

如图 2 所示,以舰船水平中心为原点,舰艇航向线为 X 轴,建立直角坐标系 XOY。设舰艇长度为 $A = 2b$,宽度为 $B = 2a$。根据解析几何的直线表达式可将线段 MN 表示为

$$y = kx + c_0 \quad (2)$$

其中,$k = \tan(\pi - \theta)$;c_0 为常数。

将 N 点坐标 $(-a, 0.5b)$ 代入上式,则有

$$0.5b = k \cdot (-a) + c_0$$
$$c_0 = 0.5b + ka \quad (3)$$

根据上式可求得 M 点横坐标为

$$2.5b = k \cdot x_M + c_0$$
$$x_M = 2b/k - a \quad (4)$$

则半尾流宽度可表示为

$$\begin{cases} b & (-a \leqslant x < a) \\ k(x + a) + 0.5b & (x_M \leqslant x < -a) \\ 2.5b & (x < x_M) \end{cases} \quad (5)$$

2.2　鱼雷进入尾流位置及航向解算

以鱼雷进入舰船尾流时刻舰船中心点 $o(0,0)$ 为原点,建立地理参考系 YoX,设鱼雷该时刻坐标为 $I(r_x, r_y)$,航向为 C_T,如图 3 所示。

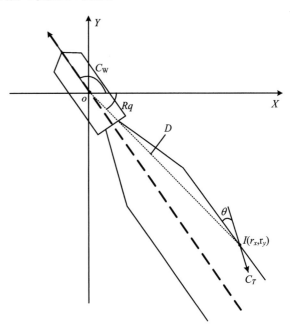

图 3　鱼雷进入尾流位置及航向解算示意图

根据仿真条件设置可知,I 点与 o 点间距为 D,oI 与 x 轴夹角为 Rq,有 $Rq = C_W - \pi$,$Rq \in [-2\pi, 2\pi]$。则在直角坐标系下可结算得到:

$$\begin{cases} r_x = D \cdot \cos Rq \\ r_y = D \cdot \sin Rq \end{cases} \quad (6)$$

$$C_T = \pi + C_W - \theta \quad C_T \in [-2\pi, 2\pi] \quad (7)$$

2.3　鱼雷命中位置解算

以鱼雷进入舰船尾流时刻舰船中心点 $o(0,0)$ 为原点,建立地理参考系 YoX,设鱼雷命中舰艇时刻其坐标为 $H(r_x, r_y)$。为求解其相对于舰艇中心点的坐标,以命中时刻舰艇中心点 $o'(x_{o'}, y_{o'})$ 为原点分别建立相对地理参考系 $Y'o'X'$ 和稳定舰艇参考系 $Y_m o' X_m$,如图 4 所示。相对地理参考系 $Y'o'X'$ 各轴指向与地理参考系 YoX 相同,稳定舰艇参考系 $Y_m o' X_m$ 以舰艇航向线为 Y 轴,X 轴垂直与 Y 轴指向舰艇右舷。若设舰艇航向为 C_W,有 $\theta = C_W - \pi/2$,则可认为稳定舰艇参考系 $Y_m o' X_m$ 是由相对地理参考系 $Y'o'X'$ 逆时针转动 θ 所得到的。

设命中点 H 在相对地理参考系 $Y'o'X'$ 中的坐标为 $H(r_{x'}, r_{y'})$,根据参考系平移时的坐标变换公式有

$$\begin{cases} r_{x'} = r_x - x_{o'} \\ r_{y'} = r_y - y_{o'} \end{cases} \quad (8)$$

则命中点 H 在稳定舰艇参考系 $Y_m o' X_m$ 的坐标 $H(r_{x_m}, r_{y_m})$ 可根据共原点参考系间坐标变换方法求取,如下:

$$\begin{cases} r_{x_m} = r_{x'} \cos\theta + r_{y'} \sin\theta \\ r_{y_m} = -r_{x'} \sin\theta + r_{y'} \cos\theta \end{cases} \quad (9)$$

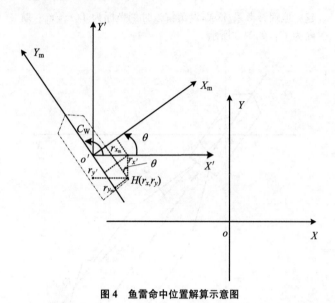

图 4 鱼雷命中位置解算示意图

3 仿真系统设计

3.1 系统需求分析

仿真系统需要具备以下主要功能：

(1) 目标参数及尾流特性设置,包括目标类型、速度、航向以及机动模式、尾流矩形块的最小尺寸、空穴或断层出现的次数和尺寸等内容的设定;

(2) 鱼雷参数设置,包括鱼雷总体参数、自导系统参数、导引策略参数等内容的设定;

(3) 仿真环境设置,包括海区水文条件、附加误差量、仿真次数及仿真结果保存路径的设定;

(4) 模拟声尾流自导鱼雷攻击过程,包括从鱼雷发射参数解算开始到鱼雷命中目标或航程耗尽结束的完整攻击过程;

(5) 以图表的形式输出相关的仿真结果(例如命中概率、航程损失等),并保存仿真结果数据。

3.2 总体方案设计

系统总体上采用模块化设计,各个模块之间用数据接口实现数据交换,图5描述了本仿真系统的总体结构。框内注明了子模块的名字,方框之间的直线表示子模块的调用关系。

仿真系统应包含五大仿真内容:

(1) 发射参数解算:对设定的战术态势,按照火控系统计算原理计算应投放的参数;

(2) 鱼雷运动仿真:根据鱼雷弹道控制参数,按仿真步长计算鱼雷运动轨迹;

(3) 目标运动仿真:根据设定的目标运动规律,按仿真步长计算目标运动轨迹;

(4) 尾流生成仿真:根据设定的尾流特性,生成相应的尾流序列;

(5) 自导检测过程仿真:根据设定的鱼雷自导检测模型,仿真鱼雷对目标的检测过程。

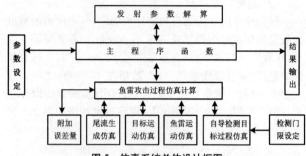

图 5 仿真系统总体设计框图

本仿真系统按如下思想设计:由参数设定模块完成战术态势设置,确定目标运动模型及尾流生成模型;仿真开始后,首先,基于设定的鱼雷总体参数及自导系统参数解算鱼雷发射参数,然后,由鱼雷入水点为原点建立直角坐标系,确定鱼雷和目标的初始位置及航向,同时生成初始尾流;在随后的仿真过程当中,按照设定的步长仿真步进,自导检测模块在每个仿真周期内检测尾流信号,判断鱼雷进出尾流的状态;鱼雷运动仿真模块根据检测结果按照设定的导引策略模拟鱼雷运动。在仿真过程中目标按照设定的运动模式独立运行,机动过程也是如此。在每个仿真周期中,尾流生成模块都要根据目标状态生成新的尾流模型。上述仿真过程周而复始,直至鱼雷命中目标或航程耗尽。

在总体方案设计中,本试验充分考虑了导引策略优化仿真的便捷性问题,基本实现了导引策略设计对其他模块无影响。本系统拥有良好的人机交互环境,模块设计具有可重用性和扩充性,而且模块独立性较强,具有一定的可移植性。

4 结果分析

根据设定的仿真条件,基于两种概率分布的鱼雷进入尾流位置,对鱼雷命中舰艇区域进行仿真计算。一是以有效尾流中心为中心,以半个有效尾流长度为最大散布,按正态分布建模;二是在有效尾流长度内按均匀分布建模。仿真结果如图6所示。其中不同颜色点分别对应不同的水面舰艇航速条件下的命中点,命中点越密集的区域表示被尾流自导鱼雷命中的可能性越高(本书为黑白印刷,颜色没有显示)。

分析上述仿真结果可得:

(1) 在两种鱼雷进入尾流位置概率分布下的命中区域具有相同的特点,即命中区域基本集中于水面舰艇的中后部,并呈现出随着目标航速的增高,命中区域越集中于舰艇尾部的左右侧面。而对于舰艇的正后方而言,其命中概率与舷侧相比并不高。

(2) 对于使用悬浮式深弹布设拦截阵而言,若在水面舰艇航速较低的情况下,其防御区域过大,拦截效果并不理想。根据仿真结果显示,在使用悬浮式深弹拦截阵时,若能配合提高水面舰艇的航速进行机动,将会使得尾流自导鱼雷的命中区域向舰艇尾部集中,可以使得布放区域大幅度减小,同样数量的深弹其拦截效率可以有效提升,以此来提高对鱼雷的硬杀伤概率,从而保障水面舰艇的生存概率。

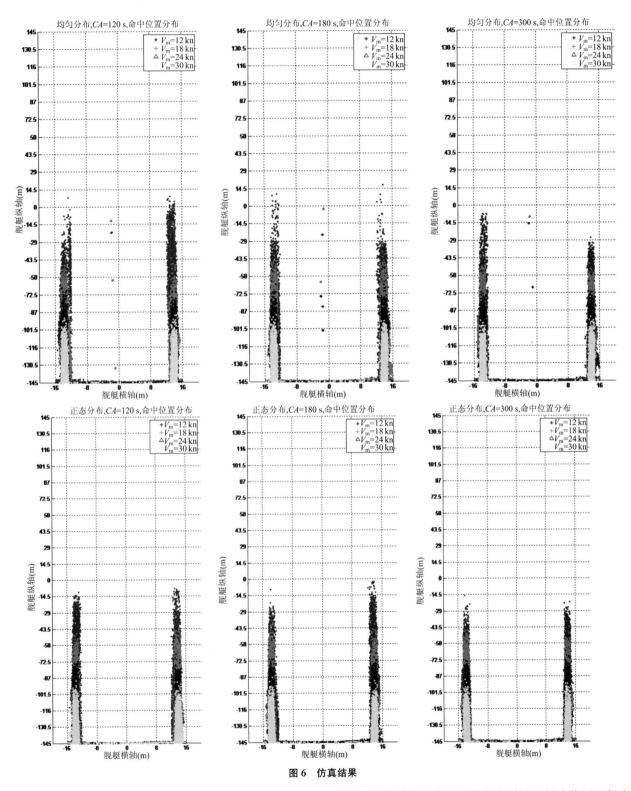

图 6 仿真结果

5 结束语

尾流自导鱼雷是大型水面舰艇的主要威胁,本文在构建基于概率分布的声尾流自导鱼雷进入尾流位置和航向模型的基础上,利用声尾流自导鱼雷仿真系统对鱼雷命中区域进行了仿真分析,为水面舰艇使用悬浮式深弹拦截鱼雷的可行策略提供仿真依据。然而实际悬浮式深弹应用条件复杂,针对使用悬浮式深弹拦截尾流自导鱼雷的拦截阵布设方法、拦截有效性和机动规避条件下的优化等方面还需做进一步的细致研究。

参考文献

[1] 孙珠峰,吴奔,肖明彦.尾流自导鱼雷攻击规避机动水面舰艇研究[J].火力与指挥控制,2013,38(1):163-165.

[2] 赵向涛,寇祝,门金柱.尾流自导鱼雷可能攻击区域分析及应用[J].鱼雷技术,2016(6):475-478.

[3] 朱邦元.水面舰艇对抗尾流自导鱼雷的措施及尾流自导鱼雷的对策[J].鱼雷技术,2007,15(5):11-14.

[4] 陈颜辉,孙振新.火箭悬浮深弹拦截尾流自导鱼雷研究[J].指挥控制与仿真,2013,35(3):71-73.

虚拟靶场战术导弹试验技术研究

韦宏强,郑屹,杨允海

(63850部队,吉林白城,中国,137001)

摘 要:本文主要分析了目前靶场战术导弹试验鉴定中存在的问题,介绍了美军ADS技术以及在虚拟靶场导弹试验鉴定中的应用,研究了基于ADS的导弹试验虚拟靶场体系结构,探讨了虚拟靶场导弹试验方法,对我军在靶场导弹试验鉴定中开展内外场一体化联合试验提供技术支持。

关键词:战术导弹;虚拟靶场;一体化试验

中图分类号:TP391

Research on Tactical Missile Test in Virtual Firing Range

Wei Hongqiang, Zheng Yi, Yang Yunhai

(63850 Troops, Jilin, Baicheng, 137001)

Abstract: This paper mainly analyses the existing problems in the detection of tactical missile tests, introduces the American ADS technology and its application in the virtual range missile test. The structure of the virtual range of missile test based on ADS is studied. The test method of virtual range missile test is discussed. In this paper, we provide the technical support for our army to carry out the joint test of internal and external field in the missile test.

Key words: Tactical Missile; Virtual Firing Range; Integrated Test

1 引言

以战术导弹为代表的精确制导武器是现代战争的主要杀伤力量,多武器平台及多军兵种联合作战是现代军队的主要作战模式。伴随着导弹武器系统的信息化,以 C^4ISR(指挥 Command、控制 Control、通信 Communication、计算机 Computer、情报 Information、监视 Surveillance、侦查 Reconnaissance)为代表的作战系统对导弹武器系统作战效能的影响越来越大,在导弹试验鉴定中成为越来越重要的试验要素。以 C^4ISR 为核心、从传感器探测到指挥与控制再到导弹武器系统交战的"端到端"试验将成为未来靶场的主要试验模式[1]。

2 靶场导弹试验的局限性

随着陆军武器装备试验鉴定技术的发展,靶场原有以检验导弹武器系统单项性能指标为主的性能试验模式逐步向对导弹武器系统战术技术性能、作战使用性能和作战效能进行综合性试验与评估模式转变。当前靶场导弹试验的局限性主要包括:

(1) 试验样本数量不足

由于新型导弹武器系统越来越昂贵,通过外场飞行试验结果对导弹性能指标进行检验的样本量越来越少,降低了鉴定结论的置信度,加大了武器装备部署和使用的风险系数。

(2) 试验靶标数量和种类不足

由于试验经费、试验模式和试验手段的限制,靶场导弹试验用机动靶、实体靶(毁伤评估用)严重缺乏,限制了导弹武器系统相关外场试验的展开;又因为导弹外场飞行试验的破坏性,如果不改变外场试验模式,试验靶标的数量和种类不足问题将会越来越严重。

(3) 对抗环境要素的数量和种类不足

由于试验经费、试验安全性和试验控制等因素的限制,在导弹外场飞行试验中,复杂电磁环境、恶劣天气环境以及敌方对抗环境(如最简单的零航路捷径的低空靶弹拦截试验)很难构建,导弹试验评估所需要构造的贴近实战的对抗环境,单纯依靠外场物理重建很难实现。

(4) 试验中实兵参与不足且参与兵力层次不具代表性

由于目前靶场试验主要是对导弹武器系统单项性能指标进行检验,试验的焦点主要集中在导弹本身,士兵只

作者简介:韦宏强(1969—),男,陕西人,高级工程师,博士,研究方向为仿真试验技术;郑屹(1974—),女,吉林人,工程师,硕士,研究方向为计算机技术。

是以参与者或受训者的身份被动参加试验,参与导弹武器系统试验的兵力层次不能代表未来战斗员层次。在武器信息化时代,武器效能的试验与评估必须考虑人的判断、决策和经验等因素。解决这类问题行之有效的方法就是采用设备在回路、人在回路的仿真技术[2]。

(5) 试验事件不充分

对目前的靶场导弹试验模式而言,由于诸多试验要素的限制,对武器系统单项性能指标检验试验所需要的试验事件也是不充分的。而在外场开展导弹武器系统抗干扰、突防和对抗等复杂试验项目,将面临高成本、高破坏性、高风险和结果的高度不确定性,这从根本上限制了此类试验的性质、数量和规模[3]。

3 美军虚拟靶场试验技术分析

早在1992年,美国国防部就认识到,应该使用ADS(Advance Distribute Simulation,先进分布式仿真技术)将仿真模型、各类模拟器资源、半实物仿真试验设施、试验/训练靶场及其他资源互联互通,构造一个贴近实战威胁的合成试验环境,用以改进武器装备的试验与评估。随着计算机和网络技术的发展,以先进分布式仿真技术(ADS)为代表的军用仿真技术和飞速发展的信息技术,为美军靶场向一体化联合试验模式转型提供了坚实的技术基础。

3.1 VMR项目简介

VMR(Virtual Missile Range)——虚拟导弹靶场是一个美国海军项目,在加州海军空战中心开发。项目建设的目标是将内场仿真设施和外场舰载武器系统实装进行系统集成,从而为海军舰载导弹武器系统试验和训练提供一个低消耗、高逼真度且贴近实战的环境。

3.2 VMR系统结构和工作原理

VMR系统是基于分布式仿真的、试验资源分布在不同地域且既含有真实仿真又含有虚拟仿真的复杂试验系统,其结构如图1所示。系统主要包括以下几部分:

(1) 舰载导弹武器系统实装(SDTS)

由目标捕获系统、武器系统、火控雷达、发射器、操控台等真实设备和士兵操作手组成。

(2) 导弹硬件在仿真回路实验室(HITL)

真实导弹硬件在回路仿真设施是整个VMR系统必不可少的组成部分。它由实际的导弹组成,只是去掉了推进系统。它安装在HITL微波暗室中的三轴转台上。暗室中的相控阵辐射源可同时模拟四个威胁目标。该仿真设施可逼真模拟真实的海麻雀导弹行为。

(3) 合成的雷达模拟目标生成器(STG)

雷达模拟目标生成器包括两个接收天线和两个发射天线。它接收舰载目标捕获雷达发射的无线电信号并对它们进行信号处理来模拟真实目标回波的RCS、目标距离、速度等特征,并将其发射给舰载雷达,从而使被试导弹武器系统建立起逼真的来袭目标。

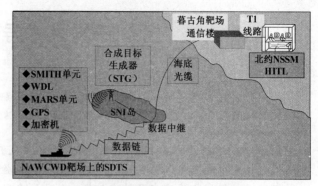

图1 美国海军VMR项目示意图

(4) 通信设施

主要包括高速无线数据链(WDL)、靶场光纤骨干网和局域网。通信设施保证内外场试验数据高速、实时、低延迟且可靠地传输。

(5) 实时分布式仿真协议(RTSP)

该协议是一个软件包,通过它能在整个试验网络上实现高性能的实时分布式仿真。它的主要目标是使实时性能最大化。它在虚拟导弹靶场中启动并控制各个实体运行并完成所有的交互事件[4]。

VMR典型试验工作流程是:高速数据链WDL和通信光缆精确地发送和接收试验数据;位于硬件在回路实验室中的分布式仿真协议(RTSP)同时启动各个分布式试验设施运行;合成目标生成器(STG)模拟入侵威胁目标,并成功提供给海上舰载导弹武器系统实装(SDTS);模拟目标数据、舰艇数据和舰载武器系统交战数据被采集和发送,并在实验室中精确接收;实验室成功进行导弹和目标的终端交战仿真。

3.3 美军VMR系统的特点

(1) 设计良好的导弹半实物仿真系统具有理想的仿真逼真度和置信度,完全可以模拟真实导弹的行为,其经济性、重复性、安全可控性较比外场试验具有突出优势。

(2) 美国海军的VMR系统已经将试验焦点从传统的导弹性能检验(低层次)转移到导弹武器系统大闭合回路试验与评估方面(高层次),当然VMR也可以考核导弹一些重要的性能参数,如精度、脱靶量等。

(3) 由于将舰载导弹武器系统实装无缝接入到贴近实战的合成仿真环境中,从而将操作武器的战斗员作为能动因素纳入到虚拟试验回路,武器战斗员摆脱了传统试验中的被动地位。另外这也模糊了试验与训练的界限,VMR为此也设计了完善的训练评分系统。

(4) 分布交互式仿真技术的应用,模糊了内外场试验界限,使内场仿真设施和外场试验设施结合成为一体化联合试验靶场,扩展了传统试验边界,构造了贴近实战的仿真环境,扩充了传统试验的内涵[5]。

4 基于ADS的导弹虚拟试验靶场体系结构

靶场转型发展在导弹试验与评估领域的核心内容就是构建贴近实战的、高逼真度和高置信度的导弹一体化联合试验环境,开展抗干扰、突防和对抗等效能评估必要的复杂试验样式。基于ADS体系构建虚拟靶场战术导弹内外场结合的一体化联合试验环境是实现上述转型发展的关键。

4.1 ADS在导弹试验评估领域的技术优势

ADS使用先进的信息技术和系统集成技术将外场试验资源(包括环境、武备、测控)、各种实验室资源和仿真设施资源(包括真实、虚拟和构造仿真)联合为有机整体,建立逼真的、复杂的、合成的试验环境,支持导弹抗干扰、突防和对抗等复杂试验样式,实现在贴近实战环境条件下对新型导弹各种性能和效能指标的充分考核和评估。ADS是发挥仿真(模拟)技术在导弹武器系统试验与评估中效能的倍增器。利用ADS技术构建导弹试验评估体系,可有效克服当前靶场导弹试验的局限性。

4.2 利用ADS/HLA构建导弹虚拟试验场技术体

导弹虚拟试验靶场所构造的大仿真回路采用分布交互式体系结构,目前利用分布交互技术构建军用大仿真系统的主流技术是ADS(DIS、HLA)和TENA(试验/训练使能体系结构)。考虑到目前国内只有支持ADS的软件产品,虚拟试验场大仿真回路采用ADS/HLA标准。导弹虚拟试验靶场的逻辑视图如图2所示。

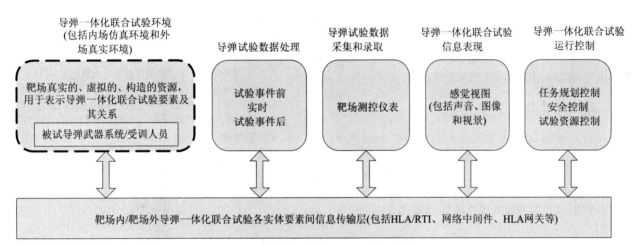

图2 导弹虚拟试验靶场顶层逻辑示意图

该图表现的是一个模糊了各种试验资源类别的、通用的、分布交互式的导弹一体化联合试验体系的高层视图。导弹虚拟试验场将以目前靶场干线光缆网、无线通信网络设备等基础设施为底层通信层;在通信层之上是HLA仿真联邦及HLA网关或HLA联邦桥,利用HLA作为异构系统"黏合剂"将构成导弹一体化联合试验的各要素(包括导弹动力学及制导控制仿真模型、导引头、环境模拟设备、威胁目标模拟器、在线测试仿真设备、战术数据链及其模拟器、战术导弹武器系统作战平台等试验实体)整合成战术导弹靶场仿真联合体;为了保证靶场仿真联合体的条件、状态和进程得到监控和维护,靶场仿真联合体必须具有导弹一体化联合试验控制与分析节点。

4.3 导弹虚拟试验靶场建设思路

导弹虚拟试验靶场建设应遵循渐进式原则。通过持续的试验科研条件建设,靶场将建成以内场仿真信息与外场试验信息互操作为主要特征的一体化联合试验体系。依托导弹虚拟试验场,实现战术导弹试验评估模式的转变:即由单纯依靠外场飞行试验进行导弹单项性能指标检验的模式向复杂电磁环境下、高密度威胁环境下、多平台体系对抗条件下的一体化联合试验模式转变。虚拟试验场建设的原则是顶层设计、分步实施,建设的指导思想是以前期仿真建设项目为基础、以内场仿真能力建设为重点、以体系结构建设为关键环节。

(1) 第一阶段

导弹虚拟试验场建设第一阶段应重点建设内场仿真试验设施,对现有内场仿真设施进行封装、升级和完善;在此基础上,利用场区干线光缆网和各试验区高速局域网,基于ADS/HLA框架实现分布在靶场不同地域的战术导弹仿真资源的互联、互通、互操作;将靶场仿真试验资源"黏合"在一起,初步实现导弹全数字、半实物仿真试验数据基于广域网的弱实时交互(数百毫秒到秒级的实时粒度),为下一步研发工作建立技术框架。

(2) 第二阶段

第二阶段的建设重点应放在外场真实导弹武器系统与基于ADS/HLA构建的导弹虚拟试验场接口建设方面。先进分布式仿真体系ADS不仅支持构造仿真和虚拟仿真之间的集成、互操作,还可通过特定接口(通常称为"代理节点"或"桥节点")支持各种真实系统如武器系统、C^4ISR系统、仪表化的靶场试验设施等与构造仿真或虚拟仿真集成、互操作。通过采用实装仿真代理技术、武器系统接口技术和试验数据无线传输技术构建导弹虚拟试验体系结构，实现内场仿真资源、外场试验资源和武器系统实装的集成，为构造贴近实战的、高逼真度和高置信度的导弹虚拟试验环境提供技术支撑。这一阶段的主要目标就是将外场试验资源（武器系统、靶场仪器仪表、通信设施）与内场仿真设施整合为一体化联合试验体系，构建战术导弹虚拟试验场，从而可以在接近实战条件特别是复杂电磁环境下，对战术导弹的技术性能、作战使用性能和作战效能进行试验与评估。

4.4 虚拟打靶

虚拟打靶的大致过程是：利用目标模拟器或战术数据链模拟器替代真实的威胁目标或靶标，提供目标运动学参数、电磁特性或红外特性；导弹火控系统或载机综合航电系统跟踪模拟的来袭目标并向来袭目标发射仿真的导弹；武器系统实装提供的发射初始参数及其他飞行控制参数通过武器系统接口和靶场无线信道实时传送到内场导弹试验评估实验室，驱动战术导弹全数字仿真系统或半实物仿真系统的运行，模拟导弹与目标交战过程。

4.5 端到端试验

所谓端到端试验就是模拟以 C^4ISR 为核心、从传感器探测端到指挥与控制再到武器交战的完整作战过程，是靶场未来以效能评估为中心的精确制导武器主要试验模式。导弹虚拟试验靶场建设采用开放式架构、整合靶场导弹试验资源、构建导弹虚拟试验环境，为靶场未来围绕导弹作战系统开展内外场一体化联合试验奠定技术基础并提供试验保障条件。

5 结束语

跨军种界限的多军种联合作战已成为信息化战场的基本作战方式，而信息化条件下的联合作战试验/训练必须借助先进的军用仿真技术才能有效进行。这类试验/训练样式单靠个别靶场是难以有效开展的，必须构建可组合共享各军兵种内场实验室资源、靶场试验资源的合成靶场。依托虚拟靶场，才能进行各军种合成的作战试验、训练和演练。导弹虚拟试验靶场采用 HLA 体系结构和模型三层封装技术，保证所构建的系统以可控自治的模式服务于任何特定的试验事件。因此导弹试验资源可以依托军队信息基础平台和全军一体化网络为其他系统所复用，参与更复杂、更高层次的军事训练。

参考文献

[1] 王国玉,冯润明,陈永光. 无边界靶场[M]. 北京:国防工业出版社,2007.

[2] 郭齐胜,罗小明,等. 武器装备试验理论与检验方法[M]. 北京:国防工业出版社,2013.

[3] 郭齐胜,汤再江,罗小明,等. 装备作战仿真[M]. 北京:国防工业出版社,2013.

[4] 王国盛,洛刚. 美军一体化试验鉴定分析及启示[J]. 装备指挥技术学院学报,2010,21(2):95-98.

[5] 杨磊,武小悦. 美军装备一体化试验与评价技术发展[J]. 国防科技,2010,31(2):8-14.

第五部分

控制与决策

绳系卫星系统子星姿态控制问题研究

王志达[1]，张 兵[2]，林 彦[2]，万自明[1]

(1. 北京电子工程总体研究所，北京，中国，100854；2. 航天科工空间工程发展有限公司，北京，中国，100854)

摘 要：以绳系卫星系统的子星姿态控制问题为背景，分析了绳系卫星系统姿态控制模式及控制实现的难度与可行性；针对摆臂式控制手段推导了子星姿态动力学方程，通过反馈正比于子星转动角速度的阻尼项，实现了子星姿态的稳定控制，并对系绳长度、控制参数的选择对姿态控制系统的影响进行了分析。同时针对对地观测中关心的姿态跟踪问题，提出了在跟踪输入已知的条件下，通过对输入增加超前时移环节来提高跟踪精度的方法。仿真结果表明，相比于传统的姿态控制方法，本文提出的方法具有结构简单和节省燃料等优点。

关键词：绳系卫星系统；子星姿态；姿态跟踪

中图分类号：V448

Research on the Subsatellite Attitude Control of Tethered Satellite System

Wang Zhida[1], Zhang Bing[2], Lin Yan[2], Wan Ziming[1]

(1. Beijing Institute of Electronic System Engineering, Beijing, 100854; 2. CASIC Space Engineering Development Corporation, Beijing, 100854)

Abstract: According to the attitude control of tethered satellite, the attitude control method of tethered satellite is analysed. For the mechanical rod attitude control structure, the attitude control equations are formed. Then by adding a feedback damping control term which is proportional to the palstance of the subsatellite, the stability of the subsatellite attitude control is realized. The factors that have influences on the attitude control system, such as the tether's length and the control parameters, are discussed. For attitude tracing, when the attitude tracing input is known, by adding an anticipatory time shift to the input when the input is available, the trace accuracy is promoted. The results indicate that compared with conventional attitude control methods, the attitude control method we developed make better use of the tether tension and are simpler and energy-saving.

Key words: Tethered Satellite System; Subsatellite's Attitude; Attitude Trace

1 引言

绳系卫星系统最早由齐奥尔科夫斯基提出，是指利用柔性系绳将两个或多个航天器连在一起飞行的组合体[1]，其在载荷回收、高层大气探测、动量交换、人工重力等方面具有潜在应用价值。针对绳系卫星系统的子星姿态控制问题，国内外学者进行了广泛研究。G. Colombo 和 D. Arnold[2]在 1982 年对绳系卫星系统姿态主动控制研究进行了总结，重点介绍了连接两质量点模型的系绳展开后的绳系卫星系统的各种姿态动力学方程，以及相对应的仿真计算结果，在计算过程中重点考虑的是子星的姿态。对于两质点绳系卫星模型，他们采用了 DUMBELL 模型进行解算；对于多质量点绳系卫星模型，则采用了 SKYHOOK 程序进行解算。Santangelo[3]基于 NASA 利用绳系卫星系统探测地球高层大气的 AIRSEDS-S 和 TSS-2 项目，研究了末端载荷姿态控制的阻尼系统，其原理主要是利用高层大气的阻尼作用，使得末端载荷在当地垂线方向的三轴指向精度都稳定在期望范围内，从而很好地完成探测任务。M. Nohmi 和 T. Hosoda 等[4]系统介绍了日本香川

作者简介：王志达(1993—)，男，河北承德人，在读研究生，研究方向为控制科学与工程。

大学的绳系机器人项目KUKAI和TSR-S,与传统的绳系卫星系统不同,绳系机器人使用了较短系绳,其主星和子星质量较为接近,且将子星视为多体系统,利用连接子星和系绳的二自由度杆状机械臂对子星的姿态进行控制,该控制方法在仿真验证和地面演示试验中都取得了很好的结果,但是由于KUKAI项目中子星释放回收系统故障,实际系绳仅仅展开了几厘米,子星姿态控制试验未能实施;在TSR-S项目中,这种子星姿态控制方法得以成功验证,结果证实了利用杆状机械臂控制子星姿态的可行性。O. Mori和S. Matunaga[5]基于多体绳系卫星系统,研究了集群控制和姿态控制,系绳和卫星利用杆状机械臂相连,各个卫星的姿态通过系绳张力、绳长和杆状机械臂的姿态来进行控制,并对多体绳系卫星系统的姿态控制进行了仿真验证和地面演示验证,结果表明这种控制方式不但能节省推力器燃料,而且提高了绳系卫星系统编队飞行时的姿态控制精度。陈辉、文浩和金栋平等[6]研究了系绳与机构之间串联可控刚性控制臂,其中子星视为圆盘。对于子星质量远远小于主星质量条件下的绳系卫星系统面内位置和姿态最优控制问题,他们利用Gauss伪谱法,将最优控制问题离散为大规模动态规划问题,并借助非线性规划方法求解,结果表明偏置机构的引入提高了系统面内运动发散的轨道偏心率,位置控制与姿态控制可相互解耦。

总结绳系卫星系统姿态控制研究进展,可以看出对于绳系卫星系统姿态控制的研究主要分为两个阶段:第一个阶段主要是利用传统的航天器姿态控制手段来进行子星姿态控制,这些方法较为成熟,但没有利用绳系卫星系统的固有特性;第二个阶段主要是利用系绳张力作为控制力,通过改变力臂来产生控制子星姿态的力矩,该方法不同于传统的动量交换控制和喷气推力控制,具有结构简单、电能消耗少、不消耗燃料的优点,但动力学模型相对复杂。本文的研究工作主要针对绳系卫星系统的子星姿态控制问题,首先,通过绳系卫星系统动力学模型,分析绳系卫星姿态控制模式;然后,针对展开的绳系卫星系统,研究摆臂控制机构作用的子星姿态动力学模型,并由此提出可行的姿态控制律,并对控制律进行系统性的分析与研究;最后,对姿态控制律进行仿真验证。

2 绳系卫星系统模型

绳系卫星系统模型研究需要定义关于移动和转动的参照系。如图1所示,坐标系 $O\text{-}XYZ$(简记为 O 系)为以地心为原点的地心惯性坐标系。坐标系 $A\text{-}xyz$(简记为 A 系)为以主星 A 质心为原点的轨道固连坐标系,Ax 轴沿地心和主星 A 的质心连线指向引力的反方向,Ay 轴指向主星轨道运动的速度方向,Az 轴的方向由右手定则确定。主星 A 的质量为 m_A,子星 B 的质量为 m_B。通常情况下,认为 $m_A \gg m_B$。

绳系卫星系统的功能载荷往往安装在子星上,因此需要针对需求对子星姿态进行控制。子星姿态控制手段既可以采用传统的动量轮、推力器等,也可以利用系绳张力来产生控制力矩。

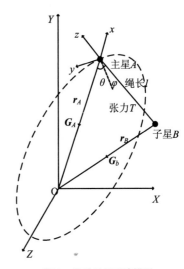

图1 绳系卫星系统模型

由于系绳长度远远大于主星和子星的尺寸,在系绳释放回收过程中往往将主星和子星视为质点,而对子星姿态进行单独研究,由此得出绳系卫星系统的动力学方程为

$$k = 1 + e\cos f \tag{1}$$

$$\Omega = \dot{f} = \mu^{\frac{1}{2}} p^{-\frac{3}{2}} k^2 \tag{2}$$

$$\dot{\Omega} = -2\Omega^2 k^{-1} e\sin f \tag{3}$$

$$\ddot{l} - l[\dot{\varphi}^2 + (\dot{\theta} + \Omega)^2\cos^2\varphi + k^{-1}\Omega^2(3\cos^2\varphi\cos^2\theta - 1)] = -\frac{T + F_l}{m_B} \tag{4}$$

$$\ddot{\theta} + \dot{\Omega} + 2(\dot{\theta} + \Omega)\left(\frac{\dot{l}}{l} - \dot{\varphi}\tan\varphi\right) + 3k^{-1}\Omega^2\sin\theta\cos\theta = -\frac{F_\theta}{m_B l} \tag{5}$$

$$\ddot{\varphi} + 2\dot{\varphi}\frac{\dot{l}}{l} + \sin\varphi\cos\varphi[(\dot{\theta} + \Omega)^2 + 3k^{-1}\Omega^2\cos^2\theta] = -\frac{F_\varphi}{m_B l\cos\varphi} \tag{6}$$

式中,方程(1)~(3)为轨道角运动的微分方程,方程(4)~(6)为绳系卫星系统动力学方程。其中,e 为轨道偏心率;p 为半通径;f 为真近点角;Ω 为轨道角速度;l 为系绳长度;T 为系绳张力;θ 为轨道面内倾角;φ 为轨道面外倾角;F_l、F_θ、F_φ 为子星三个方向的辅助推力。

3 子星姿态动力学与控制

对于展开到稳定状态的绳系卫星系统,系绳长度 L 保持不变,假设系统运行于圆轨道,处于对地稳态指向,即 $\theta = 0, \varphi = 0$,且不考虑子星推力,由此方程(4)可化为

$$T = 3m_B L\Omega^2 \tag{7}$$

由此可见,系绳张力保持为稳态值,在轨道坐标系中,子星受到的力为系绳张力、重力和惯性力。重力和惯性力作用在子星质心上,不改变子星的姿态运动;通过改变子星质心到系绳张力作用线的距离可产生力矩,即可对子星姿态进行控制。为了简化起见,假设姿态运动为沿轨道面

内倾角的一维运动,由于轨道运动角速度与姿态运动角速度重合,此时二者的耦合作用为零。这里假设以杆状机械臂(即摆臂)连接系绳和子星,通过子星上电机控制摆臂来产生不同的控制力矩[4]。

假设机械杆安装在子星的质心,机械杆能进行两个自由度的转动,其结构如图2所示。设系绳张力为T,机械杆长为l,质量为m_l,子星质量为m_B,绕质心沿垂直纸面方向轴旋转的转动惯量为I_B。机械杆与子星连接处可通过电机进行驱动,转动的角度为φ,φ为控制量。子星相对于平衡态转动的角度为θ,角度以逆时针转动为正。

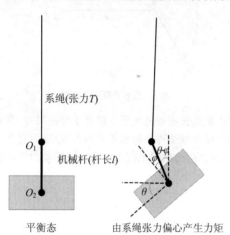

图2 机械杆姿态控制示意图

由于系绳长度通常超过几十米,且摆臂很短,所以在机械杆和子星转动过程中,系绳偏转的角度很小,几乎不发生变化,即可认为机械杆与子星的组合体是沿着系绳与机械杆的连接点转动的,子星是沿着机械杆与子星的连接点转动的,二者的和转动为子星与机械杆的姿态运动。由此得出,机械杆与子星组合体转过的角度为$\theta - \varphi$。

首先,考虑子星绕O_2轴转动的动力学方程:

$$M_1 = I_B \ddot{\varphi} \quad (8)$$

力矩M_1由驱动电机产生,$\ddot{\varphi}$的产生与驱动电机直接相关。

然后,考虑机械杆与子星组合体绕O_1轴转动的动力学方程:

$$M_2 = I_t(\ddot{\theta} - \ddot{\varphi}) \quad (9)$$

其中,由转动惯量平行轴定理可得,$I_t = \frac{1}{3}m_l l^2 + I_B + m_B l^2$;由相对性原理可得,$M_2 = -M_1 - Tl\sin(\theta - \varphi)$。将$I_t$和$M_2$代入式(9),可得

$$-Tl\sin(\theta - \varphi) = \left(\frac{1}{3}m_l l^2 + I_B + m_B l^2\right)\ddot{\theta} + \left[I_B - \left(\frac{1}{3}m_l l^2 + I_B + m_B l^2\right)\right]\ddot{\varphi} \quad (10)$$

方程(10)即为机械杆姿态控制结构下子星姿态的动力学方程,φ为可以控制输入的角度,θ为子星偏转的角度。由于驱动电机的响应时间远远小于机械杆与子星的姿态响应时间,可以假设电机驱动φ角是在瞬时达到指定角度的,即可认为在每一瞬时都满足$\ddot{\varphi} = 0$;从另一个角度分析,电机在实际控制过程中稳定工作后的运动模式是匀速转动,即同样可认为$\ddot{\varphi} = 0$。由$\ddot{\varphi} = 0$的条件,方程(10)中$\ddot{\varphi}$一项可以约去:

$$-Tl\sin(\theta - \varphi) = \left(\frac{1}{3}m_l l^2 + I_B + m_B l^2\right)\ddot{\theta} \quad (11)$$

令$\omega_n^2 = \dfrac{Tl}{\frac{1}{3}m_l l^2 + I_B + m_B l^2}$,$u = \varphi$,代入方程(11),得

$$\ddot{\theta} = -\omega_n^2 \sin(\theta - u) \quad (12)$$

方程(12)得到的机械杆姿态控制结构下子星姿态动力学方程,由于缺少阻尼项,系统是发散的,需要反馈阻尼项$-2\xi\omega_n\dot{\theta}$来使系统稳定,其中$\dot{\theta}$可以利用速率陀螺组件来进行精确测量。增加阻尼项后的系统方程为

$$\ddot{\theta} = -2\xi\omega_n\dot{\theta} - \omega_n^2 \sin(\theta - u) \quad (13)$$

在实际中,子星姿态控制系统工作在跟踪状态,当跟踪稳定后,$(\theta - u)$是小量,当$(\theta - u)$是小量时,$\sin(\theta - u) \approx (\theta - u)$,系统(13)可线性化为二阶系统,可以利用二阶系统理论对该系统进行分析。由于$|\omega_n^2\sin(\theta - u)| \leqslant \omega_n^2$,相当于系统的实际自然频率会小于$\omega_n$,系统的最佳阻尼比$\xi$要选的比二阶系统相对小一些。$\omega_n^2$与系绳张力$T$成正比,因而当系绳长度$L$越长时,系绳张力$T$越大,系统的自然频率也越大,相应的系统响应速度越快。

4 仿真分析

在仿真分析过程中,首先研究系统的阶跃响应,然后研究系统的实际跟踪过程。

假设绳系卫星系统运行的轨道为268 km高度圆轨道,轨道角速率为$\Omega = 0.001167$ rad/s,绳系卫星是皮卫星,子星质量为$m_B = 1$ kg,绕质心转动惯量为$I_B = 1.67 \times 10^{-3}$ kg·m²;假设机械杆的长度为$l = 0.1$ m,质量为$m_l = 0.05$ kg。

首先,研究系统的阶跃响应。设展开系绳长度为$l = 30$ m,阻尼比为$\xi = 0.64$,输入的阶跃信号为$u = \begin{cases} 0.1, & t < 0 \\ 0, & t \geqslant 0 \end{cases}$,得到阶跃响应曲线如图3所示。

系统的性能参数为:上升时间$t_r = 91.7$ s,超调量$\sigma\% = 7.3\%$,5%误差带的调节时间$t_s = 158.1$ s。

可以看出,系统的响应时间很长,这主要是因为当展开系绳长度$L = 30$ m时,所决定的系绳张力很小,仅为$T = 1.2257 \times 10^{-4}$ N,此时$\omega_n = 0.0322$,从而造成系统的自然频率很小。当改变展开系绳长度至$l = 1000$ m,其他条件相同时,系统的阶跃响应如图4所示。

系统的性能参数为:上升时间$t_r = 15.9$ s,超调量$\sigma\% = 7.3\%$,5%误差带的调节时间$t_s = 27.4$ s。系统的快速性有了很大提高。

然后,研究姿态跟踪过程。设跟踪输入为:$u(t) = 0.5\sin(0.02t) + 0.1\sin(0.01t)$,跟踪时间为3000 s,展开后系绳长度为$l = 30$ m,初始时刻条件为$\theta = 0$和$\dot{\theta} = 0$,得

到跟踪曲线如图 5 所示。

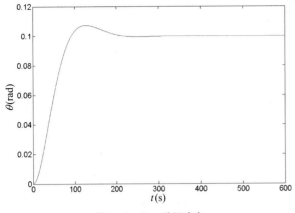

图 3 $l = 30$ m 阶跃响应

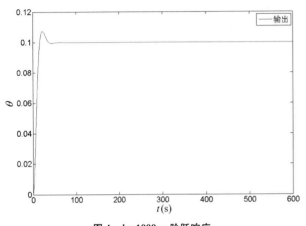

图 4 $l = 1000$ m 阶跃响应

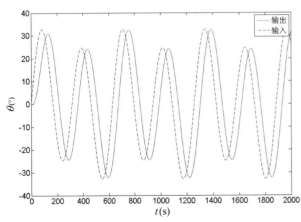

图 5 $l = 30$ m 跟踪曲线

由图 5 可以看出,跟踪存在偏差的主要原因在于系统的响应速度太慢,如果在实际中跟踪输入已知,可以通过对输入增加超前时移环节来实现精确跟踪控制,此时 $u_r(t) = u(t - t_s)$。当系绳展开长度分别为 $l = 30$ m 和 $l = 1000$ m 时,增加超前时移环节的跟踪曲线和跟踪误差曲线如图 6～图 9 所示。

(1) $l = 30$ m 时,令 $t_s = 47.0$ s,初始时刻条件为 $\theta = 0$ 和 $\dot{\theta} = 0$,得到跟踪曲线和跟踪误差曲线如图 6 和图 7

所示。

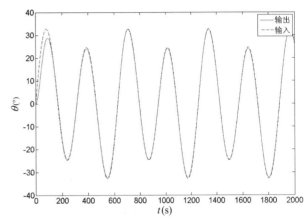

图 6 $l = 30$ m 跟踪曲线

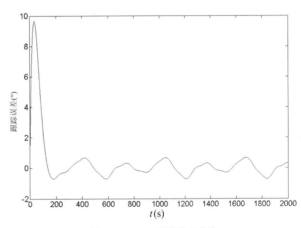

图 7 $l = 30$ m 跟踪误差曲线

由图线可以看出,由于初始时刻状态量与跟踪状态存在偏差,初始时刻之后的一段时间跟踪误差较大,经过大约 160 s 之后,跟踪误差趋于稳定,稳定后的跟踪误差绝对值不大于 $0.71°$。

(2) $l = 1000$ m 时,令 $t_s = 6.9$ s,初始时刻条件为 $\theta = 0$ 和 $\dot{\theta} = 0$,得到跟踪曲线和跟踪误差曲线如图 8 和图 9 所示。

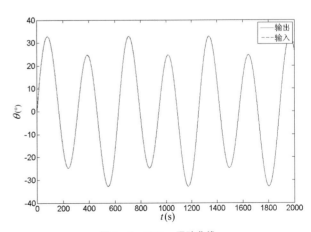

图 8 $l = 1000$ m 跟踪曲线

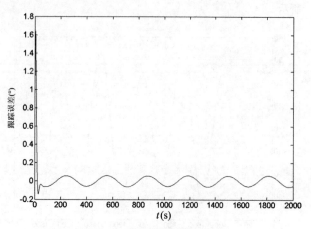

图9　$l = 1000\ m$ 跟踪误差曲线

由图线可以看出,经过大约 28 s 之后,跟踪误差趋于稳定,稳定后的跟踪误差绝对值不大于 $0.063°$。

比较图6～图9,可以得出:当 t_s 设置为上升时间的一半左右时,可以取得很好的跟踪结果;当绳长增大时,系绳张力变大,ω_n 也增大,使得系统的响应速度增大,跟踪误差的绝对值减小。

5　结论

本文研究了绳系卫星系统的子星姿态控制模式设计方法。仿真结果表明,系绳张力作为控制手段实现子星姿态控制具有很高的可行性。仿真结果还表明,当系绳长度较短时,由于相应的系绳张力太小,姿态控制系统的响应时间很长,从而造成跟踪输出严重滞后;当跟踪输入已知时,可以通过对输入增加超前时移环节来实现精确跟踪控制;超前时间大小选择为阶跃响应上升时间的二分之一左右时,可以实现较高的跟踪精度。

参考文献

[1] Cosmo M L, Lorenzini E C. Tethers in space handbook[M]. 3rd ed. Washington DC: NASA, 1997.
[2] Colombo G, Arnold D. Study of tethered satellite active attitude control[C]. Cambridge, Massachusetts: Smithsonian Institution, 1982.
[3] Santangelo A. Optimal attitude control of a tethered end mass in the Earth's Upper Atmosphere [C]. Holland, Michigan: The Michigan Technic Corporation, 1997.
[4] Nohmi M, Hosoda T, Tanikawa J, et al. Space experiment for a tethered space robot by Kagawa University[J]. JSTS, 2013, 26(1): 47-56.
[5] Mori O, Matunaga S. Formation and attitude control for rotational tethered satellite clusters [J]. Journal of Spacecraft And Rockets, 2007, 44(1): 211-220.
[6] 陈辉,文浩,金栋平,等. 带刚性臂的空间绳系机构偏置控制[J]. 中国科学:物理学 力学 天文学, 2013, 43(4): 363-371.

基于输出重定义的柔性机械臂复合控制

张琪,张磊,贺庆利

(航空工业第一飞机设计研究院,陕西西安,中国,710089)

摘　要:针对柔性机械臂存在的模型不确定性以及外界干扰,设计了复合控制策略,旨在实现对未知信息的有效学习从而完成控制器设计。首先,采用输出重定义方法对系统输出进行调整使其克服非最小相位,零动态稳定;其次,结合输入输出线性化策略使对象模型分为输入输出子系统以及内动态子系统;接着,针对输入输出子系统,考虑模型不确定性设计神经网络学习策略,针对外界未知干扰设计扰动观测控制方法,两种策略互为包含关系,相互作用;最后,针对内动态子系统设计状态反馈控制器。

关键词:非最小相位;输出重定义;神经网络;扰动观测

中图分类号:TP391

Composite Control of Flexible Manipulators Based on Output Redefinition

Zhang Qi, Zhang Lei, He Qingli

(AVIC the First Aircraft Institute, Shaanxi, Xi'an, 710089)

Abstract: Aiming at the model uncertainty and external disturbances existing in flexible manipulators, a composite control strategy is designed to realize the effective learning of unknown information and then complete the controller design. First of all, we use output redefinition to overcome the system non-minimum phase. Secondly, based on the method of input-output linearization, the dynamics is separated into two subsystems, one is input-output subsystem and the other is internal dynamics subsystem. Thirdly, the neural network is used to estimate the uncertainties and the disturbance observer is used to study the unknown signal of the input-output subsystem, the two strategies interact with each other. Finally, a state feedback control is designed for the internal dynamics subsystem.

Key words: Non-minimum Phase; Output Redefinition; Neural Network; Disturbance Observer

1 引言

机器人在人类社会生活中扮演的角色越来越重要,机械臂作为直接执行机构受到了广泛关注。现今,为了达到节省燃料、增加操作范围以及实现软接触保护目标及自身安全的目的,机械臂从原有的刚性杆向柔性杆转变,柔性机械臂具有质量轻、操作范围大等特点,提高了机器人工作效率,但也带来了相应的控制难点。对于柔性机械臂这类非线性系统而言,没有传统意义上的传递函数,因而对于其非最小相位[1]的判断依托于零动态的概念。零动态即输出为0时系统的状态,通过零动态分析可知,柔性机械臂结构弹性带来的弹性模态会使得系统表征非最小相位特性,这不利于控制器的设计。针对这一问题,文献[2]采用输出重定义的方法结合滑模控制实现了针对非最小相位系统的控制器的设计。文献[3]将输出重定义方法推广到飞行器控制中。文献[4]结合对柔性机械臂动力学的分析,采用输出重定义使系统零动态稳定,从而进一步进行控制器的设计。对于柔性机械臂这类强非线性系统,其模型不确定性使得控制器设计难度增加,神经网络作为一种智能学习方法,可以实现对不确定信息的有效估计,不需要对象的精确模型。文献[5]采用神经网络实现了对柔性机械臂不确定信息的有效估计,并且得到了较好的跟踪效果。文献[6]采用神经网络与滑模控制相结合的方式实现了对柔性机械臂模型不确定信息的精确逼近。

结合前人工作,本文考虑柔性机械臂的非最小相位特

作者简介:张琪(1991—),男,陕西西安人,助理工程师,硕士,研究方向为控制算法研究;张磊(1985—),男,陕西西安人,工程师,硕士,研究方向为软件技术开发;贺庆利(1993—),女,陕西渭南人,助理馆员,硕士,研究方向为数字档案管理。

点,首先采用了输出重定义对系统输出进行调整,使系统零动态稳定,针对模型的不确定信息采用神经网络进行在线学习,同时考虑柔性机械臂工作过程中不可避免的外界干扰,设计了扰动观测学习策略来实现补偿控制。本文亮点在于神经网络与扰动观测并非单独工作,神经网络权重学习律中包含扰动观测的估计信号,而扰动观测器中同时包含神经网络的学习信号,两种方法相互作用,互为补偿,旨在实现对未知信息更加全面的估计。

2 模型描述

考虑 n 自由度柔性机械臂的动力学模型为

$$M\begin{bmatrix}\ddot{\theta}\\\ddot{\delta}\end{bmatrix}+\begin{bmatrix}S_1(\theta,\delta,\dot{\theta},\dot{\delta})\\S_2(\theta,\delta,\dot{\theta},\dot{\delta})\end{bmatrix}+\begin{bmatrix}D_1 & 0\\0 & D_2\end{bmatrix}\begin{bmatrix}\dot{\theta}\\\dot{\delta}\end{bmatrix}+\begin{bmatrix}0 & 0\\0 & K_2\end{bmatrix}\begin{bmatrix}\theta\\\delta\end{bmatrix}=\begin{bmatrix}u\\0\end{bmatrix}+\begin{bmatrix}f_d\\0\end{bmatrix} \quad (1)$$

其中,M 为正定对称惯性矩阵;$S_1(\theta,\delta,\dot{\theta},\dot{\delta})$、$S_2(\theta,\delta,\dot{\theta},\dot{\delta})$ 是与哥氏力和向心力有关的项;D_1、D_2 为阻尼矩阵;K_2 为刚度矩阵;u 为关节输入力矩;$[\theta_i^T,\delta_{i,j}^T]^T$ 是由机械臂关节角和柔性模态组成的广义矢量,其中 θ_i 为第 i 个关节角变量;$\delta_{i,j}$ 为第 i 个连杆的 j 阶模态变量;f_d 为外界干扰项。

定义 $M^{-1}=\begin{bmatrix}H_{11} & H_{12}\\H_{21} & H_{22}\end{bmatrix}$,同时为了简化描述,令 $S_1=S_1(\theta,\delta,\dot{\theta},\dot{\delta})$,$S_2=S_2(\theta,\delta,\dot{\theta},\dot{\delta})$,模型(1)可进一步写为

$$\begin{aligned}\ddot{\theta} &= -H_{11}(S_1+D_1\dot{\theta})-H_{12}(S_2+D_2\dot{\delta}+K_2\delta)\\&\quad +H_{11}(u+f_d)\\\ddot{\delta} &= -H_{21}(S_1+D_1\dot{\theta})-H_{22}(S_2+D_2\dot{\delta}+K_2\delta)\\&\quad +H_{21}(u+f_d)\end{aligned} \quad (2)$$

注释1:柔性机械臂由于其弹性模态的影响使其末端位置输出零动态不稳定,即系统表征非最小相位特性,不利于控制器设计;针对系统存在的非最小相位特性,本文采用输出重定义调整输出使得系统渐进稳定,从而进一步进行控制器的设计。

输出重定义函数形式为

$$y_i = \theta_i + \frac{\alpha_i}{l_i}\sum_{j=1}^{m}\varphi_{i,j}\delta_{i,j} \quad (3)$$

其中,$i=1,2,\cdots,m$ 为模态阶数;$\varphi_{i,j}$ 为对应模态函数;l_i 为连杆长度;α_i 为与输出重定义相关的参数,当 $-1<\alpha_i<1$ 时,系统内动态稳定。

公式(3)写成矩阵形式如下:

$$y = \theta + C\delta \quad (4)$$

其中,$y=[y_1,\cdots,y_n]^T$,$C=\begin{bmatrix}C_1 & & 0\\& \ddots &\\0 & & C_n\end{bmatrix}\in R^{n\times mn}$,

$$C_i = \frac{\alpha_i}{l_i}[\varphi_{i,1}(l_i),\varphi_{i,2}(l_i),\cdots,\varphi_{i,m}(l_i)]。$$

定义 $X=(x_1^T,x_2^T)^T=(y^T,\dot{y}^T)^T$,$\psi=(\psi_1^T,\psi_2^T)^T=(\delta^T,\dot{\delta}^T)^T$,进一步可得输入输出子系统式(5)和内动态子系统式(6):

$$\begin{cases}\dot{x}_1 = x_2\\\dot{x}_2 = \Gamma + \Upsilon u_1 + d\end{cases} \quad (5)$$

$$\begin{cases}\dot{\psi}_1 = \psi_2\\\dot{\psi}_2 = \Lambda + H_{21}(f_d+u_2)\end{cases} \quad (6)$$

其中,u_1 为输入输出子系统的控制输入;u_2 为内动态子系统的控制输入;Γ、Λ、Υ 表达式分别为

$$\begin{aligned}\Gamma &= -(H_{11}+CH_{21})(S_1+D_1\dot{\theta})\\&\quad -(H_{12}+CH_{22})(S_2+D_2\dot{\delta}+K_2\delta)\\\Lambda &= -H_{21}(S_1+D_1\dot{\theta})-H_{22}(S_2+D_2\dot{\delta}+K_2\delta)\\\Upsilon &= H_{11}+CH_{21}, d=(H_{11}+CH_{21})f_d\end{aligned}$$

3 控制器设计

定义误差信号 $e_1 = x_1 - y_d$,y_d 为期望关节角度,设计虚拟控制量为

$$x_{2d} = -k_1 e_1 + \dot{y}_d \quad (7)$$

其中,$k_1 \in R^{n\times n}$ 为正定对称非奇异矩阵。

定义二阶误差信号

$$e_2 = x_2 - x_{2d} \quad (8)$$

则二阶误差信号导数为

$$\dot{e}_2 = \dot{x}_2 - \dot{x}_{2d} = \Gamma + \Upsilon u_1 + d - \dot{x}_{2d} \quad (9)$$

采用神经网络对模型不确定项 Γ 进行估计,即有 $\Gamma = \omega^T \vartheta(z) + \varepsilon$。则 x_2 的动力学模型可以写作

$$\dot{x}_2 = \omega^T \vartheta(z) + \Upsilon u_1 + d + \varepsilon = \omega^T \vartheta(z) + \Upsilon u_1 + D \quad (10)$$

其中,$\vartheta(\cdot)$ 为神经网络基函数向量,$z=(X^T,\psi^T)^T$,$D=d+\varepsilon$。

定义模型预测误差 $K_f = x_2 - \hat{x}_2$,其中 $\hat{x}_2$ 由式(11)给出

$$\begin{cases}\dot{\hat{x}}_2 = \hat{\omega}^T \vartheta(z) + \Upsilon u_1 + \hat{D} + K_p K_f\\\hat{x}_2(0) = x_2(0)\end{cases} \quad (11)$$

其中,$K_p \in R^{n\times n}$ 为正定对称非奇异矩阵。设计神经网络权重自适应更新律为

$$\dot{\hat{\omega}} = \gamma[\vartheta(z)(e_2+\gamma_{NN}K_f)^T - \xi\hat{\omega}] \quad (12)$$

其中,γ、γ_{NN}、ξ 均为正数。设计扰动观测器为

$$\hat{D} = L(x_2 - b) \quad (13)$$

其中,$L \in R^{n\times n}$ 为正定对称非奇异矩阵。

$$\dot{b} = \hat{\omega}^T \vartheta(z) + \Upsilon u_1 + \hat{D} \quad (14)$$

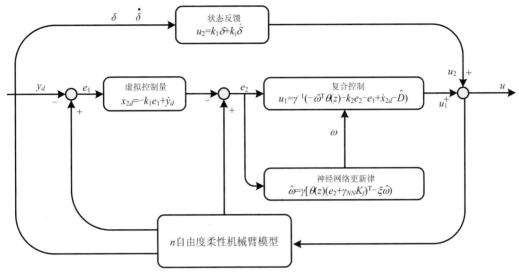

图 1 控制系统框架

综上,设计输入输出子系统控制输入为

$$u_1 = \Upsilon^{-1}(-\hat{\omega}^T\vartheta(z) - k_2 e_2 - e_1 + \dot{x}_{2d} - \hat{D}) \quad (15)$$

其中,$k_2 \in R^{n \times n}$ 为正定对称非奇异矩阵。

内动态子系统采用状态反馈控制器:

$$u_2 = k_\delta \delta + k_{\dot{\delta}} \dot{\delta} \quad (16)$$

其中,控制增益 k_δ 和 $k_{\dot{\delta}}$ 为采用极点配置得到的 $R^{n \times mn}$ 阶矩阵。

通过以上分析可知,控制系统总输入为

$$\begin{aligned} u &= u_1 + u_2 \\ &= \Upsilon^{-1}(-\hat{\omega}^T\vartheta(z) - k_2 e_2 - e_1 + \dot{x}_{2d} - \hat{D}) \\ &\quad + k_\delta \delta + k_{\dot{\delta}} \dot{\delta} \end{aligned} \quad (17)$$

4 仿真验证

为验证本文所设计的控制算法的有效性,选择 2 自由度柔性机械臂作为算法验证对象,采用 MATLAB 进行算法仿真,2 自由度柔性机械臂结构如图 2 所示。仿真相关参数为:$n=2, m=2$,期望关节角 $y_d = \begin{bmatrix} -\cos(2\pi t) \\ -\cos(2\pi t) \end{bmatrix}$,连杆长度 $l_1 = l_2 = 0.5$ m,输出重定义参数

$$\alpha = [\alpha_1, \alpha_2]^T = [0.9, 0.81]^T, k_p = 10,$$
$$k_{\dot{\delta}} = \begin{bmatrix} 0.6325 & 0.6325 & 0 & 0 \\ 0 & 0 & 6.3246 & 6.3246 \end{bmatrix},$$
$$k_1 = \begin{bmatrix} 5 & 0 \\ 0 & 50 \end{bmatrix}, k_2 = \begin{bmatrix} 2 & 0 \\ 0 & 25 \end{bmatrix}, \gamma = 0.5, \gamma_{NN} = 0.2,$$
$$\xi = 0.2, f_d = \begin{bmatrix} 0.5\sin t \\ 0.5\sin t \end{bmatrix}, k_\delta = \begin{bmatrix} 0.1 & 0.1 & 0 & 0 \\ 0 & 0 & 10 & 10 \end{bmatrix},$$
$$L = \begin{bmatrix} 1 & 0 \\ 0 & 1 \end{bmatrix}.$$

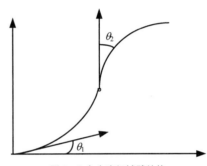

图 2 2自由度机械臂结构

选择以上参数,仿真结果如图3~图8所示。图3和图4分别给出了柔性机械臂连杆1和连杆2的关节角跟踪效果,由两幅图可以看出,本文所设计的控制策略可以有效实现关节角对期望指令的跟踪,误差能够快速收敛;图5为控制系统输入,包含了两连杆各自的输入指令;图6为扰动观测器响应曲线;图7为神经网络权重更新律范数,仿真结果显示,神经网络权重更新律范数能够有效收敛,学习效果较好;图8为柔性机械臂弹性模态响应曲线。仿真结果显示,文中针对内动态子系统所设计的状态反馈控制器可以实现对弹性模态的有效抑制。

致 谢

论文完成过程中参考了机械臂控制领域相关工作,是对前人工作的进一步改进,在此非常感谢在机械臂控制领域开拓创新的专家学者。

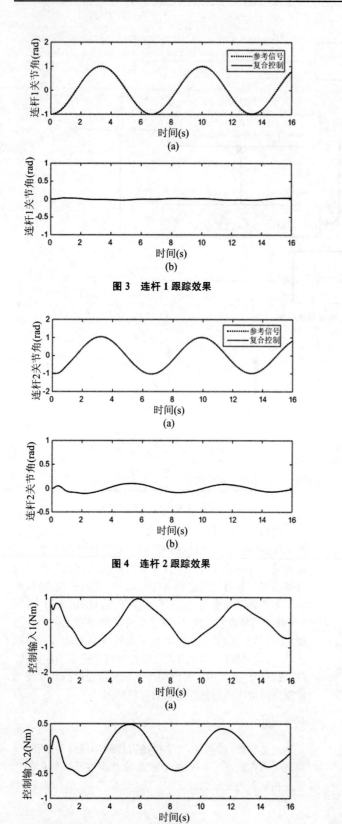

图3 连杆1跟踪效果

图4 连杆2跟踪效果

图5 控制输入

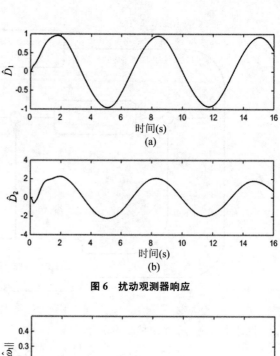

图6 扰动观测器响应

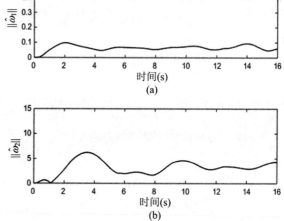

图7 神经网络权重更新律范数

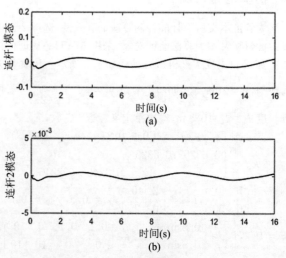

图8 弹性模态

参考文献

[1] Talebi H A, Patel R V, Khorasani K. Control of flexible-link manipulators using neural networks [J]. Springer London, 2001: 261.

[2] Gopalswamy S. Tracking nonlinear non-minimum phase systems using sliding control [J]. International Journal of

Control,1993,57(5):1141-1158.
[3] Yang H, Krishnan H, Ang M H. Tip-trajectory tracking control of single-link flexible robots by output re-definition [J]. IEE Proceedings - Control Theory and Applications, 2002,147(6):580-587.
[4] Ryu J H, Park C S, Tahk M J, et al. Plant inversion control of tail-controlled missiles [C]. Guidance, Navigation, and Control Conference. 1997.
[5] Xu B, Yuan Y. Two performance enhanced control of flexible-link manipulator with system uncertainty and disturbances[J]. Science China Information Sciences, 2017, 60(5):050202.
[6] Yu Z, Yang T, Sun Z. Neuro-sliding-mode control of flexible-link manipulators based on singularly perturbed model[J]. 清华大学学报(自然科学版,英文版),2009,14(4):444-451.

量子定位中精跟踪系统的 PID 控制及其仿真试验

邹紫盛[1],丛　爽[1],尚伟伟[1],陈　鼎[2]

(1.中国科学技术大学自动化系,安徽合肥,中国,230027;2.北京卫星信息工程研究所,
天地一体化信息技术国家重点实验室,北京,中国,100086)

摘　要:精跟踪系统作为量子定位系统中的精确瞄准部分,其精度直接影响着量子定位精度的高低。本文在粗跟踪系统运行的基础上,建立了精跟踪系统的控制框图,并建立了各部分的离散传递函数,设计了离散型 PID 控制器;同时,在 Simulink 平台进行了精跟踪系统的仿真试验,验证了采用本文设计的 PID 控制算法,在不考虑平台振动以及环境噪声情况下,可以使得精跟踪系统的误差达到小于 2 μrad。

关键词:量子定位系统;精跟踪系统;PID 控制器

中图分类号:V448.2

PID Control and Simulation Experiments of Fine Tacking System in Quantum Positioning

Zou Zisheng[1], Cong Shuang[1], Shang Weiwei[1], Chen Ding[2]

(1. Department of Automation, University of Science and Technology of China, Anhui, Hefei, 230027; 2. Beijing Institute of Satellite Information Engineering, State Key Laboratory of Space-Ground Integrated Information Technology, Beijing, 100086)

Abstract: The fine tracking system is an accurate aiming part in the quantum positioning system, and its precision directly determines the accuracy of the quantum positioning. Based on the operation mechanism of rough tracking system, the control block diagram of fine tracking system and the discrete transfer function of each part are established, and the discrete PID controller is designed. At the same time, the simulation experiment of the fine tracking system is carried out on the Simulink platform, and the simulation result verifies that the PID tracking algorithm designed in this paper can make the fine tracking error less than 2 μrad without considering the platform vibration and environmental noise on the satellite.

Key words: Quantum Positioning System; Fine Tracking System; PID Controller

1 引言

星地量子定位是指利用量子纠缠态光子信号传输与接收对地面物体进行坐标定位,具有定位精度高、抗电磁干扰能力强、保密性强等优点。在星地量子进行定位前需要先完成量子光的捕获、跟踪与瞄准(Acquisition, Tracking and Pointing,ATP),只有当 ATP 系统角度跟踪精度达到一定精度时,定位系统才能精确接收到量子光,从而进行测距与定位计算。ATP 系统跟踪精度越高,星地端对准度越高,量子定位系统中单光子探测器捕获到纠缠光子的概率越大,单位时间内能接收到的纠缠光子的个数越多,进而定位精度越高。量子定位系统中的信标光和量子光光束发散角小,传输距离长,另外受到大气干扰和卫星本体振动的影响,ATP 跟踪过程很难维持稳定。目前,ATP 系统大多采用粗跟踪系统内嵌套精跟踪系统的粗精跟踪组合嵌套技术来实现量子光的精密跟踪,其中,粗跟踪系统主要负责完成信标光的初始时期的大范围扫描和捕获,引导信标光光斑进入精跟踪视场,跟踪精度和带宽较低;精跟踪系统主要负责量子光的精确跟踪和锁定,用于补偿粗跟踪角度跟踪残差和平台振动造成的信标光光斑抖动,它要求较高的跟踪精度和带宽以便维持稳定的星地间光链路,是量子定位系统中高精度的保障。目前,在星地量子光对准研究方面,"墨字号"量子卫星成功

作者简介:邹紫盛(1993—),男,江西吉安人,硕士生,研究方向为量子导航定位系统的精跟踪控制及其仿真试验;丛爽(1961—),女,山东文登人,博士生导师,博士,研究方向为量子系统控制理论及量子导航定位系统应用、神经模糊系统、运动控制、机器人控制等。

完成了三大科学试验[1],担任"墨子号"量子卫星负荷总设计的中科院上海技术物理研究所王建宇研究组提出了精跟踪精度需达到2μrad以内的性能指标[2]。

本文在ATP系统以及精跟踪系统运行机制已知的基础上,建立了精跟踪系统的控制框图,并分别建立了其中快速反射镜和精跟踪探测器部件的离散传递函数,文章直接设计了精跟踪系统的PID控制器以及在Simulink中进行了精跟踪系统的仿真试验,仿真结果表明,在粗跟踪误差已经小于500μrad的基础上,精跟踪系统在不考虑平台振动以及环境噪声情况下,采用本文所提出的PID控制算法,可以实现2μrad以内的精跟踪精度。

本文的结构安排如下:第2节为精跟踪系统模型建立,对精跟踪系统工作过程进行了描述,并建立了精跟踪系统各模块离散数学模型;第3节为精跟踪系统PID控制器的设计;第4节为精跟踪系统的仿真试验及结果分析;最后为本文的结论。

2 精跟踪系统模型建立

2.1 精跟踪系统工作过程描述

精跟踪系统的结构框图如图1所示,其主要目的是补偿粗跟踪系统的角度误差,使得整个ATP系统能够精确跟踪入射量子光。精跟踪控制系统主要由四部分组成[3]:快速反射镜(Fast Steering Mirror,FSM)、互补金属氧化物半导体(Complementary Metal-Oxide-Semiconductor Transistor,CMOS)光电探测器、角度偏差提取模块以及数字控制器。精跟踪系统的输入为粗跟踪系统输出的角度误差$\Delta\theta_C(t)$;精跟踪系统中的探测器探测精跟踪角度误差$\Delta\theta_F(t)$为:$\Delta\theta_F(t) = \Delta\theta_C(t) + \theta_F(t)$;精跟踪系统的控制目的是使快速反射镜偏转一定角度值$\theta_F(t)$,对来自粗跟踪系统的角度误差$\Delta\theta_C(t)$信号进行进一步的减小和补偿,使精跟踪系统的输出$\Delta\theta_F(t)$达到期望的跟踪目标。整个精跟踪系统的工作过程为:探测器将$\Delta\theta_F(t)$转化为探测器上分布的电流信号$E(t)$,$E(t)$通过A/D转化器转换为数字光斑能量分布信号$E(k)$,通过角度偏差提取模块得到数字形式的精跟踪角度误差$\Delta\theta_F(k)$,然后采用期望达到的角度偏差$r(k)$与$\Delta\theta_F(k)$的差值作为精跟踪控制系统误差$e_{\Delta\theta_F}(k) = r(k) - \Delta\theta_F(k)$,$e_{\Delta\theta_F}(k)$输入到控制器,控制器根据设计出的控制律计算输出控制信号$u(k)$,再经D/A转换器转化为模拟电压信号$u(t)$,驱动快速反射镜偏转角度$\theta_F(t)$,进一步减小精跟踪角度误差$e_{\Delta\theta_F}(k)$,从而控制精跟踪系统的输出角度误差$\Delta\theta_F(t)$维持在小于2μrad的跟踪精度要求范围内。

从精跟踪控制系统结构图中可以看出:一旦存在粗跟踪角度误差$\Delta\theta_C$,在快速反射镜未动作前,精跟踪角度误差$\Delta\theta_F$也存在,此时,精跟踪系统的角度偏差采集模块采集精跟踪角度误差$\Delta\theta_F$,并通过控制回路产生一个控制信号u,使得快速反射镜转动一个抵消$\Delta\theta_C$大小的反向角度θ_F。当$\theta_F + \Delta\theta_C = 0$,此时有:$\theta_F = -\Delta\theta_C$,精跟踪误差$\Delta\theta_F$等于0,实现精确跟踪。由此过程可得出:对入射信标

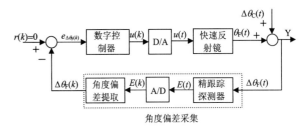

图1 精跟踪控制系统结构框图

光精确跟踪的控制,实际上等同于系统参考输入为零,希望输出精跟踪角度误差为零的调节控制,所以图1中的系统输入信号$r(k) = 0$。若将粗跟踪角度误差$\Delta\theta_C$作为系统的输入,快速反射镜偏转角度$-\theta_F$作为控制系统的输出,则对入射量子光精确跟踪的精跟踪控制系统实际上实现的是快速反射镜偏转角$-\theta_F$对粗跟踪角度误差$\Delta\theta_C$实时跟踪的控制系统,图1的等效结构框图如图2所示。

此时,精跟踪系统的控制目标变为:设计一个控制器使快速反射镜偏转角$-\theta_F$完全跟踪系统输入$\Delta\theta_C$,即:使两者误差$\Delta\theta_F = \theta_F + \Delta\theta_C = 0$。

根据图2所示的精跟踪控制系统等效结构框图,对各个模块建立离散化传递函数。其中,A/D转换器常等效为一理想采样开关;D/A转换器常等效为采样开关和零阶保持器。由此可得,精跟踪离散系统控制结构框图如图3所示。

2.2 精跟踪系统各模块离散数学模型的建立

为了对精跟踪控制器进行设计,需要事先建立起各组成模块的数学模型。本小节分别建立图3中快速反射镜和角度偏差采集模块的离散型传递函数。

2.2.1 快速反射镜离散传递函数G(z)的建立

快速反射镜FSM作为被控对象,它的连续传递函数常可以考虑为一个连续时域二阶系统[2,4]:

$$G(s) = \frac{\omega^2}{s^2 + 2\eta\omega s + \omega^2} \quad (1)$$

其中,ω为FSM的谐振频率;η为FSM的阻尼系数。

通过采用零阶保持器将FSM的连续传递函数$G(s)$离散化,从而得到$G(s)$的离散传递函数$G(z)$为

$$\begin{aligned} G(z) &= Z\left(\frac{1-e^{-Ts}}{s} \cdot G(s)\right) \\ &= Z\left(\frac{1-e^{-Ts}}{s} \cdot \frac{\omega^2}{S^2 + 2\eta\omega s + \omega^2}\right) \\ &= \frac{d \cdot z + e}{z^2 + b \cdot z + c} \\ &= \frac{(b_0 + b_1 \cdot z^{-1})z^{-1}}{1 + a_1 \cdot z^{-1} + a_2 \cdot z^{-2}} \end{aligned} \quad (2)$$

其中,$a_1 = -2e^{-\eta\omega T}\cos\sqrt{1-\eta^2}\,\omega T$, $a_2 = e^{-2\eta\omega T}$; $b_0 = 1 - 2e^{-\eta\omega T} \cdot \cos(\sqrt{1-\eta^2} \cdot \omega T) + e^{-2\eta\omega T})/2$, $b_1 = (1 - 2e^{-\eta\omega T} \cdot \cos(\sqrt{1-\eta^2}\,\omega T) + e^{-2\eta\omega T})/2$, T为精跟踪系统的采样周期。

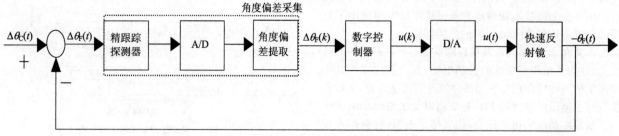

图 2 精跟踪控制系统等效结构框图

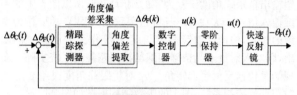

图 3 精跟踪离散系统控制结构框图

2.2.2 角度偏差采集模块离散传递函数 $S(z)$ 的建立

角度偏差采集模块包括三部分:精跟踪探测器、A/D 转换器及角度偏差提取部分。通过精跟踪探测器将 $\Delta\theta_F$ 转化为探测器上分布的光斑能量电信号,再经过角度偏差提取得到 $\Delta\theta_F$ 的数字形式 $\Delta\theta_F(k)$,即完成了 $\Delta\theta_F$ 的数字采集过程。当采集精度足够高时,角度偏差采集模块常近似为放大倍数为 1 的模型[3,5],故其离散传递函数 $S(z)$ 常表示为

$$S(z) = 1 \quad (3)$$

3 精跟踪系统 PID 控制器的设计

由于精确跟踪系统搭载在卫星平台上,如果发生故障,维修成本极高,因此必须选择成熟、可靠性高、简单有效的跟踪控制算法,而 PID 控制器简单易实现,在工业过程中得到了成熟运用,故在精跟踪系统直接采用离散 PID 控制器,设 $k_P、k_I、K_D$ 分别为比例、积分及微分系数,则 PID 控制器的离散传递函数表示为

$$C(z) = k_p + k_i \frac{z}{z-1} + k_d \frac{z-1}{z}$$
$$= \frac{k_0 + k_1 z^{-1} + k_2 z^{-2}}{1 - z^{-1}} \quad (4)$$

其中,$k_0 = k_P + k_I + k_D$,$k_1 = -(k_P + 2k_D)$,$k_2 = k_D$。

根据图 3 并结合所建立的各个模块的传递函数,可以得到精跟踪控制系统的离散框图如图 4 所示。

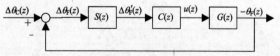

图 4 精跟踪控制系统的离散框图

从图 4 推导出精跟踪控制系统闭环传递函数为

$$T(z) = \frac{-\theta_F}{\Delta\theta_C} = \frac{S(z)C(z)G(z)}{1 + S(z)C(z)G(z)} \quad (5)$$

将公式(2)、(3)、(4)代入公式(5),可得

$$T(z) = \frac{z^{-1}(q_0 + q_1 z^{-1} + q_2 z^{-2} + q_3 z^{-3})}{1 + p_1 z^{-1} + p_2 z^{-2} + p_3 z^{-3} + p_4 z^{-4}} \quad (6)$$

其中,

$$\begin{cases} q_0 = b_0 k_0 \\ q_1 = b_0 k_1 + b_1 k_0 \\ q_2 = b_0 k_2 + b_1 k_1 \\ q_3 = b_1 k_2 \\ p_1 = a_1 + b_0 k_0 - 1 \\ p_2 = a_2 - a_1 + b_0 k_1 + b_1 k_0 \\ p_3 = b_0 k_2 - a_2 + b_1 k_1 \\ p_4 = b_1 k_2 \end{cases} \quad (7)$$

精跟踪系统的输入信号为粗跟踪系统的角度误差 $\Delta\theta_C$,经过粗跟踪系统初步对准之后,粗跟踪系统输出的角度误差的弧度一般小于 500 μrad。本文系统仿真试验中选择的来自粗跟踪系统的精跟踪输入信号函数为[6]

$$\Delta\theta_C(t) = 500\sin(1 \cdot t) \ \mu\text{rad} \quad (8)$$

则精跟踪控制系统目的为:快速反射镜时刻跟踪粗跟踪误差,偏转 $-\theta_F$ 角度,实现对粗跟踪角度误差 $\Delta\theta_C$ 的补偿,确保精跟踪角度误差 $\Delta\theta_F = \theta_F + \Delta\theta_C < 2\ \mu\text{rad}$。

4 精跟踪系统仿真试验及结果分析

为了验证上述 PID 控制算法是否可以使得精跟踪精度达到 2μrad,本文采用 Simulink 仿真模块对整个精跟踪控制系统进行了仿真试验。根据精跟踪控制系统离散框图搭建的精跟踪系统 Simulink 仿真图如图 5 所示,其中系统输出为 FSM 偏转角 $-\theta_F$,输入为粗跟踪误差 $\Delta\theta_C$,输出与输入满足公式(5)关系,输入与输出之差为精跟踪误差 $\Delta\theta_F$。

试验中被控对象 FSM 的参数分别选取为:$\omega = 9420$,$\eta = 0.7$,仿真试验时间为 5 s。经过对 PID 控制算法参数进行反复调试后,得到精跟踪闭环控制系统最优控制结果下的各个参数分别为:$k_P = 0.1$,$k_I = 0.9$,$k_D = 0.3$。系统仿真试验所得到的精跟踪系统输出 $-\theta_F$ 与输入(FSM 偏转角与粗跟踪误差)$\Delta\theta_C$ 曲线的性能对比结果如图 6 所示。

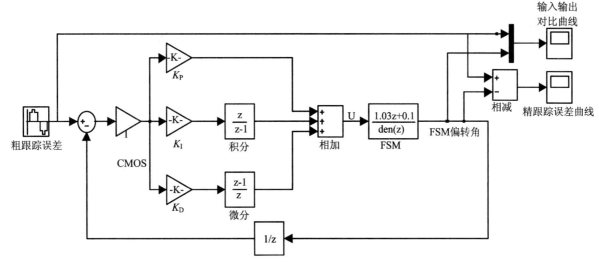

图 5 精跟踪系统 Simulink 仿真图

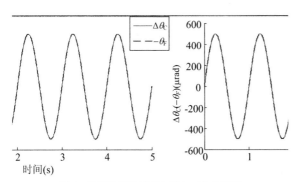

图 6 精跟踪系统输出与输入对比曲线图

从图 6 可以看出,输出值很好地跟踪了输入信号,即快速反射镜的偏转角度很好地跟踪了粗跟踪的角度误差,为了更加精确地看清楚精跟踪系统的跟踪误差,给出了精跟踪系统的误差曲线,如图 7 所示。

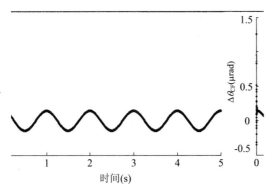

图 7 精跟踪误差曲线图

从图 7 所示的精跟踪系统的误差曲线图可以看出,使用 PID 控制算法的精跟踪系统的跟踪误差最大为 1.42 μrad,且大部分时间能将跟踪误差限制在 0.2 μrad 以内,实现了 2 μrad 以内的精跟踪精度要求。

5 结论

本文对量子定位系统中的精跟踪系统进行了研究,详细分析了精跟踪系统的工作过程,在建立快速反射镜以及精跟踪探测器数学模型基础上,采用离散 PID 算法来设计精跟踪系统的控制器。系统仿真试验结果表明,本文所设计的控制器能够使精跟踪精度达到 2 μrad 以内。同时需要指出的是,本设计方案未考虑卫星平台振动以及环境噪声,这将是以后的研究内容。

致 谢

本论文得到国家自然科学基金(项目编号:61573330)和天地一体化信息技术国家重点实验室开放基金(项目编号:2015_SGIIT_KFJJ_DH_04)的资助。

参考文献

[1] 王晋岚."墨子号"量子卫星圆满实现全部既定科学目标[J]. 科学,2017,69(5):16.

[2] 林均仰,王建宇,张亮,等.高带宽量子通信信标跟踪技术研究[J]. 光通信技术,2010(7):57-59.

[3] 丛爽,邹紫盛,尚伟伟,等. 量子定位系统中的精跟踪系统与超前瞄准系统[J]. 空间电子技术,2017,14(06):8-19.

[4] 张亮,王建宇,贾建军,等. 基于 CMOS 的量子通信精跟踪系统设计及检验[J]. 中国激光,2011(2):181-185.

[5] 刘长城. 大气激光通信 ATP 系统的仿真与设计[D]. 西安:西安理工大学,2005.

[6] 秦莉,杨明. 自适应 RBF Terminal 在精密实时跟踪控制中的应用研究(英文)[J]. 宇航学报,2008(6):1883-1887.

指挥所信息服务装备效能评估指标体系研究

侯银涛,熊焕宇,余昌仁,马 兵

(国防科技大学信息通信学院,湖北武汉,中国,430010)

摘 要:指挥所信息服务装备是提高基于网络信息体系联合作战能力的关键要素。本文针对指挥所信息服务装备建设需求,深入研究分析了指挥所信息服务装备效能指标体系的内涵、分类和获取方式,构建了指挥所信息服务装备效能评估指标体系模型,从按需建立、安全可控、系统自愈、系统抗毁、负载分配、运行管理六个方面细化了信息服务装备效能评估指标,对建设和优化指挥所信息服务装备体系具有重要意义,同时为信息服务装备体系战技性能提升提供标准化数据支撑。

关键词:指挥所;信息服务;装备效能;效能评估;指标体系

中图分类号:TP391

Research on Index System of Effectiveness Evaluation of Command Post Information Service Equipment

Hou Yintao, Xiong Huanyu, Yu Chengren, Ma Bing

(Academy of Information and Communication, National University of Defense Technology, Hubei, Wuhan, 430010)

Abstract: The command post information service equipment is a key element for improving combat capabilities for joint operations based on network information system. In this paper, to address the needs of command post information service equipment construction, study and analysis of the connotation, classification, and acquisition methods of the performance index system of the command post information service equipment is conducted, and an index system model for the effectiveness evaluation of the command post information service equipment is constructed. It is established on an as-needed basis and controlled safely, system self-healing, system destruction, load distribution, and operation management have refined the information service equipment effectiveness evaluation indicators in six aspects, which is of great significance to the construction and optimization of the command post information service equipment system, and at the same time, it can provide standardized data support for improving combat performance of information service equipment systems.

Key words: Command Post; Information Service; Equipment Effectiveness; Effectiveness Evaluation; Index System

1 引言

指挥所信息服务装备在基于网络信息体系的作战能力中发挥着重要的作用,其效能的好坏直接影响战斗力的强弱。指挥所信息服务装备主要包括硬件环境和软件环境两大类。指挥所信息服务硬件环境分为计算、网络、存储资源等三类硬件设备,主要包括信息服务专用服务器、专用终端、虚拟计算等计算资源,网络交换机、路由器等网络资源,磁盘列阵、FC-SAN、统一存储等存储资源。指挥所信息服务软环境主要包括公共基础软件、指挥信息系统、通用信息处理平台、共用信息服务软件等应用系统。对指挥所信息服务装备效能进行评估,可以清楚地了解指挥所信息服务装备保障的优势和劣势,促进新的装备设计思想,促使采用新技术设计信息服务装备,不断提升装备效能[1]。评估指挥所信息服务装备效能,需要采用相同的标准和尺度,构建科学合理、体系完备的指挥所信息服务

作者简介:侯银涛(1981—),男,河南虞城人,讲师,硕士,研究方向为军事信息网络组织;熊焕宇(1964—),男,湖北咸宁人,教授,博士,研究方向为军事通信网建设与管理;余昌仁(1983—),男,江西上饶人,讲师,硕士,研究方向为军事运筹学;马兵(1981—),男,山东寿光人,工程师,硕士,研究方向为通信指挥。

装备效能评估指标体系。

2 指挥所信息服务装备效能评估指标体系的内涵

2.1 指标体系

指标体系是指一系列互相联系、互相补充的指标所组成的统一整体。构成指标体系的指标,既有直接从原始数据中选出来的,用于反映指挥所信息服务装备某一领域特征的指标,也有在对基本指标的抽象和总结基础上,用"比、度、率"来表示的指标。设置指标体系是为了对指挥所信息服务装备效能评估进行全面评估,不仅能对现行情况做出客观实际的评估,还要能对未来发展提供科学的指导。

进行指挥所信息服务装备效能评估的一个前提条件就是具有一整套能够完整、客观、科学、合理地反映评估目的和要求的指标集合,这些指标集合相互关联,共同反映全局的状况,以此构成指挥所信息服务装备效能评估指标体系。

指挥所信息服务装备效能评估指标体系的建立,实质上是确定评估内容和每一评估指标在整体中的地位。所以,正确确定指挥所信息服务装备效能评估的各项指标,是准确评估其效能的必要条件。

2.2 评估指标的分类

在指挥所信息服务装备效能评估中,反映信息服务装备效能的指标有两类:一类是定量指标;一类是定性指标。若定性指标无法或难以量化,可通过专家判断,并将专家判断结果定量化来进行评估。由于效能评估的复杂性,这两类指标对于全面评估系统效能都十分重要,缺一不可。只有统筹考虑,才能达到科学评估的目的,才能取得可信的结果。

2.3 评估指标的选取原则

进行指挥所信息服务装备效能评估体系的构建,要符合指标体系设计的一般性原则。

(1) 科学性原则。指标体系中的各项指标概念要确切,要有精确的内涵和外延;指标体系应尽可能全面、合理地反映评估系统的本质特征;指标的选取、计算必须以科学理论为依据;指标体系应能满足评估的全面性和相关性要求,同时又要避免指标间的重叠[2]。建立指标体系应尽可能地减少评估专家的主观性,指标是客观的,不因人而异。

(2) 可操作性原则。可操作性原则要求指标体系的设置要避免过于繁琐,选择的指标能反映系统的不同因素,同时还要考虑指标体系所涉及的指标量化及数据获取的难易程度和可靠性,尽可能以较少的指标构建一个合理的指标体系,达到指标体系整体功能最优的目的。

(3) 量化性原则。在评估中,反映系统效能的指标有两类:一类是定量指标;一类是定性指标。为了克服主观评估所带来的不确定性和盲目性,评估要尽量做到以量化研究为主,即指标能以具体数值或大小排序给出或者指标能够通过数学公式、测试仪器或试验统计等方法获得,指标体系的建立也要考虑指标能否量化问题。

(4) 独立性原则。在设计评估指标体系时,有些指标之间往往具有一定程度的相关性,因而要采用科学的方法处理指标体系中彼此相关程度较大的因素,使每一指标在体系中只出现一次,避免重复,使指标体系科学、准确地反映评估对象的实际情况。

(5) 开放性原则。指挥所信息服务装备建设是一个不断发展的过程,效能评估指标体系的建立要具有开放性。随着信息服务装备的发展,新的特征还会出现,因此,效能评估指标体系应该是可以不断修改完善的[3]。

2.4 评估指标的基本获取方法

指挥所信息服务装备效能评估指标的获取方法主要有以下几种:

(1) 直接测量方法。可通过目测观察、计数等,定量获得指挥所信息服务装备效能评估指标的方法。

(2) 定量计算方法。可通过公式计算获得指挥所信息服务装备效能评估指标的方法。

(3) 仿真测试方法。通过对指挥所信息服务装备系统进行模拟或半实物仿真,然后在实验室中通过一定的方式集成起来,最后通过一定的手段和方法实现信息服务工作流程,从而实现定量监测和评估系统的指标方法。

(4) 实装测试方法。指挥所信息服务装备效能评估是通过具体的实际作战任务保障定量评估系统服务指标的方法。如实际的检测等[4]。

(5) 定性评估方法。不能通过定量方法进行评估,只能用特征量或程度来定性表示指挥所信息服务装备效能评估指标的方法。

3 指挥所信息服务装备效能评估指标体系的构建

3.1 效能评估指标体系框架

指挥所信息服务装备效能评估指标体系模型由按需建立、安全可控、系统自愈、系统抗毁、负载分配、运行管理等六个应用承载能力对信息服务的影响度作为一级能力指标,网络、计算、存储资源的组织能力等指标作为二级能力指标,如图1所示。

按需建立能力是指能够支撑信息服务系统在指挥所信息服务环境的集中式(或分布式)服务框架快速搭建,并形成区域化的保障能力;安全可控能力是指能够保证不同服务类别、不同安全等级、不同访问控制级别的各类信息服务系统在指挥所信息服务环境统一承载运行的有效安全防护控制;系统自愈能力是指能够在指挥所内部资源或应用故障的情况下,支撑应用系统的无缝切换,保证信息

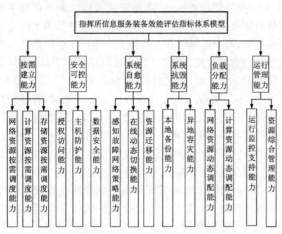

图1 指挥所信息服务装备体系能力评估模型

服务持续运行；系统抗毁能力是指能够在某个数据中心被摧毁的情况下，支撑应用系统无缝切换到其他数据中心，保证信息服务持续运行；负载分配能力是指能够根据使用需求和用户信息服务访问需求，综合分析网络流量、网络带宽等网络可用性条件，以及计算资源使用状态，实现基于策略的负载分担；运行管理能力是指能够实现指挥所信息服务环境网络、计算、存储等各类硬件资源和虚拟资源的统一监控、感知与运行管理，为各类信息服务系统的承载运行提供可预测和有保证的资源服务，从网络层到应用层的基于策略的负载分担。

3.2 按需建立能力

按需建立能力主要包括网络资源按需调度能力、计算资源按需调度能力、存储资源按需调度能力三个二级能力指标。

（1）网络资源按需调度能力

网络资源按需调度能力是指挥所信息服务环境所有网络设备构成的网络资源池所能够提供的网络接入、调度能力，以及网络传输质量。主要包括机动接入时间、网络带宽、网络传输时延、网络丢包率等指标内容。

机动接入时间：机动网络设备接入指挥所信息服务环境固定骨干网络所需要的时间，包括设备连接、参数配置、设备启动、网络测试等环节的时间总和。

网络带宽：整个指挥所信息服务环境网络设备所能够提供的总的网络带宽大小。

网络传输时延：整个指挥所信息服务环境网络在传输数据过程中的平均网络时延。

网络丢包率：整个指挥所信息服务环境网络在传输数据过程中的平均丢包率。

（2）计算资源按需调度能力

计算资源按需调度能力主要包括虚拟机平均部署时间、CPU核数、CPU指标、内存容量等指标内容。

虚拟机平均部署时间：指利用虚拟化平台完成一次虚拟机部署的平均时间。

CPU核数：服务器每个物理CPU的平均核数。

CPU指标：指挥所信息服务环境计算资源池能够提供的CPU总频率。

内存容量：指挥所信息服务环境计算资源池能够提供的总内存大小。

（3）存储资源按需调度能力

指挥所信息服务环境内部所有磁盘阵列等存储设备构成的存储资源池的按需调度与分配能力，以及能够提供的存储性能，包括平均配置时间、存储总量、存储节点数等指标内容。

平均配置时间：管理人员完成一次存储设备配置的平均时间。

存储总量：存储资源池能够提供的存储总容量。

存储节点数：存储资源池包括的总的存储节点数量。

3.3 安全可控能力

安全可控能力主要包括授权访问评估指标、主机防护评估指标、数据安全评估三个二级能力指标。

（1）授权访问评估指标

授权访问评估指标主要包括身份鉴别和认证时延、授权访问准确率等。

身份鉴别和认证时延：系统成功响应用户提交身份鉴别和认证请求的时间差平均值。

授权访问准确率：授权访问准确实施的数量占总的访问数的比值。

（2）主机防护评估指标

主机防护评估指标主要包括病毒库更新时间、病毒检出率、入侵检测率、漏洞更新率等四项。

病毒库更新时间：指系统病毒库完成一次更新所花费的时间，单位是分钟。

病毒检出率：反病毒软件扫描出的病毒数量和模拟植入的病毒总数之比。

入侵检测率：入侵检测系统检测出的入侵事件数同模拟的入侵总值之比。

漏洞更新率：已更新的系统漏洞数量占系统所有漏洞总数的比值。

（3）数据安全评估

数据安全评估指标主要包括加密密钥长度、加密算法复杂度、数据完整性等三项。

加密密钥长度：信息系统中数据加解密、认证所需的密钥位数。比值是比特。

加密算法复杂度：使用常用算法复杂度算法计算出的加密和认证算法的复杂度。

数据完整性：用户接收的完整的正确数据数量占用户接收到的所有数据总量的比值[5]。

3.4 系统自愈能力

系统自愈能力主要包括感知故障网络策略能力、在线动态切换能力、资源迁移能力三个二级能力指标。

（1）感知故障网络策略能力

感知故障网络策略能力指感知故障计算和存储资源配置的网络策略，并自动配置到接替资源，克服传统资源迁移网络策略迁移能力不足问题,保证策略一致性。主要包括故障响应时间、故障恢复时间等。

故障响应时间:信息系统发生系统故障到信息系统发现故障的时间。

故障恢复时间:信息系统从发生故障到信息系统恢复正常运行所需要的时间。

（2）在线动态切换能力

在线动态切换能力是指资源或应用故障时,基于策略进行在线动态切换,保证信息服务持续运行的能力。主要包括网络切换时间、网络重组时延等指标内容。

网络切换时间:当发现硬件或软件系统故障后,从故障网络切换到正常网络所需要的时间。

网络重组时延:信息系统切换正常网络到信息系统网络重新构建并正常运行所需要的时间。

（3）资源迁移能力

资源迁移能力是指构建分布式运行支撑平台,整体提供计算和存储资源的故障无缝切换。主要包括计算和存储资源平均迁移时间等指标内容。

计算资源平均迁移时间:系统发生故障后,虚拟桌面等计算资源迁移到正常平台所需时间的平均值。

存储资源平均迁移时间:系统发生故障后,磁盘阵列、虚拟带库等存储资源迁移,并重新挂载到正常网络平台所需要的时间的统计平均值。

3.5 系统抗毁能力

系统抗毁能力主要包括本地备份和异地容灾能力两个二级指标。

（1）本地备份能力

本地备份包括数据备份和系统备份。数据备份是为防止系统故障导致数据丢失而将全部或部分数据从本机复制到其他存储介质,系统的恢复时间较长。系统备份不仅备份系统中的数据,还备份系统中的应用程序、数据库系统、系统参数等信息,系统失效后能够快速恢复系统。

本地备份能力主要包括备份时间、恢复时间和数据副本数三个三级指标。

备份时间:系统备份总共需要的时间。

恢复时间:整个系统恢复完花费的时间。

数据副本数:指系统备份时进行了多少次备份。

（2）异地容灾能力

异地容灾是在异地建立一套和本地相同或相似的系统,使得当本地系统停止工作时,整个应用系统可以切换到异地并继续正常工作,为业务的持续运行提供支撑。

异地容灾能力主要包括数据恢复时间目标、数据恢复点目标、容灾半径和容灾等级四个三级指标。

恢复时间目标:从系统宕机导致业务中断之时到系统恢复业务重新运行之时,两点之间的时间段[6]。

恢复点目标:容灾系统能把数据恢复到灾难发生前的哪一个时间点的数据。用来衡量系统在灾难发生后会丢失多少数据[6]。

容灾半径:本地数据中心和灾备中心之间的直线距离,用来衡量容灾方案所能防御的灾难影响范围。

容灾等级:国际标准SHARE78对容灾系统分成了七个级别,根据系统业务的需求可以选择不同的等级,不同的容灾级别对应的恢复时间和恢复程度都不一样。

3.6 负载分配能力

负载分配能力主要包括网络资源动态调配能力和计算资源动态调配能力两个二级指标。

（1）网络资源动态调配能力

网络资源动态调配能力是指挥所内部基于策略的网络资源动态调配。主要包括网络分配策略生成时间、网络状态信息采集间隔、在线用户支持规模等三个三级指标。

网络分配策略生成时间:网络资源动态调配需要的时间。

网络状态信息采集间隔:网络状态信息搜集的间隔时间。

在线用户支持规模:某一时间段能允许多少用户同时访问资源。

（2）计算资源动态调配能力

计算资源动态调配能力是指挥所内部基于策略的计算资源动态调配。主要包括计算资源分配策略生成时间、计算资源状态信息采集间隔、支持并发连接数等三个三级指标。

计算资源分配策略生成时间:计算资源动态调配需要的时间。

计算资源状态信息采集间隔:收集计算资源所需的状态信息的间隔时间。

支持并发连接数:计算资源支持的最大用户连接数。

3.7 运行管理能力

运行管理能力主要包括运行监控支持能力、资源综合管理能力两个二级能力指标。

（1）运行监控支持能力

运行监控支持能力是指提供网络资源统一监控、感知。主要包括网络设备轮询时间、发现故障时间指标内容。

网络设备轮询时间:系统对所有网络设备完成一次轮询测试的时间。

发现故障时间:设备故障发生到故障被监控系统监测发现所用的时间。

（2）资源综合管理能力

资源综合管理能力是指提供对网络、计算、存储、应用软件、服务、信息、数据、用户的统一管理手段和能力。主要包括硬件资源管理、软件资源管理、数据资源管理指标内容。

硬件资源管理:是否提供了对指挥所信息服务环境硬件资源的综合管理能力和手段,可以对硬件资源提供自动化和高效的管理。

软件资源管理:是否提供了对指挥所信息服务环境软件资源的综合管理能力和手段,可以对软件资源提供自动化和高效的管理。

数据资源管理：是否提供了对指挥所信息服务环境数据资源的综合管理能力和手段，可以对数据资源提供自动化和高效的管理。

以上指挥所信息服务效能评估指标，在效能评估时，还需要进行指标模型量化处理。采用综合量化归一技术对定性和定量指标体系进行无量纲处理。定量指标通常采取极变差法、线性变换法、双基点法等进行量化处理。定性指标通常采用区间标度法、比例标度法等方法进行量化处理。

4 总结

指挥所信息服务装备效能评估指标的选择问题非常复杂，需要考虑的因素众多。这些指标从不同侧面、不同层次上表征保障任务的有效完成程度，共同构成一个有机整体[1]。本文深入研究分析了指挥所信息服务装备效能指标体系的内涵、分类和获取方式，构建了效能评估指标体系模型，提出了按需建立、安全可控、系统自愈、系统抗毁、负载分配、运行管理等六大类信息服务装备效能评估指标，对建设和优化指挥所信息服务装备体系具有重要意义。

参考文献

[1] 刘云飞,马振利,李世毅. 群车加油装备效能评估指标体系研究[J]. 后勤工程学院学报,2011,27(1):58-64.
[2] 李军仪,牛作成. 对通信装备效能评估的几点思考[J]. 空军通信学术,2008(4).
[3] 牛作成,吴德伟,雷磊. 军事装备效能评估方法探究[J]. 光电与控制,2006,13(5):98-101.
[4] 蔡文军,李晓松. 海军舰船装备保障能力评估理论与方法[M]. 北京:国防工业出版社,2013.
[5] 刘鹏,陈厚武,马琳. 网络安全系统的效能及其评估方法研究[J]. 信息安全与通信保密,2015(11):110-113.
[6] 王改性,师鸣若. 数据存储备份与灾难恢复[M]. 北京:电子工业出版社,2009.

大展弦比无人机的气动伺服弹性稳定性分析及控制

杨佑绪,赵冬强,马 翔

(航空工业第一飞机设计研究宇,陕西西安,中国,710089)

摘 要:大展弦比高空长航时无人机的气动伺服弹性稳定性问题突出。通过建立大展弦比无人机结构动力学有限元模型,分析了飞机气动弹性稳定性,进一步对飞行控制律进行建模,开展了气动伺服弹性分析,并针对航向不稳定,进行了限幅滤波器控制律设计。仿真表明,设计的限幅滤波器明显增加了飞机结构-气动-飞控耦合系统的稳定性,达到了控制目的。

关键词:大展弦比无人机;气动伺服弹性;限幅滤波器

中图分类号:TP391

Modeling and Analysis of Ground Vibration Test

Yang Youxu, Zhao Dongqiang, Ma Xiang

(AVIC the First Aircraft Institute, ShaanXi, Xi'an, 710089)

Abstract: The aeroservoelastic stability of the large-aspect-ratio high altitude long enduvance unmanned aerial vehicle (UAV) is prominent. A dynamics finite element model is established and the aeroelastic stability of the aircraft is analyzed. Furthermore, the flight control law is further constructed and the aeroservoelastic analysis is carried out. Notch filter is designed for yaw instability to reduce the amplitude of the frequency response. Simulations show that the designed notch filter significantly increases the stability margin of the aircraft structure-aerodynamics-flight control coupling system and achieves the control objective.

Key words: Large Aspect Ratio UAV; Aeroservoelasticity; Notch Filter

1 引言

大展弦比无人机高空长航时的特点使得其在军事侦察、监视领域备受青睐[1,2]。通常,它会采用大乃至超大展弦比机翼、轻质复合材料结构,同时辅以自动飞行控制系统。这些设计特点使得大展弦比无人机具有大柔性的特点,其气动弹性和气动伺服弹性问题异常突出[3,4],飞机结构-气动-控制耦合系统的稳定性是构成飞机优秀性能和功能发挥的基础。本文主要开展大展弦比无人机的气动伺服弹性稳定性分析和控制研究。

2 气动弹性建模

大展弦比无人机全机结构动力学分析模型如图1所示。其结构参数与大展弦比无人机全机详细结构数模保持一致,其质量数据包括结构和任务系统两部分,在有限元模型中用CONM2单元模拟,通过刚体元RBE3将其连接在相应的承力结构上。

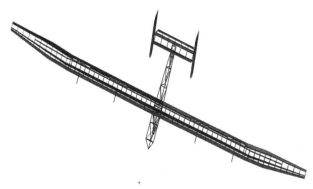

图1 大展弦比无人机结构动力学模型

大展弦比无人机全机非定常气动力计算网格如图2所示。全机共计30个气动分区,3866个气动网格。气动力计算采用亚音速偶极子格网法。

作者简介:杨佑绪(1983—),男,浙江嘉兴人,高级工程师,硕士,研究方向为飞行器设计;赵冬强(1982—),男,甘肃景泰人,高级工程师,博士,研究方向为飞行器设计;马翔(1983—),男,陕西咸阳人,高级工程师,硕士,研究方向为飞行器设计。

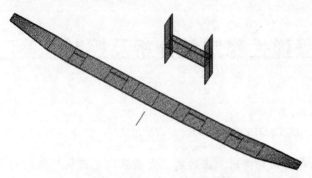

图 2　大展弦比无人机气动模型

3　模态分析

大展弦比无人机全机振动特性计算结果如图 3～图 10 所示。全机低阶的模态频率较为集中,最低频率达到 1.18 Hz,而 10 Hz 以下的模态超过 30 支,模态之间的耦合较为严重,给模态识别带来不少挑战。

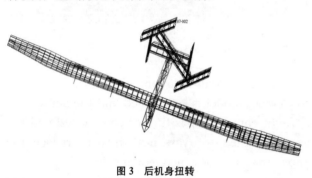

图 3　后机身扭转

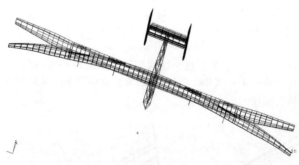

图 4　机翼对一弯

图 5　副翼对旋转

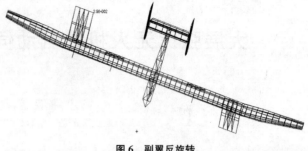

图 6　副翼反旋转

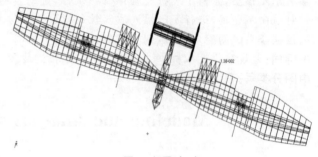

图 7　机翼对一扭

图 8　机翼反一弯

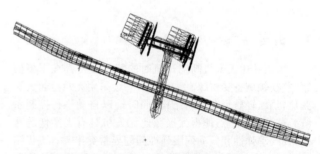

图 9　方向舵反旋

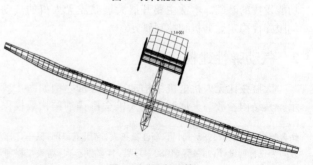

图 10　升降舵旋转

4 气动弹性分析

对大展弦比无人机全机前 44 阶弹性模态进行气动弹性稳定性计算。

颤振计算结果 $V\text{-}g$、$V\text{-}F$ 曲线如图 11 和图 12 所示。由图可以看出,该飞机出现了发散和颤振不稳定,发散速度为 32.21 m/s,颤振速度为 39.63 m/s,颤振主要贡献模态分支为机翼反一弯、反一扭和副翼反旋转,属于典型的反弯扭耦合不稳定。

一般来说,传统构型飞机的颤振速度低于发散速度,颤振是其危险情况。而对于该无人机来说,其发散速度远远低于颤振速度,因此其危险情况是发散的。该无人机展弦比超过 20,同时其机翼结构采用双圆管梁,前梁提供主要的弯曲和扭转刚度,后梁起加强机翼尾段刚度和提供舵面支持刚度的作用。双圆管梁并没有和翼肋、蒙皮构成有效的翼盒,因此其扭转刚度过低,造成机翼发散早于颤振。发散和颤振速度均高于规范要求的飞机安全速率 28 m/s,飞机的结构-气动-控制耦合系统在规范要求的速度范围内是安全的。

5 气动伺服弹性分析

下面进一步进行飞机的结构-气动-控制耦合系统的稳定性分析,即气动伺服弹性分析。飞控陀螺安装于重心处,升降舵与方向舵作动器的传递函数为 $20/(S+20)$,三轴角速率滤波器为 $50/(S+50)$,三轴姿态角滤波器为 $30/(S+50)$。这里不列出飞机纵向和航向自动飞控结构及其具体参数。

飞机在 5000 m 高度以 28 m/s 飞行时,整个飞机-飞控环节的纵向和航向频响曲线分别如图 13 和 14 所示。由图可以看出,纵向稳定,航向稳定裕度为 -14.1 dB,远小于规范要求的 9 db,在 8 Hz 附近最不稳定,因此考虑设计相应的滤波器来消除不稳定。

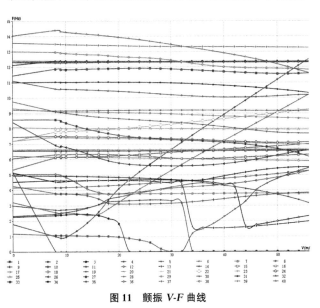

图 11 颤振 $V\text{-}F$ 曲线

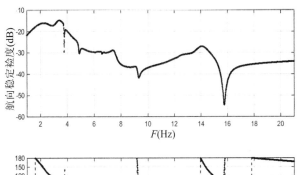
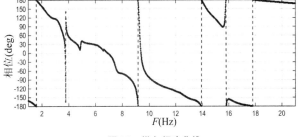

图 13 纵向频响曲线

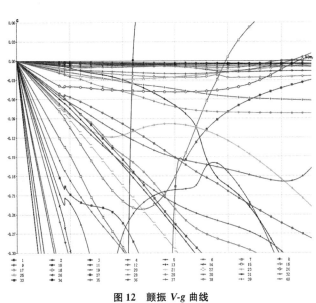

图 12 颤振 $V\text{-}g$ 曲线

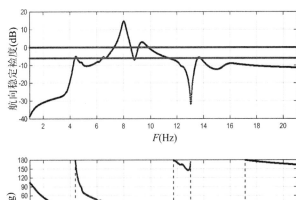
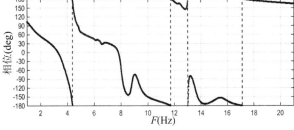

图 14 航向频响曲线

在航向通道增加1个结构陷幅滤波器和1个低通滤波器，整个滤波环节的传递函数如下所示：

$$G_R = \frac{\frac{1.0}{27^2}s^2 + \frac{0.18}{27}s + 1.0}{\frac{1.0}{27^2}s^2 + \frac{4.0}{27}s + 1.0} \times \frac{62}{s+62}$$

加入滤波环节后，大展弦比无人机的航向奈奎斯特（Nyquit）曲线如图15所示。由图可以看出，航向回路稳定裕度达到11.1 dB，滤波器明显提高了飞机的气动伺服弹性稳定性。

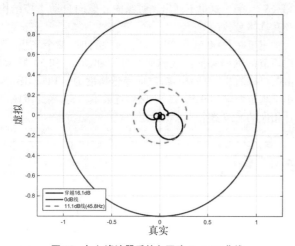

图15 加入滤波器后航向回路 Nyquist 曲线

6 结束语

本文通过大展弦比无人机的结构动力学和飞行控制律建模，开展了飞机的气动伺服弹性稳定性分析。结果表明，飞机的结构-气动-控制耦合系统在规范要求的速度范围内是稳定的，但在飞机 5000 m 高度以规范规定的极限速度巡航时，存在航向不稳定。最后，针对飞机航向不稳定开展了限幅滤波器控制律设计，仿真结果表明，本文所设计的限幅滤波器是有效可行的，可以明显提高该无人机气动伺服弹性系统的稳定性。

参考文献

[1] 孙智伟. 高空长航时无人机多学科设计若干问题研究[D]. 西安：西北工业大学，2016.

[2] 许军. 大展弦比飞翼式无人机气动弹性研究[D]. 西安：西北工业大学，2016.

[3] 陈桂彬. 气动弹性设计基础[M]. 北京：北京航空航天大学出版社，2004.

[4] 谢长川. 复合材料大展弦比机翼动力学建模与颤振分析[J]. 飞机设计，2004(2)：6-8.

基于注意模型深度学习的文本情感倾向性研究

刘 伟，陈春林

(南京大学工程管理学院控制与系统工程系,江苏南京,中国,210093)

摘 要：自然语言文本是一种非结构化的数据,对于文本情感极性分析是自然语言处理中的重要研究内容,如何提高分类精度寻找更好的分类算法一直是该领域的长期研究问题。现实中分析的待处理语料多为多粒度且主题词不明晰,为了提高此类文本的分类精度,本文将应用于文本翻译的注意模型同深度学习网络相结合,利用注意力模型对于特定词汇的辨识程度以及深度网络时序特征向量生成的优点,设计出一种基于注意模型的 CNN-LSTM(Attention based CNN-LSTM, ACLSTM)网络,并通过不同语料库对于试验结果进行验证,检测模型的有效程度。

关键词：注意模型;深度网络;文本分类;情感分析

中图分类号：TP18

Text Emotional Orientation Analysis via Attention Based Deep Learning Network

Liu Wei, Chen Chunlin

(Department of Control and Systems Engineering, School of Management and Engineering, Nanjing University, Jiangsu, Nanjing, 210093)

Abstract: Natural language is a kind of unstructured data and the text emotional polarity analyzing is an essential part of natural language processing. How to find a better algorithm to improve the classification accuracy is still a continuous researching topic in this field. The analyzed text data in reality is multi-granularity with unclear themes. Attention model is good at identification of specific terms and the deep learning network plays a good performance at sequence feature extraction. In order to improve the accuracy of text classification, we combine the advantages of both attention model and deep learning network, then design a new method of Attention based CNN-LSTM (ACLSTM). We test the effectiveness and accuracy of this method through different corpus for the experiment results in this paper.

Key words: Attention Model; Deep Network; Text Classification; Emotional Analysis

1 引言

目前,我们已经进入大数据时代,网络中包含的绝大部分数据都是文本信息,面对海量的文本数据,如何高效准确地处理成为众多学者一直研究的问题,对于使用计算机灵活处理自然语言的需求也变得十分迫切。面对大量的文本数据,如果能从中提取出情感指标,那么网络舆情风险分析、商品改良、用户吸引、信息预测等领域都可以提高工作效率,减轻人工筛选成本。因此文本情感分析对于科研和实际应用都有非常重要的价值。

传统文本分类算法主要借助于基于统计学习的词袋法以及基于监督学习的分类算法,例如 SVM 或决策树,这类算法对于文本分类精度不高,而且受限于词库的大小。Junqu[1]验证传统支持向量机方式时,发现了其对于短文本可以达到 0.6 的分类精度,对于长文本,分类效果仍旧不佳。Bengio[2]创建了一种 n-gram 的编码方式,使得深度学习可以被应用于自然语言处理中。目前,更多的深度学习算法对于文本处理多将文本构建成句向量[3]或树状图[4]。深度网络中应用较多的有 CNN (Convolutional Neural Networks)与 RNN (Recurrent Neural Networks)两种算法。CNN 以其可以提取局部特征向量的优势在图像处理领域广为应用[5,6]。RNN 算法

作者简介：刘伟(1994—),男,山西太原人,硕士研究生,研究方向为机器学习;陈春林(1979—),男,安徽亳州人,教授,博士,研究方向为智能控制、机器学习、量子控制等。

由于可以对时序特征进行捕获[7],也使其大量运用在文本数据处理中,而由于其自身存在的梯度弥散问题,RNN 也被不断进行改良,在之后的设计中被 LSTM(Long Short-Term Memory)网络所取代[8,9],并产生了很多变种网络[10]。

注意力模型(Attention Model)已成为一种有效的机制,例如在图像识别[11]、机器翻译[12]和句子总结[13]等方面,已可以获得优异的结果。Luong[14]等人在机器翻译领域,提出了局部注意力与全局注意力两种模型,其区别在于注意力概率计算的范围不同,目的都是减少模型计算量。Wang[15]基于亚马逊商品评价分析系统,将笔记本电脑同餐厅评价完整分开,而且针对笔记本电脑评价,其分辨率可高达 90%,在餐厅评价当中,其可以单独分辨出顾客对于服务、商品以及价格的评价。注意力模型甚至可以提升人们对于阅读理解的准确度[16]。相对于传统深度学习网络模型,注意力模型可以改善计算量和精度,因此在 NLP 领域成为研究热点。

CNN 网络有较高的局部信息学习能力,而 RNN 网络具有较好的序列学习能力,注意力模型具有对关键词提取的功能,并可以提高网络分类效率,因此我们考虑将这些模型优点进行结合,设计一种基于注意模型的深度网络算法,使之在并行特征提取的同时还可以保持时序相关性。传统方法对于图像[17]或语音处理[18]的连接方式是将训练样本输入到多层 CNN 网络中,之后将输出分解,通过全连接层输入到下一层 LSTM 中[19],我们在此基础上进行了一些改进,即通过 CNN 卷积核的大小确定局部向量窗口值,利用 CNN 学习单词上下文语料的局部信息,之后将局部特征信息再经过一层 CNN 网络,按照包含单词的信息进行重新整合,并将得到的局部特征向量输入到双向 Bi-LSTM 网络中进行时序处理。在此基础上,我们在 LSTM 网络中加入注意力模型,提高有效单词对于生成的情感特征向量的影响,最后我们使用了四组语料库从不同方面通过试验来验证本文所设计的模型的有效性。

2 ACLSTM 模型设计

模型结构图如图 1 所示,它包含如下几个部分:文本编码层、CNN 局部特征提取层、Bi-LSTM 时序特征提取层、注意力权重计算层。

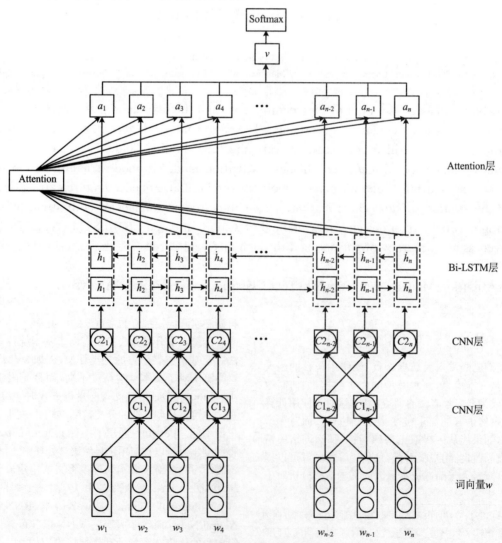

图 1 ACLSTM 网络示意结构图

2.1 文本编码层

由于实际文本是一个多粒度的环境,评论词数长短不一,因此对于所有的待训练文本进行规则化处理,设置最大长度为 L,再去除停用词后对文本进行处理,超过部分截取,不足部分在文本末位补零。我们使用 Word2vec 方式对文本进行编码,生成一个长度为 d 维的文本向量 W。这种编码方式改变传统的 one-hot 稀疏的方式,同时可以生成词汇间空间距离,避免模型过拟合。这样对于语料库中的文本编译生成 $L\times d$ 的矩阵向量。输入文本向量 x 为

$$x = [x_1, x_2, \cdots, x_i, \cdots, x_L], \quad x_i \in \mathbf{R}^d \tag{1}$$

每个 x 为一个 d 维的词向量。

2.2 CNN 局部特征提取层

我们使用一个一维的 CNN 神经网络来提取不同位置的上下文局部信息,通过设置一个滑动窗口来确定卷积范围大小。由于对标点进行了剔除,我们将文章视作一个大的文本量,对于每一个位置 t 上的词汇向量,都取一个滑动窗口 w,滑动窗口的大小为 k,该范围实际上也表示了对于 CNN 网络的卷积核大小,则对于每一个词汇向量 x_t,都有一个窗口向量:

$$w_t = [x_{t-k/2}, \cdots, x_t, \cdots, x_{t+k/2}], \quad t \in (k/2, L - k/2) \tag{2}$$

对于首尾处的向量,本文采取丢弃策略,不满足卷积窗口大小的向量将不予卷积,即从第一个满足窗口大小的向量开始进行卷积操作,对于第一个向量来说,其只进行一次卷积。将每个窗口向量分别输入到 CNN 网络中进行训练,设向量 m 为卷积操作中的滤波器,其中 $m \in \mathbf{R}^{k\times d}$,则对于每个词汇位置 t 进行卷积操作,有

$$c_j = f(w_t \odot m + b) \tag{3}$$

式中,w_t 为 t 位置词汇向量的上下文窗口向量,b 为偏移量,$\odot$ 为矩阵元素逐项乘积,f 为激活函数,我们选取 ReLU 作为我们的激活项,即得到 m 滤波器对于窗口向量的卷积结果。在我们的设计中采用多通滤波器提取特征方式,取 n 个滤波器对窗口向量进行卷积,即得到对于窗口 w 的局部卷积向量,为

$$c1_t = [c_1, \cdots, c_j, \cdots, c_n], \quad c_j \in \mathbf{R} \tag{4}$$

则得到 $c1_t \in \mathbf{R}^n$,$c1_t$ 即为位置 t 的词向量上下文局部特征向量。对于窗口值为 k 的局部向量进行卷积,可以得到 $L-k+1$ 个局部特征向量,则第一层 CNN 网络生成的特征向量为 $c_1 \in \mathbf{R}^{(L-k+1)\times n}$。

由于产生的卷积向量同原向量的数目不一致,减少了 $k-1$ 维向量,这对于后续注意力模型处理以及分析均产生困难。为了保存该位置的有效信息同时扩大上下文的范围,我们将生成的特征向量再次进行卷积,恢复为原有的 L 维向量,二层卷积层卷积窗口仍为 k,目的在于提取位置 t 的词向量对于 $c1_t$ 的贡献值,并在保存上下文的信息情况下抽离位置 t 的有用信息。例如:位置 t 的单位词向量生成的窗口值向量包括 $[w_{t-k/2}, \cdots, w_t, \cdots, w_{t+k/2}]$,由这些窗口向量生成的一层局部向量为 $c = [c1_{t-k/2}, \cdots, c1_t, \cdots, c1_{t+k/2}]$,$c$ 中包含由词向量 x_t 形成的局部特征,二层网络即从这些特征中再次抽离出 x_t,同时包含其周边重要的上下文向量。则卷积对象为 c_1,生成第二层的卷积特征向量即为 c_2,对于第二层卷积层左右边界处,采取补零策略,两边各补齐 $k-1$ 个零维向量,则二层卷积输出后仍为一个 n 维向量,在对于一阶 CNN 生成的特征向量补零后,有

$$c_j = f(c1_t \odot m + b) \tag{5}$$

同样取 n 个滤波器对 c_1 的窗口向量进行卷积操作,得到 $(L-k+1)+2\times(k-1)-k+1=L$,即 L 个向量,这样重新将局部特征向量延展还原成 $c_2 \in \mathbf{R}^{L\times n}$。这样就解决了注意模型中无法分辨词汇权重的问题,而输入值已经和原语义编码不同,经过二层 CNN 产生的是包含局部上下文特征的特征向量,而非原单一词向量。

2.3 Bi-LSTM 时序特征提取层

RNN 网络是一种时序特征提取网络,是一种链式的结构。其通过上一层的隐含状态同本次输入值状态作为本次的共同输入,输入到网络中进行判断。但是传统的网络对于过长的时序向量处理会发生梯度弥散,即丢失最早输入特征信息。之后有学者提出的 LSTM 解决了这一问题。在 LSTM 网络中通过三个门控制输入、上一时刻信息以及输出,由于遗忘门打破了梯度指数递减的链式,因此其对于长时文本记忆有着较好的效果。LSTM 结构按照时序展开如图 2 所示。

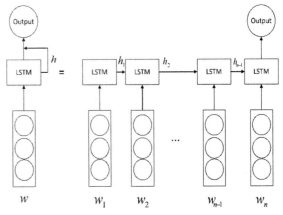

图 2 LSTM 网络结构示意图

LSTM 中生成单元为神经元细胞,细胞内 t 时刻内部状态更新公式如下:

$$\begin{cases} x = [x_t, h_{t-1}] \\ f_t = \sigma(W_f \cdot x + b_f) \\ i_t = \sigma(W_i \cdot x + b_i) \\ o_t = \sigma(W_o \cdot x + b_o) \\ c_t = f_t \odot c_{t-1} + i_t \odot \tanh(W_c \cdot x + b_c) \\ h_t = o_t \odot \tanh(c_t) \end{cases} \tag{6}$$

式中,$W_i,W_f,W_o \in \mathbf{R}^{n \times 2n}$ 分别为输入门、遗忘门和输出门的权重值;$b_i,b_f,b_o \in \mathbf{R}^n$ 为各门的偏移量;σ 为激活函数;⊙矩阵元素逐项乘积;输入值 x 中包含本时刻的输入 x_t 以及上一时刻的中间变量 h_{t-1}。在设计中,我们使用的是 LSTM 网络的中间变量 h_t 作为我们的注意模型输入,为了更好地对文本上下文进行判断,我们使用的是正逆序 LSTM(Bi-LSTM)网络,该网络在原有 LSTM 上加入一层反向传播的网络,这样对于每一个 x_t,均有 x_{t-1} 与 x_{t+1} 为本层网络提供中间值,双向传播 LSTM 网络结构如图 3 所示。由图可以看出,该网络由两层独立权重结构的 LSTM 网络构成,在最终生成网络中间输出值时,才会将中间量加和,形成最后的生成值,这也保证了网络是非循环机构。

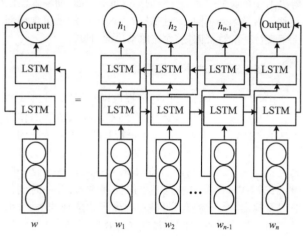

图 3 正逆序 LSTM 网络结构示意图

Bi-LSTM 网络分为前向层和后向层,前向层包含词汇上文的权值,而后向层则包含词汇下文的权值,在输入时文本的处理结构不同,正向网络是由语句从前至后顺序进行处理,而反向网络在输入时读取方向正好颠倒,由最后一个词进行处理。两个网络在处理时是彼此分离的,生成中间向量值由两个网络共同生成其每步输入后得到的输出向量,也即为其隐含层向量,设为 h_t,则有

$$\begin{cases} \overrightarrow{h_t} = \overrightarrow{LSTM}(W \cdot \overrightarrow{h_{t-1}} + U \cdot c2_i), i \in [1,n] \\ \overleftarrow{h_t} = \overleftarrow{LSTM}(W' \cdot \overleftarrow{h_{t-1}} + U' \cdot c2_i), i \in [n,1] \\ h_t = [\overrightarrow{h_t}, \overleftarrow{h_t}] \end{cases} \quad (7)$$

得到的最终 h_t 包括 x_t 上下文的总结,在我们的结构中,x 即为第二层 CNN 网络生成的 c_2 向量。传统网络中使用最后一步的隐藏层 h_n 为输入,将最后一层隐层接入 softmax 分类器做最终判断,在这里我们更改这一做法,对 LSTM 的中间隐藏值做加权求和,生成最终的输出特征向量,权重值的生成方式依赖于注意力模型。

2.4 注意力权重层

注意力模型最早是在编码-译码(Encoder-Decoder)框架下被提出的[20],在进行文本翻译的过程,首先通过编码网络对原文本整体输入生成一个中间语义向量 C,该语义向量实际上由编码层的中间值汇总构成,之后在翻译过程中使用译文上下文词向量与中间语义向量 C 结合输入到解码器中,将生成的译文特征向量通过 softmax 分类器判断译文文本的概率,实现翻译工作。公式如下:

$$\begin{cases} eh_t = e(eh_{t-1}, x_t) \\ C = f(eh_1, eh_2, \cdots, eh_n) \\ y_i = \prod_{i=1}^{L} p(y_i | \{y_1, \cdots, y_{i-1}\}, C) \end{cases} \quad (8)$$

式中,x_t 为 t 时刻输入原文文本;eh_t 为编码器 t 时刻的隐含层状态;e 为编码函数;C 为中间语义向量;f 为汇总函数;y_i 的生成依赖文本语义模型,通过中间向量与上下文即前项输出一同生成。对于每个输出译文都共用一个中间语义向量 C,难以衡量原文文本对于译文的影响,会影响翻译精度。注意模型模拟人脑对于关键位置的注意程度,将关键位置加强权重,鉴于此原理对传统的模型进行了改进,针对每一个输出,都会产生各自的中间语义向量 C_j,C_j 并非简单地中间状态加和,而是对不同的输出,输入值在中间量内所占权重也不同。权重值即通过注意模型进行计算。模型的计算过程如下:

输入:n 个 k 维词汇编码向量,$x = [x_1, x_2, \cdots, x_i, \cdots, x_n]$,$x_i \in \mathbf{R}^k$

输出:m 个 k 维译文编码向量,$y = [y_1, y_2, \cdots, y_j, \cdots, y_m]$,$y_j \in \mathbf{R}^k$

算法步骤:

1. 输入编码器中进行训练,得到编码中间层向量 eh_i,初始化注意力矩阵 a。$eh_i = f(eh_{i-1}, x_t)$

2. 计算 y_j 中间向量值 C_j。$C_j = \sum_{i=1}^{n} a_{ij} \cdot eh_i$

3. 生成注意力值 a_{ij},d_{j-1} 为上一时刻解码器的中间向量。

$$e_{ij} = a(eh_i, dh_{j-1})$$
$$a_{ij} = \frac{\exp(e_{ij})}{\sum_{k=1}^{j} \exp(e_{ik})}$$

4. 生成译码器中间层向量。$dh_j = g(dh_{j-1}, y_{j-1}, C_j)$

5. 产生输出,与训练数据比较,反向传递误差,重复步骤。

$$d_j = g(dh_j, d_{j-1}, C_j)$$
$$E = \sum_j e = \sum_{j=1}^{t} f_e(y_j - d_j)$$

在文本分类任务中,输出为一个特征向量,该特征向量在经过 softmax 层后产生数值评估用以做分类,因此不存在译码层,产生的特征向量 C 将被直接作为输出,因此无法求解译码层的隐含层向量 eh_j,这将直接影响我们生成注意力权重。在这里我们采用一种静态模型,对于一个文档或者句子,计算每个词的注意力权重分布,之后通过加权获得一个向量来代表通篇文章或者句子。因此其输出仅有一个向量,也即在编译码模型中的 C。设时序特征层生成的中间隐含向量均为 n 维向量,则所有隐含层向量输出为一个 $L \times n$ 的矩阵,有

$$\begin{cases} u_t = u_w \tanh(W_w h_t + b_w) \\ a_t = \dfrac{\exp(u_t)}{\sum_t \exp(u_t)} \\ v = \sum_{t=1}^n a_t h_t \end{cases} \quad (9)$$

在分类问题中，我们使用一个一层的全连接神经网络 w 充当解码器，神经网络在传统的网络基础上多加了一个上下文向量 u_w 作为网络参数。网络参数包括：网路权重系数 $W_w \in \mathbf{R}^{n \times n}$，网络偏移量 $b_w \in \mathbf{R}^n$，上下文向量 $u_w \in \mathbf{R}^n$ 为一个随机初始化的向量，作为网络中的一部分进行运算可以视作是对于位置 t 的单词上下文向量的高维表达，即用于筛选出对于位置 t 词汇更为重要的部分[21-23]。该向量与传统神经网络生成的向量 u_t 做点积，生成一个 L 维的向量 u_t，对其进行 softmax 归一化处理，得到对于每个中间特征值的注意力权重矩阵 a，通过矩阵 a 将上一层的时序特征按照权重加和，生成最终的特征表达向量 v。将向量 v 代入 softmax 分类器中分类处理，最终得到分类结果。

3 试验结果分析

3.1 试验用语料库

试验使用 TensorFlow 库搭建网络进行训练。试验用语料库采用中文语料库一份，英文语料库三份，用以对模型进行方向测试。其中对于混合语料库，我们使用 3000 条酒店在线评论与 3000 条影评语料混合而成，目的在于检测网络对于主观词语的区分。Yelp2013 为篇章级粒度，其余语料为段落级与句子级的混合语料。我们每个语料库语料数目为六千到一万不等，按照 4∶1 的比例划分训练样本与测试样本。语料库详情如表 1 所示。

表 1 试验用文本语料库

语料库	文本语种	分类类别	测试方向
康奈尔影评	英文	二分类	普通分类
混合语料	英文	二分类	多主题分类
Yelp2013	英文	五分类	多分类问题
谭松波酒店	中文	二分类	中文文本

3.2 试验结果评估

在试验中选择两个指标参数对模型进行验证，一个是分类的准确度，用以验证分类精度，另一个是 MSE，即均方误差，用以验证在分类问题中，分类结果偏离准确值的程度，在多分类问题中该指标尤其重要。

$$\mathrm{MSE} = \dfrac{\sum_{i=1}^{R}(n_i - 1)s_i^2}{N - r} \quad (10)$$

网络每训练完一次，使用测试样本作为验证集，验证模型的准确度。将生成的验证集结果绘图，如图 4 和图 5 所示。由图可以看出，ACLSTM 收敛速度相较于其他算法较快，相比传统算法，精度较高，在第八次训练时，准确度已经稳定；对于多分类问题，ACLSTM 可以达到 0.681 的准确度，而相同的 ALSTM 在没有应用 CNN 局部提取的条件下分类准确度为 0.63，CLSTM 在没有应用注意力模型的条件下分类精度为 0.627，且其在对于多主体文本情感分类检测时精度为 0.81，而 ACLSTM 算法精度为 0.901，这说明该算法鲁棒性较好，抗干扰能力强。由图 5 可知，对于多分类任务，ACLSTM 的均方误差也是最低的，为 0.895，这说明即使判断错误，该算法误差程度相比于其他算法来说仍旧较低，接近容错范围。传统算法 LSTM 误差为 0.939。而且对于中文文本来说，ACLSTM 表现仍旧较好，对于中文文本词汇仍具有识别作用。

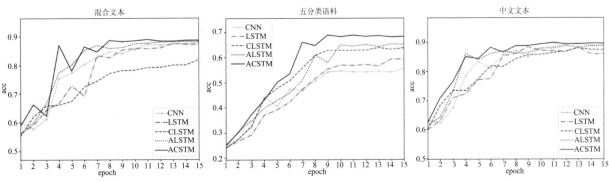

图 4 不同语料训练过程验证集精度

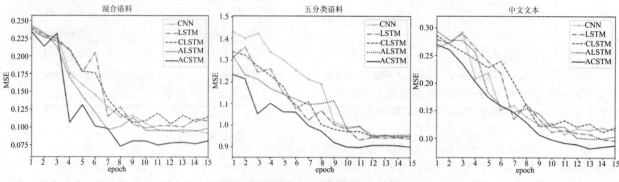

图 5 不同语料训练过程验证集均方误差

为进一步验证注意力模型对于 ACLSTM 的影响,我们对网络进行修改,在输出特征向量的同时输出注意力权重矩阵 a。从训练文本中选出一篇文章输入到已经训练好的网络中,对权值矩阵 a 进行提取,节选一定的篇幅作为文本,并从 a 中按照索引找出该节选的注意力参数,通过归一化后绘制文本热度图。在热度图中,颜色较深的部分代表注意力权重较大,图 6 为一个中文文本注意力的热度图。由热度图可以看出,对文章情感倾向产生影响的文本生成的注意权重均比较高。由图 6 可以看出,对于 "优点""好""不错"这样明显的描述性褒义的形容词,注意模型均对其赋值高权重,而前面的"很""但"一类的转折词,在训练后的注意力矩阵上也有所反映,说明注意力的方法对于强调性词汇以及转折、句型翻转等都有一定的效果。

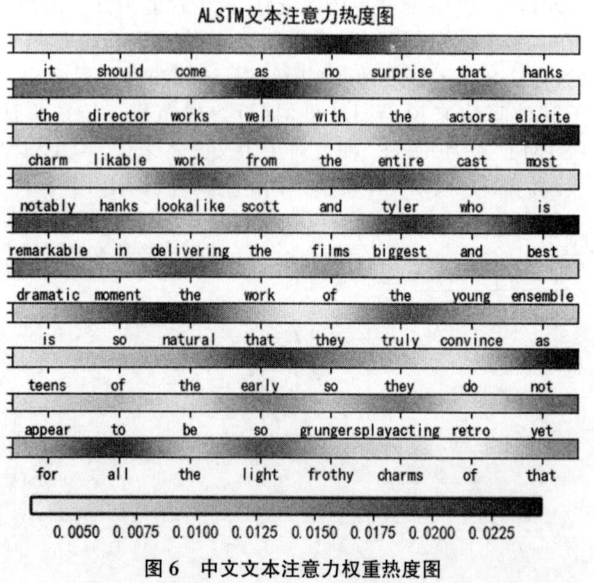

图 6 中文文本注意力权重热度图

对于本文设计的 ACLSTM 网络,为了验证在加入 CNN 收集局部文本信息后是否能提高权重矩阵对于关键信息的判断,我们使用多主题文本进行验证,分别对 ALSTM 与 ACLSTM 训练对比,绘制热度图生成图 7。由图可以看出,注意力矩阵能够标注并提取文本中的有效信息,两种方法对于一些形容词性词汇,例如 "natural" "biggest""best"这类形容词汇均有较高的注意力标注,对

于"so"这样的副词,也生成了高权重的标定,但对于 ACLSTM 的热度图来说,其注意权重分布更加复杂,相比较 ALSTM 来说,例如对于"well"这一单词,ACLSTM 网络对于单词上下文的具有更好地识别分辨率,对于"director works well",主观部分也进行了标注,因此其对于多主语混合类问题分辨精度较好,适用于更加复杂的实际环境中,而对于类似于"not"的否定性词汇,对于 ALSTM 算法仅对其否定词进行了标注,而 ACLSTM 由于 CNN 算法计算了上下文的局部特征,因此对于"do not appear"这样的短语也有所体现,而且一些专有性的词汇例如"tyler",在文本计算的过程中也予以进行了保留。

表 2 混合语料注意权重值前十词汇

ACLSTM				ALSTM			
comic	all	do	good	good	even	how	look
oscar	do	not	worry	not	much	me	So
martin		winner		ask		little	

为了进一步研究改进算法对原有 ALSTM 算法产生的效果,试验以同一篇训练文章作为测试样本,分别输入到已经训练好的 ALSTM 与 ACLSTM 矩阵当中,并且以其注意力权重矩阵作为输出,统计其权重值最高的前 10 个词汇,如表 2 所示。从表中可以看出,相较于 ALSTM,ACLSTM 网络对于短语的识别效果较优,在 ACLSTM 中,输出的包含一些短语,例如"do not worry",这类词汇虽然不是明确的单词型的褒义性形容词,但其中表示出的含义是赞扬的,这类短语识别对于后续特征向量的生成产生作用的话,将极大地提高我们对于文本的分类程度。同样,对于 ACLSTM 网络分离出了一些表示情感性的特殊专业领域词汇例如"comic""oscar""winner",这些词汇在对于影评评论里可以被理解为褒义性的特殊词汇,这说明了该算法对于专有领域的分辨适应性较好,鲁棒性较高,可以被应用于实际文本处理中。

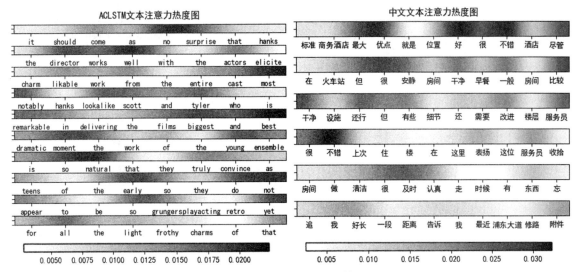

图 7 混合语料热度图比较

4 结论

本文针对实际文本分类具有粒度混杂、主体不明晰、分类精度不高的问题，结合注意模型与 LSTM 时序特征提取的特点，并使用 CNN 进行局部特征提取，设计了一种 ACLSTM 网络，并通过四种语料库对该网络进行了训练，从精度以及均方差方面分析了网络对于不同测试方面的表现，并通过绘制文本热点图分析了局部特征提取以及注意模型对于网络优化起到的作用。测试结果表明，该算法可以改善文本情感分类精度，并对专有领域的特殊情感词汇具有较好的提取识别效果。

参考文献

[1] Smedt T D, Martens D, Daelemans W. Evaluating and understanding text-based stock price prediction models[J]. Information Processing & Management, 2014, 50(2): 426-441.

[2] Bengio Y, Schwenk H, Senécal J S, et al. Neural probabilistic language models[M]//Innovations in Machine Learning. Berlin Heidelberg: Springer, 2006: 137-186.

[3] Johnson R, Zhang T. Effective use of word order for text categorization with convolutional neural networks[J]. HAACL: Human Language Technologies, 2015: 103-112.

[4] Socher R, Perelygin A, Wu J, et al. Recursive deep models for semantic compositionality over a sentiment treebank[J]. EMNLP, 2013: 1631-1642.

[5] Kim Y. Convolutional neural networks for sentence classification[J]. EMNLP, 2014: 1746-1751.

[6] Lei T, Barzilay R, Jaakkola T. Molding CNNs for text: Non-linear, non-consecutive convolutions[J]. Indiana University Mathematics Journal, 2015, 58(3): 1151-1186.

[7] Cardie C. Deep recursive neural networks for compositionality in language[J]. International Conference on Neural Information Processing Systems. MIT Press, 2014: 2096-2104.

[8] Tai K S, Socher R, Manning C D. Improved semantic representations from tree-structured long short-term memory networks[J]. Computer Science, 2015, 5(1): 1-6.

[9] Hochreiter S, Schmidhuber J. Long short-term memory[J]. Neural Computation, 1997, 9(8): 1735-1780.

[10] Greff K, Srivastava R K, Koutnik J, et al. LSTM: A search space odyssey[J]. IEEE Transactions on Neural Networks & Learning Systems, 2016, 28(10): 2222-2232.

[11] Mnih V, Heess N, Graves A. Recurrent models of visual attention[J]. Advances in Neural Information Processing systems, 2014: 2204-2212.

[12] Firat O, Cho K, Bengio Y. Multi-way, multilingual neural machine translation with a shared attention mechanism[J]. Proceedings of HAACL-HLT, 2016: 866-875.

[13] Chopra S, Auli M, Rush A M. Abstractive sentence summarization with attentive recurrent neural networks[J]. HAACL: Human Language Technologies, 2016: 93-98.

[14] Luong T, Pham H, Manning C D. Effective approaches to attention-based neural machine translation[J]. EMNLP, 2015: 1412-1421.

[15] Wang Y, Huang M, Zhao L. Attention-based lstm for aspect-level sentiment classification[J]. Proceedings of the 2016 Conference on Empirical Methods in Natural Language Processing, 2016: 606-615.

[16] Hermann K M, Kocisky T, Grefenstette E, et al. Teaching machines to read and comprehend[J]. Advances in Neural Information Processing Systems, 2015: 1693-1701.

[17] Xu K, Ba J, Kiros R, et al. Show, attend and tell: Neural image caption generation with visual attention[J]. Computer Science, 2015: 2048-2057.

[18] Sainath T N, Vinyals O, Senior A, et al. Convolutional, long short-term memory, fully connected deep neural networks[J]. IEEE International Conference on Acoustics, Speech and Signal Processing. IEEE, 2015: 4580-4584.

[19] Zhou C, Sun C, Liu Z, et al. A C-LSTM neural network for text classification[J]. Computer Science, 2015, 1(4): 39-44.

[20] Bahdanau D, Cho K, Bengio Y. Neural machine translation by jointly learning to align and translate[J]. arXiv, 2014: 1409.0473.

[21] Yang Z, Yang D, Dyer C, et al. Hierarchical attention networks for document classification[J]. HAACL: Human Language Technologies, 2017: 1480-1489.

[22] Sukhbaatar S, Weston J, Fergus R. End-to-end memory networks[J]. Advances in Neural Information Processing Systems, 2015: 2440-2448.

[23] Kumar A, Irsoy O, Ondruska P, et al. Ask me anything: Dynamic memory networks for natural language processing [J]. International Conference on Machine Learning, 2016: 1378-1387.

V3 并联机器人的时间最优轨迹规划研究

张志豪，李秀文，廖 斌，楼云江

（哈尔滨工业大学(深圳)，广东深圳，中国，518055）

摘 要：V3 机器人是一类特殊的并联机器人，本文研究 V3 并联机器人在拾放操作中的时间最优轨迹规划，为此对其进行了运动轨迹规划和速度规划。首先，通过 S 形曲线加速的约束计算出所需要的时间；然后，根据机器人在工作空间中的不同位形，为了避开奇异位形而采用 B 样条曲线再次进行规划，从这两种时间中选择耗时最短的；最后，又将 V3 并联机器人在标准直线拾放操作轨迹上所耗时间于 Quattro 650 机器人的最短运行周期相比，发现前者比后者还要快 10 ms。

关键词：V3 并联机器人；速度规划；路径规划；轨迹规划；时间最优

中图分类号：TP242

Time-Optimal Trajectory Planning of the V3 Parallel Robot

Zhang Zhihao, Li Xiuwen, Liao Bin, Lou Yunjiang

(Harbin Institute of Technology(Shenzhen), Guangdong, Shenzhen, 518055)

Abstract: Pick-and-place operation is very common in production lines of the food and medicine packaging industry. Parallel robots are often used for this kind of operation. This paper studies the optimal trajectory planning of the V3 parallel robot in pick and place operations. Robots with different structures usually have their own trajectory planning. The purpose of this paper is to implement a time-optimized trajectory plan for a V3 parallel robot mechanism. For this purpose, the trajectory planning and speed planning are performed. First, the time required by the S-curve acceleration constraint is calculated. Then, according to the different positions of the robot in the workspace, a B-spline curve is used to plan again in order to avoid the singularity. It takes the shortest time selected from these. Finally, the result that the V3 parallel robot is 10 ms faster than the shortest operating cycle of the Quattro 650 robot on the standard linear pick and place operation trajectory.

Key words: V3 Parallel Robot; Velocity Planning; Path Planning; Trajectory Planning; Time-Optimal

1 引言

并联机器人具有高速度、高精度、结构紧凑和带负载能力强等特点，多数应用在包装、医疗和制药行业中拾放物品。目前，市场上最广泛使用的并联机器人是 Delta 机器人。不过 Delta 机器人有占地空间大、工作空间小且机器人的末端没有旋转自由度等缺点。因此，有人提出了一种驱动同轴式分布式的新机构，这种结构的好处是可以使原本电机的旋转在空间中进行，使得大部分的占地空间都变成工作空间；同时末端也具有旋转自由度，可以调整拾取物体码放的位姿[1]。

V3 并联机器人是符合上述新结构的机器人[2]。V3 并联机器人分成四个部分，即基座(定平台)、主动臂、从动臂和末端，其结构示意图如图 1 所示。

本文是对 V3 并联机器人进行时间最优轨迹规划。对于拾放操作并联机器人来说，其最优性能是获得拾放点间的最短运行周期[4]，根据机器人在工作空间中的拾放操作位置选择一个适合 V3 并联机器人的路径和速度规划方案。其中，速度规划主要任务是使机器人的运动过程更为平稳和精确；路径规划的主要任务是在速度规划确定的条件下使机器人的性能达到最优[3]，路径分为直线路径和

作者简介：张志豪(1995—)，男，安徽芜湖人，在读硕士研究生，研究方向为机器人的速度规划；李秀文(1992—)，男，江西鹰潭人，硕士研究生，研究方向为并联机器人的路径规划；廖斌(1986—)，男，广西桂林人，在读博士研究生，研究方向为并联机器人机构分析、综合与优化设计以及工业应用；楼云江(1973—)，男，浙江义乌人，教授，博士生导师，香港科技大学博士，研究方向为机器人与自动化。

曲线路径,其中曲线路径有两种:一种是半椭圆轨迹[5];另一种是劣弧轨迹。V3 并联机器人因为具有独特的平动自由度和旋转自由度的特性,所以这里是要找到适合此种运动的时间最优[6]轨迹,同时针对选定的拾放操作轨迹在运行时间上进行优化。因此,本文采用了最小时间优化方程[7,8]和由机器人的奇异位置作为控制点的 B 样条曲线[9]来作为时间的约束项,B 样条曲线的基函数采用 Deboor 公式[10],以此得到在不同工作空间轨迹下适合 V3 并联机器人的时间最优轨迹规划。

图 1　V3 机器人示意图

2　机器人最优轨迹规划

2.1　运动规划

2.1.1　速度规划

为了减少机器人机械启停时的振荡、超程,必须加入加减速控制,即速度规划。加入速度规划使控制系统能获得更平稳、更精确的控制,常见的速度规划有梯形速度规划和 S 形速度规划。

梯形速度规划是因规划出来的速度曲线形似梯形而得名,由此可知,其速度变化分为三段,分别是匀加速段、匀速段和匀减速段,其加速度不连续。

相较梯形速度规划,S 形速度规划是加速度连续的,故对机械系统的冲击更小,S 形速度规划并没有具体的段数,常用的有五段式和七段式。两者区别在于五段式没有匀加速和匀减速段。

2.1.2　路径规划

速度规划的主要任务是使机器人的运动过程更为平稳和精确,而路径规划的主要任务是在速度规划确定的条件下使机器人的性能达到最优。一般任何点位运动轨迹都可由直线轨迹和弧线轨迹组成。

直线轨迹是轨迹规划中最简单同时也是最有效的一种,因此最短时间规划总是优先选择直线轨迹。

如图 2 所示,点 A 和点 B 是直线运动的启、停点,R_1 和 R_2 是工作空间的内、外半径,点 D 是直线 AB 的垂足。原点 O 到直线 AB 的距离为 OD。当 OD 介于工作空间之内时,可以走直线,当 OD 临界工作空间的边界时,为了机械安全不走直线,考虑走弧线轨迹。这里弧线轨迹有两种:一种是半椭圆轨迹,另一种是劣弧轨迹。

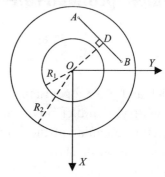

图 2　直线轨迹图

2.2　时间最优轨迹规划

一般来说直线轨迹耗时最短,所以时间最优的优化对象是针对无法走直线而只能走弧线轨迹的拾放操作轨迹。V3 并联机器人因为具有独特的平动自由度加上旋转自由度的特性,所以是要找到适合此种运动的时间最优轨迹。在此过程中,需要考虑下面两个约束。

(1) 最小时间目标

采用如下速度规划:

$$v(t)=\begin{cases}\frac{1}{2}J_{cc}t^2, & 0\leqslant t<aT \\ v_1+J_{cc}t_1\cdot(t-t_1), & aT\leqslant t<(A_f-a)T \\ v_2+J_{cc}t_1\cdot(t-t_2)-\frac{1}{2}J_{cc}(t-t_2)^2, & (A_f-a)T\leqslant t<A_fT \\ v_3, & A_fT\leqslant t<(1-A_f)T \\ v_4-\frac{1}{2}J_{cc}(t-t_4)^2, & (1-A_f)T\leqslant t<(1-A_f+a)T \\ v_5-J_{cc}(t_5-t_4)\cdot(t-t_5), & (1-A_f+a)T\leqslant t<(1-a)T \\ v_6-J_{cc}(t_5-t_4)\cdot(t-t_6)+\frac{1}{2}J_{cc}(t-t_6)^2, & (1-a)T\leqslant t<T\end{cases} \quad (1)$$

其中，$v_1 \sim v_7$ 分别是右边每个时间段对应的速度；J_{cc} 是关节的加速度值。因为机器人的运动启动和停止一般都是要求零加速度和零速度，所以最小时间优化的方程可以写成式(2)。

$$\begin{cases} R_{in} \leqslant R \leqslant R_{out} \left(R = \frac{1}{2}(D^2 + b^2)/b\right) \\ 0 \leqslant A_f \leqslant 0.5 \\ 0 \leqslant a \leqslant A_f/2 \\ S(0) = P_0 \\ S(T) = P_1 \begin{cases} S(t) = \begin{pmatrix} x(t) \\ y(t) \end{pmatrix} = \begin{matrix} x(0) + R\cos(\theta(t)) \\ y(0) + R\sin(\theta(t)) \end{matrix}; \\ \theta(t) = \theta(0) + \frac{l(t)}{R} \end{cases} \\ \dot{S}(0) = 0, \quad \dot{S}(T) = 0 \\ \ddot{S}(0) = 0, \quad \ddot{S}(T) = 0 \\ MJ^{-1}\ddot{X} + (CJ^{-1} - MJ^{-1}\dot{J}J^{-1})\dot{X} \leqslant \tau_{max} \end{cases}$$
(2)

式(2)中，D 表示始末两点的距离；R_{in}、R_{out} 是之前求出的工作空间内圆和外圆半径；a、A_f 是速度规划的时间参数。搜索流程图如图3所示。

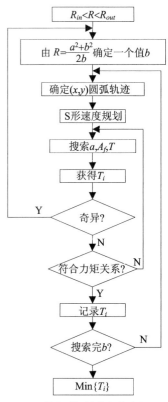

图3 最小时间搜索程序流程图

（2）条件数总和最大

为了更好地表达奇异性存在与否，定义一个逆条件数，如下所示：

$$\kappa(J) = \frac{\sigma_{min}(J)}{\sigma_{max}(J)} \quad (3)$$

其中，J 为雅克比矩阵；$\kappa(\cdot)$ 是逆条件数；$\sigma_{min}(\cdot)$、$\sigma_{max}(\cdot)$ 分别矩阵最小和最大奇异值。逆条件数的变化范围是$[0,1]$，取值越大，表明机器人的运动能力越好，当 $\kappa=1$ 时，我们就称该位形为各向同性位形，当 κ 小于接近0的某值时，就发生了奇异。

因为条件数越小，越容易发生奇异，在奇异值附近由于速度不可控的原因，机械的振动可能会很大，影响通过的速度，一般时间最优的轨迹很少经过奇异值点，这里以搜索方法得到的点作为B样条的控制顶点，作为进一步优化的条件。B样条的定义如式(4)所示：

$$P_{i,p}(t) = \sum_{k=0}^{n} P_{i+k} N_{k,p}(t) \quad (4)$$

式中，P_{i+k} 即控制顶点；$N_{k,p}(t)$ 是B样条基函数。

基函数采用Deboor公式，求解如下：

$$\begin{cases} N_{i,0}(t) = \begin{cases} 0, & \text{若 } t_i \leqslant t \leqslant t_{i+1} \\ 1 & \text{其他} \end{cases} \\ N_{i,p}(t) = \frac{t - t_i}{t_{i+p} - t_i} N_{i,p-1}(t) + \frac{t_{i+p+1} - t}{t_{i+p+1} - t_{i+1}} N_{i+1,p-1}(t) \end{cases}$$
(5)

速度规划采用的是B样条函数的导数形式。采取局部搜索的方式，以条件数总和最大为优化目标。程序流程如图4所示。

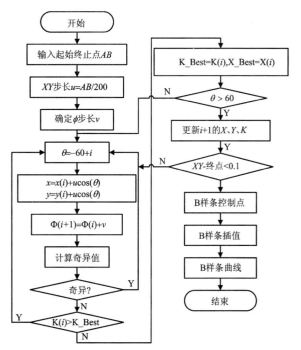

图4 条件数总和最大程序流程图

3 试验与分析

本书对V3并联机器人近似的动力学模型和路径规划算法及算法的优化进行验证。由于并联机器人的应用场景大部分是两点之间的拾放操作，所以试验也是围绕拾放操作进行的。

本文所使用的上位机软件是在Windows 7操作系统下，以Visual Studio 2010作为开发环境开发的，图5为上位机界面。

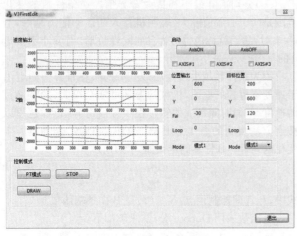

图 5　V3 机器人上位机界面

硬件电路是采用 Autocad Electronic 绘制的，运动控制平台是基于固高的 GTS-400 系列运动控制卡搭建的，数据分析和可视化是在 MATLAB 2014b 下进行的。图 6 为机器人实物图。

3.1　轨迹性能对比试验

对于直线轨迹来说，影响其运动时间的主要是速度规划类型。对于弧线轨迹来说，就是验证半椭圆轨迹和圆劣弧轨迹哪种性能更优的试验，而速度规划都是采用七段式的 S 形速度规划。

3.1.1　直线轨迹

直线是两点之间最短的距离，所以能走直线的两点都采取直线轨迹的形式。因为直线轨迹规划相对容易实现，所以忽略可能存在适合走机械特性的非直线轨迹。

直线起点 $X_1(600,-150,0)$、终点 $X_2(600,150,90)$ 如图 7 所示，左图是梯形速度规划下的关节角速度曲线，右图是 S 形速度规划下的关节角速度曲线。

图 6　V3 机器人实物图

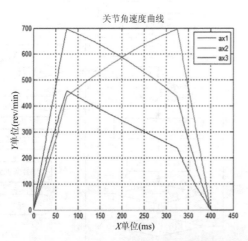 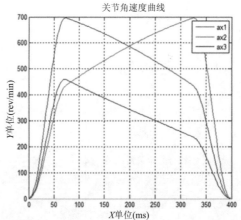

图 7　梯形速度规划和 S 形速度规划下关节角速度

两者速度曲线峰值相同，但是很明显地看出梯形速度在速度变化的转折点处不是光滑连接的，这样会对机械结构造成很大的冲击。

3.1.2　弧线轨迹

本小节是对半椭圆轨迹和圆劣弧轨迹的运行时间进行对比，图 8 中左图是空间中一段圆劣弧轨迹，右图是空间中一段半椭圆轨迹。

这里曲线的起点是 $X_1(-400,-100,160)$，终点是 $X_2(600,300,0)$，如图 9 所示，左图是半椭圆轨迹下的关节角速度曲线，右图是圆劣弧轨迹下的关节角速度曲线。

从图 9 中可以看出，相对安全距离参数 b 相同的条件下，采用相同的 S 形速度规划，虽然圆劣弧轨迹速度比半椭圆轨迹要多一些，但是对于 4000 rev/min 速度多出的速度基本上可以忽略不计。图 9 中横轴还可以看出，圆劣弧轨迹的时间大大优于半椭圆轨迹，而且可以从试验的数据进行分析，圆劣弧轨迹的路程相对于半椭圆轨迹的路程来说更少。

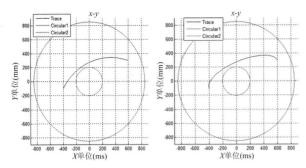

图 8 空间半椭圆轨迹和圆劣弧轨迹

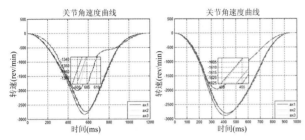

图 9 椭圆轨迹和圆劣弧轨迹下关节角速度曲线

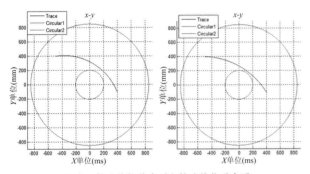

图 10 轨迹优化前劣弧和轨迹优化后劣弧

3.2 轨迹优化对比试验

圆劣弧轨迹还存在两种不同的情况：一种是圆心在机器人原点的劣弧，这种劣弧对机器人性能影响不大；另外一种是圆心不在机器人原点的劣弧，这种劣弧对机器人性能发挥影响较大，需要优化。如图 10 所示，左图是优化前的劣弧轨迹，右图是优化后的劣弧轨迹。

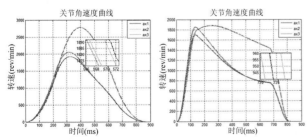

图 11 轨迹优化前的关节角速度和轨迹优化后的关节角速度

对比优化轨迹，可以发现优化后的轨迹更靠近于工作空间的内半径。如图 11 所示，左图是优化前的关节速度曲线，右图是优化后的关节速度曲线。其中很明显地发现优化的轨迹运行时间相比于优化前的轨迹时间大概少了 50 ms；在关节速度曲线上，可以明显地看到速度增加了很多。

4 结论

本文的主要工作是讨论不同的速度规划和路径规划方法应用于 V3 并联机器人上的性能差异，之后通过样机试验验证不同路径规划方法的优劣性，同时根据 V3 并联机器人平动伴随着转动的特性，并针对圆劣弧轨迹提出了一种以最大条件数为优化目标的 B 样条插值轨迹优化。在标准的直线拾放操作轨迹方面，与市场上现有的产品 Delta 系列 Quattro 650 机器人相比，V3 并联机器人的最短运行周期快 10 ms。本研究的运动控制系统设计主要是基于 V3 机器人的运动学部分，而没有考虑动力学模型的影响，希望之后对控制系统的设计考虑动力学模型的影响。

参考文献

[1] 廖斌. 面向高速拾放操作的大工作空间并联机器人研究[D]. 深圳：哈尔滨工业大学，2012：21-25.

[2] 潘炼东. 开放式机器人控制器及相关技术研究[D]. 武汉：华中科技大学，2007：72-96.

[3] Angeles J. Trajectory planning：Pick-and-place operations [J]. Mechanical Engineering，1997：233-256.

[4] Masey R J M，Gray J O，Dodd T J，et al. Elliptical point to point trajectory planning using electronic cam motion profiles for high speed industrial pick and place robots[C]// IEEE International Conference on Emerging Technologies & Factory Automation. IEEE Press，2009：867-874.

[5] Bobrow J E，Dubowsky S，Gibson J S. Time-optimal control of robotic manipulators along specified paths [J]. International Journal of. 1985，4(3)：3-17.

[6] Shi B H，He J P. The robot motion trajectory algorithm research based on B-spline and new velocity planning[C]// Control and Decision Conference. IEEE，2016：5968-5974.

[7] Elbanhawi M，Simic M，Jazar R. Randomized bidirectional B-spline parameterization motion planning [J]. IEEE Transactions on Intelligent Transportation Systems，2016，17 (2)：406-419.

[8] Pobegailo A P. Design of motion along parameterized curves using B-splines[J]. Computer-Aided Design，2003，35(11)：1041-1046.

[9] Greco L，Cuomo M. B-Spline interpolation of Kirchhoff-Love space rods [J]. Computer Methods in Applied Mechanics & Engineering，2013，256(4)：251-269.

[10] 陈至坤，郭宝军，王淑香. 移动机器人目标路径规划的仿真研究[J]. 计算机仿真，2016，33(5)：290-294.

具有量化输入的小型无人直升机控制

万 敏,阎 坤,瞿有杰,陈 谋

(南京航空航天大学,江苏南京,中国,210016)

摘 要:针对小型无人直升机的控制信号在传输过程中可能会受到干扰影响的问题,本文研究了一种具有量化输入的小型无人直升机控制。首先,采用滞环量化器对控制信号进行量化,以增加控制系统的抗干扰性;然后,针对存在线性化误差问题,利用反步控制法设计小型无人直升机自适应控制器;最后,利用Lyapunov稳定性理论证明了系统的稳定性。仿真结果表明,所研究的反步控制方法取得了良好的位置和姿态控制效果。

关键词:无人直升机;量化输入;自适应控制;反步控制法
中图分类号:TP391

Small Unmanned Helicopter Control with Quantized Input

Wan Min,Yan Kun,Qu Youjie,Chen Mou

(Nanjing University of Aeronautic and Astronautic,Jiangsu,Nanjing,210016)

Abstract:For small unmanned helicopters, the control signals may be affected by disturbance in the transmission process. A small unmanned helicopter control with quantized input is studied. In this paper, the control signal is quantized by the hysteresis loop quantizer to increase the anti-disturbance performance of the control system. Then, the backstepping control method is used to design the adaptive controller for the linearization error problem of small unmanned helicopter. Finally, the stability of the system is proved by Lyapunov stability theory. The simulation results show that the proposed control method achieves good position and attitude control performance.

Key words:Unmanned Helicopter;Quantized Input;Adaptive Controller;Backstepping Control Methed

1 引言

目前,大部分控制方法是建立在系统模拟信号无损传输的基础之上的。但是在实际控制系统中,信号传输会受到某种程度上的干扰。因此为了保证控制信号的抗干扰能力,往往采用数字信号进行传输[1]。因此,需要大量的数字处理器将模拟信号转化为数字信号,但是由于传感器自身精度等的限制,信号必须经过量化才可以传输到系统中,量化器可以有效解决上述问题[2]。目前,已有大量关于量化控制方法的文献,其中文献[3]分析了带有量化输入的非线性系统的稳定性,文献[4]将Krasowskii泛函数设计应用于带有输入时滞的非线性连续系统,采用量化控制的思想设计系统控制器。

小型无人直升机是一种高机动能力的空中飞行器,具有垂直起降、空中悬停和安全性高等优点[5]。现如今已被广泛应用于大气监测、资源探测、搜救、灾情监测等领域,但由于直升机系统是一个非线性、强耦合、多变量的复杂系统[6],且在飞行过程中会遇到飞行条件、气动特性的变化及多种不确定因素的干扰,使得无人直升机的动态特性分析与控制设计较为困难。目前,针对小型无人直升机系统的控制方法主要有线性方法和非线性方法两大类。文献[7]在建立直升机系统模型的基础上先对横、纵向通道进行了系统辨识,得到横、纵向通道的线性模型,再分别设计了相应的Linear Quadratic Regulator 控制器,有效地控制了无人直升机。文献[8]采用反步法为小型无人直升机设计了控制器,取得了良好的效果。文献[9]将直升机姿态环分解成三个子系统,采用滑模控制法分别设计了控制器,通过仿真和试验验证了该方法的有效性。

然而,小型无人直升机系统通常由传动系统、旋翼系统、操纵系统和信号传输系统等组成,其中信号传输系

作者简介:**万敏**(1983—),女,江苏人,博士研究生,研究方向为非线性系统控制;**阎坤**(1990—),男,河南人,博士研究生,研究方向为鲁棒容错飞行控制;**瞿有杰**(1993—),男,江苏人,硕士研究生,研究方向为无人机飞行控制;**陈谋**(1975—),男,四川人,教授,研究方向为非线性系统控制。

是保障无人直升机安全飞行的重要条件,如控制信号的传输。但是在传输过程中,控制信号可能会受到噪声和电磁干扰等外界因素的影响,这样势必会对无人直升机稳定飞行造成一定的威胁。因此,将量化控制方法应用于小型无人直升机系统以此来保证控制信号的抗干扰性,具有一定的理论价值和现实意义。

2 具有量化的小型无人直升机控制问题描述

结合文献[10]、[11]和[12],小型无人直升机线性模型可描述为

$$\dot{X}_1 = A_1 X_1 + B_1 q(\delta_{\text{lon}}) + D_1 \quad (1)$$

$$\dot{X}_2 = A_2 X_2 + B_2 q(\delta_{\text{lat}}) + D_2 \quad (2)$$

其中,$X_1 = [u\ q\ \theta\ x]^{\text{T}}$;$X_2 = [v\ p\ \varphi\ y]^{\text{T}}$;$x$ 和 y 为直升机的位置;u 和 v 为速度;φ 和 θ 为姿态角;p 和 q 为角速率;$q(\delta_{\text{lon}})$ 和 $q(\delta_{\text{lat}})$ 为系统的输入量。量化函数 $q(u)$ 形式如下所示[13]:

$$q(u) = \begin{cases} u_i \text{sgn}(u), & \dfrac{u_i}{1+\delta} < |u| \leqslant u_i, \dot{u} < 0 \text{ or} \\ & u_i < |u| \leqslant \dfrac{u_i}{1-\delta}, \dot{u} > 0 \\ u_i(1+\delta)\text{sgn}(u), & u_i < |u| \leqslant \dfrac{u_i}{1-\delta}, \dot{u} < 0 \text{ or} \\ & \dfrac{u_i}{1-\delta} < |u| \leqslant \dfrac{u_i(1+\delta)}{1-\delta}, \dot{u} > 0 \\ 0, & 0 \leqslant |u| < \dfrac{u_{\min}}{1+\delta}, \dot{u} < 0 \text{ or} \\ & \dfrac{u_{\min}}{1+\delta} \leqslant u \leqslant u_{\min}, \dot{u} > 0 \\ q(u(t^-)), & \dot{u} = 0 \end{cases}$$

(3)

式中,$u_i = \rho^{1-i} u_{\min}(i=1,2,\cdots)$;$u_{\min} > 0$ 为 $q(u)$ 死区大小;$0 < \delta < 1$,$\rho = \dfrac{1+\delta}{1-\delta}$ 为量化器的量化参数;$q(u)$ 取值区间为 $U = (0, \pm u_i, \pm u_i(1+\delta))$;$D_1$ 和 D_2 为线性化误差;A_1 和 A_2 为状态矩阵;B_1 和 B_2 为控制矩阵。

本文的目标是设计控制器 $q(\delta_{\text{lon}})$ 和 $q(\delta_{\text{lat}})$,使系统稳定,进而实现小型无人直升机的位置和姿态控制。为实现控制目标,给出如下假设和引理:

假设 1 系统(1)和(2)线性化误差 $D_i (i=1,2)$,可表示成如下形式:

$$D_i = [\varphi_1^{\text{T}} \lambda_1 \quad \varphi_2^{\text{T}} \lambda_2 \quad \varphi_3^{\text{T}} \lambda_3 \quad \varphi_4^{\text{T}} \lambda_4]^{\text{T}} \quad (4)$$

其中,$\varphi_i \in R^{m_i}(i=1,2,3,4)$ 为已知光滑函数;$\lambda_i \in R^{m_i}(i=1,2,3,4)$ 为未知常数。

引理 1[13] 量化器 $q(\delta_{\text{lon}})$ 和 $q(\delta_{\text{lat}})$ 可以分为线性和非线性两个部分:

$$q(\delta_{\text{lon}}) = \delta_{\text{lon}} + d_{\text{lon}} \quad (5)$$

$$q(\delta_{\text{lat}}) = \delta_{\text{lat}} + d_{\text{lat}} \quad (6)$$

非线性部分 d_{lon} 和 d_{lat} 具有以下性质:

(1) 对于任意的 $|\delta_{\text{lon}}| \geqslant \delta_{\text{lon,min}}$ 和 $|\delta_{\text{lat}}| \geqslant \delta_{\text{lat,min}}$,$d_{\text{lon}}^2 \leqslant \gamma_{\text{lon}}^2 \delta_{\text{lon}}^2$,$d_{\text{lat}}^2 \leqslant \gamma_{\text{lat}}^2 \delta_{\text{lat}}^2$;

(2) 对于任意的 $|\delta_{\text{lon}}| \leqslant \delta_{\text{lon,min}}$ 和 $|\delta_{\text{lat}}| \leqslant \delta_{\text{lat,min}}$,$d_{\text{lon}}^2 \leqslant \delta_{\text{lon,min}}^2$,$d_{\text{lat}}^2 \leqslant \delta_{\text{lat,min}}^2$;

其中,$\delta_{\text{lon,min}}$ 和 $\delta_{\text{lat,min}}$ 为 $q(\delta_{\text{lon}})$ 和 $q(\delta_{\text{lat}})$ 的死区阈值,γ_{lon} 和 γ_{lat} 均为 0~1 之间的常数。

3 基于 Backstepping 方法的控制器设计

以系统(1)为例,令

$$[u\ q\ \theta\ x]^{\text{T}} = [x_1\ x_2\ x_3\ x_4]^{\text{T}} \quad (7)$$

则系统(1)可以表达为如下形式[10,11]:

$$\begin{bmatrix} \dot{x}_1 \\ \dot{x}_2 \\ \dot{x}_3 \\ \dot{x}_4 \end{bmatrix} = \underbrace{\begin{bmatrix} -gA_u & g\tau_e & -g & 0 \\ M_a A_u & -M_a \tau_e & 0 & 0 \\ 0 & 1 & 0 & 0 \\ 1 & 0 & 0 & 0 \end{bmatrix}}_{A} \begin{bmatrix} x_1 \\ x_2 \\ x_3 \\ x_4 \end{bmatrix}$$

$$+ \underbrace{\begin{bmatrix} -gZ_{\text{lon}} \\ M_a Z_{\text{lon}} \\ 0 \\ 0 \end{bmatrix}}_{B} q(\delta_{\text{lon}}) + D_1 \quad (8)$$

其中,τ_e 为旋翼挥舞运动的时间常数;g 为重力加速度;Z_{lon} 为周期变距到挥舞角的稳态增益;A_u 为系统参数;M_a 为直升机俯仰力矩稳定导数。

通过可控性判定依据,系统(8)完全可控。为设计控制器方便,将系统(8)化为能控标准型,令

$$x = P^{-1}\tilde{x} \quad (9)$$

其中,P 为适维可逆矩阵。则式(8)可变换为

$$\dot{\tilde{x}} = PAP^{-1}\tilde{x} + PBq(\delta_{\text{lon}}) + PD_1 \quad (10)$$

通过上述变换之后,系统(8)可表达为如下形式:

$$\dot{\tilde{x}}_1 = \tilde{x}_2 + \tilde{\varphi}_1^{\text{T}} \lambda_1$$

$$\dot{\tilde{x}}_2 = \tilde{x}_3 + \tilde{\varphi}_2^{\text{T}} \lambda_2$$

$$\dot{\tilde{x}}_3 = \tilde{x}_4 + \tilde{\varphi}_3^{\text{T}} \lambda_3$$

$$\dot{\tilde{x}}_4 = a_1 \tilde{x}_1 + a_2 \tilde{x}_2 + a_3 \tilde{x}_3 + a_4 \tilde{x}_4 + q(\delta_{\text{lon}}) + \tilde{\varphi}_4^{\text{T}} \lambda_4 \quad (11)$$

定义误差变量为

$$z_1 = \tilde{x}_1 \quad (12)$$

$$z_i = \tilde{x}_i - \alpha_{i-1} \quad (13)$$

式中,$i=2,3,4$,α_{i-1} 为待设计的虚拟控制律。同时对于未知参数 $\lambda_i, i=1,\cdots,4$,令

$$\lambda = \max\{\|\lambda_1\|^2 \cdots \|\lambda_4\|^2\} \quad (14)$$

定义:

$$\tilde{\lambda} = \lambda - \hat{\lambda} \quad (15)$$

其中,$\hat{\lambda}$ 为 λ 的估计值。

对 z_1 求导可得

$$\dot{z}_1 = z_2 + \alpha_1 + \tilde{\varphi}_1^{\text{T}} \lambda_1 \quad (16)$$

取 Lyapunov 函数 V_1 为

$$V_1 = \frac{1}{2}z_1^2 + \frac{1}{2\gamma}\tilde{\lambda}^2 \qquad (17)$$

其中,γ 为待设计参数。对 V_1 求导可得

$$\dot{V}_1 = z_1\dot{z}_1 + \frac{1}{\gamma}\tilde{\lambda}\dot{\tilde{\lambda}} \qquad (18)$$

将式(15)和式(16)代入式(18)中可得

$$\begin{aligned}\dot{V}_1 &= z_1(z_2 + \alpha_1 + \tilde{\varphi}_1^T\lambda_1) + \frac{1}{\gamma}\tilde{\lambda}(\dot{\lambda} - \dot{\hat{\lambda}}) \\ &\leqslant z_1 z_2 + z_1\alpha_1 + \frac{1}{4\zeta_1}\lambda\|\tilde{\varphi}_1\|^2 z_1^2 + \zeta_1 - \frac{1}{\gamma}\tilde{\lambda}\dot{\hat{\lambda}}\end{aligned} \qquad (19)$$

其中,ζ_1 为待设计参数。

取虚拟控制律 α_1 为

$$\alpha_1 = -(c_1+1)z_1 - \frac{1}{4\zeta_1}\hat{\lambda}\|\tilde{\varphi}_1\|^2 z_1 \qquad (20)$$

式中,c_1 为待设计参数。将式(20)代入式(19)可得

$$\dot{V}_1 \leqslant -(c_1+1)z_1^2 + z_1 z_2 + \frac{1}{\gamma}\tilde{\lambda}(\tau_1 - \dot{\hat{\lambda}}) + \sigma\tilde{\lambda}\hat{\lambda} + \zeta_1 \qquad (21)$$

这里,σ 为待设计的正常数。

$$\tau_1 = \frac{\gamma}{4\zeta_1}\|\tilde{\varphi}_1\|^2 z_1^2 - \gamma\sigma\hat{\lambda} \qquad (22)$$

类似地,对 $z_i(i=2,3)$ 求导可得

$$\dot{z}_i = z_{i+1} + \alpha_i + \tilde{\varphi}_i^T\lambda_i - \sum_{j=1}^{i-1}\frac{\partial\alpha_{i-1}}{\partial\tilde{x}_j}(\tilde{x}_{j+1} + \tilde{\varphi}_j^T\lambda_j) - \frac{\partial\alpha_{i-1}}{\partial\hat{\lambda}}\dot{\hat{\lambda}} \qquad (23)$$

取 Lyapunov 函数 V_i 为

$$V_i = V_{i-1} + \frac{1}{2}z_i^2 \qquad (24)$$

对 V_i 求导,同时由上一步的推导可得

$$\begin{aligned}\dot{V}_{i-1} \leqslant &-\sum_{j=1}^{i-2}c_j z_j^2 - (c_{i-1}+\frac{1}{2})z_{i-1}^2 + z_{i-1}z_i \\ &+ \frac{1}{\gamma}\tilde{\lambda}(\tau_{i-1} - \dot{\hat{\lambda}}) + \sum_{j=2}^{i-1}z_j\frac{\partial\alpha_{j-1}}{\partial\hat{\lambda}}(\tau_{i-1} - \dot{\hat{\lambda}}) \\ &+ \sigma\tilde{\lambda}\hat{\lambda} + \sum_{j=1}^{i-1}\zeta_1\end{aligned} \qquad (25)$$

由不等式

$$z_i\tilde{\varphi}_i^T\lambda_i \leqslant \frac{1}{4\zeta_i}\lambda\|\tilde{\varphi}_i\|^2 z_i^2 + \zeta_i \qquad (26)$$

可得

$$z_i\frac{\partial\alpha_{i-1}}{\partial\tilde{x}_j}\tilde{\varphi}_j^T\lambda_j \leqslant \frac{1}{4\zeta_i}\lambda\left(\frac{\partial\alpha_{i-1}}{\partial\tilde{x}_j}\right)^2\|\tilde{\varphi}_j\|^2 z_i^2 + \zeta_i \qquad (27)$$

其中,ζ_i 为待设计参数,$j = 1,\cdots,i-1$。考虑式(27)可得到

$$\begin{aligned}z_i\dot{z}_i \leqslant &z_i z_{i+1} + z_i\alpha_i + \frac{1}{4\zeta_i}\lambda\sum_{j=1}^{i-1}\left(\frac{\partial\alpha_{i-1}}{\partial\tilde{x}_j}\right)^2\|\tilde{\varphi}_j\|^2 z_i^2 \\ &- z_i\sum_{j=1}^{i-1}\frac{\partial\alpha_{i-1}}{\partial\tilde{x}_j}\tilde{x}_{j+1} + \zeta_i + \frac{1}{4\zeta_i}\lambda\|\tilde{\varphi}_i\|^2 z_i^2 \\ &- z_i\frac{\partial\alpha_{i-1}}{\partial\hat{\lambda}}\dot{\hat{\lambda}}\end{aligned} \qquad (28)$$

设计虚拟控制律 α_i 为

$$\begin{aligned}\alpha_i = &-\frac{1}{4\zeta_i}\hat{\lambda}\|\tilde{\varphi}_i\|^2 z_i - \frac{1}{4\zeta_i}\hat{\lambda}\sum_{j=1}^{i-1}\left(\frac{\partial\alpha_{i-1}}{\partial\tilde{x}_j}\right)^2\|\tilde{\varphi}_j\|^2 z_i \\ &+ \sum_{j=2}^{i-1}\frac{\partial\alpha_{j-1}}{\partial\hat{\lambda}}z_j\left[\frac{\gamma}{4\zeta_i}\|\tilde{\varphi}_i\|^2 z_i\right. \\ &\left. + \frac{\gamma}{4\zeta_i}\sum_{j=1}^{i-1}\left(\frac{\partial\alpha_{i-1}}{\partial\tilde{x}_j}\right)^2\|\tilde{\varphi}_j\|^2 z_i\right] \\ &+ \sum_{j=1}^{i-1}\left(\frac{\partial\alpha_{i-1}}{\partial\tilde{x}_j}\right)(z_{j+1}+\alpha_j) \\ &+ \frac{\partial\alpha_{i-1}}{\partial\hat{\lambda}}\tau_i - (c_i+1)z_i\end{aligned} \qquad (29)$$

其中,c_i 为待设计参数。定义

$$\tau_i = \tau_{i-1} + \frac{\gamma}{4\zeta_i}\|\tilde{\varphi}_i\|^2 z_i^2 + \frac{\gamma}{4\zeta_i}\sum_{j=1}^{i-1}\left(\frac{\partial\alpha_{j-1}}{\partial\tilde{x}_j}\right)^2\|\tilde{\varphi}_j\|^2 z_i^2$$

综合式(24)和式(27),可得

$$\begin{aligned}\dot{V}_i \leqslant &-\sum_{j=1}^{i-1}c_j z_j^2 - \left(c_i + \frac{1}{2}\right)z_i^2 + z_i z_{i+1} + \sum_{j=1}^{i}\zeta_j \\ &+ \frac{1}{\gamma}\tilde{\lambda}(\tau_i - \dot{\hat{\lambda}}) + \sum_{j=2}^{i}z_j\frac{\partial\alpha_{j-1}}{\partial\hat{\lambda}}(\tau_i - \dot{\hat{\lambda}}) + \sigma\tilde{\lambda}\hat{\lambda}\end{aligned} \qquad (30)$$

对 z_4 求导可得

$$\dot{z}_4 = \sum_{i=1}^{4}a_i\tilde{x}_i + q(\delta_{lon}) + \tilde{\varphi}_4^T\lambda_4 - \dot{\alpha}_3 \qquad (31)$$

设计 Lyapunov 函数 V_4 和参数自适应律 $\dot{\hat{\lambda}}$ 如下:

$$V_4 = V_3 + \frac{1}{2}z_4^2 \qquad (32)$$

$$\dot{\hat{\lambda}} = \tau_4 := \tau_3 + \frac{\gamma}{4\zeta_4}\|\tilde{\varphi}_4\|^2 z_4^2 + \frac{\gamma}{4\zeta_4}\sum_{j=1}^{3}\left(\frac{\partial\alpha_3}{\partial\tilde{x}_j}\right)^2\|\tilde{\varphi}_j\|^2 z_4^2 \qquad (33)$$

其中,ζ_4 为待设计参数。综合式(8)、式(30)、式(31)、式(33)、不等式(26)和不等式(27)得

$$\begin{aligned}\dot{V}_4 \leqslant &-\sum_{j=1}^{3}c_j z_j^2 + \sigma\tilde{\lambda}\hat{\lambda} + \sum_{j=1}^{4}\zeta_j + z_4(\delta_{lon} + d_{lon}) \\ &+ z_4\left\{\frac{1}{2}z_4 + \frac{1}{4\zeta_4}\hat{\lambda}\|\tilde{\varphi}_4\|^2 z_4 + \frac{1}{4\zeta_4}\hat{\lambda}\sum_{j=1}^{3}\left(\frac{\partial\alpha_3}{\partial\tilde{x}_j}\right)^2\|\tilde{\varphi}_j\|^2 z_4\right. \\ &- \sum_{j=2}^{3}\frac{\partial\alpha_{j-1}}{\partial\hat{\lambda}}z_j\left[\frac{\gamma}{4\zeta_4}\|\tilde{\varphi}_4\|^2 z_4 + \frac{\gamma}{4\zeta_4}\sum_{j=1}^{3}\left(\frac{\partial\alpha_3}{\partial\tilde{x}_j}\right)^2\|\tilde{\varphi}_j\|^2 z_4\right] \\ &\left. - \sum_{j=1}^{3}\frac{\partial\alpha_3}{\partial\tilde{x}_j}(z_{j+1}+\alpha_j) - \frac{\partial\alpha_3}{\partial\hat{\lambda}}\tau_4\right\}\end{aligned} \qquad (34)$$

定义变量 v,其表达式如下所示:

$$\begin{aligned}v = &\left(c_4 + \frac{1}{2} + k_d\right)z_4 + \frac{1}{4\zeta_4}\hat{\lambda}\|\tilde{\varphi}_4\|^2 z_4 - \frac{\partial\alpha_3}{\partial\hat{\lambda}}\tau_4 \\ &+ \frac{1}{4\zeta_4}\hat{\lambda}\sum_{j=1}^{3}\left(\frac{\partial\alpha_3}{\partial\tilde{x}_j}\right)^2\|\tilde{\varphi}_j\|^2 z_4 - \sum_{j=1}^{3}\frac{\partial\alpha_3}{\partial\tilde{x}_j}(z_{j+1}+\alpha_j) \\ &- \sum_{j=2}^{3}\frac{\partial\alpha_{j-1}}{\partial\hat{\lambda}}z_j\left[\frac{\gamma}{4\zeta_4}\|\tilde{\varphi}_4\|^2 z_4 + \frac{\gamma}{4\zeta_4}\sum_{j=1}^{3}\left(\frac{\partial\alpha_3}{\partial\tilde{x}_j}\right)^2\|\tilde{\varphi}_j\|^2 z_3\right]\end{aligned} \qquad (35)$$

这里,c_4 和 k_d 为待设计参数。则式(34)可转化为如下

形式：
$$\dot{V}_4 \leqslant -\sum_{j=1}^{3} c_j z_j^2 - (c_4 + k_d) z_4^2 + \sigma \tilde{\lambda}\hat{\lambda} + \sum_{j=1}^{4} \zeta_j + z_4 v + z_4(\delta_{\text{lon}} + d_{\text{lon}}) \quad (36)$$

设计控制律 δ_{lon} 为
$$\delta_{\text{lon}} = -\frac{z_4 v^2}{(1 - \gamma_{\text{lon}})\sqrt{z_4^2 v^2 + \eta^2}} \quad (37)$$

其中，η 为待设计参数。

定理 1 具有量化输入的小型无人直升机线性模型式(8)，在控制律式(37)的作用下，选取适当参数，对于给定的量化参数 $\gamma_{\text{lon}} \in (0,1)$ 时，系统状态信号有界稳定。

证明：由引理1和式(37)可得到如下不等式：
$$z_4 d_{\text{lon}} \leqslant \gamma_{\text{lon}} |z_4 \delta_{\text{lon}}| + \delta_{\text{lon,min}} |z_4|$$
$$\leqslant -\gamma_{\text{lon}} z_4 \delta_{\text{lon}} + \frac{1}{4k_d}\delta_{\text{lon,min}}^2 + k_d z_4^2 \quad (38)$$

将式(38)代入式(36)中可得
$$\dot{V}_4 \leqslant -\sum_{j=1}^{3} c_j z_j^2 + \sigma \tilde{\lambda}\hat{\lambda} + \sum_{j=1}^{4} \zeta_j + z_4 v + (1-\gamma_{\text{lon}}) z_4 \delta_{\text{lon}} + \frac{1}{4k_d}\delta_{\text{lon,min}}^2 \quad (39)$$

同时，
$$(1-\gamma_{\text{lon}}) z_4 \delta_{\text{lon}} = -\frac{z_4^2 v^2}{\sqrt{z_4^2 v^2 + \eta^2}} \leqslant -\frac{(z_4 v)^2}{|z_4 v| + \eta}$$
$$< -\frac{(z_4 v)^2 - \eta^2}{|z_4 v| + \eta} \leqslant \eta - z_4 v \quad (40)$$

将式(40)代入到式(39)中得
$$\dot{V}_4 \leqslant -\sum_{j=1}^{4} c_j z_j^2 + \sigma \tilde{\lambda}\hat{\lambda} + \sum_{j=1}^{4} \zeta_j + z_4 v + \frac{1}{4k_d}\delta_{\text{lon,min}}^2 + \eta \leqslant -2\kappa V_4 + b \quad (41)$$

其中
$$\kappa = \min\left\{c_1, \cdots, c_4, \frac{\gamma\sigma}{2}\right\}$$
$$b = \frac{\sigma}{2}\lambda^2 + \sum_{j=1}^{4} \zeta_j + \frac{1}{4k_d}\delta_{\text{lon,min}}^2 + \eta$$

同理，线性系统(1)的控制器设计与上文的设计步骤相似，这里就不做赘述。

4 仿真分析

选择小型无人直升机的模型参数如表1所示[10]。

表 1 小型无人直升机模型参数

参数	参数值	单位
τ_e	0.0253	s
g	9.8	m/s²
Z_{lon}	1	rad/s
A_u	0.002	/

选取量化器参数 $\delta_{\text{lon,min}} = \delta_{\text{lat,min}} = 0.02$，$\gamma_{\text{lon}} = \gamma_{\text{lat}} = 0.4$，系统初始位置 $x^g(0) = 2$，$y^g(0) = 0$，初始姿态角为 $\varphi(0) = \pi/12$，$\theta(0) = \pi/12$，$[\varphi_1^T \ \varphi_2^T \ \varphi_3^T \ \varphi_4^T] = [x_1 \ [x_1, \sin(x_2)] \ [x_1, \sin(x_1), \cos(x_3)] \ \sin(x_4)]$，$c_i = 5 (i=1,\cdots,4)$，$\zeta_i = 1(i=1,\cdots,4)$，$\gamma = 4$，$\eta = 0.1$，$k_d = 1$。

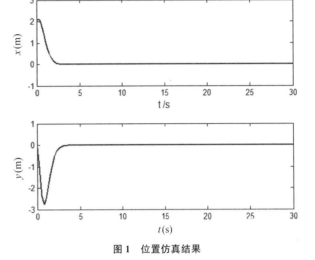

图 1 位置仿真结果

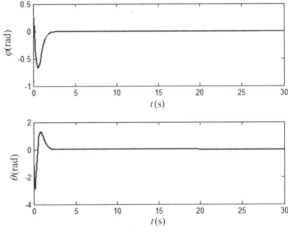

图 2 姿态角仿真结果

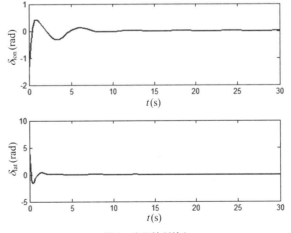

图 3 实际控制输入

仿真结果如图1～图3所示。其中,图1和图2分别为小型无人直升机的位置和姿态仿真效果图。从图中可以看出,文中设计的控制器可以使无人直升机的系统状态信号稳定,并能使信号很快收敛到某个很小的范围内。图3为小型无人直升机的实际输入曲线。从图3可以看出,无人直升机的控制输入在合理的变化范围之内。

5 结论

本文研究了具有量化输入的小型无人直升机鲁棒控制问题。由于小型无人直升机的控制信号传输的稳定是无人直升机稳定飞行的重要条件,因此为了增强系统抗干扰性,本文引入了量化器。同时考虑到直升机模型线性化时存在一定误差,本文采用了Backstepping方法设计自适应控制器,利用Lyapunov稳定性理论证明了系统的稳定性。仿真结果表明,本文所设计的控制器不仅能使系统稳定,而且具有较好的鲁棒性。

参考文献

[1] 田恩刚. 网络控制系统的稳定性分析及量化控制研究[D]. 上海:东华大学,2008.

[2] Zheng B C, Yang G H. Robust quantized feedback stabilization of linear systems based on sliding mode control [J]. Optimal Control Applications and Methods, 2013, 34 (4):458-471.

[3] Erginer B, Altuğ E. Design and implementation of a hybrid fuzzy logic controller for a quadrotor VTOL vehicle[J]. International Journal of Control, Automation and Systems, 2012,10(1):61-70.

[4] Yu Y L, Jing H, Wu H. Backstepping control of each channel for a quadrotor aerial robot[C]//2010 International Conference on. Computer, Mechatronics, Control and Electronic Engineering,2010,3:403-407.

[5] Yu M, Xu J, Liu J. Control design and simulation for small unmanned helicopter[J]. Control Theory and Applications, 2012,6:015.

[6] Padfield G D. Helicopter flight dynamics: The theory and application of flying qualities and simulation modelling[M]. John Wiley & Sons,2008.

[7] Liu Yu. Design and simulation of hovering control law for a helicopter based on LQR[J]. Computer Measurement & Control,2008,16(5):670-672.

[8] Raptis I A, Valavanis K P, Moreno W A. A novel nonlinear backstepping controller design for helicopters using the rotation matrix[J]. IEEE Transactions on Control Systems Technology,2011,19(2):465-473.

[9] Dudgeon G W, Gribble J J. Helicopter attitude command attitude hold using individual channel analysis and design[J]. Journal of Guidance, Control, and Dynamics, 1997, 20(5): 962-971.

[10] Teimoori H, Pota H R, Garratt M, et al. Planar trajectory tracking controller for a small-sized helicopter considering servos and delay constraints[C]//2011 Annual Conference on Industrial Electronics Society, 2011:681-686.

[11] Roy T K, Pota H R, Garratt M, et al. Robust control for longitudinal and lateral dynamics of small scale helicopter [C]//2012 Chinese Control Conference,2012:2607-2612.

[12] 瞿友杰. 小型无人直升机的鲁棒飞行控制技术研究[D]. 南京:南京航空航天大学,2018.

[13] 庄翙,於鑫. 一类量化非线性系统的指令滤波反推控制器设计及其在车辆悬挂系统中的应用[J]. 中国科技论文,2017, 12(8):889-894.

燃料电池系统气体调压控制

杨 朵,潘 瑞,汪玉洁,陈宗海

(中国科学技术大学自动化系,安徽合肥,中国,230027)

摘 要:质子交换膜燃料电池(PEMFC)由于其理想能量转换效率高、噪声小、可靠性高和可维修性等优点被人们所重视,并且成为当前燃料电池汽车中应用最为广泛的燃料电池类型。然而,PEMFC系统是一个高度非线性、多尺度、强耦合并且输出较软的系统,其工作特性复杂,性能受气体压力、温度等多种影响因素干扰。精确调节燃料电池内部压力,能够有效防止质子交换膜脱落,提高电堆工作性能,延长电堆使用寿命。本文针对质子交换膜燃料电池系统的气体压力调节问题,首先在MATLAB/Simulink环境下搭建了燃料电池供气系统的仿真模型,包括燃料电池电堆模型和关键子部件模型,考虑了气体在传输过程中的压力和流量的变化机制。在此基础上,设计了气体压力的调节策略,分别针对阴极气体压力和阳极气体压力设计相应的控制器,仿真结果显示阴阳极两侧的压力均能控制在理想的范围内。

关键词:质子交换膜燃料电池系统;建模;压力调节;Simulink仿真

中图分类号:TP391

Dynamic Modeling and Simulation of Proton Exchange Membrane Fuel Cell

Yang Duo, Pan Rui, Wang Yujie, Chen Zonghai

(Department of Automation, University of Science and Technology of China, Anhui, Hefei, 230027)

Abstract: Proton exchange membrane fuel cells (PEMFCs) are valued by people for their high energy conversion efficiency, low noise, high reliability and maintainability, and have become the most widely used fuel cell types in current fuel cell vehicles. However, the PEMFC system is a highly nonlinear, multi-scale, strongly coupled and soft-output system. Its operating characteristics are complex, and its performance is affected by various factors, such as gas pressure and temperature. Accurate adjustment of the internal pressure of the fuel cell can effectively prevent the proton exchange membrane from falling off, improve the work performance of the electric stack, and extend the life of the fuel cell stack. This paper aims at the gas pressure regulation problem of the proton exchange membrane fuel cell system. Firstly, the fuel cell gas supply system simulation model is built under MATLAB/Simulink environment, including the electric reactor model and the key component model, taking into account the pressure and flow change mechanism in the transmission process. Based on this, a gas pressure regulation strategy is designed. The corresponding controllers are designed for both the cathode gas pressure and the anode gas pressure. The simulation results showed that the pressure on both sides of the cathode and the anode can be controlled within the ideal range.

Key words: Proton Exchange Membrane Fuel Cell System; Modelling; Pressure Regulation; Simulink Simulation

1 引言

燃料电池是近年来得到大力发展的新一代发电技术,由于高能量密度、低噪声和绿色环保等优点,在电动汽车、

作者简介:杨朵(1994—),女,河南人,本科生,研究方向为电动汽车动力系统建模与控制;陈宗海(1963—),男,安徽人,教授,博士生导师,研究方向为复杂系统的建模仿真与控制、机器人与智能系统。

发电站、移动设备等领域得到了广泛应用。质子交换膜燃料电池(PEMFC)是燃料电池的一种,由于其工作温度低(60~80 ℃)、结构简单、启动快,被公认为是电动汽车的首选能源。为了提高 FCV 的工作性能,保障其安全性,对燃料电池其动力系统的研究是十分必要的。然而,PEMFC 系统是一个高度非线性、多尺度、强耦合并且输出较软的系统,只有深入研究其内部电化学反应机理和外部输出特性,建立在不同环境下系统的行为表达模型,并设计合理的管理与控制系统,才能保障 PEMFC 系统的安全高效运行。建模是管理与控制工作的基础,PEMFC 系统是一类复杂的电化学系统,其工作特性复杂,性能受多种影响因素干扰,对其进行精确建模对提高管理系统的可靠性和控制算法的精度十分必要[1]。燃料电池工作环境的湿度、温度、气体压力等参数对质子交换膜的性能有至关重要的影响,为了精确控制压力等运行参数的范围,保障燃料电池的安全高效运行,需要相应的辅助装置(BOP)和可靠的控制器对燃料电池进行气体供给调节和水热管理。

气体压力是燃料电池的关键参数之一,不合理的压力会对电堆的性能造成不同程度的影响。由于燃料电池的输出电压随着压力的增大而增大[2],而过大的压力会加深浓差极化的程度,造成电堆输出性能改善不明显,电池的负荷加大,进而使系统总体的效率降低[3,4]。另外,燃料电池阴极、阳极两侧的压力差应维持在合理的范围内。过大的压力差不仅会导致电催化剂的脱落,而且会对质子交换膜造成很大的冲击,严重地会损害质子交换膜,大大降低电堆的寿命。因此,应将电堆压力控制在合理的范围内。

本文针对质子交换膜燃料电池系统的气体压力调节问题,首先在 MATLAB/Simulink 环境下搭建了燃料电池供气系统的仿真模型,包括电堆模型和关键 BOP 部件模型,并考虑了气体在传输过程中压力和流量的变化机制。然后,在此基础上设计了气体压力的调节策略,分别针对阴极气体压力和阳极气体压力设计了相应的控制器,由于空气端时滞性强,为了防止膜两端压力差过大,多采用阳极压力跟随阴极压力,阴极压力跟随设定值的方式调节[6],保障燃料电池内部压力环境稳定和膜两侧压力差在合适的范围内。最后,仿真结果显示,阴、阳极两侧的压力均能控制在理想的范围内。

2 PEMFC 系统模型

图 1 显示了燃料电池供气子系统的结构和主要部件。氢气端包括氢气罐、开关阀、调节阀和尾部排气阀,空气端包括空压机、冷却器、加湿器和背压阀。其中,空压机用于控制空气进气流量,背压阀用于调节空气侧气体压力,调节阀用于氢气侧入堆压力调节。

建模是管理与控制工作的基础,PEMFC 系统是一类复杂的电化学系统,其工作特性复杂,性能受多种影响因素干扰,对其进行精确建模对提高管理系统的可靠性和控制算法的精度十分必要。本研究依据气体热力学和动力学原理,结合 BOP 部件和电堆的输出特性,建立了燃料电

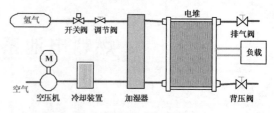

图 1 燃料电池供气系统结构

池供气系统的半经验模型。

为了降低模型复杂度,减少其他因素对算法设计的影响,并且更好地说明后续控制器设计的有效性,本文针对燃料电池系统模型做了以下假设:

(1) 电堆工作温度设定为 80 ℃,假设温度控制得当,在工作过程中电堆温度保持不变;

(2) 阴、阳极气体在入堆前均被完全加湿,且质子交换膜的湿度为 100%;

(3) 不考虑液态水的生成;

(4) 不考虑气体传输过程中的损耗和时延。

基于上述假设,关于电堆内部气体扩散模型、电堆输出电压膜和阴极侧 BOP(空压机、冷却器、供给管道和背压阀)的建模参考文献[6],这里不再赘述。针对阳极侧气体传输,本文建立了氢气调节阀模型和排气阀模型。

2.1 氢气调节阀模型

氢气调节阀通过电压控制阀门开度,从而控制氢气入堆流量和压力。调节阀模型采用喷嘴方程,如公式(1)所示:

$$W_{sv,out} = \frac{C_{D,sv} A_{sv} p_{rm}}{\sqrt{\bar{R} T_{sv}}} \left(\frac{p_{sv,out}}{p_{sv,in}}\right)^{\frac{1}{\gamma}} \left\{\frac{2\gamma}{\gamma-1}\left[1-\left(\frac{p_{sv,out}}{p_{sv,in}}\right)^{\frac{\gamma-1}{\gamma}}\right]\right\}^{\frac{1}{2}}$$

(1)

其中,$C_{D,sv}$ 是流量系数;$\bar{R}$ 是标准气体常数;T_{sv} 是气体温度;$p_{sv,out}$ 和 $p_{sv,in}$ 分别是调节阀后端和前端压力;γ 是气体比热比,值取 1.4。

喷嘴有效横截面积与控制电压的关系:

$$A_{sv} = A_{sv0} \frac{u_{sv}}{5}$$

式中,A_{sv} 是阀口有效横截面积;A_{sv0} 是阀口有效横截面积的最大值;u_{sv} 是控制电压,范围是 0~5 V。

2.2 氢气回流管腔模型

在本文中,氢气回流管腔模型包括阳极回流管道模型和喷嘴模型。设气体出堆流量为 $W_{an,out}$,回流管腔中气体压力模型为

$$\frac{dp_{rm}}{dt} = \frac{R_a T_{rm}}{V_{rm}}(W_{an,out} - W_{rm,out})$$

(2)

式中,T_{rm} 是管腔温度;V_{rm} 是管腔体积;$W_{rm,out}$ 是喷嘴出口流量。由于管腔压力与外界压力相差不是很大,口气体流量与二者的比有关,喷嘴方程采用公式(3)所示:

$$\begin{cases} W_{\text{rm,out}} = \dfrac{C_{\text{D,rm}}A_{\text{T,rm}}p_{\text{rm}}}{\sqrt{\bar{R}T_{\text{rm}}}}\left(\dfrac{p_{\text{atm}}}{p_{\text{rm}}}\right)^{\frac{1}{\gamma}}\left\{\left[1-\left(\dfrac{p_{\text{atm}}}{p_{\text{rm}}}\right)^{\frac{\gamma-1}{\gamma}}\right]\right\}\dfrac{1}{2}, & \dfrac{p_{\text{atm}}}{p_{\text{rm}}} > \left(\dfrac{2}{\gamma+1}\right)^{\frac{\gamma}{(\gamma-1)}} \\ W_{\text{rm,out}} = \dfrac{C_{\text{D,rm}}A_{\text{T,rm}}p_{\text{rm}}}{\sqrt{\bar{R}T_{\text{rm}}}}\gamma^{\frac{1}{2}}\left(\dfrac{2}{\gamma+1}\right)^{\frac{\gamma+1}{2(\gamma-1)}}, & \dfrac{p_{\text{atm}}}{p_{\text{rm}}} \leqslant \left(\dfrac{2}{\gamma+1}\right)^{\frac{\gamma}{(\gamma-1)}} \end{cases} \quad (3)$$

一般地,当电堆工作稳定时,堆中的氢气基本上能被完全消耗,残留气体较少,因此排气阀一般设置为定时开闭,在大部分时候下是关闭状态,即 $W_{\text{rm,out}} = 0$。在本文的研究情况下,不考虑排气阀开关带来的压力扰动,假设排气阀为常闭状态。

依据图1所示的系统结构和各子部件的行为表达特点,在 Simulink 平台上搭建了图2所示的燃料电池系统模型。表1展示了模型中部分参数的值。

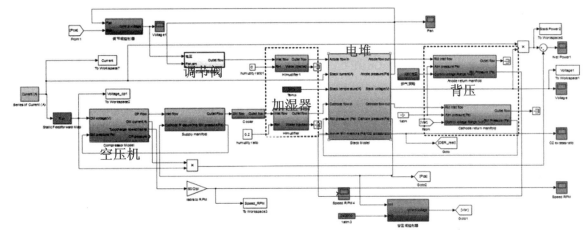

图 2 PEMFC 系统模型

表 1 模型部分参数取值

参数	取值	参数	取值
电堆温度	353 K	阴极回流腔体积	0.005 m³
单体个数	381	阳极回流腔体积	0.001 m³
有效面积	280 cm²	阳极腔体积	0.005 m³
喷嘴流量系数	0.0124	阴极腔体积	0.01 m³
调节阀喷嘴面积	2 cm²	背压阀喷嘴面积	0.002 m³

3 压力调节算法

PID 控制器是过程控制中应用最为广泛的一种自动控制器。它具有原理简单、易于实现、适用面广、控制参数相互独立、参数的选定比较简单等优点。PID 控制器按照偏差的比例(P)、积分(I)和微分(D)进行控制,方法如公式(4)所示:

$$u = k_{\text{P}}e + k_{\text{D}}\dfrac{\text{d}e}{\text{d}t} + k_{\text{I}}\int e\,\text{d}t \quad (4)$$

在上述燃料电池系统模型的基础上,考虑到阴极供气系统惯性大,响应较慢的因素,本文采用阳极压力跟随阴极压力,阴极压力跟随设定值的方式调节系统内部压力的方法,提出了一种双 PID 控制算法,算法框图如图3所示。首先,依据传感器采集到的电堆出口处阴极气体压力,分析实际压力(P_{ca})与期望值($P_{\text{ca,ref}}$)的差,作为 PID 控制器1的输入,从而获得背压阀的控制电压;其次,通过采集到的电堆出口处阳极气体压力与阴极压力的比较,通过 PID 控制器2调节氢气调节阀的控制电压,使得二者差别控制在适当范围。需要注意的是,为了促进电堆内部水的梯度传输,保障质子交换膜的通透性,阳极压力的值设定适当高于阴极压力,即图3中的 ΔP_{thr}。此处设定 ΔP_{thr} 的值为 0.2 bar。此外,为了防止在负载工况变化时阴阳极压力差过大导致膜破裂,要求压力差在工作过程中小于0.5 bar。

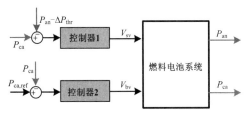

图 3 压力调节算法框图

4 控制结果分析

4.1 压力调节结果

图4展示了图2中的系统模型的输出结果。图4(a)是给定阶跃型的电流工况,电流密度在第20 s仿真结果的时候由 0.715 A/cm² 上升至 0.785 A/cm²,图4(b)显示了该电流工况下系统输出电压的变化情况。此外,系统的过氧比稳定在2左右,氢气的过量比在系统稳定的情况下为1,表明氢气被完全反应,说明了模型的正确性,并且说明

了排气阀为常闭状态这一假设是合理的。

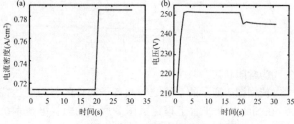

图4 电流工步和电压响应

当不对燃料电池系统阴极背压阀进行控制,即背压阀开度恒定时,电堆阴极侧压力随着电流的增大而增大。对阀门开度进行反馈控制,能够及时调节阀门开度,从而将阴极压力保持在期望值附近。设置阴极设定值 $P_{ca,ref}$ 为 $2.4×10^5$ Pa,图5显示了在图4(a)所示的电流工况下阴极压力值的变化。从图中可以看出,阴极压力可以控制在设定值附近;在电流突变的时候会有轻微抖动和超调,在电流上升10%时,压力超调量大概在4%左右。

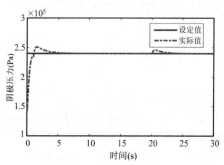

图5 阴极压力曲线

图6展示了该工况下阳极气体压力跟随阴极压力的变化曲线和二者的压力差。由图可知,阳极压力可以很好地跟踪阴极侧压力的变化,响应较快,二者的压差在负载工况稳定时可以维持在 $P_{ca,ref}$ 上。

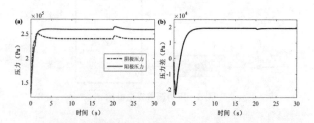

图6 (a)阳极压力曲线;(b)阳极与阴极压力差

为了进一步说明本文提出的控制方法的有效性和可靠性,本文通过一个连续的动态电流变化来进行仿真验证。动态电流工况如图7(a)所示,为多个阶跃信号的累加。图7(b)显示了在该电流工况下的电堆阴极和阳极压力变化情况,黄色虚线为阴极压力的设定值(本书为黑白印刷,颜色没有显示)。阴极压力变化曲线在设定值附近波动,波动量随着电流变化量的增大而增大,响应时间(从电流变化开始到压力值变为压力最大变化量的90%)在3s左右。阳极侧压力变化能够实时跟随阴极压力变化,压差在电流变化时能够迅速回到设定水平。

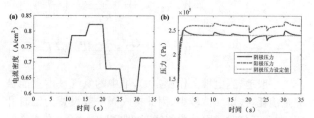

图7 (a)动态电流工况;(b)动态电流工况下的压力变化

4.2 关于气体过量比的讨论

气体过量比指的是反应物(氢气和氧气)各自实际输入的质量流量和反应所需的气体质量流量的比值,它对燃料电池安全高效的工作具有重要意义。一般来说,阴极侧氧气的过量比要大于1,在2左右,以保障燃料电池系统工作在最优效率点,并且避免"氧饥饿现象的出现";氢气的过量比一般为1或者略微大于1,使得氢气燃料可以被完全反应,不造成浪费。图8显示了在图7中所示的电流工况下氢气和氧气过量比的变化图。在稳定状态下,二者均能稳定在理想值上,然而在电流突变的情况下,过量比也会随之波动,由图可以看出,氧气的过量比相比于氢气波动较小,而氢气在电流升高时过量比增大很多,造成了一定量的浪费,而在电流下降时会出现短暂的小于1的情况,表明氢气不能满足此刻的动力。这些现象对燃料电池的性能造成了不好的影响,因此,如何在控制压力的同时优化气体过量比,是后续需要研究的重点之一。

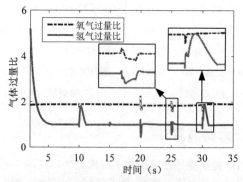

图8 氢气与氧气的过量比变化曲线

5 总结

本文通过分析燃料电池系统各个部分的工作特性,在Simulink平台上搭建了完整的燃料电池供气系统模型,可以准确地仿真不同工况下燃料电池的输出特性和气体变化特性。在此基础上,考虑到阴极供气系统惯性大,响应较慢的因素,本文采用了阳极压力跟随阴极压力,阴极压力跟随设定值的方式调节系统内部压力的控制策略,并提出了一种双PID控制算法,实时调节电堆阴极侧和阳极侧的气体压力,保障燃料电池内部的压力环境。然而,目前的模型中没有考虑气体传输时延以及空压机等部件的响应时间,并且对应压力调节引起的气体过量比变化没有进行处理。在下一步的工作中,我们会继续完善系统模型,考虑系统的时延特性和环境温度变化;并且研究气体压力与流量的耦合关系,设计压力与流量的协同控制策略。

致 谢

本项研究得到国家自然科学基金资助项目(项目编号:61375079)、支持"率先行动"中国博士后科学基金会与中国科学院联合资助优秀博士后项目(项目编号:2017LH007)和中国博士后科学基金(项目编号:2017M622019)的资助。

参考文献

[1] 李奇. 质子交换膜燃料电池系统建模及其控制方法研究[D]. 唐山:西南交通大学,2011.

[2] 吴明珺. 燃料电池发动机控制问题研究:气体压力控制[D]. 上海:同济大学,2007.

[3] Fang C, Li J, Xu L, et al. Model-based fuel pressure regulation algorithm for a hydrogen-injected PEM fuel cell engine[J]. International Journal of Hydrogen Energy,2015, 40(43):14942-14951.

[4] 卫国爱,全书海,李发均,等. 基于RBF-PID的燃料电池空气压力控制[J]. 武汉理工大学学报(信息与管理工程版),2014(5):618-621.

[5] Matraji I, Laghrouche S, Wack M. Pressure control in a PEM fuel cell via second order sliding mode [J]. International Journal of Hydrogen Energy, 2012, 37(21): 16104-16116.

[6] Pukrushpan J T, Stefanopoulou A G, Peng H. Control of fuel cell power systems:Principles, modeling, analysis and feedback design [M]. Springer Science & Business Media,2004.

基于粒子滤波器的动力锂电池容量衰减在线评估

刘 畅,汪玉洁,陈宗海

(中国科学技术大学自动化系,安徽合肥,中国,230027)

摘 要:动力锂电池是新能源电动汽车的核心部件,对其容量衰减现象的准确评估是对电池系统开展有效管理的重要前提,也是保障电动汽车动力性与安全性的重要依据。本文从电池容量衰减的半经验模型出发,利用遗传算法辨识模型的初始参数。随后在电池各个循环的容量数据的基础上,利用粒子滤波器对容量衰减模型的参数进行在线更新,并对当前容量衰减做实时修正,进而评估未来若干循环锂电池的容量衰减情况。本文利用马里兰大学CALCE电池循环测试数据集对所提出的方法进行了验证,评估结果证实了所提出方法的有效性。

关键词:锂电池;容量衰减;半经验模型;粒子滤波器

中图分类号:TP391

Particle Filter Based Online Assessment for Capacity Degradation of Power Lithium Batteries

Liu Chang, Wang Yujie, Chen Zonghai

(Department of Automation, University of Science and Technology of China, Hefei, Anhui, 230027)

Abstract: Power lithium batteries are the core element for electrical vehicles which using renewable energy. The accurate assessment for batteries' capacity degradation is the prerequisite for effective management of battery systems, and the guarantee for the power and safety performance of electric vehicles. For the assessment purpose, a semi-empirical capacity degradation model is chosen in this paper, whose initial parameters are identified via a genetic algorithm. Then the experimental data during the battery cycling tests is used: on the one hand, the model parameters are updated by a particle filter; on the other hand, the latest degradation value is calibrated. Then the capacity degradation in a few cycles later can be evaluated. The cycling test dataset from CALCE of University of Maryland is used to verify the proposed method. The assessment performance has proved the effectiveness of the proposed method.

Key words: Lithium Batteries; Capacity Degradation; Semi-Empirical Model; Particle Filter

1 引言

动力锂电池是新能源电动汽车的核心部件,对其容量衰减现象的准确评估是对电池系统开展有效管理的重要前提,也是保障电动汽车动力性与安全性的重要依据。

然而,由于锂电池的容量衰减成因复杂,影响因素随机性大,致使对于锂电池容量衰减的评估问题难以很好地解决。目前,相当一部分研究从锂电池的等效电路模型出发,通过神经网络、支持向量机等方法建立模型中各参数的变化与电池容量变化之间的对应关系。然而,这类方法的计算相对复杂,且辨识参数所需的数据量庞大,不能较好地适应电动汽车实时管理的需要。另外一部分研究是通过建立统计学数值回归模型或随机过程模型,通过贝叶斯估计理论等方法对锂电池的容量衰减进行描述。这类方法倾向于使用数据驱动参数的更新,但参数变化与锂电池衰减的机理之间缺乏必要的联系[1]。

鉴于此,本文试图从锂电池容量衰减的成因出发,通过建立半经验容量衰减模型,并借助数据驱动方法对模型参数进行实时更新,以获得对于锂电池容量衰减现象的在线准确评估。

作者简介:刘畅(1993—),男,河南人,博士研究生,研究方向为新能源汽车;**陈宗海**(1963—),男,安徽人,教授,博士生导师,研究方向为复杂系统的建模仿真与控制、机器人与新能源。

2 锂电池容量衰减模型

2.1 相对容量衰减

由于不同类型的锂电池或者同一类型锂电池不同单体之间的标称容量都不尽相同,本文以锂电池的相对容量衰减作为研究的对象。首先,定义相对容量:

$$C_{\text{relative},k} = \frac{C_k}{C_{\text{nominal}}} \quad (1)$$

即相对容量为锂电池当前容量与锂电池标称容量之比,其中下标 k 表示锂电池当前的循环次数。值得注意的是,在以容量衰减为电池健康状态(State of Health,SOH)的主要度量标准的研究中,该定义即为 SOH 的定义。进而相对容量衰减可定义为

$$y_k = 1 - C_{\text{relative},k} = 1 - \frac{C_k}{C_{\text{nominal}}} \quad (2)$$

其中,y_k 即为当前第 k 次循环下锂电池的相对容量衰减数值。

2.2 半经验容量衰减模型

锂电池容量衰减的主要机理是:正极金属离子与电解质产生副反应,从而溶解于电解质中,在锂电池使用或搁置过程中在负极处产生还原反应形成了 SEI(Solid Electrolyte Interface,固体电解质界面)膜,致使活性锂离子的数量减少[2]。上述过程可以总结为可用锂离子的损失和正负极活性材料的损失。而促使锂电池容量衰减的主要原因包括高温、低温、过充、过放、大倍率放电等,这些因素加剧了副反应的发生及 SEI 膜的生长,导致可用锂离子和正负极活性材料的损失加快。

本文拟采用的半经验容量衰减模型主要从可用锂离子损失角度出发。由于可用锂离子的损失主要是由 SEI 膜的形成和生长所致,鉴于一个被广泛接受的结论,SEI 膜的厚度与时间的平方根成正比例关系,我们可以由此得出可用锂离子的损失量与电池循环次数的幂函数成正比[3]。进一步地,由于在大多数化学反应中,温度对反应速度的影响满足阿伦尼乌斯定律(Arrhenius Law),故可以得出如下的锂电池容量衰减公式[4]:

$$y_k = A\exp\left(-\frac{E_a}{RT}\right)k^z \quad (3)$$

其中,A 为常数;E_a 表示化学反应活化能,单位为 J/mol,R 为气体常数,单位为 J/(mol·K);T 表示温度,单位为 K;z 为幂律因子。由于这里锂电池的容量衰减不仅仅取决于可用锂离子的损失或 SEI 膜的增厚,因此 z 的取值也不一定等于 1/2[5]。

对于衰减公式(3),需要利用锂电池的循环测试数据对其中的参数进行辨识。遗传算法是一种全局优化方法,已被证明具有良好的鲁棒性、快速搜索和处理便捷等优点[6]。因此,本文将采用基于遗传算法的参数识别方法。为此定义辨识时使用的拟合度函数如下:

$$f_{\text{fitness}} = \frac{1}{N}\sum_{k=k_1}^{k_N}(y_k - \hat{y}_k)^2 \quad (4)$$

其中,$\hat{y}_k$ 为第 k 次循环时锂电池相对容量衰减的计算值,N 为被辨识数据点的总量,k_1 和 k_N 分别为被辨识数据点的起始循环数和终止循环数。

3 在线评估算法设计

3.1 模型推导

衰减公式(3)中存在常数 A、活化能 E_a 和幂律因子 z 三个参数,都可以决定锂电池容量衰减过程的快慢。对于一个类型已经给定的锂电池,常数 A 相对稳定,活化能 E_a 虽然会随着副反应的不同而发生变化,但主要由于该参数只决定可用锂离子的损失,为了便于计算,本文将其视作常量,而主要考虑幂律因子 z 的作用。这是由于,幂律因子 z 的变化反映可用锂离子的损失对整个锂电池容量损失的影响程度,该参数会随着锂电池老化情形不同而发生明显变化。

为了便于相对容量衰减值在线评估算法的设计,下面给出衰减公式(3)的状态空间模型:

$$z_k = z_{k-1} + \omega \quad (5)$$

$$y_k = A\exp\left(-\frac{E_a}{RT}\right)k^{z_k} + \upsilon \quad (6)$$

其中,式(5)为状态方程,表示幂律因子 z 从第 $k-1$ 次循环更新到第 k 次循环的过程,ω 为过程噪声,满足高斯分布,其均值为 0,方差为 Q;式(6)为量测方程,反映相对容量衰减的变化情况,υ 为量测噪声,满足高斯分布,其均值为 0,方差为 R。

另外,为了从已知最新的相对容量衰减值开始预测未来若干循环的电池衰减情况,需要给出衰减公式(3)的递推形式。首先,求 y_k 关于 k 的导数:

$$y'_k = Az\exp\left(-\frac{E_a}{RT}\right)k^{z-1} \quad (7)$$

即

$$y'_k = A^{\frac{1}{z}}z\exp\left(-\frac{E_a}{zRT}\right)y_k^{\frac{z-1}{z}} \quad (8)$$

则有

$$y_{k+n} = y_k + nA^{\frac{1}{z}}z\exp\left(-\frac{E_a}{zRT}\right)y_k^{\frac{z-1}{z}} \quad (9)$$

其中,y_{k+n} 表示第 $k+n$ 循环的相对容量衰减值,这里以第 k 循环时 y 的变化率近似代表从第 k 循环到第 $k+n$ 个循环整个过程中 y 的变化率。

3.2 基于粒子滤波器的在线评估算法

本文采用粒子滤波器方法在线观测衰减公式中幂律因子 z 的变化。与卡尔曼滤波器系列在线观测算法相比,粒子滤波器更加适用于非线性的量测方程。

粒子滤波器具体的算法流程如表 1 所示。通过实时观测相对容量衰减的变化序列,幂律因子 z 的数值得以不断更新。结合最新的相对容量衰减数值,就可以根据公式

(9) 对未来 n 次循环后的容量衰减情况做出预测。

表1　粒子滤波器算法流程

Step 1 初始化：
对于 $k=0$，随机生成 N_p 个粒子 $\{z_0^i\}_{i=1}^{N_p}$，粒子符合先验高斯分布 $N(z_0,\sqrt{Q})$，粒子权重为 $\{w_0^i\}_{i=1}^{N_p}$，其中，$w_0^{1:N_p}=1/N_p$。

Step 2　$k=1, i=1$。

Step 3　重要性采样：
分别用各个粒子计算量测值，根据下式计算粒子权重：
$$w_k^i = \exp\left(-\frac{1}{2Q}(y_k - y_k^i)\right)\frac{1}{\sqrt{2\pi Q}}$$

Step 4　权值归一化：
$$\bar{w}_k^i = \frac{w_k^i}{\sum_{i=1}^{N_p} w_k^i}$$

Step 5　重采样：
计算粒子有效性，判断是否需要重采样，若需要跳至 Step 2，否则至下一步。

Step 6　量测值更新：
$$y_k^i = \bar{w}_k^i A \exp\left(-\frac{E_a}{RT}\right) k^{z_k^i}$$

Step 7　$i=i+1$，若 $i<N_p$，返回 Step 4，否则至下一步。

Step 8　计算状态值：
$$z_k = \sum_{i=1}^{N_p} \bar{w}_k^i z_k^i$$

Step 9　$k=k+1$，跳转至 Step 2。

4　锂电池相对容量衰减在线评估

4.1　测试数据集

本文使用美国马里兰大学先进生命周期工程中心（CALCE）电池研究组的电池循环测试数据验证本文提出的方法。所用的数据集为 CS2 钴酸锂电池在 1 C 恒流放电循环测试下获取的数据[7]，关于电池和测试的详细信息如表2所示。

表2　CS2电池测试信息

电池参数	数值
标称容量	1100 mAh
阴极材料	LiCoO$_2$
重量	21.1 g
体积	5.4 mm · 33.6 mm · 50.6 mm
充电工况	0.5 C 恒流充至 4.2 V，然后 4.2 V 恒压充至电流小于 0.05 A
放电工况	1 C 恒流放电至 2.7 V 截止
测试温度	24 ℃

本文中使用到 CS2 型电池的 35♯、36♯ 两组电池数据，其放电容量随循环次数的衰减情况如图1所示。

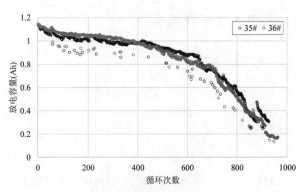

图1　CS2 电池循环测试数据

4.2　初始参数辨识

将 4.1 中的两组电池数据按照公式（2）处理，可以得到两组电池相对容量衰减数值的变化情况。

根据 2.2 中介绍的参数辨识方法，可以对上述两组数据，分别选取前 100 循环的相对容量衰减数值做各自衰减模型初始参数的辨识。辨识过程中，使用遗传算法做各参数的全局寻优。所使用的拟合度函数如公式（4）所示，式中，N 取 100，k_1 取 1，k_N 取 100。辨识结果如表3所示。

表3　参数辨识结果

项目	35♯	36♯
A	0.6812	0.6531
E_a/R (K^{-1})	1378.89	1392.57
z	0.5365	0.5292

4.3　在线评估表现

根据表3中的参数分别建立 35♯、36♯ 两组电池的容量衰减模型。根据 3.2 中所设计的方法，对幂律因子 z 在电池循环测试的过程中的数值变化做观测。并基于实时更新的参数值，根据式（6）和式（8），计算在当前循环状态未来 k 次循环后的相对容量衰减值。

值得注意的是，由于在初始参数辨识过程中，使用了两组电池数据前 100 次循环的容量衰减数据，因此在这一节的在线评估环节中，对前 100 次循环的容量衰减情况不做评估。为了验证所提出评估方法的性能，本文分别取 $k=5,10,15$，用来对比在不同时间尺度下的预测评估能力。

图2和图3分别给出了对 35♯ 和 36♯ 电池数据各自的容量衰减评估结果。其中，图2(c)和图3(c)反映了对幂律因子 z 的观测结果，可以看出由于锂电池容量衰减原因的复杂性，代表可用锂离子损失的作用程度的幂律因子 z 在不同的老化阶段其数值并不相同。

图2(a)和图3(a)反映了两组电池 5 次循环预测、10 次循环预测和 15 次循环预测的评估结果，图2(b)和图3(b)为各自对应的误差情况。可以看出两组电池不同次数的预测结果对其真实相对容量衰减值的跟踪大体良

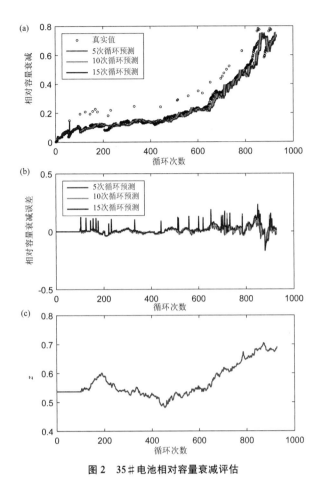

图2　35♯电池相对容量衰减评估

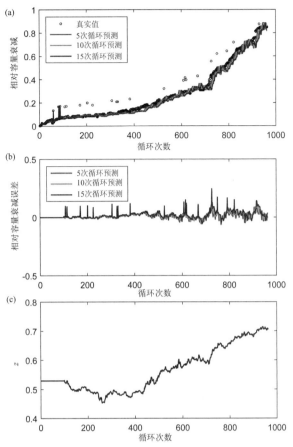

图3　36♯电池相对容量衰减评估

好,除少数真实值存在较大跳动的点外,总体保持了较低的误差水平。三组不同时间尺度的预测中,时间较短的误差水平更低,这是由于较短的时间尺度下可以更好地更新幂律因子 z 的变化,获得所在阶段更精确的容量衰减模型。

表4给出了两组电池在三种时间尺度预测评估下的均方根误差(Root-Mean-Square Error,RMSE)的计算结果。从表4中可知,两组电池的评估误差均在0.05以下,且5次循环预测的误差水平好于10次循环预测,二者皆好于15次循环预测。图形和数据结果验证了本文所提出的在线评估方法的有效性。

表4　RMES 计算结果

RMSE	35♯	36♯
5次循环预测	0.0343	0.0278
10次循环预测	0.0364	0.0312
15次循环预测	0.0394	0.0359

5　结论

本文针对动力锂电池的容量随循环次数增长而逐渐衰减这一现象,提出了一种基于半经验模型和粒子滤波器的在线相对容量衰减评估方法。本文首先利用遗传算法辨识电池循环测试初始阶段的容量数据,以获得容量衰减模型的初始参数,在此基础上,设计了一种基于粒子滤波器的观测器,用此观测器观测模型中幂律因子 z 的变化,进而更新模型参数,并获得提前 k 次循环的相对容量衰减预测值。然后,本文使用马里兰大学 CALCE 电池研究组所做的 CS2 型锂电池 35♯ 和 36♯ 的循环测试数据,验证了所提出算法的有效性,在不超过 15 次循环的预测中获得了 RMSE 低于 0.05 的评估效果。

致　谢

本项研究得到国家自然科学基金资助项目(项目编号:61375079)、支持"率先行动"中国博士后科学基金会与中国科学院联合资助优秀博士后项目(项目编号:2017LH007)和中国博士后科学基金(项目编号:2017M622019)的资助。

参考文献

[1] Dong G, Chen Z, Wei J, et al. Battery health prognosis using brownian motion modeling and particle filtering[J]. IEEE Transactions on Industrial Electronics, 2018.

[2] Amine K, Liu J, Belharouak I. High-temperature storage and cycling of C-LiFePO$_4$/graphite Li-ion cells [J]. Electrochemistry communications, 2005, 7(7):669-673.

[3] Deshpande R, Verbrugge M, Cheng Y T, et al. Battery cycle life prediction with coupled chemical degradation and fatigue mechanics[J]. Journal of the Electrochemical Society, 2012,

159(10):A1730-A1738.

[4] Wang J, Liu P, Hicks-Garner J, et al. Cycle-life model for graphite-LiFePO$_4$ cells[J]. Journal of Power Sources, 2011, 196(8):3942-3948.

[5] Han X, Ouyang M, Lu L, et al. A comparative study of commercial lithium ion battery cycle life in electric vehicle: Capacity loss estimation[J]. Journal of Power Sources, 2014, 268(4):658-669.

[6] Crevecoeur G, Sergeant P, Dupre L, et al. A two-level genetic algorithm for electromagnetic optimization[J]. IEEE Trans. Magnetics, 2010, 46(7):2585-2595.

[7] He W, Williard N, Osterman M, et al. Prognostics of lithium-ion batteries based on Dempster-Shafer theory and the Bayesian Monte Carlo method[J]. Journal of Power Sources, 2011, 196(23):10314-10321.

空天态势推演与预测分析方法

尹江丽，郭效芝

(航天工程大学基础部，北京，中国，101416)

摘　要：战场态势推演与预测分析可有效检验作战计划、辅助指挥员决策。本文在分析空天态势推演与预测的需求基础上，设计了空天态势推演与预测分析的框架结构，明确了框架结构模块主要功能，重点给出了基于模板匹配的敌方意图识别态势预测方法和基于贝叶斯网络的多维数字战场作战行动预测方法。最后，以空天信息支援下某作战任务为例进行空天态势推演的典型应用。

关键词：空天态势；态势推演；态势预测分析

中图分类号：TP391

Aerospace Situation Evolving and Predicting Methods

Yin Jiangli, Guo Xiaozhi

(Department of Basic Courses Education, Space Engineering University, Beijing, 101416)

Abstract: Situation evolving and predicting can effectively test operational plan and assist in commander's decision. According to the demand analysis of aerospace situation evolving and predicting, the framework of aerospace situation evolving and predicting is designed and its main functions are clearly defined. Then, the prediction of enemy's intention recognition situation based on template matching and that of multidimensional digital battlefield operation based on Bayesian network are emphasized. At last, a typical application of aerospace situation evolving is introduced with the example of the execution of an operational mission under the support of aerospace information.

Key words: Aerospace Situation; Situation Evolving; Situation Predicting

1　引言

战场态势分析位于多维数字战场空间体系的应用层，是在真实环境下对作战区域中随时间推移而不断动作并变化的作战实体进行觉察、认知、理解和预测的处理过程。由战场态势分析的认知过程可以看出，其分析过程不仅要能够明确地构建和觉察初始的战场态势信息，更要有对态势信息及其能力的理解，并在一定作战背景下推演出体现态势预测的过程。关于态势推演，有多种不同的概念和解释，一般地，是指在参战各方部署和行动在一定战场环境中形成的状态和形势的基础上，按照各方制定的行动计划，依据作战规则，对参战各方的作战行动和行动效果进行的顺序演示[1]。态势推演分析是按照指挥员的初步决策，在虚拟战场环境中，根据对抗双方的作战企图、兵力部署、主要作战任务、作战强度以及作战规则，对作战进程以及作战进程中可能出现的情况进行逐步推演，用于辅助检验作战计划的分析过程[1]。空天态势推演与预测，是在对空天态势信息的占有、归纳、研究基础上形成的当前态势理解，是根据不同的作战指挥构想和行动计划决策，并依据作战规则，通过典型应用数据驱动，分析未来空天态势可能的运行状态和形势。进行空天态势推演，可以实时地了解双方空天系统的状态和部署，客观地推演和分析指挥决策和任务规划，为指挥员发挥主观能动性、创造性提供支持。总体上，应用空天态势推演，可以在战略上利用有利的态势，战役上正确的布势，战术上创造和抢占有利的位势。

2　空天态势推演与预测分析的需求

空天战场中既有高速运行的空天实体和快速响应的空天行动，又有运用空天信息的地面部队实体和联合作战行动，因此空天态势推演与预测分析有其自身的特点，时间推进方式多样，模型调度复杂，逻辑顺序要求极高，通常是以典型应用的数据驱动运行空天态势系统模型，按照作

作者简介：尹江丽(1970—)，女，河北宁晋人，副教授，硕士，研究方向为系统工程。郭效芝(1975—)，女，山东安丘人，讲师，硕士，研究方向为应用数学。

战任务和作战进程,进行模型的仿真运行,实现对战场态势的动态推演,其中生成的仿真态势数据和仿真结果数据为指挥决策提供依据。

基于不同的目的,空天态势推演可以从不同的层次来满足各自的不同需求。

(1) 辅助决策型态势推演。服务于作战指挥的态势推演,着重强化推演作业在各个阶段、各个环节的辅助决策支持作用,强调对作战指挥控制以及任务规划的推演分析及态势推演对作战指挥的辅助决策功能。

(2) 研讨型态势推演。支持研究分析的态势推演的目的就是在研究中发现问题、分析问题、解决问题,而发现问题、分析问题的基础之一是要综合运用各类模型对作战行动的过程和效果进行定量的科学计算,并在计算结果的基础上应用"从定性到定量综合集成"手段对推演结果进行评估分析,实现对推演结果的统计分析、对推演态势的判断分析、对作战方案的比较分析以及对推演结论的归纳和总结,进而通过评估分析发现态势推演中存在的问题,辅助作战方案的优化。

(3) 展示型态势推演。合理、有效地展现推演态势信息是实施态势推演的基本要求之一。态势推演必须能够提供多分辨率层次、多方式表达、多窗口集成、多数据融合的战场态势。也就是说,态势推演能够根据推演人员的研究需求展示战场态势,表现作战信息,从而辅助推演人员实时根据推演进程的发展、态势的变化而发现问题、研究问题,并做出决策。

3 空天态势推演与预测分析框架设计

空天态势推演与预测分析框架由态势推演规范化描述模块、态势推演控制模块、态势生成模块、态势预测分析模块、态势显示模块等五个部分构成。其逻辑结构如图1所示。

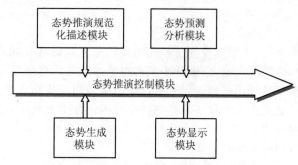

图 1 空天态势推演与预测分析框架结构示意图

空天任务规划及行动计划经过规范化描述机制的描述后,形成规范化的技术文档,态势生成模块读取规范化的技术文档,生成推演系统所需要的空天态势,态势推演控制模块获取当前态势,然后根据想定预设的行动流程,调用空天任务行动模型与态势预测分析模型,进行态势推演,并与显示系统连接,从而保证显示系统及时准确地显示推演过程[2]。各模块的主要功能见表1。

表 1 空天态势推演与预测分析框架模块的主要功能

主要模块	主要功能内容
态势推演规范化与描述模块	负责对态势推演过程中的作战单元、军事规则和作战过程进行规范化描述,主要包括: · 态势特征类别 · 态势特征描述模板 · 态势想定拟制
态势推演控制模块	负责对整个态势推演进行调度、控制和数据记录,主要包括: · 推演初始条件 · 推演触发机制 · 新的态势事件加入机制 · 推演结束的条件
态势生成模块	负责根据规范化的想定文档,调用战场环境模型、地面武器装备模型、地面兵力编成模型、地面兵力战术规则模型、卫星侦察模型、卫星导航模型、卫星预警模型等,生成整个态势推演所需要的剧情,主要包括: · 战场环境的生成,包括地理、气象、水文等自然环境生成及地图的多比例尺和多分辨率的支持 · 战场态势的生成,包括生成开战前敌我双方的兵力、兵器部署与配置,作战过程中敌我的兵力、兵器变化及其作战意图
态势预测分析模块	在具备军事作战计划的知识基础上,依靠一定的知识推理机制,对态势的演化进行预测,其在战场指挥决策中发挥着重要的作用
态势显示模块	将作战过程中的态势信息数据进行图形化的分布式表现,使态势推演过程中动态变化的实体及其交互信息及时显示

4 空天态势预测分析典型模型方法

战场态势评估是在对作战区域中随时间推移而不断变化的作战实体进行觉察、认知、理解和预测的处理过程。态势预测分析作为较高层次的态势评估,是在具备军事作战计划的知识基础上,依靠一定的知识推理机制,对态势的演化进行预测,其在战场指挥决策中发挥着重要的作用。目前,战场态势预测分析的主要方法有:基于模板匹配的态势预测,此方法可以将某些重要态势(如兵力结构、兵力使用、事件顺序等)映射到敌方企图的先验模型上,从而进行敌方意图识别;基于贝叶斯网络的知识表示和推理,能够合理地表示战场态势的不确定性,通过知识推理等手段确定双方对抗的演变趋势和作战结果的过程;基于规划识别的知识推理和预测,能够识别敌方的目标及规划,有利于战术决策,但由于当代高科技战争结构的多样性和复杂性以及采用的隐蔽技术、电子示假和智能扰骗,导致规划识别的难度陡增;基于函数 S-粗糙集的态势预测,由于态势预测仍是发展中的新兴学科,许多理论和算法尚不完善,在实际使用中仍有较多局限;基于多智能体系统建模的方法,既考虑到环境的影响,又具备完善的多层次决策体系,复杂、动态的环境下问题求解和适应能力强,但还有许多理论和技术细节有待进一步的研究。本文重点研究模板匹配方法和贝叶斯网络方法。

4.1 基于模板匹配的敌方意图识别态势预测方法

(1) 态势推演模板匹配过程

所谓模板(Template)是指通过设计开发的态势知识而提取工具获取的数据结构。用于意图识别中的模板是指某些重要态势(如兵力结构、兵力使用、事件顺序等)映射到敌方企图的先验模型。对不同的应用领域来说,模板中所包括的信息各不一样。根据态势分析领域的需要,模板中应该包括的信息有:目标及实现目标的计划、事件/活动之间的相互关系、不同类型的态势上报数据作为态势推理证据的相对数值等。态势推演模板匹配的过程是以先验知识作为先决条件,其目的是"观察到什么就能对应的推理出什么"。模板匹配一般按两个步骤进行(图 2):

① 根据观测到的敌方行动,综合系统知识库里的军事态势模板进行诊断,建立特定态势假设的数据结构;

② 计算被观测到的敌方行动与特定态势的数据结构的匹配程度,当足够匹配时,这个特定态势数据结构就可以用来解释当前的战场态势:推断敌方目标(特定态势数据结构的目标代表着观测到的敌方活动的意图);推理一些未被发现的参与者、过去未发现事件、将要发生的事件,以及对敌方活动的特征数据进行相对的判断。

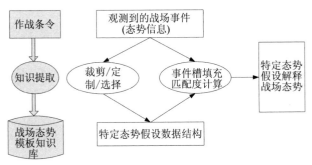

图 2 态势推演模板匹配过程

(2) 基于模板匹配的敌方意图识别概念模型

敌方意图虽然不能直接通过观察得到,但它总是要表现在诸如作战平台状态的改变,作战部队的调动、部署、行动等外在事件上。意图、行动、状态三个层次紧密相关、层层相扣。由此,对所感知到的实体的状态(或属性)和它们的行动等就可能是对意图很好的反应或暗示。因此,我们可用已获知的态势(实体的状态、属性等特征信息)来预先选择一些可能的态势模板。比如,若感知到敌方侦察雷达在开机搜索,则敌方意图就可能与侦察和准备攻击有关,此时选择的意图识别模板只要包含侦察和准备攻击就可以了。随着时间或空间的推移,不断获得新的态势信息,就可以在原来选择的那些态势模板中进一步选择[3]。

因此,敌方意图识别模型可以这样建立:将敌方的意图按照意图逻辑结构中的战术因果关系分解成一个由对方的动作(子事件)组成的层次结构,且将每一动作的特征压缩在每一子事件中,使得子事件的输入和输出在句法上一致(输入的是其他底层子事件的置信度,输出的是本身所代表的子事件的置信度),从而将态势预测任务简化为确定有关的事件的 what、when、where 属性,建立军事态势、事件层次结构,对事件序列和意图的识别则构成了敌方计划的相应属性。在这一结构中,顶层的节点是某一军事目标(图 3),各子目标作为它的下级节点;对任一子目标节点,将用实现该子目标而必须完成的各项计划作为它的子节点;对任一计划子节点,将用有关的事件作为它的各个子节点[3]。推理过程通常在自上而下和自下而上两个方向上,不断将输入数据与结点的条件属性相匹配,如图 3 所示。

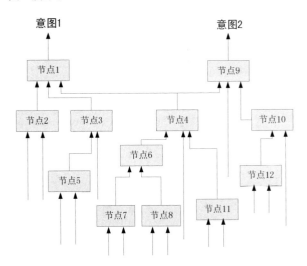

图 3 基于模板的意图识别推理

层次中的每个节点都采用模板匹配器来实现,模板匹配器和领域知识紧密结合,当输入的信息参数相应于某类事件特征时,它和某些事件特征相匹配。当输入消息参数相应于这类事件特征时,就可检测出相应的态势。敌方意图识别所需的领域知识包括态势先验知识库、意图识别模板知识库,它们由作战规则、专家经验、作战条例、敌方常用战法、武器系统知识、作战单位配置规则等子库组成,这些知识库需要在模板匹配进行运算前预先建立。

4.2 基于贝叶斯网络的多维数字战场作战行动预测方法

由于对态势推断带有很大的模糊性和主观性,态势分析取决于指挥员的分析能力和经验。但是由于指挥员认知能力的局限性,使得对战场态势的预测缺少足够的时间。贝叶斯网络使用概率理论,是图论和贝叶斯推理的结合,其提供了强有力的图形工具来表达基于概率的领域知识,本身是一种不确定性因果关联模型[4]。它贴切地蕴涵了网络节点变量之间的因果关系和条件相关关系,具有强大的不确定性问题处理能力,可以减少对指挥员能力和经验的依赖,满足态势分析领域的需要。

贝叶斯网络推理是一种基于概率的推理,它以态势感知系统检测到的军事事件或人工情报作为证据,利用相关证据传播和推理算法,来更新网络中其他事件的信度(发生可能性),以实现对敌方作战目的的判断或敌方作战行动的预测[5]。为判断敌方的打击方式,可遵循贝叶斯网络的因果有向图,采用 BUTTON-UP(诊断推理)推理模式[6]。在一次推理中,输入的可观测的叶节点变量(军事事件)的集合称为证据 D,需要求解的父节点或根节点(战术意图)的集合称为假设 H,推理问题就是求解给定证据 D 条件下假设变量 H 的后验概率 $P(H|D)$。在此过程中,所有节点的状态概率都是运用贝叶斯方法综合先验概率和条件概率获得的。

从战争全局的角度来看,战略态势应包括:政治、军事以及经济等多个方面的子态势。而军事态势又应当包括:陆战场、海战场、空天战场等方面子态势。就战场态势类型而言,可以包括防御、进攻和其他子态势。军事态势的贝叶斯网络模型可以抽象如图 4 所示。

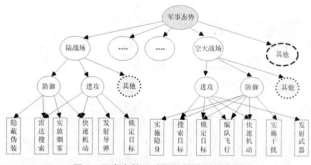

图 4 军事态势贝叶斯网络模型示意图

态势预测从检测事件的发生开始,在检测到事件后,事件对态势的影响可以通过贝叶斯逻辑后向传播来更新,更新后的态势则又通过前向推理来预测事件的发生,当又有证据输入时,又开始下一轮态势估计。贝叶斯网络中的各种节点通过态势与态势、态势与事件以及事件与事件三种关系互相连接。

5 空天态势推演的典型应用

以空天信息支援下某导弹攻击时目标作战任务和作战进程为例,结合主要作战事件序列和空天信息的应用流程,进行空天信息应用态势推演,包括信息需求分析、综合分析处理、信息资源任务规划、信息部队实施、评估分析、信息产品分发以及支援作战后的信息资源态势评估等典型过程。空天信息应用态势推演的出发点是当前的初始态势,结果是未来某一临近时刻的空天信息应用态势预测结果。空天信息应用态势推演的基本流程如图 5 所示。

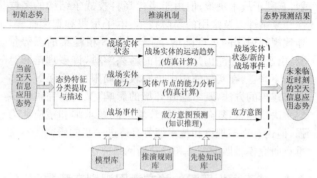

图 5 空天信息应用态势推演流程

(1) 根据对当前初始空天信息应用态势的理解,分类提取态势特征,并用规范的语言进行描述。根据空天信息应用态势包含的对象不同,主要分三大类态势特征:一是对已掌握的敌我战场实体的部署情况及状态描述;二是对战场实体或信息节点的能力描述;三是对战场事件的描述。

(2) 根据提取的态势特征逐条分别采用定性分析、定量计算或知识推理方法进行推算。战场实体状态类特征信息反映实体的运动趋势,主要用于分析与计算实体下一步的位置,推算过程根据实体自身机动能力结合空天战场运动规律采用仿真计算的方法进行。战场实体或信息节点的能力特征信息,主要用于分析运用该实体/节点的作战行动结果,推算过程主要基于该实体/节点自身的性能参数采用仿真计算的方法进行。战场事件类特征信息,主要用于预测敌方下一步的行动意图,推算过程主要采用不确定性推理算法,如模板匹配方法、贝叶斯网络模型等进行知识推理。

(3) 对上一步的推算结果进行分类归并,提取获得下一步的战场实体状态,预估新的战场事件,识别敌方行动意图,从而构成空天信息应用态势的预测结果。

参考文献

[1] 陈康,徐培德,马满好,等. 态势推演系统结构研究[J]. 军事运筹与系统工程,2005,19(3):43-47.

[2] 吴鹏,祝江汉,邱涤珊,等. 作战态势推演系统研究[J]. 装备指挥技术学院学报,2005,16(2):38-42.

[3] 夏曦. 基于模板匹配的目标意图识别方法研究[D]. 长沙:国防科技大学,2006:17-18.

[4] 刘进军. 空间战场威胁评估方法研究[D]. 长沙:国防科技大学,2008:66-67.

[5] 罗文,李敏勇,张晓锐. 基于贝叶斯网络的态势认识[J]. 火力与指挥控制,2010,35(3):89-92.

[6] 孙兆林. 基于贝叶斯网络的态势估计方法研究[D]. 长沙:国防科技大学,2005:65-66.

空间信息系统综合效能评估技术研究

秦大国,侯妍

(航天工程大学航天指挥学院,北京,中国,101416)

摘　要:空间信息系统综合效能评估与传统意义上的武器系统评估有一定的区别。在分析空间信息系统任务、过程基础上,本文分析了空间信息系统综合效能产生机制,重点研究并建立了空间信息系统综合效能评估指标体系,分析比较了主要效能评估分析方法和优缺点,给出了空间信息系统综合效能分析方法的建议。

关键词:空间信息系统;综合效能评估;效能评估方法

中图分类号:TP391

Integrated Effectiveness Evaluation Technology of Space Information System

Qin Daguo, Hou Yan

(School of Space Command, Space Engineering University, Beijing, 101416)

Abstract: The integrated effectiveness evaluation of space information system(SIS) is different from the traditional effectiveness evaluation of weapon system. In this paper, based on the analysis of the tasks and process of SIS, the integrated effectiveness generation mechanism is first discussed. Then, the index system of integrated effectiveness evaluation of SIS is discussed and determined. At last, by comparing the advantages and disadvantages of the main evaluation methods, a relevant integrated effectiveness evaluation method is offered.

Key words: Space Information System(SIS); Integrated Effectiveness Evaluation; Effectiveness Evaluation Method

1　引言

空间信息系统是以空间平台技术、组网技术、高精度侦察技术、传感器技术、数据链技术、移动宽带通信技术、通信保密技术、信息融合技术、目标识别技术、安全防护与对抗技术为支持,以外层空间的各类卫星或航天器为平台,利用网络技术把平台上的侦察监视、导弹预警、通信中继、导航定位和气象观测等载荷设备有机地连接在一起而组成的空间一体信息系统网络。其主要功能包括空间信息的获取、处理、传输、存储管理与分发、信息安全保证等,为一体化联合作战提供空间信息服务保障。空间信息系统是一个复杂的大系统,其涉及当今世界的诸多先进领域,在对空间信息系统进行效能分析时,必须立足于科学和严谨的数据信息,在综合认识空间信息系统任务和运用过程的基础上,并结合信息融合理论,研究空间信息系统综合效能的概念内涵、产生机制、指标体系、评估分析方法等,为空间信息系统的建设与运用提供科学依据。

2　空间信息系统综合效能评估概念

传统系统效能、系统作战效能的定义仍然侧重于武器装备系统,这显然不能满足信息化战争或作战中信息系统评估的需求[1]。

空间信息系统综合效能是指在信息作战条件下,空间信息系统对于信息获取、储存、管理、分发、应用等任务所能达到的实际程度。

空间信息系统综合效能评估与传统意义上的武器系统评估有着一定的不同,可以认为,空间信息系统综合效能是对作战体系中影响战斗力发挥的空间信息的作用和效果进行的估量和评价。空间信息系统综合效能评估与传统系统效能评估相比,两者存在一些差异,如表1所示。

作者简介:秦大国(1972—),男,重庆合川人,教授,硕士,研究方向为系统仿真;侯妍(1967—),女,黑龙江人,教授,硕士,研究方向为航天信息应用。

表 1 传统系统效能评估与空间信息系统综合效能评估的比较

评估元素	传统的效能评估	空间信息系统综合效能评估
评估边界	物理域	信息域、认知域和社会域
评估目标	火力对抗	系统对抗、体系对抗
评估对象	武器装备	信息系统、信息流、组织
评估指标	兵力损耗	软损耗、信息度量
评估度量	系统优势	信息优势、决策优势、体系优势

空间信息系统综合效能的产生机制与以往的作战系统或作战体系有所区别。通过分析效能产生机制，可以对空间信息系统综合效能概念及效能评估问题有更进一步的了解。

从作战能力上讲，空间信息系统反映了信息化战争条件下，联合作战行动所依托的一种具体的组织形式和结构，因此，空间信息系统应具备如下能力：空间感知能力、信息运用能力、联合指挥控制能力、精确保障能力等。以上能力构成了网络中心的作战能力，是产生体系作战效能的基础。

从流程上讲，空间信息系统借助空天的轨道优势产生信息优势、决策优势，以信息为主导，以信息应用带动战斗力的提升，利用信息流动代替物质流动，以信息提升火力，最终提高作战准确度、作战指挥速度和作战质量，使作战效能得到充分发挥。

从层次结构上讲，空间信息系统由物理层次、信息层次和任务层次组成。其中，以网络连接为主的物理层确保战场上的所有作战单元能够得到实时或近实时的、高质量的信息服务；以信息、信息系统和与信息相关的过程为主的信息层，在信息一体化的基础上，以战场信息系统集成、信息资源共享、信息的有效流动为目标，建立战场的信息优势；以完成作战任务或作战行动为主的任务层，将信息优势转化为决策优势和火力优势，并最终形成作战效能[2]。

3 空间信息系统综合效能指标体系

评估分析空间信息系统综合效能时，需要明确什么样的空间信息系统完成了什么样的规定任务，因此评估时必须包括：

① 表征空间信息系统自身特性的指标，一般指系统性能指标[3]；

② 衡量空间信息系统自身具备的能力程度。可用空间信息系统静态效能指标来描述；

③ 描述空间信息系统完成任务的情况。可用空间信息系统任务效能来描述。

空间信息系统综合效能评估分析，以空间信息系统的静态效能指标分析为核心展开，分析对象涵盖空间信息系统自身所特有的影响系统效能和任务效能的各种因素。空间信息系统任务是一系列有规律的、连续的行为或活动，其主要功能是实现对指挥情报的获取、传输、处理和指挥指令的传输，并确保各个环节的安全性，其价值是空间信息系统提供的信息服务对"信息用户"形成的贡献，也即对空间信息用户战斗力的提升，因此，空间信息系统的态势获取能力、通信传输能力、信息融合能力、情报安全能力、指挥决策能力成为影响其综合效能的主要因素，图1显示的是空间信息系统综合效能指标体系图。

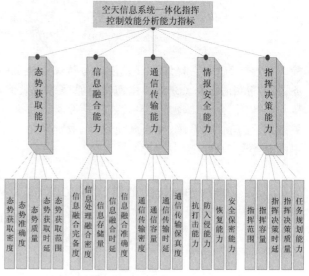

图 1 空间信息系统综合效能分析能力指标体系

（1）态势获取能力

态势获取能力是指空间信息系统指挥控制从信息源获取所需态势情报的能力。它是指挥控制中知己知彼的关键，并为指挥作战其他能力的发挥创造条件，因而成为空间信息系统指挥控制整体效能的重要衡量指标。具体可用以下指标来衡量：一是态势获取密度，即单位时间内获取的态势情报量；二是态势准确度，即获取的态势信息与实际情况相符合的程度；三是态势质量，即获取的态势情报可利用的程度；四是态势获取时延，即态势获取与事件发生的时间差；五是态势获取范围，即对信息源进行有效侦察的态势感知网覆盖区域。

（2）信息融合能力

信息融合能力是指空间信息系统指挥控制将原始态势情报变为有用信息的能力。如果把态势获取看做是眼睛和耳朵的活动，那么信息处理就是大脑的活动，情报能否发挥效应，在很大程度上取决于信息处理是否科学、有效。信息融合处理能力可以用以下指标衡量：一是信息融合完备度，即经过处理的情报与原始获取情报在数量上的比例；二是信息融合处理密度，即单位时间内信息融合的总量；三是信息存贮量，即可存贮的情报信息总量；四是信息融合时延，即将原始的态势情报生成指挥控制有用的信息所需要的时间；五是信息融合准确度，即经过融合处理后的目标特性与真实目标特性相吻合的程度。

（3）通信传输能力

通信传输能力是指空间信息系统指挥控制利用各种通信设备和手段实现所获取的指挥控制信息有效流通的能力。可以说，只有实现信息的有效传输，才能让指挥控制具有实质意义。通信传输能力主要由以下指标衡量：一是通信传输密度,即单位时间内传输的信息量;二是通信传输容量,即可传输的信息总量;三是通信传输时延,即信息从传感器到目标用户的传输时间;四是通信传输保真度,即目标用户能够无损得到所需情报的能力,可以用(无损传输信息量/信息传输总量)×100%来计算。

(4) 情报安全能力

情报安全能力是指空间信息系统指挥控制保障情报在获取、传输、处理过程中能够正确、保密、不受破坏、不泄密的能力。良好的情报安全能力,是空间信息系统指挥控制综合作战能力的重要指标,是抵御敌人各种打击、减小人员伤亡和设施损失、保存己方作战潜力的重要屏障。情报安全能力用以下指标衡量:一是作战指挥控制平台与外部系统互联时的防入侵能力;二是作战平台抗摧毁、抗干扰能力;三是指控体系内部安全保密和防护能力;四是一体化指控系统在遭受打击后迅速得到恢复的能力。

(5) 指挥决策能力

指挥决策能力是指空间信息系统指挥控制的决策、指挥能力。快速、准确的指挥决策能力,是空间信息系统指挥控制的重要体现。指挥决策能力用以下指标衡量:一是指挥决策范围;二是指挥决策容量;三是指挥决策时延;四是指挥决策质量;五是指挥决策任务规划能力。

4 空间信息系统综合效能分析方法

从空间信息系统综合效能指标的实质看,空间信息系统综合效能分析主要分为空间信息系统的性能分析和任务效能分析[4]。性能分析是对空间信息系统的性能指标进行分析,即对空间信息系统的物理和结构上的行为参数和任务的要求参量进行分析,如空间探测概率、空间导航定位精度、指挥决策响应时间、卫星通信传输时延等。任务效能分析是对空间信息系统达到规定目标程度的定量分析,如决策的快速性和准确性、指控的可靠性和有效性等。空间信息系统综合效能分析方法体系如图2所示。

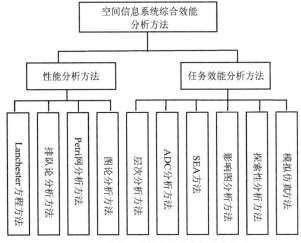

图2 空间信息系统综合效能分析方法体系

几种主要的效能分析方法的比较见表2[5,6]。

表2 主要效能分析方法优缺点比较

评估方法	优点	缺点
探索性分析方法	1. 主要针对问题的不确定性 2. 分析问题灵活性强 3. 从点情景到情景空间的探索(系统地改变问题假设来探索各种可能的结局) 4. 生成所有案例空间的结果	1. 建模人员要对问题有深入的理解 2. 建模要求高度的艺术性 3. 主要解决宏观问题 4. 运行次数随变量数的增长而急剧增长,要求计算资源巨
模拟仿真法	1. 能够比较真实地动态反映实际情况 2. 具有较高的可信度	1. 建模费用高,周期长 2. 对建模、分析人员素质要求高
层次分析法	1. 反映了递阶层次结构的思维方式,理论性强,层次性好,形式简明,系统性强 2. 体现人的经验,采用定性和定量分析相结合的方法	1. 对体系或系统只能进行静态地评估层次分析法 2. 采取打分或调查的办法确定权重,具有一定的主观性 3. 指标合成仅考虑到线性加权情况
ADC法	1. 充分而细致地考虑了系统可靠性问题 2. 便于计算	1. 能力向量不容易得出 2. 系统状况较多时矩阵庞大,处理比较复杂
SEA法	1. 考虑了系统能力与使命的匹配程度 2. 考虑到需求的多样性,分析与需求结合紧密 3. 充分考虑指标值的不确定性	1. 生成使命轨迹困难,一般都基于解析模型 2. 对多种使命需求的情况处理过于简单
影响图建模分析	1. 规范化的图形建模方法,建模过程简明 2. 比较真实地反映了原始系统及其复杂性 3. 体现定性和定量相结合的思想	1. 对于有些系统很难建立有效的微分方程模型,建立的微分方程有时难于求解 2. 系统规模大时,影响图复杂

续表

评估方法	优点	缺点
Petri 网建模仿真	1. 一种网络图理论,用于表示异步、并发系统 2. 具备严密的数学基础 3. 在描述能力和分析手段上有良好的可扩充性	1. 对于复杂作战体系,Petri 网进行建模时将导致建立的模型规模过大而无法求解,需要进行扩展 2. 不方便描述连续过程
Lanchester 方程	1. 基于古代冷兵器战斗和近代枪炮战斗的不同特点,建立的一系列描述交战过程中双方兵力变化数量的微分方程组 2. 效能评估的假设前提是点目标毁伤和面目标毁伤的比例大小在一定程度上反映 C'ISR	1. 无法反映体系或系统内部因素在战场中的作用 2. 无法反映体系在作战过程中动态变化过程对作战的影响
排队网络理论	由于某一时刻要求服务的顾客数量超过系统服务机构的容量,顾客必须等待,因而产生了排队现象	1. 完全描述作战体系的延时难度较大 2. 对捕获网络中的瞬态特性缺乏有效的算法

从以上分析可以看出,空间信息系统综合效能评估是一项复杂的工作,由于空间信息系统本身的复杂性和不确定性,仅靠传统的解析方法很难得到全面而有效的结果,而进行大规模军事演习不但消耗过大,而且某些科目还有巨大的危险性,因此借助于模拟仿真系统进行空间信息系统综合效能评估是一种合理、有效的手段。在模拟仿真系统中,可以模拟多种态势、多种策略以评估空间信息系统的效能。但在实际应用中,地形、气象及恶劣的电磁环境都会极大地影响空间信息系统效能的发挥,使得能否建立描述这些因素的仿真模型成为关键。并且空间信息与信息流如何在作战模型中体现仍是研究的关键。

参考文献

[1] 卜广志. 基于信息流的武器装备体系效能模型[J]. 火力与指挥控制,2009,34(8):34-37.

[2] 胡晓峰,张昱,李仁见,等. 网络化体系作战能力评估问题[J]. 系统工程理论与实践,2015,35(5):1317-1323.

[3] 张迪,郭齐胜,李智国,等. 基于型号性能指标的武器装备体系作战能力评估方法[J]. 火力与指挥控制,2015,40(5):762-766.

[4] 张杰,唐宏,苏凯等. 效能评估方法研究[M]. 北京:国防工业出版社,2009:23-27.

[5] 李兴兵,谭跃进,杨克巍. 基于探索性分析的装甲装备体系效能评估方法[J]. 系统工程与电子技术,2007,29(9):1496-1499.

[6] 贾子英,闫飞龙,王海生. 网络化效能的防空体系作战效能评估[J]. 火力与指挥控制,2013,38(5):804-807.

锂电池储能系统故障诊断综述

田佳强,汪玉洁,陈宗海

(中国科学技术大学自动化系,安徽合肥,中国,230027)

摘 要:随着新能源汽车和微电网等技术的快速发展,全球锂电储能系统的需求量日益增加。应用环境复杂,使得锂电储能系统所面临的安全形势日趋严峻。本文首先介绍了锂电储能系统的发展现状以及锂电储能系统的故障诊断研究意义;然后,详细地分析了锂离子电池的老化机理和安全演变机理,并对现有的锂电储能系统的故障诊断方法进行了综述;最后,对锂电储能系统未来的发展方向进行了讨论。

关键词:锂电储能系统;故障诊断;老化机理;安全演变机理

中图分类号:TP391

A Review on Fault Diagnosis for Lithium Battery Energy Storage System

Tian Jiaqiang, Wang Yujie, Chen Zonghai

(Department of Automation, University of Science and Technology of China, Anhui, Hefei, 230027)

Abstract: With the rapid development of the new energy vehicles and microgrids, the global demand for lithium-ion battery energy storage systems is increasing. Due to the complex operation environment, the security situation of lithium-ion battery energy storage system is becoming more and more serious. This paper first introduces the development status of lithium-ion battery energy storage systems and the significance of fault diagnosis. Then the aging mechanism and the safety evolution mechanism of lithium-ion battery were analyzed in detail, and the fault diagnosis methods of the lithium-ion battery energy storage system were summarized. Finally, we summarise several potential research directions.

Key words: Lithium-ion Battery Energy Storage Systems; Fault Diagnosis; Aging Mechanism; Safety Evolution Mechanism

1 引言

环境污染和能源危机一直是全球共同面临的两大问题,各国积极寻求各种清洁环保能源来代替传统的化石燃料。为了方便电能的管理与使用,需要一种高效安全的储能器件用于电能存储。锂离子电池具有能量密度高、自放电率低、使用寿命长等优点,被广泛应用于新能源汽车、航空航天、微电网、通信基站等领域。

目前,锂电池在储能上的技术应用主要围绕在电网基站备用电源、家庭光储系统、电动汽车与充电站、电动工具、居家办公设备等方面。随着全球经济、工业、科技的迅速发展,电力需求日益增大,储能行业得到了迅速的发展。

2017年,全球锂电池市场规模约250亿美元,预计在2020年全球锂电池市场规模将达到350亿美元。国内的锂电行业同样发展迅速,预计在2020年中国锂电市场需求量将超过16 GWh。此外,国内的储能锂电、消费锂电、动力锂电的比重也在发生很大的变化,在过去的5年里,消费锂电占据较大的比重。新能源汽车的普及与微电网等技术的快速发展,使得储能锂电与动力锂电需求比重逐步增大,依据锂电大数据统计显示,预计在2020年中国动力锂电和储能锂电的需求量将占据国内总锂电需求量的89%。按当前装机份额测算,锂电池未来两年累计需求量将达到28.14 GWh。电池组作为微电网和新能源汽车的关键部件,起到能量的吸收和补给的作用。图1为电网和电动汽车的储能系统分布结构。由于电池组的使用环境复杂,有许多不确定因素可能会引发电池组故障。为了确保电池组的正常使用和工作人员的人身安全,对其进行故障诊断是十分必要的。

作者简介:田佳强(1992—),男,安徽人,在读硕士生,研究方向为新能源汽车;陈宗海(1963—),男,安徽人,教授,博士生导师,研究方向为复杂系统的建模仿真与控制、机器人与新能源。

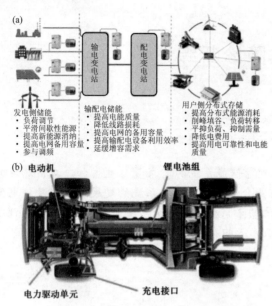

图 1 电网和电动汽车的储能系统分布结构

2 锂离子电池老化机理

锂电池的老化主要表现在电池容量衰减、内阻增加和功率密度降低等方面,文献[1-3]提出锂离子电池剩余使用寿命预测方法。通过对锂离子电池老化机理研究发现锂电池容量衰减主要机理包括电极活性材料的溶解、相变化以及结构变化,副反应、正负极表面钝化膜的形成等[4]。过充、过放、低温、高温等因素是导致锂离子电池老化的主要因素[5],如图 2 所示。

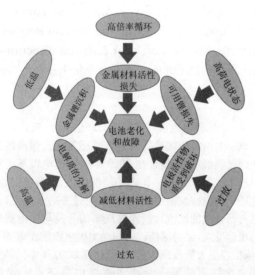

图 2 锂离子电池老化机理

锂离子电池阴、阳极的老化机理有着较大的差异[6]。阳极老化主要归因于电极或电解质界面的老化。固体电解质界面膜(SEI)的形成将会增大电极的阻抗[7],进而降低电池的功率密度,通常 SEI 形成于电池使用的开始阶段,电池循环充放电会加速 SEI 的增长,并且 SEI 增长速度受到温度影响。此外,低温、高放电率[8]以及电流分布不均匀都有可能导致金属锂发生电镀现象[9,10],加速金属锂与电解液的反应,加重电池老化程度。对于阴极而言,通常如下因素会加重锂离子电池的老化程度[11,12]:

(1) SEI 分解;
(2) 复合电极的变化;
(3) 电极的溶解反应。

3 锂离子安全性演变机理

通常,锂离子电池的安全性演变机理分为两种情况。一种是电池自身老化所引起的可靠性降低,如第 2 节所介绍的,锂离子电池的老化机理,这是一种缓慢的变化过程。另一种是锂离子电池的突变性故障,一些突发事件造成锂离子电池损坏并引发电池安全事故,图 3 展示了锂离子电池安全突变机理。其主要由外部的机械触发(如车体的振动、挤压等)和环境触发(如高温、高湿等)造成电池短路,形成电触发(如电池内短路、外短路等),进而导致电池生热,形成热触发,严重时会造成热失控(如起火、爆炸等)[13]。

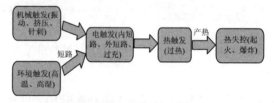

图 3 锂离子电池安全演变机理

4 锂离子故障诊断方法

当系统出现故障的时候,系统中会反映出与正常情况不同的行为,诊断系统可以依据诊断对象在故障时与正常时的行为差异实现系统故障诊断。故障诊断的主要过程包括故障特征提取、故障隔离和估计以及故障评估与决策。根据不同原理,诊断方法可分为基于模型的方法和非模型的方法[14]。图 4 展示了锂离子电池的故障诊断方法分类。

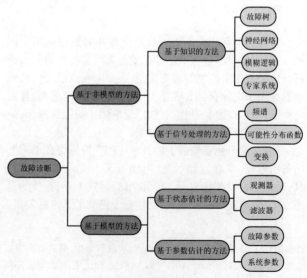

图 4 故障诊断分类

4.1 基于模型的方法

通过对锂离子电池进行建模,将实际系统与模型输出的残差和阈值进行比较[15],若残差大于阈值,则认为系统存在故障,反之系统正常。其诊断原理如图 5 所示。基于模型的诊断方法又可以分为基于状态估计和参数估计的诊断方法。常用的模型有数学模型、电化学模型、等效电路模型和经验模型。数学模型主要基于随机方法或经验方程;电化学模型主要用于表征电池内部化学动力学行为和热行为;等效电路模型主要表征电池外部响应特性。由于等效电路模型具有明确的物理意义,常常被用于锂离子电池状态估计和故障诊断。通常,基于模型的锂电池故障诊断方法又可分为基于参数估计的方法和基于状态估计的方法。

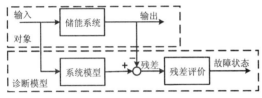

图 5 基于模型的储能系统故障诊断原理

4.1.1 基于状态估计的方法

对于锂电池而言,电流和电压只能反映电池系统的外部特性,而电池的动态规律需要用内部状态变量来描述。锂电池的状态变量主要有荷电状态(SOC)[16]、能量状态(SOE)[17]、极化电压[18]等,可以通过测量电池的电压和电流估算电池的内部状态。电池的健康程度和故障程度都会影响电池的内部状态,因此状态估计对于电池故障诊断具有重要意义。基于状态估计的储能系统故障诊断原理,如图 6 所示。Sidhu 等人[19]提出了一种基于锂离子电池阻抗谱和等效电路模型结合的非线性电池故障诊断模型,利用扩展卡尔曼滤波器估计模型端电压,并依据模型端电压与电池电压的残差进行故障诊断。Chen 等人[20]提出了一种基于龙伯格观测器和学习观测器的锂离子电池故障诊断方法,采用观测器在线估计电池电压,利用残差实现锂电池故障诊断。Xian 等人[21]提出了一种基于粒子滤波器的锂电池剩余使用寿命预测的方法,依据锂电池容量衰减趋势构建锂离子电池的 Verhulst 模型,作为锂电池容量预测模型,结合粒子滤波器实现锂电池剩余使用预测。

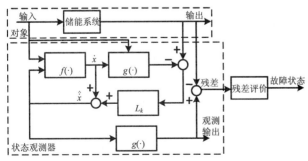

图 6 基于状态估计的储能系统故障诊断原理

4.1.2 基于参数估计的方法

Thevenin 模型作为锂离子电池一种常用的等效电路模型[22],由欧姆内阻、极化电阻和极化电容三部分构成。其中,欧姆内阻主要由电极材料、电解液、隔膜电阻及各部分零件的接触电阻组成,也与电池的尺寸、结构、装配等有关。极化电阻主要是由电池的正极与负极在进行电化学反应时极化引起的。极化电容被用于模拟电池在充电过程中的迟滞效应[22]。在上述的三种参数中,欧姆内阻对电池的健康状态或故障状态最为敏感,随着电池老化程度的加深,欧姆内阻也会随之增加,因此欧姆内阻被广泛地应用于电池健康评估与故障诊断。基于参数估计的储能系统故障诊断原理如图 7 所示。文献[2,3]提出了一种基于内阻估计的锂离子电池健康评估的方法,依托等效电路模型建立内阻和电池健康状态之间的关系模型,通过对内阻的估计从而实现电池健康状态评估。Tian 等人[24]提出了一种基于电池组等效电路模型的电池组绝缘检测方案,将电池组等效电路模型结合卡尔曼滤波算法和最小二乘算法实现绝缘电阻在线估计,完成电池组绝缘故障的在线诊断。

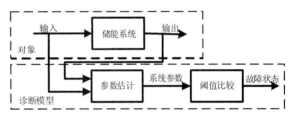

图 7 基于参数估计的储能系统故障诊断原理

4.2 基于非模型的方法

基于非模型的方法不依赖于系统模型,而是通过统计理论分析系统的输入和输出的关系。主要包含基于信号处理的方法和基于知识的方法。

4.2.1 基于信号处理的方法

基于信号处理的方法是通过对目标信号进行分析,提取信号特征,将信号特征作为故障诊断的依据。基于信号处理方法的储能系统故障诊断原理如图 8 所示。这类诊断方法代表有小波变换法、阻抗谱分析法等。Kim 等人[25]提出了一种基于离散小波变换的锂离子电池特性分析与健康诊断的方法,利用小波变换对锂离子电池电化学特性进行分析,提取老化程度不同的电池充放电信号特征,建立电化学特性和电池健康状态之间的关系,实现锂离子电池健康诊断。阻抗谱分析法是一种分析电池特性的有效方法,也被用于电池故障诊断。Tröltzsch 等人[26]提出了一种基于锂电池阻抗谱分析的电池老化研究方法,利用电池阻抗谱提取锂离子电池老化特征,建立锂电池电化学特性和老化关系,实现锂电池老化程度估计。

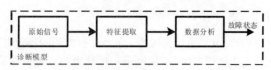

图8 基于信号处理的储能系统故障诊断原理

4.2.2 基于知识的方法

近年来,人工智能技术的进步,使得基于知识的方法得到了快速的发展,并且基于知识的故障诊断方法在储能系统中得到了成功的应用。系统的故障评估并不依赖于储能系统模型,主要依赖于历史数据的准确性和数据量。依据诊断原理的不同,常用方法可以分为神经网络、支持向量回归、模糊逻辑、贝叶斯理论等方法,其故障诊断原理如图9所示。Eddahech等人[27]提出了一种基于递归神经网络的锂离子电池健康状态监测的方法,将SOC变化量、电流、温度等参数作为递归神经网络的输入,其输出为电池容量。Yang等人[28]提出了一种基于支持向量回归的锂离子电池健康估计的方法,采用卡尔曼滤波和递归最小二乘算法实现电池状态和参数估计,然后采用支持向量回归的方法实现电池健康状态估计。Wu等人[29]提出了一种基于模糊逻辑的大功率锂离子电池故障诊断方法,从锂电池的各类故障中提取特征,利用模糊逻辑对锂电池故障特征向量进行综合分析,建立电池外部电特性和内部化学机制之间联系的诊断系统,从而实现锂电池过温、低温、过充、过放等故障诊断。Ng等人[30]提出了一种基于朴素贝叶斯模型的锂离子电池剩余使用寿命预测的方法,通过贝叶斯推理分析电池特征和容量之间的概率关系,实现锂离子电池剩余使用寿命预测。

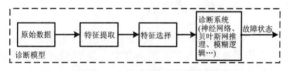

图9 基于知识的储能系统故障诊断原理

5 锂电储能系统故障诊断发展方向

目前,锂电储能系统故障诊断研究技术已有了大量的理论基础和实践经验,随着全球锂电储能需求的增加,锂电储能系统正朝着一体化、轻量化方向发展,其故障技术也得到快速发展,以下是对锂电储能系统未来可能发展方向的讨论:

(1) 锂电储能系统智能故障诊断方法的研究。近年来,随着人工智能技术的快速发展,研究人员提出了大量的智能算法,如卷积神经网络、决策树机制、深度学习等。这些方法已经广泛地应用于航天器、轨道交通等领域的故障诊断[31],通过采用人工智能算法,可以进一步提高系统诊断结果的准确率。

(2) 锂电储能系统故障预测技术的研究。由于锂电储能系统的安全运行关系到乘客的人身安全和财产安全,确保系统安全运行是十分必要的。在系统故障早期,有很多特征并未体现出来。若可以依据前期的微弱特征实现储能系统的故障预测,则能够尽早地发现系统故障,从而可以有效地提高人身安全以及降低财产损失。

(3) 锂电储能系统故障定位技术的研究[32]。通常,锂电池组由数十乃至数百个电池单体串、并联组成,在复杂的储能系统中如何快速地实现故障定位是未来研究的一个重要课题。通过故障定位技术可以快速地实现系统故障维修,降低系统维护成本,提高系统可靠度。

6 总结

本文对锂电储能系统故障诊断进行了综述,对锂电池老化机理和安全性演变机理展开了分析,并对锂电储能系统常用的故障诊断方法进行了分类和介绍,最后陈述了锂电储能系统未来的可能发展方向。

致 谢

本项研究得到国家自然科学基金资助项目(项目编号:61375079)、支持"率先行动"中国博士后科学基金会与中国科学院联合资助优秀博士后项目(项目编号:2017LH007)和中国博士后科学基金(项目编号:2017M622019)的资助。

参考文献

[1] Kim J, Cho B H. State-of-charge estimation and state-of-health prediction of a Li-ion degraded battery based on an EKF combined with a per-unit system[J]. IEEE Transactions on Vehicular Technology, 2011, 60(9): 4249-4260.

[2] Liu D, Pang J, Zhou J, et al. Prognostics for state of health estimation of lithium-ion batteries based on combination Gaussian process functional regression[J]. Microelectronics Reliability, 2013, 53(6): 832-839.

[3] Nuhic A, Terzimehic T, Soczka-Guth T, et al. Health diagnosis and remaining useful life prognostics of lithium-ion batteries using data-driven methods[J]. Journal of Power Sources, 2013, 239: 680-688.

[4] Wu C, Zhu C, Ge Y, et al. A review on fault mechanism and diagnosis approach for Li-ion batteries[J]. Journal of Nanomaterials, 2015, 2015: 8.

[5] Lu L, Han X, Li J, et al. A review on the key issues for lithium-ion battery management in electric vehicles[J]. Journal of Power Sources, 2013, 226: 272-288.

[6] Vetter J, Novák P, Wagner M R, et al. Ageing mechanisms in lithium-ion batteries[J]. Journal of Power Sources, 2005, 147(1-2): 269-281.

[7] Balakrishnan P G, Ramesh R, Kumar T P. Safety mechanisms in lithium-ion batteries[J]. Journal of Power Sources, 2006, 155(2): 401-414.

[8] Ning G, Haran B, Popov B N. Capacity fade study of lithium-ion batteries cycled at high discharge rates[J]. Journal of Power Sources, 2003, 117(1-2): 160-169.

[9] Huang C K, Sakamoto J, Wolfenstine J, et al. The limits of low-temperature performance of Li-ion cells[J]. Journal of

[10] Smart M, Ratnakumar B, Surampudi S, et al. Irreversible capacities of graphite in low-temperature electrolytes for lithium-ion batteries[J]. Journal of The Electrochemical Society,1999,146:3963-3969.

[11] Broussely M, Herreyre S, Biensan P, et al. Aging mechanism in Li-ion cells and calendar life predictions[J]. Journal of Power Sources,2001,97:13-21.

[12] Markovsky B, Rodkin A, Cohen Y S, et al. The study of capacity fading processes of Li-ion batteries: Major factors that play a role[J]. Journal of Power Sources, 2003, 119: 504-510.

[13] Chen S C, Wan C C, Wang Y Y. Thermal analysis of lithium-ion batteries[J]. Journal of Power Sources,2005,140(1):111-124.

[14] Williard N, He W, Osterman M, et al. Reliability and failure analysis of Lithium Ion batteries for electronic systems[C]// Electronic Packaging Technology and High Density Packaging (ICEPT-HDP), 2012 13th International Conference on. IEEE,2012:1051-1055.

[15] Gao Z, Cecati C, Ding S X. A survey of fault diagnosis and fault-tolerant techniques—Part I: Fault diagnosis with model-based and signal-based approaches[J]. IEEE Transactions on Industrial Electronics,2015,62(6):3757-3767.

[16] Wang Y, Zhang C, Chen Z. A method for state-of-charge estimation of Li-ion batteries based on multi-model switching strategy[J]. Applied Energy,2015,137:427-434.

[17] Zhang X, Wang Y, Wu J, et al. A novel method for lithium-ion battery state of energy and state of power estimation based on multi-time-scale filter[J]. Applied Energy, 2018, 216:442-451.

[18] Lee S, Kim J, Lee J, et al. State-of-charge and capacity estimation of lithium-ion battery using a new open-circuit voltage versus state-of-charge[J]. Journal of Power Sources, 2008,185(2):1367-1373.

[19] Sidhu A, Izadian A, Anwar S. Adaptive nonlinear model-based fault diagnosis of Li-ion batteries[J]. IEEE Transactions on Industrial Electronics, 2015, 62(2): 1002-1011.

[20] Chen W, Chen W T, Saif M, et al. Simultaneous fault isolation and estimation of lithium-ion batteries via synthesized design of Luenberger and learning observers[J]. IEEE Transactions on Control Systems Technology,2014,22(1):290-298.

[21] Xian W, Long B, Li M, et al. Prognostics of lithium-ion batteries based on the verhulst model, particle swarm optimization and particle filter[J]. IEEE Transactions on Instrumentation and Measurement,2014,63(1):2-17.

[22] He H, Xiong R, Guo H, et al. Comparison study on the battery models used for the energy management of batteries in electric vehicles [J]. Energy Conversion and Management,2012,64:113-121.

[23] Remmlinger J, Buchholz M, Meiler M, et al. State-of-health monitoring of lithium-ion batteries in electric vehicles by on-board internal resistance estimation[J]. Journal of Power Sources,2011,196(12):5357-5363.

[24] Tian J, Wang Y, Yang D, et al. A real-time insulation detection method for battery packs used in electric vehicles [J]. Journal of Power Sources,2018,385:1-9.

[25] Kim J, Cho B H. An innovative approach for characteristic analysis and state-of-health diagnosis for a Li-ion cell based on the discrete wavelet transform[J]. Journal of Power Sources,2014,260:115-130.

[26] Tröltzsch U, Kanoun O, Tränkler H R. Characterizing aging effects of lithium ion batteries by impedance spectroscopy [J]. Electrochimica Acta,2006,51(8/9):1664-1672.

[27] Eddahech A, Briat O, Bertrand N, et al. Behavior and state-of-health monitoring of Li-ion batteries using impedance spectroscopy and recurrent neural networks [J]. International Journal of Electrical Power & Energy Systems, 2012,42(1):487-494.

[28] Yang D, Wang Y J, Pan R, et al. State-of-health estimation for the lithium-ion battery based on support vector regression[J]. Applied Energy, 2017; DOI: 10.1016/j.apenergy.2017.08.096.

[29] Wu C, Zhu C, Ge Y. A new fault diagnosis and prognosis technology for high-power lithium-ion battery[J]. IEEE Transactions on Plasma Science,2017,45(7):1533-1538.

[30] Ng S S Y, Xing Y, Tsui K L. A naive bayes model for robust remaining useful life prediction of lithium-ion battery[J]. Applied Energy,2014,118:114-123.

[31] 徐可,张陈斌,陈宗海. 轨道交通故障诊断综述[M]//系统仿真技术及其应用.合肥:中国科学技术大学出版社,2017.

[32] Marcicki J, Onori S, Rizzoni G. Nonlinear fault detection and isolation for a lithium-ion battery management system [C]//ASME 2010 Dynamic Systems and Control Conference. American Society of Mechanical Engineers, 2010:607-614.

质子交换膜燃料电池过氧比控制策略研究

孙震东，杨 朵，汪玉洁，陈宗海

(中国科学技术大学自动化系，安徽合肥，中国，230027)

摘 要：质子交换膜燃料电池(PEMFC)由于其功率密度高，运行温度低，环境污染小，易于模块化和小型化而被广泛应用于车载动力系统中。PEMFC是一类典型的强非线性和多变量耦合的动态系统，过氧比(OER)是影响燃料电池系统性能的重要指标之一，OER被控制在最佳值附近，可以使系统的净输出功率最优。本文首先对燃料电池电堆系统与辅助系统进行了建模，接着在MATLAB/Simulink平台上进行了模型仿真并提出了三种OER控制方法，最后通过试验对上述方法进行了验证。

关键词：质子交换膜燃料电池；系统仿真；过氧比控制；燃料电池仿真

中图分类号：TP391

Research on Control Strategy of Oxygen to Excess Ratio in Proton Exchange Membrane Fuel Cell

Sun Zhendong, Yang Duo, Wang Yujie, Chen Zhonghai

(Department of automation, University of Science and Technology of China, Anhui, Hefei, 230027)

Abstract: Proton exchange membrane fuel cell (PEMFC) is widely used as a vehicle fuel cell power system because of its high power density, low operating temperature, small environmental pollution, and easy to modularized and miniaturized. PEMFC is a kind of typical dynamic system with strong nonlinear, multi variable coupling. Oxygen excess ratio (OER) is one of the important indexes affecting the performance of fuel cell system. OER is controlled near the best value to improve the net output power of the system. In this paper, the fuel cell stack system and the auxiliary system are modeled firstly. Then, the model simulation is carried out on the MATLAB/Simulink platform and three kinds of OER control methods are proposed. Finally, the above methods are verified by experiments.

Key words: PEMFC; System Simulation; Control of Oxygen Excess Ratio; Fuel Cell Simulation

1 引言

燃料电池作为一种发电装置，能够将燃料的化学能转化为可利用的电能，主要分为碱性燃料电池、质子交换膜燃料电池、固体氧化物燃料电池、熔融碳酸盐燃料电池等。其中，质子交换膜燃料电池具有功率密度高、结构紧凑稳定性好、运行温度低、启动和响应速度快等优点。因此，质子交换膜燃料电池与其他燃料电池相比，能够更好地用作小型、模块化动力装置，应用于汽车、船舶、无人机等设备上。

质子交换膜燃料电池是一类典型的强非线性和多变量耦合的动态系统，尤其是在用作电动车的大功率动力装置时，表现出了很强的非线性。另一方面，城市中行驶的汽车面临的环境错综复杂，负载会随着汽车的启动、加速、减速、刹车不断变化，堆栈电流和电堆中进行的电化学反应也会随之变化。如果阴极的氧气流量过低，会导致质子交换膜燃料电池由于缺氧而净输出功率减少，产生"氧饥饿"现象[1,2]。如果阴极的氧气流量过高，会导致空气供给系统消耗的无用功率过大同样会造成净输出功率减少。因此，控制空气供给系统使氧气过量比(过氧比，OER)在最优的位置是质子交换膜燃料电池研究的一个挑战。

本文首先对燃料电池电堆系统与辅助系统进行了建模，接着在MATLAB/Simulink平台上进行了模型仿真并提出了三种OER控制方法，最后通过试验对上述方法进行了验证。

作者简介：孙震东(1996—)，男，河南人，本科生，研究方向为燃料电池系统建模与仿真；陈宗海(1963-)，男，安徽人，教授，博士生导师，研究方向为复杂系统的建模仿真与控制、机器人与新能源。

2 质子交换膜燃料电池建模

为研究质子交换膜燃料电池的最佳过氧比问题,必须要建立燃料电池电堆模型和子系统(空气供给系统、加湿系统、热管理系统)的动态模型。

2.1 电堆模型

燃料电池通过化学反应将化学能转化为电能,我们可以通过反应前后吉布斯自由能的变化来计算释放的电能。质子交换膜燃料电池内部发生的化学反应为

$$H_2 + \frac{1}{2}O_2 \rightarrow H_2O \tag{1}$$

因此,实际状态下最大可逆电压可以表示为[3]

$$E = E_0 + \frac{RT_{fc}}{nF}\ln\left(\frac{P_{H_2}P_{O_2}^{0.5}}{P_{H_2O}}\right) \tag{2}$$

其中,R 为理想气体常数,T_{fc} 为电堆运行时的绝对温度;P 为压强;n 为传输电子的摩尔数;E 为可逆电压;F 为法拉第常数;E_0 为标准状态下的可逆电压。

在燃料电池的运行中,整个系统伴随着热量的产生和不可避免的损耗,因此不会是可逆的,实际上燃料电池输出的电压会低于理论计算得出的可逆电压。根据电势极化损耗产生的原因不同,可以分为活化极化、欧姆极化、浓差极化。最终电堆输出的电压为

$$v_{st} = E - v_{act} - v_{ohm} - v_{conc} \tag{3}$$

活化极化[4]、欧姆极化[5]、浓差极化[6]的计算公式分别为

$$v_{act} = v_0 + v_a(1 - e^{-c_1 i}) \tag{4}$$

$$v_{ohm} = i \cdot R_{ohm} \tag{5}$$

$$v_{conc} = i\left(c_2\frac{i}{i_{max}}\right)^{c_3} \tag{6}$$

其中,v_0 为电流密度等于 0 时电压降的大小;v_a 和 c_1 为常数;R_{ohm} 为内部欧姆阻抗;c_2、c_3、i_{max} 是由温度和各反应物分压决定的系数。

2.2 空气供给系统模型

2.2.1 供气管道模型

首先,根据质量守恒方程建立供气管道内进出流量和质量的微分方程:

$$\frac{dm_{sm}}{dt} = W_{cp} - W_{sm,out} \tag{7}$$

其中,m_{sm} 代表供气管道内气体质量;W_{cp} 代表空压机出口流量;$W_{sm,out}$ 代表供给管道出口流量。

同时考虑到进出管道的气体会发生温度变化,根据质量守恒方程和理想气体方程可以得到关于供气管道内压强的微分方程:

$$\frac{dp_{sm}}{dt} = \frac{\gamma R_a}{V_{sm}}(W_{cp}T_{cp,out} - W_{sm,out}T_{sm}) \tag{8}$$

其中,p_{sm} 代表供气管道内气体压强;$T_{cp,out}$ 代表空压机出口温度;T_{sm} 代表供给管道温度;V_{sm} 代表供给管道体积。

由于供气管道内压强和电堆阴极的压强之间相差很小,因此可以采用线性喷嘴模型,供气管道出口流量与管道内和阴极流场之间的压强差成正比:

$$W_{sm,out} = k_{sm}(p_{sm} - p_{ca}) \tag{9}$$

其中,k_{sm} 代表线性喷嘴系数;p_{ca} 代表阴极压强。

2.2.2 阴极流场模型

流入阴极的流量主要分为三个部分:氧气、氮气和水。其中流入的氧气和阳极的氢气反应之后通过排气管道流出空气,氮气不和其他物质反应而直接排出,水蒸气和反应产生的水蒸气一起排出阴极流场。根据质量守恒定律和连续性方程可以得到关于不同物质质量的微分方程:

$$\begin{cases} \dfrac{dm_{O_2,ca}}{dt} = W_{O_2,ca,in} - W_{O_2,ca,out} - W_{O_2,rec} \\ \dfrac{dm_{N_2,ca}}{dt} = W_{N_2,ca,in} - W_{N_2,ca,out} \\ \dfrac{dm_{w,ca}}{dt} = W_{v,ca,in} - W_{v,ca,out} + W_{v,ca,gen} \end{cases} \tag{10}$$

其中,m 表示质量;W 表示质量流量;W_{in} 表示输入;W_{out} 表示输出;W_{rec} 表示化学反应消耗的氧气;$W_{v,ca,gen}$ 表示化学反应生成的水蒸气。

反应消耗的氧气流量和生成的水蒸气流量公式为

$$\begin{cases} W_{O_2,rec} = M_{O_2} \times \dfrac{nI_{st}}{4F} \\ W_{v,ca,gen} = M_v \times \dfrac{nI_{st}}{2F} \end{cases} \tag{11}$$

其中,M_{O_2} 和 M_v 分别为氧气和水的摩尔质量。

3 基于 MATLAB/Simulink 仿真平台的系统过氧比特性分析

质子交换膜燃料电池的系统控制目标是使系统对外输出的净功率最大,电堆输出的功率由电堆电压和电堆电流决定:

$$P_{st} = I_{st} \cdot v_{st} \tag{12}$$

电堆输出的功率除了要对外供给外,还有一部分被自身的辅助系统消耗,其中包括冷却系统和加湿系统的水泵与风扇,空气压缩机的电动机等,其中空气压缩机消耗的功率占输出功率的 20%,水泵与风扇消耗的功率占输出功率的 5%[8]。本文中系统消耗的功率只考虑空气压缩机消耗的功率,因此系统的净功率为

$$P_{net} = P_{st} - P_{cp} \tag{13}$$

质子交换膜燃料电池氧气过量比(过氧比)反映了空气供给系统提供的氧气流量的过量程度:

$$\lambda_{O_2} = \frac{W_{O_2,in}}{W_{O_2,rec}} \tag{14}$$

如果氧气过量比太低,就代表空气供给系统供给的氧气不能满足系统的需要,也就是"氧饥饿"现象,会使系统输出电压迅速下降,进而使系统产生短路现象并引起质子交换膜结构的损坏[9]。如果氧气过量比太高,系统输出功率没有明显提高,但是空气压缩机的消耗功率会增大,这也会导致系统净功率减小。

从图 1 分析得到,在不同的电堆电流下,系统净功率随着过氧比的变化,趋势都是先增大后减小。因此如果要达到系统净输出功率最大的目标,最佳过氧比需要控制在 2 附近。

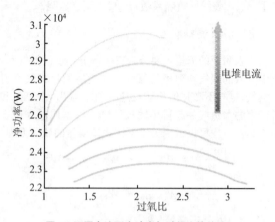

图 1　不同电流下净功率与过氧比的关系

车用质子交换膜燃料电池的输出功率会经常随着负载变化而变化。由于不同的电流有不同的最佳过氧比(表 1),如果把过氧比控制在定值,会使系统在不同工况下的鲁棒性不强。

表 1　不同电流下净功率最高点的过氧比

电流	100	110	120	130	140
最佳过氧比	2.236	2.173	2.127	2.017	2.019

通过图 1 得到不同电流下的曲线最大值点对应的过氧比,从而可以得出表 1 中的数据。对表 1 中的数据进行最小二乘法曲线拟合可以得到图 2。

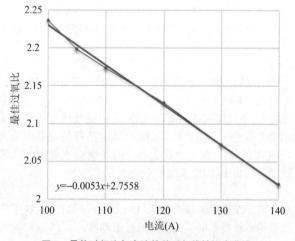

图 2　最佳过氧比与电流的关系与线性拟合曲线

由图 2 可知,最佳过氧比和电流的关系为

$$\lambda_{opt}(I_{st}) = -0.0053 I_{st} + 2.7558 \quad (15)$$

4　质子交换膜燃料电池空气供给系统控制策略

质子交换膜燃料电池主要有四个需要被控制的辅助系统,包括氢气供给系统、加湿系统、空气供给系统、热管理系统。氢气供气系统需要控制储氢罐的阀门开度,通过一个比例控制器使氢气的流量满足要求,同时控制回流阀门,使阳极压力与阴极压力相同。加湿系统需要在气体进入电堆之前对其进行加湿,因为质子交换膜需要依靠水作为质子溶剂和质子载体,其导电性对水含量比较敏感。热管理系统需要控制进入电堆的空气温度,由于空气压缩机做功使供给管道的气体温度过高,而质子交换膜燃料电池的工作温度一般保持在 60～80 ℃ 才能保证催化剂的活性和质子交换膜的结构稳定。因此需要冷却器对进入电堆的空气进行冷却降温。空气供给系统需要控制空压机的转速和背压阀开度,使进入的氧气流量和阴极压力保持在一个合适的范围内。

在本文的工作中,主要对质子交换膜燃料电池的空气供给系统控制策略进行研究。因此对其他需要被控制的部分进行了简化,本文假设它们都工作在最佳的条件下:氢气供给系统供给的氢气流量等于由式(11)计算得到的理论值;阳极的压强等于阴极的压强;加湿器给进入系统的空气和氢气加湿到完全饱和;质子交换膜的膜平均含水量被设定为 14;冷却器使电堆的温度恒定在 353 K。基于这些简化,系统的控制量和输入输出量被定义,如图 3 所示。其中,W 代表输入的参考信号为电堆电流;U 代表系统的输入变量空气压缩机电压;Y 代表系统输出信号为系统的净输出功率;Z 代表系统性能指标为氧气过量比。

图 3　质子交换膜燃料电池示意图

4.1　空气供给系统控制策略设计

4.1.1　静态前馈控制

由于系统的电堆电流、空气压缩机输入电压、供给空气流量均可以由传感器直接得到。因此可以通过仿真平台得到空气流量和空气压缩机输入电压的关系:

$$W_{ca,in} = f(v_{cm}) \quad (16)$$

再根据式(11),结合式(16)可以得到

$$W_{O_2,ca,in} = f(v_{cm}) \quad (17)$$

再结合式(11)和过氧比的定义式(14),可以得到电堆电流、空气压缩机输入电压、空气过量比的关系。令空气过量比等于设定好的最佳过氧比,便可以得到空气压缩机输入电压和电堆电流的关系式[9]:

$$v_{cm} = f(I_{st}) \quad (18)$$

由此可以设计过氧比静态控制器,令系统稳态时的过氧比稳定在设定值的附近。静态前馈控制示意图如图 4

所示。

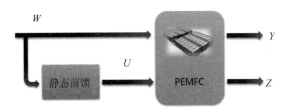

图 4　静态前馈控制示意图

4.1.2　PID 反馈控制

图 5 中所设计的 PID（比例-积分-微分控制）过氧比控制方案被广泛地应用于过程控制中，其结构简单，对线性系统和非线性系统都有很好的鲁棒性。依据的数学公式为

$$e(t) = \lambda(t) - \lambda_{opt} \quad (19)$$

$$u_{PID}(t) = k_P e(t) + k_I \int e(t) dt + k_D \frac{de(t)}{dt} \quad (20)$$

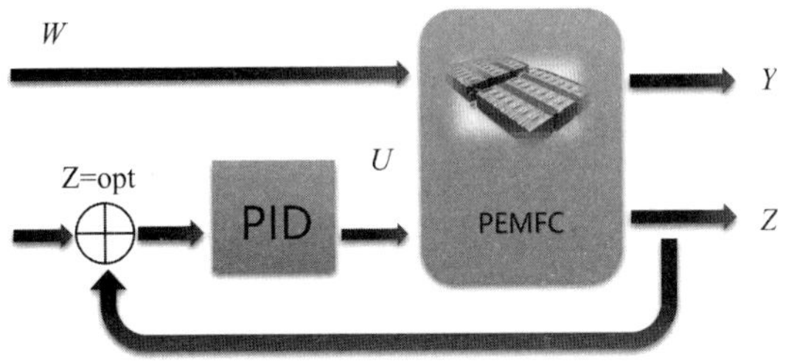

图 5　PID 反馈控制示意图

4.1.3　静态前馈 + PID 反馈控制

本节第一部分中的静态前馈控制可以很大程度地消除电堆电流变化对系统过氧比的影响，但是由于静态前馈控制器的参数是基于质子交换膜燃料电池稳态的数据得到的，并且电堆电流的变化会使系统的参数随着变化，这都会在使其控制的过氧比与最佳过氧比存在差距。因此本文使用了一个 PID 控制器来提高它的鲁棒性和控制精度，如图 6 所示。

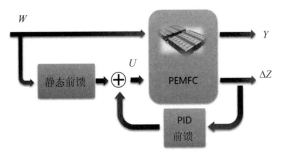

图 6　静态前馈 + PID 反馈控制示意图

其依据的数学公式为

$$v_{cm} = f(I_{st}) + k_P e(t) + k_I \int e(t) dt + k_D \frac{de(t)}{dt} \quad (21)$$

其中，k_p 为比例因子；k_i 为积分因子；k_d 为微分因子。

4.1.4　动态过氧比调节器

根据图 1 可以分析得出，最佳过氧比在不同电堆电流下都在 2 附近，但是并不是一个定值，通过曲线拟合可以得到电堆电流和最佳过氧比的关系，并根据公式(15)设计动态过氧比调节器，通过电堆电流得到最佳过氧比数值。

4.2　结果对比与验证

为了对三种不同的控制策略进行对比，设定了电流变化情况，如图 7 所示。

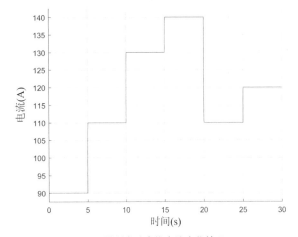

图 7　燃料电池电堆电流变化情况

三种控制方法对比的情况如图 8 所示。

根据图 8 可以看出，静态前馈控制响应时间短，但是由于电流变化的原因，系统稳态的过氧比并不能稳定在设定的 2，而是具有一定的偏差。PID 控制的超调比较小，过氧比最后也能稳定在 2，但是其响应时间比较长。静态前馈加 PID 反馈控制的效果介于两者之间，最终也能将过氧比控制在 2。

为了验证设计的控制策略确实可以使系统的净功率提高，本文选择了在设定工况下电压波动范围内的一个恒定电压输入、PID 静态过氧比反馈控制以及 PID 动态过氧比反馈控制三种情况的系统净功率对比。

从图 9 可以看出，对过氧比进行控制可以使系统的净输出功率得到提高，利用动态过氧比控制比静态过氧比控制得到的系统净输出功率更高。

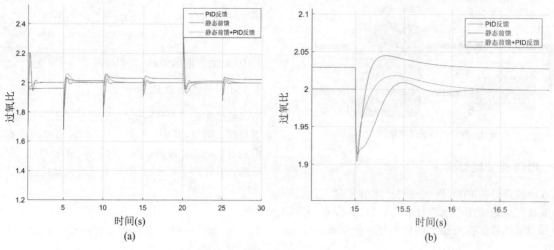

图8 三种过氧比控制方法对比

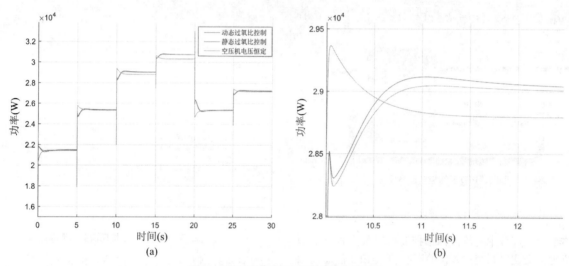

图9 三种控制策略下系统净功率变化情况

致 谢

本项研究得到国家自然科学基金资助项目(项目编号:61375079)、支持"率先行动"中国博士后科学基金会与中国科学院联合资助优秀博士后项目(项目编号:2017LH007)和中国博士后科学基金(项目编号:2017M622019)的资助。

参考文献

[1] Pukrushpan J T, Stefanopoulou A G, Peng H. Control of fuel cell breathing[J]. Control Systems IEEE, 2004, 24(2): 30-46.

[2] Pukrushpan J T, Peng H, Stefanopoulou A G. Simulation and analysis of transient fuel cell system performance based on a dynamic reactant llow model[C]// ASME 2002 International Mechanical Engineering Congress and Exposition. American Society of Mechanical Engineers, 2002: 637-648.

[3] Amphlett J C. Performance modeling of the ballard mark IV solid polymer electrolyte fuel cell[J]. Journal of the Electrochemical Society, 1995, 142(1): 9-15.

[4] Docter A, Lamm A. Fuel cell systems explained[M]. Wiley, 2000.

[5] Nguyen T V, White R E. A water and heat management model for proton-exchange-membrane fuel cells[J]. Journal of the Electrochemical Society, 1993, 140(8): 2178-2186.

[6] Guzzella L. Control oriented modelling of fuel-cell based vehicles[J]. Presentation in Nsf Workshop on the Integration of, 1999.

[7] Moraal P, Kolmanovsky I. Turbocharger modeling for automotive control applications[J]. 1999: DOI: 10.4271/1999-01-0908.

[8] Vahidi A, Stefanopoulou A, Peng H. Current management in a hybrid fuel cell power system: A model-predictive control approach[J]. IEEE Transactions on Control Systems Technology, 2006, 14(6): 1047-1057.

[9] Pukrushpan J T, Stefanopoulou A G, Peng H. Control of fuel cell power systems: principles, modeling, analysis, and feedback design[M]. Springer, 2004.

一种拦截大机动目标的变结构中制导律

徐泽宇[1]，蔡远利[1,2]，李慧洁[1]

（1. 西安交通大学电子与信息工程学院,陕西西安,中国,710049;2. 厦门工学院,福建厦门,中国,361021）

摘 要：针对拦截大机动目标的导弹中制导律设计问题,本文以变结构控制理论为基础,结合弹目运动学模型设计了一种中制导律。该中制导律能够较快地零化速度前置角,并且在交班时刻过载较小,从而有效地满足了中末制导交班要求;对于大机动目标具有较强的鲁棒性;所需制导信息少,不需要进行剩余飞行时间的计算,工程上容易实现。仿真结果表明,本文所设计的中制导律能够很好地满足中末制导交班条件,从而为末制导提供一个良好的初始条件。

关键词：变结构控制；中制导律；速度前置角；制导交班

中图分类号：TJ765.3

A Variable Structure Midcourse Guidance Law for Intercepting High Maneuvering Target

Xu Zeyu[1], Cai Yuanli[1,2], Li Huijie[1]

(1. School of Electronic and Information Engineering, Xi'an Jiaotong University, Shaanxi, Xi'an, 710049;
2. Xiamen Institute of Technology, Fujian, Xiamen, 361021)

Abstract: In order to intercept high maneuvering target, combined with the relative kinematic relation, in this paper, a midcourse guidance law based on the variable structure control is proposed. This guidance law can quickly reduce the velocity deflection angle to zero and minimize normal overload at the time of handover, so it can complete midcourse-terminal handover shift well. This guidance law also has robust to the high maneuvering target and can be achieved easily because it dose not need to get time-to-go and too much information about target. Simulation results show that the proposed midcourse guidance law can satisfy midcourse-terminal handover shift well and offer a good condition for the terminal guidance.

Key words: Variable Structure Control; Midcourse Guidance Law; Velocity Deflection Angle; Guidance Handover

1 引言

对于中远程导弹,一般都采用"初制导＋中制导＋末制导"的复合制导模式[1]。在初制导阶段,导弹进行程序转弯,该阶段结束后进入中制导,当导引头成功截获目标后,末制导段开始工作。在中制导阶段,地面工作站通过计算导弹与目标的相对位置、相对速度等信息,将导弹导引到合适的空域内,使导弹在导引头截获目标时,导弹相对目标的几何关系达到最佳[2]。

中制导律的设计方法较多,文献[3]提出的交班时刻性能最优的中制导律,能够满足交班时刻速度最大并且弹目几何关系达到最佳,但所设计的中制导律需要对命中点和交班点进行预测,预测精度影响较大。文献[4]通过引入伪控制量将变系数微分方程转化为常系数微分方程,设计了一种最优中制导律,但导弹的速度前置角只有在交班时刻才能趋于零。对于奇异摄动的中制导律,需要对预测拦截点的位置以及剩余飞行时间进行估算,工程实现较为复杂[5]。以变结构控制理论为基础的中制导律因其形式简单,所需目标信息较少并且具有较强的鲁棒性等优点,

---

作者简介：徐泽宇(1992—),男,陕西西安人,硕士研究生,研究方向为飞行制导、控制与仿真；李慧洁(1990—),男,浙江温州人,博士研究生,研究方向为滑模控制、协同控制、飞行器制导与控制系统设计等；蔡远利(1963—),男,贵州瓮安人,教授,博士生导师,研究方向为现代控制理论及应用、复杂系统建模与仿真、飞行器制导与控制、飞行动力学等。

得到越来越多的应用。K. Badu 等学者[6]将目标机动视为有界干扰,以视线角变化率为零作为理想拦截条件,构造了线性滑模面,并设计了具有时变制导增益的比例导引律。也有学者选择以相对速度矢量为起始边、以相对距离矢量为终边的相对速度偏角为滑模切换函数,设计了能够使导弹精确命中广义拦截点的制导律[7]。国内学者王玉林等人[8]结合预测交班点所设计的预测变结构中制导律,能够在目标做大机动运动时对导弹过载进行合理分配,但导弹的速度前置角在中制导过程中变化幅度较大,影响了制导性能。周邵磊等人[9]设计的变结构中制导律,其速度前置角在中制导过程中离开滑模面的次数较多,即使在一定时间内速度前置角能够回到滑模面,但仍会对制导精度产生影响。

本文以变结构控制理论为基础,结合中制导过程中弹目运动学模型,分别设计滑模控制律中的等效项和切换项,并通过仿真验证该制导律的有效性。

2 导弹和目标的相对运动模型

在纵向平面内,导弹和目标的相对运动关系如图 1 所示。

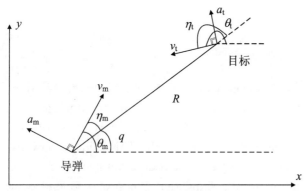

图 1 攻击几何平面

图 1 中,v_m 和 v_t 分别为导弹和目标的速度;a_m 和 a_t 分别为导弹和目标的法向加速度,分别垂直于各自的速度矢量,它们只改变速度的方向,不改变速度的大小;θ_m 和 θ_t 分别为导弹和目标的弹道倾角;η_m 和 η_t 分别为导弹和目标的速度前置角;R 为导弹与目标的相对距离;q 为弹目视线角。弹目相对运动学模型[10]为

$$\dot{R} = v_t\cos\eta_t - v_m\cos\eta_m \quad (1)$$

$$\dot{q} = \frac{1}{R}(-v_t\sin\eta_t + v_m\sin\eta_m) \quad (2)$$

$$q = \eta_t + \theta_t = \eta_m + \theta_m \quad (3)$$

$$\dot{\theta}_m = \frac{a_m}{v_m} \quad (4)$$

$$\dot{\theta}_t = \frac{a_t}{v_t} \quad (5)$$

$$\ddot{q} = -\frac{2\dot{R}\dot{q}}{R} + \frac{\dot{v}_m\sin\eta_m}{R} - \frac{\dot{v}_t\sin\eta_t}{R} - \frac{a_m\cos\eta_m}{R} + \frac{a_t\cos\eta_t}{R} \quad (6)$$

3 变结构中制导律设计

在中制导过程中,目标的运动信息由地面雷达周期性传送,而导弹本身的运动信息可通过捷联惯测装置获得。对于中远程导弹,当其与目标的距离等于 r 时,进行中末制导的交班。希望在进入末制导之前就能够满足交班条件并且一直保持,从而在交班点处,导引头的敏感轴可以有效地指向目标。因此可以通过控制俯仰角 ϑ 来调整导引头的指向。

直接控制 ϑ 不易实现,由于中制导段过载较小,即攻角 α 很小,可以近似认为 $\theta_m = \vartheta$,这样可以用弹道倾角 θ_m 取代俯仰角 ϑ 来调整导引头的指向。若交班时刻实现了 $\theta_m = q$,则可以为末制导阶段提供良好的初始条件。

因此,设计滑模面为

$$s = (\dot{q} - \dot{\theta}_m) + \frac{\lambda}{R}(q - \theta_m) \quad (7)$$

式中,R 为导弹与目标的距离,在中末制导交班时刻,导弹的姿态要求 $q = \theta_m$。一般希望在中末制导交班之前就进入滑模面,因此,式(7)中 λ 为调节趋近速率的变量($\lambda > 0$)。

导弹的法向过载为

$$n_y = \frac{v_m\dot{\theta}_m}{g} + \cos\theta_m \quad (8)$$

则式(6)可以写成:

$$\ddot{q} = -\frac{2\dot{R}\dot{q}}{R} + \frac{\dot{v}_m\sin(q-\theta_m)}{R} - \frac{\dot{v}_t\sin(q-\theta_t)}{R} - \frac{a_m\cos(q-\theta_m)}{R} + \frac{a_t\cos(q-\theta_t)}{R} \quad (9)$$

假设干扰 $d(t) = -\dot{v}_t\sin(q-\theta_t) + a_t\cos(q-\theta_t)$,因此有

$$|d(t)| = |-\dot{v}_t\sin(q-\theta_t) + a_t\cos(q-\theta_t)| \leq D \quad (10)$$

上式可以理解为干扰 $d(t)$ 是有界的。

选取李雅普诺夫函数 $v = s^2/2$,满足 $v(t) \geq 0$ 且 $\dot{v}(t) < 0$,对于一切 $t \in [t_0, t_f]$ 成立,且存在 $t_1 \in [t_0, t_f]$,当 $t \geq t_1$ 时,$q = \theta_m$ 是成立的。

对滑模面函数 s 求一阶导,可以得到

$$\dot{s} = (\ddot{q} - \ddot{\theta}_m) + \frac{\lambda}{R^2}[R(\dot{q} - \dot{\theta}_m) - \dot{R}(q - \theta_m)] \quad (11)$$

将 $\ddot{q}$ 和 $\ddot{\theta}_m$ 的表达式代入上式得

$$\dot{s} = \frac{1}{R}[\dot{v}_m\sin(q-\theta_m) - \dot{v}_t\sin(q-\theta_t) + a_t\cos(q-\theta_t) - a_m\cos(q-\theta_m) - 2\dot{R}\dot{q}] - \frac{(n_y + \sin\theta_m)g}{v_m} - \frac{\dot{v}_m\cos\theta_m g}{v_m^2} + \frac{g\dot{v}_m n_y}{v_m^2} + \frac{\lambda}{R}(\dot{q} - \dot{\theta}_m) - \frac{\lambda\dot{R}}{R^2}(q - \theta_m) \quad (12)$$

若不考虑干扰项,则有

$$\dot{s} = \frac{1}{R}[\dot{v}_m\sin(q-\theta_m) - a_m\cos(q-\theta_m) - 2\dot{R}\dot{q}]$$
$$- \frac{(\dot{n}_y + \sin\theta_m)g}{v_m} - \frac{\dot{v}_m\cos\theta_m g}{v_m^2} + \frac{g\dot{v}_m n_y}{v_m^2}$$
$$+ \frac{\lambda}{R}(\dot{q} - \dot{\theta}_m) - \frac{\lambda\dot{R}}{R^2}(q - \theta_m) \quad (13)$$

取 $\dot{s} = 0$,可以得到滑模控制律的等效项 u_{eq} 为

$$u_{eq} = \left[\frac{\cos(q-\theta_m) + \frac{\lambda}{v_m}}{R}\right]^{-1} \frac{1}{R}[\dot{v}_m\sin(q-\theta_m)$$
$$- 2\dot{R}\dot{q} + \lambda\dot{q} - \frac{\lambda\dot{R}}{R}(q-\theta_m) - \frac{(\dot{n}_y + \sin\theta_m)gR}{v_m}$$
$$- \frac{\dot{v}_m\cos\theta_m gR}{v_m^2} + \frac{g\dot{v}_m n_y R}{v_m^2}] \quad (14)$$

引入滑模控制律的切换项 u_{sw} 为

$$u_{sw} = \left[\frac{\cos(q-\theta_m) + \frac{\lambda}{v_m}}{R}\right]^{-1} \frac{1}{R}[Ks + \omega\mathrm{sgn}(s)] \quad (15)$$

式中,K 和 ω 为大于零的待定系数,引入的变结构控制项为 $\omega\mathrm{sgn}(s)$。

令 $u = u_{eq} + u_{sw}$,导弹的制导指令加速度 $a_m = u$,将 a_m 代入式(13),可得

$$\dot{s} = \frac{1}{R}[-\dot{v}_t\sin(q-\theta_t) + a_t\cos(q-\theta_t)]$$
$$- \frac{1}{R}(Ks + \omega\mathrm{sgn}(s)) \quad (16)$$

$$\dot{v} = s\dot{s} = \frac{1}{R}[-\dot{v}_t\sin(q-\theta_t) + a_t\cos(q-\theta_t)]s$$
$$- \frac{1}{R}(Ks^2 + s\omega\mathrm{sgn}(s))$$
$$\leq \frac{1}{R}|-\dot{v}_t\sin(q-\theta_t) + a_t\cos(q-\theta_t)||s|$$
$$- \frac{1}{R}(Ks^2 + \omega|s|) \quad (17)$$

由式(10)可知,$|-\dot{v}_t\sin(q-\theta_t) + a_t\cos(q-\theta_t)|$ 是有界的,因此可以通过调节参数 ω 使 $\dot{v} = s\dot{s} \leq 0$,保证能量函数恒负,令

$$M = \dot{v}_m\sin(q-\theta_m) - \frac{(\dot{n}_y + \sin\theta_m)gR}{v_m}$$
$$- \frac{\dot{v}_m\cos\theta_m gR}{v_m^2} + \frac{g\dot{v}_m n_y R}{v_m^2} \quad (18)$$

可以得到变结构制导律:

$$a_m = \left[\cos(q-\theta_m) + \frac{\lambda}{v_m}\right]^{-1}[M - 2\dot{R}\dot{q}$$
$$+ \lambda\dot{q} - \frac{\lambda\dot{R}}{R}(q-\theta_m) + Ks + \omega\mathrm{sgn}(s)] \quad (19)$$

由于 $v_c = -\dot{R}$,令 $K = kv_c$,$\lambda = -\rho R$,式(19)可以简化为

$$a_m = \left[\cos(q-\theta_m) - \frac{\rho\dot{R}}{v_m}\right]^{-1}[-(2+\rho+k)\dot{R}\dot{q} + k\dot{R}\dot{\theta}_m$$
$$+ \frac{\rho\dot{R}^2}{R}(k+1)(q-\theta_m) + M + \omega\mathrm{sgn}(s)] \quad (20)$$

在实际应用中,符号函数会使控制系统产生抖振或自激振荡,因此,采用连续函数 $s/(|s|+\delta)$(δ 为任意小的正数)逼近符号函数,从而消除抖振,则式(20)表示的变结构制导律变为

$$a_m = \left[\cos(q-\theta_m) - \frac{\rho\dot{R}}{v_m}\right]^{-1}[-(2+\rho+k)\dot{R}\dot{q} + k\dot{R}\dot{\theta}_m$$
$$+ \frac{\rho\dot{R}^2}{R}(k+1)(q-\theta_m) + M + \omega s/(|s|+\delta)] \quad (21)$$

4 仿真结果分析

假设目标进行蛇形机动,初始时刻目标的位置为 (50 km,10 km),速度 $v_t = 800$ m/s,切向加速度 $\dot{v}_t = -g\sin\theta_t$,法向加速度为 $a_t = 6g\sin(0.4t)$,目标的初始弹道倾角为 180°。导弹在中制导初始时刻的位置为 (2 km,1 km),速度为 $v_m = 900$ m/s,切向加速度为 $\dot{v}_m = -g\sin\theta_m$,初始时刻弹道倾角为 21°,雷达导引头的锁定距离为 12 km。

为了体现本文所设计的变结构制导律的制导效果,将其与最优制导律[4]和修正比例导引律[11]进行了比较,仿真结果如图2~图5及表1所示。

由图2可知,采用变结构制导律所得到的弹道比采用最优中制导律和修正比例导引律所得出的弹道,更能有效地指向大机动目标并且弹道更为平滑。由图3可知,三种制导律在中末制导交班时刻均能够使速度前置角接近0,但采用变结构中制导律时,导弹的速度前置角在5.3 s就已经趋近于0,即导引头的敏感轴已指向目标,且在目标发生机动时能够稳定维持,从而保证在中末制导交班之前就能够满足交班条件。

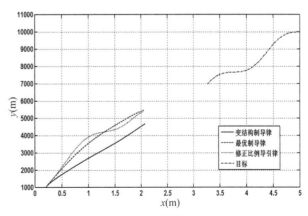

图 2 中制导轨迹

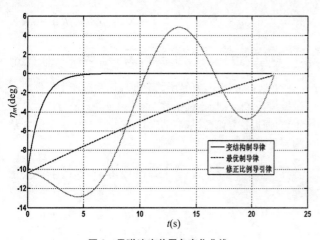

图 3 导弹速度前置角变化曲线

由图 4 可发现,采用变结构中制导律,导弹的法向过载除开始阶段较大外,其余时间过载受目标机动的影响较小,且过载值小于最优中制导律,而采用修正比例导引律时,在初始时刻和中末制导交班时刻,导弹的制导指令较大。

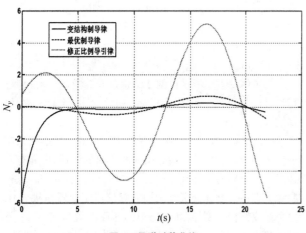

图 4 导弹过载曲线

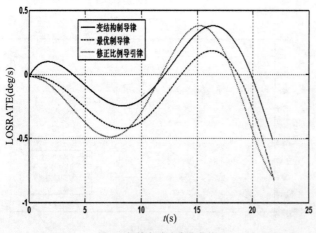

图 5 视线角速度变化曲线

由图 5 可知,采用变结构中制导律,视线角速度的变化相比其他两种制导律变化幅度更小,且在中末制导交班时刻,视线角速度较小。

表 1 中制导阶段参数比较

制导律	$\eta_m(t_f)$ (°)	$n_y(t_f)$	$\dfrac{t_f}{s}$
变结构制导律	0	−0.3121	21.789
最优制导律	−0.1919	−0.7524	21.945
修正比例导引律	−0.1282	−5.7012	21.998

从表 1 可以看出,采用变结构中制导律时,导弹在交班时刻的速度前置角能够到 0,过载很小,同时中制导时间也能够稍微有所减少。由此可见,与最优制导律和修正比例导引律相比,变结构中制导律具有明显的优势。

5 结论

本文以变结构控制理论为基础,设计了一种中制导律。仿真结果表明,在交班时刻导弹的速度前置角为 0,且过载很小。因此,本文设计的变结构中制导律能够有效地完成中末制导交班,并确保导弹在末制导开始时具有良好的攻击条件。在后续工作中,将考虑中制导过程中存在的随机干扰,以及采用滤波算法等减小导弹和目标运动信息的误差。

参考文献

[1] Frank S J. Missile defence: options and obstacles [J]. Aerospace America, 2002, 40(5): 30-35.
[2] 屈剑明, 毛士艺, 李少洪. 雷达寻引头交班与弹目几何位置关系研究[J]. 北京航空航天大学学报, 2000, 26(3): 274-277.
[3] 董朝阳, 周雨. 一种交班时刻性能最优的中制导律设计与仿真[J]. 系统仿真学报, 2009, 21(24): 7873-7877.
[4] 周池军, 雷虎民, 叶继坤. 一种拦截机动目标的最优中制导律设计[J]. 弹道学报, 2012, 24(3): 49-53.
[5] 富力, 范耀祖, 宁文如. 一种简单的中远程空—空导弹中制导律研究[J]. 航空学报, 1998, 19(7): 92-95.
[6] Babu K, Sarama I, Swamy K. Two variable-structure homing guidance schemes with an without target maneuver estimation [C]//Guidance, Navigation and Control Conference, 1994: 3566.
[7] Hu Y, Zhao Y, Liu J, et al. Design of a variable structure adaptive midcourse guidance law [J]. Journal of Naval Aeronautical & Astronautical University, 2015: 1088-1091; DOI: 10.1142/9789812799524_0275.
[8] 王玉林, 周邵磊, 雷明. 超声速拦射导弹的一种预测变结构中制导律[J]. 飞行力学, 2009, 27(5): 47-50.
[9] 周邵磊, 雷明, 戴邵武, 等. 用于复合制导道的变结构中制导律研究[J]. 弹箭与制导学报, 2008, 28(5): 11-13.
[10] 钱杏芳, 林瑞雄, 赵亚男. 导弹飞行力学[M]. 北京: 北京理工大学出版社, 2015.
[11] 李朝旭, 郭军, 李雪松. 带有碰撞角约束的三维纯比例导引律研究[J]. 电光与控制, 2009, 16(5): 9-12.

基于容积卡尔曼滤波的三维纯角度跟踪算法研究

姜浩楠[1]，蔡远利[1,2]

(1. 西安交通大学电子与信息工程学院，陕西西安，中国，710049；2. 厦门工学院，福建厦门，中国，361021)

摘　要：纯角度跟踪在过去的几十年中得到了广泛的关注和研究，本文从一个新的视角建立了修正球坐标系下的容积卡尔曼滤波(CKF)算法。这种方法通过解耦状态向量中的可观分量和不可观分量，可以避免协方差矩阵的病态特性。本文针对一个典型的三维纯角度跟踪场景，仿真对比了CKF分别在常用笛卡尔坐标系下和修正球坐标系下的估计均方根误差。大量仿真结果表明，与笛卡尔坐标系下建立的CKF算法相比，修正球坐标系下的CKF算法跟踪精度更高，且滤波稳定性显著提升。

关键词：纯角度跟踪；修正的球坐标系；容积卡尔曼滤波

中图分类号：V448

Cubature Kalman Filter based 3D Angle-Only Tracking Algorithm

Jiang Haonan[1], Cai Yuanli[1,2]

(1. School of Electronic and Information Engineering, Xi'an Jiaotong University, Shaanxi, Xi'an, 710049;
2. Xiamen Institute of Technology, Fujian, Xiamen, 361021)

Abstract: The problem of angle-only tracking has extensively been studied in the past decades. In this paper, a cubature Kalman filter (CKF) algorithm with the modified spherical coordinate state representation is constructed. This approach can prevent ill-conditioning of the covariance matrix by decoupling the observable and unobservable components of the state vector. Through a representative 3D angle-only tracking scenario, we compare the performance, in terms of estimation root-mean-square error, and this novel algorithm with the widely used Cartesian counterpart. Lots of simulation results show that the CKF in the modified spherical coordinate has better tracking accuracy than the Cartesian CKF, and the filtering stability is enhanced obviously.

Key words: Angle-Only Tracking; Modified Spherical Coordinate; Cubature Kalman Filter

1 引言

纯角度跟踪(Angle-Only Tracking, AOT)，也称为目标运动分析，是被动跟踪中一种非常重要的手段，现已广泛应用于水下跟踪、飞行器监视和电子战争等诸多军事领域[1]。三维纯角度跟踪的目的是根据从单一机动平台获得的受噪声干扰的方位角和俯仰角量测信息估计目标的运动参数(如位置和速度等)。相较于大量地针对二维纯方位跟踪的研究成果[2-6]，三维纯角度跟踪问题[7-9]得到的关注相对较少。

目前，大部分的研究集中于非机动目标跟踪问题。在这种场景下，传感器需要作适当的机动运动以保证目标距离的可观测性。使用最早的解决 AOT 问题的递推方法是笛卡尔坐标系下的扩展卡尔曼滤波(Extended Kalman Filter, EKF)[10]。但由于此问题本身的强非线性和可能的不可观测性，基于线性化思想的 EKF 表现出了较差的滤波性能。为了改善目标距离的可观测性，Aidala 和 Hammel 建立了修正极坐标系下的跟踪模型[2]。与笛卡尔坐标系相比，修正极坐标系通过解耦状态向量中的可观分量和不可观分量[7]，可以避免协方差矩阵呈现的病态特性，滤波性能更好。将修正极坐标系扩展到三维空间，就可以得到修正球坐标系下的问题描述。

纯角度跟踪的实质是非线性系统状态估计问题，因此可以采用贝叶斯滤波算法进行求解。近几十年来，贝叶斯滤波技术的发展为目标跟踪领域提供了大量的状态和参

作者简介：姜浩楠(1991—)，男，内蒙古赤峰人，博士研究生，研究方向为组合导航、目标跟踪和非线性滤波等；蔡远利(1963—)，男，贵州瓮安人，教授，博士生导师，研究方向为现代控制理论及应用、复杂系统建模与仿真、飞行器制导与控制、飞行动力学等。

基金项目：国家自然科学基金项目(61202128,61463029)，陕西省自然科学基础研究计划项目(2017JQ6056)。

数估计方法。除了最经典的卡尔曼滤波(Kalman Filter, KF)以及其非线性版本即 EKF 外,基于点采样的贝叶斯滤波技术[11]在近些年得到了越来越多的关注,包括以无味卡尔曼滤波(Unscented Kalman Filter, UKF)[12]和容积卡尔曼滤波(Cubature Kalman Filter, CKF)[13]为代表的确定性采样滤波与以粒子滤波(Particle Filter, PF)[14]为代表的随机性采样滤波。UKF 在状态维数大于 3 时可能会出现滤波发散;PF 虽然能够得到更准确的估计结果,但是过高的时间复杂度限制了其在实际问题中的应用。相比之下,CKF 在保证跟踪精度的同时效率更高,因此得到了更多学者的青睐。

本文在修正球坐标系下推导出一种新的基于 CKF 的纯角度跟踪算法,在改善目标距离可观测性的同时提升了跟踪精度。

2 系统模型

三维纯角度跟踪中观测平台(传感器)和目标的相对位置关系如图 1 所示,其中,r 表示观测平台与目标之间的相对距离,β 和 ε 分别表示目标相对于观测平台的方位角和俯仰角。

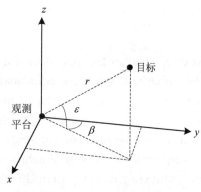

图 1 三维纯角度跟踪几何图形

2.1 笛卡尔坐标系下的相对状态方程

在三维笛卡尔坐标系中,设 k 时刻目标的位置和速度分别为 $[x_k^t, y_k^t, z_k^t]$ 和 $[\dot{x}_k^t, \dot{y}_k^t, \dot{z}_k^t]$,则目标的状态向量可以表示为 $\boldsymbol{x}_k^t = [x_k^t, y_k^t, z_k^t, \dot{x}_k^t, \dot{y}_k^t, \dot{z}_k^t]$。类似地,观测平台的状态向量可以表示为 $\boldsymbol{x}_k^o = [x_k^o, y_k^o, z_k^o, \dot{x}_k^o, \dot{y}_k^o, \dot{z}_k^o]^T$,由此可以定义 k 时刻目标的相对状态向量为 $\boldsymbol{x}_k = \boldsymbol{x}_k^t - \boldsymbol{x}_k^o = [x_k, y_k, z_k, \dot{x}_k, \dot{y}_k, \dot{z}_k]^T$。

目标和观测平台的相对运动状态方程如下:
$$\boldsymbol{x}_k = \boldsymbol{F}\boldsymbol{x}_{k-1} - \boldsymbol{U}_{k-1,k} + \boldsymbol{w}_{k-1} \quad (1)$$
其中,过程噪声 $\boldsymbol{w}_{k-1} \sim N(0, \boldsymbol{Q})$,$N(0, \boldsymbol{Q})$ 表示均值为 0、协方差为 $\boldsymbol{Q}$ 的高斯密度函数。状态转移矩阵 $\boldsymbol{F}$、确定性输入向量 $\boldsymbol{U}_{k-1,k}$ 和过程噪声协方差矩阵 $\boldsymbol{Q}$ 分别为

$$\boldsymbol{F} = \begin{bmatrix} 1 & 0 & 0 & \Delta T & 0 & 0 \\ 0 & 1 & 0 & 0 & \Delta T & 0 \\ 0 & 0 & 1 & 0 & 0 & \Delta T \\ 0 & 0 & 0 & 1 & 0 & 0 \\ 0 & 0 & 0 & 0 & 1 & 0 \\ 0 & 0 & 0 & 0 & 0 & 1 \end{bmatrix}$$

$$\boldsymbol{U}_{k-1,k} = \begin{bmatrix} x_k^o - x_{k-1}^o - \Delta T \dot{x}_{k-1}^o \\ y_k^o - y_{k-1}^o - \Delta T \dot{y}_{k-1}^o \\ z_k^o - z_{k-1}^o - \Delta T \dot{z}_{k-1}^o \\ \dot{x}_k^o - \dot{x}_{k-1}^o \\ \dot{y}_k^o - \dot{y}_{k-1}^o \\ \dot{z}_k^o - \dot{z}_{k-1}^o \end{bmatrix}$$

$$\boldsymbol{Q} = \begin{bmatrix} \dfrac{\Delta T^2}{3} & \dfrac{\Delta T^2}{2} \\ \dfrac{\Delta T^2}{2} & \Delta T \end{bmatrix} \otimes \operatorname{diag}(q_x, q_y, q_z)$$

其中,ΔT 为采样间隔;(q_x, q_y, q_z) 表示笛卡尔坐标系下三个坐标轴方向的噪声强度。

2.2 修正球坐标系下的相对状态方程

根据文献[9],将修正球坐标系下目标的相对状态向量定义为 $\boldsymbol{\xi}(t) = [\xi_1(t), \xi_2(t), \xi_3(t), \xi_4(t), \xi_5(t), \xi_6(t)]^T = [\omega(t), \dot{\varepsilon}(t), \zeta(t), \beta(t), \varepsilon(t), \dfrac{1}{r(t)}]^T$,其中,

$$\omega(t) = \dot{\beta}(t)\cos\varepsilon(t) \quad (2)$$

$\zeta(t)$ 表示径向距离 $r(t)$ 的对数,即

$$\zeta(t) = \ln r(t) \quad (3)$$

式(3)关于时间 t 求导,可得到

$$\dot{\zeta}(t) = \dfrac{\dot{r}(t)}{r(t)} \quad (4)$$

本文通过变换笛卡尔坐标系下的状态方程来获得修正球坐标系下的状态方程,首先定义 f_C^{MSC} 为笛卡尔坐标系到修正球坐标系的状态转换函数,类似地,f_{MSC}^C 为修正球坐标系到笛卡尔坐标系的状态转换函数,即

$$\boldsymbol{\xi}_k = f_C^{MSC}(\boldsymbol{x}_k) \quad (5)$$
$$\boldsymbol{x}_k = f_{MSC}^C(\boldsymbol{\xi}_k) \quad (6)$$

其中,转换函数分别为

$$f_C^{MSC}(\boldsymbol{x}) = \begin{bmatrix} \dfrac{y\dot{x} - x\dot{y}}{\sqrt{(x^2+y^2+z^2)(x^2+y^2)}} \\ \dfrac{\dot{z}(x^2+y^2) - z(x\dot{x}+y\dot{y})}{\sqrt{(x^2+y^2)}(x^2+y^2+z^2)} \\ \dfrac{x\dot{x}+y\dot{y}+z\dot{z}}{x^2+y^2+z^2} \\ \arctan(x, y) \\ \arctan(z, \sqrt{(x^2+y^2)}) \\ \dfrac{1}{\sqrt{(x^2+y^2+z^2)}} \end{bmatrix} \quad (7)$$

$$f_{\text{MSC}}^{\text{C}}(\boldsymbol{\xi}) = \begin{bmatrix} \sin\xi_4\cos\xi_5 \\ \cos\xi_4\cos\xi_5 \\ \sin\xi_5 \\ \sin\xi_4(\xi_3\cos\xi_5 - \xi_2\sin\xi_5) + \xi_1\cos\xi_4 \\ \cos\xi_4(\xi_3\cos\xi_5 - \xi_2\sin\xi_5) - \xi_1\sin\xi_4 \\ \xi_2\cos\xi_5 + \xi_3\sin\xi_5 \end{bmatrix} \quad (8)$$

将式(7)代入式(5),有

$$\boldsymbol{\xi}_k = f_{\text{C}}^{\text{MSC}}(\boldsymbol{F}\boldsymbol{x}_{k-1} - \boldsymbol{U}_{k-1,k} + \boldsymbol{w}_{k-1}) \quad (9)$$

同时因为

$$\boldsymbol{x}_{k-1} = f_{\text{MSC}}^{\text{C}}(\boldsymbol{\xi}_{k-1}) \quad (10)$$

将式(10)代入式(9),有

$$\begin{aligned}\boldsymbol{\xi}_k &= f_{\text{C}}^{\text{MSC}}(\boldsymbol{F}f_{\text{MSC}}^{\text{C}}(\boldsymbol{\xi}_{k-1}) - \boldsymbol{U}_{k-1,k} + \boldsymbol{w}_{k-1}) \\ &= f(\boldsymbol{\xi}_{k-1}, \boldsymbol{U}_{k-1,k}, \boldsymbol{w}_{k-1})\end{aligned} \quad (11)$$

其中, f 是一个关于 $\boldsymbol{\xi}_{k-1}, \boldsymbol{U}_{k-1,k}, \boldsymbol{w}_{k-1}$ 的非线性函数。

2.3 量测方程

笛卡尔坐标系下的量测方程为

$$\boldsymbol{z}_k = \boldsymbol{h}(\boldsymbol{x}_k) + \boldsymbol{v}_k = \begin{bmatrix} \arctan(x_k, y_k) \\ \arctan(z_k, \sqrt{x_k^2 + y_k^2}) \end{bmatrix} + \boldsymbol{v}_k \quad (12)$$

其中,量测噪声 $\boldsymbol{v}_k \sim N(0, \boldsymbol{R})$。

修正球坐标系下的量测方程为

$$\boldsymbol{z}_k = \boldsymbol{H}\boldsymbol{\xi}_k + \boldsymbol{v}_k \quad (13)$$

其中,量测矩阵为

$$\boldsymbol{H} = \begin{bmatrix} 0 & 0 & 0 & 1 & 0 & 0 \\ 0 & 0 & 0 & 0 & 1 & 0 \end{bmatrix} \quad (14)$$

3 基于CKF的递推跟踪算法

由于纯角度跟踪系统是非线性的,无法得到状态后验的最优解,因此需要采用次优算法进行递推求解。CKF算法[13]采用三阶球面-径向容积规则近似非线性系统的状态后验分布,通过 $2n$(n 为状态向量的维度)个等权值容积点来传播系统状态的均值和协方差,能够获得较高的滤波精度。

3.1 笛卡尔坐标系下的CKF算法(C-CKF)

(1) 构造确定性采样点

根据三阶球面-径向容积规则,容积点和与其对应的权值设置如下:

$$\boldsymbol{\chi}^i = \sqrt{n}\,[\boldsymbol{I}_n, -\boldsymbol{I}_n]_i \quad (15)$$

$$\omega_i = \frac{1}{2n}, \quad i=1,\cdots,2n \quad (16)$$

其中, $n = n_x$,是笛卡尔坐标系下状态的维度。

(2) 时间更新

假定 $k-1$ 时刻状态的后验估计和协方差矩阵分别为 $\hat{\boldsymbol{x}}_{k-1|k-1}$ 和 $\boldsymbol{P}_{k-1|k-1}$,则计算状态一步预测和一步误差协方差矩阵为

$$\hat{\boldsymbol{x}}_{k|k-1} = \boldsymbol{F}\hat{\boldsymbol{x}}_{k-1|k-1} - \boldsymbol{U}_{k-1,k} \quad (17)$$

$$\boldsymbol{P}_{k|k-1} = \boldsymbol{F}\boldsymbol{P}_{k-1|k-1}\boldsymbol{F}^{\text{T}} + \boldsymbol{Q} \quad (18)$$

(3) 量测更新

首先,根据一步预测构造容积点:

$$\boldsymbol{\alpha}_{k|k-1}^i = \sqrt{\boldsymbol{P}_{k|k-1}}\,\boldsymbol{\chi}^i + \hat{\boldsymbol{x}}_{k|k-1} \quad (19)$$

然后,根据式(19),计算量测预测容积点为

$$\boldsymbol{\beta}_{k|k-1}^i = \boldsymbol{h}(\boldsymbol{\alpha}_{k|k-1}^i) \quad (20)$$

量测预测均值为

$$\hat{\boldsymbol{z}}_{k|k-1} = \sum_{i=1}^{2n} \omega_i \boldsymbol{\beta}_{k|k-1}^i \quad (21)$$

计算滤波增益矩阵为

$$\boldsymbol{K}_k = \boldsymbol{P}_{xz,k|k-1}\boldsymbol{P}_{zz,k|k-1}^{-1} \quad (22)$$

其中

$$\boldsymbol{P}_{xz,k|k-1} = \sum_{i=1}^{2n} \omega_i (\boldsymbol{\alpha}_{k|k-1}^i - \hat{\boldsymbol{x}}_{k|k-1})(\boldsymbol{\beta}_{k|k-1}^i - \hat{\boldsymbol{z}}_{k|k-1})^{\text{T}} \quad (23)$$

$$\boldsymbol{P}_{zz,k|k-1} = \sum_{i=1}^{2n} \omega_i (\boldsymbol{\beta}_{k|k-1}^i - \hat{\boldsymbol{z}}_{k|k-1})(\boldsymbol{\beta}_{k|k-1}^i - \hat{\boldsymbol{z}}_{k|k-1})^{\text{T}} + \boldsymbol{R} \quad (24)$$

当观测平台接收到 k 时刻的角度量测信息 $\boldsymbol{z}_k$ 后,可以计算得到 k 时刻状态的滤波估计值和协方差矩阵分别为

$$\hat{\boldsymbol{x}}_{k|k} = \hat{\boldsymbol{x}}_{k-1|k-1} + \boldsymbol{K}_k(\boldsymbol{z}_k - \hat{\boldsymbol{z}}_{k|k-1}) \quad (25)$$

$$\boldsymbol{P}_{k|k} = \boldsymbol{P}_{k|k-1} - \boldsymbol{K}_k\boldsymbol{P}_{zz,k|k-1}\boldsymbol{K}_k^{\text{T}} \quad (26)$$

3.2 修正球坐标系下的CKF算法(MSC-CKF)

回顾修正球坐标下的状态方程可以看出,过程噪声是非叠加的,因此在使用滤波进行递推解算时,需要将过程噪声向量扩维到状态向量中。

(1) 构造确定性采样点

根据三阶球面-径向容积规则,容积点和与其对应的权值设置如下:

$$\boldsymbol{\chi}^i = \sqrt{n}\,[\boldsymbol{I}_n, -\boldsymbol{I}_n]_i \quad (27)$$

$$\omega_i = \frac{1}{2n} \quad (28)$$

其中, $i=1,\cdots,2n$, $n = n_\xi + n_w$,是修正球坐标系下状态和过程噪声的维度之和。

(2) 时间更新

假定 $k-1$ 时刻状态的后验估计和协方差矩阵分别为 $\hat{\boldsymbol{\xi}}_{k-1|k-1}$ 和 $\boldsymbol{P}_{k-1|k-1}$,对增广随机变量 $(\boldsymbol{\xi}_{k-1}, \boldsymbol{w}_{k-1})$ 构造容积点矩阵:

$$\boldsymbol{\alpha}_{k-1|k-1}^i = \sqrt{\tilde{\boldsymbol{P}}_{k-1|k-1}}\,\boldsymbol{\chi}^i + \tilde{\boldsymbol{m}}_{k-1} \quad (29)$$

式中,

$$\tilde{\boldsymbol{m}}_{k+1} = \begin{bmatrix} \hat{\boldsymbol{\xi}}_{k-1|k-1} \\ 0 \end{bmatrix},\quad \tilde{\boldsymbol{P}}_{k+1|k-1} = \begin{bmatrix} \boldsymbol{P}_{k-1|k-1} & 0 \\ 0 & \boldsymbol{Q} \end{bmatrix}$$

将容积点代入状态方程中,则有

$$\boldsymbol{\beta}_{k|k-1}^i = f(\boldsymbol{\alpha}_{k-1|k-1}^{i,\xi}, \boldsymbol{U}_{k-1,k}, \boldsymbol{\alpha}_{k-1|k-1}^{i,w}) \quad (30)$$

式中, $\boldsymbol{\alpha}_{k-1|k-1}^{i,\xi}$ 表示增广向量中的状态分量; $\boldsymbol{\alpha}_{k-1|k-1}^{i,w}$ 表示过程噪声分量。

计算状态一步预测和一步误差协方差矩阵：

$$\hat{\boldsymbol{\xi}}_{k|k-1} = \sum_{i=1}^{2n} \omega_i \boldsymbol{\beta}_{k|k-1}^i \quad (31)$$

$$\boldsymbol{P}_{k|k-1} = \sum_{i=1}^{2n} \omega_i (\hat{\boldsymbol{\chi}}_{k|k-1}^i - \hat{\boldsymbol{\xi}}_{k|k-1})(\hat{\boldsymbol{\chi}}_{k|k-1}^i - \hat{\boldsymbol{\xi}}_{k|k-1})^{\mathrm{T}} \quad (32)$$

(3) 量测更新

首先,计算滤波增益矩阵：

$$\boldsymbol{K}_k = \boldsymbol{P}_{k|k-1} \boldsymbol{H}^{\mathrm{T}} (\boldsymbol{H} \boldsymbol{P}_{k|k-1} \boldsymbol{H}^{\mathrm{T}} + \boldsymbol{R})^{-1} \quad (33)$$

然后,根据 k 时刻得到的量测 z_k 可以得到状态的滤波估计值和滤波协方差矩阵分别为

$$\hat{\boldsymbol{\xi}}_{k|k} = \hat{\boldsymbol{\xi}}_{k|k-1} + \boldsymbol{K}_k (z_k - \boldsymbol{H}\hat{\boldsymbol{\xi}}_{k|k-1}) \quad (34)$$

$$\boldsymbol{P}_{k|k} = \boldsymbol{P}_{k|k-1} - \boldsymbol{K}_k (\boldsymbol{H}\boldsymbol{P}_{k|k-1}\boldsymbol{H}^{\mathrm{T}} + \boldsymbol{R})\boldsymbol{K}_k^{\mathrm{T}} \quad (35)$$

4 仿真分析

在笛卡尔坐标系下,假设目标沿三个坐标轴方向的初始位置和初始速度分别为 $(138/\sqrt{2}, 138/\sqrt{2}, 9)$ km 和 $(-297/\sqrt{2}, -297/\sqrt{2}, 0)$ m/s,随后一直做匀速直线运动；观测平台的初始位置和速度分别为 $(0, 0, 10)$ km 和 $(0, 264, 0)$ m/s,其运动过程由匀速直线和匀速转弯交替组合而成,具体如表 1 所示。过程噪声强度 (q_x, q_y, q_z) 设为 $(0.01, 0.01, 0.0001)$ m²/s³；采样间隔 $\Delta T = 1$ s,仿真总时长为 210 s。笛卡尔坐标系和修正球坐标系下的状态和协方差的初始化过程参考文献[7]。在二维 $X-Y$ 平面内,观测平台和目标的运动轨迹如图 2 所示。

表 1 观测平台的运动情况

时间(s)	运动模型	转弯角速率(rad/s)
1~15	CV	0
16~31	CT	$-\pi/64$
32~43	CV	0
44~75	CT	$\pi/64$
76~86	CV	0
87~102	CT	$-\pi/64$
103~210	CV	0

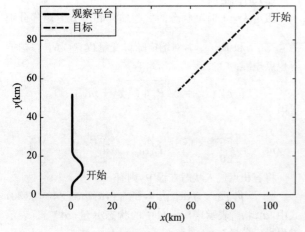

图 2 目标和观测平台的运动轨迹

本文采用的性能评价指标为状态估计问题中常用的均方根误差（Root-Mean-Square Error，RMSE）。k 时刻距离的 RMSE 定义如下：

$$\mathrm{RMSE}_k = \sqrt{\frac{1}{M}\sum_{i=1}^{M}(\hat{x}_k^i - x_k^i)^2 + (\hat{y}_k^i - y_k^i)^2 + (\hat{z}_k^i - z_k^i)^2} \quad (36)$$

式中,M 为蒙特卡罗仿真次数；$(\hat{x}_k^i, \hat{y}_k^i, \hat{z}_k^i)$ 和 (x_k^i, y_k^i, z_k^i) 分别表示第 i 次蒙特卡罗试验中 k 时刻目标位置的估计值和真实值。

在量测噪声协方差矩阵分别为 $\mathrm{diag}(0.1°, 0.1°)^2$、$\mathrm{diag}(1°, 1°)^2$ 和 $\mathrm{diag}(5°, 5°)^2$ 情况下,采用 C-CKF 和 MSC-CKF 算法分别进行 100 次蒙特卡罗仿真,得到的距离均方根误差如图 3~图 5 所示。

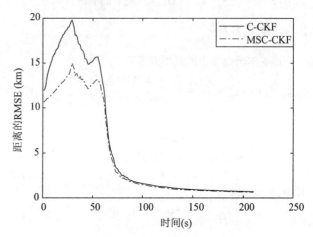

图 3 量测噪声较小时 RMSE 对比

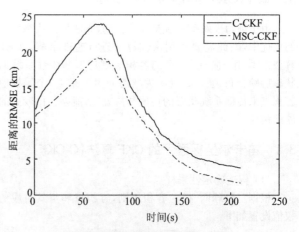

图 4 量测噪声较大时 RMSE 对比

仿真结果表明,MSC-CKF 算法的跟踪精度要优于 C-CKF 算法,这也验证了修正球坐标系下的状态描述在纯角度跟踪问题中是更加有效的。同时我们可以看到,当量测噪声协方差较小时,MSC-CKF 算法的优势并不明显；但随着量测噪声协方差的增大,采用两种算法估计得到的 RMSE 曲线可以很容易区分开来。

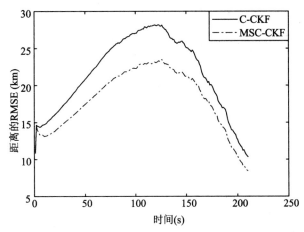

图 5 量测噪声非常大时 RMSE 对比

5 结论

本文研究了三维空间中针对非机动目标的纯角度跟踪问题,分别在笛卡尔坐标系和修正球坐标系下基于 CKF 建立了两种跟踪算法。后一种算法将潜在的不可观的距离分量同可观的状态分量实现了解耦,理论上有助于提升滤波精度。大量仿真试验表明,在量测噪声较小的情况下,两种算法的差异并不明显;而当量测噪声较大时,使用修正球坐标系对目标相对状态进行描述而建立的基于 CKF 的滤波算法跟踪性能更好,稳定性更强。

参考文献

[1] Ristic B, Arulampalam S, Gordon N. Beyond the Kalman Filter: Particle Filters for Tracking Applications [M]. Norwood, MA: Artech House, 2004.

[2] Aidala V, Hammel S. Utilization of modified polar coordinates for bearings-only tracking [J]. IEEE Transactions on Automatic Control, 1983, 28(3): 283-294.

[3] Clark J M C, Vinter R B, Yaqoob M M. Shifted Rayleigh filter: A new algorithm for bearings-only tracking[J]. IEEE Transactions on Aerospace and Electronic Systems, 2007, 43(4): 1373-1384.

[4] Leong P H, Arulampalam S, Lamahewa T A, et al. A Gaussian-sum based cubature Kalman filter for bearings-only tracking [J]. IEEE Transactions on Aerospace and Electronic Systems, 2013, 49(2): 1161-1176.

[5] Wu H, Chen S, Yang B, et al. Robust derivative-free cubature Kalman filter for bearings-only tracking [J]. Journal of Guidance, Control, and Dynamics, 2016, 39(8): 1866-1871.

[6] 姜浩楠,蔡远利. 鲁棒高斯和集合卡尔曼滤波及其在纯角度跟踪中的应用[J]. 控制理论与应用, 2018, 35(2): 129-136.

[7] Mallick M, Krishnamurthy. Integrated tracking, classification, and sensor management: theory and applications[M]. New Jersey: John Wiley and Sons, 2012.

[8] Ristic B, Arulampalam M S. Tracking a manoeuvring target using angle-only measurements: algorithms and performance [J]. Signal processing, 2003, 83(6): 1223-1238.

[9] Mallick M, Arulampalam S, Mihaylova L, et al. Angle-only filtering in 3D using modified spherical and log spherical coordinates [C]//The 14th International Conference on Information Fusion. IEEE, 2011: 1-8.

[10] Aidala V J. Kalman filter behavior in bearings-only tracking applications [J]. IEEE Transactions on Aerospace and Electronic Systems, 1979 (1): 29-39.

[11] Dunik J, Straka O, Simandl M, et al. Random-point-based filters: Analysis and comparison in target tracking[J]. IEEE Transactions on Aerospace and Electronic Systems, 2015, 51(2): 1403-1421.

[12] Haykin S. Kalman filtering and neural networks[M]. New York: John Wiley and Sons, 2001.

[13] Arasaratnam I, Haykin S. Cubature Kalman filters [J]. IEEE Transactions on Automatic Control, 2009, 54(6): 1254-1269.

[14] Arulampalam M S, Maskell S, Gordon N, et al. A tutorial on particle filters for online nonlinear/non-Gaussian Bayesian tracking[J]. IEEE Transactions on Signal Processing, 2002, 50(2): 174-188.

基于下垂控制方法的孤岛直流微电网分布式储能系统的控制策略

孙　韩，陈宗海

(中国科学技术大学自动化系，安徽合肥，中国，230027)

摘　要：可再生清洁能源的开发和应用解决了能源供给不足问题以及环境污染问题。为了更好地控制、管理和使用随机性较大的分布式可再生能源和需求波动较大的负载，微电网中必须配备储能系统。由于电池储能系统中单体之间存在不一致性，相同的充放电效率容易导致过充或过放。为了延长储能系统的使用寿命，提高系统稳定性和安全性，需要设计储能系统的协调控制策略以根据储能单体之间的差异进行功率分配。传统的协调控制方法主要分为有功电流共享方法和基于下垂控制的方法。有功电流共享方法需要通信链路，降低了系统的可靠性和扩展性；基于下垂的方法存在稳态误差。针对上述问题，本文在下垂控制的基础上设计了电压偏差补偿控制，提出了一种基于电池荷电状态(State of Charge，SOC)的协调控制策略。并通过仿真试验验证了所提出的控制方法能有效实现对差异电池的功率分配。

关键词：孤岛直流微电网；协调控制；下垂控制；荷电状态

中图分类号：TP391

Droop Control Method for Distributed Energy Storage System in Isolated DC Microgrid Energy Storage System

Sun Han, Chen Zonghai

(Department of Automation, University of Science and Technology of China, Anhui, Hefei, 230027)

Abstract: The development and application of the renewable resources solves the energy crisis, environmental pollution and the problem of electricity in remote areas. Energy storage system is introduced into micro-grids so as to better control, manage, and application random distributed renewable energy and fluctuation load. Due to the inconsistencies among the batteries in the energy system, the same charge and discharge efficiency can easily lead to over-charge or over-discharge. In order to extend lifetime and improve the stability as well as safety of the energy storage system, a coordinated control strategy needs to be designed to perform power distribution according to the differences between the batteries. The traditional coordinated control methods can mainly divided into active current sharing method and droop based control method. Active current sharing method required communication links, which reduces system redundancy and scalability, while droop based control method has steady-state error. To solve the above problems, a voltage deviation compensation control based on the droop control is applied and the coordinated control strategy based on the state of charge (SOC) of the battery is proposed in this paper. The simulation experiments verify that the proposed method can effectively achieve the power distribution among the energy storage system.

Key words: Isolated DC Microgrid; Coordinated Control; Droop Control; State of Charge

---

作者简介：孙韩(1994—)，女，安徽人，硕士生，研究方向为锂电池、微电网储能系统的协调控制策略等；陈宗海(1963—)，男，安徽人，教授，研究方向为复杂系统的建模仿真与控制、机器人与智能系统、汽车新能源技术与能源互联网。

1 引言

随着电网扩张，传统电力系统越来越不能满足用户可靠性和多样化的电力需求，为了解决海岛和边远地区供电困难以及缓解环境污染和能源危机,有必要研究和发展微电网[1]。微电网是由分布式能源、储能、负载以及控制模块构成的小型发配电系统[2],具有碳排放量低、能源利用率高、安装位置灵活、输电损耗低等优点,并且可以优化能源结构,提高能源安全,可以很好地解决海岛和边远地区的用电问题。与传统电网相比,微电网具有更好的可控性和可操作性,因此微电网将逐步成为主电网强有力的支持,是未来电力系统的发展趋势之一[3]。

微电网按照是否与配电网相连,分为孤岛微电网和并网微电网;按照母线上功率耦合方式,分为直流微电网和交流微电网。由于传统的电力系统以交流为主,现有的微电网系统主要为交流微电网。在交流微电网中,直流电源和交流电源通过直流-交流(DC-AC)、交流-直流-交流(AC-DC-AC)变换器接入微电网,存在转化效率低、成本高、传输效率低、控制复杂等缺点。在直流微电网中,直流电源和交流电源通过直流-直流(DC-DC)和交流-直流(AC-DC)变换器接入母线,转化效率和传输效率较高,并且由于无频率控制,没有无功功率和相位不平衡问题,因此控制较为简单[4]。随着直流可再生能源和消费电子设备的兴起,越来越多的研究关注以直流微电网为研究对象的控制策略[5]。考虑到海岛和偏远地区人口密度低、生态环境复杂、采用化石燃料发电成本较高以及对环境的损害大,并且接入传统电网较为困难,本文提出了一种直流孤岛微电网以解决上述地区的用电问题。

微电网储能系统控制对微电网稳定性和安全性十分重要,储能系统通过充放电补偿可再生能源与负载之间的差额功率,实现微电网的功率流平衡,优化微电网的电能质量。由于微电网对储能规模的需求,一般储能系统都是由多个串联的电池单元与DC-DC变换器相接后再并联接入母线[6]。由于不同电池之间存在差异,如果多个电池采用相同的充放电速率,将会使某一些电池先充满或放空,从而导致过充或过放。为了有效延长储能系统的使用寿命,提高系统的安全性,电池之间应该满足:① 每个串联电池单元内部的单体均衡;② 不同并联电池单元之间的均衡。

本文侧重于研究多个并联电池单元的协调控制策略。储能系统的协调控制方法主要分为有功电流共享方法和下垂控制方法[7]。有功电流共享方法[8-11]通过电流分配控制环路将上层决定的额定功率分配给不同的储能单元,但该方法需要通信链路,系统灵活性和冗余性低,易受通信噪声干扰。下垂控制是模拟同步发电机下垂曲线输出特性的一种控制策略。M. C. Chandorkar 提出下垂控制法可通过调节下垂系数实现微电网有功和无功功率的分配[12]。文献[13]设计了一种集中协调控制架构以实现储能系统的荷电均衡,文献[14]提出了一种基于PID控制的虚拟电阻调节策略以实现储能系统的SOC均衡,但上述两种方法都需要通信,进而降低了系统的可靠性和扩展性。文献[15]提出了一种双象限的基于电池SOC的下垂虚拟电阻调节策略,文献[16]设计了一种基于模糊逻辑的虚拟内阻调节策略,上述两种分布式策略不需要通信链路,但是没有考虑到下垂控制存在稳态误差的问题。

本文针对孤岛直流微电网提出了一种分布式储能协调控制策略。为实现并联储能单元的SOC均衡,本文利用下垂控制中功率与虚拟电阻成反比的特性,设计了一种基于SOC的虚拟电阻调节算法。针对下垂控制中存在稳态电压误差的问题,本文应用了基于PI的电压偏差补偿控制以补偿下垂控制中产生的电压偏差。

本文余下结构安排如下:第2节介绍孤岛直流微电网结构和下垂控制;第3节介绍基于电池SOC均衡的储能系统协调控制策略;第4节对控制策略进行仿真验证并分析试验结果;第5节为全文总结。

2 微电网结构

本文研究的孤岛直流微电网结构如图1所示。微电网由可再生能源、储能系统、负载和控制回路组成。可再生能源由光伏构成,通过DC-DC变换器接入微电网,工作在最大功率跟踪点(MPPT)模式,向微电网输出最大功率电能。负载由直流负载组成。考虑到可再生能源的随机性、间歇性及负载变化,在直流微网中引入储能系统。当光伏发电量大于负载消耗时,储能系统工作在充电模式,吸收多余的电能;当光伏发电量不足以满足负载消耗时,储能系统工作在放电模式,以补充缺额电能。

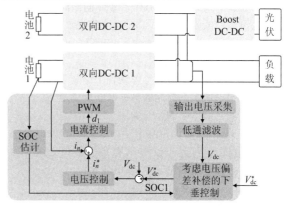

图 1 孤岛直流微电网结构

由于储能系统是由多个储能单元并联组成的,为了避免某个储能单元过度使用,缩短其使用寿命,需要在微电网运行过程中根据各储能单体的SOC对其功率进行分配。基于下垂的储能系统控制策略通过调节各储能单元虚拟电阻的比例实现功率分配,而虚拟电阻根据SOC进行设置。储能系统工作在充电模式时,充电至最大允许SOC的储能单元时将被断开并等待下一个放电模式;储能系统工作在放电模式时,放电至最小允许SOC的储能单元时将被断开并等待下一个充电模式。

3 储能系统协调控制策略

3.1 基于电压偏差补偿的下垂控制

考虑虚拟电阻的下垂控制如式(1)所示:

$$V_{dc}^* = V_{ref} - R_d i_{dc} \qquad (1)$$

其中，V_{dc}是变换器与母线耦合点处的电压；i_{dc}是变换器的输出电流；R_d是虚拟阻抗；V_{ref}是空载时的电压参考值。通常，虚拟阻抗根据母线最大允许的电压偏差 ΔV_{dc} 和变换器最大输出电流 i_{max} 计算，如式(2)所示：

$$R_d = \Delta V_{dc}/i_{max} \qquad (2)$$

下垂控制可以实现功率共享并维持微电网稳定运行，但是根据式(1)，下垂控制中电压稳态误差不可避免且与变换器输出电流大小相关。为解决电压偏差问题，在下垂控制前加入了电压偏差补偿控制。将耦合点电压 V_{dc} 与理想电压参考值 V_{ref}^* 的差值经过 PI 控制器得到补偿量 δv，如式(3)所示：

$$\delta v = K_p(V_{ref}^* - V_{dc}) + K_i \int (V_{ref}^* - V_{dc}) dt \qquad (3)$$

考虑电压偏差补偿后的下垂控制的电压参考值可根据式(4)计算：

$$V_{ref} = V_{ref}^* + \delta v \qquad (4)$$

3.2 基于储能荷电状态的协调控制策略

如前所述，并联储能单元的 SOC 均衡和功率分配需要考虑储能系统的充电和放电模式。由于下垂控制中，功率分配与虚拟电阻成反比，因此在储能系统充电模式中，具有较高 SOC 的储能单元吸收较少功率，设置较高虚拟电阻；而在放电模式中，具有较高 SOC 的储能单元提供较多功率，设置较低虚拟电阻。综上，为实现储能的 SOC 均衡，充电模式时，虚拟电阻与 SOC 成正比，而在放电模式中，虚拟电阻与 SOC 成反比。

若忽略线路阻抗，并且考虑到各个储能单元的电压参考值相等，则采用下垂控制的各并联储能满足

$$R_{d1}P_1 = R_{d2}P_2 = \cdots = R_{dn}P_n \qquad (5)$$

由式(5)可知，下垂控制中功率分配与虚拟电阻成反比。在充电模式下，具有较高 SOC 的储能单元需要分配较少功率，虚拟电阻的设置如式(6)所示：

$$R_{di} = R_c \cdot SOC_i \qquad (6)$$

其中，R_c 是充电模式下第 i 个储能单体 SOC_i 达到 100% 时的虚拟电阻。此时各储能单元的功率分配为

$$P_1 : P_2 : \cdots : P_n = \frac{1}{SOC_1} : \frac{1}{SOC_2} : \cdots : \frac{1}{SOC_n} \qquad (7)$$

在充电模式下，具有较高 SOC 的储能单元需要分配较多功率，虚拟电阻的设置如式(8)所示：

$$R_{di} = \frac{R_d}{SOC_i} \qquad (8)$$

其中，R_d 是放电模式下第 i 个储能单体 SOC_i 达到 100% 时的虚拟电阻。此时各储能单元的功率分配为

$$P_1 : P_2 : \cdots : P_n = SOC_1 : SOC_2 : \cdots : SOC_n \qquad (9)$$

4 仿真试验

本文采用 MATLAB/Simulink 搭建包括光伏、电池和直流负载的微电网仿真模型来验证所提出的储能系统协调控制策略。试验验证了不同运行场景以证明所提策略的可行性。

首先，测试了储能系统放电模式，测试结果如图 2 所示。两块电池组成的储能系统运行于放电模式，此时光伏发电量较小，不足以满足负载需求。如图 2(a)所示，在放电模式期间，电池 1 的初始 SOC 为 70%，电池 2 的初始 SOC 为 90%，仿真测试后，两块电池的 SOC 差值 ΔSOC 从 20.68% 降低至 20.679%。如图 2(b)所示，电池 1 的平均输出功率为 1.43 kW，电池 2 的平均输出功率为 1.86 kW。放电模式切换充电模式期间的微电网母线电压如图 2(c)所示。由图可见，在放电模式期间，母线电压在可接受范围内。

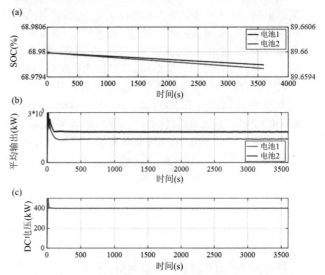

图 2 放电模式：(a)SOC 波形；(b)功率波形；(c)母线电压波形

接着，测试了储能系统充电模式。电池运行于充电模式，光伏发电量较大在满足负载需求之外仍有剩余电能供给电池充电。图 3 为仿真结果，其中 3(a)显示在充电模式期间，电池 1 的初始 SOC 为 50%，电池 2 的初始 SOC 为 70%，两块电池的 SOC 差值 ΔSOC 从 20.68% 降低至 20.679%。同时，图 3(b)显示电池 1 的平均吸收功率为 17.32 kW，电池 2 的平均吸收功率为 12.19 kW。充电模式期间的微电网母线电压如图 3(c)所示。由图可见，在充电模式期间，母线电压维持在正常范围内。

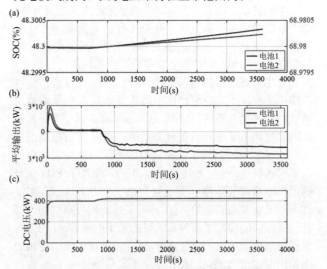

图 3 充电模式：(a)SOC 波形；(b)功率波形；(c)母线电压波形

5 总结

本文提出了一种基于储能电池 SOC 的储能系统协调控制策略，通过根据各自储能单元的 SOC 对其进行相应的功率分配，从而达到储能单元 SOC 均衡的目的，延长储能系统使用寿命并提高微电网系统安全性。本文首先介绍了直流微电网结构及考虑电压偏差补偿的下垂控制原理，然后介绍了所提出的基于电池 SOC 的协调控制策略原理，最后用 Simulink 搭建了微电网仿真模型，并对储能系统充电模式切换至放电模式、放电模式切换至充电模式两种场景进行了仿真，仿真结果与理论分析一致，验证了所提出的协调控制策略的可靠性。

参考文献

[1] 王浩洋. 基于多智能体技术的微电网协同控制[D]. 重庆: 重庆大学, 2016.

[2] Katiraei F, Iravani R, Hatziargyriou N, et al. Microgrids management[J]. IEEE Power and Energy Magazine, 2008, 6(3): 54-65.

[3] 王成山, 王守相. 智能微网在分布式能源接入中的作用与挑战[J]. 中国科学院院刊, 2016, 31(2): 232-240.

[4] Chen D, Xu L. AC and DC microgrid with distributed energy resources[M]//Technologies and Applications for Smart Charging of Electric and Plug-in Hybrid Vehicles. Springer, Cham, 2017: 39-64.

[5] Yu X, She X, Zhou X, et al. Power management for DC microgrid enabled by solid-state transformer[J]. IEEE Transactions on Smart Grid, 2014, 5(2): 954-965.

[6] Dragičević T, Guerrero J M, Vasquez J C, et al. Supervisory control of an adaptive-droop regulated DC microgrid with battery management capability[J]. IEEE Transactions on Power Electronics, 2014, 29(2): 695-706.

[7] Chen W, Ruan X, Yan H, et al. DC/DC conversion systems consisting of multiple converter modules: Stability, control, and experimental verifications[J]. IEEE Transactions on Power Electronics, 2009, 24(6): 1463-1474.

[8] Duan S X, Meng Y, Xiong J, et al. Parallel operation control technique of voltage source inverters in UPS[C]//Power Electronics and Drive Systems, 1999. PEDS'99. Proceedings of the IEEE 1999 International Conference on. IEEE, 1999: 883-887.

[9] Prodanovic M, Green T C, Mansir H. A survey of control methods for three-phase inverters in parallel connection[C]//Power Electronics and Variable Speed Drives, 2000. Eighth International Conference on (IEEE Conf. Publ. No. 475). IET, 2000: 472-477.

[10] Siri K, Lee C Q, Wu T E. Current distribution control for parallel connected converters. I[J]. IEEE Transactions on Aerospace and Electronic Systems, 1992, 28(3): 829-840.

[11] Petruzziello F, Ziogas P D, Joos G. A novel approach to paralleling of power converter units with true redundancy[C]//Power Electronics Specialists Conference, 1990. PESC'90 Record., 21st Annual IEEE. IEEE, 1990: 808-813.

[12] Chandorkar M C, Divan D M, Adapa R. Control of parallel connected inverters in standalone AC supply systems[J]. IEEE Transactions on Industry Applications, 1993, 29(1): 136-143.

[13] Díaz N L, Luna A C, Vasquez J C, et al. Centralized control architecture for coordination of distributed renewable generation and energy storage in islanded ac microgrids[J]. IEEE Transactions on Power Electronics, 2017, 32(7): 5202-5213.

[14] Guan Y, Vasquez J C, Guerrero J M. Coordinated secondary control for balanced discharge rate of energy storage system in islanded AC microgrids[J]. IEEE Transactions on Industry Applications, 2016, 52(6): 5019-5028.

[15] Lu X, Sun K, Guerrero J M, et al. Double-quadrant state-of-charge-based droop control method for distributed energy storage systems in autonomous DC microgrids[J]. IEEE Transactions on Smart Grid, 2015, 6(1): 147-157.

[16] Diaz N L, Dragicevic T, Vasquez J C, et al. Fuzzy-logic-based gain-scheduling control for state-of-charge balance of distributed energy storage systems for DC microgrids[C]//Applied Power Electronics Conference and Exposition (APEC), 2014 Twenty-Ninth Annual IEEE. IEEE, 2014: 2171-2176.

无线纳米传感器网络路由协议设计

廖强,高坤

(中国人民解放军空军工程大学信息与导航学院,陕西西安,中国,710003)

摘　要:在无线纳米传感器网络中,针对纳米传感器体积小,携带能量低等特点,在研究网络的路由协议时,要充分考虑能量的高效性。本文利用分簇的方法,研究设计了一种高效率、低能耗的路由协议,即簇首控制分层(Cluster-Head Control Layer, CCL)协议。仿真结果表明,CCL协议能够有效地延长网络的生命周期,实现能量的均衡分布。

关键词:无线纳米传感器网络;路由协议;簇首控制分层协议

中图分类号:TP391

Wireless Nano Sensor Network Routing Protocol Design

Liao Qiang, Gao Kun

(College of Information and Navigation, Air Force Engineering University, Shaanxi, Xi'an, 710077)

Abstract: In the Wireless Nano Sensor Network (WNSN), the high efficiency of the energy can be fully considered when studying the routing protocol of the network for the small size and low energy of the Nano sensor. In this paper, the method of clustering is used to study the design of an efficient and low-energy routing protocol, namely the Cluster head Control layer (CCL) protocol. The simulation results show that the CCL protocol can effectively extend the life cycle of the network and realize the equilibrium distribution of energy.

Key words: Wireless Nano Sensor Network; Routing Protocol; Energy Saving; Clustering Algorithm (CCL)

1 引言

随着纳米技术的发展,制造各种类型的纳米传感器[1,2]已经成为可能。单个纳米传感器处理数据能力有限,由多个纳米传感器通过无线通信技术可以组成无线纳米传感器网络(Wireless Nano Sensor Networks,WNSNs),通过纳米传感器之间的协同可以完成更多的功能和更复杂的任务。由于WNSNs中纳米传感器处于纳米级别,能够检测到微观领域中物质的成分和变化,在工业、医疗、军事和环境等领域具有广阔的应用前景。国外的科研人员研究发现[3],纳米传感器能监测出土壤中含量低于1%的化学物质。

在无线纳米传感器网络中,由于纳米传感器体积小,携带能量有限,为了降低传感器能耗,延长网络生命周期,在设计网络路由协议时,要充分考虑协议的能耗问题。目前,无线传感器网络路由协议是研究的热点,现已提出LEACH、PAGSIS、SPIN和Flooding[4]等协议,但针对无线纳米传感器网络路由协议鲜有研究。加拿大卡尔加里大学的教授们在物理层网络编码(PNC)[5]的基础上,通过扩展贪婪地理路由算法[6]提出了在WNSNs中用于传输多跳数据的一种Buddy路由模式[7]。本文将从无线传感器网络路由协议入手,针对无线纳米传感器网络的特点,提出一种新的适合于WNSNs的路由协议,并通过仿真验证所提出的协议的性能。

2 无线纳米传感器网络体系结构

无线纳米传感器网络体系结构主要包括纳米节点、纳米路由器、纳米接口和网关等部分。

纳米节点:能够处理简单的数据,节点间的传输距离短,携带能量少,通信能力有限。纳米节点是无线纳米传感器网络中最小的处理单元,能够将收集来的信息传递给下一级。

纳米路由器:这些纳米器件比纳米节点有更多的计算

作者简介:廖强(1994—),男,四川内江人,本科生,研究方向为无线纳米传感器网络。

资源,能够处理来自纳米传感器节点的信息。此外,纳米路由器可以使用简单的命令来控制纳米节点的行为。

纳米接口:这些设备能够处理纳米路由器聚合的信息,把这些信息传送到局域网或互联网等宏观网络中,同时也将宏观网络中的信息反馈给纳米路由器,及时调整网络的信息传输。纳米接口是一种混合装置,能够在微观领域中使用纳米通信协议,也能在宏观领域中使用传统的通信协议。

网关:网关用来对整个无线纳米网络进行远程控制。例如,在一个身体内部的无线纳米传感器网络中,置于手腕中的纳米传感器可以通过手机转发信息。

3 簇首控制分层路由协议研究

3.1 路由协议概述

无线纳米传感器网络路由协议主要确定纳米节点和纳米路由器之间的优化路径,并确保信息在能耗最短的路径上无误地传输。与无线传感器网络一样,WNSNs 路由协议的特点如下:

(1) 节点无统一标示。WNSNs 中纳米传感器节点分布广,数量多,无法实现每个节点都分配一个 ID 号,并且宏观网络的路由协议不能在无线纳米传感器网络中适用。

(2) 数据冗余度高。WNSNs 中有很多的数据冗余,在研究其路由协议时要对这些特定的信息进行处理,这样可以减少能耗,提高频带带宽的利用率。

(3) 多对一通信。WNSNs 中的汇聚节点要处理来自网络中多个节点的信息,数据量较大。

WNSNs 中,控制能量消耗可以延长网络生存周期,其路由协议应该具备以下条件:

(1) 能量高效。纳米节点携带的能量有限,要利用有限的能量,传输尽可能多的数据,必须提高能量的利用率。因此,在路由协议的设计中,需要能耗最小。

(2) 基于局部拓扑信息。为了减少 WNSNs 的通信能耗,都是采用多跳通信模式,但是纳米节点的存储空间和运算能力有限,只能存储一部分路由信息。在这种情况下,纳米节点不能获取大量的局部拓扑信息,所以在设计 WNSNs 路由协议时,一定要基于局部拓扑结构,这样才能完成基本的信息传输。

(3) 以数据为中心。和宏观网络的路由协议(以 IP 地址为中心)不同,WNSNs 是把监测的数据信息作为中心。

3.2 簇首控制分层路由协议设计

基于以上的分析和研究,在本文中我们提出了簇首控制分层(Cluster-head Control Layer,CCL)协议。CCL 协议综合考虑了纳米节点的剩余能量和到汇聚节点的距离,将网络划分成若干个区域,使得传输信息时能耗分布更均匀。

在 CCL 协议中,无线纳米传感器网络的纳米节点和网络要满足下面这些要求:

(1) 汇聚节点能够接收所有来自纳米节点的信息。

(2) 所有纳米节点都能够改变发射功率的大小。

(3) 所有纳米节点(包括汇聚节点)的位置是固定不变的。

(4) 所有纳米节点都知道自身和汇聚节点的地理位置。

在 CCL 协议中,位置邻近的几个节点会自组织形成簇,在一个簇中会有一个簇首节点。在一个簇中,簇成员节点会将感知到的数据信息直接发送给簇首节点,簇首节点收到所有簇成员发来的数据后,对数据进行融合处理,然后将这些信息发送给汇聚节点。簇首节点是轮流当选的,这种运行机制保证了网络能耗的均衡性。图 1 说明了 CCL 协议中的分簇情况。

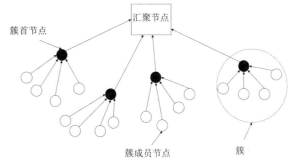

图 1 CCL 协议分簇示意图

CCL 协议是循环工作的,一次循环叫做一轮。在每一轮中包含了簇准备阶段和稳定阶段。在簇准备阶段,网络需要完成簇首选择与分簇;在稳定阶段,进行簇内和簇间的数据传输,最终汇总到汇聚节点。整个过程如图 2 所示。

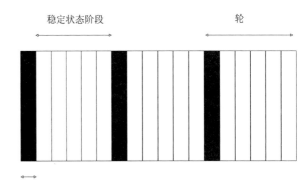

图 2 CCL 协议的循环工作过程

CCL 协议的具体实现方法是将整个网络区域依据节点到汇聚节点的距离 d 分为 3 个区域,即划为 A 层、B 层和 C 层,如图 3 所示,图中的黑点表示簇首,空心圆表示汇聚节点。当纳米节点随机分布在网络中后,汇聚节点广播信息给网络中所有的纳米节点,使每一个节点知道其所属的区域,并且规定每个区域内的节点只能将信息发送给本区域的簇首,不能发给其他区域的簇首,并且区域内的簇首数和簇首节点到汇聚节点的距离成反比,即区域内的簇首节点数越多,该区域离汇聚节点越近,簇首越少,离汇聚节点越远。C1、C2、C3 分别表示 A、B、C 区域中的簇首数,C1＜C2＜C3。

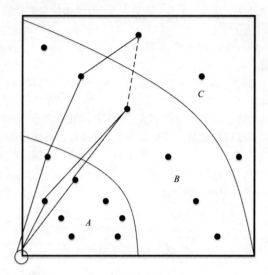

图 3 簇首分布示意图

具体的实施步骤如下:

(1) 簇首初级选择阶段。在 WNSNs 中进行簇首选择,需要依据事先给定的比例 p 选出簇首节点。所有的纳米节点都会给一个介于 0 到 1 之间的随机数 r。如果 r 小于给定的 $T(n)$,那么在这一轮中,这个节点被选为簇首。在 CCL 协议中,考虑到节点的剩余能量和节点到汇聚节点之间的距离,将 $T(n)$ 进行了改进,改进后的计算公式如下:

$$T(n) = \frac{p}{1 - p\left(r \bmod \left(\frac{1}{p}\right)\right)}(a + b)$$

$$a = \frac{E_{cur}(n)}{\left[\sum_{i=1}^{N_{alive}} E_{cur}(i)\right]/N_{alive}}$$

$$b = \frac{\left[\sum_{i=1}^{N_{alive}} D_{t\text{-}BS}(i)\right]/N_{alive}}{D_{t\text{-}BS}(n)}$$

(1)

式中,N_{alive} 为当前存活节点数;E_{cur} 为纳米节点的剩余能量;变量 a 表示剩余能量越多的节点,被选为簇首的几率更大;$D_{t\text{-}BS}$ 为纳米节点到汇聚节点的距离,变量 b 表示距离汇聚节点越近的节点,被选为簇首的几率更大。

(2) 二次簇首选择阶段。在第一步选出簇首后,要对簇首进行再次选择,在每个区域中由能量最高的簇首节点确定该区域中的簇首节点数量,如果某个区域的簇首节点的数量过多,就要使一部分簇首节点重新成为普通节点,保证网络中能量的均衡利用。

(3) 成簇阶段。在前两步中选出来的簇首节点向网络中其他非簇首节点广播簇首信息。当所有非簇首节点接收到这条广播信息后,要依据这个信号的强度来确定自身属于哪个簇。然后,这些节点要发送信息到各自所属的簇首节点,使这些簇首节点明确自己簇中成员的信息,这样簇就建立了。

(4) 数据传输阶段。首先,进行簇内通信、簇首数据融合,簇首节点接收来自本簇成员节点的信息,将这些信息数据进行融合;然后,行簇间通信,不同区域间的簇首选择能量消耗最小的路径发送信息;最后,将信息发送到汇聚节点。这样就完成了数据的传递。

4 性能评估

无线电能耗传输模型[8]如图 4 所示。

当节点发送 l 比特的数据时,它的能量消耗为

$$E_{tx}(l,d) = E_{tx\text{-}elec}(l) + E_{tx\text{-}amp}(l,d)$$
$$= \begin{cases} lE_{elec} + l\varepsilon_{fs}d^2 & (d < d_0) \\ lE_{elec} + l\varepsilon_{mp}d^4 & (d \geq d_0) \end{cases}$$

(2)

式中,d 为发射节点到接收节点的距离。当 d 小于门限值 d_0 时,采用自由空间信道模型(d^2);当 d 大于等于 d_0 门限值时,采用多径衰落模型(d^4)。

当节点接收 l 比特的数据时,它的能量消耗为

$$E_{rx}(l) = E_{rs\text{-}elec}(l) = lE_{elec}$$

(3)

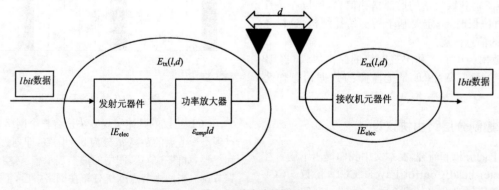

图 4 无线电能耗模型

一般在仿真试验中,这些参数取值如下:$E_{elec} = 50$ nJ/bit,$\varepsilon_{fs} = 10$ pJ/bit/m^2,$\varepsilon_{mp} = 0.0013$ pJ/bit/m^4。对于簇首节点需要考虑数据累积耗能,该耗能参数 $E_{DA} = 5$ nJ/bit/signal。距离门限值 $d_0 = \sqrt{\varepsilon_{fs}/\varepsilon_{mp}} \approx 87.7$ m。

为了研究 CCL 协议性能的优劣情况,将使用 MATLAB 软件对本文提出的 CCL 协议进行仿真试验,并与 LEACH 协议和 M-LEACH 协议[9]进行性能比较。

由于无线纳米传感器网络的性能指标众多,对网络性能的描述没有统一的标准。在仿真试验中,我们将采用下面两个性能指标参数来比较这三个协议的性能。

(1) 存活节点数:在纳米传感器节点能量有限的 WNSNs 中,网络的生命周期是最为关键的性能指标之一,它反映了整个网络的能量有效性。而存活节点数指的是随着时间的推进,网络中存活节点的数量,它是网络生命周期的直观反映。

(2) 网络能量消耗:该参数指的是接收节点和发送节点的能量消耗。

本文网络场景设计如下:设定无线纳米传感器网络中的纳米节点随机均匀部署在正方形中,汇聚节点位于正方形的一个顶点处(图 4)。纳米节点的布置范围分别是 50 m×50 m、100 m×100 m、200 m×200 m,网络区域内的每个纳米节点都能感知到自身和汇聚节点的地理位置,所有纳米传感器节点的初始能量相同、投放的纳米传感器节点数为 100。

试验中所使用到的各种参数如表 1 所示,其中的能量损耗模型与能量损耗参数的设置在本节开头已讨论。此外,在 CCL 协议仿真中,簇首节点数占总节点的数量百分比的期望值为 $p = 0.05$。

表 1 仿真试验参数表

试验参数	参数值
节点初始能量	0.1 J
数据包大小	4000 bit
E_{elec}	50 nJ/bit
ε_{fs}	10 pJ/bit/m^2
ε_{mp}	0.0013 pJ/bit/m^4
E_{DA}	5 nJ/bit/signal
d_0	87.7 m

图 5 和图 6 分别显示了监测区域为 50 m×50 m 时,三个协议在存活节点数和网络能耗上的比较。

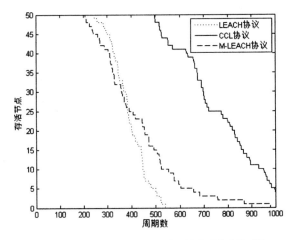

图 5 监测区域为 50 m×50 m 的网络存活节点数对比

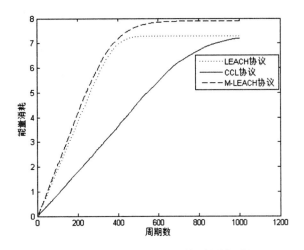

图 6 监测区域为 50 m×50 m 的网络能耗对比

图 7 和图 8 分别显示了监测区域为 100 m×100 m 时,三个协议在存活节点数和网络能耗上的比较。

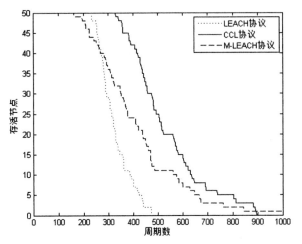

图 7 监测区域为 100 m×100 m 的网络存活节点数对比

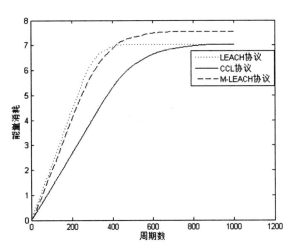

图 8 监测区域为 100 m×100 m 的网络能耗对比

图 9 和图 10 分别显示了监测区域为 200 m×200 m 时,三个协议在存活节点数和网络能耗上的比较。

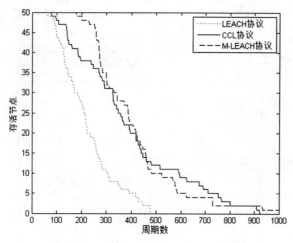

图9 监测区域为 200 m×200 m 的网络存活节点数对比

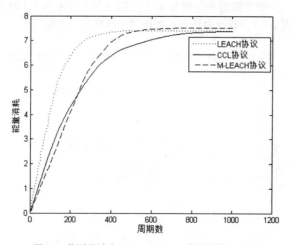

图10 监测区域为 200 m×200 m 的网络能耗对比

仿真结果表明,当网络中节点数都为 100 时,在不同面积的监测区域下,CCL 协议在网络生存周期和能耗方面都比 M-LEACH 协议和 LEACH 协议性能更优。

5 结束语

本文根据分簇算法,将网络划分成若干个区域,并综合考虑了网络中能量的高效性,提出了 CCL 协议。与其他协议相比,该协议可以在能量有限的情况下尽可能多地传递信息。本文通过 MATLAB 仿真软件,验证了理论的可操作性,在节点存活数和能耗方面,CCL 协议比 LEACH 协议和 M-LEACH 协议表现得更好。

参考文献

[1] Rao F, Fan Z, Dong L, et al. Molecular nanosensors based on the inter-sheet tunneling effect of a bilayer grapheme [C]//Proceeding of the IEEE NANOMED. Hong Kong: IEEE, 2010: 172-175.

[2] Sorkin V, Zhang Y. Graphene-based pressure nano-sensors [J]. Journal of Molecular Modeling, 2011, 17(11): 2825-2830.

[3] Akyildiz L F, Brunetti F, Blazquez C. Nanonetworks: A new communication paradigm [J]. Computer Networks, 2008, 52(12): 2260-2279.

[4] 池凯凯, 孙立, 程珍, 等. 无线纳米传感器网络高节能编码方案[J]. 电子测量与仪器学报, 2015, 29(6): 837-843.

[5] Zhang S, Liew S, Lam P. Hot topic: Physical-layer network coding [C]//Proceedings of the 12th Annual International Conference on Mobile Computing and Networking. California: IEEE, 2006: 358-365.

[6] Karp B, Kung H. GPSR: Greedy Perimeter Stateless Routing for wireless networks [C]//Proceedings of the 6th Annual International Conference on Mobile Computing and Networking. Massachusetts: IEEE, 2000: 243-254.

[7] Zhou R, Li Z, Wu C, et al. Buddy routing: A routing paradigm for nanoNets based on physical layer network coding [C]//Proceedings of International Conference on Computer Communication Networks. Munich: IEEE, 2012: 1-7.

[8] Heinzelman W R, Chandrakasan A, Balakrishnan H. Energy-efficient communication protocol for wireless microsensor networks [J]. IEEE Computer Society, 2000: 175-187.

[9] 祝维豪. 无线纳米传感器网络低冲突数据通信机制[D]. 浙江: 浙江工业大学, 2015.

基于 Grubbs 准则和 EKF 的锂电池组故障诊断策略

徐 可,魏婧雯,董广忠,陈宗海

(中国科学技术大学自动化系,安徽合肥,中国,230026)

摘 要:本文提出了一种基于格拉布斯(Grubbs)准则和扩展卡尔曼滤波的锂电池故障诊断策略。首先基于电池二阶 RC 等效电路模型建立正常电池模型及多种故障电池模型,设计 EKF 对各模型的输出进行实时跟踪估计。利用 Grubbs 准则对电池组内各单体电池进行异常检测,异常电池的端电压减去 EKF 输出的各模型电压产生残差,利用各残差信息以及模型先验概率,基于贝叶斯假设检验计算各模型的匹配概率,对应的匹配概率决定了最终故障诊断结果。最后,在恒流工况和动态工况下分别进行了仿真试验,试验结果证明了所提方法的有效性及鲁棒性。

关键词:格拉布斯准则;扩展卡尔曼滤波;锂离子电池;故障诊断;贝叶斯假设检验

中图分类号:TP391

Fault Diagnosis Strategy of Lithium Battery Pack Based on Grubbs Criterion and EKF

Xu Ke, Wei Jingwen, Dong Guangzhong, Chen Zonghai

(Department of Automation, University of Science and Technology of China, Hefei, Anhui, 230026)

Abstract: This paper presents a fault diagnosis strategy for lithium batteries based on the Grubbs criterion and Extended Kalman filter (EKF). First, a normal battery model and kinds of faulty battery models are established based on the second-order RC equivalent circuit model of the battery. Then, EKFs are utilized to estimate the output of each model. The Grubbs criterion is applied to perform abnormality detection on each single cell in the battery pack. The EKF output of each model is subtracted from abnormal battery terminal voltage to generate residuals. The residuals and the model prior probabilities are used in Bayesian hypothesis test to calculate probabilities that determine the signature faults. Finally, the simulation experiments are conducted under constant current conditions and dynamic conditions respectively. The results show the effectiveness and robustness of the proposed method.

Key words: Grubbs Criterion; Extended Kalman Filter; Lithium Battery; Fault Diagnosis; Bayesian Hypothesis Test

1 引言

随着锂电池技术的不断发展,锂离子电池系统已成为电动汽车和分布式微电网储能系统中不可或缺的组成部分[1]。尽管电池的制作工艺和封装水平不断进步,但由于使用过程中恶劣的操作环境、老化、滥用等,造成电池组内每个单体电池都可能发生故障。未经检测的电池故障会对电池产生不利影响,造成不可逆转的损坏,甚至在极端情况下会发生灾难性事故[2]。因此,及时准确地对电池运行中的故障进行诊断是十分重要的。

目前,锂离子电池的故障诊断受到业内研究人员的广泛关注,提出了许多有效的故障诊断方法。例如,一些学者研究在不同环境条件下电池的充电和放电特性,以揭示电池的安全特性[3],但这种离线分析的方法不适合电池的在线故障诊断。为此,文献[4]基于一阶 RC 等效电路模型设计了滑模观测器(Sliding Mode Observers)对反模型的输入进行估计,并对电池的输出进行开环估计,基于非

作者简介:徐可(1994—),男,安徽颍上人,硕士,研究方向为复杂系统建模与分析、故障诊断;陈宗海(1963—),男,安徽桐城人,教授,研究方向为复杂系统建模与分析、微电网、故障诊断、机器人。

线性奇偶方程(Nonlinear Parity Equation)生成观测值与估计值的残差,进而设定阈值对故障进行判别。类似地,文献[5]对设计的多个开环状态残差生成器进行选择,故障的诊断通过检测相应的残差值实现。文献[6]设计了龙伯格观测器对电池内部温度状态进行重构,并基于主、从双残差检测电池的热故障。这类方法实现简单,但是开环的观测方式具有不可避免的误差,而且不能处理系统误差产生的扰动。因此,一些学者提出了基于状态估计的方法。文献[7]基于电池表面温度变化和拓展卡尔曼滤波(Extended Kalman Filter,EKF)方法估计老化过程中的容量衰减和内阻增加。文献[8]使用 EKF 残差模型监测电池电压状态,包括过放故障在内的状态可以被识别。文献[9]综合考虑了故障对电池等效电路模型参数的影响,提出了自适应故障诊断模型,基于 EKF 估计各模型的残差并生成相应的故障概率。这些基于状态估计的方法避免了初始条件和噪声对电池故障诊断的干扰,进一步提高了故障诊断的鲁棒性,但其鲁棒性及估计精度取决于所选电池模型与实际电池系统的匹配程度。一些在正常状态下建立的电池模型并不适用于故障状态的行为分析,为此,部分学者提出了基于模型的故障诊断方法。例如,文献[10]和文献[11]在分析电池外部短路动态行为特性的基础上,建立了适用于短路状态的电池等效电路模型,故障的诊断分别通过阈值检测和分类的方法实现。文献[12]基于偏微分方程建立了热故障诊断模型来检测和估计热故障的程度。文献[13]建立了电化学-温度-内短路 3D 耦合模型探索测量电压、电流和温度数据与内短路状态之间的相关性。另外,在电池充放电过程中,一些特征参数或变量可以用来预测和评估电池的健康状态,这对信号的分析处理十分有用,例如剩余容量分析[14]和差分电压分析[15]。文献[16]构建了均值内阻、最小内阻和荷电状态(SOC)三种健康因子,提出了基于多模型数据融合技术的锂电池健康状态(SOH)预测方法。此外,还可以利用信号的波形分析电池的状态,例如,文献[17]和文献[18]提出了一种基于电压曲线相关系数的电池组短路探测方法,并使用递归滑窗的方式保证探测的实时性。一些研究者通过数据驱动的方法建立电池的运行数据与健康状态之间的非线性拟合关系,如神经网络[19,20]、支持向量机[21,22]和高斯回归[23]等。另外,熵权法[24]可以降低故障诊断中的主观性。因此,文献[25]利用样本熵和稀疏贝叶斯学习的方法从电池运行数据中评估电池的健康状态,这些数据驱动方法展现出了良好的非线性映射能力,但是它们依赖于样本数据以及特征的提取。

为了解决电池组故障诊断问题,提高电池系统的稳定性与安全性,同时降低运算复杂度,本文主要针对容易引发电池热失控的过充和过放[2,26]故障进行了研究,并提出了基于格拉布斯(Grubbs)异常检测的电池组故障定位算法。该方法通过捕获电池组各电池的端电压并计算相应的统计值,与设定阈值比较从而判断对应电池是否处于异常状态。此外,基于二阶 RC 等效电路,建立一组包括正常和故障状态的非线性电池模型,并基于 EKF 对各模型的输出电压进行估计。同时,对判定为异常状态的电池输出电压与 EKF 输出的各模型电压比较产生残差,利用各模型的残差信息以及先验信息,基于贝叶斯假设检验对各模型的匹配概率进行更新。最后,以概率的形式对故障诊断的结果进行反馈。

本文的后续章节组织如下:首先,在第 2 节对电池等效电路模型进行描述,给出其离散化的状态方程;随后,在第 3 节对提出的故障诊断策略进行详细叙述,分别对基于异常检测的故障定位技术、基于 EKF 的状态估计和基于贝叶斯假设检验的诊断结果概率分布进行了阐述;第 4 节给出了仿真试验和结果分析;最后,第 5 节总结全文并对未来的工作做出展望。

2 电池模型

对于锂离子电池,可以用集总参数的二阶 RC 网络对其进行建模[9,27,29],该模型的等效电路如图 1 所示。其中,R_0 表示电池的欧姆内阻;R_1 和 R_2 分别表示电化学极化和浓差极化内阻;C_1 和 C_2 分别表示电化学极化和浓差极化的电容;R_1C_1 和 R_2C_2 分别模拟电池的短期和长期的动态特性;U_{oc} 和 U_L 分别表示开路电压和负载侧的电压;I_L 表示负载电流。

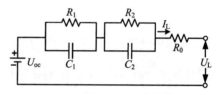

图 1 锂电池等效电路模型

值得注意的是,实际中电池的各项参数都是随温度、SOC 变化而变化的。在本文中,我们假设温度是恒定的,同时电阻和电容都不随 SOC 变化,只有开路电压 U_{oc} 是 SOC 的函数。另外,电池老化对参数的影响也没有考虑。因此,由基尔霍夫定律可得该模型的电路方程为

$$\begin{cases} \dot{U}_1 = -\dfrac{U_1}{R_1 C_1} + \dfrac{I_L}{C_1} \\ \dot{U}_2 = -\dfrac{U_2}{R_2 C_2} + \dfrac{I_L}{C_2} \\ U_L = U_{oc} - U_1 - U_2 - I_L R_0 \end{cases} \quad (1)$$

其中,U_{oc} 是 SOC 的非线性函数;$LiFePO_4$ 电池 U_{oc} 随 SOC 变化的趋势如图 2 所示。OCV 与 SOC 之间的非线性关系可以用下面的函数表示[30]:

$$U_{oc}(z) = k_0 + k_1 z + k_2 z^2 + k_3 \log(z) + k_4 \log(1-z) \quad (2)$$

式中,z 是 SOC 的简写;$k_i (i = 0, 1, \cdots, 4)$ 是系数。

SOC 通常定义为电池剩余容量与额定容量的比值:

$$SOC(t) = SOC(0) - \int_0^t I(\tau)/C_n d\tau \quad (3)$$

式中,$SOC(0)$ 是 SOC 的初始值;C_n 是电池容量;I 是充、放电电流,充电电流为负,放电电流为正。式(3)的离散形式可以表示为

$$SOC(k) = SOC(k-1) - I(k-1)\Delta t / C_n \quad (4)$$

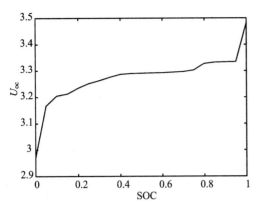

图 2 LiFePO$_4$ 电池 OCV-SOC 曲线

同理,对式(1)进行离散化处理可得

$$\begin{cases} U_1(k) = \mathrm{e}^{\frac{-\Delta t}{R_1 C_1}} U_1(k-1) + R_1(1-\mathrm{e}^{\frac{-\Delta t}{R_1 C_1}}) I(k-1) \\ U_2(k) = \mathrm{e}^{\frac{-\Delta t}{R_2 C_2}} U_2(k-1) + R_2(1-\mathrm{e}^{\frac{-\Delta t}{R_2 C_2}}) I(k-1) \\ U_L(k) = U_{oc}(k) - U_1(k) - U_2(k) - R_0 I(k-1) \end{cases} \tag{5}$$

选取 $\boldsymbol{x} = [U_1, U_2, z]^\mathrm{T}$ 作为状态变量,系统的非线性状态空间方程可以表示为

$$\begin{cases} x_k = f(x_{k-1}, I_{k-1}) + w(k-1) \\ y_k = h(x_k, I_k) + v(k) \end{cases}$$

$$\begin{cases} \begin{bmatrix} U_1(k) \\ U_2(k) \\ z(k) \end{bmatrix} = \begin{bmatrix} \mathrm{e}^{\frac{-\Delta t}{R_1 C_1}} & 0 & 0 \\ 0 & \mathrm{e}^{\frac{-\Delta t}{R_2 C_2}} & 0 \\ 0 & 0 & 1 \end{bmatrix} \begin{bmatrix} U_1(k-1) \\ U_2(k-1) \\ z(k-1) \end{bmatrix} \\ \qquad + \begin{bmatrix} R_1(1-\mathrm{e}^{\frac{-\Delta t}{R_1 C_1}}) \\ R_2(1-\mathrm{e}^{\frac{-\Delta t}{R_2 C_2}}) \\ \Delta t / C_n \end{bmatrix} I(k-1) + w(k-1) \\ U_L(k) = U_{oc}(k) - U_1(k) - U_2(k) - R_0 I(k) \end{cases} \tag{6}$$

式中,x_k 表示系统在 k 时刻的状态;y_k 是系统的输出,$f(\cdot), h(\cdot)$ 分别为状态转移函数和观测函数;$w \sim N(0, Q)$ 是系统的输入噪声,$v \sim N(0, R)$ 是系统的观测噪声。

随着电池健康状态的变化,电池相应的参数也会发生变化,不同的电池参数的模型可以对电池的故障进行表示。在本文中,我们致力于研究电池的过充、过放故障,着重考虑故障特征在电池模型参数 R、C 上的体现,不考虑由于电池健康状态导致的 OCV 曲线的迁移。

3 故障诊断策略

本文提出的故障诊断框架如图 3 所示。对于实际电池组的各电池单元,采集其电压信号,利用格拉布斯准则[31]计算相应的统计值 T_n,然后与对应的阈值 $T(\alpha, n)$ 进行比较,对于统计值大于 $T(\alpha, n)$ 的电池单元,其电压 V_f 作为异常值筛选出来。同时,如前文所述,可以建立具有不同参数的模型来表示不同的故障类型,然后设计 EKF 对模型输出 $y_1, y_2, \cdots, y_n$ 进行估计。然后计算 V_f 与 $y_1, y_2, \cdots, y_n$ 的残差,若异常电压 V_f 与某个故障模型的输出相匹配,则其残差信号应是零均值的正态分布,这样可以利用基于贝叶斯假设检验的方法对其属于每个模型的概率进行估计。

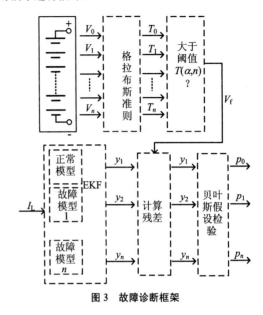

图 3 故障诊断框架

3.1 Grubbs 准则

假设 $\boldsymbol{X}$ 是服从正态分布的一组数据,即

$$\boldsymbol{X} \sim \frac{1}{\sqrt{2\pi}\sigma} \exp\left\{-\frac{(x-\mu)^2}{2\sigma^2}\right\} \tag{7}$$

其中

$$\mu = \sum_{i=1}^n x_i / n \tag{8}$$

$$\sigma^2 = \sum_{i=1}^n (x_i - \mu)^2 / n \tag{9}$$

在正态分布的假设条件下,有

$$p(|x-\mu| > 3\sigma) \leqslant 0.003 \tag{10}$$

上述结论称为拉依达准则,其中 p 表示概率值,则根据式(10)可以将 p 与大于 $\mu + 3\sigma$ 或小于 $\mu - 3\sigma$ 的值作为异常数据处理。拉依达法则简单高效,无需查表,但是该方法往往需要大量测试数据为前提,在数据量较少的情况下并不准确。

Grubbs 准则[31-33]是对正态分布样本或接近正态分布样本异常值的一种判别方法,对于样本数据较少(小于10)的情况下也是适用的。具体描述如下:

设数据整体 S 满足正态分布,$\{\lambda_1, \lambda_2, \cdots \lambda_n\}$ 是 S 的样本数据,对于统计量

$$T = \frac{\lambda_i - \bar{\lambda}}{\bar{\sigma}} \tag{11}$$

其中

$$\bar{\lambda} = \sum_{i=1}^n \lambda_i / n \tag{12}$$

$$\bar{\sigma}^2 = \sum_{i=1}^n (\lambda_i - \bar{\lambda})^2 / (n-1) \tag{13}$$

对 T 进行变换可得

$$\frac{T\sqrt{N(N-2)}}{\sqrt{(N-1)^2-NT^2}} \sim t_{a/2N}(N-2) \quad (14)$$

即服从自由度为 $N-2$，双边置信度为 $\alpha/2N$ 的 t 分布，如果是单边检验，置信度为 α/N。

对于指定的 N 和置信概率 α，根据 t 分布可以得到相应的统计量 T 的临界值，即

$$T(\alpha, N) = \frac{t(N-1)}{\sqrt{N}\sqrt{N-2+t^2}} \quad (15)$$

若对于某个测量值的残余误差，满足

$$|e_i| = |\lambda_n - \bar{\lambda}| > \bar{\sigma}T^* \quad (16)$$

则可判断该测量值为异常值，其中，T^* 为 $T(\alpha, N)$ 的缩写。Grubbs 准则理论较为严密，概率意义明确，是比较好的判定准则，可以用于严格要求或者测量值比较少的场合，表 1 给出了部分 $T(\alpha, N)$ 的值。

表 1 格拉布斯临界值表

σ\n	3	4	5	6	7	8	9	10
0.05	1.15	1.46	1.67	1.82	1.94	2.03	2.11	2.18
0.025	1.15	1.48	1.71	1.89	2.02	2.13	2.21	2.29
0.01	1.15	1.49	1.75	1.94	2.10	2.22	2.32	2.41

对于电池组内的 n 个电池单元，假设其正常工作电压 V 满足正态分布，则对于某一时刻的电压采样值 V_1, $V_2, \cdots, V_n$ 可以认为是正态分布总体的一组样本数据。则根据格拉布斯准则可知，对于某一电池电压 V_i 满足

$$T_i = \frac{|V_i - \bar{V}|}{\sigma_V} > T(\alpha, n) \quad (17)$$

则可以认为该电池电压值属于异常值，该电池可能处于故障状态，其中 $\bar{V}$ 和 σ_V 是电压均值和方差：

$$\bar{V} = \sum_{i=1}^{n} V_i / n \quad (18)$$

$$\sigma_V^2 = \sum_{i=1}^{n} (V_i - \bar{V})/(n-1) \quad (19)$$

3.2 基于 EKF 的状态估计

EKF 能够从包含一系列输入噪声和观测噪声中，估计系统的状态，其广泛应用于包括电池系统在内的非线性系统的状态估计问题[34-37]。对于式(6)表示的电池系统，选取 $x = [U_1, U_2, z]^T$ 为状态变量，利用 EKF 对状态进行估计的流程如图 4 所示。

其中，系数矩阵 A、B 分别为

$$A = \begin{bmatrix} e^{\frac{-\Delta t}{R_1 C_1}} & 0 & 0 \\ 0 & e^{\frac{-\Delta t}{R_2 C_2}} & 0 \\ 0 & 0 & 1 \end{bmatrix}, B = \begin{bmatrix} R_1(1-e^{\frac{-\Delta t}{R_1 C_1}}) \\ R_2(1-e^{\frac{-\Delta t}{R_2 C_2}}) \\ \Delta t/C_n \end{bmatrix} \quad (20)$$

$$H(k) = \frac{\partial h}{\partial x}\Big|_{\hat{x}=\hat{x}(k|k-1)} \quad (21)$$

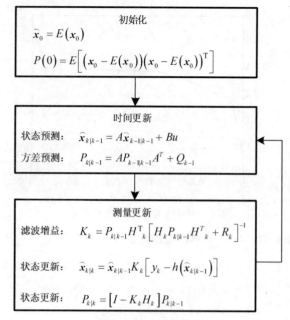

图 4 EKF 算法流程图

3.3 贝叶斯假设检验

模型的匹配概率通过贝叶斯假设检验的方式计算，如图 3 所示，EKF 对多个故障诊断模型在相同输入条件下的输出进行实时估计，如果异常电池的故障与某个故障模型相匹配，那么该模型与异常电池的残差应符合零均值的正态分布，其方差为[38]

$$\Lambda = C_k P_{k|k} C_k^T + R \quad (22)$$

其中，$C_k = (\partial h/\partial x)|_{\hat{x}_{k|k}}$，则根据高斯函数性质可得，第 n 个模型考虑历史测量值 $Y(t_{i-1}) = [y_{t_1}^T, y_{t_2}^T, \cdots, y_{t_{i-1}}^T]$ 的概率密度函数为[9,39]

$$f_{y(k)|a, Y(k-1)}(y_k | a_n, Y_{k-1}) = \beta_n \exp(\cdot) \quad (23)$$

其中

$$\beta_n = \frac{1}{(2\pi)^{m/2}|\Lambda_n(k)|^{1/2}} \quad (24)$$

$$\exp(\cdot) = -\frac{1}{2} r_n^T(k) \Lambda_n^{-1} r_n(k) \quad (25)$$

这里的 m 是输出状态的温度；$r_n(k)$ 是第 n 个模型与 V_f 的残差。则第 n 个模型的匹配概率为

$$p_n(k) = \frac{f_{y(k)|a, Y(k-1)}(y_k | a_n, Y_{k-1}) p_n(k-1)}{\sum_{j=1}^{n} f_{y(k)|a, Y(k-1)}(y_k | a_n, Y_{k-1}) p_n(k-1)} \quad (26)$$

其中，p_n 是模型 n 的匹配概率。对于故障的诊断，通常选取概率最大的假设作为诊断的结果。

4 试验验证

4.1 试验设计

如第 2 节所述，电池的故障发生会导致电池的参数发

生变化,因此,可以用具有不同参数的模型对故障电池进行表示,本文主要关注电池的过充和过放故障。当电池发生过充或过放时,其诸如极化内阻、极化电容等参数都会发生特定趋势的变化,这些参数可以使用交流阻抗谱(Impedance Spectroscopy,IS)[40]技术获得。IS 将小幅值交流电注入电池,然后测量其交流响应,从已知的交流输入和测量的交流响应中,可以获得模型所需的阻抗参数。

本文使用的过充、过放阻抗谱数据来自于 A123 18650 LiFePO$_4$ 电池的阻抗试验[9],具体参数如表 2 和表 3 所示。对比表中数据,可以看出,锂离子电池的欧姆内阻 R_0 以及极化内阻 R_1 和 R_2 在过充和过放状态下均呈现增大的趋势,且过充时的增幅大于过放;极化电容 C_1 和 C_2 随着过充循环次数的增加逐渐减小,而在过放状态下迅速增加。在本文中,以过放循环次数为 1 的模型参数作为正常电池模型参数,以过放循环次数为 6 的模型参数为过放故障的模型参数,以过充循环次数为 18 的电池参数为过充故障的模型参数。

表 2 过充条件下阻抗谱测量结果

次数	$R_0(\Omega)$	$C_1(F)$	$R_1(\Omega)$	$C_2(F)$	$R_2(\Omega)$
1	0.0771	0.0265	0.0156	0.4177	0.0282
5	0.2433	0.0041	0.0369	0.2463	0.0329
10	0.1395	0.0018	0.0720	0.1651	0.0376
12	0.1387	0.0012	0.1429	0.1007	0.0500
15	0.2865	0.0010	0.2571	0.0589	0.0763
18	0.1661	0.0007	0.4907	0.0140	0.1833

表 3 过放条件下阻抗谱测量结果

次数	$R_0(\Omega)$	$C_1(F)$	$R_1(\Omega)$	$C_2(F)$	$R_2(\Omega)$
1	0.0503	0.1922	0.0051	0.8213	0.0126
2	0.0566	0.2623	0.0045	2.6470	0.0098
3	0.0578	0.2669	0.0055	3.2500	0.0123
4	0.0594	0.4379	0.0053	4.2580	0.0126
5	0.0569	0.4067	0.0056	4.3360	0.0112
6	0.0623	0.2590	0.0054	2.9430	0.0081

利用 MATLAB 中 Simulink 组件基于图 1 所示的二阶 RC 等效电路搭建电池的仿真模型,电池组的结构设置为 10 个单体电池串联的形式。为了检验故障诊断策略的有效性,在仿真的过程中,对每个电池单体的电压数据进行实时采集,而对其他运行数据不做处理,这也是符合实际情况的。

另外,我们假设在特定时间内只有一个电池单体处于故障状态,其他电池均处于正常状态。为了模拟电池的不同工况,分别设置图 5 所示的恒流状态和图 6 所示的动态工况。在这两种工况下,实时检测每个电池的电压数据,并计算相应的格拉布斯统计值。与此同时,在相同输入下,基于 EKF 对搭建的正常、OC 和 OD 模型的输出进行实时估计;系统一旦检测到某个电池的统计值大于临界

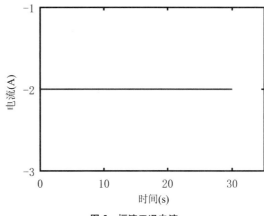

图 5 恒流工况电流

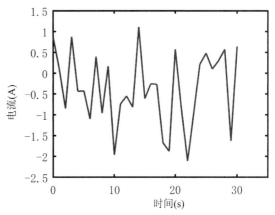

图 6 动态工况电流

值,就将计算该电池与各模型的估计输出的残差值,利用残差信息基于贝叶斯假设检验方法对异常电池与各故障模型的匹配概率进行计算,然后根据概率分布给出故障诊断结论。

4.2 故障诊断试验及分析

4.2.1 恒流工况

首先,在恒流状态下进行故障诊断试验,记 10 个串联电池单体分别为 Cell$_0$,Cell$_1$,$\cdots$,Cell$_9$,假设 Cell$_0$ 为过充故障,其余电池均为正常状态,每个模型的初始匹配概率设为 1/3,在恒流状态下仿真 30 s,各电池电压如图 7 所示,实时计算的统计值 T 如图 8 所示。

由图 7 可知,Cell$_1$~Cell$_9$ 的电压 V_1,V_2,$\cdots$,V_9 处于 3.43 V 左右,而 Cell$_0$ 电压在 5 V 左右,明显处于异常状态。同时,由图 8 可知,Cell$_0$ 的统计值 T_0 明显高于阈值 2.41(查表可得),而其余电池的统计值均远小于阈值。因此,根据格拉布斯准则能够准确筛选出异常状态电池。

由于 Cell$_0$ 被检测为异常电池,系统将计算 $V_0(V_f)$ 与 EKF 实时估计的多个模型输出之间的残差,并据此计算每个模型的匹配概率,如图 9 所示,其中,r_1、r_2、r_3 分别表示 V_f 与正常模型、OC 模型以及 OD 模型的残差,p_1、p_2、p_3 分别表示正常模型、OC 模型以及 OD 模型的匹配

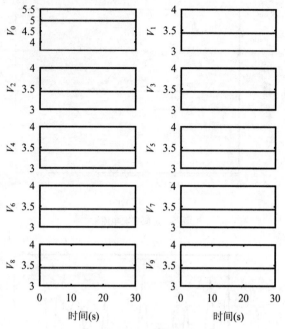

图 7 恒流工况下各电池电压

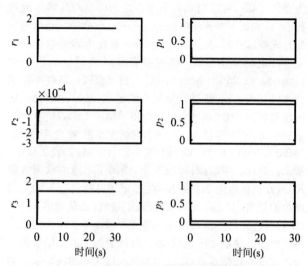

图 9 恒流工况下各模型残差及概率

Cell₀设置为过放故障,其余电池均为正常状态,每个模型的初始匹配概率设为 1/3,仿真时间为 30 s。

各电池电压响应如图 10 所示,此时由电压曲线并不能明显看出电池的异常,而根据图 11 所示的各电池的统计值,可以明显看出 T_0 超过了阈值,这表明 Cell₀ 处于异常状态。

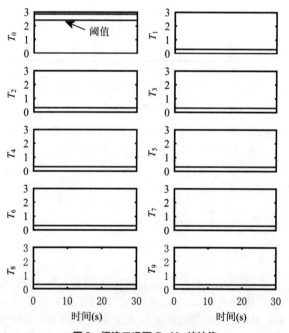

图 8 恒流工况下 Grubbs 统计值

概率。由图 9 可以看到,r_2 在短时间内迅速降至接近 0,与之对应的匹配概率 p_2 则由 1/3 增至接近 1,而 r_1 和 r_3 则维持在不为 0 的状态,对应的 p_1 和 p_3 则降至接近 0。异常电池 Cell₀ 与 OC 模型的匹配概率最大且接近 1,由此可以推断 Cell₀ 是过充故障,这与开始的假设是一致的。

4.2.2 动态工况

为了检验所提故障诊断策略在不同工况下的鲁棒性,在图 6 所示的动态工况下,进行故障诊断试验。同样记 10 个串联电池单体分别为 Cell₀,Cell₁,⋯,Cell₉,其中将

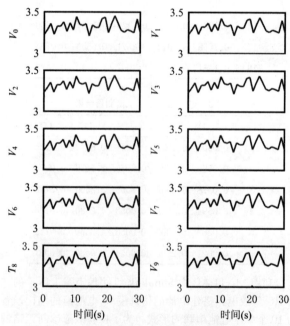

图 10 动态工况下各电池电压

因此,同样计算 $V_0(V_f)$ 与各 EKF 估计的模型输出残差以及根据贝叶斯假设检验计算的匹配概率,结果如图 12 所示。V_f 与 OC 模型的残差 r_2 最大,与正常 EKF 模型的残差 r_1 在 -0.02 与 0.02 之间波动,而与 OD 模型的残差 r_3 最小,属于 10^{-4} 量级。另外,OD 模型的匹配概率 p_3 从 1/3 迅速上升至 1 左右,与此同时,p_1 和 p_2 则从 1/3 降至 0 附近。因此,根据给出的概率分布可以判断 Cell₀ 是过放故障,这正好与假设相符。

综合两种工况下的仿真试验结果,所提方法在不同工

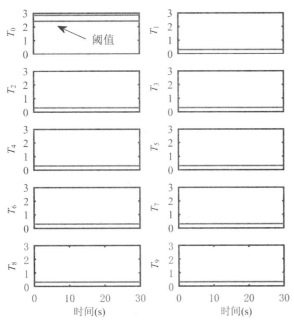

图 11 恒流工况下 Grubbs 统计值

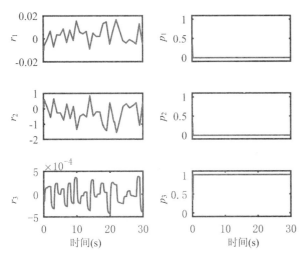

图 12 动态工况下各模型残差及概率

况下都能给出准确的故障诊断结果,证明了其有效性。另外,通过对比图 8 和图 11,即恒流状态下和动态工况下的各电池的 Grubbs 统计值,可以发现统计值基本不随电池工况的波动而变化,因此,所提方法对于工况的变化具有一定的鲁棒性。而通过分析图 9 和图 12 所示的各模型概率的变化曲线,可以看出一旦检测到异常,模型的概率能够迅速地做出响应,体现了该故障诊断方法的时效性。

5 总结

本文提出了一种基于异常检测和 EKF 的储能电池故障诊断策略。基于电池二阶 RC 等效电路模型建立正常电池模型及多个故障电池模型,同时设计 EKF 对模型的输出进行实时跟踪估计。利用格拉布斯准则对电池组运行的端电压数据进行异常电压检测,将判定为异常状态的电池的输出电压与 EKF 估计的各模型电压比较产生残差,利用各残差信息以及模型先验概率,基于贝叶斯假设检验对各模型的匹配概率进行更新,采用匹配概率最大的结论作为故障诊断结果。最后,在恒流工况和动态工况下分别进行仿真试验,试验结果验证了所提方法的有效性及鲁棒性。但是本文的方法并未考虑温度对模型参数的影响,将在未来的工作中加以完善。

参考文献

[1] Andrea D. Battery management systems for large lithium-ion battery packs [M]. Normood, MA: Artech House, 2010.

[2] Wu C, Zhu C, Ge Y, et al. A review on fault mechanism and diagnosis approach for Li-ion batteries [J]. Journal of Nanomaterials, 2015, 2015: 8.

[3] Zhang J, Lee J. A review on prognostics and health monitoring of Li-ion battery [J]. Journal of Power Sources, 2011, 196(15): 6007-6014.

[4] Marcicki J, Onori S, Rizzoni G. Nonlinear fault detection and isolation for a lithium-ion battery management system [C]// ASME 2010 Dynamic Systems and Control Conference. American Society of Mechanical Engineers, 2010: 607-614.

[5] Liu Z, Ahmed Q, Rizzoni G, et al. Fault detection and isolation for lithium-ion battery system using structural analysis and sequential residual generation [C]. ASME 2014 Dynamic Systems and Control Conference. American Society of Mechanical Engineers, 2014.

[6] Dey S, Biron Z A, Tatipamula S, et al. On-board thermal fault diagnosis of lithium-ion batteries for hybrid electric vehicle application [J]. IFAC-Papers OnLine, 2015, 48(15): 389-394.

[7] ElMejdoubi A, Oukaour A, Chaoui H, et al. State-of-charge and state-of-health lithium-ion batteries' diagnosis according to surface temperature variation [J]. IEEE Transactions on Industrial Electronics, 2016, 63(4): 2391-2402.

[8] Singh A, Izadian A, Anwar S. Model based condition monitoring in lithium-ion batteries [J]. Journal of Power Sources, 2014, 268: 459-468.

[9] Sidhu A, Izadian A, Anwar S. Adaptive nonlinear model-based fault diagnosis of Li-ion batteries [J]. IEEE Transactions on Industrial Electronics, 2015, 62(2): 1002-1011.

[10] Chen Z, Xiong R, Tian J, et al. Model-based fault diagnosis approach on external short circuit of lithium-ion battery used in electric vehicles [J]. Applied Energy, 2016, 184: 365-374.

[11] Yang R X, Xiong R, He H W, et al. A fractional-order model-based battery external short circuit fault diagnosis approach for all-climate electric vehicles application [J]. Journal of Cleaner Production, 2018, 187: 950-959.

[12] Dey S, Perez H E, Moura S J. Model-based battery thermal fault diagnostics: Algorithms, analysis, and experiments [J]. IEEE Transactions on Control Systems Technology, 2017 (99): 1-12.

[13] Feng X, Weng C, Ouyang M, et al. Online internal short circuit detection for a large format lithium-ion battery [J].

Applied Energy,2016,161:168-180.

[14] Liu G, Ouyang M, Lu L, et al. Online estimation of lithium-ion battery remaining discharge capacity through differential voltage analysis[J]. Journal of Power Sources, 2015, 274: 971-989.

[15] Wang L, Pan C, Liu L, et al. On-board state of health estimation of LiFePO$_4$ battery pack through differential voltage analysis[J]. Applied Energy, 2016, 168: 465-472.

[16] 孙冬,许爽.梯次利用锂电池健康状态预测[J/OL].电工技术学报:1-9. https://doi.org/10.19595/j.cnki.1000-6753.tces.170107.

[17] Xia B, Shang Y, Nguyen T, et al. A correlation based fault detection method for short circuits in battery packs[J]. Journal of Power Sources, 2017, 337: 1-10.

[18] Li X, Wang Z. A novel fault diagnosis method for lithium-ion battery packs of electric vehicles[J]. Measurement, 2018, 116: 402-411.

[19] Lin H T, Liang T J, Chen S M. Estimation of battery state of health using probabilistic neural network[J]. IEEE Transactions on Industrial Informatics, 2013, 9(2): 679-685.

[20] You G W, Park S, Oh D. Diagnosis of electric vehicle batteries using recurrent neural networks[J]. IEEE Transactions on Industrial Electronics, 2017, 64(6): 4885-4893.

[21] Nuhic A, Terzimehic T, Soczka-Guth T, et al. Health diagnosis and remaining useful life prognostics of lithium-ion batteries using data-driven methods[J]. Journal of Power Sources, 2013, 239: 680-688.

[22] Klass V, Behm M, Lindbergh G. Capturing lithium-ion battery dynamics with support vector machine-based battery model[J]. Journal of Power Sources, 2015, 298: 92-101.

[23] Li F, Xu J. A new prognostics method for state of health estimation of lithium-ion batteries based on a mixture of Gaussian process models and particle filter[J]. Microelectronics Reliability, 2015, 55(7): 1035-1045.

[24] Liu P, Sun Z, Wang Z, et al. Entropy-based voltage fault diagnosis of battery systems for electric vehicles[J]. Energies, 2018, 11(1): 136.

[25] Hu X, Jiang J, Cao D, et al. Battery health prognosis for electric vehicles using sample entropy and sparse Bayesian predictive modeling[J]. IEEE Transactions on Industrial Electronics, 2016, 63(4): 2645-2656.

[26] Erol S, Orazem M E, Muller R P. Influence of overcharge and over-discharge on the impedance response of LiCoO$_2$|C batteries[J]. Journal of Power Sources, 2014, 270(270): 92-100.

[27] Widanage W D, Barai A, Chouchelamane G H, et al. Design and use of multisine signals for Li-ion battery equivalent circuit modelling. Part 2: Model estimation[J]. Journal of Power Sources, 2016, 324: 61-69.

[28] Zhang C, Li K, Deng J, et al. Improved realtime state-of-charge estimation of LiFePO$_4$ battery based on a novel thermoelectric model[J]. IEEE Transactions on Industrial Electronics, 2017, 64(1): 654-663.

[29] Xia B, Zhao X, De Callafon R, et al. Accurate lithium-ion battery parameter estimation with continuous-time system identification methods[J]. Applied Energy, 2016, 179: 426-436.

[30] Dong G, Wei J, Zhang C, et al. Online state of charge estimation and open circuit voltage hysteresis modeling of LiFePO$_4$ battery using invariant imbedding method[J]. Applied Energy, 2016, 162: 163-171.

[31] Grubbs F E. Sample criteria for testing outlying observations [J]. The Annals of Mathematical Statistics, 1950: 27-58.

[32] Burke S. Missing values, outliers, robust statistics & non-parametric methods[J]. LC-GC Europe Online Supplement, Statistics & Data Analysis, 2001, 2: 19-24.

[33] Luo W, Wu Y, Yuan J, et al. The calculation method with grubbs test for real-time saturation flow rate at signalized intersection[C]//International Conference on Intelligent Transportation. Singapore: Springer, 2016: 129-136.

[34] 刘新天,刘兴涛,何耀,等.基于V_(min)-EKF的动力锂电池组SOC估计[J].控制与决策, 2010, 25(3): 445-448.

[35] Xiong B, Zhao J, Wei Z, et al. Extended Kalman filter method for state of charge estimation of vanadium redox flow battery using thermal-dependent electrical model[J]. Journal of Power Sources, 2014, 262: 50-61.

[36] Wei J, Dong G, Chen Z. On-board adaptive model for state of charge estimation of lithium-ion batteries based on Kalman filter with proportional integral-based error adjustment[J]. Journal of Power Sources, 2017, 365: 308-319.

[37] Wei J, Dong G, Chen Z, et al. System state estimation and optimal energy control framework for multicell lithium-ion battery system[J]. Applied Energy, 2017, 187: 37-49.

[38] Hanlon P D, Maybeck P S. Multiple-model adaptive estimation using a residual correlation Kalman filter bank [J]. IEEE Transactions on Aerospace and Electronic Systems, 2000, 36(2): 393-406.

[39] Maybeck P S. Multiple model adaptive algorithms for detecting and compensating sensor and actuator/surface failures in aircraft flight control systems[J]. International Journal of Robust and Nonlinear Control, 1999, 9(14): 1051-1070.

[40] Andre D, Meiler M, Steiner K, et al. Characterization of high-power lithium-ion batteries by electrochemical impedance spectroscopy. II: Modelling[J]. Journal of Power Sources, 2011, 196(12): 5349-5356.

考虑不确定性的基于粒子群优化的微电网能源管理

于晓玮,张陈斌,魏婧雯,董广忠,陈宗海

(中国科学技术大学自动化系,安徽合肥,中国,230026)

摘　要:可再生能源和负载需求的剧烈波动会降低微电网运行的可靠性,因此,确定性调度策略无法对含有不确定性因素的微电网做出精确、可靠、优化的调度决策。为此,本文提出一种基于蒙特卡洛模拟的随机优化框架。为了合理处理预测结果存在的不确定性,采用基于预测误差概率分布假设的随机模拟方法对不确定性进行量化。储能容量增加可以消纳更多的可再生能源,但是对应的储能成本也增加。本文采用粒子群优化算法进行优化求解,从而确定最优的经济成本和电池容量。与确定性方法相比,试验结果证明随机优化算法具有更高的鲁棒性。

关键词:微电网;优化调度;不确定性;粒子群算法

中图分类号:TP391

Particle Swarm Optimization based Energy Management in Microgrid Considering Uncertainty

Yu Xiaowei, Zhang Chenbin, Wei Jingwen, Dong Guangzhong, Chen Zonghai

(Department of Automation, University of Science and Technology of China, Anhui, Hefei, 230026)

Abstract: Sharp fluctuations in renewable energy and load requirements reduce the reliability of microgrid operation. Therefore, the deterministic scheduling strategies cannot provide accurate and reliable optimization analysis for scheduling problems that contain uncertainties. As a result, a stochastic optimization framework based on Monte Carlo simulation is proposed. In order to properly handle the uncertainties contained in the prediction results, the uncertainty is quantified using a stochastic simulation method based on the probability distribution of prediction errors. Energy storage can absorb excess renewable energy, which the corresponding energy storage costs also increase. Increases in the storage capacity can consume more renewable energy, which will increase energy storage costs. The particle swarm optimization algorithm is introduced to determine the optimal economic cost and battery capacity. The experimental results prove the robustness of the stochastic optimization algorithm through comparison with the deterministic method.

Key words: Microgrid; Optimization Scheduling; Uncertainty; Particle Swarm Optimization (PSO)

1 引言

全球能源需求量增加,大规模采用化石燃料发电违背能源可持续性发展的理念[1]。微电网通过集成分布式能源和智能系统控制,能有效满足能源需求、消纳清洁能源,因而成为当前能源问题的关键解决方案[2]。其中,分布式能源包括可再生能源(风电、光伏等)、不可再生能源(燃气轮机和发电机等)和储能设备。大规模集成的可再生能源有效地减轻了传统电网的供电压力。然而,可再生能源具有间歇性和随机性,无法被负荷消纳的能量将被丢弃[3]。储能设备可以存储多余的能量,并在能源短缺时为负荷提供能量,降低供电成本。因此,储能设备是必不可少的。

能源管理系统(Energy Management System, EMS)作为保证多种分布式能源的协调、经济运行的一种有效手段,逐步引起广泛关注。为此,EMS需要提供有效的实时数据监控和最优经济调度策略。Di 等人[4]对微电网中发电机的发电运行成本和各组发电机的功率配置成本进行

作者简介:于晓玮(1993—),女,山东人,硕士,研究方向为微电网新能源技术;陈宗海(1963—),男,安徽人,教授,博士生导师,研究方向为复杂系统的建模仿真控制、机器人与智能系统、汽车新能源技术等。

了优化,实现了微电网中的发电机组的最优配置。Duan 等人[5]将负荷短缺成本和电网购电成本作为优化目标,有效解决了微电网中能源供应与需求之间的不匹配问题。Farzin 等人[6]构建经济花费和负荷削减花费最小的多优化目标的调度策略,并基于模糊推理筛选出满足不同用户需求的最优的非支配解。上述研究所提出的经济调度策略的有效性已经得到验证。

上述方法均假设调度周期内的能量曲线已知,但是微电网实际运行中却存在多种不确定性源,例如:可再生能源发电量和需求负荷量的不确定性、系统意外故障的不确定性和电动汽车接入微电网的不确定性等。预测误差导致的不确定性累积将会降低优化调度结果的可靠性。突发性的不确定事件会导致系统供需不平衡,甚至系统瘫痪。当前不少研究对微电网中的不确定事件进行分析并制定相应的优化策略。Kumar 等人[7]总结了对发电、负荷等不确定量进行预测并量化不确定性的方法。Xiang 等人[8]将可再生能源发电和负荷的不确定性描述为不确定集合,并提出基于情景模拟的鲁棒优化算法对最坏情况下的能源状态进行优化调度。但是鲁棒优化法只考虑最坏情况,优化结果过于保守。为此,Malysz 等人[9]提出了基于模型预测控制的多时间尺度调度方法,并分别进行了日前调度、滚动误差修正和实时调度。然而该方法依然假设不同调度周期的预测误差为零,因此本质上还是确定性调度。为了处理微电网中的不确定调度问题,本文提出了基于蒙特卡洛模拟的随机优化框架。首先,假设预测误差满足高斯分布,并采用蒙特卡洛模拟的方式对不确定因素进行量化处理。然后,在优化策略方面,增加储能容量虽然可以消纳更多可再生能源,但是成本也随之增加。为此,本文在经济调度的基础上,同时对储能容量进行优化。最后,通过粒子群优化算法对优化问题进行求解。

2 家庭微电网数学模型

2.1 基本结构

本文搭建了如图1所示的家庭微电网,其主要包含如下分布式能源:一个风力发电机(Wind Turbine, WT)、太阳能板(Solar Photovoltaic Arrays, PV)和家庭电池储能设备(ESS, Energy Storage Systems)。此外,该家庭微电网与主电网连接,能够向主电网购买或销售能量。各分布式能源通过 DC/AC 逆变器或者 AC/DC 逆变器与交流母线连接,从而向负荷提供能量。分布式能源包括可调度能源(ESS)和不可调度能源(WT 和 PV)。由于可再生能源的间歇性和不可调度性,为了有效地利用可再生能源、降低用电成本,EMS 可以由用户直接操作而制定出最优的能量调度方案。

2.2 净负荷模型

为了不影响用户的正常生活需求,我们假设家庭微电网中的电力需求均由分布式能源供应,即满足如下的功率

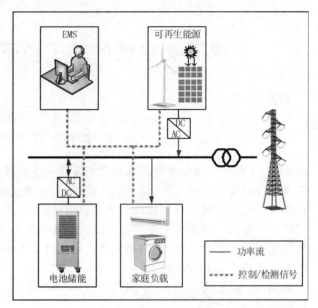

图 1 微电网系统结构图

平衡:
$$P_{\text{grid}} = P_L - (P_{\text{WT}} + P_{\text{PV}} + P_{\text{MT}} + P_B) \quad (1)$$

其中,$P_B>0$ 表示电池放电;$P_B<0$ 表示电池充电,此时电池作为负载消耗电力。

由于可再生能源的发电量和需求侧的负荷量与天气等多种因素有关,通常风机、光伏的发电量和负荷量可以通过预测得到,但是预测结果不可避免地存在不确定性。通常,假设发电量和负荷预测误差均满足高斯分布 $N(\mu, \sigma^2)$。因此,存在不确定源的情况下,风机、光伏发电和负荷的预测值可以被表示为

$$P_{\text{WT},t} = \tilde{P}_{\text{WT},t} + \Delta P_{\text{WT},t} \quad (2)$$

$$P_{\text{PV},t} = \tilde{P}_{\text{PV},t} + \Delta P_{\text{PV},t} \quad (3)$$

$$P_{L,t} = \tilde{P}_{L,t} + \Delta P_{L,t} \quad (4)$$

为了方便起见,我们定义净负荷 P_{net} 这一变量,它表示可再生能源满足的电力需求量。净负荷不为负值时,说明家庭微电网的电力需求可以通过可再生能源供应。净负荷为负值时,需要通过储能放电或者从发电机甚至主电网汲取电能。净负荷量表示为

$$\begin{aligned} P_{\text{net},t} &= P_{\text{WT},t} + P_{\text{PV},t} - P_{L,t} \\ &= \tilde{P}_{\text{net},t} + \Delta P_{\text{net},t} \end{aligned} \quad (5)$$

由于风机、光伏发电量和负荷量均为独立变量,因此,净负荷的预测误差的均值和方差表示为

$$\begin{cases} \mu_{\text{net}} = \mu_{\text{WT}} + \mu_{\text{PV}} - \mu_L \\ \sigma_{\text{net}}^2 = \sigma_{\text{WT}}^2 + \sigma_{\text{PV}}^2 - \sigma_L^2 \end{cases} \quad (6)$$

2.3 ESS 模型

可再生能源发电具有间歇性以及大电网发生瞬时故障等,都会造成微电网功率不平衡和电压暂降等问题。在微电网中配置储能系统,不仅能够提供短时供电,还可以缓冲微电网中负荷波动、提高可再生能源利用率,这极大

地改善了微电网的电能质量。当能量过剩或充电成本较低时,储能设备用来存储能量。当需求高峰期时,储能设备释放电能以降低购电花费。为了避免电池过充/过放,延长电池使用寿命,本文制定了如下控制策略:

(1) 为了避免电池过充、过放,本文对每个时刻点 t 的电池充放电功率进行了控制。

$$\begin{cases} 0 \leqslant P_{B,CH}^t \leqslant \delta_{B,CH}^t \times P_{B,E} \times (1-SOC^{t-1}) \times \eta_{B,CH}, \\ \delta_{B,CH}^t \in \{0,1\}, \quad \forall t \end{cases} \quad (7)$$

$$\begin{cases} 0 \leqslant P_{B,DIS}^t \leqslant \delta_{B,DIS}^t \times P_{B,E} \times SOC^{t-1} \times \eta_{B,DIS}, \\ \delta_{B,DIS}^t \in \{0,1\}, \quad \forall t \end{cases} \quad (8)$$

$$\delta_{B,CH}^t + \delta_{B,DIS}^t = 1, \quad \forall t \quad (9)$$

其中,$P_{B,CH}^t$、$P_{B,DIS}^t$ 分别表示电池在时刻 t 可以充/放电的功率;$P_{B,E}$ 表示电池在单位时间内的最大可用功率;$\eta_{B,CH}$、$\eta_{B,DIS}$ 分别表示电池的充放电效率。二进制变量 $\delta_{B,CH}^t$、$\delta_{B,DIS}^t$ 用来避免电池同时充放电。

(2) 为了实时监控电池状态,荷电状态 SOC 与充放电功率的关系表示如下:

$$\begin{aligned} SOC^t &= SOC^{t-1} - \frac{C_{a\_con}}{C_a} \\ &= SOC^{t-1} - \frac{P_{B,CH}^t \cdot \eta_{B,CH} + P_{B,DIS}^t \cdot \eta_{B,DIS}}{P_{B,E}}, \quad \forall t \end{aligned} \quad (10)$$

$$SOC_{min} \leqslant SOC^t \leqslant SOC_{max}, \quad \forall t \quad (11)$$

3 问题制定与优化方法

3.1 优化问题

针对家庭微电网,我们制定了以运行成本最小和储能容量最优为目标的优化问题。结合微电网模型,优化问题表示为

$$\begin{cases} OC = \min \sum_{t=1}^{24} (c_{grid} \cdot P_{grid,t} \cdot \Delta t) + c_{batt} \cdot Q_{batt} \\ s.t. \quad (7) \sim (11) \end{cases} \quad (12)$$

其中,目标函数中的两项分别对应于从电网购电的电力成本和电池成本;c_{grid} 表示每小时的电力价格;c_{batt} 表示电池单位容量对应的成本。

3.2 模型求解

为了解决可再生能源和负荷的预测不确定问题,本文制定了基于蒙特卡洛模拟的随机优化算法。

蒙特卡洛模拟法通过基于随机试验原理,对微电网系统的不确定输入进行随机抽样,将随机因素转化成确定值后放入系统优化运行模型进行求解,最终使用随机状态的发生频率来估算概率,并将其作为问题的解。蒙特卡洛模拟法在多因素敏感性分析中优势明显,可以对多种不确定性因素进行同时模拟,并且不受问题维数限制,是建立微源不确定性模型的常用方法。

本文利用粒子群算法对优化问题进行求解。粒子群算法源于对群体觅食运动行为的智能模拟,是一种全局优化进化算法。在粒子群算法中,每一个粒子都是代表问题的一个潜在解。通过粒子间的相互协作和信息共享,以自身和群体的历史最优位置对粒子当前的运动速度和位置进行更新,促使群体在复杂的解空间中进行寻优操作[12]。其中,粒子的速度与位置取决于以下更新方程:

$$v_{ij}(k+1) = w \cdot v_{ij}(k) + c_1 \cdot r_1[p_{best} - x_{ij}(k)] + c_2 \cdot r_2[g_{best} - x_{ij}(k)] \quad (13)$$

$$x_{ij}(k+1) = x_{ij}(k) + v_{ij}(k+1) \quad (14)$$

其中,k 表示迭代次数;c_1、c_2 作为学习因子;r_1、r_2 取 [0,1] 之间的随机数;w 为惯性权重;p_{best} 表示个体目前经历过的最佳位置;g_{best} 表示群体目前经历过的最佳位置。本文提出的随机优化算法流程图如图 2 所示。

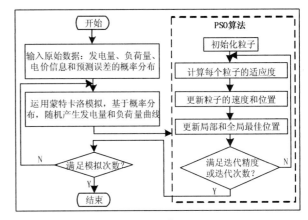

图 2　随机优化算法流程图

4 算例分析

本文选取典型日的发电、负荷数据对所搭建的微电网系统进行调度仿真。风机、光伏、负荷的预测曲线以及电价曲线展示在图 3 中。

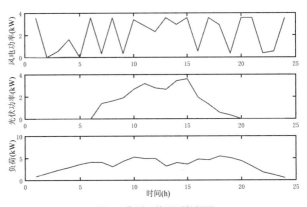

图 3　典型日的预测数据图

本文首先分析不确定性对微电网优化调度的影响。图 4、图 5 分别展示净负荷预测误差的均值和方差与储能容量配置的关系。从两图中可以看出,随着预测误差的增加,微电网所需的储能容量呈现递增趋势。这是因为,较低的风电、光伏发电和负荷需求的预测精度导致较大的净

负荷波动。在电价峰值期间,更多的能量波动对应的最优调度结果是增加微电网的储能容量。在电价峰值期间,从电网购电是满足更多的负荷需求的最优调度策略。因此,较低的预测精度导致微电网配置更大容量的储能设备,这样增加用户成本。

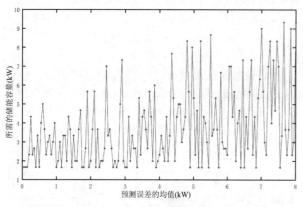

图 4　均值与储能容量的关系

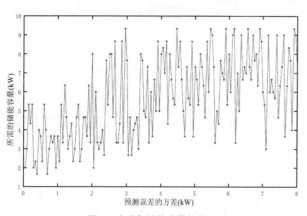

图 5　方差与储能容量的关系

为了验证所提出算法的有效性,分别对确定性调度算法和所提出的随机优化算法进行仿真。其中,确定性调度算法的优化结果展示在图 6 中。从图 6 可以看出,微电网系统优先采用电池储能进行供电。在电价较低时,微电网主要采用从电网购电的方式来满足负荷需求,并对电池储能进行充电。在电价峰值期间,微电网通过电池储能放电的方式来满足部分负荷需求,降低从主电网购电的成本。确定性调度的最优运行花费为 280 元/天,最优的储能容量为 3.67 kW。本文所提出的基于蒙特卡罗模拟的随机优化算法的调度结果展示在图 7 中。其中,假设风电、光伏发电量和负荷的预测误差分别满足:$N(0,0.5)$,$N(0,0.6)$,$N(0,0.7)$。从图 7 可以看出,考虑不确定因素的随机调度结果近似满足高斯分布,每日运行花费集中在 [290,380] 元/天。与确定性调度方法相比,随机优化算法对应的每日成本更高,但是该算法考虑了微电网的不确定因素,增加了储备余量,提高了调度结果的可靠性。

5　结论

微电网优化调度的过程中存在多种不确定性,例如可

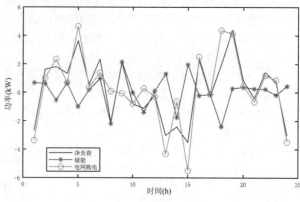

图 6　确定性调度曲线

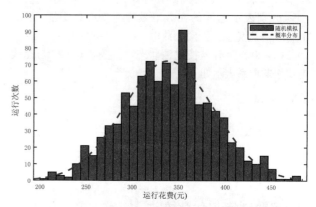

图 7　随机优化调度结果的统计分布

再生能源和负荷需求波动导致的不可避免的预测误差。确定性优化调度方法假设预测值即为未来实际值,因此,这些不确定因素会降低确定性调度方法的可靠性。本文采用基于蒙特卡洛模拟的随机优化框架优化包含不确定因素的调度问题。首先,对不确定因素进行量化,本文假设预测误差符合高斯分布。接着,采用蒙特卡洛模拟法根据预测误差分布产生大量场景。相比于经典优化算法,粒子群优化算法具有强大的全局搜索能力,本文采用粒子群算法对优化目标进行求解。最后,试验分析了不确定因素对储能容量的影响,并对比分析确定性算法和随机优化算法的调度结果。试验结果表明,确定性算法的调度结果可靠性较低,随机优化算法考虑多种不确定因素,可靠性更高。

参考文献

[1] Rahbar K, Xu J, Zhang R. Real-time energy storage management for renewable integration in microgrid:An off-line optimization approach[J]. IEEE Transactions on Smart Grid,2015, 6(1):124-134.

[2] Coelho V N, et al. Multi-objective energy storage power dispatching using plug—in vehicles in a smart—microgrid [J]. Renewable Energy,2016, 89:730-742.

[3] Nikmehr N,Najafi-Ravadanegh S, Khodaei A. Probabilistic optimal scheduling of networked microgrids considering time-based demand response programs under uncertainty[J]. Applied Energy,2017, 198:267-279.

[4] Silvestre Di, M L, Graditi G, Sanseverino E R. A generalized framework for optimal sizing of distributed energy resources in micro-grids using an indicator-based swarm approach [J]. IEEE Transactions on Industrial Informatics, 2014, 10(1): 152-162.

[5] Duan L, Zhang R. Dynamic contract to regulate energy management in microgrids [C]. IEEE International Conference on Smart Grid Communications (Smart Grid Comm), 2013.

[6] Farzin H, Fotuhi-Firuzabad M, Moeini-Aghtaie M. A stochastic multi-objective framework for optimal scheduling of energy storage systems in microgrids [J]. IEEE Transactions on Smart Grid, 2017, 8(1): 117-127.

[7] Kumar K P, Saravanan B. Recent techniques to model uncertainties in power generation from renewable energy sources and loads in microgrids: A review [J]. Renewable and Sustainable Energy Reviews, 2017, 71: 348-358.

[8] Xiang Y, Liu J, Liu Y. Robust energy management of microgrid with uncertain renewable generation and load [J]. IEEE Transactions on Smart Grid, 2016, 7(2): 1034-1043.

[9] Malysz P, Sirouspour S, Emadi A. An optimal energy storage control strategy for grid-connected microgrids [J]. IEEE Transactions on Smart Grid, 2014, 5(4): 1785-1796.

基于李雅普诺夫观测器开路电压估计的锂离子电池组均衡控制方法

魏婧雯,徐 可,陈宗海

(中国科学技术大学自动化系,安徽合肥,中国,230026)

摘 要:随着能源和环境问题日益凸显,储能式微电网以及节能环保的电动汽车成为当前研究前沿。储能系统通常将大量锂离子电池串并联成组后使用,但单体电池间的不一致性会严重影响电池组的性能。本文设计了基于电池开路电压估计和多反激变压器均衡拓扑电路的电池组均衡控制方法。首先,基于李雅普诺夫观测器估计电池OCV,然后以OCV为均衡控制指标,利用双向反激变压器均衡拓扑实现组串内单体间均衡。试验证明,该均衡控制策略无需预知所有单体电池的容量信息就能对单体电池OCV进行准确估计,以OCV作为均衡控制指标可以得到一致性很好的均衡效果。

关键词:开路电压;锂离子电池;均衡策略;李雅普诺夫观测器

中图分类号:TP391

An Equalization Strategy for Lithium-ion battery Based On Open Circuit Voltage Estimation Using Lyapunov Observer

Wei Jingwen, Xu Ke, Chen Zonghai

(Department of Automation, University of Science and Technology of China, Anhui, Hefei, 230026)

Abstract: With the energy and environmental issues become increasingly prominent, the electric vehicles and smart grids which are energy-saving and environmental-friendly have become the research frontier. Due to the limitations of single cell capacity and voltage, a large number of batteries must be series-parallel connected to meet high energy requirements of energy storage system. However, the inconsistency between the cells will seriously affect the performance of the battery pack. A battery equalization control method based on the battery open circuit voltage (OCV) estimation and multiple flyback transformer equalization topology is proposed in this paper. Firstly, the battery OCV is estimated based on the Lyapunov observer. The OCV is used as the equalization control index. Then, the inter group equalization is realized by using the bidirectional flyback transformer equilibrium topology. Finally, the experimental results show that the equalization control strategy can not only estimate the OCV of the single cell accurately without knowing the capacity of single cell, but also can achieve good equalization effect with taking the OCV as the equalization control index.

Key words: Open Circuit Voltage; Lithium-ion Battery; Equalization Strategy; Lyapunov Observer

1 引言

随着能源和环境问题的日益凸显,储能式微电网以及节能环保的电动汽车成为当前研究前沿。作为动静态储能形式的核心部件,锂离子电池具有能量密度高、循环寿命长、自放电率低、污染小等特点[1],因此受到了储能式微电网与电动汽车行业研究人员的青睐。由于单体电池容量和电压的限制,微电网储能与电动汽车通常对储能电池总容量与电压有较高的要求,通常将大量锂离子电池串并联后作为微电网储能与电动汽车的动力来源。然而,电池间的不一致性会严重影响电池组的性能,从而制约电池在动静态储能系统中的应用。实现对锂离子电池组的有效均衡管理、延长电池使用寿命并提高储能电池使用效率,

---

作者简介:魏婧雯(1990—),女,湖南人,硕士生,研究方向为新能源技术;陈宗海(1963—),男,安徽人,教授,博士生导师,研究方向为复杂系统的建模仿真与控制、机器人与智能系统、新能源技术等。

对锂离子电池的发展具有重要意义。

电池组均衡管理的目标是利用外部拓扑电路,结合均衡控制算法,使得电池组内单体的某个指标维持一致性特征。因此,均衡控制系统的研究主要集中在均衡控制指标的选择、均衡拓扑电路设计以及均衡控制算法的设计。

目前,现有的研究中采用的均衡控制变量主要分为端电压和荷电状态(State of Charge,SOC);基于电池端电压均衡方法[2,3]的目标是使电池组单体的电池电压分布在特定的误差范围内,这种均衡方法的优点是操作简单,易于工程实现,电池组各单体电池的电压可以通过电池管理系统精确地采集到,但电池的端电压受直流内阻、环境温度、极化现象等影响很大,均衡效果较差;基于电池SOC均衡方法[4,5]将单体SOC作为电池组一致性的判断标准,通过均衡控制减小电池组内单体电池SOC的差异,这种方法虽然可以使得均衡后组内单体的剩余电量处于同一水平,达到较好的均衡效果,但是单体电池的SOC估计需要每个单体的容量信息,并且有估计精度差、算法复杂度高等缺陷,因此制约了其在实际系统中的应用和推广。

均衡拓扑结构[6]有被动均衡拓扑和主动均衡拓扑。被动均衡是一种能量耗散型方法,主要通过电阻放电实现电池间的均衡,这种方法易于实现,但为了防止电阻在放电过程中发热严重,一般均衡电流较小,均衡时间较长,而且这种方法只能适用于串联电池数较少的情况。主动均衡拓扑采用电感、电容、变压器等可以储能的器件来实现电池间的无损能量流动,避免发生被动均衡中能量损失和产热的问题。这类均衡拓扑又可分为单体旁路拓扑、开关电容拓扑、开关电感拓扑、开关变压器拓扑、多次级绕组变压器拓扑以及多变压器拓扑。其中,多变压器拓扑由于均衡速度快、能量损失小、适合高功率场合,还可以实现多种控制策略等优势而被广泛应用于科学研究和工程应用中。

均衡控制算法主要依据均衡控制指标和拓扑电路,按照预设的控制目标,根据参数估计、测量以及预测结果,生成均衡控制拓扑电路的驱动信号,实现电池组内不一致性均衡的目标。常用的均衡控制方法有:平均值差值控制法[7]、滞环控制法[8]、非线性PID控制法[9]、模糊控制法[2]和遗传算法[4]等人工智能方法。

依据均衡系统的三个核心内容,本文设计了基于电池开路电压(Open Circuit Voltage,OCV)估计和多反激变压器均衡拓扑电路的电池组均衡控制方法。首先,本文基于李雅普诺夫观测器估计电池OCV,然后以OCV为均衡控制指标,利用双向反激变压器均衡拓扑实现组串内单体间的均衡。该均衡控制策略无需预知所有单体电池的容量信息,就能对单体电池OCV进行准确估计,以OCV作为均衡控制指标可以得到一致性很好的均衡效果。

2 电池单体模型

本文选择一阶等效电路模型来模拟电池的电学特性,根据电路原理可得如式(1)~(3)所示的方程:

$$U_1 = R_1\left(I_L - C_1\frac{dU_1}{dt}\right) \quad (1)$$

$$U_o = R_o I_L \quad (2)$$
$$U_t = U_{oc}(z) - U_o - U_1 \quad (3)$$

其中,R_o、R_1和C_1分别为电池的欧姆内阻、极化内阻和极化电容;U_1代表RC网络两端电压;U_t为电池输出电压;I_L为电池的负载电流;z代表电池的SOC,如图1所示。

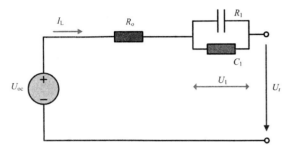

图1 锂电池一阶等效电路模型

将式(1)和(2)代入式(3),可以得到式(4),其中考虑到电池OCV缓慢变化的特性,即$\dot{U}_{oc}\approx 0$。

$$\dot{U}_t = \frac{-1}{R_1 C_1}U_t - \frac{(R_o+R_1)I_L}{R_1 C_1} + \frac{U_{oc}}{R_1 C_1} - R_o \dot{I}_L \quad (4)$$

电池模型的状态空间方程表达为

$$\begin{cases} \dot{x} = Ax + f(x,u)\theta + \varphi(x,u) \\ y = Cx \end{cases}$$

$$\Leftrightarrow$$

$$\begin{cases} [\dot{U}_t] = \overbrace{\left[\frac{-1}{R_1 C_1}\right]}^{A}\overbrace{[U_t]}^{x} \\ \quad + \overbrace{\left[\frac{-I_L}{R_1 C_1} \quad \frac{1}{R_1 C_1} \quad -\dot{I}_L\right]}^{f(x,u)}\overbrace{\begin{bmatrix} R_1+R_o \\ U_{oc} \\ R_o \end{bmatrix}}^{\theta} \\ \underbrace{U_t}_{y} = \underbrace{[1]}_{C}x \end{cases} \quad (5)$$

其中,x为状态向量;u为系统的输入向量;y为系统的输出向量;A、C为系统矩阵;f和φ为已知的非线性函数;θ为系统待辨识参数。

3 均衡控制方法

双向反激变压器均衡拓扑如图2(a)所示,均衡过程中原副边电流如图2(b)所示,该均衡拓扑包含12个锂离子电池单体,每个单体配备一个双向反激变压器,所有的变压器原副边开关由均衡控制芯片进行控制,每个单体的电压由电压采集芯片采集到系统中央控制器中,本文中采用先放后充,单体到整体再到单体的均衡控制算法。

(1) 电池放电(同步)

对于某一给定电池,当使能放电时,用于使能电池的初级开关接通,电流在变压器初级绕组中斜坡上升,直到检测到峰值电流(I_{PEAK_PRY})为止。接着,初级开关断开,存储在变压器中的能量转移至次级电池,使得电荷可以在变压器的次级绕组中流动,为了最大限度地减少能量转移期间的功率损失,次级开关是同步接通的,直至次级电流降至 0 为止。次级电流一旦达到 0,则断开次级开关,重新接通初级开关,重复上述操作。电荷就能从处于放电之中的电池转移至所有连接在次级的顶端和底端之间的电池,由此完成单体电池放电。

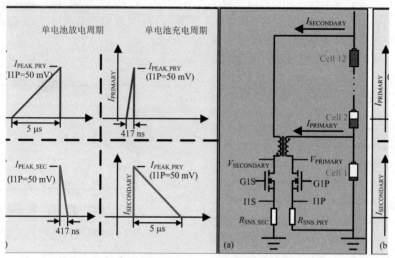

图 2 双向反激变压器均衡拓扑示意图

(2) 电池充电(同步)

对于某个给定的电池,当使能充电时,用于使能电池的次级开关接通,电流从次级电池流出并流过变压器。一旦在次级中达到 I_{PEAK_SEC},则次级开关断开且电流随后在初级中流动,因而可从整个次级电池组对选定的电池进行充电。与上述(1)中描述的放电情况相同,为了最大限度地减少能量转移期间的功率损失,初级开关是同步接通的,直至初级电流降至 0 为止。初级电流一旦达到 0,则断开初级开关,重新接通次级开关,重复上述操作。

4 基于 Lyapunov 观测器的 OCV 估计

针对系统式(5),系统 (A, C) 可观且行满秩,同时对系统做出如下假设:

a. 对任意输入 u,$f(x, u)$ 和 $\varphi(x, u)$ 均为相对 x 的 Lipschitz 函数,即存在 $\mu_1, \mu_2 > 0$,使得

$$\begin{cases} \| \varphi(x, u) - \varphi(\hat{x}, u) \| \leq \mu_1 \| x - \hat{x} \| \\ \| f(x, u) - f(\hat{x}, u) \| \leq \mu_2 \| x - \hat{x} \| \end{cases} \quad (6)$$

式中,$\| \cdot \|$ 为欧几里得向量范数。

b. 未知定常参数 θ 有上界,即存在 $\mu_3 > 0$ 使得
$$\| \theta \| \leq \mu_3 \quad (7)$$

c. 存在增益矩阵 L 使得
$$\mu_1 \mu_2 < \frac{\lambda_{\min}(Q)}{2\lambda_{\max}(P)} \quad (8)$$

其中,P 和 Q 为正定对称阵,且满足如下李雅普诺夫方程:
$$(A - LC)^T P + P(A - LC) = -Q \quad (9)$$

根据以上假设可得出状态空间方程(5)的李雅普诺夫自适应观测器为

$$\begin{cases} \dot{\hat{x}} = A\hat{x} + f(\hat{x}, u)\hat{\theta} + L[y - C\hat{x}] \\ \dot{\hat{\theta}} = \frac{f(\hat{x}, u)^T P[x - \hat{x}]}{\rho}, \quad \rho > 0 \end{cases} \quad (10)$$

且该观测器收敛,即:当 $t \to 0$ 时,$e_x = x - \hat{x} \to 0$ 和 $f(x, u)\hat{\theta} - f(x, u)\theta \to 0$。其中,在电池系统状态空间方程中,$\varphi(x, u) = 0$。

定理 1 对于任意给定的非线性系统式(5)及其状态观测器式(10),如果存在正对称阵 P 以及 $L = (1/2\xi)P^{-1}C^T$,对给定 $\xi, \mu > 0$ 满足:

$$\begin{bmatrix} A^T P + PA - CC^T/\xi + \mu I & \sqrt{\mu} P \\ \sqrt{\mu} P & -I \end{bmatrix} < 0 \quad (11)$$

则状态估计误差收敛并渐近稳定。

证明:状态估计误差动态为

$$\dot{e}_x = (A - LC)e_x + \varphi(x, u) - \varphi(\hat{x}, u) + f(\hat{x}, u)\theta - f(\hat{x}, u)\hat{\theta} \quad (12)$$

令参数估计误差 $e_\theta = \theta - \hat{\theta}$,考虑 Lyapunov 函数 $V = e_x^T P e_x + \rho e_\theta^T e_\theta$,则

$$\begin{aligned} \dot{V} &= e_x^T [(A - LC)^T P + P(A - LC)] e_x \\ &\quad + 2 e_x^T P[\varphi(x, u) - \varphi(\hat{x}, u)] \\ &\quad + 2[f(x, u)\theta - f(\hat{x}, u)\hat{\theta}]^T P e_x + 2\rho e_\theta^T \dot{e}_\theta \\ &\leq e_x^T [(A - LC)^T P + P(A - LC)] e_x \\ &\quad + 2\mu_1 \| e_x^T P \| \| e_x \| + 2\mu_2 \mu_3 \| e_x \| \| P e_x \| \\ &\quad + 2[f(\hat{x}, u)\hat{\theta}]^T P e_x + 2\rho e_\theta^T \dot{e}_\theta \\ &\leq e_x^T [(A - LC)^T P + P(A - LC) \\ &\quad + (\mu_1 + \mu_2 \mu_3)(PP + I)] e_x \\ &\quad + 2[f(\hat{x}, u)\hat{\theta}]^T P e_x + 2\rho e_\theta^T \dot{e}_\theta \end{aligned} \quad (13)$$

其中,利用了 $2\| e_x \| \| P e_x \| \leq e_x^T P P e_x + e_x^T e_x$ 这个不等式。定义:

$$2[f(\hat{x}, u)\hat{\theta}]^T P e_x + 2\rho e_\theta^T \dot{e}_\theta = 0 \quad (14)$$

为了满足式(14)以及考虑到 $\dot{\theta}=0$,可得出

$$\dot{e}_\theta = \frac{f(\hat{x},u)^T P e_x}{\rho} \quad (15)$$

然后即可得到

$$\dot{V} \leq e_x^T[(A-LC)^T P + P(A-LC) + (\mu_1+\mu_2\mu_3)(PP+I)]e_x \quad (16)$$

定义 $\mu=\mu_1+\mu_2\mu_3$,为保证 $\dot{V}$ 负半定,则

$$(A-LC)^T P + P(A-LC) + (\mu_1+\mu_2\mu_3)(PP+I) < 0 \quad (17)$$

当 P 为正对称阵时,不等式(17)就等价于不等式(11),所以定理1得证,也即该系统为李雅普诺夫渐近稳定。

为将系统状态空间方程式(5)及其李雅普诺夫自适应观测器式(10)离散化得

$$\hat{U}_{cell,t}[k+1] = H\hat{U}_{cell,t}[k] + K\hat{\theta}[k] + L(U_{cell,t}[k] - \hat{U}_{cell,t}[k])$$

$$\hat{\theta}[k+1] = \hat{\theta}[k] + \frac{K^T P(U_{cell,t}[k] - \hat{U}_{cell,t}[k])}{\rho}, \rho > 0 \quad (18)$$

其中

$$H = 1 + \frac{-\Delta t}{R_D C_D} \quad (19)$$

$$K = \begin{bmatrix} \dfrac{-I_L \Delta t}{R_D C_D} & \dfrac{\Delta t}{R_D C_D} & -(I_L[k+1]-I_L[k])\Delta t \end{bmatrix} \quad (20)$$

5 试验验证

5.1 OCV 估计器性能验证

为了验证 OCV 估计器的有效性、准确性,利用脉冲放电工况测试该 Lyapunov 自适应观测器。由于脉冲放电静置过程的末端可以近似为 OCV 准确值,因此可以利用静置末端的端点值验证 OCV 估计值的准确性。由图3可以看出,本文提出的方法可以准确有效地估计出电池的 OCV 值,并且估计过程中无需知道每个单体电池的容量信息。

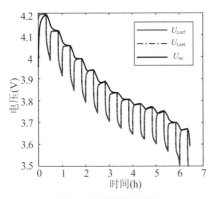

图3 OCV 估计器验证

5.2 均衡控制算法验证

为了验证本文提出的均衡控制算法,设计了一组试验由12个电池组成的串联电池组验证试验,均衡结果如图4所示,基于 OCV 的均衡控制算法均衡后,OCV 的范围为 20 mV,试验结果表明,该算法可以将电池组的 OCV 调整到符合应用需求的范围,而且不受电池内阻和实际容量的影响,可以达到一致性较好的均衡效果。

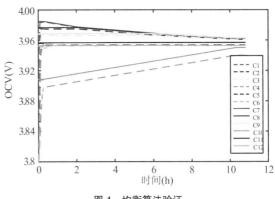

图4 均衡算法验证

6 结束语

本文设计了基于 Lyapunov 观测器电池 OCV 估计和多反激变压器均衡拓扑电路的电池组均衡控制方法。首先,基于李雅普诺夫观测器估计电池 OCV,然后以 OCV 为均衡控制指标,利用双向反激变压器均衡拓扑实现组串内单体间均衡。该估计方法策略可以无需已知单体电池容量和内阻信息,实时估计电池的 OCV 值,提出的均衡控制方案可以有效提高储能电池组的充放电可用容量,并保持所有单体电池工作在相同的放电深度。

参考文献

[1] Dong G, Wei J W, Chen Z H. Online state of charge estimation and open circuit voltage hysteresis modeling of LiFePO4 battery using invariant imbedding method[J]. Applied Energy, 2016, 162: 163-171.

[2] Shang Y L, Josep G, Kai S. A crossed pack-to-cell equalizer based on quasi-resonant LC converter with adaptive fuzzy logic equalization control for series-connected lithium-ion battery strings[C]//Applied Power Electronics Conference and Exposition (APEC). IEEE, 2015: 1685-1692.

[3] Ye Y M, Cheng K W. Modeling and analysis of series-parallel switched-capacitor voltage equalizer for battery/super capacitor strings[J]. IEEE Journal of Emerging and Selected Topics in Power Electronics, 2015, 3(4): 977-983.

[4] Zhang S M, Yang L, Zhao X W, et al. A GA optimization for lithium-ion battery equalization based on SOC estimation by NN and FLC[J]. International Journal of Electrical Power & Energy Systems, 2015, 73: 318-328.

[5] Wei J W, Dong G Z, Chen Z H, et al. System state estimation and optimal energy control framework for

multicell lithium-ion battery system[J]. Applied Energy, 2017, 187: 37-49.
[6] Gallardo-Lozano J, Romero-Cadaval E, Milanes-Montero M I, et al. Battery equalization active methods[J]. Journal of Power Sources, 2014, 246: 934-949.
[7] 解竞,汪玉洁,张陈斌,等. 电动汽车用动力锂离子电池组均衡技术研究综述[M]//系统仿真技术及其应用: 第15卷. 合肥: 中国科学技术大学出版社, 2014.
[8] 陈晶晶. 串联锂离子电池组均衡电路的研究[D]. 杭州: 浙江大学, 2008.
[9] 凌睿,董燕,严贺彪,等. 基于非线性PID的串联锂离子电池组的均衡控制[J]. 计算机工程与应用, 2013, 49(13): 237-240.

# 基于边缘直线拟合的区域主方向识别方法

包 鹏，陈宗海

(中国科学技术大学自动化系，安徽合肥，中国，230027)

摘 要：区域覆盖一般指智能体按照一定的规则对目标区域进行覆盖的过程。在该过程中，根据空闲区域的主方向信息规划运动路径能够有效地降低区域覆盖的代价，提高机器人的工作效率，典型的如可以降低机器人转弯的频率等。针对目标区域主方向的识别问题，本文基于边缘直线拟合的思想，提出了一种自动识别区域主方向的方法。该方法首先使用一种基于距离的最大类聚类方法提取区域的边缘信息，其次，利用直线段分段拟合边缘并赋予权重，对直线斜率进行聚类分析，最大类中直线斜率加权平均值对应的朝向即为区域主方向。通过实际试验，证明了本文方法的有效性。

关键词：区域主方向；区域覆盖；边缘拟合

中图分类号：TP391

A Main Regional Orientation Recognition Method Based on Line Fitting of the Region Edge

Bao Peng, Chen Zonghai

(Department of Automation, University of Science and Technology of China, Anhui, Hefei, 230027)

Abstract: Regional coverage refers to covering an area with agents. During the process, obtaining the main regional orientation can effectively reduce the cost to achieve the regional coverage task, such as reducing the turning frequency of a robot. Therefore, the recognition of regional orientation can be regarded as a sub-problem of regional coverage. Aiming at this problem, based on the method of gradient of the region edge, a method for automatic recognition of the main regional orientation is proposed. The method first applies a maximum distance based the clustering method to extract the edge information of a region, then fits the edge points with line segments and corresponding weights. A distance based the clustering method is applied and the value of weighted line segments slope in the max cluster is considered as the main regional orientation. The effectiveness of the proposed recognition method of the main regional orientation based on the gradient of region edge is proved through experiments.

Key words: Main Regional Orientation; Regional Coverage; Edge Fitting

1 引言

随着社会的发展，智能化和自动化设备在许多领域得到了广泛应用。对于许多实际应用场景，如区域覆盖[1]，通常希望设备能自动完成给定的任务。区域覆盖一般指智能体按照一定的规则移动，在满足时间或路径长度等代价最小的条件下，完成给定区域的覆盖任务，如室内移动机器人自动清扫、播种机器人自动播种及喷漆机器人自动完成喷漆等。对于区域覆盖任务，期望机器人能够自主完成地图创建、区域分割和路径规划。其中，识别子区域的主方向并根据主方向信息完成路径规划是减小区域覆盖代价，提高机器人覆盖效率的关键。

目前，实现区域覆盖的算法主要有精确cell分割法[2,3]、基于Morse函数的cell分割法[4,5]及基于栅格分解的方法(近似栅格分解)[6-9]等。其中，牛耕式分割法为精确cell分割法的典型代表，其原理为：用一条切线从左至右地扫过封闭区域，当切线的连通性发生改变时，生成

作者简介：包鹏(1991—)，男，四川广安人，硕士，研究方向为不确定性信息表达、处理、移动机器人导航等；陈宗海(1963—)，男，安徽桐城人，教授，研究方向为复杂系统的建模仿真与控制、信息获取与控制、机器人与智能系统、汽车新能源技术与能源互联网。

新的单元;当连通性增加时,旧单元结束,两个或多个新的单元生成;相反,当连通性减少时,多个旧单元结束,新单元生成。运用该方法分割后,在每个单元中,规划路径生成方法为:从单元的起点开始,沿分割切线方向前进直至到达单元边缘,转向切线垂直方向在空闲区域行进一定距离,一般为路径宽度,再转向切线反方向生成下一条路径,如此循环。该方法生成的路径称为牛耕式路径,如图1所示。

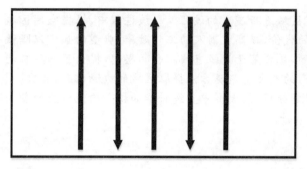

图 1　区域覆盖路径图示(1)

牛耕式分割由于原理简单,易于实现,常被用于区域覆盖任务中。在该分割原理和相应路径策略下,为保证机器人在路径间转换时速度的连续性和机器人的安全性,一般采取如下策略实现机器人的运动控制:在路径的起点进行加速,直至最大速度,在路径的终点进行减速、转弯,并进入到下一条路径。

在牛耕式路径策略下,一般可以将路径的转弯次数作为评价区域覆盖算法效率的标准。路径的转弯次数越少,区域覆盖的代价越小。由于路径的总长度一定,转弯次数越少,机器人经历的变速次数越少,从而减少完成区域覆盖任务的时间。

对比图1和图2中的两种路径策略,两者方向不同。图2中单条路径长度更长,路径数量相对图1较少,因而机器人依照该路径策略进行区域覆盖时,经历的转弯次数更少,即完成区域覆盖的代价更小。综上,图2的路径规划策略优于图1所示的策略。

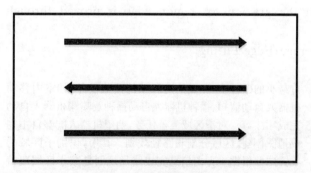

图 2　区域覆盖路径图示(2)

因此,在区域覆盖问题中,牛耕式路径的方向选择至关重要。优良的路径方向使机器人以更小的代价完成覆盖任务,一般将这样的方向称为区域主方向。

目前,国内外对区域主方向的研究案例较为匮乏。此前,文献[10]提出了一种利用最小转动惯量轴识别主方向的方法。该方法使用较为简洁,但计算结果与真实值具有一定的偏差。文献[11,12]基于区域边缘梯度计算区域主方向,仅利用了区域边缘的局部信息。本文对该项工作进行改进研究,对区域边缘进行线性拟合,计算结果更为准确,为机器人以更小代价自动执行区域覆盖任务提供了更优的参考。

本文以移动机器人自动清扫为应用背景,提出了基于边缘直线拟合的区域主方向识别方法。边缘直线拟合利用直线段拟合区域边缘,表征了区域边缘的几何特征,相对于仅利用边缘点的梯度的方法,利用了更大范围内的环境信息。事实上,区域的边缘信息决定了区域的主方向,而人类对区域主方向的识别同样借鉴了区域的边缘信息。本文提出的自动区域主方向识别方法,首先利用文献[10]中提出的基于距离的最大类聚类方法从机器人自动绘制的二维栅格地图中提取区域的边缘信息,然后利用直线段拟合区域边缘,并进行基于距离的聚类分析,最大类中直线斜率加权平均值对应的朝向即为区域主方向。最后试验证明本文提出的主方向识别方法的有效性。

2　边缘梯度计算与统计

区域地图是基于移动机器人绘制的栅格地图生成的代价地图。栅格地图首先由 Elfes 等人[13]提出,二维概率栅格地图将整个环境分割为均匀的单元栅格,每个栅格赋予一个[0,1]区间的值,表示栅格的状态:占用或为空。0表示栅格为空,1表示栅格被障碍物占据。为方便处理,本文将栅格地图的状态值映射至[0,255]范围内的整数域中,并称之为代价地图。在该地图中,以255代表障碍物,其余栅格视离障碍物的距离进行赋值,距离越大,值越小,最小为0。

在进行主方向识别之前,首先利用文献[10]提出的基于距离的最大类聚类方法提取区域的边缘信息。得到的边缘信息如图3所示。

图 3　区域的边缘点图示

得到边缘点 $P = \{p_1, p_2, \cdots, p_i, \cdots, p_n\}$ 之后,需要对边缘进行直线拟合。针对已经拟合的直线 $l_i = (k_i, P_i, d_i, w_i)$,其中 $P_i = \{p_{i1}, p_{i2}, \cdots, p_{in}\}$ 为拟合的边缘点集,

k_i 为拟合直线斜率，d_i 为 P_i 到直线距离之和，$w_i = d_i/in$ 为该直线的权重，找到距离 p_{in} 最近的点记为 $p_{in+1} = (x_{in+1}, y_{in+1})$，重新拟合直线得到 $l'_i = (k'_i, P'_i, d'_i, w'_i)$。若 $d'_i < d$，则将 l_i 更新为 l'_i，并将 p_{in+1} 从边缘点 P 中删除；否则记直线 $l_{i+1} = (0, P_{i+1} = \{p_{in+1}\}, 0)$，并将 p_{in+1} 从边缘点 P 中删除。

对直线 $l_1, l_2, \cdots, l_m$ 进行基于距离的聚类，算法如表1所示。

表1 基于距离的直线斜率聚类算法

算法1 基于距离的直线斜率聚类算法

1：将直线斜率 $k_1, k_2, \cdots, k_m$ 从小到大排列为 $k'_1, k'_2, \cdots, k'_m$；

2：决定类间距离 $d_{\text{inter}} = \sum_{i=2}^{m}(k'_i - k'_{i-1})/m - 1$；

3：对于 k'_i 和 k'_{i+1}，若 $k'_{i+1} - k'_i < d_{\text{inter}}$，则归为一类，否则归为两类。

综上，本文提出的主方向识别算法如表2所示。

表2 基于边缘直线拟合的主方向识别算法

算法2 基于边缘直线拟合的主方向识别算法

1：读取输入图像
　　输入图像为代价地图，障碍物取值为255，其余栅格视离障碍物的距离进行赋值，距离越远值越小，最小为0。
2：提取所有的边缘点，得到点集 P_E
　　按照文献[10]中提出的基于距离的最大类聚类方法提取区域的边缘信息，得到边缘点集合 P_E。
3：直线拟合
　　得到 $l_1, l_2, \cdots, l_m$。
4：聚类
　　按照表1中的算法进行聚类。
5：得到主方向
　　记最大类中斜率对应的直线为 $l_{b1}, l_{b2}, \cdots, l_{bm}$，区域主方向
$$orientation = \sum_{i=1}^{m} k_{bi} w_{bi} / \sum_{i=1}^{m} w_{bi}$$

3 试验验证

为验证本文提出的基于边缘梯度的区域主方向识别方法的有效性，本文使用TurtleBot在办公室-走廊环境进行试验。TurtleBot装配有Kinect、里程计及陀螺仪等传感器。本研究使用Kinect获取环境中特征与机器人之间的距离数据。基于传感器获取的环境数据，建立办公室-走廊环境的栅格地图，并将其转换为代价地图，分割得到各个区域的地图，按照表2算法得到区域主方向。对比区域的真实主方向和基于转动惯量轴方法，结果得到图4~图9。

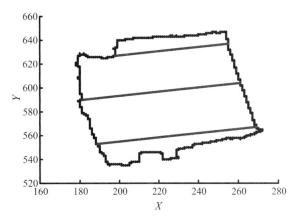

图4 区域1真实主方向图示

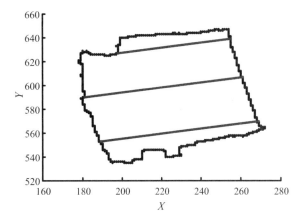

图5 基于边缘直线拟合的区域1主方向图示

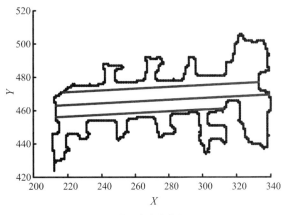

图6 区域2真实主方向图示

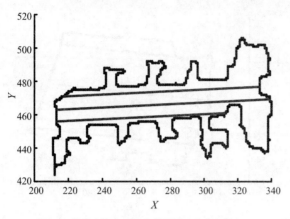

图7 基于边缘直线拟合的区域2主方向图示

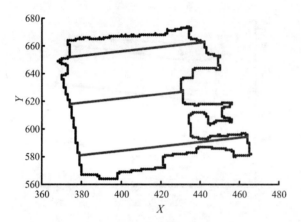

图8 区域3真实主方向图示

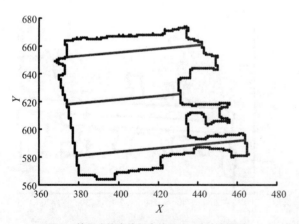

图9 基于边缘直线拟合的区域3主方向图示

统计并对比基于边缘梯度和文献[10-12]中提出的基于最小转动惯量轴、边缘梯度等区域主方向识别方法，结果得到表3和表4。

表3 基于边缘直线拟合的区域主方向

区域	1	2	3
区域真实主方向(°)	10	3	9
直线拟合计算(°)	11.95	2.89	7.46
绝对误差(°)	1.95	0.11	1.54

表4 区域主方向多种方法对比

区域	1	2	3
直线拟合误差(°)	1.95	0.11	1.54
转动惯量轴误差(°)	8.98	3.91	19.52
边缘梯度统计误差(°)	4.66	4.53	1.18
边缘梯度聚类误差(°)	1.29	4.85	1.48

对比表3和表4，可见通过该方法计算得到的主方向偏差显著低于通过最小转动惯量轴计算得到的结果，在区域1和区域3的结果与边缘梯度聚类结果相差不大，但在区域2的结果显著优于其他所有方法，这说明考虑区域更大范围内的特征的确更有助于识别区域主方向，得到更优异的结果。上述试验结果证实了该方法的有效性和优异性，识别的主方向信息可以作为区域主方向的有效参考。

4 总结与展望

本文基于边缘直线拟合的思想，提出了一种自动识别区域主方向的方法。该方法首先使用一种基于距离的最大类聚类方法提取区域的边缘信息，其次，利用直线段分段拟合边缘并赋予权重，对直线斜率进行聚类分析，最大类中直线斜率加权平均值对应的朝向即为区域主方向。该方法一方面符合区域主方向的物理本质，集成了更多的环境信息，另一方面符合人类对区域主方向的智能定义，是一种本真、智能的识别方法。最后，对比试验表明，该方法能更加有效地识别区域的主方向，识别结果可作为区域主方向使用，由此为机器人自动执行区域覆盖问题提供了良好的参考方向。

对该问题更进一步的研究包括以下两个方面：一是设计合理的自主阈值确定方法，提高该方法的泛用性；二是提高地图创建的精度，地图的精度越高，包括的环境信息越丰富，越有利于主方向的识别。

致 谢

本研究工作得到国家自然科学基金（Grand No. 61375079）支持！

参考文献

[1] 孙建,陈宗海,王鹏,等. 基于代价地图和最小树的移动机器人多区域覆盖方法[J]. 机器人,2015,37(4):435-442.

[2] Choset H M. Principles of robot motion: Theory, algorithms, and implementation[M]. MIT Press, 2005.

[3] Choset H. Coverage of known spaces: The boustrophedon cellular decomposition. Autonomous Robots[J]. 2000, 9(3):247-253.

[4] Acar E U, Choset H, Rizzi A A, et al. Morse decompositions for coverage tasks[J]. The International Journal of Robotics Research,2002, 21(4):331-344.

[5] Acar E U, Choset H, Lee J Y. Sensor-based coverage with extended range detectors. Robotics[J]. IEEE Transactions on,2006, 22(1):189-198.

[6] Zelinsky A, Jarvis R A, Byrne J C. Planning paths of complete coverage of an unstructured environment by a mobile robot[C]. Proceedings of International Conference on Advanced Robotics, 1993.

[7] Gabriely Y, Rimon E. Spiral-STC: An on-line coverage algorithm of grid environments by a mobile robot[C]. 2002 IEEE Conference on Robotics & Automation. Washington DC, 2002.

[8] Luo C, Yang S X. A real-time cooperative sweeping strategy for multiple cleaning robots[C]//Proceedings of the 2002 IEEE International Symposium, 2002: 660-665.

[9] Paull L, Saeedi S, Seto M, et al. Sensor-driven online coverage planning for autonomous underwater vehicles[J]. IEEE/ASME Transactions on Mechatronics, 2013, 18(6): 1827-1838.

[10] 包鹏,王鹏,张启彬,等. 基于转动惯量轴的区域主方向识别方法.[J] 系统仿真技术及其应用,2015(16):363-366.

[11] 包鹏,张启彬,王纪凯,等. 基于边缘梯度的区域主方向识别方法[J]. 系统仿真技术及其应用,2016(17):283-286.

[12] 包鹏,张启彬,王纪凯,等. 基于边缘梯度密度聚类的区域主方向识别方法[J]. 系统仿真技术及其应用,2017(18):238-241.

[13] Moravec H P, Elfes A. High resolution maps from wide angle sonar in Robotics and Automation[C]. Proceedings of 1985 IEEE International Conference. IEEE, 1985.

A Novel Line Segments Extraction Algorithm Based on DBSCAN Method

Wang Jikai, Chen Zonghai

(Department of Automation, University of Science and Technology of China, Anhui, Hefei, 230027)

Abstract: Line-segment extraction from a single observation is an important issue for mobile robot implementing SLAM in structured environment. This paper proposes a novel line-segment extraction algorithm which is carried out in three steps: First, detect breakpoints and segment the laser data. Second, calculate the orientation angle of two adjacent points in each segmentation according to sample order and cluster the orientation angle set using DBSCAN method. Third, establish the correspondence between points and line-segments and extract line-segments. The clustering procedure enables our method to extract breakpoints and corners precisely. The experimental results have shown that our method can handle the uncertainty of observation and extract line-segments with high accuracy and robustness.

Key words: Line-Segment; Orientation Angle; DBSCAN Method

Chinese library classification number: TP391

1 Introduction

As the perception noise and outliers decrease the localization and mapping precision, an effective process of uncertain information is the key to implement SLAM. In the structured indoor environment, the geometrical feature map can provide rich and exact environment information. Some feature maps based the mobile robot localization methods are proposed[1-3]. Line-segment is a common geometrical feature and many indoor environments can be represented by a line-segment set. At present, many line-segment extraction algorithms are proposed. G. A. Borges[4] proposes a cluster based on the split-and-merge method which is iterative. The method has a good performance but it is vulnerable to outliers. Line-Tracking algorithm[5], proposed by A. Siadat, adds point to the current line model stepwise until a line condition isn't satisfied. Simplicity is the main advantage of the algorithm and the incremental process can be speeded up by increasing the number of the points added each step[6]. RANSAC is an algorithm for robust fitting models in the presence of data outliers[7]. It is also simple to be implemented but its results vary according to different conditions. Adaptive Hough Transform line tracker algorithm, proposed by Sun[8], adaptively regulates quantization parameter of the parameter space based on the distribution information of the data. The performance of the method is better than the traditional Hough Transform algorithm. Methods based on curvature estimation are able to detect geometrical feature in high-efficiency way, but the performance depends on the curvature estimation accuracy[9,10]. In the method proposed by Qu[11], the line-segment feature is detected by self-organizing mapping with main direction extraction based on the grey correlation degree. The effectiveness of the proposed algorithm in simulating human's intelligence of environmental information expression and reasoning is verified by their experimental results. Zhao[12] presents a novel algorithm for detecting line-segments utilizing prediction to realize data segmentation and feature separation in each segment. The algorithm has a low computational complexity. Their work also points out that the conventional feature extraction methods can be divided into three stages: ① data segmentation/breakpoint detection; ② feature separation in each segment and ③ parameter calculation for each feature. For the first stage, data segmentation can be achieved by clustering methods[13-15]. However, their algorithms have high computational complexity. For the second stage, feature separation can be achieved by establishing

---

作者简介:王纪凯(1993—),男,安徽人,博士,研究方向为计算机视觉、移动机器人和智能系统。

correspondence between the points and true line-segments[16-18].

For one observation, the multiple line-segments extraction problem can be transformed into a space distribution recognition of the point set. It is noticed that each point has contribution to the geometrical feature corresponding to the point set and generally most local features are consistent with the global feature. Based on what has been mentioned, we propose a novel method which calculates the orientation angle of two points whose indexes difference is a certain number in sample order and then classify the orientation angle set to realize geometrical feature recognition. As the distribution characteristics of points in a class have a higher consistency to the true surface features, our method extracts line-segments with high accuracy and robustness.

This paper organized is as follows: Section 2 describes the problem to be solved. The DBSCAN based on the line-segment extraction algorithm is illustrated in Section 3. Section 4 presents experimental results and analysis, and Section 5 concludes our work.

2 Problem description

For a mobile robot equipped with a laser sensor, the effective observation only containing ranges which are less than the maximum measurement range can be denoted as follows:

$$O_d = \{(d_i, \varphi_i) \mid i = 1, \cdots, n\} \quad (1)$$

where d_i is the measured distance of an obstacle to the sensor rotating axis at direction φ_i. In local coordinate frame, the observation is represented as:

$$O_p = \{p_i = (x_i, y_i) \mid i = 1, \cdots, n\} \quad (2)$$

Our laser scanner is a HOKUYO UST-10LX with a maximum measurement range of 10 m. It has a systematic error of ±40 mm and keeps collecting laser data in the counterclockwise direction. For a structured indoor environment, it is common that the detected environment at current time has multiple linear features. Furthermore, the space distribution of O_p and the structure of local environment is not completely identical because of the movement of the sensor and noise. To solve the geometry feature recognition problem, the feature separation as well as the observation uncertainty should be settled effectively.

Considering the linear features of observations are shown by the distribution of points, it is essential to establish a method describing the distribution trend of the point set. On the basis of the description given above, we propose a line-segment extraction algorithm that perform well with measurement error and outliers.

3 Line segment extraction

3.1 Breakpoint detection

The breakpoint detection criterion is defined as:

$$|d_{i+1} - d_i| > d_T \quad \text{or} \quad |\varphi_{i+1} - \varphi_i| > \varphi_T \quad (3)$$

where d_T is the range threshold and φ_T is the angle threshold. The points satisfying the critcrion can be regarded as breakpoints. Apparently, the breakpoint detection depends on the thresholds. In this paper, we set high thresholds to realize coarser data partition which works similarly to the methods described in the references [4, 19].

3.2 Feature extraction

Density-Based Spatial Clustering of Application with Noise (DBSCAN)[20] is a typical density based cluster method. Being different with the hierarchical clustering method, it defines cluster as the maximum set of density-connected points and can spot any-shape clusters in a disturbed spatial database by dividing them into clusters with high enough density. Some definitions are given as follows:

(1) Point p is a core point if at least minPts points are within distance ε of it, and those points are regarded to be directly reachable from p. No points are directly reachable from a non-core point.

(2) Point q is reachable from p if there is a path $p_1, \cdots, p_n$ with $d_ip_1 = p$ and $p_n = q$, where each p_{i+1} is directly reachable from p_i.

The algorithm repeatedly chooses an untreated point from the database and find all objects which are reachable from the point and form a cluster if the point is a core point. It is finished until all the points are settled. Since the DBSCAN algorithm can classify a point set without knowing category number and is robust to noise and outliers, we choose the DBSCAN as the cluster method.

Let p_i, p_{i+m} be $(x_i, y_i), (x_{i+m}, y_{i+m})$. Then we have:

$$y_i = k_L x_i + b + \delta_i \quad (4)$$

$$y_{i+m} = k_L x_{i+m} + b + \delta_{i+m} \quad (5)$$

where δ_i, δ_{i+m} are samples of noise variable δ, k_L is the slope of the corresponding line-segment in the local coordinate frame, and b is the intercept. The slope estimation according to p_i, p_{i+m} is:

$$\tilde{k}_i = \frac{y_{i+m} - y_i}{x_{i+m} - x_i} = k_L + \frac{\delta_{i+m} - \delta_i}{x_{i+m} - x_i} \quad (6)$$

and the estimation error is:

$$\Delta k_i = \tilde{k}_i - k_L = \frac{\delta_{i+m} - \delta_i}{x_{i+m} - x_i} \quad (7)$$

Although the distribution of δ is unknown, the variance of Δk_i will become smaller as m gets bigger.

Suppose that the detected breakpoints split O_p into contiguous groups. For point p_i in a group, its corresponding slope estimation is $\tilde{k}_i$. Since $\tilde{k}_i$ could be large when the line-segment is perpendicular to x-axis, we transform the slope into orientation angle. The orientation angle set of the group is:

$$\{a_i \mid a_i = arc\tan(\tilde{k}_i), i = 1,2,\cdots,h\} \quad (8)$$

where h is m fewer than the point number of the group. Then elements of the orientation angle set are within $\left[-\frac{\pi}{2}, \frac{\pi}{2}\right]$. Under this condition, one situation should be noticed that when a line-segment is perpendicular to x-axis, the orientation angles of the points distribute around $-\frac{\pi}{2}$ and $\frac{\pi}{2}$ because of noise. However, the Euclidean distances of those angles are too large to be classified into one class in the traditional DBSCAN method. So we define a new distance between angles as follows:

$$dis(a_i, a_j) = \min(\mid a_i - a_j \mid, \pi - \mid a_i - a_j \mid) \quad (9)$$

The new distance definition based on the DBSCAN method is then applied to classify the orientation angle set. In the clustering procedure, when m is large, corners or breakpoints which are inconspicuous could be missed. So it is critical to set a proper value of m. In our paper, the step size m is normally set to be 4. As the generated classes correspond to different features, we classify the group according to its orientation set clustering result to achieve preliminary linear feature separation.

Since the DBSCAN method is not sensitive to temporal information, to extract line-segments only according to the clustering result is hard to be implemented when two situations come up: ① points in a class corresponding to different line-segments which are parallel to each other but the intercepts differ saliently; ② points in a class corresponding to different line-segments which are adjacent and parallel to each other.

For the purpose of extracting correct line-segments, the point set in a class is further divided according to temporal continuity. In this paper, a point set in a class is temporal continuous if the maximum index gap of two consecutive points is less than a threshold.

Clearly, the segmentation of the point set in a class depends on the preset threshold. For the first situation, two parallel line-segments are commonly far from each other, so a higher threshold can cope with this situation. For the second situation, the index gap in a class is determined by m. Thus, a small step size requires the threshold to be lower. Considering outliers, it is necessary to set a high threshold. So under the above discussion, the threshold is suggested to be m.

As is described above, feature separation can be implemented efficiently according to the clustering result and temporal continuity. The inconsistent information can be extracted by the clustering procedure so that the inconspicuous breakpoints and corners can be detected.

3.3 Line-segment representation

As each subsection of the point set in a class corresponds to a line-segment, we estimate the slope of a line-segment according to the mean value of its corresponding orientation angle set, and the geometrical center of its corresponding points is used to calculate the intercept. Suppose $N = \{(x_i, y_i) \mid i = 1,\cdots,n\}$ is the point set corresponding to the line-segment, and the mean-value of the orientation angle set is C. Then the slope estimation is:

$$k = \tan(C) \quad (10)$$

and the intercept estimation is:

$$b = \frac{1}{n}\sum_{i=1}^{n} y_i - k \cdot \frac{1}{n}\sum_{i=1}^{n} x_i \quad (11)$$

As the points near the corner or breakpoint are not included in any subsection which would lead to that the length of the estimated line-segment is shorter than the true line-segment. So we regard the projection of the two points (x_1, y_1), (x_{n+m}, y_{n+m}) as the start-point and end-point of the line-segment, which is calculated through:

$$p_s = \left(\frac{ky_1 + x_1 - kb}{k^2 + 1}, \frac{k^2 y_1 + kx_1 + b}{k^2 + 1}\right) \quad (12)$$

$$p_e = \left(\frac{ky_{n+m} + x_{n+m} - kb}{k^2 + 1}, \frac{k^2 y_{n+m} + kx_{n+m} + b}{k^2 + 1}\right) \quad (13)$$

Then the line-segment can be represented as:

$$l = (p_s, p_e) \quad (14)$$

In the clustering procedure, we set the minimum neighboring point number of a core point to be 8. So the minimum number of points can be extracted as a line-segment is $m + 8$.

4 The experiments and analysis

The experiments are conducted with a mobile robot

equipped with a laser range finder. The field of view is set to be 180° in front of the robot and up to 10 m distance. The angle resolution is 0.25° and the frequency is 40 Hz. Each scan frame consists of 721 ranges. In our experiments, the robot remains a low speed to decrease the effect of the movement of sensor on laser scans.

To give an indication of the correctness of the proposed algorithm, we compare our method with IEPF algorithm. We implement IEPF algorithm to realize feature separation and calculate parameters of each feature in a least-square method. The experimental results are shown in Figure 1-Figure 4.

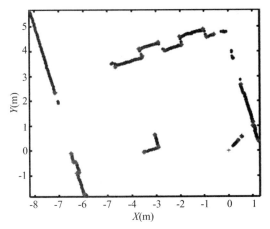

Figure 1 Result of the detected endpoints of line-segments of the proposed algorithm

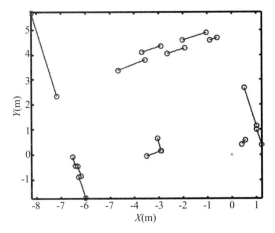

Figure 2 Line-segment extraction result of the proposed algorithm

From the figures, we can see that the clustering procedure filters out the inconsistent information of the laser data, our method performs better than the IEPF in correctness of the results.

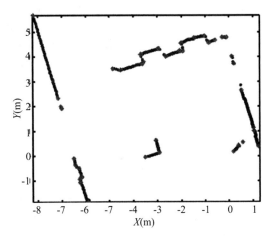

Figure 3 Result of the detected endpoints of line-segments of the IEPF algorithm

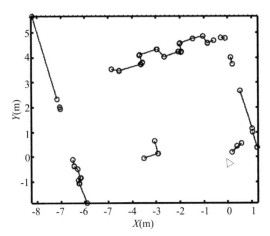

Figure 4 Line-segment extraction result of IEPF algorithm

5 Conclusion

In this paper, a new algorithm for line-segment extraction from laser scan data is proposed. Compared to the conventional methods, a rigid breakpoint detection is not required and the feature separation is efficiently realized by the orientation angle set clustering procedure. As a clustering method is applied to detect inconsistent information in the laser data, our method gets advantages for extracting inconspicuous corners or breakpoints with high accuracy and is more robust to noises. It also has a minimal number of points per segment, so it is adaptive to various different environments. In addition, it is important to set a proper step size which determines the performance of inconsistent information detection. The speed and accuracy of the proposed method is demonstrated in experiments.

As the corners and breakpoints are detected with a pretty high accuracy, our work can be utilized in geometrical feature map building and scan-matching when the clustering method is optimized. Our future work will focus on finding a high efficient method to distinguish inconsistent information to improve the speed of our algorithm and then integrating the proposed system with the real time SLAM and pose tracking process.

References

[1] Wang P, Zhang Q B, Chen Z H. Feature extension and matching for mobile robot global localization[J]. Journal of Systems Engineering and Electronics, 2015, 26(4):1-9.

[2] Wang P, Zhang Q B, Chen Z H. A grey probability measure set based mobile robot position estimation algorithm[J]. International Journal of Control, Automation and Systems, 2015, 13(4):978-985.

[3] Lee S J, Cho D W, Lim J H. Effective localization of mobile robots using a sonar sensor ring[J]. International Journal of Robotics & Automation, 2010, 25(3):186.

[4] Borges G A, Aldon M J. Line extraction in 2D range images for mobile robotics[J]. Journal of Intelligent and Robotic Systems, 2004, 40(3):267-297.

[5] Siadat A, Kaske A, Klausmann S, et al. An optimized segmentation method for a 2D laser-scanner applied to mobile robot navigation[C]//France, Annecy: Proc. 3rd IFAC Symposium on Intelligent Components and Instruments for Control Applications, 1997:153-158.

[6] Nguyen V, Gächter S, Martinelli A, et al. A comparison of line extraction algorithms using 2D range data for indoor mobile robotics[J]. Autonomous Robots, 2007, 23(2):97-111.

[7] Fischler M A, Bolles R C. Random sample consensus: a paradigm for model fitting with applications to image analysis and automated cartography[J]. Communications of the ACM, 1981, 24(6):381-395.

[8] Sun J, Wang P, Chen Z H. Adaptive though transform based on sample distribution[J]. Journal of University of Science and Technology of China, 2015, 45(1):48-55.

[9] Madhavan R, Durrant-Whyte H F. Natural landmark-based autonomous vehicle navigation[J]. Robotics and Autonomous Systems, 2004, 46(2):79-95.

[10] Núñez P, Vázquez-Martín R, Del Toro J C, et al. Natural landmark extraction for mobile robot navigation based on an adaptive curvature estimation[J]. Robotics and Autonomous Systems, 2008, 56(3):247-264.

[11] Qu W W, Chen Z H. Line feature extraction based on dynamic evolution of the grey hazy set[J]. Control and Decision, 2015, 30(5):848-852.

[12] Zhao Y, Chen X. Prediction-based geometric feature extraction for 2D laser scanner[J]. Robotics and Autonomous Systems, 2011, 59(6):402-409.

[13] Ravankar A A, Hoshino Y, Emaru T, et al. Robot mapping using K-means clustering of laser range sensor data[J]. Bulletin of Networking, Computing, Systems, and Software, 2012(1):9.

[14] Movafaghpour M A, Masehian E. Poly line map extraction in sensor-based mobile robot navigation using a consecutive clustering algorithm[J]. Robotics and Autonomous Systems, 2012, 60(8):1078-1092.

[15] Ravankar A A, Hoshino Y, Emaru T, et al. Map building from laser range sensor information using mixed data clustering and singular value decomposition in noisy environment[C]//Proc. of 2011 IEEE/SICE International Symposium on System Integration (SSI), NJ, USA, 2011:1232-1238.

[16] Zhang S, Xie L, Adams M D. Feature extraction for outdoor mobile robot navigation based on a modified Gauss-Newton optimization approach[J]. Robotics and Autonomous Systems, 2006, 54(4):277-287.

[17] Fortin B, Lherbier R, Noyer J C. Feature extraction in scanning laser range data using invariant parameters: application to vehicle detection[J]. IEEE Transactions on Vehicular Technology, 2012, 61(9):3838-3850.

[18] Klančar G, Škrjanc I. Evolving principal component clustering with a low run-time complexity for LRF data mapping[J]. Applied Soft Computing, 2015, 35:349-358.

[19] Bu Y, Zhang H, Wang H, et al. Two-dimensional laser feature extraction based on improved successive edge following[J]. Applied Optics, 2015, 54(13):4273-4279.

[20] Ester M, Kriegel H P, Sander J, et al. A density-based algorithm for discovering clusters in large spatial databases with noise[C]//Proc. 2nd Internat. Conf. on Knowledge Discovery and Data Mining. Portland, Oregon, 1996:226-231.

基于区间分析的 SLAM 方法及其性能研究

戴德云, 王纪凯, 陈宗海

(中国科学技术大学自动化系,安徽合肥,中国,230027)

摘 要: 基于粒子滤波器的 SLAM 算法一般无法保证真实状态处于算法估计的置信区域内,针对该问题,本文提出一种基于区间分析的 SLAM 算法。首先利用改进的箱粒子滤波器(Box Particle Filter)对机器人状态和特征位置进行初步估计;然后基于状态和特征之间的约束条件,通过区间约束传播法(Constraint Propagation, CP),减小区间尺度,在提升估计结果精度的情况下,保证了结果的可靠性;同时,利用 q-satisfied 技术,解决了约束传播过程中结果为空的问题,进一步保证了结果的可靠度。仿真试验和实际环境试验表明,相比基于粒子滤波器的 SLAM 方法,在参数尺度一致的条件下,该方法能以较少的粒子数获得更高的精度,同时保证了结果的可靠度。

关键词: 同时定位与地图创建;粒子滤波器;区间分析;约束传播法

中图分类号: TP391

Performance Evaluation on the Interval Set Analysis Based SLAM Method

Dai Deyun, Wang Jikai, Chen Zonghai

(Department of Automation, University of Science and Technology of China, Anhui, Hefei, 230027)

Abstract: The SLAM algorithm based on the particle filter generally can not guarantee the real state is within the estimated confidence region of algorithm. To solve this problem, a SLAM algorithm based on the interval analysis is proposed. Firstly, an improved box particle filter is used to estimate the robot state and feature location. Then, based on the constraints between states and features, the scale of interval is reduced by the constraint propagation method and the reliability of the result is guaranteed under the condition of improving the precision of the estimated result. Meanwhile, the q-satisfied technique is used to solve the problem that the result of constraint propagation is null and the reliability of the result is further guaranteed. The simulation experiments and actual environment experiments show that compared with the particle filter based SLAM method, the proposed method can obtain higher accuracy with fewer particles and ensure the reliability of the results under the same parameter scale.

Key words: Simultaneous Localization and Mapping (SLAM); Particle Filter (PF); Interval Analysis; Constraint Propagation Algorithm

1 引言

移动机器人的同时定位与地图创建(Simultaneous Localization and Mapping, SLAM)是指机器人在未知环境中,利用传感器获取周围环境信息,并根据获取的信息对机器人进行定位并递增地构建环境地图。SLAM 本质上可以认为是一个状态估计的问题,基于概率框架解决状态估计问题是目前主流的 SLAM 技术之一,方法包含卡尔曼滤波器、扩展卡尔曼滤波器、最大似然估计和粒子滤波器[1]等。

粒子滤波器是一种基于蒙特卡洛算法的最优回归贝叶斯滤波算法,当粒子数增加时,其结果可以逼近真实状态。但计算量也会因此增加,进而降低算法的实时性。文献[2]应用稀疏化的信息矩阵和信息向量保持粒子过去所有时刻的历史信息,并利用信息滤波创建地图,提高结果

作者简介: 戴德云(1994—),女,安徽马鞍山人,硕士生,研究方向为灰色定性知识表达、机器人自助导航与定位等; 陈宗海(1963—),男,安徽桐城人,教授,研究方向为复杂系统建模仿真与控制、模式识别与智能系统等。

的准确性,但增加了计算负担。文献[3]在Rao-Blackwellized粒子滤波SLAM框架下,改进了重采样环节,其利用高斯分布分散高权重粒子得到新粒子,而且能在粒子数减少的条件下保持可靠的估计,但该算法对环境规模敏感,不适用于大规模环境。

与基于概率理论的SLAM方法不同,基于区间分析的SLAM方法利用区间分析理论表达信息的不确定性,降低了噪声以及非线性等因素对状态估计的不利影响。文献[4]首次提出了基于区间分析的SLAM算法,利用区间来处理结果的不确定性,提高了算法的鲁棒性。文献[5]将约束传播法引入基于区间分析的SLAM中,一定程度上解决了过拟合问题。但当有噪声等影响时,可能出现异常值,使得估计结果可能为空集,从而导致机器人定位失败。文献[6]利用不确定性协方差估计趋于保守的特点,引入了非线性区间滤波器作为多传感器融合方法,降低了结果的不确定性,提高了室内移动机器人的定位精度和鲁棒性。虽然区间分析简单、可靠,但基于区间分析的SLAM方法中的过拟合、空集等问题没有得到有效解决。

文献[7]首次将基于序列蒙特卡罗方法和区间分析方法相结合,提出了多维区间(箱)粒子滤波器算法。该算法对噪声具有较高的鲁棒性,是一种"广义粒子滤波"。箱粒子是在状态空间中占有一定体积的多维粒子,箱粒子滤波器(Box Particle Filter,BPF)利用箱粒子代替了传统粒子滤波器中粒子进行后验概率密度函数拟合与状态估计[8]。箱粒子可用于不同的领域,文献[9]将区间分析引入无迹卡尔曼滤波中,而且能以相对较少的粒子数达到同等的定位精度,减小了结果的不确定性,但此方法计算量较大。文献[10]将箱粒子滤波器用于车辆的三维地图定位,在GPS信号丢失后,该滤波器仍能够实现对车辆位姿的准确跟踪。文献[11]将箱粒子滤波器应用到扩展目标伯努利滤波算法,并用伯努利箱粒子滤波器递推对扩展目标的状态进行了估计跟踪,该方法计算效率较高。

在将箱粒子滤波器应用于SLAM中时,为使箱粒子包含所有可行值,需要设置较大尺度的箱粒子,这造成估计结果精度降低,不确定性增高。针对该问题,本文提出了一种基于箱粒子滤波器和区间约束传播的SLAM方法(Box Particle Filter-Constraint Propagation SLAM,BPF-CP SLAM)。结合区间分析理论和粒子滤波器优势的箱粒子滤波器在粒子数相对较少的情况下,能够解决噪声及非线性等因素造成的信息不确定性问题;而利用约束传播方法在约束集中找到满足约束函数的最小约束集,能够将区间尺度和位置限制在合理范围内,通过在约束传播过程中引入q-satisfied技术[12],解决了估计结果为"空集"的问题。仿真和试验结果表明,相对于传统的粒子滤波SLAM算法,本文提出的BPF-CP SLAM能够在参数尺度一致的情况下,得到精度和可靠性均较高的状态估计结果。

2 问题描述

SLAM算法的核心思想是利用机器人观测的历史信息和机器人控制信息来估计机器人的工作空间模型,因此,对于移动机器人的SLAM问题,定义机器人系统的运动模型 $f: \mathbf{R}^{n_x} \times \mathbf{R}^{n_u} \times \mathbf{R}^{n_m} \to \mathbf{R}^{n_x}$ 和观测模型 $g: \mathbf{R}^{n_x} \times \mathbf{R}^{n_l} \times \mathbf{R}^{n_n} \to \mathbb{R}^{n_y}$ 分别为

$$\begin{cases} \mathbf{x}_{k+1} = \mathbf{f}(\mathbf{x}_k, \mathbf{u}_k, \mathbf{m}_k) \\ \mathbf{y}_k = \mathbf{g}(\mathbf{x}_k, \mathbf{l}_k^j, \mathbf{n}_k) \end{cases} \quad (1)$$

其中,$\mathbf{x}_k$ 为机器人状态向量;$\mathbf{u}_k$ 为输入向量;$\mathbf{y}_k$ 为观测向量;$\mathbf{l}_k^j$ 为第 j 个观测特征;$\mathbf{m}_k$ 和 $\mathbf{n}_k$ 分别为系统噪声和观测噪声。

由于噪声等干扰因素的存在,机器人的观测信息具有不确定性。因此,将区间分析理论引入SLAM问题中,即以区间为基本的运算单元,重新定义机器人的运动模型和观测模型分别为

$$\begin{cases} [\mathbf{x}_{k+1}] = [\mathbf{f}]([\mathbf{x}_k], \mathbf{u}_k, [\mathbf{m}_k]) \\ [\mathbf{y}_k] = [\mathbf{g}]([\mathbf{x}_k], [\mathbf{l}_k^j], [\mathbf{n}_k]) \end{cases} \quad (2)$$

其中,$[\mathbf{f}]$ 和 $[\mathbf{g}]$ 为包含函数。$\mathbf{u}_k$ 一般为已知量,因此可以不对其进行区间化。

在初始阶段,算法需要设置较大尺度的区间以包含所有可行值。随着迭代过程的进行,区间尺度可能增大,从而增加状态估计的不确定性。因此本文引入约束传播方法,以计算满足约束的最小区间,减小结果的不确定性。

3 基于箱粒子滤波器的SLAM方法

3.1 基本区间算法

3.1.1 基本概念

区间分析的基本运算单元为区间,一维区间一般定义为

$$[x] = [\underline{x}, \bar{x}] = \{x \in \mathbf{R} \mid \underline{x} \leq x \leq \bar{x}\} \quad (3)$$

区间中心和区间长度分别定义为

$$\text{mid}([x]) = (\bar{x} + \underline{x})/2 \quad (4)$$

$$|[x]| = \bar{x} - \underline{x} \quad (5)$$

给定区间 $[x]$ 和 $[y]$,区间的代数运算定义为

$$[x] \text{op} [y] = \{x \text{ op } y \mid x \in [x], y \in [y]\}$$
$$(\text{op} \in \{+, -, \times, \div\}) \quad (6)$$

在将区间分析理论用于SLAM问题时,机器人的状态 $[\mathbf{x}]$ 和特征点位置 $[\mathbf{I}]$ 分别定义为

$$[\mathbf{x}] = ([x], [y], [theta])$$
$$[\mathbf{I}] = ([x_I], [y_I]) \quad (7)$$

它们的尺度定义为

$$|[\mathbf{x}]| = |[x]| \cdot |[y]| \cdot |[theta]|$$
$$|[\mathbf{I}]| = |[x_I]| \cdot |[y_I]| \quad (8)$$

在区间分析中,大多数区间算法基于区间扩展函数的包含特性,即假设函数为 $\mathbf{f}: \mathbf{R}^n \to \mathbf{R}^m$,则包含函数 $[\mathbf{f}]$ 定义为

$$\forall [\mathbf{x}] \subset \mathbf{R}^n, \quad \mathbf{f}([\mathbf{x}]) \subset [\mathbf{f}]([\mathbf{x}]) \quad (9)$$

3.1.2 约束满足问题

在基于区间理论的状态估计过程中,通过引入约束,可以有效限制不满足条件的区域,抑制过拟合问题,提高状态估计的精度。约束传播法是相对成熟的技术,一般性的约束传播问题定义为

$$X = \{ \mathbf{x} \in [\mathbf{x}] | h(\mathbf{x}) = 0 \}, \quad \text{s.t.} \quad X \subset [\mathbf{x}_c] \subset [\mathbf{x}] \tag{10}$$

其中,$h(\mathbf{x})$ 为约束函数,$[\mathbf{x}]$ 为满足约束函数的解集,$[\mathbf{x}_c]$ 为最小约束集,即使得的尺度最小。

3.2 基于 BPF-CP 的 SLAM 算法

基于箱粒子滤波器的 SLAM 问题可简单地表示为根据机器人历史状态、输入和观测 $\{[\mathbf{x}_{k-1}], \mathbf{u}_k, Z_k = [[\mathbf{z}_1], [\mathbf{z}_2], \cdots, [\mathbf{z}_k]]\}$,经过迭代更新,确定当前时刻机器人状态和特征点位置 $\{[\mathbf{x}_k], L_k = [[\mathbf{l}_1], [\mathbf{l}_2], \cdots, [\mathbf{l}_k]]\}$。但随着迭代更新,区间尺度可能增大,即状态额不确定性增加,也可能减小为空集,即状态陷入局部值,这两种情况都可能导致状态估计失败。

在基于 BPF 的 SLAM 方法中,区间尺度大,即结果的不确定性高。因此,通过缓存一定数量的历史数据,并在缓存区中使用约束传播法,能够有效地减小区间尺度,同时增加箱粒子多样性,避免空集出现,从而提高结果精度和可靠性。基于 BPF 和 CP 的 SLAM 算法过程如下:

(1) 初始化:传统 BPF 算法中,初始箱粒子均匀分布于给定的可行域中,大小由初始协方差确定,且任意两个的交集为空,这种策略容易引起粒子退化问题。因此,更改初始化的策略:随机生成以初始状态预期值为均值的 N 个点,并以其为中心,生成 N 个箱粒子,其尺度足够大以包含初始状态。每个箱粒子的初始权重为 $w_k^i = 1/N$,$i \in \{1, 2, \cdots, N\}$。

(2) 预测:假设对每个箱粒子 i,k 时刻的机器人状态为 $[\mathbf{x}_k^i]$,根据运动模型预测 $k+1$ 时刻的状态为:$[\mathbf{x}_{k+1}^{i,0}] = [\mathbf{f}]([\mathbf{x}_k^i], \mathbf{u}_k)$。

(3) 校正:假设 $k+1$ 时刻观测到 $m = m_n + m_e$ 个特征点,其中,m_n 为新的特征点个数,m_e 为当前地图中已存在的特征点数。记已存在的特征点为 $\{[\mathbf{l}_{k+1}^{i,j}]\}_{j=1}^{m_e}$,相应的观测为 $\{[\mathbf{z}_{k+1}^{i,j}]\}_{j=1}^{m_e}$。利用 $[\mathbf{x}_{k+1}^{i,0}]$ 和式(2)的观测模型进行预测,得到

$$\{[\mathbf{y}_{k+1}^{i,j}]\}_{j=1}^{m_e} = [\mathbf{g}]([\mathbf{x}_{k+1}^{i,0}], [\mathbf{l}_{k+1}^{i,j}]_{j=1}^{m_e}) \tag{11}$$

则观测 $\{[\mathbf{z}_{k+1}^{i,j}]\}_{j=1}^{m_e}$ 和预测 $\{[\mathbf{y}_{k+1}^{i,j}]\}_{j=1}^{m_e}$ 的交集 $\{[\mathbf{r}_{k+1}^{i,j}]\}_{j=1}^{m_e}$ 为

$$\{[\mathbf{r}_{k+1}^{i,j}]\}_{j=1}^{m_e} = \{[\mathbf{z}_{k+1}^{i,j}] \cap [\mathbf{y}_{k+1}^{i,j}]\}_{j=1}^{m_e} \tag{12}$$

由此建立约束满足问题如式(13)所示,通过约束传播法(如式(14)所示)解决该问题,得到更新后的箱粒子状态 $\{[\mathbf{x}_{k+1}^{i,j}]\}_{j=1}^{m_e}$。

$$\{\mathbf{x}_{k+1}^{i,j} \in [\mathbf{x}_{k+1}^{i,0}], \mathbf{l}_{k+1}^{i,j} \in [\mathbf{l}_{k+1}^{i,j}] | g(x_{k+1}^{i,j}, l_{k+1}^{i,j}) - r_{k+1}^{i,j} = 0\} \tag{13}$$

$$[\mathbf{g}]([\tilde{\mathbf{x}}_{k+1}^i], [\tilde{\mathbf{l}}_{k+1}^{i,j}], [\mathbf{n}_k^i]) = [\mathbf{r}_k^i] \tag{14}$$

由于噪声影响,$[\mathbf{x}_{k+1}^i]$ 可能为空集。为解决这一问题,构建缓存区 B_q^i 缓存状态 $\{[\mathbf{x}_{k+1}^i]\}_{j=0}^m$。同时,利用 q-satisfied 技术计算交集 $[\hat{\mathbf{x}}_{k+1}^i] = \bigcap_{j=0}^{q}[\tilde{\mathbf{x}}_{k+1}^i]$,其中 $q = \max\{1, \cdots, m_e + 1\}$,且 $\bigcap_{j=0}^{q}[\tilde{\mathbf{x}}_{k+1}^i] \neq \Phi$。

(4) 似然函数和权重更新:在箱粒子滤波器中,似然函数定义为状态空间在使用 CP 前后体积之比的倒数。在基于箱粒子滤波器的 SLAM 中,需要同时考虑特征点位置区间的尺度变化,故似然函数定义为

$$A^i = A_r^i \prod_{j=1}^{m_e} A_f^{i,j} \tag{15}$$

其中,$A_r^i = |[\tilde{\mathbf{x}}_{k+1}^i]| / |[\mathbf{x}_{k+1}^i]|$;$A_f^{i,j} = |[\tilde{\mathbf{l}}_{k+1}^{i,j}]| / |[\mathbf{l}_{k+1}^{i,j}]|$;$[\tilde{\mathbf{x}}_{k+1}^i]$ 和 $[\tilde{\mathbf{l}}_{k+1}^{i,j}]$ 为使用 CP 后机器人的状态区间和特征点位置区间。

因此,根据权重公式 $w_{k+1}^i = w_k^i A^i$ 更新粒子权重。

(5) 状态估计:根据公式(16)计算状态估计值。

$$\hat{\mathbf{x}}_k = \text{mid}(\bigcup_{i=1}^{N}[\mathbf{x}_k^i]) \tag{16}$$

(6) 状态约束缓存区和缓存 CP:针对机器人状态 $[\mathbf{x}_k^i]$、特征点位置 $\{[\mathbf{z}_k^i]\}_{j=1}^{m_t}$ 和输入 $\mathbf{u}_k$,分别构建 3 个缓存区以存储相应的历史数据。3 个缓存区分别为 k 时刻机器人状态缓存区 B_r^i、特征点位置缓存区 B_f^i 和输入缓存区 B_u^i,其大小均为 s_c。

$$\begin{cases} B_r^i = \{[\mathbf{x}_{k-s_c}^i], [\mathbf{x}_{k-s_c+1}^i], \cdots, [\mathbf{x}_k^i]\} \\ B_f^i = \{Z_{k-s_c}^i, Z_{k-s_c+1}^i, \cdots, Z_k^i\} \\ B_u^i = \{\mathbf{u}_{k-s_c}^i, \mathbf{u}_{k-s_c+1}^i, \cdots, \mathbf{u}_k^i\} \end{cases} \tag{17}$$

其中,$Z_t^i = \{[\mathbf{z}_t^{i,j}]\}_{j=1}^{m_t}$ 为 t 时刻的观测,$s_c = \sum_{t=k-s_c}^{k} m_e^t$ 为观测到的特征点总数。

在 SLAM 过程中,缓存区中的数据量会逐步增加,直至达到 s_c。此时需要丢弃缓存区中不重要的数据 s_o,$(s_o \in \{1, 2, \cdots, s_c\})$,且缓存区大小影响算法的实时性,当其过大时,降低了约束传播时的计算效率。

利用缓存区数据,建立两个约束满足问题如下:

· 运动模型的约束满足问题

$$\{\mathbf{x}_{k+1}^i \in [\mathbf{x}_{k+1}^i], \mathbf{x}_k^i \in [\mathbf{x}_k^i] | f(\mathbf{x}_k^i, \mathbf{u}_k^i, \mathbf{m}_k^i) - \mathbf{x}_{k+1}^i = \varepsilon_x\} \tag{18}$$

· 观测模型的约束满足问题

$$\{\mathbf{x}_k^i \in [\mathbf{x}_k^i], \mathbf{l}_k^{i,j} \in [\mathbf{l}_k^{i,j}] | g(\mathbf{x}_k^i, \mathbf{l}_k^{i,j}) - \mathbf{z}_k^{i,j} = \varepsilon_y\} \tag{19}$$

其中,ε_x 和 ε_y 为期望误差。通过利用约束传播法解决约束满足问题,可以降低区间的尺度。但是,当区间尺度过小时,会导致前向或后向传播过程中出现空集。为解决这一问题,当空集出现时,扩大区间尺度,重新进行约束传播。

4 试验和分析

为验证算法的正确性和有效性,在模拟环境、公开数据集的试验环境进行了试验研究,并与 FastSLAM 2.0 算

法展开了对比。

4.1 模拟环境试验

模拟环境下采用模拟特征地图 Map-1,该地图最初用于实现经典的 FastSLAM 算法。经过不断的研究与改善,FastSLAM 2.0 算法为当前主流的基于粒子滤波器的 SLAM 方法之一。在地图 Map-1 下展开了一系列仿真试验,试验中箱粒子数设为 5,缓存区大小设为 24,设 s_o 为 8。在 FastSLAM 2.0 算法中,粒子数设为 50,系统噪声和观测噪声分别设为 $\begin{bmatrix} 0.3 & 0 \\ 0 & 3.0 \end{bmatrix}$,$\begin{bmatrix} 0.1 & 0 \\ 0 & 1.0 \end{bmatrix}$。

在仿真中,通过记录机器人状态和特征点位置,绘制了算法的建图结果,如图 1 所示。

图 1(a)和图 1(b)分别给出了本文方法和 FastSLAM 2.0 SLAM 的最终结果,图 1(c)给出了最终箱粒子轨迹。图中虚线表示机器人真实轨迹,实线表示机器人轨迹估计值,菱形表示特征点位置真值,实心圆表示特征点位置估计值,使用约束传播法之前的箱粒子轨迹为蓝色框,使用后为红色框(本书为黑白印刷,颜色没有显示)。图示结果表明:在使用约束传播后,当区间尺度减小时,箱粒子仍包含真值,但同时也存在区间尺度增大的情况,这是因为当观测不充分时,约束传播过程中出现空集的概率增加,通过增加区间尺度的方式以保证箱粒子的估计包含真值。

表 1 给出了本文方法与 FastSLAM 2.0 算法结果的估计值和真实值间的均方根误差(RMSE),从表 1 的对比结果可以看出,在较高的噪声水平下,相比 FastSLAM 2.0,本文方法的均方根误差较小,精度较高。

表 1 BPF-CP SLAM 和 FastSLAM 2.0 结果

	机器人位置 RMSE(m)	机器人方向 RMSE(°)	特征位置 RMSE(m)
BPF-CP SLAM	1.209	1.146	1.818
FastSLAM 2.0	3.092	0.847	3.179

4.2 公开数据集试验

为证明算法泛化能力,在公开数据集的环境中测试了本文方法。在环境中随机抽取一些特征点构建 Map-2,并使用本文方法和 FastSLAM 2.0 算法分别进行试验。在仿真试验中,本文方法的箱粒子数设为 5,缓存区大小设为 48,s_o 设为 2。在 FastSLAM 2.0 算法中,粒子数设为 50,系统噪声和观测噪声分别设为 $\begin{bmatrix} 0.3 & 0 \\ 0 & 3.0 \end{bmatrix}$,$\begin{bmatrix} 2.0 & 0 \\ 0 & 20 \end{bmatrix}$。

试验时,设置特征点数为 1500。SLAM 结果如图 2 所示,其中虚线表示机器人真实轨迹,实线表示其估计值,菱形表示特征点位置真值,实心圆表示其估计值。

本文方法和 FastSLAM 2.0 算法结果的均方根误差如表 2 所示。由表可知,相比于 FastSLAM 2.0 算法,本文方法的均方根误差较小,此结果表明,本文方法在粒子数相对较少的情况下,定位和地图构建精度较高。

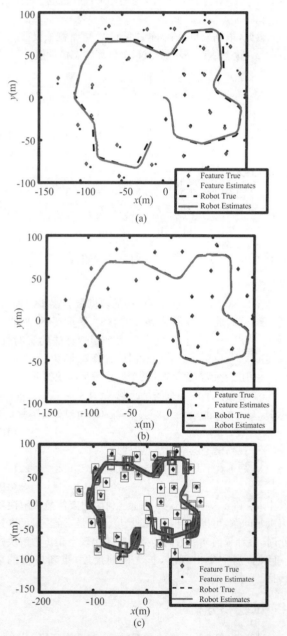

图 1 SLAM 结果:(a) FastSLAM 2.0 结果;(b) BPF-CP SLAM 结果;(c)本文算法的最终箱粒子

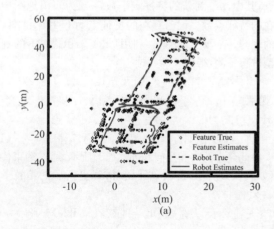

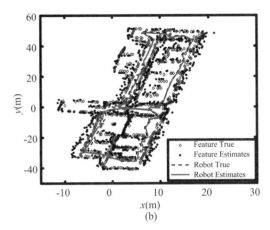

图 2　SLAM 结果：(a)FastSLAM 2.0 结果；(b)BPF-CP SLAM 结果

表 2　BPF-CP SLAM 和 FastSLAM 2.0 结果

	机器人位置 RMSE(m)	机器人方向 RMSE(°)	特征位置 RMSE(m)
BPF-CP SLAM	0.4713	0.0003	0.7524
FastSLAM 2.0	0.9871	0.0406	0.8857

5　总结

本文将区间分析理论引入到移动机器人的 SLAM 中，解决了粒子滤波器计算规模与计算效率之间的矛盾。同时，建立缓存区存储历史数据，有效地控制了区间尺度，减小了状态估计的不确定性。一方面，通过缓存数据，得到 q-satisfied 状态估计；另一方面，通过使用约束传播法，减小区间尺度。试验结果表明，与 FastSLAM 2.0 算法相比，将区间分析引入到基于粒子滤波器的 SLAM 中，能以相对较少的箱粒子数获得更高的机器人定位精度和地图构建精度，提高算法的效率。同时，在使用缓存区 CP 后，区间仍包含所有可行值，保证了算法的鲁棒性。

参考文献

[1] 王忠立,赵杰,蔡鹤皋. 大规模环境下基于图优化 SLAM 的图构建方法[J]. 哈尔滨工业大学学报,2015,47(1):75-85.

[2] 王晓华,杨幸芳. 一种改进的粒子滤波 SLAM 算法[J]. 模式识别与人工智能,2013,26(6):537-542.

[3] 张毅,郑潇峰,罗元,等. 基于高斯分布重采样的 Rao-Blackwellized 粒子滤波 SLAM 算法[J]. 控制与决策,2016(12):2299-2304.

[4] Di Marco M, Garulli A, Lacroix S, et al. Set membership localization and mapping for autonomous navigation[J]. International Journal of Robust and Nonlinear Control, 2001,11(7):709-734.

[5] Jaulin L. A nonlinear set membership approach for the localization and map building of underwater robots[J]. IEEE Transactions on Robotics,2009,25(1):88-98.

[6] 周波,钱堃,马旭东,等. 基于集员估计的室内移动机器人多传感器融合定位[J]. 控制理论与应用,2017,34(4):541-550.

[7] Abdallah F, Gning A, Bonnifait P. Box particle filtering for nonlinear state estimation using interval analysis[J]. Automatica,2008,44(3):807-815.

[8] Gning A, Ristic B, Mihaylova L, et al. An introduction to box particle filtering[J]. IEEE Signal Processing Magazine, 2013,30(4):1-7.

[9] 刘洞波,刘国荣,王迎旭,等. 基于区间分析无迹粒子滤波的移动机器人 SLAM 方法[J]. 农业机械学报,2012,43(10):155-160.

[10] Drevelle V, Bonnifait P. Localization confidence domains via set inversion on short-term trajectory[J]. IEEE Transactions on Robotics,2013,29(5):1244-1256.

[11] 孔云波,冯新喜,刘钊. 基于箱粒子滤波的扩展目标伯努利跟踪算法[J]. 华中科技大学学报:自然科学版,2015,43(11):63-67.

[12] Wang P, Zhang Q B, Chen Z H. A grey probability measure set based mobile robot position estimation algorithm[J]. International Journal of Control, Automation and Systems, 2015,13(4):978-985.

Object Proposal with Modified Edge Boxes Based on Visual Saliency

Zhao Hao[1,2], Wang Jikai[1], Chen Zonghai[1], Zhang Hua[2]

(1. Department of Automation, University of Science and Technology of China, Anhui, Hefei, 230027; 2. School of Information Engineering, Southwest University of Science and Technology, Sichuan, Mianyang, 621010)

Abstract: As a significant pre-processing of object detection tasks, the object proposal aims to generate the candidate bounding boxes which are likely to contain objects in an image. To balance the tension between the computational cost and the detection accuracy, we propose a modified Edge Boxes based on the visual saliency mechanism. First, we obtain the saliency map via the Graph-based Manifold Ranking (GMR) model. Then, the region saliency is incorporated into the edge responses, which provides strong guidance for selecting and evaluating the boxes. Third, we design a new metric to measure the performance of the output bounding boxes. The experimental results from the BSR_bsds 500 dataset demonstrate that the bounding boxes generated by our method are more reasonable. The bounding boxes' tightness is obviously refined. The detection rate is promoted from 82.1% to 91.8% and the average IOU goes up 4.19% from 77.05% to 81.24%.

Key words: Object Proposal; Visual Saliency; Weighting; Edge Boxes

Chinese library classification number: TP391

1 Introduction

As the basic requirement for scene understanding, the object detection consists of two main issues: finding where the object is and recognizing what the object is. The first issue, which is often referred to object proposal, aims to generate the regions that possibly contain an object based on the defined objectness. The accuracy of the object proposal location is essential for the performance of the object classifier. Object proposal has been studied for a long time and diversity methods are proposed. These object proposal methods are generally implemented in two steps: possible region generation and evaluation. Sliding window paradigm, which is easy to implement, has been widely used in the early years. However, such mechanism leads to the tension between computational cost and detection precision of the object proposal methods. Almost, all the solutions are considered and checked to improve the detection precision, while more computational resource is required. In recent years, many methods have been proposed to balance this tension.

The recent object proposal schemes can be roughly classified into two categories: the region grouping-based and the window scoring-based[1-3]. The major difference between the two categories is the way to generate the candidate bounding boxes. The former generates the candidate box through some steady clues in the image, however, the latter produces the bounding box directly and then selects the top performance, such as Edge Boxes[4], Objectness[5], BING[6]. Edge boxes is a classical scheme which defines an object based on the edges. Based on the edge response computed by the Structured Edge detector[7], the affinity and the scoring of the bounding box are evaluated. Though the computational cost is reduced, it suffers from localization bias problem[3,10]. Liu et al.[8] adjust the candidate boxes through grouping the super-pixels with elastic range to achieve better accuracy on RGB-D image. Chang et al.[9] integrate the generic objectness and visual saliency to focus the boxes on the salient regions. Chen et al.[10] utilize the characteristics of super-pixels tightness distribution to refine the bounding box by the Multi-Thresholding Straddling Expansion (MTSE). Kuang et al.[11] design a new scoring function

---

作者简介：陈宗海(1963—)，男，安徽桐城人，教授，研究方向为复杂系统建模仿真与控制、模式识别与智能系统等。

with object saliency award and object location award to evaluate the candidate bounding boxes. Chen et al.[12] apply a geodesic saliency map to refine the candidate boxes and rank them synchronously.

In these approaches, the candidate bounding boxes are refined via adjusting the scoring function based on saliency map or some other ways. However, it is more important to modify the bounding boxes generation mechanism. Motivated by the visual object searching process of human, there are three feasible solutions to improve the result of object proposal: refining the input picture, adjusting the scoring function for bounding box with the visual saliency clue and incorporating the visual saliency into the edge response's generation process. However, the first scheme may easily cause the information's inherent loss and the second one's promotion may be not obvious because the distribution of bounding box has been formed already. Accordingly, a novel method is proposed based on the last scheme.

The major contributions of this paper are as follows: First, based on the saliency map[13], the regions with low visual saliency are neglected during the bounding box generating process, which greatly improve the searching efficiency and the quality of the boxes. Second, a novel edge response computing method based on the visual saliency is proposed. With such mechanism, the bounding boxes can be evaluated more effectively. Third, we put forward a new measurement to evaluate the degree of localization bias problem between the detected boxes and the ground truth, which is referred to "tightness".

The rest of this paper is organized as follows: the architecture of the proposed method is depicted in Section 2. The detailed modified Edge Boxes based on the visual saliency for the object proposal is presented in Section 3. The experimental results and analyses are described in Section 4. Finally, the conclusion and some remarks are given in Section 5.

2 The architecture of the proposed method

In this paper, our method is mainly built on the Edge Boxes[4]. In this procedure, a few candidate bounding boxes occur in these regions where no object is covered. Moreover, it is common that some candidate bounding boxes contain some meaningless areas, which makes these bounding boxes bigger than the ground truth obviously. Inspired by human visual cognitive mechanism, we put forward an enhanced Edge Boxes which the visual saliency map is employed to exclude the meaningless regions in the bounding boxes. The framework of our method, which can be classified into three steps, is shown in Figure 1. First, the edge responses and saliency map of the input image are obtained by the existing methods[7,13]. Then, a novel visual saliency based edge responses computing model is presented. Third, based on the updated edge responses, we generate and evaluate bounding boxes. Furthermore, an integrated performance metric is established, including the detection rate, IOU and the tightness of the bounding boxes.

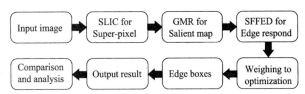

Figure 1 The whole frame of proposed approach

3 The modified Edge Boxes based on visual saliency

3.1 Saliency map construction

In this section, the process of the saliency detection method is presented. More details can be referred to[13]. Generally, human beings have the ability to find the most salient targets or rapidly focus on what they want. This process is corresponded to saliency extraction problem in the computer vision. Graph-based Manifold Ranking (GMR) model[13] is a classical and effective method for the saliency detection tasks. In this method, the input image I is segmented using SLIC[14] to obtain n non-overlapping super-pixels $S = \{s_1, s_2, \cdots, s_n\}$. Then, the GMR model is carried out as follow steps. First, a graph $G = (V, E)$ is constructed by the above super-pixels V and their mutual affinities E between groups of nodes s_i and s_j. Second, a subset of nodes are selected as the labelled queries. Last, the optimal ranking $r = (r_1, r_2, \cdots, r_n)$ is obtained by solving the following minimization problem.

$$\min_{r} \frac{1}{2} \sum_{i,j=1}^{n} W_{ij} \left(\frac{r_i}{\sqrt{d_i}} + \frac{r_j}{\sqrt{d_j}} \right)^2 + \lambda \sum_{i=1}^{n} (r_i - y_i)^2 \quad (1)$$

where $\lambda > 0$ is a factor to control the balance of formula and $d_i = \sum_{j=1}^{n} W_{ij}$. There are two pivotal procedures for GMR generating the saliency map of an image.

3.1.1 Ranking graphical nodes based on background

There is a common observation that the background prior indicates that the background of an image generally locates in its boundaries. Thus, those super-pixels which locate in the image's boundaries are selected as the background queries. Then, the rest super-pixels are ranked according to Eq. 1. Let $y^b = (y_1^b, y_2^b, \cdots, y_n^b)$ be the indication set of the background queries, in which $y_i^b = 1$ if the s_i belongs to the background, otherwise $y_i^b = 0$. Third, the optimal ranking of the background b_S is compute as:

$$b_S = \min_{b_S} \frac{1}{2} \sum_{i,j=1}^{n} W_{ij} \left(\frac{b_{Si}}{\sqrt{d_i}} + \frac{b_{Sj}}{\sqrt{d_j}} \right)^2 + \lambda \sum_{i=1}^{n} (b_{Si} - y_i^b)^2 \quad (2)$$

3.1.2 Ranking graphical nodes based on foreground

The rest super-pixels which satisfy $b_{Si} < n^{-1} \sum_{i=1}^{n} b_{Si}$ will be selected as the foreground queries. Similarly, let $y^f = (y_1^f, y_2^f, \cdots, y_n^f)$ be the vector of the foreground queries with $y_i^f = 1$ when the super-pixel belongs to the foreground, otherwise $y_i^f = 0$. Then, the optimal ranking f_S is computed by:

$$f_S = \min_{f_S} \frac{1}{2} \sum_{i,j=1}^{n} W_{ij} \left(\frac{f_{Si}}{\sqrt{d_i}} + \frac{f_{Sj}}{\sqrt{d_j}} \right)^2 + \lambda \sum_{i=1}^{n} (f_{Si} - y_i^f)^2 \quad (3)$$

The optimal foreground ranking vector f_S can be directly used as the final saliency map of the input image.

3.2 The modified Edge Boxes based on saliency map

In addition to the visual saliency, the edge or contour is also discriminative clue to distinguish a potential object in an image. According to this observation, Zitnick et al.[4] utilize the elaborated edge groups to evaluate candidate bounding boxes. However, in the method, there are several regions which satisfy the edge characteristics for scoring but do not cover object actually. Thus, motivated by the human visual perception procedures, we fuse the edge clue and visual saliency in our method. For a given image I, we initially acquire the edge responses using the Structured Edge detector and handle them through the Non-Maximal Suppression (NMS) orthogonal. Then, the edge groups $s_i \in S_{\text{group}}$ are formed using a simple greedy approach as the mentioned in the reference [4]. At last, only the regions whose saliency are beyond a threshold μ are considered, which can be formulated as

$$\{ s_i \mid s_i \subset B, B = \bigcup f_{Sj}, \text{saliency}(f_{Sj}) > \mu \}$$
$$j = 1, 2, \cdots, n \quad (4)$$

where saliency (f_{Si}) represents the regions where their saliency value are above the threshold μ, with $\mu = 1.5$ used in practice. B is the set that contains all satisfied regions.

In the Edge Boxes[4], the affinity between a pair of edge groups $s_i, s_j \in S_{\text{group}}$ is defined as:

$$a(s_i, s_j) = |\cos(\theta_i - \theta_{ij})\cos(\theta_j - \theta_{ij})|^{\gamma} \quad (5)$$

where θ_i is the orientation of s_i and θ_{ij} is the angle between the mean position of edge group s_i, s_j. The parameter γ controls the sensitivity of orientation's changes. In the above equation, only the correlation of angles between two edge groups is applied. However, the local background similarity of the edges is not taken into consideration. In our method, we first define a constraint based on the saliency map between a pair of edge group as:

$$l(s_i, s_j) = \begin{cases} 1, & \text{if } \text{saliency}(s_i) = \text{saliency}(s_j) \\ 1 + \beta \left| \frac{\Delta_i}{\Delta_{\max}} \right|, & \text{others} \end{cases} \quad (6)$$

where $\Delta_i = \text{saliency}(s_i) - \text{saliency}(s_j)$ and $\Delta_{\max}$ is the maximum among all Δ_i and β is the weighting factor. Then, we define a new affinity model as:

$$a'(s_i, s_j) = a(s_i, s_j)^{l(s_i, s_j)} \quad (7)$$

With the proposed modification, two edge groups located in the similar saliency region are more likely to be grouped. Then, the candidate bounding boxes are generated following the same process as the reference [4].

3.3 The modified Edge Boxes based on saliency map

The proposed algorithm of the modified Edge Boxes can be summarized as follows:

Table 1 The modified Edge Boxes algorithm

Algorithm:	Modified Edge Boxes based on the visual saliency
Input:	Input image
Output:	The vector of bounding boxes' information and their confidence

1: Obtaining the super-pixels $S = \{s_1, s_2, \cdots, s_n\}$ of input image using SLIC;
2: Applying GMR to get saliency map f_S;
3: Utilizing Structured Edge detector to acquire the edge responses E;
4: Optimizing the edge responses with the saliency map: (f_s, E);
5: Computing the modified affinity function: $a(s_i, s_j)^{l(s_i, s_j)}$;
6: Carrying out the modified Edge Boxes.

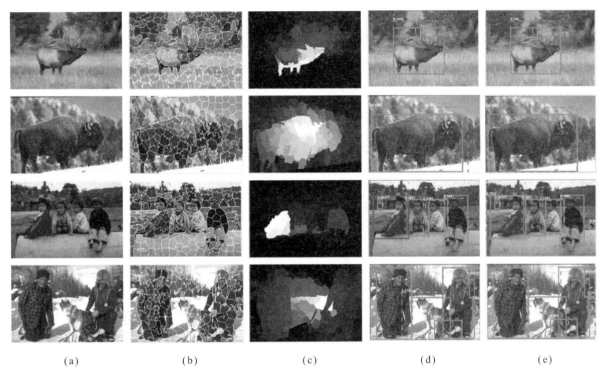

(a)　　　　(b)　　　　(c)　　　　(d)　　　　(e)

Figure 2 The results of comparison experiments. In the last two columns of image, the green solid frame represents the matched bounding box and the green dashed frame denotes the detection bounding box and the red solid frame means the missed bounding box. (a) are the original pictures which come from BSR_bsds 500 dataset; (b) are the super-pixel maps from SLIC; (c) are the saliency maps from GMR; (d) are the results from Edge Boxes; (e) are the results from our method

4 Experiment results and analysis

In this section, we validate the performance of the proposed method on the BSR_bsds 500 dataset and compare our results with Edge Boxes. All the experiments are conducted on the PC with Intel CORE i5 2.8 GHz CPU and 4 GB memory.

The number of super pixel is set as $n = 200$ and the most optimal weighting factor β is 5. We select four typical images for the comparison experiments and the results are shown in Figure 2.

As is shown in Figure 2, the former two rows of images contain single object and the latter two images contain multi-object. The generated bounding boxes of the two methods are shown in the last two columns. Both methods can cover the objects while our bounding boxes are more precise. To further illustrate the performance of our method, we quantify the bounding boxes' tightness, detection rate and average IOU as follows.

4.1.1 The evaluation of the bounding box's tightness

As is shown in Figure 3, there is a noticeable phenomenon that the IOU values of the bounding box are not obviously improved, but the bounding box from our method is more compact than the bounding box from Edge Boxes.

(a)　　　　　(b)　　　　　(c)

Figure 3　The comparison of tightness among the bounding boxes. (a) is the matched bounding boxes' tightness from Edge Boxes; (b) is the matched bounding boxes' tightness with $\beta = 2$; (c) is the matched bounding boxes' tightness with $\beta = 5$

Therefore, in order to evaluate this refinement, we establish a corresponding evaluation metric dc:

$$dc = n^{-1} \sum_{i=1}^{n} (\text{Area}_{dt_i} - \text{Area}_{\text{IOU}_i})/\text{Area}_{\text{IOU}_i} \quad (7)$$

where $Area_{dt}$ is the area of detection bounding box and $Area_{iou}$ is the area of intersection between the bounding box and the ground truth. The value of dc presents the cost to get the same intersection area. Thus, the smaller, the more tightness between the detected bounding box and the ground truth.

First, we randomly select 10 images and implement the two methods. The degree of the tighttness of the generated bounding boxes are shown in Figure 4(a). We can know that our detection bounding boxes are generally more close to the ground truth. Furthermore, as the performance of our method is also determined by the, a comparison experiment is conducted on the test set of BSR_bsds 500 dataset to verify the effect of the β and the result is shown in Figure 4(b). The best tightness results are obtained when β is around 5. However, when β takes larger value, some meaningful edges could be filtered out and the tightness becomes worse.

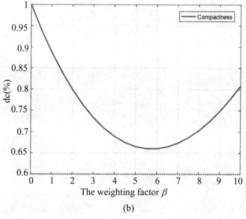

Figure 4　The comparison between Edge Boxes and Ours. (a) the comparison on the specific images; (b) the tendency of tightness with the varied β

4.1.2　The comparisons on the detection rate and average IOU

In order to quantify the refinements of our method in terms of the detection rate and the average IOU, the contrastive experiments are implemented on the test set of BSR_bsds 500 dataset. The experimental results are shown on Table 2. When β is set to 5, the detection rate is promoted from 82.1% to 91.8% and the average IOU goes up 4.19% from 77.05% to 81.24%

Table 2　The comparison results of the two methods

Methods\ Items	Detection Rate	Average IOU
Edge Boxes	0.8210	0.7705
Ours	0.9108($\beta=5$)	0.8124($\beta=5$)

The experimental results indicate that the proposed method can generate more precise bounding boxes. However, it should be noticed that the performance of our method is dependent on the parameters. It is important to determine an optimal parameter set.

5　Conclusion

In this paper, a modified Edge Boxes based on the visual saliency is proposed for the object proposal. Comparing with the Edge Boxes and other improved approaches, there are three main features of the proposed method. First, the edge groups' region similarity on the saliency map is taken into consideration. Second, we optimize the edge responses and modify the affinity function instead of adjusting the scoring function. Third, a metric for evaluating the bounding boxes' tightness is designed. As these meaningless areas are neglected and the affinity is enhanced, our proposed method can obtain good bounding boxes for object proposal. Our future work will focus on the object proposal based on task-level saliency.

References

[1] Hosang J, Benenson R, Dollar P, et al. What Makes for Effective Detection Proposals? [J]. IEEE Transactions on Pattern Analysis & Machine Intelligence, 2016, 38(4): 814-830.

[2] Zhu H, Lu S, Cai J, et al. Diagnosing state-of-the-art object proposal methods [J]. Computer Science, 2015, 9(1): 95-121.

[3] Li S, Zhang H, Zhang J, et al. Box refinement: Object proposal enhancement and pruning [C]// Applications of Computer Vision. IEEE, 2017: 979-988.

[4] Zitnick C L, Dollár P. Edge Boxes: Locating object proposals from edges [C]// European Conference on Computer Vision. Springer, Cham, 2014: 391-405.

[5] Alexe B, Deselaers T, Ferrari V. Measuring the objectness of image windows [J]. IEEE Transactions on Pattern Analysis & Machine Intelligence, 2012, 34(11): 2189.

[6] Cheng M M, Zhang Z, Lin W Y, et al. BING: Binarized normed gradients for objectness estimation at 300fps [C]// Computer Vision and Pattern Recognition. IEEE, 2014: 3286-3293.

[7] Dollár P, Zitnick C L. Structured forests for fast edge detection [C]// IEEE International Conference on Computer Vision. IEEE Computer Society, 2013: 1841-1848.

[8] Liu J, Ren T, Wang Y, et al. Object proposal on RGB-D images via elastic edge boxes [J]. Neurocomputing, 2016, 236.

[9] Chang K Y, Liu T L, Chen H T, et al. Fusing generic objectness and visual saliency for salient object detection [C]// International Conference on Computer Vision. IEEE Computer Society, 2011: 914-921.

[10] Chen X, Ma H, Wang X, et al. Improving object proposals with multi-thresholding straddling expansion [C]// Computer Vision and Pattern Recognition. IEEE, 2015: 2587-2595.

[11] Kuang P, Zhou Z, Wu D. Improved Edge Boxes with object saliency and location awards [J]. Ieice Transactions on Information & Systems, 2016, E99. D(2): 488-495.

[12] Chen S, Li J, Hu X, et al. Saliency detection for improving object proposals [J]. 2016.

[13] Yang C, Zhang L, Lu H, et al. Saliency detection via graph-based manifold ranking [C]// Computer Vision and Pattern Recognition. IEEE, 2013: 3166-3173.

[14] Achanta R, Shaji A, Smith K, et al. SLIC superpixels compared to state-of-the-art superpixel methods [J]. IEEE Transactions on Pattern Analysis & Machine Intelligence, 2012, 34(11): 2274-2282.

Monte Carlo Localization Based on the Uniform Distribution

Foroughi Farzin, Chen Zonghai

(Department of Automation, University of Science and Technology of China, Anhui, Hefei, 230027)

Abstract: Nowadays the localization problem is one of the most important issue and a major topic related to the SLAM robot. To do this, subjects related to computational complexity and system response speed are taken into consideration. The Monte Carlo method is one of the most important techniques used to face localization problem. Although this method is one of the most commonly used methods to deal with the localization problem due to easy implementation and high efficiency, it increases the cost of computations because of the use of particle sets and the information obtained from the sensor. This paper presents a novel localization approach based on the uniform distribution to deal with computational cost. To address this problem, we propose a method by extending Monte Carlo localization algorithm using uniform distribution. In this algorithm, the particles are uniformly positioned on the state space and sensor model follows a uniform distribution as well. The results of the empirical experiments illustrate that the proposed approach improves system performance by reducing computational complexity, fast computation, and easy implementation.

Key words: Localization; SLAM; Monte Carlo Method; Uniform Distribution

Chinese library classification number: TP391

1 Introduction

Nowadays, the self-control and autonomous systems are becoming popular in robotics area. The autonomous motion of the robot depends on the certain reasons. For instance, a robot moves autonomously from its initial position to its ending point which is depending on certain situation, like not bumping, not tipping. The major problem for the navigation problem is the positioning of the robot and its pose at the current step.

In recent years, how to control a team of robots by themselves(self-control) has become an interesting topic for researchers and how these robots interact in the same environment with each other have become an important issue. However, for the localization problem, whether for a group of robots or for a robot individually, each robot's position should be considered separately. In fact, in the multi-robot system, robots can share their different data as like as position, orientation and task with each other and rearrange their duty according to their state situation by changing position information [1-3]. When a group of robots starts working in the same environment, at first, each robot begins to collect the information from the surrounding area individually, and at each step, by integrating this information from each robot, the system's performance can be improved. Although this combined information is influential in the process of the system, each robot individually collects the information from its surroundings, this shows the importance of individual robot localization [4]. There are a wide range of robotic studies for aggregating sensor data across multi-resource, using the uncertainty of different positions (both absolute or relative), or reducing the environment noise from raw data [5,6].

Robot localization is considered one of the most fundamental issues in mobile robotics[7]. A robot is able to understand the environment and localize itself, based on the information obtained from its sensor by scanning the environment. Currently, in the mobile robot, most of the efficient systems utilize localization because they need a wider set of information about the position of the robot. In recent years, there has been an increasing interest in localization, which is the problem of estimating the position of the robot by obtained robot sensor data on the prepared map of the environment [8-10]. This technique is used to make up the odometry errors that can happen in robot navigation [11]. In

---

作者简介：陈宗海(1963—)，男，安徽桐城人，教授，研究方向为复杂系统建模仿真与控制、模式识别与智能系统等。

systems using this method, it is assumed that the starting position of the robot is known, or in other words, the localization starts from the point where the robot is located, as well as if the robot loses its position as failure in operations is considered, and the robot must start the localization task from the beginning. There are several methods for localization, the main methods are: Monte Carlo localization, Markov Localization, Kalman Filter, and Particle Filter. All of these methods use the probabilistic model to grant a probability density over all the possible position of the robot [12].

In this paper, we present an improved Monte Carlo method in the context of robot localization problem. We apply the uniform distribution in the Monte Carlo method to solve the localization problem for the autonomous robot in the occupancy grid map. The most efficient and common algorithm to face with localization problem is the Monte Carlo localization (MCL) method. This algorithm uses the particle filter to demonstrate posterior beliefs for a set of weighted particles based on this posterior [2,3,5]. Fox et al. [3] represent an efficient method with a set of random samples to calculate the robot belief to estimate the position of the robot. Zhang et al. [13] utilize self-adaptive samples to extend the Monte Carlo method (SAMCL) to deal with Multi-Robot Localization problem which reduces the Computational complexity called Similar Energy Region. Li et al. [14] propose a technique to localize the soccer robot by achieving the data from sensor observation. They use the Monte Carlo method to produce a set of samples to estimate the position of the robot with respect to the sensor observation and samples weight. To restore from global localization defeats, Thrun et al. [5] represent an extended Monte Carlo localization method which adds random particles with regards to the measurement or uniform distribution.

The rest of this paper is organized as follows. In the second section, we first discuss the problem statement of our approach. In the third section, we introduce the extended Monte Carlo method using the uniform distribution. Empirical results are presented in the fourth section and finally the conclusion and future plan are given in the fifth section.

2 Problem statement

One of the most popular method to solve the localization problem is the Monte Carlo algorithm, which demonstrates the posterior belief by combining particle filter, action model, and robot sensor data. Easy implementation of this algorithm as well as its high efficiency makes it widely used.

As mentioned, in this method, the particle filter is used to estimate the position of the robot, and a certain number of particles are used to make this process more efficient. The number of particles depends on the size of the map of the environment, meaning that larger sized maps need more particle than smaller ones. Although the number of particles is selected by the operator, it should be taken into account that the high number of particles cause more time complexity, and the low number will invalidate the estimate of the position of the robot. Each particle represents the probable position of the robot, which is able to understand the environment in which it is located by using probabilistic measurement methods. At each stage, these calculations are done for each existing particle, which, if the number of particles is high, causes a lot of computational costs.

Anyway, adding samples randomly may extend particle set if the algorithm cannot quickly restore from global localization defeats. But by adding sample set in the form of uniform distribution, the computational complexity will be considerably reduced, which saves processing, so the system's response speed will increase.

In Figure 1, the estimated position of the robot is shown by using normal and uniform distribution, according to the data, the sensor has obtained by scanning the environment around the robot.

The probability density function of the normal distribution is:

$$f(x) = \frac{1}{\sqrt{2\pi\sigma^2}} e^{\left|\frac{(x-\mu)}{2\sigma^2}\right|^2} \quad (1)$$

and the probability density of the uniform distribution is:

$$f(x) = \begin{cases} \frac{1}{2\sigma\sqrt{3}}, & \text{for } -\sigma\sqrt{3} \leqslant x-\mu \leqslant -\sigma\sqrt{3} \\ 0, & \text{otherwise} \end{cases} \quad (2)$$

where μ is the distribution expectation, σ represent the standard deviation, and σ^2 is the variance. As is evident, all intervals of the same length are equally probable in a uniform distribution. It means the robot estimated position at each point on the uniform distribution's support is equal to another point on the uniform distribution's support while the normal distribution is not.

In this study, we propose a method that extends the method of Monte Carlo algorithm using uniform distribution. As a result of this method, the implementation of computations becomes easier and the complexity of computing time is reduced and the system response is faster.

3 Uniform Monte Carlo localization

First of all, we analyze the Monte Carlo algorithm because our proposed method is extended based on this algorithm.

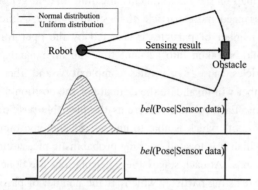

Figure 1 Normal distribution and uniform distribution of the robot's estimated position

3.1 Monte Carlo localization

The Monte Carlo Localization (MCL) is a method to estimate the position of the robot on the workspace. $X = \langle x, y, \theta \rangle$ represents the robot position and its orientation. Also $bel(X)$ defines the posterior belief of the robot to be at the position X. To solve the localization issue based on the MCL method, it needs to calculate the posterior belief of the position of the robot at time t given observation data z and control data u as follows:

$$bel(X_t) = p(X_t \mid z_{1,t}, u_{1,t}) \quad (3)$$

where X_t represents the pose of the robot at time t, $z_{1,t}$ denotes sensor measurement data at time 0 to t, and $u_{1,t}$ defines the odometry or control data at time 0 to t.

One of the most common technique to calculate the belief distribution by given sensor and control data is the Bayes algorithm. This is a recursive algorithm which uses the previous belief to calculate the belief at the current time.

$$p(A \mid B) = \eta p(B \mid A) p(A) \quad (4)$$

To apply the Bayes rule to the position of the robot and the sensor measurement data on the Equation 4, the belief function can be compute as follows:

$$bel(X_t) = \eta p(z_t \mid X_t, z_{1,t-1}, u_{1,t}) p(X_t \mid z_{1,t-1}, u_{1,t}) \quad (5)$$

Markov assumption plays an essential role in the relating probabilistic models. Based on this assumption, the current state is known then post and the future data are independent. In another hand, the previous sensor information may help to get a better estimate of belief distribution but by applying this assumption in our approach (Equation 6), we can get rid of the past observation and the control data.

$$bel(X_t) = \eta p(z_t \mid X_t) p(X_t \mid z_{1,t-1}, u_{1,t}) \quad (6)$$

The law of the total probability also plays a principal role in the conditional probabilities system. This law describes the total probability of a consequence which can be realized through several different actions.

$$p(A) = \int_B p(B \mid A) p(B) dB \quad (7)$$

where if either $p(A \mid B)$ or $p(B)$ is zero, without paying attention to the rest of the factors, defines the probability of the system is equal to zero. By applying the law of total probability, it can expand the Equation 6 as follows:

$$bel(X_t) = \eta p(z_t \mid X_t) \int_{X_{t-1}} p(X_t \mid X_{t-1}, z_{1,t-1}, u_{1,t})$$
$$\cdot p(X_{t-1} \mid z_{1,t-1}, u_{1,t}) dX_{t-1} \quad (8)$$

Again by applying Markov assumption can simplify the Equation 8, therefore it will have

$$bel(X_t) = \eta p(z_t \mid X_t)$$
$$\cdot \int_{X_{t-1}} p(X_t \mid X_{t-1}, u_t) bel(X_{t-1}) dX_{t-1} \quad (9)$$

Equation 9 can be written as a two-step process:

- Prediction step, which update the motion model

$$\overline{bel}(X_t) = \int p(X_t \mid X_{t-1}, u_t) bel(X_{t-1}) dX_{t-1} \quad (10)$$

- Correction step, which update the sensor model

$$bel(X_t) = \eta p(z_t \mid X_t) \overline{bel}(X_t) \quad (11)$$

The MCL method also uses samples $s = \{s_i \mid i = 1, \cdots, M\}$ which each of them are weighted $\omega_i \geq 0$ and also has their own location $X_i = (x_t, y_t, \theta_t)$.

$$bel(X_t) \propto \{\langle X_t^{[M]}, \omega_t^{[M]} \rangle\} \quad (12)$$

where $X_t^{[M]}$ defines a particle which denote hypothesized position of the robot at the time t, and $\omega_t^{[M]}$ represents importance factor which by using it each particle gets weight. As it mentioned, the MCL method uses a set of samples in the workspace by obtaining sensor information and control data to regulating the velocity of each particle and calculate the importance factors to weight each particle. The summery of the Monte Carlo method is as follows:

(1) Locate the particle set according to the considered distribution.

(2) Read sensor information and calculate the importance factor and weight each particle according to that.

(3) Update all particles position according to weight of them.

(4) Go to step 2 and repeat till satisfaction of the condition.

3.2 Uniform Monte Carlo localization

As it discussed in the second section, the uniform Monte Carlo method is an extended method of MCL method which uses uniform distribution for both robot observation model $p(z|X)$ and the robot motion model $bel(X)$ which causes faster system response and the less calculation complexly. To denote the $bel(X)$, this method also use a set of samples $s = \{s_i | i = 1, \cdots, M\}$ which each of them has location. Unlike the MCL method, here the samples they do not have weight and importance factor is depending on the satisfied region. To do this, we need to define the smallest samples region F, which denotes the smallest convex of all possible particles in the current state. $F = \{X | bel(X) \neq 0\}$ (Figure 3). The region demonstrates all the possible observation of the robot at the current state space $D(z) = \{X | p(z|X) \neq 0\}$, and z_j $(j = 1, \cdots, k)$ is scalars calculated from the sensor data. Also illustrate the control data $A(X, u) = \{X | p(X | X', u)\}$. According to the defined parameters, we can modify Equation 10 uniformly and the motion model based on the uniform distribution is as follows:

$$F: = \bigcup_{X \in F} U(X, u) \qquad (13)$$

Also by modify the Equation 11, the sensor model based on the uniform distribution is as follows:

$$F: = F \cap D(z_j) \qquad (14)$$

3.3 Convert map to grid map (PGM)

When we are going to use a map of the environment for localization process, it means each pixel of this map is important to do this issue. To improve the performance of our approach for localization process, we first convert the map the environment (where the robot is supposed to do localization operation) to the grid map (Table 1). After that, we examine all the pixels in the map to make the map uniformly probabilistic. By using this method, all pixels are in only three states. The first state is that the pixel is free and the robot is able to enter it. The second is that the pixel is occupied and represents an obstacle. The third state is that it's not certain whether this pixel is occupied or free.

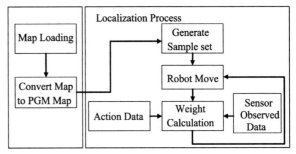

Figure 2 Block diagram of the system

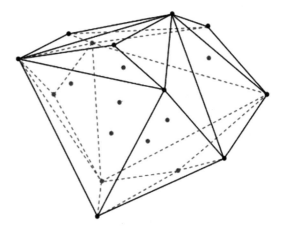

Figure 3 3D convex hall which is the smallest region to cover all the particles

Table 1 Transform map to grid map

Algorithm 1. Transform map to grid map
Input: (Map of environment), Output: (Grid map)
1. for all the cells do
2.   if $p(m) > 0.5$
3.   cell is occupied
4.   else if $p(m) < 0.5$
5.   cell is free
6.   else
7.   no knowledge
8.   end if
9. end for

4 Experimental result

The uniform Monte Carlo method which describes in this article has been tested and evaluated in a simulation environment designed by the Microsoft Visual C# to estimate its performance and provides a better understanding of the design system. We used the occupancy grid map of the "Freiburg, building 079" to solve localization problem using present approach in this simulated environment. The reason for choosing this map is the relatively high complexity and similarities between different regions in this map, which makes the localization process more challenging. Besides, because of the availability of this dataset, there are various approaches from different researchers and developers that can easily compare different algorithms and analyze the strengths and weaknesses of each of these methods.

To accomplish the localization process, we first convert the map of the environment, which is the robot's workspace, into PGM map so that all pixels on the map are considered as occupied or free. In this way, the occupied points represent obstacles. We also defined two initial assumptions. Firstly, to distribute sample set on the environment map, instead of placing them in random order, we placed them uniformly at definite intervals from each other. By this, the densities of the samples are uniform in all the map areas. We also assume that the localization process starts from the point where the robot is located. In other words, the localization starting point is known and the robot initial position is located on that point.

Figure 4 shows the performance of the uniform Monte Carlo localization methods in the occupancy grid map of the "Freiburg, building 079" in simulation environment which is designed to evaluate the system performance. The red dots on the map denote particles that represent the probable estimate position of the robot. Figure 5 shows the success rate with respect to the number of samples. As can be seen from this figure, the success rate has a direct relation to the number of samples. In this plot, our approach is compared with the Monte Carlo method. In both methods, the percentage of the success of the localization process increases with the increasing number of samples. But our proposed method has a higher success rate in terms of the number of samples. For example, our method for achieving a success of 20% requires around 3,500 particles, while the Monte Carlo method with this number of particles only reaches 14% success. Therefore, if the Monte Carlo method wants to achieve a success rate of 20%, it needs 4,300 particles. According to the obtained results, it is understandable that in order to achieve a certain rate of success, the proposed method in this study requires fewer samples than the Monte Carlo method, which expresses that the proposed method is faster in performing.

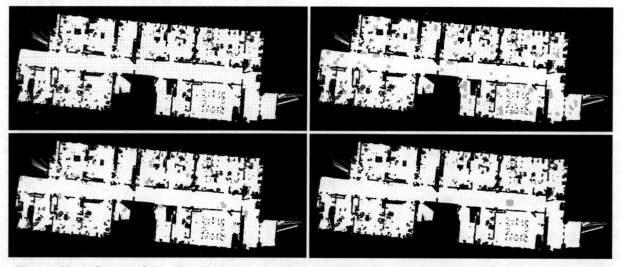

Figure 4　The performance of the uniform Monte Carlo localization methods in the occupancy grid map of the "Freiburg, Building 079". The evolution of the sample set of our approach method are shown at initial point, step 4, 8 and 12

5　Conclusions and future plan

In this paper, we proposed a model by extending the Monte Carlo algorithm in a uniform distribution to solve the localization problem. The proposed model not only has the advantages of the Monte Carlo method but also in some cases it improves performance and also makes it easier to implement. As it mentioned, the Monte Carlo method, due to the use of observation data obtained from the sensor to calculate the important factor to weight the particles, puts heavy computing on the processor. While applying the proposed method by using the uniform distribution reduces computational complexity and, therefore, the system's response becomes faster. We also designed a simulated environment in Microsoft Visual C♯ environment to evaluate the performance of our approach. The results of these experiments indicate that if a sufficient number of samples uniformly cover the state space of the robot where the localization process should be performed, the performance and efficiency of the system is better and faster than the Monte Carlo model.

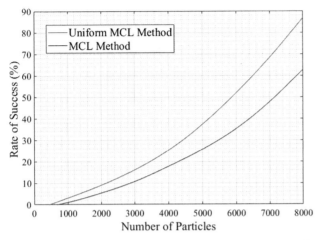

Figure 5 Success rate of the uniform MCL and MCL method with respect to the number of particles

The uniform distribution has a lot of capabilities to solve the localization problem when needing a quick response from the system and/or in real-time systems. In future work, we will intend to extend the represented approach in this paper and implement it in more complex environment to solve the multi-robot localization issue.

References

[1] Mahadevan S, Khaleeli N. Robust mobile robot navigation using partially-observable semi-markov decision processes [J]. Stochastic Models, Estimation, and Control, 1999.

[2] Dellaert F, Fox D, Burgard W, et al. Monte Carlo localization for mobile robots [C]// IEEE International Conference on Robotics and Automation, 1999. Proceedings. IEEE, 2002:1322-1328.

[3] Fox D, Burgard W, Dellaert F, et al. Monte Carlo localization: Efficient position estimation for mobile robots [J]. Proc of Aaai, 1999:343-349.

[4] Chung W, Moon C B, Kim K R, et al. Design of a sensor model and semi-global localization of a mobile service robot [C]// SICE-ICASE, 2006. International Joint Conference. IEEE, 2007:4260-4265.

[5] Thrun S, Burgard W, Fox D. Probabilistic Robotics (Intelligent Robotics and Autonomous Agents) [M]. The MIT Press, 2005.

[6] Thrun S, Fox D, Burgard W, et al. Robust Monte Carlo localization for mobile robots [J]. Artificial Intelligence, 2001,128(1/2):99-141.

[7] Moreno L, Armingol J M, Garrido S, et al. A genetic algorithm for mobile robot localization using ultrasonic sensors [J]. Journal of Intelligent & Robotic Systems, 2002, 34(2):135-154.

[8] Fox D, Burgard W, Thrun S. Active Markov localization for mobile robots [J]. Robotics Autonomous Syst, 1998, 25(3/4):195-207.

[9] Burgard W, Fox D, Thrun S. Active mobile robot localization [C]// Fifteenth International Joint Conference on Artifical Intelligence. Morgan Kaufmann Publishers Inc. 1997:1346-1352.

[10] Burgard W, Fox D, Thrun S. Markov localization for mobile robots in dynamic environments [J]. Artifi. intell. res, 1999, 11(1):391--427.

[11] Bekris K E, Glick M, Kavraki L E. Evaluation of algorithms for bearing-only SLAM [C]// IEEE International Conference on Robotics and Automation. IEEE, 2006:1937-1943.

[12] Woo J, Kim Y J, Lee J O, et al. Localization of mobile robot using particle Filter [C]// SICE-ICASE, 2006. International Joint Conference. IEEE, 2007:3031-3034.

[13] Zhang L, Zapata R, Lepinay P. Self-adaptive monte carlo for single-robot and multi-robot localization [C]// IEEE International Conference on Automation and Logistics. IEEE, 2009:1927-1933.

[14] Li W, Zhao Y, Song Y, et al. A Monte-Carlo based stochastic approach of soccer robot self-localization [C]// Human System Interactions, 2008 Conference on. IEEE, 2008:915-920.

基于区域相似性的改进蒙特卡洛定位方法

张启彬,王纪凯,包 鹏,陈宗海

(中国科学技术大学自动化系,安徽合肥,中国,230027)

摘 要:定位是移动机器人实现自主要解决的关键问题之一。传统的蒙特卡洛定位算法在进行全局定位时需要产生大量的粒子覆盖整个环境,计算量可能变得非常巨大。为了提高全局定位的效率和准确性,本文对环境中不同区域的特性进行分析,提出了一种基于区域相似性的改进蒙特卡洛定位方法,使样本分布在地图中的高似然区域,而非均匀地分布在整个地图中,从而减少机器人定位需要的粒子数。试验结果表明在不降低定位精度的前提下,本文算法能够有效地控制粒子集的规模。

关键词:移动机器人;蒙特卡洛定位;粒子滤波;区域相似性

中图分类号:TP391

Improved Monte Carlo Localization Based on Region Similarity

Zhang Qibin, Wang Jikai, Bao Peng, Chen Zonghai

(Depertment of Automation, University of Science and Technology of China, Anhui, Hefei, 230027)

Abstract: Localization is one of the fundamental problems for autonomous mobile robots. The conventional Monte Carlo Localization method requies a sufficiently large number of particles to cover the environment during global localization, which may lead to tremendous computing workload. In order to improve the efficiency and accuracy of global localization, an improved Monte Carlo Localization approach based on region similarity by analyzing the properties of different regions in the environment is proposed. Samples are distributed in the high likelihood region rather than in the whole map, which significantly reduces the number of particles for robot localization. The experiments show that the number of samples is adapted efficiently without reducing the localization accuracy.

Key words: Mobile Robots; Monte Carlo Localization; Particle Filter; Region Similarity

1 引言

为了能够安全、快速地向目标点运动,移动机器人在导航过程中需要解决三个方面的问题:路径规划[1]、地图创建[2]和自定位[3]。其中,定位是指根据作业环境的模型和传感器数据,准确地确定自身在环境中的位姿,是移动机器人实现自主导航的前提。根据初始阶段的先验信息的不同和问题求解的难度,移动机器人的定位问题通常可以分为三个子问题:位姿跟踪、全局定位和绑架问题[4,5]。

位姿跟踪是假设机器人的初始位姿已知,机器人在运动过程中需要跟踪自身姿态随时间的变化,始终保持对自身状态的准确估计。通常假设机器人的噪声是局部的,即机器人的真实位姿位于估计位姿附近。全局定位比位姿跟踪更难解决,这是因为机器人的初始位姿是未知的,机器人必须根据自身的运动控制指令和传感器获取的环境信息确定自身的位姿。全局定位的复杂度取决于环境规模的大小和内部结构的相似度:环境规模越大,内部的相似结构越多,确定机器人的全局位姿越困难。机器人绑架指移动机器人从一个位置被移动到另一个位置,此时机器人需要判断自身是否被绑架并重新进行全局定位。在实际工作中,机器人极少发生绑架现象,但绑架问题常用来测试定位算法从定位失败中恢复的能力。

当前主流的定位方法有扩展卡尔曼滤波器(Extended Kalman Filter, EKF)定位[6-8]、栅格 Markov 定位[9]和蒙特卡洛定位(Monte Carlo Localization, MCL)[10-12]。基于 EKF 的方法[6,13]通过泰勒展开将非线性方程线性化,然后使用卡尔曼滤波器(Kalman Filter, KF)融合传感器和里程计信息,以估计机器人状态的变化。EKF 方法效

作者简介:张启彬(1991—),男,安徽人,博士研究生,研究方向为不确定信息处理、移动机器人定位和导航;陈宗海(1963—),男,安徽人,教授,博士生导师,研究方向为复杂系统的建模仿真与控制、机器人与智能系统、汽车新能源技术与能源互联网。

基金项目:国家自然科学基金(61375079)。

率很高,但是其单模分布特性限制了 EKF 在全局定位问题中的应用。为了克服这个限制,有学者提出使用多个 EKF 同时跟踪多个位姿的假设[13]。栅格 Markov 定位[9]使用直方图滤波器逼近机器人位姿的后验概率分布,将整个环境划分成细粒度的栅格,每个栅格对应一个可能的位姿。通过为每个栅格分配一个概率值,为机器人提供鲁棒和高精度的定位结果。由于可以处理非线性、非高斯问题,并能表示任意的概率分布,粒子滤波器(Particle Filter,PF)[11,12,14] 成为当前最常用的移动机器人定位方法,它的一个典型实现是 MCL 算法。这类方法在解决位姿跟踪问题时效率很高,但对于全局定位问题,需要产生足够数量的粒子覆盖整个状态空间以获得精度可接受的位姿估计结果,并保证全局定位的成功率。算法的复杂度和内存消耗随状态空间规模的增加呈指数增长,当样本数量不足时,全局定位可能会失败。扫描匹配方法[15-17]通过使相邻观测之间的重叠达到最大化,提供了一种快速、可靠和准确的位姿估计结果,因此可以用来提高概率定位结果的精度[18]。

为了减少定位过程中需要的粒子数,KLD 采样[19] 自适应地调整样本集的大小。它根据每一步样本表示的概率分布与真实分布之间的差异动态来调整粒子数,但由于样本是从重要性函数而非真实的后验分布中采样得到的[20],对样本集大小边界的推导并不合理。自适应 MCL 方法[5] 将相似能量区域和标准的 MCL 方法相结合以提高机器人的定位效率,其中粒子被分布在相似能量区域而非整个地图中,从而提高了粒子的利用率。为了减小需要的粒子并提高位姿估计的准确性,将扫描匹配技术与粒子滤波器相结合是一种可行的方法[21-23]。在 Coarse-to-Fine 定位方法[23] 中,整个环境地图被分割成不同的子区域,每个子区域对应一个 SVM 分类器。在粗定位阶段,使用 SVM 分类器算法确定机器人可能所在的区域;在细定位阶段,应用快速谱匹配算法确定机器人相对每个区域的位姿,然后使用粒子滤波器估计准确的机器人位姿。

通过对地图中不同区域的特征进行分析,本文提出了一种改进的蒙特卡洛定位算法。该算法使得采样粒子分布在高似然区域,减小了机器人在全局定位过程中在线计算的负担,进而提高了算法的实时性能。试验结果表明,本文所提出的算法可以有效地减小机器人定位需要的粒子数。

2 蒙特卡洛定位

MCL 算法是一种基于贝叶斯推理的 Markov 定位算法,它根据控制量和观测数据的迭代更新机器人位姿的置信度,实时地估计机器人位姿随时间的变化。若 t 时刻机器人的状态为 x_t,控制量为 u_t,观测为 z_t,则机器人系统状态的变化可用状态转移模型表示:

$$x_t = f(x_{t-1}, u_{t-1}) + v_t \quad (1)$$

相应的观测模型为

$$z_t = h(x_t) + \omega_t \quad (2)$$

其中,v_k 和 w_k 是相互独立的高斯白噪声;f 和 h 是已知的非线性函数。在概率动态模型中,状态转移方程可用转移概率 $p(x_t|x_{t-1}, u_{t-1})$ 表示,观测模型可用似然概率 $p(z_t|x_t)$ 表示。根据贝叶斯法则,机器人状态 x_t 的后验概率分布 $bel(x_t) = p(x_t|u_{0:t-1}, z_{1:t})$ 可以通过以下两个步骤进行估计:

(1) 状态预测。给定控制输入 u_{t-1} 和前一步的后验概率分布 $bel(x_{t-1})$,根据机器人的运动模型 $p(x_t|x_{t-1}, u_{t-1})$ 预测当前时刻机器人的状态 x_t。根据马尔可夫假设,预测的机器人状态 x_t 的概率密度分布为

$$\overline{bel}(x_t) = \int p(x_t|x_{t-1}, u_{t-1}) bel(x_{t-1}) dx_{t-1} \quad (3)$$

(2) 状态更新。通过融合当前观测数据,对预测的概率分布 $\overline{bel}(x_t)$ 进行校正,得到机器人状态 x_t 的后验概率密度分布 $bel(x_t)$。这里假设观测 z_t 与之前的观测 z_{t-1} 是条件独立的。根据贝叶斯定理,状态 x_t 的后验分布为

$$bel(x_t) = \eta p(z_t|x_t) \overline{bel}(x_t) \quad (4)$$

其中,$\eta = p(z_t|z_{0:t-1})$ 是归一化因子。

在蒙特卡洛定位算法中,机器人状态的概率密度分布函数可以用从目标密度函数中采样的样本近似。机器人的状态 x_t 用样本集 $S_t = \{x_t^i\}_{i=1}^N$ 表示,对应的概率分布近似为

$$p(x_t|u_{0:t-1}, z_{1:t}) \approx \frac{1}{N} \sum_{i=1}^{N} \delta(x_t - x_t^i) \quad (5)$$

其中,$\delta(x_t - x_t^i)$ 表示以 x_t^i 为中心的 Dirac 函数。某个区域内样本越密集,机器人处在该区域内的概率越高。理想情况下,样本是从后验分布 $x_t^i \sim p(x_t|z_{0:t}, u_{0:t-1})$ 采样得到的,样本集内每个样本有相同的权重,但一般后验分布 $p(x_t|z_{0:t}, u_{0:t-1})$ 不存在封闭解。

在重要性采样策略中,样本是从重要性建议分布 $q(x_t|z_{0:t}, u_{0:t-1})$ 采样得到的,它的支撑集包含了真实后验分布的支撑集[24]。因此,目标分布可以使用带权重的样本 $<x_t^i, w_t^i>$ 表示,其中重要性权重 w_t^i:

$$w_t^i = \frac{p(x_t^i|z_{0:t}, u_{0:t-1})}{q(x_t^i|z_{0:t}, u_{0:t-1})} \quad (6)$$

将转移概率分布 $p(x_t|x_{t-1}, u_t)$ 作为建议分布,粒子权重可以迭代计算:

$$w_t^i = \eta \frac{p(z_t|x_t^i) p(x_t^i|x_{t-1}^i, u_{t-1})}{p(x_t^i|x_{t-1}^i, u_{t-1})} \propto p(z_t|x_t^i) \quad (7)$$

尽管多数定位方法中通常使用转移模型作为建议分布,但当转移概率 $p(x_t|x_{t-1}^i, u_t)$ 处于似然函数 $p(z_t|x_t^i)$ 的尾部时,大部分样本的权重在几次迭代后将趋于 0。为了解决该问题,常使用序贯重要性采样策略[25],通过重采样使粒子始终分布在高概率区域。

3 改进的蒙特卡洛定位算法

在全局定位初始阶段,标准的 MCL 算法需要从均匀分布中采样大量粒子覆盖整个环境地图,导致算法的实时性降低。为了提高算法的效率和精度,本文提出一种改进的蒙特卡洛定位方法(Improved MCL, IMCL),算法流程如图 1 所示,主要包括三个步骤:

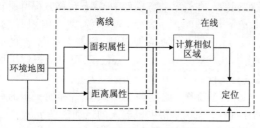

图1 改进的蒙特卡洛算法

(1) 离线计算。第一步以环境地图 M 为输入,计算地图中每个位置对应的观测覆盖的面积和平均距离,这一步是离线计算的,以减小定位过程中的在线计算负担。

记某个位置处的观测为 $z = (\alpha_l, r_l)_{l=1,\cdots,D}$,其中 D 表示观测数据的个数,r_l 表示在方向 α_l 上最近障碍物到传感器的距离,相邻观测之间的角度差记为 $\Delta\alpha$。观测 z 覆盖的面积近似等于:

$$\text{Area} \approx \frac{1}{2}\sum_{l=1}^{D-1} r_{l-1} r_l \sin\Delta\alpha \qquad (8)$$

观测 z 对应的平均距离近似等于:

$$\bar{r} = \frac{1}{D}\sum_{l=1}^{D} r_l \qquad (9)$$

以 Intel 实验室为例[26],计算每个位置对应观测的面积和距离的平均值,得到结果如图2所示。颜色越亮表示该位置处观测的面积或距离越大,可见房间内激光观测的面积和距离较小,走廊交叉处的面积和距离较大(本书是黑白印刷,颜色没有显示)。

图2 不同区域的面积(左)和距离(右)

(2) 计算相似区域。以覆盖面积为标准,计算地图中区域与观测 z_t 的相似度,称为相似面积区域(Similar Area Region, SAR);同理得到与当前观测的平均距离近似的区域,称为相似长度区域(Similar Range Region, SRR)。对两个区域求交,得到融合后的相似区域(Similar Region, SR):$SR = SAR \cap SRR$。图3给出了机器人处于走廊中相似区域 SR 的计算过程,其中红色圆圈表示机器人的真实位置和朝向。图3(a)表示地图中不同区域对应的观测与实际观测的距离的相似性,颜色越亮,相似度越高;图3(b)表示地图中不同区域对应的观测与实际观测之间的面积相似度;图3(c)表示同时考虑激光观测的长度和面积得到的区域的相似度。

(3) 定位。本文提出的 IMCL 算法从高相似区域中采样,使粒子分布在高似然区域 $x \sim SR$。随着机器人的运动,传感器获得新的控制量和观测信息,不断粒子的位姿和权重,直到收敛到正确的机器人位姿。

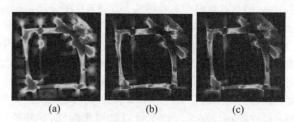

图3 (a) 距离相似区域,(b) 面积相似区域,(c) 相似区域

记 $t-1$ 时刻的粒子集为 $S_{t-1} = <x_{t-1}^i, w_{t-1}^i>_{i=1}^{N}$,根据控制量 u_t 和观测 z_t,获得 t 时刻的粒子集 $S_t = <x_t^i, w_t^i>_{i=1}^{N}$。粒子集中的有效粒子数[27]定义为

$$N_{\text{eff}} = \frac{1}{\sum_i (w_t^i)^2} \qquad (10)$$

当有效粒子数小于阈值时,对粒子集进行重采样。

4 试验结果

为了验证本文方法的有效性,在 Intel 实验室环境中进行全局定位试验,以比较本文算法与标准 MCL 算法的性能。Intel 实验室大小约为 30 m × 30 m,包含了若干结构相似的办公室和环形的走廊结构,其栅格地图如图4所示,栅格大小为 5 cm × 5 cm。

图4 Intel 实验室地图

如图5所示,机器人沿着给定的轨迹运动,其中星形表示机器人的初始位置。初始时刻,机器人可能所在的区域(相似度大于阈值)如图5(b)所示,由于走廊与房间存在显著的不同,所以走廊区域基本被排除。

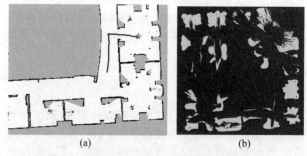

图5 运动轨迹(a)和机器人可能所处的区域(b)

设置标准 MCL 算法的粒子数为 10000 个,本文算法的粒子数为 3000 个,粒子在目标区域中均匀分布,得到的试验结果如图6所示,其中实线表示 MCL 方法,虚线表示本文方法。定位过程中的平均误差如表1所示,可见两种方法得到的定位结果精度近似,均不超过 5 cm。

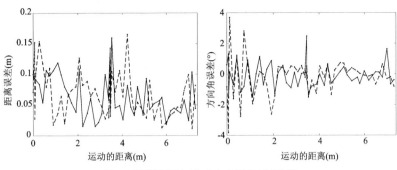

图 6　距离误差(左)和方向角误差(右)比较

表 1　全局定位误差比较

	x 方向误差(cm)	y 方向误差(cm)	方向角误差(°)
MCL	3.91	4.27	0.63
IMCL	4.17	4.48	0.83

5　结论

针对移动机器人定位问题,本文提出了一种改进的蒙特卡洛定位方法,通过分析环境区域的特征,快速确定机器人可能所在的位置,然后使用粒子滤波器估计机器人的真实位姿。本文目前考虑了机器人到障碍物的平均距离和传感器感知的区域面积两个属性,未来可以引入区域的方向等更多属性,从而进一步提高机器人定位的效率和精度。试验结果表明,本文提出的方法可以有效地减小机器人定位所需的粒子规模。

参考文献

[1] Ray S, Soeanu A, Berger J, et al. The multi-depot split-delivery vehicle routing problem: Model and solution algorithm [J]. Knowledge-Based Systems, 2014, 71: 238-265.

[2] Lu Y Y, Hsu C C, Chang H E, et al. Robotic map building by fusing ICP and PSO algorithms[C]//Consumer Electronics-Berlin (ICCE-Berlin), 2014 IEEE Fourth International Conference on, 2014: 263-265.

[3] Dellaert F, Fox D, Burgard W, et al. Monte Carlo localization for mobile robots [C]//IEEE International Conference on Robotics and Automation, 1999. Proceedings, 1999, 2: 1322-1328.

[4] Thrun S, Burgard W, Fox D. Probabilistic robotics[M]. Cambridge: MIT Press, 2005.

[5] Zhang L, Zapata R, Lépinay P. Self-adaptive Monte Carlo localization for mobile robots using range finders [J]. Robotica, 2012, 30(2): 229-244.

[6] Teslić L, Škrjanc I, Klančar G. EKF-based localization of a wheeled mobile robot in structured environments [J]. Journal of Intelligent & Robotic Systems, 2011, 62 (2): 187-203.

[7] Wang P, Zhang Q, Chen Z. Gray-dynamic EKF for mobile robot SLAM in indoor environment [C]//Robotics, Automation and Mechatronics (RAM), 2013 6th IEEE Conference on, 2013: 43-48.

[8] Leonard J J, Durrant-Whyte H F. Mobile robot localization by tracking geometric beacons[J]. IEEE Transactions on Robotics and Automation, 1991, 7(3): 376-382.

[9] Fox D, Burgard W, Thrun S. Markov localization for mobile robots in dynamic environments[J]. Journal of Artificial Intelligence Research, 1999, 11: 391-427.

[10] Thrun S, Fox D, Burgard W, et al. Robust Monte Carlo localization for mobile robots[J]. Artificial Intelligence, 2001, 128(1/2): 99-141.

[11] Blanco J-L, González J, Fernández-Madrigal J-A. Optimal filtering for non-parametric observation models: Applications to localization and SLAM [J]. The International Journal of Robotics Research, 2010, 29(14): 1726-1742.

[12] Woo J, Kim Y J, Lee J O, et al. Localization of mobile robot using particle filter[C]//SICE-ICASE, 2006. International Joint Conference, 2006: 3031-3034.

[13] Jensfelt P, Kristensen S. Active global localization for a mobile robot using multiple hypothesis tracking[J]. IEEE Transactions on Robotics and Automation, 2001, 17 (5): 748-760.

[14] Wang J, Wang P, Chen Z. A novel qualitative motion model based probabilistic indoor global localization method[J]. Information Sciences, 2018, 429: 284-295.

[15] Bengtsson O, Baerveldt A J. Robot localization based on scan-matching: estimating the covariance matrix for the IDC algorithm[J]. Robotics and Autonomous Systems, 2003, 44(1): 29-40.

[16] Segal A, Haehnel D, Thrun S. Generalized-ICP [C]// Robotics: Science and Systems, 2009: 435.

[17] Wang P, Zhang Q, Chen Z. Feature extension and matching for mobile robot global localization[J]. Journal of Systems Engineering and Electronics, 2015, 26(4): 840-846.

[18] Röwekämper J, Sprunk C, Tipaldi G D, et al. On the position accuracy of mobile robot localization based on particle filters combined with scan matching[C]//Intelligent Robots and Systems (IROS), 2012 IEEE/RSJ International Conference on, 2012: 3158-3164.

[19] Fox D. Adapting the sample size in particle filters through KLD-sampling[J]. The International Journal of Robotics Research, 2003, 22(12): 985-1003.

[20] Blanco J L, González J, Fernández-Madrigal J A. An optimal filtering algorithm for non-parametric observation models in

robot localization [C]//Robotics and Automation, 2008. ICRA 2008. IEEE International Conference on, 2008: 461-466.

[21] Zhu J, Zheng N, Yuan Z. An improved technique for robot global localization in indoor environments[J]. International Journal of Advanced Robotic Systems, 2011, 8(1): 21-28.

[22] Li L, Yang M, Guo L, et al. Precise and reliable localization of intelligent vehicles for safe driving[C]//International Conference on Intelligent Autonomous Systems, 2016: 1103-1115.

[23] Park S, Roh K S. Coarse-to-fine localization for a mobile robot based on place learning with a 2-D range scan[J]. IEEE Transactions on Robotics, 2016, 32(3): 528-544.

[24] Andrieu C, De Freitas N, Doucet A, et al. An introduction to MCMC for machine learning [J]. Machine learning, 2003, 50(1/2): 5-43.

[25] Rubin D B. Using the SIR algorithm to simulate posterior distributions[J]. Bayesian statistics, 1988, 3: 395-402.

[26] Andrew H, Nicholas R. The Robotics Data Set Repository (Radish). 2003.

[27] Doucet A, Freitas J F G D, Gordon N J. Editors: Sequential Monte Carlo methods in practice [M]. New York: Springer, 2001.

基于负载迁移的微电网需求侧管理优化策略

朱亚运,魏婧雯,董广忠,张陈斌

(中国科学技术大学自动化系,安徽合肥,中国,230026)

摘　要:随着智能电网的发展,传统的电力供需结构发生改变,风光微电网的应用越来越广泛,体现出良好的综合效益及市场前景,家庭用户作为电网需求侧重要的主体,对家庭用户的资源进行管理已经成为智能电网环境下充分挖掘需求侧响应资源的重要方式,且在促进节能减排、应对环境污染等方面能够起到重要的作用。本文的目的是通过需求侧管理中的负载转移技术,在保证电能质量的前提下,尽可能地使可控负载转移到电价最低的时间段运行,同时结合微电网中的风光发电,将多余电量出售给大电网,既能降低电网供电压力,又能减少用户购电成本。需求侧负载迁移被模拟为优化问题,利用遗传算法求解,以某家庭用户的负载使用和电价信息为例进行仿真验证。结果表明,所提出的优化算法可以为消费者合理的节省成本,同时也达到了降低峰值负荷的目的。

关键词:微电网;需求侧管理;负载迁移;遗传算法

中图分类号:TP391

Microgrid Demand Side Management Optimization Strategy Based on Load Shifting

Zhu Yayun, Wei Jingwen, Dong Guangzhong, Zhang Chenbin

(Department of Automation, University of Science and Technology of China, Anhui, Hefei, 230026)

Abstract: With the development of the smart grid, the traditional power supply and demand structure is changing. The application of wind and light microgrid is becoming more and more widespread, reflecting good overall benefits and market prospects. In the smart grid environment, managing home users' resources have become the important way to fully tap the resources of demand response of user, which can play an important role in promoting energy conservation and environmental pollution. The purpose of this paper is to use the load transfer technology in the demand side management to ensure that the quality of power is guaranteed and to transfer the controllable load to the time when the electricity price is lowest. At the same time, the combination of wind and solar power generation in the microgrid will not only reduce the utility supply pressure of the grid, but also reduce the cost of power purchase by the user, by selling excess power to the utility. The demand-side load migration is simulated as an optimization problem, which is solved by using a genetic algorithm. The simulation is performed using the load usage and price information of a home user as an example. The results show that the proposed optimization algorithm can save the cost for consumers and achieve the purpose of reducing the peak load.

Key words: Microgrid; Demand Side Management; Load Shifting; Genetic Algorithm

1 引言

当前社会经济的高速发展造成能源的巨大消耗和环境污染问题。传统化石能源在工业能源中占很大的比重,但其储量有限且易造成环境污染。近年来,各国开始重视

作者简介:朱亚运(1993—),男,安徽阜阳人,研究生,研究方向为微电网能源管理;张陈斌(1980—),男,江苏盐城人,博士,研究方向为新能源汽车能源管理、微电网能源管理、大数据分析、量子调控。

能源危机和环境污染问题,致力于新型能源的开发和利用。太阳能、风能等可持续的清洁、环保型新能源不仅能够缓解能源危机,满足日益增长的能源需求,更能极大地减少环境污染问题。太阳能和风能作为应用最为广泛的两种新型能源,在分布式微电网中具有天然的发电互补性[1]。

与此同时,为了满足消费者的需求,电网公司倾向于根据峰值负荷而不是平均功率来提升电网的发电能力。通常情况下,电网的发电量很大,以支持一天中几小时的能耗高峰期。一般来说,电网公司用20%的发电能力来满足大约5%的时间内发生的高峰需求[2,3]。但是,这种做法是不可持续的,成本太高,且难以负担[4]。由于建造传统发电厂会增加温室气体和化石燃料的消耗,所以建造传统发电厂并不是首选方法[5,6]。此外,虽然增加新的发电厂可以在有限的时间段内满足需求,但是会导致电力浪费[7,8]。改善供需匹配平衡最简单、最清洁和最安全的方法是通过减少需求或重新调整负载工作时间来部署各种负载的实际运行方案,这可以在需求侧管理(Demand Side Management)的帮助下完成[9]。

需求侧管理在电力市场中发挥着极其重要的作用。在大多数情况下,需求侧管理的概念意味着可以给供需双方带来双赢。为了让消费者能够在价格低的时候使用廉价电能,消费者和电能供应商之间必须进行互动。根据文献[10],如果消费者配备了价格预测和储能工具,他们可以改变消费模式,并将消费从高价格时间转移到其他时间。因此,本文提出了一个适合消费者且在需求方面很重要的决策框架。

微电网负载按其调度性大致可以分为两类:不可控负载和可控负载[11]。不可控负载是指必须在用户规定的时间段进行,且不可中断的负载,如家庭微电网中电饭锅、电磁炉等;可控负载是指一天中用电量一定,并以恒定功率工作,工作时段可在一天内不同时间段平移但不可中断的负载,如家庭微电网中的洗衣机、消毒柜等。电力系统中存在着大量可控负载,在微电网能量调度中考虑可平移负载的影响,充分调动负载的响应能力,有利于提高微电网运行的经济性。

目前,在微电网中应用到需求侧管理的技术和方法主要是动态规划和线性规划[12,13]。但是这些规划技术并不能控制大量的不同种类的可控设备,很难将这些技术应用到未来的智能电网的需求侧管理中去。因此,本文对可控负载和不可控负载分别进行建模,同时,充分考虑太阳能风能等分布式电源影响因素,建立系统经济模型。在上述模型的基础上,考虑电网峰谷电价等因素,以家庭微电网日用电成本最小化为目标,本文提出了一种基于遗传算法的微电网能量优化控制策略,以提高微电网运行的经济性,并通过仿真试验验证策略的正确性和有效性。结果表明,本文所提出的优化算法可以为消费者节省成本,同时降低峰值负荷。

2 微电网介绍

2.1 需求侧管理

需求侧管理通过改变用户的用电模式,产生了用户所需配电系统的负载波形。为了减轻电力需求增加带来的系统不稳定性,需求侧管理活动的一个最可能的方法是通过减少高峰期配电系统的总负荷需求来改变负荷需求曲线的波形,并将这些负荷迁移到更合适的时间内服务,以减少电网的总体规划和运营成本,这种方案需要电网运营商和客户之间的复杂协调[14]。

负载形状表示消费者在高峰和非高峰时间的日常或季节性电力需求的负荷形状,负载形状可以通过六种常见的方法来改变:削峰、填谷、负载转移、负载保护、负载建设和柔性负载形态[15]。一般而言,这些是未来智能电网可能需要的需求侧管理技术。这六种需求侧管理技术如图1所示。

削峰、填谷的重点在于减少峰谷负荷水平差异,缓解峰值需求负担,提高智能电网的安全性。负载转移被广泛应用为电力分配网络中,是最有效的负载管理技术。负载转移利用负荷的时间独立性,并将负载从高峰时间转移到非高峰时间。负载保护旨在通过直接在客户场所应用减少需求的方法来实现负载形状的优化。负荷建设优化了大量需求引入时的电网响应。一般来说,柔性负载形态主要与智能电网的可靠性有关。

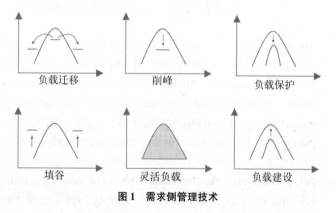

图 1　需求侧管理技术

2.2 微电网结构

本文选取家庭微电网在并网运行状态的场景进行分析,微电网的结构如图2所示。由图可知,系统配置了光伏电池、小型风机作为分布式电源;家庭用电中的两类负载:可控负载和不可控负载连接在交流母线上。

3 能量优化模型

在并网型家庭微电网中,微电网能量控制策略主要涉及负载优化用电控制和微电网用电成本控制等。为了提高分布式清洁能源利用率以改善微电网并网运行的经济性,本文需要对微电网中各单元进行建模,同时考虑相关

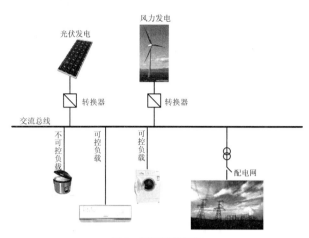

图 2 微电网结构图

约束条件,以系统日运行成本最小建立目标函数,从而确定负载用电和微电网购售电计划。

3.1 负载模型

3.1.1 不可控负载模型

不可控负载通常指对用户十分重要的负荷,对该类负荷一般不需要进行智能调控,因为该类负荷是用户日常生活中满足娱乐、生活等需求不可缺的部分。一旦对该类负荷进行智能调控可能会严重地影响用户的生活质量,改变用户的生活习惯,干扰用户的生活体验。该类负荷对电价的变化不敏感,对用户的需求敏感,并且大多没有储能特性,如电脑、电视机、照明、电饭锅等,大多用电功率等特性稳定,用电时间等特性由用户决定。

用 X 表示不可控负载的实际状态控制向量,将一天 24 小时分为 48 个时间段,每个时间段 30 min,不可控负载模型表示为

$$X = [x_1 \quad x_2 \quad x_3 \quad \cdots \quad x_{48}] \quad (1)$$

式中,x_t 表示不可控负载在第 t 时间段的工作状态,1 表示负载在工作状态,0 表示负载停止工作。

不可控负载在时间段 t 的实际工作功率表示为

$$\begin{cases} P_c(t) = x_t P_{n1} \\ E_{n1} = P_{n1} d_c \end{cases} \quad (2)$$

其中,P_{n1} 表示不可控负载的额定功率;$P_c(t)$ 不可控负载的实际功率;d_c 表示不可控负载的工作时长;E_{n1} 表示不可控负载的用电总量。

3.1.2 可控负载模型

用 Y 表示可平移负载的实际状态控制向量,可平移负载模型表示为

$$Y = [y_1 \quad y_2 \quad \cdots \quad y_{48}] \quad (3)$$

式中,y_t 表示可平移负载在第 t 时间段的工作状态,1 表示负载在工作状态,0 表示负载停止工作。

由于可平移负载在一天内用电量固定且不间断,因此该类负载须满足以下约束:

$$\begin{cases} P_s(t) = y_t P_{n2} \\ E_{n2} = P_{n2} d_s \end{cases} \quad (4)$$

其中,P_{n2} 表示可控负载的额定功率;$P_s(t)$ 可控负载的实际功率;d_s 表示可控负载的工作时长;E_{n2} 表示可控负载的用电总量。

3.2 微电网售电模型

微电网与传统配电网之间进行交易产生的费用或收入用 $F_s(t)$ 表示:

$$F_s(t) = c(t) \cdot \{[P_c(t) + P_s(t) - P_{wt}(t) - P_{pv}(t)]\} \cdot \Delta t \quad (5)$$

$$c(t) = \begin{cases} c_s(t), \{[P_c(t) + P_s(t) - P_{wt}(t) - P_{pv}(t)]\} < 0 \\ c_b(t), \{[P_c(t) + P_s(t) - P_{wt}(t) - P_{pv}(t)]\} \geq 0 \end{cases} \quad (6)$$

其中,$c_b(t)$、$c_s(t)$ 分别是微电网向传统电网购、售电的单价,微电网购电为正,售电为负;$P_{wt}(t)$ 为 t 时间段风力发电的实际功率;$P_{pv}(t)$ 为 t 时间段太阳能发电的实际功率。

3.3 目标函数及约束

3.3.1 目标函数

能量调度控制策略的目标是微电网系统全天用电成本最小。微电网日常运行中需要考虑光伏发电、风力发电成本,以及与传统电网交互产生的费用,优化目标函数可表示为

$$F = \min \sum_{t=1}^{N} F_s(t) + F_p + F_w \quad (7)$$

其中,F 为整个微电网系统全天的费用总和;N 为一天划分的时间段数;F_p 和 F_w 分别为光伏和风机每天运行成本。

3.3.2 约束条件

(1) 功率平衡约束

为了提高新能源利用率,本文设定光伏阵列和风机都工作在 MPPT 模式,因此,在不考虑网损的情况下,系统的功率平衡表示为

$$P_v(t) + P_w(t) + P_{grid}(t) = P_{load}(t) \quad (8)$$

其中,$P_{grid}(t)$ 是 t 时间段内系统吸收电网的功率;$P_{load}(t)$ 为 t 时间段内系统中所有负载的功率总和,根据上一小节建立的负载模型,总负载可以表示为

$$P_{load}(t) = x_t \cdot P_{n1} + y_t \cdot P_{n2} \quad (9)$$

(2) 舒适度约束

对于可控负载,如电饭锅、洗衣机等,舒适度约束是为了保证用户在节约用电成本的基础上维持正常生活:

$$t_{mi,k} \leq t_k \leq t_{mx,k} \quad (10)$$

其中,$t_{mi,k}$ 和 $t_{mx,k}$ 表示第 k 种可控设备开始工作时间的上、下限。

4 能量优化控制策略及算法

4.1 能量优化控制策略

本文能量优化控制策略的主旨是在保证发电质量的前提下,将可控负载迁移到低电价时段,改善微电网并网的经济性。具体控制策略如下:

(1) 为了提高新能源利用率,光伏阵列和风机工作在 MPPT 模式;

(2) 在光伏和风力发电满足负载需求的前提下,如果有电量剩余,则给电网供电;

(3) 对于可控负载,在保证其一个时间段内连续运行的前提下,尽力将其平移到分时电价较低的时段进行工作。

4.2 负载控制算法

遗传算法是人们通过对自然界生物种群变化、生物习性等自然现象进行观察,总结出规律并加以延伸而用于求解复杂优化问题的有效方法。其主要特点有:直接对结构对象进行操作,不存在求导和函数连续性的限定;具有内在的隐并行性和更好的全局寻优能力;采用概率化的寻优方法,能自动获取和指导优化的搜索空间,自适应地调整搜索方向,不需要确定的规则等。遗传算法首先产生一个随机的初始种群,再经过特定的遗传操作(选择、交叉、变异)产生新的个体,接着通过制定的评价准则对每一新个体的优劣进行评价,从父代种群和子代种群中选择适应度高的个体形成新的种群,经过若干代的遗传操作后,算法收敛到一个最优个体,并且满足该个体实现设置的所有约束,则该个体被视为问题的最优或近似最优解[16]。

由于可控负载具有灵活性,在最小化微电网日用费时可以充分利用这一灵活性,避开分时电价高的时段,尽量使用风光单元发出的电量,提高风光利用率,同时将多余的电量卖给电网,最大化微电网的经济性。由于负载开关在一个时间段只有两种状态,因此我们可将负载开关编码为 1 和 0 两种状态,用遗传算法对分类负载的运行控制逻辑进行最优化求解。算法流程图如图 3 所示。

5 试验仿真

为验证本文提出的能量管理策略,本文以一个并网的家庭微电网为研究对象进行仿真分析。微电网配备的光伏容量为 1.3 kW,风机容量为 1.5 kW,均工作在 MPPT 模式,两者某天的输出功率曲线如图 4 所示;选取典型的家庭负载,以照明灯、空调、洗衣机为例进行仿真,具体信息如表 1 和表 2 所示;设微电网向电网售电的价格为 0.2 元·kWh^{-1},光伏电池每天运行成本为 0.7 元,风机每天运行成本为 0.55 元,分时电价如表 3 所示。

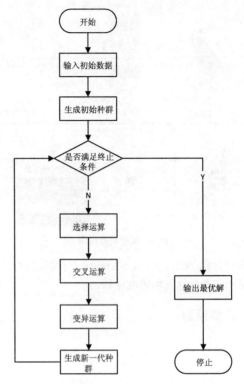

图 3 遗传算法流程图

初始化遗传算法参数,种群规模设为 40,最大迭代次数设为 100,变异因子为 0.1,交叉因子为 0.9。经计算,得出负载迁移数据如图 5 所示。由图 5 可以看出,在负荷需求量较大的时段 18:00~22:00 和 11:00~13:00,系统处于负荷用电高峰时段,且此时的电价也处于峰值阶段,利用遗传算法优化后,负载迁移到 7:00~10:00 和 15:00~18:00 电价较低的时间段。经计算,在系统正常运行时,其目标函数值为 7.99 元。而系统采取本文提出的优化策略进行计算后,得出的目标函数为 5.96 元,费用降低 25.41%。由此可见,该能量管理策略能够提高一定的经济性。

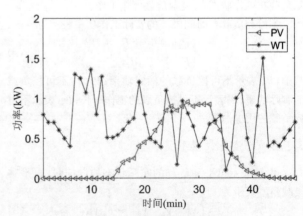

图 4 光伏和风机工作曲线

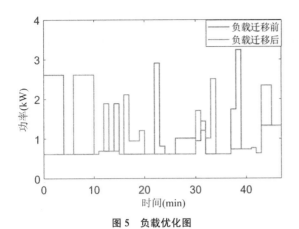

图5 负载优化图

表1 该户家庭可控负载次日工作情况

负荷名称	功率(W)	工作时间(min)	适用时间	设定时间
熨斗	1200	30	6:00～17:00	7:00
洗衣机	340	60	8:30～17:00	15:00
洗碗机	400	120	13:00～17:00	13:00
烘干机	1000	60	19:00～24:00	19:00
吸尘器	200	60	9:00～17:00	11:00
电水壶	1500	30	8:00～17:00	11:00
消毒柜	500	30	14:00～24:00	16:00
电饭锅	600	30	10:00～12:00	11:00
热水器	1500	30	8:00～21:00	19:00
电动车	2000	120	0:00～8:00	0:00

表2 该户家庭不可控负载次日工作情况

负荷名称	功率(W)	工作时间范围	数量
电冰箱	610	0:00～24:00	1
荧光灯	50	19:00～21:00	1
白炽灯	30	21:00～24:00	1
电视机	80	6:00～7:30 19:00～21:00	1
电脑	300	22:00～24:00	2
音箱	50	22:00～24:00	2

表3 分时电价定义

时段	时间跨度	电价(元·kWh^{-1})
峰时段	10:00～15:00 18:00～22:00	0.9
平时段	7:00～10:00 15:00～18:00 22:00～24:00	0.5
谷时段	0:00～7:00	0.3

6 总结

本文就风光微电网在并网运行的状态下,设计了微电网系统需求侧管理策略并应用在家庭能源微电网中,由于微电网处于并网状态,因此该需求侧管理策略建立了与电网电价策略的联动。本文不仅规划了可控负荷的用电时段,使之在不影响用户正常生活的情况下,运行在电网的低电价时段,而且通过风光发电辅助大电网供电,在风光发电充足的情况下向大电网卖电,达到了最大限度地降低用户的购电成本。

参考文献

[1] Blaabjerg F, Teodorescu R, Liserre M, et al. Overview of control and grid synchronization for distributed power generation systems[J]. IEEE Transactions on Industrial Electronics, 2006, 53(5): 1398-1409.

[2] Bassamzadeh N, Ghanem R, Lu S, et al. Robust scheduling of smart appliances with uncertain electricity prices in a heterogeneous population[J]. Energy and Buildings, 2014, 84: 537-547.

[3] Strbac G. Demand side management: Benefits and challenges [J]. Energy policy, 2008, 36(12): 4419-4426.

[4] Kostková K, Omelina L', Ky cina P, et al. An introduction to load management[J]. Electric Power Systems Research, 2013, 95: 184-191.

[5] Delmastro C, Lavagno E, Mutani G. Chinese residential energy demand: Scenarios to 2030 and policies implication [J]. Energy and Buildings, 2015, 89: 49-60.

[6] Hinnells M. Technologies to achieve demand reduction and microgeneration in buildings[J]. Energy Policy, 2008, 36 (12): 4427-4433.

[7] Muratori M, Schuelke-Leech B A, Rizzoni G. Role of residential demand response in modern electricity markets [J]. Renewable and Sustainable Energy Reviews, 2014, 33: 546-553.

[8] Barbato A, Capone A, Chen L, et al. A distributed demand-side management framework for the smart grid [J]. Computer Communications, 2015, 57: 13-24.

[9] Rahman S. An efficient load model for analyzing demand side management impacts[J]. IEEE Transactions on Power Systems, 1993, 8(3): 1219-1226.

[10] 陈益哲,张步涵,王江虹,等.基于短期负荷预测的微网储能系统主动控制策略[J].电网技术,2011,35(8):35-40.

[11] Xiong G, Chen C, Kishore S, et al. Smart (in-home) power scheduling for demand response on the smart grid[C]// Innovative smart grid technologies (ISGT), 2011 IEEE PES. IEEE, 2011: 1-7.

[12] Mohsenian-Rad A H, Leon-Garcia A. Optimal residential load control with price prediction in real-time electricity pricing environments [J]. IEEE Transactions on Smart Grid, 2010, 1(2): 120-133.

[13] Ng K H, Sheble G B. Direct load control-A profit-based load management using linear programming[J]. IEEE Transactions on Power Systems, 1998, 13(2): 688-694.

[14] Maharjan I K. Demand side management: Load management, load profiling, load shifting, residential and industrial consumer, energy audit, reliability, urban, semi-urban and rural setting [M]. LAP Lambert Academic Publish, 2010.

[15] Gellings C W, Chamberlin J H. Demand-side management: concepts and methods [J]. 1987.

[16] Bäck T, Fogel D B, Michalewicz Z. Handbook of evolutionary computation [M]. CRC Press, 1997.

具有内部互联特性的语义库模型建立及其在可疑人员识别中的应用

冯宇衡,蒋亦然,赵昀昇,潘 洋

(中国科学技术大学信息科学技术学院,安徽合肥,中国,230027)

摘 要:在已有的可疑人员识别算法已经充分成熟的假设下,为了统筹、调控各种识别算法,并实现有针对性的识别,本文提出了一个具有小世界网络内部互联特性的语义库模型,建立了规则语义库和以其为基础的互连语义库,对可疑识别对象构建了储存临时信息的信息向量。在识别过程中,不断调用能够基于联系强度参数进行特征词排序的计算公式,产生待测序列,从而动态地设定要识别的特征词。通过修改语义库中的参数,使之前的识别经验能作用于新的识别过程。模型的论述依托于机场可疑人员识别这一具体应用情景。

关键词:可疑人员识别;语义库;互联特性;信息向量

中图分类号:TP391

Modeling of Semantic Database with Internal Interconnections and its Application in Suspicious Personnel Identification

Feng Yuheng, Jiang Yiran, Zhao Yunsheng, Pan Yang

(School of Information Science and Technology, University of Science and Technology of China, Anhui, Hefei, 230027)

Abstract: Based on the hypothesis that existent algorithms for identification of suspicious personnel are mature enough, to further integrate and modulate these algorithms and carry out pointed identification, a semantic database model with an internal interconnective feature which is based on the small world network theory is presented. First, an inerratic semantic database is modelled and then made interconnective inside. Then, a set of information vectors are built in order to store the temporary information of objects being identified. During the process of identification, formulas based on the parameters of connection intensity are consistently called to sort numbers of Feature Words and produce dynamically the sequence of features to be identified. Finally, the parameters in information vectors are transcript into the semantic database which makes it possible that previous experience of identification can be utilized for future process of identification. The process of modelling is set in the background of identification of suspicious personnel in the airport.

Key words: Identification of Suspicious Personnel; Semantic Database; Feature of Interconnection; Information Vector

1 引言

全球治安体系发展至今,大部分公共场所都安装了监控摄像头,但现有的智能监控技术仍存在以下问题:第一,很大程度上依赖于人工的分析和决策,而且通常只能用于事后取证,不能实现实时报警[1];第二,虽然有大量研究人员基于各种识别思路建立了丰富多样的可疑识别算法,但是仍然没有一种算法能够把现有算法统筹起来。本文在算法的宏观统筹方面做出了一次尝试。

在识别领域,语义库通常被用来作为检验和纠正识别结果的逻辑参考[2],但是还没有识别算法直接将语义库作为识别的基础。小世界网络是一种普遍存在于网络、通信、交通等领域的连接结构。这种网络平均路径长度小而聚类系数大[3],因此具有优良的连接性质。语义库和小世

作者简介:冯宇衡(1999—),男,四川成都人,本科生;蒋亦然(1999—),男,重庆人,本科生;赵昀昇(1999—),男,江西南昌人,本科生;潘洋(1999—),男,湖南常德人,本科生。

界网络的内部连接特性在某种程度上都与人脑神经元的连接特性相似,因此可以作为可疑识别算法的构建依据,以期模仿人类高智能化的识别过程。本文正是基于小世界网络的内部互联特性,尝试性地构建出一种能够用于可疑人员识别的语义库模型。为了便于文章的展开,本文依附于机场可疑人员识别这一具体情境。

2 语义库和信息向量

2.1 语义库

2.1.1 词语分类方法及相关参数

语义库由词语及词语间的联系强度参数组成。本语义库具体以"识别盗窃"为其应用范畴,建立核心词、特征词和场所词这三个结构。

核心词 N 表示盗窃这一范畴中具体的犯罪类型,如:

核心词 N_1 扒窃, N_2 橱窗盗窃, N_3 偷拿行李……

特征词 X 表示语义逻辑上依附于各个核心词的可疑特征,如:

特征词 X_1 东张西望, X_2 尾随, X_3 神情紧张……

场所词 P 表示识别目标所处场所。在本模型的应用情景中,场所词是能够通过机场固定监控设备精准确定的参数,例如:

场所词 P_1 安检口, P_2 免税店, P_3 外币兑换处……

除三种词语外,语义库中的参数还有:

(1) 场所词 P_i 与核心词 N_j 之间的联系强度 δ_{ij};
(2) 场所词 P_i 与特征词 X_j 之间的联系强度 η_{ij};
(3) 核心词 N_i 与特征词 X_j 之间的联系强度 ρ_{ij};
(4) 特征词 X_i 与特征词 X_j 之间的联系强度 μ_{ij}。

其中 i,j,k 为任意正整数。语义库结构如图1所示。

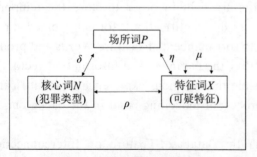

图 1 语义库结构及内部参数

2.1.2 语义库的建立及初始化

在前述词语分类的基础上,可以人为选定若干核心词、特征词和场所词进行下述阶段的联系强度参数的初始化过程。

本文参照文献[4]的方法处理警察局、机场提供的官方文本资料,并确定之前选定的各词语之间的联系强度参数初始值,计算公式为

$$r = \frac{c_0 \dfrac{\alpha_0}{\alpha_0 + \bar{d_0}}}{\eta_0} \quad (1)$$

其中, c_0(正整数)为共现次数; μ_0 为信息熵; $\bar{d_0}$ 为平均距离; α_0 为一个距离系数,目的是为了相对于 c_0,降低对 r 的影响[4]。

2.2 信息向量

为了临时储存识别对象的信息,系统将会给每个对象建立一个信息向量。信息向量的内容包括:

(1) 特征词(可疑特征) X_i 及其评估值 ξ_i;
(2) 核心词(犯罪类型) N_i 及其评估值 k_i;
(3) 待测可疑序列;
(4) 综合可疑值 K;
(5) 场所词 P。

各部分的解释见后文。

3 语义库及信息向量用于识别

3.1 场所词的确定

在应用现有的跟踪算法锁定目标之后,首先确定其所处位置,在识别对象的信息向量中"场所词 P"部分添加场所词(如安检口、免税店、外币兑换窗口等)。由于机场通常使用固定监控设备,因此可以事先给所有监控器编号,并设定好与所有监控仪的特定角度、位点对应的场所词,以此简化场所识别过程。

在后续识别过程中,可以按需汇总若干个能够监控到该场所的监控画面并分别进行识别,它们共同作用于识别结果。此过程中可以简单按照监控仪到该场所的距离排序,距离越近,在结果计算式中拥有的权值越高,对后续判断的影响也越大。

3.2 待测序列的确定

在语义库中对信息向量中的场所词 P、所有特征词 X(总数记作 p)、所有核心词 N(总数记作 q)进行定位,同时分别找到与场所词 P、特征词 X、核心词 N 联系强度最大的 m 个特征词,共计 λ 个。

依据计算公式:

$$\varepsilon_n = \alpha\eta_{0n} + \beta\sum_{i\leq p}\rho_{in} + \gamma\sum_{j\leq q}\mu_{jn} + \omega\sum_{r\leq p,s\leq q}(\rho_m k_r)(\mu_{sn}\xi_s)\mu'_{rs} \quad (2)$$

计算第 $n(n\leq\lambda)$ 个特征词的排序值 ε。其中, α、 β、 γ、 ω 为各项的系数; ρ_{in}、 μ_{jn} 分别表示第 n 个特征词在语义库中与第 i 个核心词和第 j 个特征词的联系强度,第四项中的 ρ_m、 μ_{sn} 含义类似; k_r、 ξ_s 分别表示信息向量中第 r 个核心词和第 s 个特征词的评估值; μ'_{rs} 表示信息向量中第 r 个核心词和第 s 个特征词在语义库中的联系强度。

这个公式的实际意义是计算当下某一特征词(可疑特

征)在当前识别对象身上出现的可能性(即对某一可疑特征的预评估)。前三项的意义比较明显,第四项是对第二三项结果的修正,考虑到信息向量中已有的特征词、核心词本身的联系对当前正在评估的特征词的影响。另外,公式中 α 比 β、γ 小,使得识别初期场所词对可疑特征的预评估值影响较大,而识别后期则是对该对象的识别经历影响较大。

经过上述计算,系统可以按排序值从高到低的顺序形成一个可疑特征的待测序列,用于下一步的识别。

3.3 特征词(可疑特征)的识别

3.3.1 识别与序列调整

通常情况下,系统将根据上一过程形成的待测序列按顺序对目标进行可疑特征识别。此时,系统会调用与当前可疑特征对应的识别算法,例如调用表情识别算法评估对象的神情焦虑、紧张程度。假设识别算法对当前可疑特征 X_i 识别过后给出了评估值 $\tilde{\xi}_i$,这个值将会录入到信息向量中的相应位置,计算公式为

$$\xi_i' = \xi_i + h\frac{\tilde{\xi}_i - \xi_i}{\xi_i} \qquad (3)$$

其中,ξ_i、ξ_i' 分别为信息向量中相应特征词在识别前后的评估值,h 为一个上升幅度量。

一旦某个特征词在信息向量中的评估值 ξ 达到某设定限度,就对该特征词进行标记,此后不再将该特征词放入待测序列中识别,也不再调整其评估值。同时,若某个特征词的评估值达限,则立即重置待测序列,目的是对识别对象当前的可疑行为做出及时的响应。这样做的实际依据是:假如已经确定某对象具有某特征,那么他此刻或者接下来表现出其他相伴特征的可能性将会大大提高。

3.3.2 信息向量中参数的实时调整

每次识别完一个特征词并且修改完相应参数 ξ 后都执行一次下列操作:

- 把刚识别完的特征词添加到信息向量中(如果信息向量中没有该词的话)。
- 找到现在信息向量中评估值最高的 j_1 个特征词,向信息向量中添加:在语义库中分别与这 j_1 个特征词联系最强的 t_1 个特征词和 t_1 个核心词。
- 找到现在信息向量中评估值最高的 j_2 个核心词,向信息向量中添加:在语义库中分别与这 j_2 个核心词联系最强的 t_2 个特征词和 t_2 个核心词。其中,j_1、j_2、t_1、t_2 均为正整数常量。

利用公式

$$k_s = c\delta_{0s} + d\sum_r \xi_r \rho_{sr} \qquad (4)$$

计算信息向量中第 s 个核心词的评估值。其中,δ_{0s} 表示第 s 个核心词与当前场所词 P 在语义库中的联系强度;c、d 为两个常数。

需要说明的是,与特征词评估值 ξ 的动态累积的调整方式(新值基于先前值)不同,k 的计算值是只依赖于信息向量的当前参数的。这是因为在性质上 k 值更近似于后文提到的综合可疑值 K。假若特征词评估值 ξ 也这样计算的话,犯罪结束的盗贼也会被识别为普通人,这明显是不合理的。

3.3.3 综合可疑值的计算

每次识别完一个特征之后都利用公式

$$K = \sum_i \eta_{0i} \xi_i (a + b\sum_j k_j \rho_{ji}) \qquad (5)$$

遍历信息向量中所有可疑特征,计算一次该对象的综合可疑值。其中,a、b 是两个比例常数,其余参数前面已经提到,此处不再赘述。

一旦 K 达到设定好的临界值 A,系统将终止对该对象的识别,并将信息向量中的参数转录到语义库中(转录具体过程见3.4节)。同时,系统会在视频中标画出识别对象,指引工作人员进行人工检查。

在模型未成熟的阶段,K 值达限以后将要求工作人员对视频资料中可疑对象的可疑特征进行人工评估,评估结果将对信息向量中的参数值产生一定影响,例如乘上一个权值系数 r。随着模型的不断完善,这个系数会不断减小。

3.3.4 K 值未达限状态下的识别

考虑到人类活动,或者具体地说:犯罪行为具有高度灵活性和智能性,机器没有充分的理由认为当前非可疑对象不会在后续过程中做出可疑行为,因此不能武断地停止识别。因此,系统应当对画面中的对象进行持续的识别。但是,为了降低功耗,减少对普通人进行的重复、无意义识别,本模型利用速率参数

$$v = \tau \ln(1 + \sigma K) \qquad (6)$$

调节对当前对象的识别速率,"速率"可以体现为分给此对象的系统识别总功率。

3.4 识别参数录入语义库

当满足下列条件之一时,将信息向量中的参数录入语义库:

(1) 对象的可疑值达到临界值 A 时;

(2) 可疑值高于准可疑临界值 C 但低于 A 的对象从监控画面中消失 12 小时以后。

对于信息向量中的特征词 X_j、X_k,核心词 N_i 和场所词 P,通过公式

$$\rho_{ij}' = \rho_{ij}(h_1 + w_1 \rho_{ij} k_i \xi_j) \qquad (7)$$

$$\mu_{jk}' = \mu_{jk}(h_2 + w_2 \mu_{jk} \xi_j \xi_k) \qquad (8)$$

$$\eta_{0j}' = \eta_{0j}(h_3 + w_3 \eta_{0j} k_j) \qquad (9)$$

$$\delta_{0i}' = \eta_{0i}(h_4 + w_4 \eta_{0i} k_i) \qquad (10)$$

修改语义库中对应的联系强度参数。式中,h_r、w_r ($r = 1, 2, 3, 4$) 都是特定常数;其余参数或者是信息向量中的评估值,或者是语义库中的联系强度参数,前文均已指明,此处不再赘述。

3.5 信息向量中信息的保存

若对象的可疑值低于设定值 $B(B<A)$，则在识别对象从监控画面中消失 3 小时后删除该对象的所有信息；若对象的可疑值高于 B 而小于设定值 $C(B<C<A)$，则在识别对象从监控画面中消失 12 小时后删除该对象的所有信息。对于可疑值达限(A)的对象，永久保存其信息。

4 小结

本文在现有的各类可疑识别算法模型的基础上，结合小世界网络的互联特性和语义库理论，构建了一个能够综合利用各种识别算法的识别信息，且具有较强跨时间特性的综合识别模型。

本文旨在建立一个具有灵活性且结构相对完整的模型，因此模型的一些细节无法兼顾。同时由于作者自身算法知识和数学水平有限，无法让文章有相当的理论深度。总的来说，本文所构建的模型还可以有以下方面的补充或拓展：

(1) 在语义库建立的初始阶段，本模型还不能很好地让核心词和相关词分离，即如果不采用人工设置初始词，而让程序自主识别文本并建立语义库，本模型不能很好地区分三类词语。

(2) 文中所列举的所有公式都是基于作者现有的数学知识和对式子应有特性的直观把握设计出来的，没有经过任何试验的验证，同时所有系数都没能给出确定值。这些都需要进一步的试验来完善和解决。

(3) 本模型在提出时假定现有的各类可疑识别模型已经充分成熟，并且避开了深层次的理论细节，因此如何确切地与各种算法相互连接，以及如何处理好算法聚集规模升高而致使系统运行迟缓的问题，是下一步应该考虑的方向。

本模型以语义库为基础的构想具有创新性，在现有可疑人员识别领域中跨出了尝试性的一步，为未来可疑人员算法的进一步发展贡献了微薄之力。

致 谢

感谢陈宗海教授提供给我的这次挑战自我的宝贵机会。虽然由于专业知识的缺乏而不能让此文更趋完善，但在撰写本文的过程中我已经得到了丰厚的收获。因为构建模型、编写公式的过程也是很好的锻炼思维的过程，对文章细节的琢磨更是一种对学术素养的磨炼。我相信，这次学术尝试能够为我前进的双脚注入一分强劲的力量。

感谢其他三位小组成员在讨论中贡献的力量，感谢你们对许多琐碎任务的承担。

参考文献

[1] 杨宝娟. 监控视频中可疑行为识别[D]. 长沙:中南大学,2014.

[2] 降小龙,周海英. 基于语义联想和视觉焦点的场景目标识别[J]. 计算机工程与设计,2016,37(4):1017-1036.

[3] 郑耿忠,刘三阳,齐小刚. 基于小世界网络模型的无线传感器网络拓扑研究综述[J]. 控制与决策,2010,25(12):1761-1768.

[4] 徐南轩,邹恒明. 一种反映词语相关度语义库的构建方法[J]. 上海交通大学学报,2008,42(7):1129-1132.

第六部分

大数据与云计算

基于 Hadoop 的交通大数据存储系统的研究

郭晶晶,梁英杰,严承华,史蓓蕾

(海军工程大学自动化系,湖北武汉,中国,430033)

摘 要:为提高交通服务质量,实现交通智能化管理,高效、低成本地存储与分析海量城市交通信息已迫在眉睫。本文基于集群的分布式存储与并行计算体系结构,探讨了交通大数据的存储与处理问题;通过分析 Hadoop 数据平台及其优点,以及分布式文件系统 HDFS 及其架构,研究了基于 Hadoop 的交通大数据存储平台,并通过 HDFS 实现了存储交通大数据。本文提出的存储系统具有较强的理论和实用价值。

关键词:数据存储;智能交通;Hadoop;分布式计算;交通大数据

中图分类号:TP391

Design of Traffic Big Data Storage System Based on Hadoop

Guo Jingjing,Liang Yingjie,Yan Chenghua,Shi Beilei

(Department of Automation,Naval University of Engineering,Hubei,Wuhan,430033)

Abstract:How to use efficient,low-cost methods to store and analyse mass urban traffic information is an important issue for the intelligent traffic management. This article discusses the cluster-based distributed storage and parallel computing architecture. Firstly,we analyse the architecture and advantages of Hadoop data platform. Then,the Hadoop-based transportation big data storage platform is studied. Finally,we achieve the storage of traffic big data through HDFS,which has a strong theoretical and practical value to the development of modern cities.

Key words:Data Storage;Intelligent Transportation;Hadoop;Distributed Computing;Traffic Big Data

1 引言

随着汽车年销量与保有量的稳步增长,城市交通信息化增长速度也在加快[1]。各类车联网采集的交通文本、图像、视频等数据具有前所未有的爆炸式增长,且这些数据逐渐呈现出"4V + 1C"的特点,即 Volume、Variety、Velocity、Value 和 Complexity[2]。

传统的关系型数据库主要面向结构化数据的存储和处理,但现实信息化建设中海量数据具有各种不同的格式和形态,且具有很多不同的计算特征,采用单台主机对海量数据进行集中式存储或计算已经无法满足目前大规模数据的分析要求[3-5]。因此,采用基于集群的分布式存储与并行计算体系结构已成为交通大数据存储与处理的必然选择[6-8]。

2 Hadoop 数据平台及其优点

Hadoop 是一个开发和运行处理大规模数据的软件平台,是 Apache 的一个用 Java 语言实现开源的软件框架,是现在大量计算机组成的集群中对海量数据进行分布式计算[9]。Hadoop 框架中核心设计是:HDFS(Hadoop Distribute File System)和 MapReduce。HDFS 提供了海量数据的存储,MapReduce 提供了对数据的计算。HDFS 的高容错性、高伸缩性等优点,允许用户将 Hadoop 部署在廉价的硬件上,构建分布式文件系统[10]。

Hadoop 的优点包括:① 可扩展,不管是数据的存储还是数据的计算都具有很好的扩展性;② 经济适用,即使硬件配置较低,Hadoop 依然能在其上运行;③ 安全可靠,采用了任务监控机制和数据备份恢复机制来提高分布式处理过程中的可靠性;④ 工作高效,Hadoop 的分布式文件系统实现了高效率的数据存储和数据交互[11];⑤ 跨平台性,Hadoop 的框架采用 Java 语言编写,可以跨平台使用,运行在 Linux 系统上非常理想[12]。当然,Hadoop 应用上的其他程序不局限于只使用 Java 语言,也可以使用

作者简介:郭晶晶(1977—),女,湖北浠水人,讲师,研究方向为数据存储;梁英杰(1985—),男,河北邢台人,讲师,研究方向为数据可视化;严承华(1967—),男,湖北武汉人,副教授,研究方向为信息安全;史蓓蕾(1981—),女,湖北武汉人,副教授,研究方向为物联网。

其他语言,比如 C#、C++等等[13]。

3 分布式文件系统 HDFS 及其架构

Apache 实现了 Hadoop 版的分布式文件系统 HDFS、HDFS 自身成熟稳定,用户众多,已经成为了当前分布式存储的事实标准。作为 Hadoop 的重要组成部分之一的分布式文件系统 HDFS,可以部署在廉价的计算机集群上,提供高吞吐率的数据访问,适合那些需要处理海量数据集的应用程序。HDFS 没有遵循可移植操作系统接口的要求,不支持"lS"或"CP"这样的标准 UNIX 命令,也不支持 fopen()和 fread()这样的文件读写方法,而是提供了一套特有的、基于 Hadoop 抽象文件系统的 API,支持以流的形式访问文件系统中的数据。

HDFS 采用 master/slave 架构,一个 HDFS 集群拥有一个名字节点(NameNode)和一些数据节点(DataNode),名字节点是一个用来管理文件的名字空间和调节客户端访问文件的主服务器;数据节点用来储存实际的数据。HDFS 将所有集群中的服务器存储空间连接到一起,构成了一个统一的、海量的存储空间。

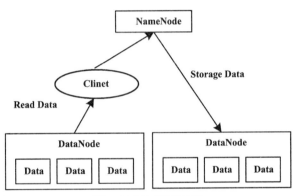

图 1　HDFS 结构示意图

当存储数据到 HDFS 中时,NameNode 会将数据文件分割成多个相同大小的数据块,并把数据块存放在各个 DataNode 节点中。为了提高数据的高容错性,文件数据块被复制到多个 DataNode 节点中。数据块的大小(通常为 64 MB)和副本数都可以配置。NameNode 可以控制所有文件操作。在默认情况下,Hadoop 配置存储的数据块副本数为 3,即选择三个节点来存储相同的数据块,对于数据块存储的节点位置选择算法则采用机架感知策略。三个节点的依次选择为本地节点、另一机架上随机选择的一个节点和本地节点同一机架的另一节点。如果上传文件的客户端不是该集群的某个节点,则没有本地节点,而是随机选择的一个节点,该节点再按照上述方式选择后续的两个节点。

同时,HDFS 文件系统通过均衡器来保证数据在集群中各个节点上的均匀分布。均衡器在坚持上述文件副本放置策略的基础上,对各个节点的存储容量进行评估,根据评估结果在节点之间移动数据块。其目的是保证单个 DataNode 节点的磁盘使用率和 HDFS 的存储空间使用率在一定阈值内保持一致。

4 基于 Hadoop 的交通大数据存储平台

(1)基于 Hadoop 的交通大数据存储平台

基于 Hadoop 的交通大数据存储平台的试验环境配置如表 1 所示。该试验集群环境使用 Hadoop 平台,1 个 NameNode 和 3 个 DataNode,每个节点均为实体机,单机环境为 1 台实体机。

表 1　试验环境配置

试验环境	集群环境	单机环境
操作系统	CentOS 7	CentOS 7
CPU	双核 2.3 GHz	双核 2.3 GHz
内存	8 G	8 G
硬盘	2 T	2 T
Hadoop 环境	Hadoop-2.7.1	无

(2) HDFS 配置

① 启动 HDFS

在 master 服务器上,格式化主节点。

[root@master ~]# hdfs namenode -format

配置 slaves 文件,将 localhost 修改为 slave1~3:

[root@master ~]# vi /usr/cstor/hadoop/etc/hadoop/slaves

slave1
slave2
slave3

统一启动 HDFS:

[root@master ~]# cd /usr/cstor/hadoop
[root@master hadoop]# sbin/start-dfs.sh

② 通过查看进程的方式验证 HDFS 启动成功

分别在 master、slave1~3 四台机器上执行如下命令,查看 HDFS 服务是否已启动。

[root@master sbin]# jps

③ 使用 client 上传文件

从 client 服务器向 HDFS 上传文件。

[root@client ~]# hadoop fs -put ~/data/2/machines /

执行命令:hadoop fs -ls /,查看文件是否上传成功。

④ 在 client 服务器编写 HDFS 写程序

在 client 服务器上执行命令 vi WriteFile.java,编写 HDFS 写文件程序,核心代码如下:

Configuration conf = new Configuration();
FileSystem hdfs = FileSystem.get(conf);
Path dfs = new Path("/weather.txt");
FSDataOutputStream outputStream = hdfs.create(dfs);
outputStream.writeUTF("nj 20161009 23\n");
outputStream.close();

⑤ 编译并打包 HDFS 写程序

使用 javac 编译刚刚编写的代码,并使用 jar 命令打包为 hdpAction.jar，核心代码如下：

[root@client ~]# javac WriteFile.java
[root @ client ~] # jar -cvf hdpAction.jar WriteFile.class
added manifest
adding：WriteFile.class(in = 833)(out = 489)(deflated 41%)

⑥ 执行 HDFS 写程序

在 client 服务器上使用 Hadoop jar 命令执行 hdpAction.jar：

[root@client ~]# Hadoop jar ~/hdpAction.jar WriteFile

查看是否已生成 weather.txt 文件。若已生成，则查看文件内容是否正确：

[root@client ~]# hadoop fs -ls /
Found 2 items
-rw-r--r-- 3 root supergroup 29 2016-12-05 12:28 /machines
-rw-r--r-- 3 root supergroup 17 2016-12-05 14:54 /weather.txt
[root@client ~]# hadoop fs -cat /weather.txt
nj 20161009 23

⑦ 在 client 服务器编写 HDFS 读程序

在 client 服务器上执行命令 vi ReadFile.java，编写 HDFS 读文件程序，核心代码如下：

Configuration conf = new Configuration();
Path inFile = new Path("/weather.txt");
FileSystem hdfs = FileSystem.get(conf);
FSDataInputStream inputStream = hdfs.open(inFile);
System.out.println("myfile：" + inputStream.readUTF());
inputStream.close();

⑧ 编译并打包 HDFS 读程序

使用 javac 编译刚刚编写的代码，并使用 jar 命令打包为 hdpAction.jar，核心代码如下：

[root@client ~]# javac ReadFile.java
[root @ client ~] # jar -cvf hdpAction.jar ReadFile.class
added manifest
adding：ReadFile.class(in = 1093)(out = 597)(deflated 45%)

⑨ 执行 HDFS 读程序

在 client 服务器上使用 hadoop jar 命令执行 hdpAction.jar，查看程序运行结果：

[root@client ~]# hadoop jar ~/hdpAction.jar ReadFile
myfile：nj 20161009 23

[root@client ~]#

5 通过 HDFS 实现存储交通大数据

存储海量交通大数据的思路是通过 Hadoop 提供的 API 接口，将交通大数据从本地上传到 HDFS 中。首先，指定一个本机文件夹，这个本地文件夹的文件是动态增加的，可以将这个文件夹当做一个动态变化的"缓冲区"；然后，以流的形式将"缓冲区"文件和 HDFS 进行对接，通过调用 FSDataOutputStream.write(buffer,0,bytesRead) 将本地交通数据以流的形式上传至 HDFS 上；最后，本地文件上传成功，调用 File.delete() 批量删除"缓冲区"中已经上传的文件。以上三个步骤循环往复，直到本地所有文件都上传至 HDFS，并且清空本地文件夹，节省出本地空间接受新的交通实时数据后才结束。

指定需要上传的数据流路径和接受的数据流路径后，将本地交通数据上传到 HDFS 的关键代码如下：

//创建 HDFS 上"AccFile"目录，用来接受交通数据文件
hdfs.mkdirs(hdfsFile);
FileStatus[] inputFiles = local.listStatus(inputDir);
FSDataOutputStream out;
//将交通数据文件循环写入 HDFS 下的指定目录
for(int = 0;i<inputFiles.length;i++)
{
System.out.println(inputFiles[i].getPath().getName());
FSDataInputStream in = local.open(inputFiles[i].getPath());
out = hdfs.create(new Path("/AccFile/" + inputFiles[i].getPath().getName()));
byte buffer[] = new byte[256];
int bytesRead = 0;
while((bytesRead = in.read(buffer))>0)
{
out.write(buffer,0,bytesRead);
}
out.close();
in.close();
File file = new File(inputFiles[i].getPath().toString());
file.delete();
}

Hadoop 由于其 HDFS 扩展性强、可靠性高、成本低，为交通大数据的存储提供了很大的便利。HDFS 的文件访问模型为一次写入、多次读取，该种模式简化了数据一致性问题，且保证了高吞吐量的数据访问；此外，HDFS 的多机架存放副本策略，使用户不必担心某个 DataNode 发生故障而导致整个数据文件不完整。

6 结语

本文通过分析 Hadoop 数据平台适用于存储交通大

数据的特点,以及分布式文件系统 HDFS 及其架构,探讨了基于 Hadoop 的交通大数据存储平台,并通过 HDFS 实现了存储交通大数据的原型系统,为后续交通大数据挖掘和辅助决策提供支撑,以加快现代化城市的建设步伐。

致　谢

本文由国家自然科学基金(No.61701517)、湖北省自然科学基金(No.2016CFC716)、上海交通大学海洋工程国家重点实验室开放课题(No.1403)等项目资助,特此感谢!

参考文献

[1] 张滔,凌萍. 智慧交通大数据平台设计开发及应用[C]. 中国智能交通年会大会,2014.
[2] 马靖霖. 智慧交通大数据应用中的问题与对策[J]. 中国公路,2017(5):102-103.
[3] 李春玲. 探究智能交通大数据处理平台构建[J]. 工程技术,2015:124-124.
[4] 张鹏飞,赵凯,梁婷婷,等. 一种快速精准的交通大数据清洗方法:中国,106528865 A[P]. 2016-12-02.
[5] 于硕,李泽宇. 交通大数据及应用技术研究[J]. 中国高新技术企业,2017(4):90-91.
[6] 何承,朱扬勇. 大数据技术与应用:城市交通大数据[M]. 上海:上海科学技术出版社,2017.
[7] 杨臣君,张欣,杨卓东. 基于 Hadoop 的交通数据分析系统[J]. 电子科技,2017,30(4):156-158.
[8] 彭晨伟,巴继东. 基于交通大数据的智能信息服务平台[J]. 计算机系统应用,2017,26(7):97-103.
[9] 王忠. 城市交通大数据应用领域及措施研究[J]. 管理现代化,2017,37(1):85-87.
[10] 那晓玉,宋珊,吴佳蓉,等. 大数据环境下的贵阳城市交通发展分析[J]. 数字化用户,2017(9):114.
[11] 曹恒宇. 大数据分析云平台技术在智能交通中的应用研究[J]. 建筑工程技术与设计,2017(15):4338.
[12] 刘万军. 智能交通在智慧城市建设发展中的大数据应用[J]. 中国安防,2017(4):62-65.
[13] 赵新勇,李珊珊,夏晓敬. 大数据时代新技术在智能交通中的应用[J]. 交通运输研究,2017,3(5):1-7.

基于深度卷积神经网络的验证码识别

洪 洋,葛振华,王纪凯,包 鹏,张启彬,陈宗海

(中国科学技术大学自动化系,安徽合肥,中国,230027)

摘 要:验证码验证登录是很多网站通行的方式,它能够有效防止黑客用暴力方式进行不断的登录尝试。相比于传统字符,由于对验证码中的字符进行了旋转、尺度变换、改变颜色以及加入噪声等处理,使得通过简单的光学字符识别(Optical Character Recognition,OCR)难以准确识别验证码字符。本文通过验证码生成器生成了 300 张包含 4 字符验证码的测试集。设计算法检测 300 张 4 字符验证码,给出测试集验证码单字符识别正确率(1200 个字符)。其次本文用 MATLAB 设计了一个图形用户界面(Graphical User Interface,GUI),包括读入图像、字符识别、错误率三大板块。验证码识别主要方法是用深度学习做多标签分类,用深度神经网络对整张验证码图片进行多标签学习,来完成多任务分类,端到端地识别出验证码中的所有字符。

关键词:验证码识别;卷积神经网络;多标签分类

中图分类号:TP391

Verification Code Recognition Based on Deep Convolutional Neural Networks

Hong Yang, Ge Zhenhua, Wang Jikai, Bao Peng, Zhang Qibin, Chen Zonghai

(Department of Automation, University of Science and Technology of China, Anhui, Hefei, 230027)

Abstract: Verification Code verification login is a way of accessing many websites. It can effectively prevent hackers from conducting continuous login attempts in a violent manner. Compared with the traditional characters, the characters in the verification code are rotated, scaled, changed color, and added with noise, which makes it difficult to accurately identify the verification code character through a simple optical character recognition (OCR). This paper generates 300 test sets with 4-character verification codes through the verification code generator. The design algorithm detects 300 test sets with 4-character verification codes and gives the correct rate of single-character recognition of test set verification codes (1200 characters). Secondly, this article uses the MATLAB to design a Graphical User Interface (GUI) interface, including reading the image, character recognition, error rate. The main method of the verification code identification is to do multi-label classification with deep learning. It uses the deep neural network to perform multi-label learning on the entire verification code image to complete multi-task classification, and to recognize all the characters in the verification code from end to end.

Key words: Verification Code Recognition; Convolutional Neural Network; Multi-Tag Classification

1 引言

近年来互联网技术的飞速发展,使得网络安全逐渐进入公众视野,并成为人们日常生活所关心的一部分。由此,验证码的使用也随之普及开来。验证码主要是用于区分机器自动程序与人类用户的差异性。自互联网诞生以

作者简介:洪洋(1991—),男,安徽巢湖人,硕士,研究方向为基于深度学习的视觉里程计、机器人自助导航与定位等;陈宗海(1963—),男,安徽桐城人,教授,研究方向为复杂系统建模与控制、模式识别与智能系统、汽车新能源技术与能源互联网。

来,人们因为疯狂地追逐利润而滥用网络资源,进而导致自动化软件的产生,简称"外挂"。为了抵御恶意机器人程序,防止论坛、博客中的垃圾评论,过滤垃圾邮件,保证在线投票的真实性以及防止恶意批量注册网站等等,验证码应运而生。现如今,验证码在全球用户超过350万的各大网站论坛随处可见,人们日常处理的验证码数量多达300万次以上。由此可见,验证码识别技术的研究有益于验证各种验证码的安全,并且可以帮助人们设计更可靠、更安全的验证码。不仅如此,验证码识别结合了图像处理、模式识别等多个领域的研究,对于促进各个领域的技术研究也具有重要的意义。

鉴于验证码在互联网中的广泛应用,国内外学者对验证码的设计和识别进行了相关研究。殷光等[1]提出了一种支持向量机(Support Vector Machine,SVM)的验证码算法。王璐[2]针对粘连字符验证码进行了识别研究。吕霁[3]综合了一类神经网络方法在验证码识别的技术研究。J. Zhang等人[4]和P. Lu等人[5]分别提出了不同的字符分割算法并结合SVM分类算法及BP(Back Propagation)神经网络进行的字符识别。J Yan等人[6]分析并研究了现有微软验证码的缺陷,设计了虚拟问答及基于情感方法对验证码进行识别。

现如今,深度学习网络在科学研究中被广泛使用。Hinton提出的深度置信网络(Deep Belief Nets,DBN)[7]可以帮助人们更加快捷地训练深度网络。J. Bouvrie[8]对卷积神经网络进行了比较细致的理论介绍与推导。在图像的应用中,卷积神经网络(Convolution Neural Network,CNN)采用随机梯度下降[9](Stochastic Gradient Descent,SGD)和图形处理器(Graphics Processing Unit,GPU)加快了训练过程,从而使得训练大量的图像数据更为方便。卷积神经网络在各个研究领域中都获得了非常令人惊奇的效果。例如,卷积神经网络在ImageNet[10]数据集上对127多万张图像进行训练并建立了一个分类模型,结果比之前的分类效果提高了几个百分点。Google研究室[11]也构建了深层卷积神经网络模型,并研究发现卷积模型对图像的识别效果显著。文献[12]利用试验说明了卷积神经网络提取出来的特征(如Caffe,Overfeat,Convnet等)迁移能力比较强。与此同时,O. M. Parkhi等人[13]在人脸识别方面上采用了卷积神经网络,G. E. Dahl等人[14]将深度学习网络应用于语音识别,并取得了巨大成功。同样,深度学习网络在文本应用等领域也取得了比较理想的成果。然而,专注于卷积神经网络在不同验证码识别上的应用与研究稍显匮乏,本文即旨在探讨分析卷积神经网络在可分割与不可分割验证码识别上的应用。

2 相关工作

2.1 传统验证码识别

传统验证码识别方法的识别过程为:图像预处理、特征提取和分类器训练。图像预处理主要通过切割字符确定位置,通过形态学法消除胶粒噪声和干扰线的影响。特征提取主要采用尺度不变特征变换(Scale-invariant Feature Transform,Sift)、方向梯度直方图(Histogram of Oriented Gradient,HOG)、局部二值模式(Local Binary Pattern,LBP)等提取图像特征,之后训练出一个字符识别分类器,如Logistic回归[15]二分类、支持向量机(SVM)[16]等。此类方法问题有三:第一,直接切割无法解决字符粘连与字符定位的问题,切割后可能破坏字符结构;第二,特征提取本身采用常用图像特征描述子,这类描述子能够解决一般问题,但并不一定与任务相关;第三,分类器训练涉及超参数选择,这样训练出的模型在很大程度上依赖于超参数选择的好坏。

2.2 基于卷积神经网络的验证码识别

不同类型的验证码图片的特点及差异性较大,这使得在验证码识别过程中首先必须对不同类型的验证码图片进行针对性的图像预处理、字符分割及特征提取等操作。可见,传统验证码识别方法比较依赖于图像预处理、字符分割及特征提取等过程,而并不主要关注于验证码识别分类器模型的构建。针对不同类型的验证码,图片设计对应的图像预处理、降噪、字符分割及特征提取过程,不仅略显繁琐,而且推广性不佳。本文提出的基于深度卷积神经网络的验证码识别算法简化了字符分割、去噪等人工干预,有效解决了字符粘连、定位和噪声的问题,特征提取和分类器训练由卷积神经网络端到端学习而得。因此,该算法结构既简单又易于训练,并且效果相比传统方法更快速准确。

3 本文算法框架

3.1 验证码字符学习网络结构

根据验证码图像自身的特点,一张验证码图片上的字符呈随机分布,各个字符间彼此是独立的,相互之间无影响。可以认为,在样本数量足够多的情况下,其中任何一个字符的识别与其他无关,故前者可认为前景图像,后者可看作图像背景。基于此,本文提出了一种多任务的学习网络来识别多个字符的验证码,即只用一个数据集同时进行多任务训练的端到端(End-to-End)的网络模型。

验证码学习网络(Captcha Learning Network,CLN)是一个将验证码图像上多个字符分类识别的网络模型。如图1所示,这个网络结构主要受ALexNet模型启发。特别地,本文设计的CLN是一个增加了4个全连接层多任务学习的ALexNet[10]扩展模型。采用如此深的网络结构原因在于验证码字符的识别中存在细粒度分类问题。另外,一个深层次网络有更强的学习能力来表示特征。越深层次的网络结构能够学习到越多的特征,所得到的信息会更多,这是训练出有效模型的重要保障。本文所提出的网络CLN是在原始AlexNet基础上做了改进,选取AlexNet网络的一部分作为公共的共享特征部分,整个网络结构包含八个学习层:五个卷积层和三个全连接层。

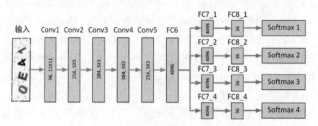

图 1 支持多标签的 ALexNet 网络结构图

对于初始输入数据,将所有输入图片均要缩放成 227×227 大小,直接采用原始三通道(RGB)的彩色图像作为输入。Layer 1~Layer 5 是卷积层,Layer 6 是全连接层,相当于在五层卷积层的基础上再加上一层的全连接神经网络分类器。从 Layer 7 开始分出四个全连接层,每个层神经元的个数为 4096 个,Layer 8 层有四个全连接层,每个层均有 36 个神经元,相当于训练目标的 36 个字符类别,即 26 个字母和 10 个数字字符。然后 Layer 8 的每个层与一个相对应的 softmax 连接,最终得到四个位置字符类别的概率似然值。

3.2 损失层及参数

卷积神经网络 CLN 是一个多任务网络,它包含有四个 softmax_loss 损失层来优化字符分类任务。每张训练图片有四个标签,分别表示图像中对应四个位置的字符类型,从左到右依次表示为 C_1、C_2、C_3 和 C_4。

Softmax_loss 损失函数分别用 $L_1(p^{C_1})$、$L_2(p^{C_2})$、$L_3(p^{C_3})$ 和 $L_4(p^{C_4})$ 来表示,softmax 概率计算公式为 p_j,整个损失函数的定义如下:

$$p_j = \frac{e^0_j}{\sum_k e^{ok}} \quad (1)$$

$$L_1 = L_2 = L_3 = L_4 = -\sum_j y_j \log p_j \quad (2)$$

$$L_{CLN}(p^C) = \lambda_1 L_1(p^{C_1}) + \lambda_2 L_2(p^{C_2}) + \lambda_3 L_3(p^{C_3}) + \lambda_4 L_4(p^{C_4}) \lambda_1 + \lambda_2 + \lambda_3 + \lambda_4 = 1 \quad (3)$$

其中,λ_1、λ_2、λ_3、λ_4 为损失函数的损失值在最终总的损失值中所占的权重值;L_{CLN} 为总体损失函数。

4 试验评估

4.1 训练数据

本文用验证码生成器生成训练数据。训练集 64536 张 4 字符验证码,验证集 9096 张(验证模型好坏),另外有 300 张 4 字符的验证码用于测试(测试模型效果),训练与测试之间没有重叠,图片大小为 88×28,共有数字 0~9 和大写字母 A~Z 共 36 类,每张验证码图像中包含四个字符。如图 2 所示,为 4 字符的测试验证码示例。此外,对样本图像没有进行任何形式预处理,采用原始的 RGB 值来训练网络。

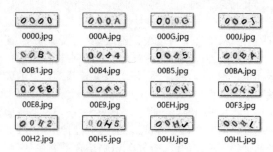

图 2 4 字符的测试验证码

4.2 网络训练

本试验中,基础学习率为 0.01。由于四个任务的权重相同,损失函数权重参数为 $\lambda_1 = \lambda_2 = \lambda_3 = \lambda_4 = 0.25$。在 NVIDIA GTX1050TI 4G 单 gpu 上对第二个数据集训练迭代 15000 次,耗时约三个小时,之后 accuracy 和 loss 趋于稳定。表 1 为本文提出的 CLN 的训练细节。

表 1 CLN 训练细节

CLN 训练细节
Step 1 验证码生成器生成训练数据,分为训练集、验证集和测试集。
Step 2 修改 caffe 源码使其支持多标签输入和训练。
Step 3 将图像数据及标签转换成具有更高读取效率的 lmdb 格式文件。
Step 4 设计多任务训练深度网络。
Step 5 训练和测试深度网络。
Step 6 GUI 界面设计。
Step 7 试验结果测试。

4.3 试验结果

测试结果显示,300 张 4 字符验证码有 13 个识别出错(14 个单字符出错),测试集验证码单字符识别正确率为 98.83%。300 张验证码平均错误率为 1.17%(一张验证码错 1 个字符错误率为 25%,以此类推)。图 3 为单个验证码验证结果的示例。可见,本文设计的基于 AlexNet 模型的多任务学习网络识别正确率较高,效果非常好。当训练网络最大迭代次数增加时,识别率会有提升。另外,从试验结果研究发现,对验证码中出现的数字 0、字母 F、O、D 三个字符之间会偶有分辨不清的现象。对这一问题,包括部分粘连字符难以辨认的情况,都可通过增加训练样本数据和迭代次数能更进一步提高识别率。

图3 单个验证码验证结果图

5 总结

用深度学习来做验证码识别,优势在于只需要找一个合适的网络模型稍加修改,再给网络送入足够的有标签样本进行训练,就能达到很好的识别效果,无论验证码里面是何种字体、粘不粘连都可以,也没必要去噪、二值化、纠正和调各种阈值等各种处理(验证码风格稍微一变,处理方法就得改变),直接端到端识别验证码的效果完全不比先做字符分割再做识别差。但其劣势也很明显,对不同手段生成的不同风格的验证码,都需要收集、爬取或模仿其验证码风格并自己写代码生成大量样本,以此维持较高的识别率。

参考文献

[1] 殷光,陶亮.一种 SVM 验证码识别算法[J].计算机工程与应用,2011,47(18):188-190.

[2] 王璐,张荣,严东,等.粘连字符的图片验证码识别[J].计算机工程与应用,2011,47(28):150-153.

[3] 吕霁.基于神经网络的验证码识别技术研究[D].泉州:华侨大学,2015.

[4] Zhang J Y. CAPTCHA recognition using machine learning[D]. Patres: University of Patras, 2015.

[5] Lu P, Shan L, Li J, et al. A new segmentation method for connected characters in CAPTCHA [C]//Control, Automation and Information Sciences (ICCAIS), 2015 International Conference on. IEEE, 2015:128-131.

[6] Yan J, El Ahmad A S. A Low-cost attack on a microsoft CAPTCHA[C]. Proceedings of the 15th ACM Conference on Computer and Communications Security. ACM, 2008.

[7] Hinton G E, Osindero S, Teh Y-W. A fast learning algorithm for deep belief nets[J]. Neural Computation, 2006, 18(7): 1527-1554.

[8] Bouvrie J. Notes on convolutional neural networks[J/OL]. http://xueshu.baidu.com/s? wd = paperuri% 3A% 28ed5310276c43ab85a25bfb63b8aae8fd%29&filter = sc_long_sign&tn = SE_xueshusource_2kduw22v&sc_vurl = http%3A% 2F% 2Fciteseerx. ist. psu. edu%2Fviewdoc%2Fdownload% 3Fdoi% 3D10. 1. 1. 70. 1419% 26rep% 3Drep1% 26type% 3Dpdf&ie = utf-8&sc_us = 8123942096718874316, 2006.

[9] Bottou L. Large-scale machine learning with stochastic gradient descent[C]// Proceedings of COMPSTAT' 2010. Springer, 2010:177-186.

[10] Krizhevsky A, Sutskever I, Hinton G E. Imagenet classification with deep convolutional neural networks[J]. Advances in Neural Information Processing Systems, 2012, 60(2):1097-1105.

[11] Goodfellow I J, Bulatov Y, Ibarz J, et al. Multi-digit number recognition from street view imagery using deep convolutional neural networks. arXiv Preprint: arXiv:1312.6082,2013.

[12] Razavian A S, Aizpour H, Sulivan J, et al. CNN features off-the-shelf: an astounding baseline for recognition. in Computer Vision and Pattern Recognition Workshops (CVPRW)[R].2014 IEEE Conference on. IEEE, 2014.

[13] Parkhi O M, Vedaldi A, Zisserman A. Deep face recognition[C]. York BMVC,2015.

[14] Dahl G E, Dong Y, Li D, et al. Context-dependent pre-trained deep neural networks for large-vocabulary speech recognition[J]. IEEE Transactions on audio, speech, and language processing,2012, 20(1):30-42.

[15] Bammann K. Statistical models: theory and practice[J]. Biometrics,2006,62(3):943-943.

[16] Cortes C, Vapnik V. Support-vector networks. Machine learning[J]. Scientific Research, 1995,20(3):273-297.